第二級陸上無線技術士

≪令和元年7月期〜令和6年1月期≫

一般財団法人　情報通信振興会

は　じ　め　に

　情報通信社会がますます発展するなか、あなたは今、無線技術者として活躍すべく、これに必要な無線従事者資格を取得するために国家試験合格を目指して勉学に励んでおられることでしょう。

　さて、どんな試験でも同じことですが、試験勉強は労力を極力少なくして能率的に進め、最短のコースを通って早く実力をつけ目標の試験に合格したい、これは受験する者の共通の願いでありましょう。そこで、本書はその手助けができるようにと編集したものです。

☆　本書の利用に当たって

　資格試験に合格する近道は、何と言っても今までにどんな問題が出されたか、その出題状況を把握し、既出問題を徹底的にマスターすることです。このため本書では、最近の既出問題を科目別に分け、それを試験期順に収録しています。さらに、無線工学科目については、解答の指針を各期の問題の末尾に掲載してあります。

　国家試験の出題形式は、全科目とも多肢選択式です。多肢選択問題の解答は、一見やさしそうに見えますが、出題の本質をつかみ正答を得るためには実力を養うことが肝要です。それには、できるだけ沢山の問題を演習することと確信します。これにより、いわゆる「切り口」の違った問題、新しい問題にも十分対処できるものと考えます。受験される方には、またとない参考書としておすすめします。

　巻末には、最近の出題状況が一目で分かるように、**出題問題の傾向分析**を行い一覧表にしました。これを活用して重要問題を把握するとともに、効率的に学習してください。

※本問題集に収録された試験期以前の問題等を必要とされる場合は、当会オン
　ラインショップより「問題解答集バックナンバー」をご覧ください。

目　　次

無線工学の試験問題における図記号の取り扱いについて

　無線工学の試験問題において、図中の抵抗などの一部は旧図記号で表記されていましたが、平成26年4月1日以降に実施の試験から図中の図記号は原則、新図記号で表記されています。

　(注) 新図記号：原則、JIS（日本工業規格）の「C0617」に定められた図記号で、それ以前のものを旧図記号と表記しています。

原則として使用する図記号

名称と図記号			
素子	抵抗 （可変） （動接点付）	コイル 磁心入り	コンデンサ （可変）	変成器 磁心入り
トランジスタ	バイポーラ	接合形FET	MOS形FET （エンハンスメント）	MOS形FET （デプレッション）
ダイオード サイリスタ	一般　定電圧	発光　ホト	バラクタ　トンネル	サイリスタ
スイッチ	メーク	切替 （オフ付）	下図の図記号は、使用しません。	
電源	直流	交流	定電流	定電圧
その他	アンテナ一般	接地 接地　等電位結合 （一般）（フレーム）	マイクロホン	スピーカ
指示電気 計器動作 原理記号	永久磁石可動コイル	整流	熱電対	可動鉄片
	誘導	静電	電流力計	

フィルタ等	低域フィルタ(LPF) 低域フィルタ (LPF)	高域フィルタ(HPF) 高域フィルタ (HPF)	帯域フィルタ(BPF) 帯域フィルタ (BPF)	帯域除去フィルタ(BEF) 帯域除去フィルタ (BEF)
演算器等	乗算器 ⊗	加算器 ⊕	抵抗減衰器 抵抗減衰器 (ATT)	移相器 移相器 ($\pi/2$)
その他	演算増幅器	検流計 Ⓖ		

具体的な図記号の使用例

(1) 演算増幅器Aopを用いた加算回路

Aop：演算増幅器
$R_1 \sim R_3$：抵抗

(2) FETの等価回路

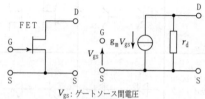

V_{gs}：ゲートソース間電圧
r_d：ドレイン抵抗
g_m：相互コンダクタンス

(3) QPSK変調回路

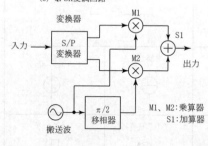

M1、M2：乗算器
S1：加算器

(4) RC回路

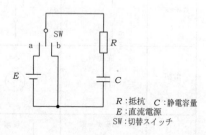

R：抵抗　C：静電容量
E：直流電源
SW：切替スイッチ

(5) QPSK復調回路

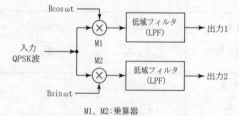

M1、M2：乗算器

(6) ブリッジ回路

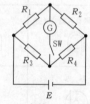

$R_1 \sim R_4$：抵抗　E：直流電源
SW：スイッチ　G：検流計

無線工学の基礎

試験概要

試験問題： 問題数／25問　　試験時間／2時間30分

採点基準： 満　点／125点　　合 格 点／75点

配点内訳　A問題……20問／100点（1問5点）

　　　　　B問題…… 5問／ 25点（1問5点）

A-1 電界の強さが一様な電界中にある電子が、静止状態から電界に沿って移動を開始したとき、t〔s〕後の電子の速度v〔m/s〕を表す式として、正しいものを下の番号から選べ。ただし、電界の強さをE〔V/m〕、電子の質量をm〔kg〕及び電荷の大きさをe〔C〕とする。また、電子はこの電界からのみ力を受けるものとする。

$$1 \quad v = \frac{eEt^2}{m} \qquad 2 \quad v = \frac{eE^2t}{m} \qquad 3 \quad v = \frac{E^2t}{em} \qquad 4 \quad v = \frac{eEt}{m} \qquad 5 \quad v = \frac{Et}{em}$$

A-2 次の記述は、図に示すように、同一平面上で平行に間隔をr〔m〕離して真空中に置かれた無限長の直線導線X、Y及びZに、同じ大きさで同一方向にそれぞれ直流電流I〔A〕を流したときに、Yが受ける力について述べたものである。____内に入れるべき字句の正しい組合せを下の番号から選べ。ただし、真空の透磁率を$4\pi \times 10^{-7}$〔H/m〕とする。

(1) XとYの間には、__A__力が働き、その長さ1〔m〕当たりの力の大きさF_{XY}は、次式で表される。

$$F_{XY} = (\boxed{\text{B}}) \times 10^{-7} \text{〔N/m〕}$$

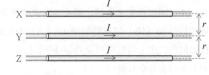

(2) ZとYの間にも同様の力が働き、1〔m〕当たりの力の大きさは、F_{XY}と同じである。

(3) したがって、Yが受ける1〔m〕当たりの合成力は、力の方向を考えると、__C__〔N/m〕である。

	A	B	C		A	B	C
1	吸引	$\dfrac{2I}{r^2}$	$2F_{XY}$	2	吸引	$\dfrac{2I^2}{r}$	0
3	反発	$\dfrac{2I}{r^2}$	$2F_{XY}$	4	反発	$\dfrac{2I^2}{r}$	0
5	反発	$\dfrac{2I^2}{r}$	$2F_{XY}$				

A-3 次の記述は、図に示すように磁束密度がB〔T〕の磁界中に置かれたP形半導体Dに、直流電流I〔A〕を流したときに生じるホール効果について述べたものである。____内に入れるべき字句の正しい組合せを下の番号から選べ。ただし、Bの方向は紙面

答 A-1：4 A-2：2

の裏から表の方向とし、また、Dは紙面上に置かれているものとする。なお、同じ記号の
　　内には、同じ字句が入るものとする。

(1) P形半導体Dに流れる直流電流 I は主に　A　の移動により生じる。

(2) I が流れるとき、Dの中の　A　は
　　B　力を受ける。

(3) このためDの中に電荷の偏りが生じ、
　　Dには、図の端子　C　の極性の起電力
　　が生じる。

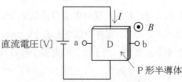

	A	B	C
1	ホール（正孔）	静電	bが正（＋）、aが負（－）
2	ホール（正孔）	ローレンツ	aが正（＋）、bが負（－）
3	ホール（正孔）	静電	aが正（＋）、bが負（－）
4	電子	ローレンツ	bが正（＋）、aが負（－）
5	電子	静電	aが正（＋）、bが負（－）

A−4 図に示すように、相互インダクタンス M が1〔H〕の回路の一次側コイルAに
周波数が50〔Hz〕で実効値が0.5〔A〕の正弦波交流電流 I_1 を流したとき、二次側コイル
Bの両端に生じる電圧の実効値 V_2 として、正しいも
のを下の番号から選べ。

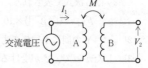

1　25π〔V〕　　2　30π〔V〕　　3　36π〔V〕

4　44π〔V〕　　5　50π〔V〕

A−5 図に示す抵抗 R_1、R_2、R_3 及び R_4〔Ω〕からなる回路において、抵抗 R_2 及び
R_4 に流れる電流 I_2 及び I_4 の値の組合せとして、正しいものを下の番号から選べ。ただし、
回路の各部には図の矢印で示す方向と大きさの直流電流が流れているものとする。

	I_2	I_4
1	2〔A〕	6〔A〕
2	2〔A〕	4〔A〕
3	2〔A〕	2〔A〕
4	6〔A〕	4〔A〕
5	6〔A〕	2〔A〕

答　A−3：2　　A−4：5　　A−5：1

A-6 図に示す交流回路において、スイッチ SW を断（OFF）から接（ON）にしたとき、回路の力率が0.8から0.6に変化した。このときの抵抗 R 及び誘導リアクタンス X_L の値の組合せとして、正しいものを下の番号から選べ。

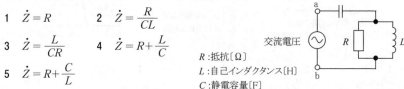

	R	X_L
1	14〔Ω〕	24〔Ω〕
2	16〔Ω〕	24〔Ω〕
3	16〔Ω〕	12〔Ω〕
4	18〔Ω〕	24〔Ω〕
5	18〔Ω〕	12〔Ω〕

交流電圧
R_0：抵抗

A-7 図に示す回路の端子abから見たインピーダンス $\dot{Z}$ が純抵抗になり共振したとき、$\dot{Z}$〔Ω〕を表す式として、正しいものを下の番号から選べ。

1 　$\dot{Z} = R$ 　　　2 　$\dot{Z} = \dfrac{R}{CL}$

3 　$\dot{Z} = \dfrac{L}{CR}$ 　　4 　$\dot{Z} = R + \dfrac{L}{C}$

5 　$\dot{Z} = R + \dfrac{C}{L}$

交流電圧
R：抵抗〔Ω〕
L：自己インダクタンス〔H〕
C：静電容量〔F〕

A-8 図に示す四端子回路網において、四端子定数 $(\dot{A}、\dot{B}、\dot{C}、\dot{D})$ の値の組合せとして、正しいものを下の番号から選べ。ただし、各定数と電圧電流の関係式は、図に併記したとおりとする。

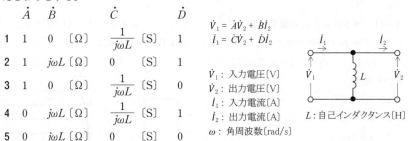

	$\dot{A}$	$\dot{B}$	$\dot{C}$	$\dot{D}$
1	1	0 〔Ω〕	$\dfrac{1}{j\omega L}$〔S〕	1
2	1	$j\omega L$〔Ω〕	0 〔S〕	1
3	1	0 〔Ω〕	$\dfrac{1}{j\omega L}$〔S〕	0
4	0	$j\omega L$〔Ω〕	$\dfrac{1}{j\omega L}$〔S〕	1
5	0	$j\omega L$〔Ω〕	0 〔S〕	0

$\dot{V}_1 = \dot{A}\dot{V}_2 + \dot{B}\dot{I}_2$
$\dot{I}_1 = \dot{C}\dot{V}_2 + \dot{D}\dot{I}_2$

$\dot{V}_1$：入力電圧〔V〕
$\dot{V}_2$：出力電圧〔V〕
$\dot{I}_1$：入力電流〔A〕
$\dot{I}_2$：出力電流〔A〕
ω：角周波数〔rad/s〕

L：自己インダクタンス〔H〕

A-9 次の記述は、半導体のキャリアについて述べたものである。□内に入れるべき字句の正しい組合せを下の番号から選べ。

(1) 真性半導体では、ホール（正孔）と電子の密度は □ A □。

答　　A-6：**4**　　A-7：**3**　　A-8：**1**

(2) 一般に電子の移動度は、ホール（正孔）の移動度よりも 　B　 。

(3) 多数キャリアがホール（正孔）の半導体は、 　C　 半導体である。

	A	B	C		A	B	C
1	異なる	大きい	N形	2	異なる	小さい	P形
3	等しい	小さい	N形	4	等しい	大きい	N形
5	等しい	大きい	P形				

A−10 図1に示すように、ダイオードDを2個直列に接続したときの電圧電流特性（V−I特性）を表すグラフとして、最も近いものを下の番号から選べ。ただし、1個のDの電圧電流特性（V_D−I_D特性）を図2とする。

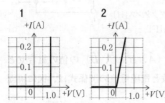

V：端子 ab 間の電圧
I：端子 ab に流れる電流
図1

V_D：D の両端の電圧
I_D：D に流れる電流
図2

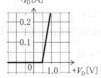

1	2	3	4	5

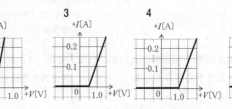

A−11 図1に示す電界効果トランジスタ（FET）のドレイン−ソース間電圧 V_{DS} とドレイン電流 I_D の特性を求めたところ、図2に示す特性が得られた。このとき、V_{DS} が6〔V〕、I_D が3〔mA〕のときの相互コンダクタンス g_m の値として、最も近いものを下の番号から選べ。

1　5.5〔mS〕

2　5.0〔mS〕

3　4.5〔mS〕

4　4.0〔mS〕

5　3.5〔mS〕

D：ドレイン
S：ソース
G：ゲート

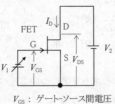

V_{GS}：ゲート−ソース間電圧

V_1、V_2：直流電源電圧〔V〕　　　　図1　　　　図2

　答　 A−9：5　　　A−10：4　　　A−11：2

A-12 図に示すトランジスタ（Tr）回路のコレクター-エミッタ間電圧 V_{CE} の値として、正しいものを下の番号から選べ。ただし、Tr の直流電流増幅率 h_{FE} を 200、ベース-エミッタ間電圧 V_{BE} を 0.6〔V〕とする。

1　2〔V〕

2　4〔V〕

3　6〔V〕

4　8〔V〕

5　10〔V〕

C：コレクタ
E：エミッタ
B：ベース

R_1、R_2：抵抗
V_1、V_2：直流電源電圧〔V〕

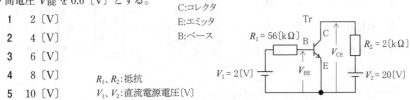

A-13 次の記述は、図に示すトランジスタ（Tr）増幅回路について述べたものである。 ____ 内に入れるべき字句の正しい組合せを下の番号から選べ。ただし、トランジスタの h 定数のうち入力インピーダンスを h_{ie}〔Ω〕、電流増幅率を h_{fe} とする。また、抵抗 R_1〔Ω〕、静電容量 C_1 及び C_2〔F〕の影響は無視するものとする。

(1) 電圧増幅度 V_0/V_i の大きさは、約 __A__ である。

(2) 入力インピーダンスは、約 __B__ 〔Ω〕である。

(3) V_i と V_0 の位相は、 __C__ である。

	A	B	C
1	1	$h_{fe}R_L$	同相
2	1	$h_{fe}R_L$	逆相
3	1	$h_{ie}{}^2$	逆相
4	$h_{fe}h_{ie}$	$h_{fe}R_L$	同相
5	$h_{fe}h_{ie}$	$h_{ie}{}^2$	逆相

C：コレクタ
E：エミッタ
B：ベース

V_i：入力電圧〔V〕
V_0：出力電圧〔V〕
R_L：抵抗〔Ω〕
V：直流電源電圧〔V〕

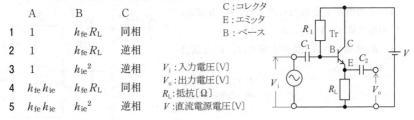

A-14 次の記述は、図に示す原理的な RC 発振回路について述べたものである。 ____ 内に入れるべき字句の正しい組合せを下の番号から選べ。ただし、回路は発振状態にあるものとする。

(1) 名称は、 __A__ RC 発振回路である。

(2) 入力電圧 $\dot{V}_i$ と出力電圧 $\dot{V}_0$ の位相差は、 __B__ 〔rad〕である。

(3) $R \times C$ の値を大きくすると、発振周波数は、 __C__ なる。

答　A-12：5　　A-13：1

無線工学の基礎

	A	B	C
1	コルピッツ	$\dfrac{\pi}{2}$	高く
2	コルピッツ	π	低く
3	移相形	$\dfrac{\pi}{2}$	高く
4	移相形	π	低く
5	移相形	$\dfrac{\pi}{2}$	低く

$\dot{V}_i$：入力電圧〔V〕
$\dot{V}_o$：出力電圧〔V〕
C：静電容量〔F〕
R：抵抗〔Ω〕

A-15 次の記述は、図に示す相補的な特性のトランジスタ Tr_1 及び Tr_2 を用いた、原理的なコンプリメンタリ SEPP 回路の動作について述べたものである。このうち誤っているものを下の番号から選べ。ただし、回路は理想的な B 級動作とし、入力電圧 v_i〔V〕は正弦波交流電圧とする。

1　入力電圧 $v_i = 0$〔V〕のとき、Tr_1 及び Tr_2 にコレクタ電流は流れない。

2　入力電圧 v_i が加わったとき、v_i の半周期ごとに Tr_1 と Tr_2 にコレクタ電流が交互に流れる。

3　入力電圧 v_i が加わったとき、R_L 両端の電圧 v_{RL} の最大値は、$2V$〔V〕である。

4　入力電圧 v_i が加わったとき、i_{C1} 及び i_{C2} の最大値は、V/R_L〔A〕である。

5　R_L で得られる最大出力電力は、$V^2/(2R_L)$〔W〕である。

C：コレクタ
E：エミッタ
B：ベース

V　：直流電源電圧〔V〕
R_L：負荷抵抗〔Ω〕
i_{C1}：Tr_1 のコレクタ電流〔A〕
i_{C2}：Tr_2 のコレクタ電流〔A〕

A-16 次の記述は、図1に示す回路のスイッチ SW を図2に示すように時間 t が t_1〔s〕のときに接（ON）にして 20〔V〕の直流電圧 V を加えたときの出力電圧 v_{ab} について述べたものである。□□内に入れるべき字句の正しい組合せを下の番号から選べ。ただし、初期状態で C の電荷は 0（零）とする。また、自然対数の底を ε としたとき、$\varepsilon^{-1} = 0.37$ とする。

(1)　SW を接（ON）にした直後の v_{ab} は、約 | A |〔V〕である。

(2)　時間 t が $t_2 = t_1 + CR$〔s〕のときの v_{ab} は、約 | B |〔V〕である。

(3)　時間 t が十分経過したときの v_{ab} は、約 | C |〔V〕である。

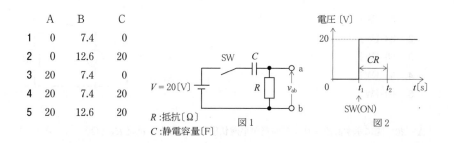

	A	B	C
1	0	7.4	0
2	0	12.6	20
3	20	7.4	0
4	20	7.4	20
5	20	12.6	20

R：抵抗〔Ω〕
C：静電容量〔F〕
図1
図2

A－17　最大目盛値が100〔V〕で精度階級の階級指数が0.5の永久磁石可動コイル形電圧計の最大許容誤差の大きさの値として、正しいものを下の番号から選べ。

1　0.5〔V〕　　2　0.7〔V〕　　3　1.0〔V〕　　4　1.2〔V〕　　5　1.5〔V〕

A－18　次の記述は、図に示す回路を用いて抵抗 R_X〔Ω〕を測定する方法について述べたものである。□□□内に入れるべき字句の正しい組合せを下の番号から選べ。ただし、直流電流計 A_a の内部抵抗は無視するものとする。

(1)　スイッチ SW を接（ON）にしたとき、A_a の指示値が10〔mA〕であった。したがって、V は次の値で表される。

$$V = \boxed{\text{A}} \ \text{〔V〕} \qquad \cdots ①$$

(2)　次に、SW を断（OFF）にしたとき、A_a の指示値が2〔mA〕であった。このとき、次式が成り立つ。

$$V = (1{,}000 + \boxed{\text{B}}) \times 2 \times 10^{-3} \ \text{〔V〕} \qquad \cdots ②$$

(3)　式①及び②より、R_X は $\boxed{\text{C}}$ 〔Ω〕である。

	A	B	C
1	10	R_X	5,000
2	10	$2R_X$	4,000
3	10	R_X	4,000
4	20	R_X	5,000
5	20	$2R_X$	5,000

R：抵抗
V：直流電圧〔V〕

A－19　図に示すように、内部抵抗が20〔kΩ〕の直流電圧計 V 及び内部抵抗が1〔Ω〕の直流電流計 A を接続したときのそれぞれの指示値が100〔V〕及び1〔A〕であるとき、抵抗 R〔Ω〕で消費される電力の値として、正しいものを下の番号から選べ。

答　A－16：**3**　　A－17：**1**　　A－18：**3**

1　86〔W〕

2　88〔W〕

3　90〔W〕

4　94〔W〕

5　99〔W〕

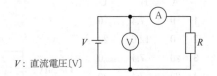

V：直流電圧〔V〕

A‐20　図に示す直流ブリッジ回路が平衡状態にあるとき、抵抗 R_X〔Ω〕の両端の電圧 V_X の値として、正しいものを下の番号から選べ。

1　14〔V〕

2　12〔V〕

3　10〔V〕

4　8〔V〕

5　6〔V〕

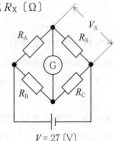

抵抗
$R_A = 50$〔Ω〕
$R_B = 25$〔Ω〕
$R_C = 20$〔Ω〕

V：直流電圧
G：直流検流計

$V = 27$〔V〕

B‐1　次の記述は、図に示す静電容量の回路について述べたものである。　　内に入れるべき字句を下の番号から選べ。ただし、C_1、C_2 及び C_3〔F〕の各静電容量に蓄えられている電荷をそれぞれ Q_1、Q_2 及び Q_3〔C〕、各静電容量の両端電圧をそれぞれ V_1、V_2 及び V_3〔V〕とする。

⑴　C_2 と C_3 の合成容量 C_{23} は、　ア　〔F〕である。

⑵　C_1 と C_{23} の合成容量 C_0 は、　イ　〔F〕である。

⑶　V_2 と V_3 の間には、　ウ　〔V〕の関係がある。

⑷　Q_1、Q_2 及び Q_3 の間には、　エ　〔C〕の関係がある。

⑸　V_1、V_3 及び V の間には、　オ　〔V〕の関係がある。

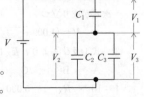

V：直流電圧〔V〕

1　$C_2 + C_3$　　　　2　$\dfrac{C_1 C_{23}}{C_1 + C_{23}}$　　　　3　$V_2 = 2V_3$

4　$Q_1 = Q_2 + Q_3$　　5　$V = V_1 + V_3$　　6　$2(C_2 + C_3)$　　7　$\dfrac{C_1 C_3}{C_1 + C_2}$

8　$V_2 = V_3$　　　　9　$Q_1 = Q_2 - Q_3$　　10　$V = V_1 - V_3$

B‐2　次の記述は、テブナンの定理を用いた回路の計算について述べたものである。　　内に入れるべき字句を下の番号から選べ。

答　　A‐19：5　　　A‐20：2

B‐1：ア‐1　イ‐2　ウ‐8　エ‐4　オ‐5

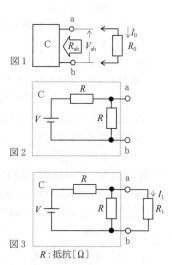

(1) テブナンの定理では、図1に示すように回路網Cの端子 ab 間の電圧が V_{ab}〔V〕で、端子 ab 間からCを見た抵抗が R_{ab}〔Ω〕のとき、端子 ab に R_0〔Ω〕の抵抗を接続すると、R_0 に流れる電流 I_0 は、$I_0 =$ ア 〔A〕で表せる。

(2) 図2の回路において端子 ab から左側を見た回路網をCとしたとき、直流電源電圧を V〔V〕とすると端子 ab 間の電圧 V_{ab} は、$V_{ab} =$ イ 〔V〕である。

(3) 図2の回路において端子 ab からCを見た抵抗 R_{ab} は、V の両端を ウ して考えるので、$R_{ab} =$ エ 〔Ω〕である。

(4) したがって、図3のように図2の回路の端子 ab に抵抗 R_1〔Ω〕を接続したとき、R_1 に流れる電流 I_1 は、V、R_1、R を用いて、$I_1 =$ オ 〔A〕で表せる。

1	$\dfrac{R_{ab} V_{ab}}{R_{ab}+R_0}$	2	V	3	短絡	4	$\dfrac{2R}{3}$	5 $\dfrac{2V}{3R_1+R}$
6	$\dfrac{V_{ab}}{R_{ab}+R_0}$	7	$\dfrac{V}{2}$	8	開放	9	$\dfrac{R}{2}$	10 $\dfrac{V}{2R_1+R}$

B−3 次の記述は、マイクロ波電子管について述べたものである。このうち正しいものを1、誤っているものを2として解答せよ。

ア マグネトロンは、電界と磁界の作用で電子流を制御する。

イ マグネトロンは、レーダ用送信管として用いることができる。

ウ マグネトロンは、周波数変調に適している。

エ 進行波管には、発振周波数を決める固有の共振回路がない。

オ 進行波管には、ら旋遅延回路がない。

B−4 次の記述は、図1に示す増幅回路 A と帰還回路 B を用いて構成した負帰還増幅回路について述べたものである。□□内に入れるべき字句を下の番号から選べ。ただし、A の電圧増幅度 V_0/V_{iA} を A_0、B の帰還率 V_f/V_0 を β とする。

(1) 負帰還増幅回路の電圧増幅度 A_{NF} は次式で表される。

答 B−2：ア−6 イ−7 ウ−3 エ−9 オ−10

B−3：ア−1 イ−1 ウ−2 エ−1 オ−2

$$A_{NF} = V_0/V_i \qquad \cdots ①$$

(2) V_i は V_{iA} 及び V_f を用いて表すと次式となる。

$$V_i = \boxed{\text{ア}} \qquad \cdots ②$$

(3) 式①に②を代入し、さらに A_0 及び β を用いて整理すると、次式が得られる。

$$A_{NF} = A_0/(1 + \boxed{\text{イ}}) \qquad \cdots ③$$

(4) A_0 が非常に大きく、$\beta A_0 \gg 1$ であるときは、式③は次式で表される。

$$A_{NF} = \boxed{\text{ウ}}$$

(5) 図2に示す回路は、図1に示す回路の A に理想的な演算増幅器（A_{OP}）を用い、かつ帰還率が $\boxed{\text{エ}}$ のときの負帰還増幅回路であり、$\boxed{\text{オ}}$ とも呼ばれる。

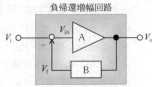

負帰還増幅回路

V_i：入力電圧〔V〕
V_o：出力電圧〔V〕
V_{iA}：A の入力電圧〔V〕
V_f：B の帰還電圧〔V〕

図1

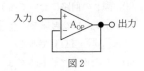

図2

1	$V_{iA} - V_f$	2	$\dfrac{\beta}{A_0}$	3	β	4	1	5	クランプ回路
6	$V_{iA} + V_f$	7	βA_0	8	$\dfrac{1}{\beta}$	9	0.1	10	ボルテージホロワ

B−5　次の記述は、図に示す原理的な構造の永久磁石可動コイル形計器（電流計）について述べたものである。$\boxed{}$内に入れるべき字句を下の番号から選べ。

(1) 駆動トルクは、永久磁石による磁界と可動コイルに流れる測定電流との間に生じる $\boxed{\text{ア}}$ である。

(2) 制御トルクは、方向が駆動トルクとは $\boxed{\text{イ}}$ であり、$\boxed{\text{ウ}}$ による弾性力である。

(3) 制動装置は、指針が停止するまでの複雑な運動を抑える役割を持ち、アルミ枠が回転することによって生じる $\boxed{\text{エ}}$ 電流による制動力を主に利用している。

(4) 目盛は、$\boxed{\text{オ}}$ 目盛となる。

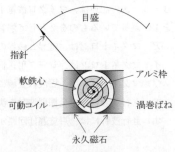

目盛
指針
軟鉄心
可動コイル
アルミ枠
渦巻ばね
永久磁石

1	電磁力	2	逆方向	3	渦巻ばね	4	渦	5	対数
6	遠心力	7	同方向	8	可動コイル	9	変位	10	等分

答　B−4：ア−6　イ−7　ウ−8　エ−4　オ−10

　　B−5：ア−1　イ−2　ウ−3　エ−4　オ−10

▶解答の指針

○A-1

静電界中の電子が受ける力 F は、加速度 α〔m/s^2〕を用いて、$F = m\alpha = eE$〔N〕で表されるから、$\alpha = eE/m$〔m/s^2〕である。したがって、静止状態から t〔s〕後の電子の速度 v は次のようになる。

$$v = \int_0^t \alpha dt = [\alpha t]_0^t = \alpha t = \frac{eEt}{m} \ \text{〔m/s〕}$$

○A-2

(1) 同一方向に流れる電流によって生ずる導線間に働く力は、吸引力である。

　　図に示すように、直流電流 I〔A〕が流れる導線 X によって r〔m〕離れた導線 Y に生ずる磁界の強さ H_X は、アンペアの周回積分の法則から、$H_\text{X} = I/(2\pi r)$〔A/m〕である。したがって、磁束密度 B は、真空の透磁率 $\mu_0 = 4\pi \times 10^{-7}$〔H/m〕を用いて次式で表される。

$$B = \mu_0 H_\text{X} = \frac{\mu_0 I}{2\pi r} = \frac{2I \times 10^{-7}}{r} \ \text{〔T〕}$$

上式より、導線間に働く力 F_XY は、次式のようになる。

$$F_\text{XY} = BI = \frac{2I^2}{r} \times 10^{-7} \ \text{〔N/m〕}$$

(2) Z と Y の間の力の大きさ F_ZY も吸引力であり、F_XY と同じ値である。

(3) 全体では、Y が受ける 1〔m〕当たりの合成力は、X と Z から受ける力の方向が逆で打ち消しあって、0〔N/m〕である。

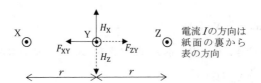

○A-3

(1) D 中の電流 I は、P 形半導体であるから、主に多数キャリアであるホール（正孔）の移動により生じる。

(2) D を流れるホール（正孔）は、磁界によりローレンツ力（電磁力）を受ける。

(3) そのため D 中で左側(a)に電荷（ホール）の偏りが生じ、a が正(＋)、b が負(−)の起電力が生じる。

○A-4

二次側コイルの両端に生じる電圧の実効値 V_2 は、一次側のコイルの正弦波交流電流 I_1 〔A〕、相互インダクタンス M〔H〕及び周波数 f〔Hz〕を用い次式となり、題意の数値を代入して次のようになる。

$$V_2 = 2\pi f M I_1 = 2\pi \times 50 \times 1 \times 0.5 = 50\pi \text{〔V〕}$$

○A-5

結節点においてキルヒホッフの第一法則を適用し次の順序で電流を求める。

$$I_2 = 6 - 3 - 1 = \underline{2} \text{〔A〕}（方向は↑）$$
$$I_4 = 5 + 3 - 2 = \underline{6} \text{〔A〕}（方向は→）$$

○A-6

抵抗 R_1 と誘導リアクタンス X_L の直列回路の力率 $\cos\theta$ は、次式で表される。

$$\cos\theta = \frac{R_1}{\sqrt{R_1{}^2 + X_L{}^2}} \quad \cdots ①$$

(1) SW が OFF のとき、題意より $R_1 = R + R_0$、$\cos\theta = 0.8$ である。式①から R_1 は次のようになる。

$$R_1 = R + R_0 = \frac{4}{3} X_L \text{〔Ω〕} \quad \cdots ②$$

(2) SW が ON のとき、$R_1 = R$、$\cos\theta = 0.6$ である。式①から R_1 は次式のようになる。

$$R_1 = R = \frac{3}{4} X_L \text{〔Ω〕} \quad \cdots ③$$

式②と③から R を消去し、次式を得る。

$$R_0 = \left(\frac{4}{3} - \frac{3}{4}\right) X_L \text{〔Ω〕}$$

$$\therefore \quad X_L = \frac{12}{7} R_0 = \underline{24} \text{〔Ω〕}$$

式③から R は次式となる。

$$R = \frac{3}{4} \times 24 = \underline{18} \text{〔Ω〕}$$

○A－7

R と L の並列合成インピーダンス $\dot{Z}_\mathrm{p}$ は、次式となる。

$$\dot{Z}_\mathrm{p} = \frac{j\omega LR}{R+j\omega L} = \frac{\omega^2 L^2 R}{R^2+\omega^2 L^2} + j\frac{\omega LR^2}{R^2+\omega^2 L^2}$$

したがって、端子 ab から見た回路のインピーダンス $\dot{Z}$ は、次のようになる。

$$\dot{Z} = \dot{Z}_\mathrm{p} - j\frac{1}{\omega C} = \frac{\omega^2 L^2 R}{R^2+\omega^2 L^2} + j\left(\frac{\omega LR^2}{R^2+\omega^2 L^2} - \frac{1}{\omega C}\right)$$

共振条件より上式の虚数部は 0 であるから次式が成り立つ。

$$\frac{\omega LR^2}{R^2+\omega^2 L^2} = \frac{1}{\omega C}$$

$$\therefore \quad R^2 + \omega^2 L^2 = \omega^2 LCR^2$$

したがって、$\dot{Z}$ は次のようになる。

$$\dot{Z} = \frac{\omega^2 L^2 R}{R^2+\omega^2 L^2} = \frac{\omega^2 L^2 R}{\omega^2 LCR^2} = \frac{L}{CR} \ \text{〔}\Omega\text{〕}$$

○A－8

(1)　$\dot{A}$ 及び $\dot{C}$ を求める。

出力開放（$\dot{I}_2 = 0$）の場合は下図1のように、$\dot{V}_1 = \dot{V}_2$ であり、次式が成り立つ。

$$\dot{A} = \frac{\dot{V}_1}{\dot{V}_2} = \underline{1}$$

$$\dot{C} = \frac{\dot{I}_1}{\dot{V}_2} = \frac{\dot{V}_1/(j\omega L)}{\dot{V}_2} = \underline{\frac{1}{j\omega L}} \ \text{〔S〕}$$

(2)　$\dot{B}$ 及び $\dot{D}$ を求める。

出力短絡（$\dot{V}_2 = 0$）の場合は図2のように、$\dot{V}_1 = \dot{V}_2 = 0$、$\dot{I}_1 = \dot{I}_2$ であり、次式が成り立つ。

$$\dot{B} = \frac{\dot{V}_1}{\dot{I}_2} = \underline{0} \ \text{〔}\Omega\text{〕}$$

$$\dot{D} = \frac{\dot{I}_1}{\dot{I}_2} = \underline{1}$$

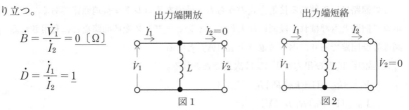

図1　出力端開放　　図2　出力端短絡

○A－10

同じ特性を持つダイオード D の直列接続であるから、単独の D と同じ電流を流すためには、ab 間に 2 倍の電圧をかける必要があるので、特性図は $V_\mathrm{D} < 1.0$ 〔V〕で $I_\mathrm{D} = 0$ 〔A〕であり、$V_\mathrm{D} \geqq 1.0$ 〔V〕で傾度 $\varDelta I_\mathrm{D}/\varDelta V_\mathrm{D}$ が単独の D の 1/2 の直線を示す。したがって、正答肢は 4 である。

○A-11

FETの相互コンダクタンス g_m は、次式で定義される。

$$g_m = \Delta I_D / \Delta V_{GS} \,\text{(S)}$$

図3において $V_{DS} = 6$ 〔V〕、$I_D = 3$ 〔mA〕付近で、ΔI_D を 2.0〜4.0 〔mA〕にとれば $\Delta V_{GS} = 0.4$ 〔V〕（−0.6〜 −1.0 〔V〕）であるから、上式に代入して、次のようになる。

$$g_m = 2 \times 10^{-3} / 0.4 = 5.0 \,\text{(mS)}$$

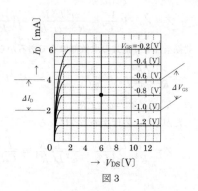

図3

○A-12

ベース電流 I_B は、V_1 〔V〕、V_{BE} 〔V〕、R_1 〔Ω〕及び題意の数値を用い、次式となる。

$$I_B = \frac{V_1 - V_{BE}}{R_1} = \frac{2 - 0.6}{56 \times 10^3} = 0.025 \,\text{(mA)}$$

上式からコレクタ電流 I_C は、$I_C = I_B \times h_{FE} = 0.025 \times 200 = 5$ 〔mA〕となる。

したがって、V_{CE} は、V_2 〔V〕、R_2 〔Ω〕及び題意の数値を用いて次のようになる。

$$V_{CE} = V_2 - R_2 I_C = 20 - 2 \times 10^3 \times 5 \times 10^{-3} = 20 - 10 = 10 \,\text{(V)}$$

○A-13

この回路は、三種ある接地方式のうちの一種であるコレクタ接地回路である。エミッタホロワ回路とも呼ばれ、段間に挿入して、インピーダンス変換回路などに利用される。次図は等価回路であり、ベース電流を I_b 〔A〕とする。

入力電圧 V_i 及び出力電圧 V_o は次式で表される。

$$V_i = \{h_{ie} + (1 + h_{fe}) R_L\} I_b \,\text{(V)}$$

$$V_o = (1 + h_{fe}) R_L I_b \,\text{(V)}$$

(1) 一般に $h_{ie} \ll (1 + h_{fe}) R_L$ であるから、電圧増幅度 A_v は、$A_v = V_o / V_i \fallingdotseq \underline{1}$ である。

(2) 入力インピーダンス Z_i は、$Z_i = V_i / I_b = h_{ie} + (1 + h_{fe}) R_L \fallingdotseq \underline{h_{fe} R_L}$ 〔Ω〕で表され、エミッタ接地回路と比べて入力インピーダンスが非常に高く、出力インピーダンスは低い。

(3) V_i と V_o の位相は同相である。

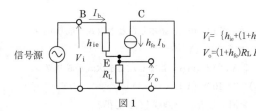

$V_i = \{h_{ie} + (1+h_{fe})R_L\}I_b$

$V_o = (1+h_{fe})R_L I_b$

図1

○A-14

(1) 名称は、移相形 RC 発振回路である。

(2) 位相回路である RC 回路により π〔rad〕位相を変えることにより発振するので、増幅回路の入力電圧 $\dot{V_i}$ と出力電圧 $\dot{V_o}$ の位相差は、π〔rad〕である。

(3) 設問図のような3段構成の移相形 RC 発振回路の発振周波数 f_0〔Hz〕は、次式で表される。

$$f_0 = \frac{1}{2\pi\sqrt{6}\,RC} \ \text{〔Hz〕}$$

したがって、$R \times C$ の値を大きくすると、f は低くなる。

○A-15

3　入力電圧 v_i が加わったとき、R_L の両端の電圧 v_{RL} の最大値は、直流電源電圧が加わるので V〔V〕である。

○A-16

設問図の RC 直列回路では、$t = t_1$〔s〕で SW を ON にするので、題意の初期条件から v_{ab} は次式で表される。

$$v_{ab}(t) = V\varepsilon^{-(t-t_1)/(CR)} \ \text{〔V〕}$$

(1) SW を ON にした直後は、$v_{ab}(t_1) = V\varepsilon^{-(t_1-t_1)/(CR)} = V = \underline{20}$〔V〕である。

(2) $t = t_2 = t_1 + CR$〔s〕のときは、$v_{ab}(t_1+CR) = V\varepsilon^{-(CR)/(CR)} = V\varepsilon^{-1} = 0.37 \times 20 = \underline{7.4}$〔V〕である。

(3) 十分経過した $t = \infty$ では、$v_{ab} = V\varepsilon^{-\infty} = \underline{0}$〔V〕である。

○A-17

最大許容誤差は、最大目盛値100〔V〕及び精度階級の指数0.5であるから、$100 \times 0.5/100 = 0.5$〔V〕である。

○A−18

(1) SW を接（ON）で A_a が 10〔mA〕指示したとき次式が成り立つ。
$$V = 1,000 \times 10 \times 10^{-3} = \underline{10}\ \text{〔V〕} \hspace{2cm} \cdots①$$

(2) SW を断（OFF）で A_a が 2〔mA〕指示したとき次式が成り立つ。
$$V = (1,000 + \underline{R_X}) \times 2 \times 10^{-3}\ \text{〔V〕} \hspace{1.5cm} \cdots②$$

(3) 式①及び②より V を消去し $R_X = \underline{4,000}$〔Ω〕を得る。

○A−19

抵抗 R で消費される電力 P は、流れる電流 I_m〔A〕と両端の電圧 V_m〔V〕の積である。I_m は電流計 A の指示値 I に等しいが、V_m は内部抵抗 r_A〔Ω〕の A の両端の電圧 V_A を用いて次式となる。
$$V_m = V - V_A = V - r_A I_m$$

したがって、P は題意の数値を用いて次のようになる。
$$P = I(V - r_A I) = 1 \times (100 - 1 \times 1) = 99\ \text{〔W〕}$$

○A−20

直流ブリッジが平衡状態のとき、R_X の両端の電圧 V_X は R_C の両端の電圧 V_C に等しいので、V_X は題意の数値を用いて次式で表される。
$$V_X = V_C = V \times \frac{R_C}{R_B + R_C} = 27 \times \frac{20}{25 + 20} = 12\ \text{〔V〕}$$

○B−1

(1) C_2 と C_3 は並列であるから、合成容量 $C_{23} = \underline{C_2 + C_3}$〔F〕である。

(2) C_1 と C_{23} は直列であるから、合成容量 $C_0 = \underline{C_1 C_{23}/(C_1 + C_{23})}$〔F〕である。

(3) $\underline{V_2 = V_3}$ である。

(4) C_1 と C_{23} は直列であるから、$Q_1 = Q_{23}$ である。また $Q_2 = C_2 V_2$、$Q_3 = C_3 V_3$ であるから $\underline{Q_1 = Q_2 + Q_3}$〔C〕

(5) C_1 と C_{23} は直列であるから、$\underline{V = V_1 + V_3}$〔V〕である。

○B−2

(1) テブナンの定理から、図 1 に示すように回路 C の端子 ab 間の電圧が V_{ab}〔V〕で、端子 ab 間から C を見た抵抗が R_{ab}〔Ω〕のとき、端子 ab に R_0〔Ω〕の抵抗を接続すると、R_0 に流れる電流 I_0 は、$I_0 = \underline{V_{ab}/(R_{ab} + R_0)}$〔A〕で表される。

(2) 図 2 の回路において端子 ab から左を見た回路網を C としたとき、端子 ab 間の電圧 V_{ab} は、R〔Ω〕の同じ値の二つの抵抗による電源電圧の分割であるから、$V_{ab} = \underline{V/2}$

〔V〕である。

(3) 図2の回路において端子 ab から見た抵抗 R_{ab} は、V の両端を短絡して考えるので、抵抗 R〔Ω〕の並列接続となり、$R_{ab} = \underline{R/2}$〔Ω〕である。

(4) したがって、図3のように図2の回路の端子 ab に抵抗 R_1〔Ω〕を接続したとき、R_1 に流れる電流 I_1 は、V、R_1 及び R を用いて、次のようになる。

$$I_1 = \frac{V/2}{R_1 + R/2} = \underline{\frac{V}{2R_1 + R}} \quad 〔A〕$$

○B-3

ウ マグネトロンは、**振幅変調や周波数変調をかけることは難しい。**

オ 進行波管には、**ら旋遅延回路がある。**

○B-4

(1) 電圧増幅度 A_{NF} は次式で表される。

$$A_{NF} = V_o/V_i \qquad \cdots ①$$

(2) 負帰還であるから $V_{iA} = V_i - V_f$ の関係から次式を得る。

$$V_i = \underline{V_{iA} + V_f} \qquad \cdots ②$$

(3) 式②を式①に代入して、A 単体の増幅度 A_0 及び B の帰還率 β を用いて、式①を整理する。

$$A_{NF} = \frac{1}{(V_{iA}/V_o) + (V_f/V_o)} = \frac{1}{1/A_0 + \beta} = \frac{A_0}{1 + \underline{\beta A_0}} \qquad \cdots ③$$

(4) $\beta A_0 \gg 1$ なら、式③から $A_{NF} = \underline{1/\beta}$ である。

(5) 与図2の回路は、与図1の A に理想的な演算増幅器 A_{OP} を用い $\beta = \underline{1}$ とした場合の負帰還増幅回路であり、増幅度 = 1 のインピーダンス変換回路として用いられ、ボルテージホロワと呼ばれる。

無線工学の基礎

令和 2 年 1 月期

A-1 次の記述は、電気力線及び電束について述べたものである。￣￣内に入れるべき字句の正しい組合せを下の番号から選べ。ただし、媒質の誘電率を ε〔F/m〕とする。

(1) 点電荷 Q〔C〕($Q>0$）からは、 A の電気力線が全方向に均等に放射されている。

(2) 点電荷 Q〔C〕($Q>0$）からは、 B の電束が全方向に均等に放射されている。

	A	B		A	B
1	$\dfrac{\varepsilon}{Q}$	$Q\varepsilon$	2	$\dfrac{\varepsilon}{Q}$	Q
3	$\dfrac{Q}{\varepsilon}$	$Q\varepsilon$	4	$\dfrac{Q}{\varepsilon}$	Q
5	$\dfrac{Q}{\varepsilon}$	Q^2			

A-2 図に示すように、二つの円形コイル A 及び B の中心を重ね O として同一平面上に置き、互いに逆方向に直流電流 I〔A〕を流したとき、O における合成磁界の強さ H〔A/m〕を表す式として、正しいものを下の番号から選べ。ただし、コイルの巻数は A、B ともに 1 回、A 及び B の円の半径はそれぞれ r〔m〕及び $2r$〔m〕とする。

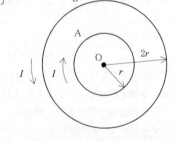

1　$H=\dfrac{I}{2r}$　　2　$H=\dfrac{2I}{3r}$

3　$H=\dfrac{I}{3r}$　　4　$H=\dfrac{3I}{4r}$

5　$H=\dfrac{I}{4r}$

A-3 次の記述は、図に示す自己インダクタンスが L〔H〕のコイルに流れる電流 I が、微小時間 Δt〔s〕間に ΔI〔A〕変化したときに生ずる現象について述べたものである。￣￣内に入れるべき字句の正しい組合せを下の番号から選べ。

(1) コイルには、起電力 e が生ずる。この現象を A という。

(2) e の大きさは、 B 〔V〕である。

(3) e の方向は、ΔI の変化を C 方向である。

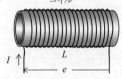

コイル

	A	B	C		A	B	C
1	自己誘導	$L\dfrac{\Delta I}{\Delta t}$	妨げる	2	相互誘導	$L\dfrac{\Delta I}{\Delta t}$	増加させる
3	相互誘導	$L\dfrac{\Delta t}{\Delta I}$	妨げる	4	自己誘導	$L\dfrac{\Delta t}{\Delta I}$	増加させる
5	自己誘導	$L\dfrac{\Delta I}{\Delta t}$	増加させる				

A-4 次の記述は、導線に電流が流れているときに生ずる表皮効果について述べたものである。このうち誤っているものを下の番号から選べ。

1 直流電流を流したときには生じない。

2 導線に流れる電流による磁束の変化によって生ずる。

3 電流の周波数が低いほど顕著に生ずる。

4 導線断面の中心に近いほど電流密度が小さい。

5 導線の実効抵抗が大きくなる。

A-5 図に示す抵抗 $R = 50$〔Ω〕で作られた回路において、端子ab間の合成抵抗R_{ab}〔Ω〕の値として、正しいものを下の番号から選べ。

1 25　　2 30　　3 45

4 75　　5 100

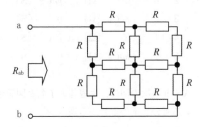

A-6 図に示すように、直流回路網Cにおいて、端子abからCを見たコンダクタンスが G_0〔S〕であり、端子 ab を短絡したときに流れる電流が I_0〔A〕であった。このとき、Cの端子 ab 間にコンダクタンス G_x〔S〕を接続したときに G_x に流れる電流 I_x〔A〕を表す式として、正しいものを下の番号から選べ。

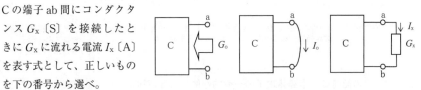

1　$I_x = \dfrac{G_0 + G_x}{2G_0} I_0$　　　2　$I_x = \dfrac{G_0 + G_x}{G_0} I_0$　　　3　$I_x = \dfrac{G_0 + G_x}{G_x} I_0$

4　$I_x = \dfrac{G_0}{G_0 + G_x} I_0$　　　5　$I_x = \dfrac{G_x}{G_0 + G_x} I_0$

答　　A-3：**1**　　A-4：**3**　　A-5：**4**　　A-6：**5**

A-7 図に示す直列共振回路において、可変静電容量 C_V が 50〔pF〕のとき共振周波数 f_r は 900〔kHz〕であった。この回路の f_r を 300〔kHz〕にするための C_V〔pF〕の値として、正しいものを下の番号から選べ。ただし、抵抗 R〔Ω〕及び自己インダクタンス L〔H〕は一定とする。

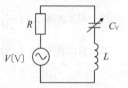

1 150　　**2** 300　　**3** 450
4 600　　**5** 750　　　　　　V：交流電圧

A-8 図に示す四端子回路網において、四端子定数 $(\dot{A}、\dot{B}、\dot{C}、\dot{D})$ の値の組合せとして、正しいものを下の番号から選べ。ただし、各定数と電圧電流の関係式は、図に併記したとおりとする。

	$\dot{A}$	$\dot{B}$		$\dot{C}$		$\dot{D}$
1	1	0	〔Ω〕	$j\omega C_0$	〔S〕	1
2	0	0	〔Ω〕	$j\omega C_0$	〔S〕	1
3	0	$j\omega C_0$	〔Ω〕	0	〔S〕	1
4	1	0	〔Ω〕	$j\omega C_0$	〔S〕	0
5	1	$j\omega C_0$	〔Ω〕	0	〔S〕	0

$\dot{V}_1 = \dot{A}\dot{V}_2 + \dot{B}\dot{I}_2$
$\dot{I}_1 = \dot{C}\dot{V}_2 + \dot{D}\dot{I}_2$

$\dot{V}_1$：入力電圧〔V〕
$\dot{V}_2$：出力電圧〔V〕
$\dot{I}_1$：入力電流〔A〕
$\dot{I}_2$：出力電流〔A〕
ω：角周波数〔rad/s〕

C_0：静電容量〔F〕

A-9 次の図は、半導体素子名と図記号の組合せを示したものである。このうち誤っているものを下の番号から選べ。

1　　　　　2　　　　　3　　　　　4　　　　　5

NPNトランジスタ　　Nチャネル接合形　　発光ダイオード　　Pゲート逆阻止3端子　　Nチャネル絶縁ゲート形
　　　　　　　　　　電界効果トランジスタ　　　　　　　　　サイリスタ　　　　　　エンハンスメント形
　　　　　　　　　　　　　　　　　　　　　　　　　　　　　　　　　　　　　　　電界効果トランジスタ

A-10 次の記述は、半導体素子の一般的な働き又は用途について述べたものである。□ 内に入れるべき字句の正しい組合せを下の番号から選べ。

(1) バラクタダイオードは、 A として用いられる。
(2) ツェナーダイオードは、主に B を加えたときの定電圧特性を利用する。
(3) ガンダイオードは、負性抵抗特性が C ことから、マイクロ波の発振に利用できる。

答　A-7：3　　A-8：1　　A-9：1

	A	B	C
1	可変静電容量素子	順方向電圧	ない
2	可変静電容量素子	逆方向電圧	ある
3	可変静電容量素子	逆方向電圧	ない
4	可変抵抗素子	順方向電圧	ある
5	可変抵抗素子	逆方向電圧	ない

A-11　図1に示すトランジスタ(Tr)回路で、コレクタ電流 I_C が 4.95〔mA〕変化したときのエミッタ電流 I_E の変化が 5.00〔mA〕であった。同じ Tr を用いて図2の回路を作り、ベース電流 I_B を 20〔μA〕変化させたときのコレクタ電流 I_C〔mA〕の変化の値として、最も近いものを下の番号から選べ。ただし、トランジスタの電極間の電圧は、図1及び図2で同じ値とする。

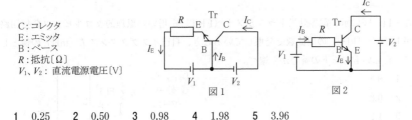

C：コレクタ
E：エミッタ
B：ベース
R：抵抗〔Ω〕
V_1、V_2：直流電源電圧〔V〕

図1　図2

1	0.25	**2**	0.50	**3**	0.98	**4**	1.98	**5**	3.96

A-12　次の記述は、図に示す原理的な構造のマグネトロンについて述べたものである。□□内に入れるべき字句の正しい組合せを下の番号から選べ。

(1)　陽極－陰極間には □A□ を加える。

(2)　発振周波数を決める主な要素は、□B□ である。

(3)　□C□ や調理用電子レンジなどの発振用として広く用いられている。

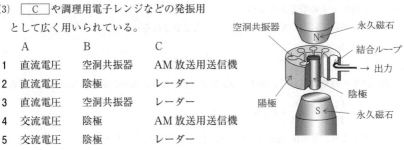

空洞共振器　永久磁石
結合ループ
→ 出力
陰極
陽極　永久磁石

	A	B	C
1	直流電圧	空洞共振器	AM放送用送信機
2	直流電圧	陰極	レーダー
3	直流電圧	空洞共振器	レーダー
4	交流電圧	陰極	AM放送用送信機
5	交流電圧	陰極	レーダー

答　　A-10：**2**　　A-11：**4**　　A-12：**3**

無線工学の基礎

A – 13 図に示す RC 結合増幅回路（A級）の直流負荷抵抗 R_{DC} 及び交流負荷抵抗 R_{AC} 〔Ω〕を表す式の組合せとして、正しいものを下の番号から選べ。ただし、静電容量 C_1、C_2、C_3〔F〕及びトランジスタ（Tr）の出力アドミタンス h_{oe}〔S〕の影響は無視するものとする。

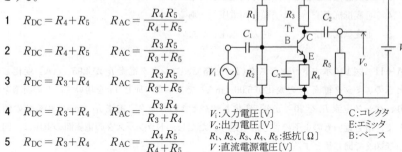

1 $R_{DC} = R_4 + R_5$ 　　$R_{AC} = \dfrac{R_4 R_5}{R_4 + R_5}$

2 $R_{DC} = R_4 + R_5$ 　　$R_{AC} = \dfrac{R_3 R_5}{R_3 + R_5}$

3 $R_{DC} = R_3 + R_4$ 　　$R_{AC} = \dfrac{R_3 R_5}{R_3 + R_5}$

4 $R_{DC} = R_3 + R_4$ 　　$R_{AC} = \dfrac{R_3 R_4}{R_3 + R_4}$

5 $R_{DC} = R_3 + R_4$ 　　$R_{AC} = \dfrac{R_4 R_5}{R_4 + R_5}$

V_i：入力電圧〔V〕　　　　　　C：コレクタ
V_o：出力電圧〔V〕　　　　　　E：エミッタ
R_1, R_2, R_3, R_4, R_5：抵抗〔Ω〕　B：ベース
V：直流電源電圧〔V〕

A – 14 図に示す電界効果トランジスタ（FET）を用いた原理的なコルピッツ発振回路が $1,250/\pi$〔kHz〕の周波数で発振しているとき、自己インダクタンス L〔mH〕の値として、正しいものを下の番号から選べ。

1　0.4

2　0.8

3　1.2

4　1.6

5　2.0

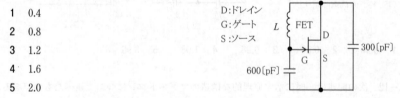

D：ドレイン
G：ゲート
S：ソース

600〔pF〕　300〔pF〕

A – 15 次の記述は、図1及び図2に示す理想的な演算増幅器（A_{OP}）を用いた低域フィルタ（LPF）の基本的な動作について述べたものである。□□内に入れるべき字句の正しい組合せを下の番号から選べ。

(1) 図1の回路において、$\dot{V}_o / \dot{V}_i$ は、次式で表される。

$$\frac{\dot{V}_o}{\dot{V}_i} = - \boxed{\text{ A }} \qquad \cdots ①$$

(2) 図2の回路において、図1の $\dot{Z}_1$ 及び $\dot{Z}_2$ を求めて式①を整理すると次式になる。

$$\frac{\dot{V}_o}{\dot{V}_i} = - \frac{R_2}{R_1} \times (\boxed{\text{ B }}) \qquad \cdots ②$$

(3) 式②より、$\omega = 0$〔rad/s〕のとき、図2の回路の $\dot{V}_o / \dot{V}_i$ は、

答　A – 13：3　　　A – 14：2

$$\frac{\dot{V}_\mathrm{o}}{\dot{V}_\mathrm{i}} = -\frac{R_2}{R_1} \text{ になる。}$$

(4) また、図2の回路において、$\dot{V}_\mathrm{o}/\dot{V}_\mathrm{i}$ の大きさが $\omega = 0$ 〔rad/s〕のときの $1/\sqrt{2}$ になる角周波数 ω_C は、次式で表される。

$$\omega_\mathrm{C} = \boxed{\text{ C }} \text{ 〔rad/s〕}$$

	A	B	C
1	$\dfrac{\dot{Z}_2}{\dot{Z}_1}$	$\dfrac{1}{1+j\omega CR_2}$	$\dfrac{1}{CR_2}$
2	$\dfrac{\dot{Z}_2}{\dot{Z}_1}$	$\dfrac{1}{1-j\omega CR_2}$	$\dfrac{1}{6CR_2}$
3	$\dfrac{\dot{Z}_2}{\dot{Z}_1}$	$\dfrac{1}{1-j\omega CR_2}$	$\dfrac{1}{3CR_2}$
4	$1+\dfrac{\dot{Z}_2}{\dot{Z}_1}$	$\dfrac{1}{1+j\omega CR_2}$	$\dfrac{1}{6CR_2}$
5	$1+\dfrac{\dot{Z}_2}{\dot{Z}_1}$	$\dfrac{1}{1+j\omega CR_2}$	$\dfrac{1}{CR_2}$

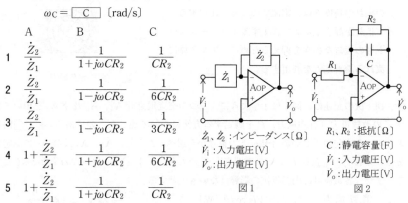

$\dot{Z}_1$、$\dot{Z}_2$：インピーダンス〔Ω〕
$\dot{V}_\mathrm{i}$：入力電圧〔V〕
$\dot{V}_\mathrm{o}$：出力電圧〔V〕

R_1、R_2：抵抗〔Ω〕
C：静電容量〔F〕
$\dot{V}_\mathrm{i}$：入力電圧〔V〕
$\dot{V}_\mathrm{o}$：出力電圧〔V〕

図1　　　　　図2

A－16　次の記述は、図に示す論理回路について述べたものである。[____]内に入れるべき字句の正しい組合せを下の番号から選べ。ただし、正論理とし、X 及び Y を入力、Z を出力とする。

(1) 論理回路を論理式で表すと $\boxed{\text{ A }}$ となる。

(2) $X=1$、$Y=0$ のとき、$Z=\boxed{\text{ B }}$、$X=1$、$Y=1$ のとき、$Z=\boxed{\text{ C }}$ となる。

	A	B	C
1	$Z=\overline{X}+Y$	1	0
2	$Z=\overline{X}+Y$	0	1
3	$Z=X+\overline{Y}$	1	0
4	$Z=X+\overline{Y}$	0	1
5	$Z=X+Y$	1	0

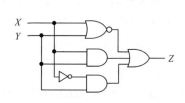

A－17　次の記述は、図に示す永久磁石可動コイル形計器の原理的な動作について述べたものである。このうち誤っているものを下の番号から選べ。

1　永久磁石による磁界と可動コイルに流れる電流との間に生ずる電磁力が指針の駆動トルクとなる。

[答]　A－15：**1**　　　A－16：**2**

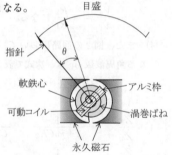

2 渦巻ばねによる弾性力が、指針の制御トルクとなる。

3 指針の駆動トルクと制御トルクは、方向が互いに逆方向である。

4 可動コイルに流れる電流が直流の場合、指針の振れの角度 θ は、電流値の二乗に比例する。

5 指針が静止するまでに生ずるオーバーシュート等の複雑な動きを抑えるために、アルミ枠に流れる誘導電流を利用する。

A-18 次の記述は、図1に示すように、三つの交流電流計 A_1、A_2 及び A_3 を用いて負荷 $\dot{Z}$ の消費電力（有効電力）P を測定する方法について述べたものである。□□内に入れるべき字句の正しい組合せを下の番号から選べ。ただし、A_1、A_2 及び A_3 の測定値をそれぞれ I_1、I_2 及び I_3 〔A〕、電源電圧 $\dot{V}$ の大きさを V 〔V〕、負荷の力率を $\cos\theta$ とする。また、各電流計の内部抵抗の影響はないものとする。

(1) 消費電力 P は、$P = VI_2\cos\theta$ 〔W〕で表される。

(2) 電源電圧 V は、$V = \boxed{\text{A}}$ 〔V〕で表される。

(3) 図2に示す各電流のベクトル図から、I_1、I_2 及び I_3 の間に次式が成り立つ。

$$I_1{}^2 = \boxed{\text{B}}$$

(4) したがって、(1)、(2)、(3)より、P は次式で表される。

$$P = \frac{R}{2} \times \boxed{\text{C}} \quad \text{〔W〕}$$

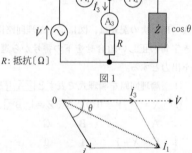

R：抵抗〔Ω〕

図1

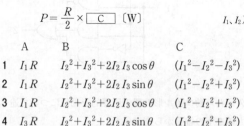

I_1、I_2 及び I_3 のベクトルを $\dot{I}_1$、$\dot{I}_2$ 及び $\dot{I}_3$ で表す。

図2

	A	B	C
1	$I_1 R$	$I_2{}^2 + I_3{}^2 + 2I_2 I_3\cos\theta$	$(I_1{}^2 - I_2{}^2 - I_3{}^2)$
2	$I_1 R$	$I_2{}^2 + I_3{}^2 + 2I_2 I_3\sin\theta$	$(I_1{}^2 - I_2{}^2 + I_3{}^2)$
3	$I_1 R$	$I_2{}^2 + I_3{}^2 + 2I_2 I_3\cos\theta$	$(I_1{}^2 - I_2{}^2 + I_3{}^2)$
4	$I_3 R$	$I_2{}^2 + I_3{}^2 + 2I_2 I_3\sin\theta$	$(I_1{}^2 - I_2{}^2 + I_3{}^2)$
5	$I_3 R$	$I_2{}^2 + I_3{}^2 + 2I_2 I_3\cos\theta$	$(I_1{}^2 - I_2{}^2 - I_3{}^2)$

答 A-17：4 A-18：5

A - 19　図に示す交流ブリッジ回路において、検流計 G の指針が
零であるとき、自己インダクタンス L_X〔mH〕の値として、最も
近いものを下の番号から選べ。ただし、抵抗 R_1 及び R_2 をそれぞ
れ 200〔Ω〕及び 500〔Ω〕、静電容量 C_S を 0.2〔μF〕とする。

1　10　　　2　20

3　30　　　4　40

5　50

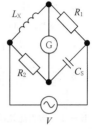

V：交流電源〔V〕

A - 20　次の記述は、図に示すように直流電流計 A_1 及び A_2 を並列に接続したときの端
子 ab 間で測定できる電流について述べたものである。　　　内に入れるべき字句の正し
い組合せを下の番号から選べ。ただし、A_1 及び A_2 の最大目盛値及び内部抵抗は表の値
とする。

(1)　端子 ab 間に流れる電流 I の値を零から増やしていくと、　A　が先に最大目盛値
を指示する。

(2)　(1)のとき、もう一方の直流電流計は、　B　〔mA〕を指示する。

(3)　したがって、端子 ab 間で測定できる I の最大値は、　C　〔mA〕である。

	A	B	C
1	A_1	15	25
2	A_2	15	25
3	A_1	15	35
4	A_2	5	35
5	A_1	5	35

電流計	最大目盛値	内部抵抗
A_1	30〔mA〕	0.5〔Ω〕
A_2	10〔mA〕	3〔Ω〕

B - 1　次の記述は、磁束密度が B〔T〕の一様な磁界中に置かれた、I〔A〕の直流電流
の流れている長さ l〔m〕の直線導体に生ずる電磁力 F について述べたものである。
　　　内に入れるべき字句を下の番号から選べ。なお、同じ記号の　　　内には、同じ字
句が入るものとする。

(1)　F の大きさは、B の方向と I の方向のなす角度が　ア　〔rad〕のときに最大となり、
　イ　〔rad〕のときに零となる。

(2)　B の方向、I の方向及び F の方向の関係はフレミングの　ウ　の法則で求められる。

(3)　フレミングの　ウ　の法則では、B の方向と I の方向を定められた指で示すと、
　エ　が F の方向を示す。

答　A - 19：2　　A - 20：5

(4) 導体の長さを l〔m〕、B の方向と I の方向のなす角度を θ〔rad〕$(0<\theta<\pi/2)$ とすると、F は、$F=$ オ 〔N〕である。

1 $\dfrac{\pi}{4}$ 2 0 3 右手 4 親指 5 $BIl\sin\theta$

6 $\dfrac{\pi}{2}$ 7 $\dfrac{\pi}{3}$ 8 左手 9 中指 10 $B^2Il\tan\theta$

B-2 次の記述は、図に示す3つの正弦波交流電圧 v_1、v_2 及び v_3 の合成について述べたものである。 内に入れるべき字句を下の番号から選べ。ただし、v_1、v_2 及び v_3 の最大値 V_m〔V〕及び角周波数 ω〔rad/s〕は等しいものとし、時間を t〔s〕とする。

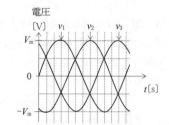

(1) v_1 は v_2 よりも位相が $\dfrac{2\pi}{3}$〔rad〕 ア いる。

(2) v_1 と v_3 の位相差は、 イ 〔rad〕である。

(3) $v_{23}=v_2+v_3$ としたとき、v_{23} の最大値は、 ウ 〔V〕である。

(4) v_{23} と v_1 の位相差は、 エ 〔rad〕である。

(5) $v_0=v_1+v_2+v_3$ としたとき、v_0 は、常に オ 〔V〕である。

$$v_1 = V_m\sin\omega t \ \text{〔V〕}$$
$$v_2 = V_m\sin(\omega t - \dfrac{2\pi}{3}) \ \text{〔V〕}$$
$$v_3 = V_m\sin(\omega t + \dfrac{2\pi}{3}) \ \text{〔V〕}$$

1 進んで 2 $\dfrac{\pi}{3}$ 3 V_m 4 $\dfrac{\pi}{4}$ 5 0

6 遅れて 7 $\dfrac{2\pi}{3}$ 8 $\sqrt{2}\,V_m$ 9 π 10 $\dfrac{V_m}{2}$

B-3 次の記述は、サーミスタの一般的な特性などについて述べたものである。このうち正しいものを1、誤っているものを2として解答せよ。

ア 抵抗の温度係数の大きさの値が、銅などの金属と比べて、非常に小さい。

イ 常温での抵抗率は、銅などの金属と比べて非常に小さい。

ウ 抵抗の温度係数が、正（＋）素子と負（－）の素子の両方がある。

エ 電子回路の温度補償などに用いられる。

オ 金属酸化物（マンガン、ニッケル、コバルトなど）を焼結した半導体素子の一種である。

答 B-1：ア-6 イ-2 ウ-8 エ-4 オ-5
　　B-2：ア-1 イ-7 ウ-3 エ-9 オ-5
　　B-3：ア-2 イ-2 ウ-1 エ-1 オ-1

B-4 次の記述は、図1に示す理想ダイオードDを用いた回路の動作について述べたものである。□□内に入れるべき字句を下の番号から選べ。ただし、v_{ab}を入力電圧、v_{cd}を出力電圧、ωを角周波数〔rad/s〕、tを時間〔s〕とする。

(1) $v_{ab} = 0$〔V〕のとき、$v_{cd} = $ ア 〔V〕である。

(2) $v_{ab} = -3$〔V〕のとき、$v_{cd} = $ イ 〔V〕である。

(3) $v_{ab} = 3$〔V〕のとき、$v_{cd} = $ ウ 〔V〕である。

(4) $v_{ab} = 4\sin\omega t$〔V〕のとき、v_{cd}の波形は図2の エ になる。

(5) 回路は、 オ 回路といわれる。

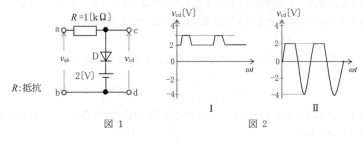

図1　　図2

1	-2	2	-3	3	4	4	Ⅰ	5	クランプ
6	0	7	3	8	2	9	Ⅱ	10	クリッパ

B-5 次の表は、電気磁気量の単位を他のSI単位を用いて表したものである。□□内に入れるべき字句を下の番号から選べ。

電気磁気量	電気抵抗	静電容量	コンダクタンス	磁束密度	電力
単位	〔Ω〕	〔F〕	〔S〕	〔T〕	〔W〕
他のSI単位表示	ア	イ	ウ	エ	オ

1	〔C/V〕	2	〔V/A〕	3	〔J/s〕	4	〔C/m²〕	5	〔Wb〕
6	〔W/A〕	7	〔Wb/m²〕	8	〔A/V〕	9	〔N·m〕	10	〔Wb/A〕

答　B-4：ア-6　イ-2　ウ-8　エ-9　オ-10

　　　B-5：ア-2　イ-1　ウ-8　エ-7　オ-3

▶解答の指針

○A-1

(1) 誘電率 ε の媒質中にある正電荷 Q〔C〕を中心にした半径 r〔m〕の球の表面上での電界強度 E は次のようになる。

$$E = \frac{Q}{4\pi\varepsilon r^2} = \frac{Q/\varepsilon}{4\pi r^2} \ \text{〔V/m〕}$$

上式の分母は球の表面積であり、電界強度 E は電気力線の密度であるから、$\underline{Q/\varepsilon}$ 本の電気力線が全方向に均等に放射されることになる。

(2) 同じ電荷であっても誘電率 ε により電気力線の数は変わってしまう。そこで、電気力線の数を ε 倍したものが電束 ψ と定義され、ψ は次のようになる。

$$\psi = Q/\varepsilon \times \varepsilon = Q$$

すなわち、Q〔C〕の電荷からは $\underline{Q}$ 本の電束が全方向に放射される。

○A-2

(1) コイル A による中心 O における磁界の強さ H_A は次式で表され、向きは紙面の表から裏の方向である。

$$H_\text{A} = \frac{I}{2r} \ \text{〔A/m〕}$$

(2) 同様に、コイル B が O に作る磁界の強さ H_B は、次式であり、紙面の裏から表の方向となる。

$$H_\text{B} = \frac{I}{2 \times 2r} = \frac{I}{4r} \ \text{〔A/m〕}$$

(3) $H_\text{A} > H_\text{B}$ であり、磁界の方向から、O 点での合成磁界 H は次のようになる。

$$H = H_\text{A} - H_\text{B} = \frac{I}{2r} - \frac{I}{4r} = \frac{I}{4r} \ \text{〔A/m〕}$$

○A-3

(1) コイルには、起電力 e が生ずる。この現象を$\underline{自己誘導}$という。

(2) e の大きさは、$\underline{L\dfrac{\varDelta I}{\varDelta t}}$〔V〕である。

(3) e の方向は、$\varDelta I$ の変化を$\underline{妨げる}$方向である。

○A-4

3 電流の周波数が$\underline{高い}$ほど顕著に生ずる。

○A-5

図に示す端子 ab 間の抵抗を求める。

端子 ab 間に流れる電流を I〔A〕とすると、回路 ab 間の電流分布は、回路の対称性から図のようになる。抵抗を全て R〔Ω〕とすると端子 ab 間の電圧 V_{ab} は次式で表される。

$$V_{ab} = V_1 + V_2 + V_3 + V_4 = \frac{RI}{2} + \frac{RI}{4} + \frac{RI}{4} + \frac{RI}{2}$$

$$= RI\left(\frac{1}{2} + \frac{1}{4} + \frac{1}{4} + \frac{1}{2}\right) = 1.5RI \ \text{〔V〕}$$

よって、合成抵抗 R_{ab} は、次式で表される。

$$R_{ab} = \frac{V_{ab}}{I} = 1.5R \ \text{〔Ω〕}$$

$R = 50$〔Ω〕であるから

端子 ab 間の合成抵抗は

$$R_{ab} = 50 \times 1.5 = 75 \ \text{〔Ω〕}$$

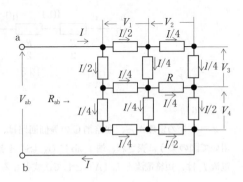

別解

図1の対角線 cde で半分に折り曲げて三角形したときに重なる部分（f と f′、g と g′、h と h′）は、回路に対称性があることから等電位となり、直接接続することができる。

したがって各抵抗は二本の R の並列接続であるから $\frac{R}{2}$ となり、図2の回路に置き換えることができる。

図2は図3のように整理できるので端子 ab 間の合成抵抗 R_{ab} は次式で表される。

$$R_{ab} = \frac{3}{2}R = \frac{3 \times 50}{2} = 75 \ \text{〔Ω〕}$$

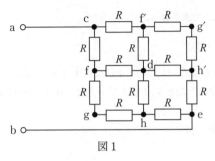

図1

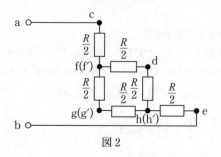

図 2

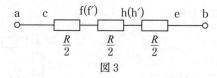

図 3

○A-6

ノートンの定理から、回路網Cの等価回路は、定電流源とコンダクタンス G_0〔S〕を用いて図のように表され、端子abに G_x〔S〕を接続したときの端子電圧 V_{ab} 及び流れる電流 I_x は、短絡電流を I_0〔A〕として次式となる。

$$V_{ab} = \frac{I_0}{G_0 + G_x} \qquad \cdots ①$$

$$I_x = V_{ab} G_x \qquad \cdots ②$$

式①の V_{ab} を式②に代入して、I_x は次のようになる。

$$I_x = \frac{G_x}{G_0 + G_x} I_0 \ \text{〔A〕}$$

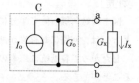

○A-7

共振周波数 f_r は、次式で表される。

$$f_r = \frac{1}{2\pi \sqrt{LC_V}} \ \text{〔Hz〕}$$

上式より L が一定ならば C_V は f_r の二乗に反比例する。したがって、f_r を900〔kHz〕から300〔kHz〕と1/3倍にしたとき、C_V は $3^2 = 9$ 倍すればよいので題意の数値を用いて、C_V は次のようになる。

$$C_V = 50 \times 9 = 450 \ \text{〔pF〕}$$

○A－8

(1) $\dot{A}$ と $\dot{C}$ を求める。

$\dot{I}_2 = 0$（出力開放）の場合は図1のように、$\dot{V}_1 = \dot{V}_2$ であり、次式が成り立つ。

$$\dot{A} = \frac{\dot{V}_1}{\dot{V}_2} = \underline{1}$$

$$\dot{C} = \frac{\dot{I}_1}{\dot{V}_2} = \frac{j\omega C_0 \dot{V}_1}{\dot{V}_2} = \underline{j\omega C_0}\ \text{[S]}$$

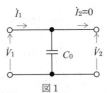

図1

(2) $\dot{B}$ と $\dot{D}$ を求める。

$\dot{V}_2 = 0$（出力短絡）の場合は図2のように、

$\dot{V}_1 = \dot{V}_2 = 0$、$\dot{I}_1 = \dot{I}_2$ であり、次式が成り立つ。

$$\dot{B} = \frac{\dot{V}_1}{\dot{I}_2} = \underline{0}\ \text{[Ω]} \qquad \dot{D} = \frac{\dot{I}_1}{\dot{I}_2} = \underline{1}$$

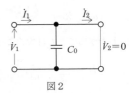

図2

○A－9

1　PNP トランジスタ

○A－11

ベース接地の電流増幅率 α は、エミッタ電流の変化分 ΔI_E と対応したコレクタ電流の変化分を ΔI_C とし、題意の数値を用いて次式となる。

$$\alpha = \frac{\Delta I_C}{\Delta I_E} = \frac{4.95 \times 10^{-3}}{5.00 \times 10^{-3}} = \frac{4.95}{5.00} = 0.99$$

エミッタ接地の電流増幅率 β と α との関係は、次式で表される。

$$\beta = \frac{\Delta I_C}{\Delta I_B} = \frac{\alpha}{1-\alpha} = \frac{0.99}{1-0.99} = 99$$

したがって、ΔI_C は題意の数値を用いて次式となる。

$$\Delta I_C = \beta \Delta I_B = 99 \times 0.02 \times 10^{-3} = 1.98 \times 10^{-3} = 1.98\ \text{[mA]}$$

○A－13

直流負荷抵抗 R_{DC} は、R_3 に流れる直流電流が R_4 に流れる電流とほぼ等しいので、$\underline{R_{DC} = R_3 + R_4}$ となる。

交流負荷抵抗 R_{AC} は、交流信号に対して R_3 と R_5 の並列合成抵抗で表されるので、

$$\underline{R_{AC} = \frac{R_3 R_5}{R_3 + R_5}}$$ となる。

○A－14

発振角周波数 ω は、二つのコンデンサ C_1、C_2 の直列合成静電容量を C〔F〕とすると、次式で表される。

$$\omega = \frac{1}{\sqrt{LC}} \ \text{〔rad/s〕}$$

$$\therefore \quad L = \frac{1}{\omega^2 C} \ \text{〔H〕}$$

$$C = \frac{C_1 C_2}{C_1 + C_2} = \frac{600 \times 300}{600 + 300} \times 10^{-12} = 200 \ \text{〔pF〕}$$

$$\omega^2 = (2\pi)^2 \times \left(\frac{1,250}{\pi} \times 10^3 \right)^2 = 6.25 \times 10^{12}$$

したがって、L は次のようになる。

$$L = \frac{1}{6.25 \times 10^{12} \times 200 \times 10^{-12}} = \frac{1}{1,250} = 0.8 \ \text{〔mH〕}$$

○A－15

(1) 設問図1において、$\dot{V}_\text{o}/\dot{V}_\text{i}$ は、次式で表される。

$$\dot{V}_\text{o}/\dot{V}_\text{i} = -\underline{\dot{Z}_2/\dot{Z}_1} \qquad\qquad \cdots ①$$

(2) 図2の回路において、図1の $\dot{Z}_1$ 及び $\dot{Z}_2$ は、次式になる。

$$\dot{Z}_1 = R_1 \qquad \dot{Z}_2 = R_2/(1+j\omega CR_2)$$

したがって、図2の回路の $\dot{V}_\text{o}/\dot{V}_\text{i}$ は、次式で表される。

$$\dot{V}_\text{o}/\dot{V}_\text{i} = -\{R_2/(1+j\omega CR_2)\}/R_1 = -R_2/R_1 \times \underline{1/(1+j\omega CR_2)} \qquad \cdots ②$$

(3) 式②より、図2の回路の $\dot{V}_\text{o}/\dot{V}_\text{i}$ は、$\omega = 0$〔rad/s〕（直流）のとき、

$$\dot{V}_\text{o}/\dot{V}_\text{i} = -R_2/R_1 \ \text{になる。}$$

(4) また、$\dot{V}_\text{o}/\dot{V}_\text{i}$ の大きさが $\omega = 0$〔rad/s〕（直流）のときの $1/\sqrt{2}$ になる角周波数 ω_c は次式から求められる。

$$1/\sqrt{2} = |1/(1+j\omega_\text{c} CR_2)|$$

$$1 + \omega_\text{c}^2 C^2 R_2^2 = 2$$

$$\therefore \quad \omega_\text{c} = \underline{1/(CR_2)} \ \text{〔rad/s〕}$$

○A－16

論理回路より、Z は次式で表される。

$$Z = \overline{\overline{X+Y} + X \cdot Y} + \overline{X} \cdot Y = \overline{X} \cdot \overline{Y} + X \cdot Y + \overline{X} \cdot Y$$

$$= \overline{X} \cdot \overline{Y} + \overline{X} \cdot Y + X \cdot Y + \overline{X} \cdot Y = \overline{X}(Y + \overline{Y}) + Y(X + \overline{X}) = \overline{X} + Y$$

○A－17

4　可動コイルに流れる電流が直流の場合、指針の振れの角度 θ は、**電流値に比例**する。

○A－18

(1)　消費電力 P は、$P = V I_2 \cos\theta$ 〔W〕で表される。

(2)　電源電圧 V は、$V = \underline{I_3 R}$ 〔V〕で表される。

(3)　設問図2から、余弦定理により I_1、I_2 及び I_3 の間に次式が成り立つ。

$$I_1{}^2 = I_2{}^2 + I_3{}^2 - 2 I_2 I_3 \cos(\pi - \theta) = \underline{I_2{}^2 + I_3{}^2 + 2 I_2 I_3 \cos\theta}$$

(4)　(1)、(2)、(3)より、P は次式で表される。

$$P = I_2 I_3 R \cos\theta \ \text{〔W〕}$$

$I_2 I_3 \cos\theta = \dfrac{1}{2} \times (I_1{}^2 - I_2{}^2 - I_3{}^2)$ であるから、次式が成り立つ。

$$P = \frac{R}{2} \times \underline{(I_1{}^2 - I_2{}^2 - I_3{}^2)} \ \text{〔W〕}$$

○A－19

ブリッジは平衡状態にあるから、次式が成り立つ。

$$j\omega L_X \times \frac{1}{j\omega C_S} = R_1 R_2$$

$$\frac{L_X}{C_S} = R_1 R_2$$

L_X は、上式から題意の数値を用いて次のようになる。

$$L_x = C_S \times R_1 R_2 = 0.2 \times 10^{-6} \times 200 \times 500 = 0.020 \ \text{〔H〕} = 20 \ \text{〔mH〕}$$

○A－20

(1)　それぞれの電流計の最大目盛値を指示しているときに電流計に加わる電圧は次式で表される。

$A_1 : V = 30 \times 0.5 = 15 \ \text{〔mV〕}$

$A_2 : V = 10 \times 3 = 30 \ \text{〔mV〕}$

端子 ab 間に流れる電流 I の値を零から増やしていくと、$\underline{A_1}$ が先に最大目盛値を指示する。

(2)　(1)のとき、もう一方の直流電流計 A_2 は、$I = 15/3 = \underline{5}$ 〔mA〕を指示する。

(3)　したがって、端子 ab 間で測定できる I の最大値は、$30 + 5 = \underline{35}$ 〔mA〕である。

○B－2

三相交流に関する問題である。

(1) v_1 及び v_2 の式から、v_1 は v_2 よりも位相差が $2\pi/3$〔rad〕<u>進ん</u>でいる。

(2) v_1 と v_3 の位相差は、$\underline{2\pi/3}$〔rad〕である。

(3) $v_1 \sim v_3$ の正弦波交流電圧をベクトルで表すと図のようになる。$2\pi/3$〔rad〕の位相差がある v_2 と v_3 を加えると図の $v_{23} = \underline{V_\mathrm{m}}$〔V〕となる。

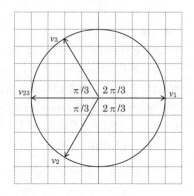

(4) v_{23} と v_1 の位相差は、$\underline{\pi}$〔rad〕となる。

(5) したがって図より、$v_0 = v_1 + v_2 + v_3 = v_1 + v_{23}$ であるから、v_0 は常に $\underline{0}$〔V〕となる。

○B－3

ア　抵抗温度係数の大きさの値が、金属と比べて、非常に**大きい**。

イ　常温での抵抗率は、金属と比べて、**大きい**。

○B－4

(1) $v_{ab} = 0$〔V〕のとき、D は OFF であるから、$v_{cd} = v_{ab} = \underline{0}$〔V〕である。

(2) $v_{ab} = -3$〔V〕のとき、D は OFF であるから、$v_{cd} = v_{ab} = \underline{-3}$〔V〕である。

(3) $v_{ab} = 3$〔V〕のとき、D は ON であるから、$v_{cd} = \underline{2}$〔V〕である。

(4) $v_{ab} = 4\sin\omega t$〔V〕のとき、v_{cd} の波形は 2〔V〕以上が切り取られるので図2の$\underline{\mathrm{II}}$になる。

(5) 回路は、<u>クリッパ</u>回路といわれる。

A－1　図に示すように、真空中に２〔cm〕の間隔で置かれた二本の無限長平行直線導線 X 及び Y に同方向の直流電流３〔A〕を流したとき、Y に働く単位長さ当たりの力の大きさとして、正しいものを下の番号から選べ。ただし、真空の透磁率 μ_0 を $\mu_0 = 4\pi \times 10^{-7}$ 〔H/m〕とする。

1　3×10^{-5} 〔N/m〕

2　6×10^{-5} 〔N/m〕

3　9×10^{-5} 〔N/m〕

4　12×10^{-5} 〔N/m〕

5　18×10^{-5} 〔N/m〕

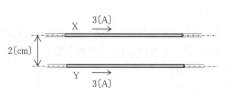

A－2　図に示すように、相互インダクタンス M が 0.5〔H〕の回路の一次側コイル L_1 に周波数が 50〔Hz〕で実効値が 0.2〔A〕の正弦波交流電流 I_1 を流したとき、二次側コイル L_2 の両端に生ずる電圧の実効値 V_2 として、正しいものを下の番号から選べ。

1　2π〔V〕

2　5π〔V〕

3　8π〔V〕

4　10π〔V〕

5　16π〔V〕

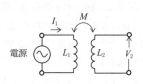

A－3　次の記述は、静電界内で平衡状態における導体の性質について述べたものである。　　　内に入れるべき字句の正しい組合せを下の番号から選べ。

(1)　導体内部の電界の強さは、　A　である。

(2)　導体が電荷を持つとき、電荷はすべて導体の　B　にのみ存在する。

(3)　帯電した導体の表面は、等電位面で　C　。

	A	B	C
1	零	中心部	ある
2	零	表面	ある
3	無限大	中心部	はない
4	無限大	表面	はない
5	無限大	表面	ある

A - 4 図に示す静電容量 C_1、C_2、C_3 及び C_4 に直流電圧 V を加えたとき、C_3 の両端の電圧の大きさの値として、正しいものを下の番号から選べ。

1 16〔V〕

2 13〔V〕

3 11〔V〕

4 9〔V〕

5 7〔V〕

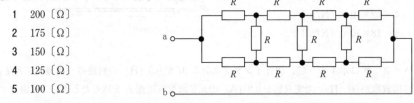

$V = 18$〔V〕 $C_1 = 3$〔μF〕 $C_2 = 4$〔μF〕 $C_3 = 5$〔μF〕 $C_4 = 6$〔μF〕

A - 5 図に示す抵抗 $R = 100$〔Ω〕で作られた回路において、端子 ab 間の合成抵抗の値として、正しいものを下の番号から選べ。

1 200〔Ω〕

2 175〔Ω〕

3 150〔Ω〕

4 125〔Ω〕

5 100〔Ω〕

A - 6 次の記述は、図に示す抵抗 R〔Ω〕、容量リアクタンス X_C〔Ω〕及び誘導リアクタンス X_L〔Ω〕の直列回路について述べたものである。このうち誤っているものを下の番号から選べ。ただし、回路は共振状態にあるものとする。

1 回路に流れる電流 $\dot{I}$ は $\dot{V}/R$〔A〕である。

2 X_L の電圧 $\dot{V}_L$〔V〕の大きさは、$\dot{V}$ の大きさの X_L/R 倍である。

3 X_C の電圧 $\dot{V}_C$〔V〕と X_L の電圧 $\dot{V}_L$ との位相差は、π〔rad〕である。

4 回路の点 ab 間の電圧 $\dot{V}_{ab}$ は、$\dot{V}$〔V〕である。

5 R の電圧 $\dot{V}_R$〔V〕と X_C の電圧 $\dot{V}_C$ の位相差は、$\pi/2$〔rad〕である。

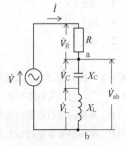

$\dot{V}$: 交流電圧〔V〕

A - 7 図に示す抵抗 R、誘導リアクタンス X_L 及び容量リアクタンス X_C の並列回路の皮相電力 P_0 及び有効電力（消費電力）P_a の値の組合せとして、正しいものを下の番号から選べ。

答 A - 4：5 A - 5：1 A - 6：4

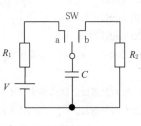

	P_0	P_a
1	1,800〔VA〕	450〔W〕
2	1,800〔VA〕	1,080〔W〕
3	1,400〔VA〕	1,080〔W〕
4	1,200〔VA〕	450〔W〕
5	1,200〔VA〕	1,080〔W〕

$R = 30〔Ω〕$
$X_L = 18〔Ω〕$
$X_C = 90〔Ω〕$

A-8 次の記述は、図に示す回路の過渡現象について述べたものである。□□□内に入れるべき字句の正しい組合せを下の番号から選べ。ただし、スイッチSWは、始めにaに入れて充分に時間が経過してからbに切り替えるものとする。また、静電容量 C〔F〕の初期電荷は零とし、自然対数の底を $ε$ としたとき、$1/ε ≒ 0.37$ とする。

(1) SWをaに入れた直後、抵抗 R_1〔Ω〕に流れる電流は、□ A □〔A〕である。

(2) SWをbに切り替えた直後、抵抗 R_2〔Ω〕に流れる電流は、□ B □〔A〕である。

(3) SWをbに切り替えた直後から CR_2〔s〕後に R_2 に流れる電流は、約□ C □〔A〕である。

	A	B	C
1	0	$\dfrac{V}{R_2}$	$\dfrac{0.37V}{R_2}$
2	0	0	$\dfrac{0.63V}{R_2}$
3	$\dfrac{V}{R_1}$	0	$\dfrac{0.63V}{R_2}$
4	$\dfrac{V}{R_1}$	0	$\dfrac{0.37V}{R_2}$
5	$\dfrac{V}{R_1}$	$\dfrac{V}{R_2}$	$\dfrac{0.37V}{R_2}$

V：直流電圧〔V〕

A-9 次の記述は、半導体について述べたものである。このうち誤っているものを下の番号から選べ。

1 真性半導体では、電子とホール（正孔）の密度は等しい。

2 半導体のシリコン（Si）は、周期表では第Ⅳ族（4価）の物質である。

3 一般に電子の移動度は、ホール（正孔）の移動度よりも小さい。

4 P形半導体の多数キャリアは、ホール（正孔）である。

5 N形半導体を作るために入れる不純物をドナーという。

答 A-7：**2**　 A-8：**5**　 A-9：**3**

A−10 図に示すダイオードDと抵抗Rを用いた回路に流れる電流Iの値として、正しいものを下の番号から選べ。ただし、Dの順方向の電圧電流特性は、順方向電流及び電圧をそれぞれI_D〔A〕及びV_D〔V〕としたとき、$I_D = 0.1V_D - 0.06$〔A〕で表せるものとする。

1 10〔mA〕

2 15〔mA〕

3 20〔mA〕

4 30〔mA〕

5 50〔mA〕

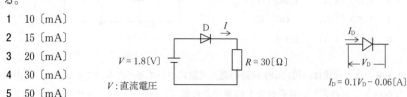

$V = 1.8$〔V〕　　$R = 30$〔Ω〕

V：直流電圧

$I_D = 0.1V_D - 0.06$〔A〕

A−11 図に示す電界効果トランジスタ（FET）のドレイン−ソース間電圧V_{DS}を12〔V〕一定にして、ゲート−ソース間電圧V_{GS}を変えてドレイン電流I_Dを求めたとき、表の結果が得られた。このとき、$I_D = 6$〔mA〕付近におけるFETの相互コンダクタンスの値として、最も近いものを下の番号から選べ。

1 20〔mS〕

2 30〔mS〕

3 40〔mS〕

4 50〔mS〕

5 60〔mS〕

D：ドレイン
S：ソース
G：ゲート

V_1、V_2：直流電源電圧〔V〕

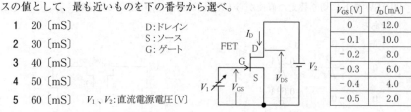

V_{GS}〔V〕	I_D〔mA〕
0	12.0
− 0.1	10.0
− 0.2	8.0
− 0.3	6.0
− 0.4	4.0
− 0.5	2.0

A−12 次の記述は、図に示すマイクロ波帯で用いられる原理的な構造の進行波管について述べたものである。　　　内に入れるべき字句の正しい組合せを下の番号から選べ。

(1) コイルは、電子銃からの電子流を　A　させる役割がある。

(2) ら旋は、入力されるマイクロ波の位相速度を　B　する役割がある。

(3) 同調回路がないので、広帯域の信号を増幅することが　C　。

	A	B	C
1	集束	遅く	できない
2	集束	遅く	できる
3	集束	速く	できない
4	発散	速く	できる
5	発散	遅く	できない

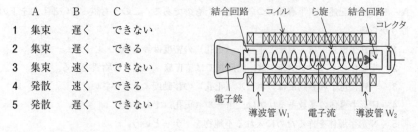

結合回路　コイル　ら旋　結合回路
コレクタ
電子銃
導波管 W_1　電子流　導波管 W_2

答　A−10：4　　A−11：1　　A−12：2

A-13 図に示すエミッタ接地トランジスタ（Tr）増幅回路において、バイアスのコレクタ電流 I_C 及び電圧増幅度の大きさ $A = |V_o/V_i|$ の値の組合せとして、正しいものを下の番号から選べ。ただし、Tr の h 定数を表の値とし、バイアスのベース－エミッタ間電圧 V_{BE} を 0.6〔V〕とする。また、出力アドミタンス h_{oe}、電圧帰還率 h_{re} 及び静電容量 C_1、C_2〔F〕の影響は無視するものとする。

名　称	記号	値
入力インピーダンス	h_{ie}	2〔kΩ〕
電流増幅率	h_{fe}	200
直流電流増幅率	h_{FE}	200

	I_C	A
1	1〔mA〕	50
2	1〔mA〕	100
3	1〔mA〕	150
4	2〔mA〕	50
5	2〔mA〕	100

C: コレクタ
E: エミッタ
B: ベース

R_b、R_c、R_L: 抵抗
V_i: 入力電圧〔V〕
V_o: 出力電圧〔V〕
V: 直流電源電圧

A-14 次の記述は、図に示す位相同期ループ（PLL）を用いた発振回路の原理的な構成例について述べたものである。□□□内に入れるべき字句の正しい組合せを下の番号から選べ。ただし、水晶発振器の出力周波数 f_r を 10〔MHz〕、分周器の分周比の N を15とし、回路は発振状態で正常に動作しているものとする。なお、同じ記号の□□□内には、同じ字句が入るものとする。

(1) 発振回路は、水晶発振器、□A□、低域フィルタ（LPF）、□B□、分周器などから構成されている。

(2) 出力の周波数 f_o は、□C□〔MHz〕である。

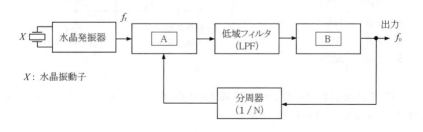

X: 水晶振動子

	A	B	C
1	位相比較器	電圧制御発振器（VCO）	150
2	位相比較器	電圧制御発振器（VCO）	100
3	位相比較器	低周波増幅器	300
4	復調器	低周波増幅器	150
5	復調器	低周波増幅器	100

A-15 図に示す論理回路の真理値表として、正しいものを下の番号から選べ。ただし、正論理とし、A及びBを入力、Xを出力とする。

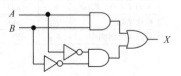

1		
入力		出力
A	B	X
0	0	0
0	1	1
1	0	1
1	1	1

2		
入力		出力
A	B	X
0	0	1
0	1	0
1	0	1
1	1	1

3		
入力		出力
A	B	X
0	0	1
0	1	0
1	0	0
1	1	1

4		
入力		出力
A	B	X
0	0	0
0	1	1
1	0	1
1	1	0

5		
入力		出力
A	B	X
0	0	1
0	1	1
1	0	1
1	1	0

A-16 次の記述は、図に示す整流回路の動作について述べたものである。◻◻◻内に入れるべき字句の正しい組合せを下の番号から選べ。ただし、出力端子ab間は無負荷とする。

(1) この回路の名称は、◻A◻形倍電圧整流回路である。

(2) 正弦波交流電源の電圧 V が実効値で 100 〔V〕のとき、端子 ab 間に約 ◻B◻ 〔V〕の直流電圧が得られる。

	A	B
1	全波	141
2	全波	282
3	半波	141
4	半波	200
5	半波	282

D：理想ダイオード
C：静電容量〔F〕

A-17 次の記述は、測定器と測定する電気磁気量について述べたものである。このうち零位法によるものを下の番号から選べ。

答 A-14：1　　A-15：3　　A-16：2

1　ホイートストンブリッジによる抵抗測定
2　電流力計形電力計による交流電力の測定
3　熱電対形電流計による高周波電流の測定
4　永久磁石可動コイル形計器による直流電流測定
5　アナログ式回路計（テスタ）による抵抗測定

A-18　図に示すように、最大目盛値が1〔mA〕の直流電流計 A_a に抵抗 R_1 及び R_2 を接続して、最大目盛値が10〔mA〕及び50〔mA〕の多端子形の電流計にするとき、R_1 及び R_2 の値の組合せとして、正しいものを下の番号から選べ。ただし、A_a の内部抵抗 R_a は0.9〔Ω〕とする。

	R_1	R_2
1	0.01〔Ω〕	0.04〔Ω〕
2	0.01〔Ω〕	0.08〔Ω〕
3	0.01〔Ω〕	0.09〔Ω〕
4	0.02〔Ω〕	0.04〔Ω〕
5	0.02〔Ω〕	0.08〔Ω〕

共通端子　　　50〔mA〕　　10〔mA〕

A-19　次の記述は、図に示す原理的な Q メータによるコイルの尖鋭度 Q の測定原理について述べたものである。　　　内に入れるべき字句の正しい組合せを下の番号から選べ。ただし、回路は静電容量が C〔F〕で共振状態にあるものとし、交流電圧計 V の内部抵抗は無限大とする。

(1)　R_X は、C を流れる電流の大きさを I_C〔A〕とすると、$R_X =$ 　A　〔Ω〕である。

(2)　V_2 は、交流電源の角周波数を ω〔rad/s〕とすると、$V_2 = I_C \times$ 　B　〔V〕である。

(3)　コイルの Q は、$Q = \omega L_X / R_X$ であるから、(1)、(2)より Q は、$Q =$ 　C　である。

(4)　(3)より、V_1 を一定電圧とし、交流電圧計 V の目盛を V_1 の倍数で表示すれば、V の目盛から Q を直読することができる。

L_X：コイルの自己インダクタンス〔H〕
R_X：コイルの抵抗〔Ω〕
V_1：交流電源電圧〔V〕
V_2：C の両端の電圧(V の指示値)〔V〕
ω：交流電源の角周波数〔rad/s〕

コイル

交流電源
ω

答　A-17：1　　A-18：5

	A	B	C		A	B	C
1	$\dfrac{V_1}{I_\mathrm{C}}$	ωC	$\dfrac{V_1}{V_2}$	2	$\dfrac{V_2}{I_\mathrm{C}}$	ωC	$\dfrac{V_1}{V_2}$
3	$\dfrac{V_1}{I_\mathrm{C}}$	ωL_X	$\dfrac{V_1}{V_2}$	4	$\dfrac{V_1}{I_\mathrm{C}}$	ωL_X	$\dfrac{V_2}{V_1}$
5	$\dfrac{V_2}{I_\mathrm{C}}$	ωL_X	$\dfrac{V_2}{V_1}$				

A‑20 図に示すブリッジ回路は、それぞれの素子が表の値になったとき平衡状態になった。このときの静電容量 C_X 及び抵抗 R_X の値の組合せとして、正しいものを下の番号から選べ。

素　子	値
抵　抗　R_A	1,000〔Ω〕
抵　抗　R_B	200〔Ω〕
抵　抗　R_S	100〔Ω〕
静電容量　C_S	0.02〔μF〕

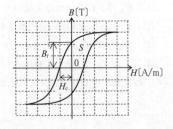

V：交流電源
G：交流検流計

	C_X	R_X
1	0.1〔μF〕	10〔Ω〕
2	0.1〔μF〕	15〔Ω〕
3	0.1〔μF〕	20〔Ω〕
4	0.2〔μF〕	10〔Ω〕
5	0.2〔μF〕	20〔Ω〕

B‑1 次の記述は、図に示す磁性体の磁気ヒステリシスループ（B-H 曲線）について述べたものである。　　内に入れるべき字句を下の番号から選べ。ただし、磁束密度を B〔T〕、磁界の強さを H〔A/m〕とする。

(1) 図の H_c〔A/m〕は、　ア　という。

(2) 図の B_r〔T〕は、　イ　という。

(3) 磁性体のヒステリシス損は、磁気ヒステリシスループの面積 S が大きいほど　ウ　なる。

(4) モーターや変圧器の鉄心には、S の小さい材料が　エ　。

(5) H_c と B_r が共に大きい材料は、　オ　の材料に適している。

1	保磁力	2	残留磁気	3	小さく	4	適している	5	永久磁石
6	起磁力	7	磁気飽和	8	大きく	9	適していない	10	ホール素子

答　A‑19：4　　A‑20：3
　　B‑1：ア‑1　イ‑2　ウ‑8　エ‑4　オ‑5

B-2　次の記述は、図1に示す回路において、スイッチ SW を接（ON）にしたときに抵抗 R_0 に流れる電流 I_0 を求める手順について述べたものである。 内に入れるべき字句を下の番号から選べ。ただし、直流電源の内部抵抗はないものとする。

(1)　SW を断（OFF）にしたとき、端子 ab から電源側を見た合成抵抗 R_{ab} は、$R_{ab}=$ ア 〔Ω〕である。

(2)　SW を断（OFF）にしたとき、端子 ab 間の電圧は、図2の電圧 V である。

図2の回路に流れる電流 I は、$I=$ イ 〔A〕である。

したがって、V は次式で表される。

$$V= \boxed{ウ} \ \text{〔V〕}$$

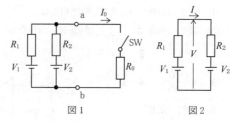

図1　　　　　　　　図2

抵抗　$R_1 = R_2 = 6$〔Ω〕、$R_0 = 21$〔Ω〕
直流電源電圧　$V_1 = 18$〔V〕、$V_2 = 6$〔V〕

(3)　よって、I_0 は次式で表される。

$$I_0 = V/(R_{ab} + \boxed{エ}) = \boxed{オ} \ \text{〔A〕}$$

1	2	**2**	1	**3**	12	**4**	6	**5**	24
6	3	**7**	4	**8**	18	**9**	21	**10**	0.5

B-3　次の記述は、電子素子の主な用途について述べたものである。 内に入れるべき字句を下の番号から選べ。

(1)　定電圧電源などの基準電圧として用いるのは、 ア である。

(2)　ボロメータ電力計の温度検出素子として用いるのは、バレッタ（白金線）や イ である。

(3)　磁束計などの磁気検出素子として用いるのは、 ウ である。

(4)　同調回路などの可変静電容量素子として用いるのは、 エ である。

(5)　光感知器などの受光素子として用いるのは、 オ である。

1	フォトダイオード	2	アバランシダイオード
3	ホール素子	4	サーミスタ
5	バリスタ	6	発光ダイオード
7	バラクタダイオード	8	サイリスタ
9	ストレインゲージ	10	ツェナーダイオード

答　B-2：ア-6　イ-2　ウ-3　エ-9　オ-10

B-3：ア-10　イ-4　ウ-3　エ-7　オ-1

B-4 次の記述は、図1及び図2に示す回路について述べたものである。____内に入れるべき字句を下の番号から選べ。ただし、A_{OP} は理想的な演算増幅器を示す。

(1) 図1の回路の増幅度 $A_0 = |V_{o1}/(V_{i1} - V_{i2})|$ は、____ア____である。

(2) 図1の回路は、入力電流 I_i が____イ____。

(3) 図2の回路の増幅度 $A = |V_o/V_i|$ は、____ウ____である。

(4) 図2の回路の V_o と V_i の位相差は、____エ____〔rad〕である。

(5) 図2の回路は、____オ____増幅回路と呼ばれる。

1　∞　　　　2　流れる

3　$1 - \dfrac{R_2}{R_1}$　4　π

5　反転（逆相）

6　1　　　　7　流れない

8　$\dfrac{R_2}{R_1}$　9　$\dfrac{\pi}{2}$

10　非反転（同相）

V_{i1}、V_{i2}: 入力電圧〔V〕
V_{o1}: 出力電圧〔V〕

図1

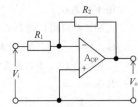

R_1、R_2: 抵抗〔Ω〕
V_i: 入力電圧〔V〕
V_o: 出力電圧〔V〕

図2

B-5 次は、図に示すオシロスコープの水平入力及び垂直入力に周波数がそれぞれ f_x〔Hz〕及び f_y〔Hz〕の正弦波交流電圧 v_x〔V〕及び v_y〔V〕を加えたときに観測されるリサジュー図と、f_x と f_y の比 $(f_x : f_y)$ の組合せである。このうち正しいものを1、誤っているものを2として解答せよ。

ア　1:3　　　イ　1:1　　　ウ　2:1　　　エ　2:3　　　オ　3:2

答　B-4：ア-1　イ-7　ウ-8　エ-4　オ-5

B-5：ア-1　イ-1　ウ-2　エ-2　オ-2

▶解答の指針

○A－1

Xに流れる電流 I〔A〕によるYの位置に生じる磁界の強さ H は、アンペアの法則から、距離を r〔m〕として次式で表される。

$$H = \frac{I}{2\pi r} \ \text{〔A/m〕}$$

また、磁束密度 B は、次式となる。

$$B = \mu_0 H = \frac{\mu_0 I}{2\pi r} = \frac{2I \times 10^{-7}}{r} \ \text{〔T〕}$$

したがって、単位長のYが受ける力の大きさ F は、Yに同じ大きさの電流 I が流れていることを考え、題意の数値を用いて、次のようになる。

$$F = IB = \frac{2 \times 3^2 \times 10^{-7}}{2 \times 10^{-2}} = 9 \times 10^{-5} \ \text{〔N/m〕}$$

ちなみに、F は、電流が同方向に流れるので、吸引力である。

○A－2

二次側コイルの両端に生じる電圧の実効値 V_2 は、一次側のコイルの正弦波交流電流 I_1〔A〕、相互インダクタンス M〔H〕及び周波数 f〔Hz〕を用い次式となり、題意の数値を代入して次のようになる。

$$V_2 = 2\pi f M I_1 = 2\pi \times 50 \times 0.5 \times 0.2 = 10\pi \ \text{〔V〕}$$

○A－4

設問図の回路は、下図のように書き換えられる。したがって、C_3 の両端の電圧は図の V_{34} である。7〔μF〕と11〔μF〕の合成容量 C は、$C = 77/18$〔μF〕であり、それらに蓄えられる電荷 Q は等しく、$Q = CV = (77/18) \times 10^{-6} \times 18 = 77 \times 10^{-6}$〔C〕となり、$V_{34}$ は次のようになる。

$$V_{34} = \frac{Q}{11 \times 10^{-6}} = \frac{77 \times 10^{-6}}{11 \times 10^{-6}} = 7 \ \text{〔V〕}$$

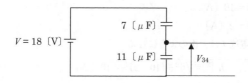

○A − 5

抵抗網において縦に接続されている抵抗の両端は、網の対称性から ab 間に電圧を加えても同電位であり切り離して考えることができるので、ab 間の合成抵抗 R_{ab} は、題意の数値を用いて次のようになる。

$$R_{ab} = \frac{4R \times 4R}{4R + 4R} = 2R = 2 \times 100 = 200 \ [\Omega]$$

○A − 6

直列接続の RLC の端子電圧及び電流は、以下のように表される。

$$\dot{V}_R = R\dot{I}$$
$$\dot{V}_L = jX_L\dot{I}$$
$$\dot{V}_C = -jX_C\dot{I}$$

共振時は、$X_L = X_C$ であり、次図のベクトル図を得る。

したがって、誤りは **4** であり、正しくは次のとおりである。

4　回路の点 ab 間の電圧 $\dot{V}_{ab} = \dot{V}_C + \dot{V}_L = 0 \ [V]$ である。

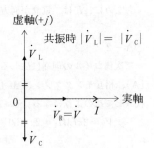

○A − 7

(1)　有効電力 P_a は、抵抗 $R \ [\Omega]$ で消費される電力であり、交流電圧を $V \ [V]$ として、題意の数値を用い次式となる。

$$P_a = V^2/R = 180^2/30 = \underline{1,080} \ [W]$$

(2)　R、X_L 及び X_C に流れる電流 I_R、I_L 及び I_C は、次式となる。

$$I_R = 180/30 = 6 \ [A]$$
$$I_L = 180/18 = 10 \ [A]$$
$$I_C = 180/90 = 2 \ [A]$$

回路を流れる電流 I は、次のようになる。

$$I = \sqrt{I_R{}^2 + (I_L - I_C)^2} = \sqrt{6^2 + (10-2)^2} = 10 \ [A]$$

(3)　したがって、皮相電力 P_0 は、次式となる。

$$P_0 = VI = 180 \times 10 = \underline{1,800} \ [VA]$$

○A－8

(1) SW を a に入れた直後、R_1 に流れる電流は、C の初期電荷が零であり、その端子電圧も零であるから、V が R_1 のみに加わり、<u>V/R_1〔A〕</u>となる。

(2) SW を a に入れて十分経過し定常状態になったとき、C の電圧は流入電流が零となり V〔V〕となる。その後、SW を b に切り替えた直後、C の電圧が R_2 に加わるために、そのとき R_2 に流れる電流は、<u>V/R_2〔A〕</u>である。

(3) SW を b に切り替えた瞬間から t〔s〕後の電流 I は、$I = (V/R_2)\,\varepsilon^{-\{t/(CR_2)\}}$〔A〕であるから、$CR_2$〔s〕後に R_2 に流れる電流は、$I = (V/R_2)\varepsilon^{-1} = \underline{0.37V/R_2}$〔A〕である。

○A－9

3 一般に電子の移動度は、ホール（正孔）の移動度よりも**大きい**。

○A－10

V_D と I_D は、キルヒホッフの第2法則と題意より次の2式が成り立つ。

$$30I_D + V_D = 1.8 \text{〔V〕} \qquad \cdots ①$$

$$I_D = 0.1V_D - 0.06 \text{〔A〕} \qquad \cdots ②$$

式②を式①に代入、I_D を消去して、$V_D = 0.9$〔V〕を得る。

この値を式②に代入して、$I_D = 0.03$〔A〕$= 30$〔mA〕を得る。

○A－11

FET の相互コンダクタンス g_m は、次式で表される。

$$g_m = \frac{\Delta I_D}{\Delta V_{GS}} \text{〔S〕}$$

与表の $V_{DS} = 12$〔V〕、$I_D = 6$〔mA〕付近で、$\Delta I_D = 2$〔mA〕をとると、$\Delta V_{GS} = 0.1$〔V〕であるから、上式に代入して g_m は次のようになる。

$$g_m = \frac{2 \times 10^{-3}}{0.1} = 20 \times 10^{-3} = 20 \text{〔mS〕}$$

○A－13

バイアスを求める直流等価回路は次図1となり、ベース電流 I_B は次のようになる。

$$I_B = \frac{V - V_{BE}}{R_b} = \frac{9 - 0.6}{840 \times 10^3} = 0.01 \text{〔mA〕}$$

また、コレクタ電流 I_C は次式となる。

$$I_C = h_{FE}I_B = 200 \times 0.01 \times 10^{-3} = \underline{2} \text{〔mA〕}$$

交流等価回路は次図2となる。

並列合成負荷抵抗 R_O は、$R_O = R_c \times R_L / (R_c + R_L) = 1\,[\mathrm{k\Omega}]$ であるから、増幅度 A は、次のようになる。

$$A = \left| \frac{V_o}{V_i} \right| = \frac{h_{fe} I_b R_O}{I_b h_{ie}} = \frac{h_{fe} R_O}{h_{ie}} = \frac{200 \times 10^3}{2 \times 10^3} = \underline{100} \ (\text{真数})$$

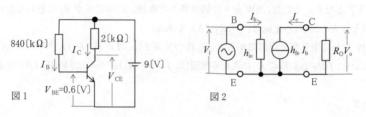

図1　　図2

○A-14

(1)　PLL 発振回路は、水晶発振器、位相比較器、LPF、電圧制御発振器（VCO）及び分周器などからなる。

(2)　VCO の出力 f_o は、位相比較される水晶発振器の周波数 f_r の分周比 N 倍であるから、$f_o = f_r \times 15 = \underline{150}\,[\mathrm{MHz}]$ である。

○A-15

与図の論理回路を論理式に書き下すと、出力 X は次のようになる。

$$X = A \cdot B + \overline{A} \cdot \overline{B}$$

上式は「一致回路」であり、真理値表は下表となる。

3

入力		出力
A	B	X
0	0	1
0	1	0
1	0	0
1	1	1

○A-16

設問図の整流回路は、全波形倍電圧整流回路である。一つの容量 C の両端の電圧は電源電圧の最大値 $V_{max} = \sqrt{2}\,V$ であるから、端子 ab 間の電圧は、$2 \times \sqrt{2}\,V \fallingdotseq \underline{282}\,[\mathrm{V}]$ である。

○A-18

(1)　10〔mA〕端子の測定回路と電流分布は、次図1となり次式が成り立つ。

$$(R_1 + R_2) \times 9 \times 10^{-3} = 0.9 \times 1 \times 10^{-3}$$

$$\therefore \quad R_1 + R_2 = 0.1 \qquad\qquad \cdots ①$$

(2)　50〔mA〕端子の測定回路の電流分布は、次図2となり次式が成り立つ。

$$(0.9 + R_2) \times 1 \times 10^{-3} = R_1 \times 49 \times 10^{-3}$$

$$\therefore \quad 0.9 + R_2 = 49 R_1 \qquad\qquad \cdots ②$$

式①と式②から、$R_1 = \underline{0.02}$〔Ω〕及び $R_2 = \underline{0.08}$〔Ω〕を得る。

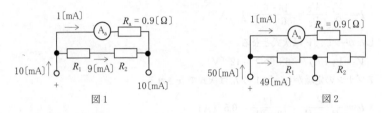

図1　　　　　　　　　　　　　　図2

○ A-19

(1)　R_x は、共振条件よりリアクタンスが零であるから、C を流れる電流の大きさ I_C を用いて次式で表される。

$$R_x = \underline{V_1 / I_C} \text{〔Ω〕} \qquad\qquad \cdots ①$$

(2)　交流電源の角周波数を ω〔rad/s〕とすると、共振状態では、$\omega = 1/\sqrt{L_x C}$ であり、V_2 は、次式で表される。

$$V_2 = I_C \times \{1/(\omega C)\} = I_C \times \underline{\omega L_x} \text{〔V〕} \qquad\qquad \cdots ②$$

(3)　コイルの Q は、$Q = \omega L_x / R_x$ であるから、式①及び②より次式で表される。

$$Q = \omega L_x / R_x = (V_2/I_C)/(V_1/I_C) = \underline{V_2 / V_1} \qquad\qquad \cdots ③$$

(4)　式③より、V_1 を一定電圧とし、交流電圧計 V の目盛を V_1 の倍数で表示すれば、V の目盛から Q を直読できる。

○ A-20

交流ブリッジの平衡状態では、次式が成り立つ。

$$R_A\left(R_X + \frac{1}{j\omega C_X}\right) = R_B\left(R_S + \frac{1}{j\omega C_S}\right)$$

上式の両辺の実数部及び虚数部は互いに等しいので、R_X 及び C_X は次式となり、題意の数値を用いて、

$$R_X = R_S \times \frac{R_B}{R_A} = 100 \times \frac{200}{1,000} = \underline{20}\text{〔Ω〕}$$

$$C_X = C_S \times \frac{R_A}{R_B} = 0.02 \times \frac{1,000}{200} = \underline{0.1}\text{〔}\mu\text{F〕}$$

○B-2

(1) SW を断にしたとき、端子 ab から電源側を見た合成抵抗 R_{ab} は、電源を短絡して作られる R_1 と R_2 の並列合成抵抗であり、題意の数値を用いて、$R_{ab} = R_1 R_2 /(R_1 + R_2)$ = $\underline{3}$〔Ω〕となる。

(2) SW を断にしたとき、端子 ab 間の電圧を V とすると、図2の回路に流れる電流 I は題意の数値を用いて次のようになる。

$$I = \frac{V_1 - V_2}{R_1 + R_2} = \frac{18 - 6}{6 + 6} = \underline{1} \ \text{〔A〕}$$

したがって、V は次式となる。

$$V = V_2 + R_2 I = 6 + 6 \times 1 = \underline{12} \ \text{〔V〕}$$

(3) テブナンの定理から、図1の I_0 は次式で表される。

$$I_0 = \frac{V}{R_{ab} + R_0} = \frac{12}{3 + \underline{21}} = \underline{0.5} \ \text{〔A〕}$$

○B-4

(1) 図1の回路の増幅度 $A_0 = |V_{o1}/(V_{i1} - V_{i2})|$ は、A_{OP} 単体の増幅度であるから、$\underline{\infty}$である。

(2) 図1の回路の入力電流 I_i は、A_{OP} の入力インピーダンスが∞であるから、<u>流れない</u>。

(3) R_1 と R_2 に流れる電流は等しく、それを I とすると次式が成り立つ。

$$V_i = R_1 I \qquad\qquad\qquad \cdots ①$$
$$V_o = -R_2 I \qquad\qquad\qquad \cdots ②$$

式①と②から、図2の回路の増幅度 A は、$A = |V_o/V_i| = \underline{R_2/R_1}$ である。

(4) 式①と②から V_o と V_i の位相差は、$\underline{\pi}$〔rad〕である。

(5) (4)から、図2の回路は、<u>反転(逆相)</u>増幅回路と呼ばれる。

○B-5

f_x と f_y の比は、水平方向の変化と垂直方向の変化の比から求められ、誤っている**ウ**、**エ**、**オ**の正しい組合せは次のとおり。

ウ 1:2　　　　　　エ 3:2　　　　　　オ 2:3

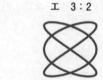

A－1 図に示すように、一辺の距離 l〔m〕の正方形の頂点の点 a、b、c 及び d にそれぞれ $Q_1 = 40$〔μC〕、$Q_2 = -30$〔μC〕、$Q_3 = 20$〔μC〕及び $Q_4 = -10$〔μC〕の点電荷が置かれているとき、正方形の中心 O の電位の値として、正しいものを下の番号から選べ。ただし、Q_1 のみによる点 O の電位を 4〔V〕とする。

```
     a Q₁        b Q₂
    ┌ - - - - - - ┐
    ¦            ¦
  l ¦     O      ¦
    ¦     ·      ¦
    ¦            ¦
    └ - - - - - - ┘
     d Q₄        c Q₃
```

  1 1〔V〕   **2** 2〔V〕   **3** 3〔V〕
  4 4〔V〕   **5** 5〔V〕

A－2 図に示すように、環状鉄心 M の一部に空隙を設けたときの磁気抵抗の値として、最も近いものを下の番号から選べ。ただし、空隙のないときの M の磁気抵抗を R_m〔H^{-1}〕とする。また、M の比透磁率 μ_r を 6,000、M の平均磁路長 l_m を 200〔mm〕、空隙長 l_g を 1〔mm〕とし、磁気回路に磁気飽和及び漏れ磁束はないものとする。

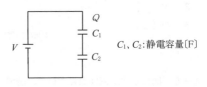

  1 $21R_m$〔H^{-1}〕   **2** $31R_m$〔H^{-1}〕
  3 $41R_m$〔H^{-1}〕   **4** $51R_m$〔H^{-1}〕
  5 $61R_m$〔H^{-1}〕

A－3 図に示す回路の静電容量 C_1 に蓄えられている電荷が Q〔C〕であるとき、直流電圧 V を表す式として、正しいものを下の番号から選べ。

  1 $V = \dfrac{QC_1}{C_1 + C_2}$〔V〕

  2 $V = \dfrac{Q(C_1 + C_2)}{C_1}$〔V〕

  3 $V = \dfrac{Q(C_1 + C_2)}{C_2}$〔V〕

  4 $V = \dfrac{Q(C_1 + C_2)}{C_1 C_2}$〔V〕

  5 $V = \dfrac{QC_1 C_2}{C_1 + C_2}$〔V〕

C_1、C_2:静電容量〔F〕

A－4　次の記述は、図に示すように磁束密度が B〔T〕の磁界中に置かれたP形半導体Dに、直流電流 I〔A〕を流したときに生ずるホール効果について述べたものである。□□内に入れるべき字句の正しい組合せを下の番号から選べ。ただし、B の方向は紙面の裏から表の方向とし、また、Dは紙面上に置かれているものとする。なお、同じ記号の□□内には、同じ字句が入るものとする。

(1) Dに流れる直流電流 I は主に　A　の
移動により生ずる。

(2) I が流れるとき、Dの中の　A　は
　B　力を受ける。

(3) このためDの中に電荷の偏りが生じ、
Dには、図の端子　C　の極性の起電力
が生ずる。

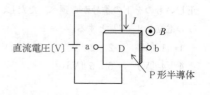

直流電圧〔V〕

	A	B	C
1	電子	ローレンツ	aが正（＋）、bが負（−）
2	電子	静電	bが正（＋）、aが負（−）
3	ホール（正孔）	ローレンツ	aが正（＋）、bが負（−）
4	ホール（正孔）	ローレンツ	bが正（＋）、aが負（−）
5	ホール（正孔）	静電	aが正（＋）、bが負（−）

A－5　図に示す回路において、抵抗 R_0〔Ω〕に流れる電流 I_0 が8〔A〕、抵抗 R_2 に流れる電流 I_2 が2〔A〕であった。このとき R_2 の値として、正しいものを下の番号から選べ。ただし、抵抗 R_1 及び R_3 をそれぞれ20〔Ω〕及び30〔Ω〕とする。

1　36〔Ω〕
2　48〔Ω〕
3　60〔Ω〕
4　72〔Ω〕
5　84〔Ω〕

V:直流電圧〔V〕

A－6　図に示す交流回路において、誘導リアクタンス X_L に流れる電流 $\dot{I}_L$〔A〕と容量リアクタンス X_C に流れる電流 $\dot{I}_C$〔A〕の位相差として、正しいものを下の番号から選べ。ただし、抵抗 R、X_L 及び X_C の値を、それぞれ5〔Ω〕とする。

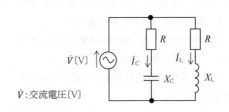

1　π〔rad〕

2　$\dfrac{\pi}{2}$〔rad〕

3　$\dfrac{\pi}{3}$〔rad〕

4　$\dfrac{\pi}{4}$〔rad〕

5　$\dfrac{\pi}{6}$〔rad〕

$\dot{V}$：交流電圧〔V〕

A-7　図に示す回路において、交流電源から見たインピーダンスが純抵抗になったときのインピーダンスの値として、正しいものを下の番号から選べ。

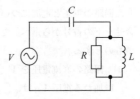

1　5〔Ω〕

2　10〔Ω〕

3　20〔Ω〕　　R：抵抗　20〔kΩ〕

4　30〔Ω〕　　L：自己インダクタンス　30〔mH〕

5　50〔Ω〕　　C：静電容量　0.05〔μF〕

　　　　　　　V：交流電源〔V〕

A-8　次の記述は、図に示すように負荷 $\dot{Z}_1$ 及び $\dot{Z}_2$ を交流電源電圧 $\dot{V}=100$〔V〕に接続したときの電流と皮相電力について述べたものである。□□□内に入れるべき字句の正しい組合せを下の番号から選べ。ただし、$\dot{Z}_1$ は誘導性の負荷とし、負荷 $\dot{Z}_1$ 及び $\dot{Z}_2$ の特性は、それぞれ表に示すものとする。

(1)　$\dot{V}$ から流れる電流 $\dot{I}$ の大きさは、　A　〔A〕である。

(2)　回路の皮相電力は、　B　〔VA〕である。

(3)　$\dot{I}$ は $\dot{V}$ より位相が、　C　いる。

	A	B	C
1	$2\sqrt{3}$	$200\sqrt{3}$	遅れて
2	$2\sqrt{3}$	$200\sqrt{3}$	進んで
3	$3\sqrt{5}$	$300\sqrt{5}$	遅れて
4	$3\sqrt{5}$	$300\sqrt{5}$	進んで
5	$3\sqrt{5}$	$200\sqrt{3}$	進んで

$\dot{I} \rightarrow$

$\dot{V} \uparrow$　100〔V〕　$\dot{Z}_1$　$\dot{Z}_2$

負荷	有効電力	力率
$\dot{Z}_1$	400〔W〕	0.8
$\dot{Z}_2$	200〔W〕	1

答　A-6：2　　A-7：4　　A-8：3

無線工学の基礎

A－9　次の記述は、N形半導体について述べたものである。￣￣内に入れるべき字句の正しい組合せを下の番号から選べ。

(1)　真性半導体に　A　価の不純物を混入したもので、この混入する物質を　B　という。

(2)　N形半導体の自由電子が、　C　キャリアとなる。

	A	B	C
1	3	ドナー	少数
2	3	アクセプタ	多数
3	5	ドナー	少数
4	5	アクセプタ	少数
5	5	ドナー	多数

A－10　次の記述は、図1に示すように、特性の等しいダイオードDを二つ直列に接続した回路の電圧と電流について述べたものである。￣￣内に入れるべき字句の正しい組合せを下の番号から選べ。ただし、Dは図2の特性を持つものとする。

(1)　回路の直流電圧を V〔V〕としたとき、一つのDに加わる電圧 V_D は、　A　〔V〕である。

(2)　したがって、V が　B　〔V〕以下のとき、回路に流れる電流 I は零（0）である。

(3)　また、V が1.6〔V〕のとき、I は約　C　〔mA〕である。

	A	B	C
1	$\dfrac{V}{2}$	1.2	20
2	$\dfrac{V}{2}$	1.2	40
3	$\dfrac{V}{4}$	1.2	40
4	$\dfrac{V}{2}$	0.6	10
5	$\dfrac{V}{4}$	0.6	20

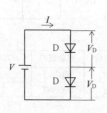

V_D：順方向電圧
I_D：順方向電流

図1　　　　　　　図2

A－11　図1に示すように、トランジスタ Tr_1 及び Tr_2 をダーリントン接続した回路を、図2に示すように一つのトランジスタ Tr_0 とみなしたとき、Tr_0 のエミッタ接地直流電流増幅率 h_{FE0} を表す近似式として、正しいものを下の番号から選べ。ただし、Tr_1 及び Tr_2 のエミッタ接地直流電流増幅率をそれぞれ h_{FE1} 及び h_{FE2} とし、$h_{FE1} \gg 1$、$h_{FE2} \gg 1$ とする。

1　$h_{FE0} \fallingdotseq h_{FE1}{}^2 + h_{FE2}$

2　$h_{FE0} \fallingdotseq h_{FE1} + h_{FE2}{}^2$

3　$h_{FE0} \fallingdotseq 2h_{FE1}{}^2 h_{FE2}$

4　$h_{FE0} \fallingdotseq 2h_{FE1} h_{FE2}{}^2$

5　$h_{FE0} \fallingdotseq h_{FE1} h_{FE2}$

C：コレクタ
E：エミッタ
B：ベース

図1　　　　図2

A－12　次の記述は、図に示す原理的な構造のマグネトロンについて述べたものである。　□□□内に入れるべき字句の正しい組合せを下の番号から選べ。

(1)　陽極－陰極間には　A　が加えられている。

(2)　発振周波数を決める主な要素は、　B　である。

(3)　　C　や調理用電子レンジなどの発振用として広く用いられている。

	A	B	C
1	直流電圧	陰極	レーダー
2	直流電圧	空洞共振器	ラジオ放送
3	直流電圧	空洞共振器	レーダー
4	交流電圧	空洞共振器	ラジオ放送
5	交流電圧	陰極	レーダー

陽極　　空洞共振器
→ 出力
陰極　　結合ループ
マグネトロンの断面

A－13　図に示すトランジスタ（Tr）回路のコレクター－エミッタ間電圧 V_{CE} の値として、正しいものを下の番号から選べ。ただし、Tr の直流電流増幅率 h_{FE} を200、ベース－エミッタ間電圧 V_{BE} を0.6〔V〕とする。

1　1〔V〕

2　2〔V〕

3　3〔V〕

4　4〔V〕

5　8〔V〕

C：コレクタ
E：エミッタ
B：ベース
R_1、R_2：抵抗
V_1、V_2：直流電源電圧〔V〕

Tr
$R_1 = 35$〔kΩ〕　　$R_2 = 1$〔kΩ〕
V_{CE}
$V_1 = 2$〔V〕　V_{BE}　$V_2 = 12$〔V〕

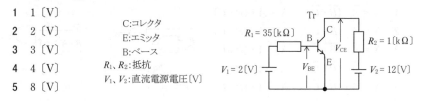

答　　A－11：5　　A－12：3　　A－13：4

A－14　次の記述は、図1に示す電界効果トランジスタ（FET）を用いた増幅回路について述べたものである。　　内に入れるべき字句の正しい組合せを下の番号から選べ。ただし、FETの相互コンダクタンス及びドレイン抵抗をそれぞれ g_m 〔S〕及び r_D 〔Ω〕とし、静電容量 C_1、C_2、C_S 〔F〕及び抵抗 R_S 〔Ω〕の影響は無視するものとする。また、FETを等価回路で表したときの増幅回路は図2で表されるものとする。

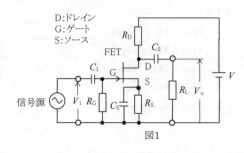

D:ドレイン
G:ゲート
S:ソース

図1

(1) 図2の回路の交流負荷抵抗 R_A 〔Ω〕は図1の　A　の並列合成抵抗である。

(2) 出力電圧 V_o の大きさは、$r_D \gg R_A$ とすると、$V_o =$　B　〔V〕である。

(3) したがって、電圧増幅度 A_V の大きさは、$A_V = V_o/V_i =$　C　である。

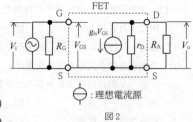

FET

〇：理想電流源

図2

R_G, R_D, R_L：抵抗〔Ω〕
V_i：入力電圧〔V〕
V_o：出力電圧〔V〕
V_{GS}：GS間電圧〔V〕
V：直流電源〔V〕

	A	B	C
1	R_D と R_L	$g_m V_{GS} R_A$	$g_m R_A$
2	R_D と R_L	$g_m V_{GS} r_D$	$g_m(r_D+R_A)$
3	R_D と R_L	$g_m V_{GS} R_A$	$g_m(r_D+R_A)$
4	R_S と R_L	$g_m V_{GS} r_D$	$g_m(r_D+R_A)$
5	R_S と R_L	$g_m V_{GS} R_A$	$g_m R_A$

A－15　図1及び図2に示す論理回路の論理式の組合せとして、正しいものを下の番号から選べ。ただし、正論理とし、A、B 及び C を入力、X を出力とする。

図1　　　　　図2

	図1	図2
1	$X=\overline{A}+(\overline{B \cdot C})$	$X=A+(B \cdot C)$
2	$X=A \cdot (B+C)$	$X=\overline{A}+(\overline{B \cdot C})$
3	$X=\overline{A} \cdot (\overline{B+C})$	$X=A \cdot (B+C)$
4	$X=\overline{A} \cdot (\overline{B+C})$	$X=A+(B \cdot C)$
5	$X=\overline{A} \cdot (\overline{B+C})$	$X=A \cdot (B+C)$

図1

図2

答　A－14：1　　A－15：5

A－16　図に示す整流回路において端子 ab 間の電圧 v_{ab} の平均値として、正しいものを下の番号から選べ。ただし、回路は理想的に動作し、入力の正弦波交流電圧の実効値を $V = 100$〔V〕、変成器 T の一次側の巻数 N_1 及び二次側の巻数 N_2 をそれぞれ500及び50とする。

1　$\dfrac{\sqrt{2}\,\pi}{10}$〔V〕

2　$\dfrac{\sqrt{2}\,\pi}{20}$〔V〕

3　$\dfrac{10\sqrt{2}}{\pi}$〔V〕

4　$\dfrac{20\sqrt{2}}{\pi}$〔V〕

5　$\dfrac{30\sqrt{2}}{\pi}$〔V〕

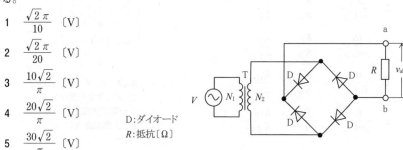

D：ダイオード
R：抵抗〔Ω〕

A－17　次の記述は、指示電気計器について述べたものである。このうち誤っているものを下の番号から選べ。

1　可動鉄片形計器は、商用周波数（50Hz/60Hz）の交流の電流の測定に適している。

2　永久磁石可動コイル形計器は、高周波の電圧の測定に適している。

3　静電形計器は、商用周波数（50Hz/60Hz）の交流の高電圧の測定に適している。

4　誘導形計器は、商用周波数（50Hz/60Hz）の交流の電力量の測定に適している。

5　熱電対形計器は、高周波の電流の測定に適している。

A－18　次の記述は、図に示す交流ブリッジ回路について述べたものである。□□内に入れるべき字句の正しい組合せを下の番号から選べ。ただし、交流電源の角周波数を ω〔rad/s〕とする。

(1)　R_A と C_A の直列合成インピーダンス $\dot{Z}_A$ は、$\dot{Z}_A = R_A + \dfrac{1}{j\omega C_A}$〔Ω〕である。

(2)　R_X と C_X の直列合成インピーダンス $\dot{Z}_X$ は、$\dot{Z}_X = R_X + \dfrac{1}{j\omega C_X}$〔Ω〕である。

(3)　ブリッジが平衡しているとき、次式が成り立つ。

$$R_B R_X + \frac{R_B}{j\omega C_X} = R_A R_C + \boxed{\text{ A }} \qquad \cdots ①$$

(4)　式①の両辺の実数部と虚数部がそれぞれで互いに等しいので、次式が得られる。

$$R_X = R_A \times \boxed{\text{ B }} \text{〔Ω〕}, \qquad C_X = C_A \times \boxed{\text{ C }} \text{〔F〕}$$

答　A－16：4　　A－17：2

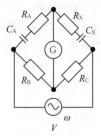

	A	B	C
1	$\dfrac{R_A}{j\omega C_A}$	$\dfrac{R_B}{R_C}$	$\dfrac{R_C}{R_B}$
2	$\dfrac{R_A}{j\omega C_A}$	$\dfrac{R_C}{R_B}$	$\dfrac{R_B}{R_C}$
3	$\dfrac{R_C}{j\omega C_A}$	$\dfrac{R_C}{R_B}$	$\dfrac{R_B}{R_C}$
4	$\dfrac{R_C}{j\omega C_A}$	$\dfrac{R_C}{R_B}$	$\dfrac{R_C}{R_B}$
5	$\dfrac{R_C}{j\omega C_A}$	$\dfrac{R_B}{R_C}$	$\dfrac{R_C}{R_B}$

R_A、R_B、R_C、R_X : 抵抗〔Ω〕
C_A、C_X : 静電容量〔F〕
G : 交流検流計
V : 交流電源〔V〕

A-19 内部抵抗を持つ直流電源の端子電圧を、内部抵抗 8.8〔kΩ〕及び 2.8〔kΩ〕の二種類の電圧計で測定したとき、それぞれ 17.6〔V〕及び 16.8〔V〕であった。直流電源の内部抵抗 r 及び開放電圧 V の値の組合せとして、正しいものを下の番号から選べ。

	r	V
1	100〔Ω〕	20〔V〕
2	100〔Ω〕	18〔V〕
3	200〔Ω〕	22〔V〕
4	200〔Ω〕	20〔V〕
5	200〔Ω〕	18〔V〕

A-20 次の記述は、オシロスコープ（OS）による正弦波交流電圧の位相差の測定法について述べたものである。　　内に入れるべき字句の正しい組合せを下の番号から選べ。ただし、水平軸入力電圧 v_x 及び垂直軸入力電圧 v_y は、角周波数を ω〔rad/s〕、位相差を θ〔rad〕、時間を t〔s〕としたとき、次式で表され、それぞれ図1に示すように加えられるものとする。また、OS の画面上には、図2のリサジュー図形が得られるものとする。

$$v_x = V_m \sin \omega t \text{〔V〕}, \qquad v_y = V_m \sin(\omega t + \theta) \text{〔V〕}$$

(1) 画面上の a は、v_y の最大値であるから、$a = \boxed{\text{A}}$〔V〕である。

(2) 画面上の b は、$v_x = 0$〔V〕のときの v_y であるから、$b = V_m \times \boxed{\text{B}}$〔V〕である。

(3) したがって、v_x と v_y の位相差 θ は次式から求めることができる。

$$\theta = \boxed{\text{C}} \text{〔rad〕}$$

答　A-18 : **3**　　A-19 : **5**

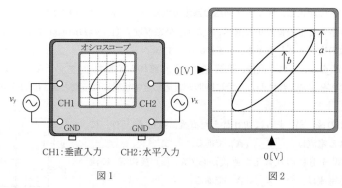

図1　　　　　　図2

	A	B	C
1	V_m	$\sin\theta$	$\sin^{-1}\left(\dfrac{b}{a}\right)$
2	V_m	1	$\tan^{-1}\left(\dfrac{b}{a}\right)$
3	V_m	1	$\sin^{-1}\left(\dfrac{b}{a}\right)$
4	$2V_m$	$\sin\theta$	$\tan^{-1}\left(\dfrac{b}{a}\right)$
5	$2V_m$	1	$\sin^{-1}\left(\dfrac{b}{a}\right)$

B−1　次の記述は、図に示すように、磁束密度が B〔T〕の一様な磁界中に磁界の方向に対して直角に置かれた、I〔A〕の直流電流の流れている長さ l〔m〕の直線導体Pに生ずる力 F について述べたものである。□内に入れるべき字句を下の番号から選べ。

(1)　この力 F は、□ア□といわれる。

(2)　F の大きさは、$F=$□イ□〔N〕である。

(3)　B の方向、I の方向及び F の方向の関係はフレミングの□ウ□の法則で求められる。

(4)　(3)の法則では、B の方向と I の方向に定められた指を向けると、□エ□が F の方向を示す。

(5)　この力 F は、□オ□に利用する。

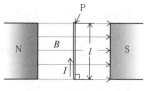

N, S：磁極

1	静電力	2	BI^2l	3	左手	4	中指	5	発電機
6	電磁力	7	BIl	8	右手	9	親指	10	電動機

答　A−20：1

B−1：ア−**6**　イ−**7**　ウ−**3**　エ−**9**　オ−**10**

B-2　次の記述は、図に示す回路の過渡現象について述べたものである。◯◯◯◯内に入れるべき字句を下の番号から選べ。ただし、静電容量 C〔F〕の初期電荷は零とする。また、自然対数の底を ε としたとき、$1/\varepsilon = 0.37$ とする。

(1)　SW を a に入れた直後、抵抗 R_1〔Ω〕に流れる電流は、◯ア◯〔A〕である。

(2)　SW を a に入れてから十分に時間が経過し定常状態になったとき、C〔F〕の電圧は、◯イ◯〔V〕である。

(3)　(2)の後、SW を b に切り替えた直後、抵抗 R_2〔Ω〕に流れる電流は、◯ウ◯〔A〕である。

(4)　SW を b に切り替えた直後から CR_2〔s〕後に R_2 に流れる電流は、約◯エ◯〔A〕である。

(5)　SW を b に切り替えてから十分に時間が経過し定常状態になったとき、R_2 の両端の電圧は、◯オ◯〔V〕である。

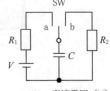

V：直流電圧〔V〕
SW：スイッチ

1　$\dfrac{V}{R_1}$　　　2　V　　　3　$\dfrac{R_1}{R_2} \times V$　　　4　$0.37 \times \dfrac{V}{R_2}$　　　5　0（零）

6　$\dfrac{V}{R_1+R_2}$　　7　$\dfrac{V}{2}$　　8　$\dfrac{V}{R_2}$　　9　$0.63 \times \dfrac{V}{R_2}$　　10　$\dfrac{R_2}{R_1} \times V$

B-3　次の記述は、熱電現象について述べたものである。このうち正しいものを1、誤っているものを2として解答せよ。

ア　ゼーベック効果による起電力の大きさは、導体の材質が均質であるならば、導体の長さには影響されない。

イ　ペルチエ効果により熱の吸収が生じている二種類の金属の接点は、電流の方向を逆にしても熱の吸収が生ずる。

ウ　温度測定に利用される熱電対は、ペルチエ効果を利用している。

エ　エジソン効果による熱の発生又は吸収は、温度勾配がある導線に電流を流すときに生ずる。

オ　電子冷却は、ペルチエ効果を利用できる。

B-4　次の記述は、図に示す理想的な演算増幅器（AOP）を用いたブリッジ形 CR 発振回路の発振条件について述べたものである。◯◯◯◯内に入れるべき字句を下の番号から選べ。ただし、角周波数を ω〔rad/s〕とする。

　答　　B-2：ア-1　イ-2　ウ-8　エ-4　オ-5

　　　　B-3：ア-1　イ-2　ウ-2　エ-2　オ-1

(1) RとCの直列インピーダンス$\dot{Z}_S$及び並列インピーダンス$\dot{Z}_P$は、それぞれ次式で表される。

$$\dot{Z}_S = R + (\boxed{\ \text{ア}\ })\ (\Omega)\qquad \cdots ①$$

$$\dot{Z}_P = \frac{R}{1+j\omega CR}\ (\Omega)\qquad \cdots ②$$

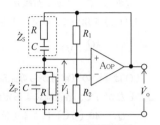

(2) 入力電圧$\dot{V}_i$と出力電圧$\dot{V}_o$との関係は、$\dot{Z}_S$及び$\dot{Z}_P$で表すと次式となる。

$$\frac{\dot{V}_o}{\dot{V}_i} = 1 + \boxed{\ \text{イ}\ }\qquad \cdots ③$$

(3) 式③に式①②を代入し、整理すると、次式が得られる。

$$\frac{\dot{V}_o}{\dot{V}_i} = 3 - j(\boxed{\ \text{ウ}\ })\qquad \cdots ④$$

R_1、R_2：帰還抵抗〔Ω〕
R：抵抗〔Ω〕
C：静電容量〔F〕

(4) 回路が発振状態にあるとき、$\dot{V}_o$と$\dot{V}_i$の位相は、$\boxed{\ \text{エ}\ }$である。

(5) したがって、発振周波数fは、$f = \boxed{\ \text{オ}\ }$〔Hz〕である。

1 $j\omega CR$	2 $\dfrac{\dot{Z}_S}{\dot{Z}_P}$	3 $\dfrac{1}{\omega CR} - \omega CR$	4 逆位相	5 $\dfrac{1}{2\pi CR}$
6 $\dfrac{1}{j\omega C}$	7 $\dot{Z}_S + \dot{Z}_P$	8 $\dfrac{1}{\omega CR} - 2\omega CR$	9 同位相	10 $\dfrac{1}{2\pi\sqrt{6}\,CR}$

B-5 次の記述は、一般的に用いられる測定器と測定項目について述べたものである。□□□内に入れるべき最も適している字句を下の番号から選べ。

(1) 電解液の抵抗や接地抵抗の測定に用いられるのは、$\boxed{\ \text{ア}\ }$である。

(2) マイクロ波の電力測定に用いられるのは、$\boxed{\ \text{イ}\ }$である。

(3) 交流電圧の波形観測に用いられるのは、$\boxed{\ \text{ウ}\ }$である。

(4) 電池や熱電対の起電力の測定に用いられるのは、$\boxed{\ \text{エ}\ }$である。

(5) コイルのインダクタンスや分布容量の測定に用いられるのは、$\boxed{\ \text{オ}\ }$である。

1	回路計	2	電流力計形電力計
3	レベルメータ	4	ボロメータブリッジ
5	ファンクションジェネレータ	6	Qメータ
7	直流電位差計	8	オシロスコープ
9	ガウスメータ	10	コールラウシュブリッジ

答　B-4：ア-6　イ-2　ウ-3　エ-9　オ-5

　　　B-5：ア-10　イ-4　ウ-8　エ-7　オ-6

▶解答の指針

○A-1

点電荷 Q〔C〕による距離 d〔m〕離れた点での電位 V は誘電率を ε〔F/m〕として、$k=1/(4\pi\varepsilon)$ を用いて、次式で表される。

$$V=\frac{kQ}{d}\ \text{〔V〕}$$

点 O は 4 つの点電荷から等距離にあるので、各電荷による電位は電荷量のみに比例する。したがって、各電荷による電位は次のようになる。

$Q_1=40$〔μC〕による電位：題意により 4〔V〕

$Q_2=-30$〔μC〕による電位：$4\times(-30/40)=-3$〔V〕

$Q_3=20$〔μC〕による電位：$4\times(20/40)=2$〔V〕

$Q_4=-10$〔μC〕による電位：$4\times(-10/40)=-1$〔V〕

点 O における電位 V は各電荷による電位の代数和であるから、$V=4-3+2-1=2$〔V〕となる。

○A-2

空隙のない M の磁気抵抗 R_m は、磁路長 l〔m〕、断面積 S〔m^2〕及び透磁率 μ〔H/m〕を用いて次式で表される。

$$R_\text{m}=\frac{l}{\mu S}\ \text{〔H}^{-1}\text{〕}$$

上式から R_m は、S が一定のとき l に比例し、μ に反比例する。したがって、空隙の磁気抵抗 R_g は、題意の数値から長さで1/200、透磁率で1/6,000となり次のようになる。

$$R_\text{g}=\frac{6,000}{200}R_\text{m}=30R_\text{m}\ \text{〔H}^{-1}\text{〕}$$

設問図の磁気回路は、磁路長が $(l_\text{m}-l_\text{g})$〔m〕の鉄心部と空隙の直列磁気回路となる。また、空隙を除いた環状鉄心の磁気抵抗 R_m' は、$l_\text{m}\gg l_\text{g}$ から $R_\text{m}'\fallingdotseq R_\text{m}$ となるので、全体の磁気抵抗 R_T は、

$$R_\text{T}=R_\text{m}'+R_\text{g}\fallingdotseq R_\text{m}+30R_\text{m}=31R_\text{m}\ \text{〔H}^{-1}\text{〕}$$

で表される。

○A-3

C_1 と C_2 は直列であるから合成容量 $C=\dfrac{C_1C_2}{C_1+C_2}$ となる。

したがって、V は次のようになる。

$$V=\frac{Q}{C}=\frac{Q(C_1+C_2)}{C_1C_2}\ \text{〔V〕}$$

○A-4

(1) D中の電流 I は、P形半導体であるから、主に多数キャリアであるホール（正孔）の移動により生じる。

(2) Dを流れるホール（正孔）は、磁界によりローレンツ力（電磁力）を受ける。

(3) そのためD中で左側(a)に電荷（ホール）の偏りが生じ、aが正（＋）、bが負（−）の起電力が生じる。

○A-5

R_1 と R_3 を流れる電流 I_1 及び I_3 の方向は I_2 と同じであり、それらの電流の和は、題意より、

$$I_1+I_3 = 8-2 = 6 \ 〔\mathrm{A}〕$$

であるから、I_1 は次のようになる。

$$I_1 = (I_1+I_3) \times \frac{R_3}{R_1+R_3} = \frac{6 \times 30}{20+30} = 3.6 \ 〔\mathrm{A}〕$$

したがって、R_2 の両端の電圧は R_1 の両端の電圧に等しいから、

$$I_1 R_1 = 3.6 \times 20 = 72 \ 〔\mathrm{V}〕$$

となり、

$$R_2 = \frac{72}{2} = 36 \ 〔\Omega〕$$

となる。

○A-6

X_L を流れる電流 $\dot{I}_\mathrm{L}$ は、電源電圧 $\dot{V}$ 〔V〕、R 〔Ω〕及び X_L 〔Ω〕を用いて次式となる。

$$\dot{I}_\mathrm{L} = \frac{\dot{V}}{R+jX_\mathrm{L}} = \frac{\dot{V}}{5+j5} = \frac{\dot{V}}{10} \times (1-j1) \ 〔\mathrm{A}〕$$

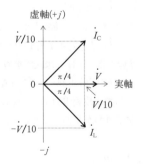

したがって、$\dot{I}_\mathrm{L}$ は右図のように、$\dot{V}$ 〔V〕に対して $\theta_\mathrm{L} = \tan^{-1}(1/1) = \pi/4$ 〔rad〕だけ移相が遅れる。

同様に、X_C に流れる電流 $\dot{I}_\mathrm{C}$ は、R 〔Ω〕及び X_C 〔Ω〕を用いて次式となる。

$$\dot{I}_\mathrm{C} = \frac{\dot{V}}{R-jX_\mathrm{C}} = \frac{\dot{V}}{5-j5} = \frac{\dot{V}}{10} \times (1+j1) \ 〔\mathrm{A}〕$$

したがって、$\dot{I}_\mathrm{C}$ は右図のように、$\dot{V}$ 〔V〕に対して $\theta_\mathrm{C} = \tan^{-1}(1/1) = \pi/4$ 〔rad〕だけ移相が進む。

よって $\dot{V}$、$\dot{I}_\mathrm{L}$ 及び $\dot{I}_\mathrm{C}$ の位相関係は図のようになり、$\dot{I}_\mathrm{L}$ と $\dot{I}_\mathrm{C}$ の位相差は、$\frac{\pi}{4}+\frac{\pi}{4}=\frac{\pi}{2}$ 〔rad〕となる。

○A − 7

R と L の並列合成インピーダンス $\dot{Z}_\mathrm{p}$ は、次式となる。

$$\dot{Z}_\mathrm{p} = \frac{j\omega LR}{R+j\omega L} = \frac{\omega^2 L^2 R}{R^2+\omega^2 L^2} + j\frac{\omega LR^2}{R^2+\omega^2 L^2}$$

したがって、端子 ab から見た回路のインピーダンス $\dot{Z}$ は、次のようになる。

$$\dot{Z} = \dot{Z}_\mathrm{p} - j\frac{1}{\omega C} = \frac{\omega^2 L^2 R}{R^2+\omega^2 L^2} + j\left(\frac{\omega LR^2}{R^2+\omega^2 L^2} - \frac{1}{\omega C}\right)$$

共振条件より上式の虚数部は 0 であるから次式が成り立つ。

$$\frac{\omega LR^2}{R^2+\omega^2 L^2} = \frac{1}{\omega C}$$

∴　$R^2+\omega^2 L^2 = \omega^2 LCR^2$

したがって、$\dot{Z}$ は次のようになる。

$$\dot{Z} = \frac{\omega^2 L^2 R}{R^2+\omega^2 L^2} = \frac{\omega^2 L^2 R}{\omega^2 LCR^2} = \frac{L}{CR} = \frac{30\times10^{-3}}{0.05\times10^{-6}\times20\times10^3} = 30 \ [\Omega]$$

○A − 8

負荷 $\dot{Z}_1$ 及び $\dot{Z}_2$ に流れる電流 I_1 及び I_2 は次式の値になる。

$$I_1 = 400/(0.8V) = 400/(0.8\times100) = 5 \ [\mathrm{A}]$$
$$I_2 = 200/V = 200/100 = 2 \ [\mathrm{A}]$$

これから、$\dot{I}_1$ 及び $\dot{I}_2$ は次のようになる。

$\dot{I}_1$ の実数部の大きさは $5\times0.8 = 4$ [A]、虚数部の大きさは $\sqrt{5^2-4^2} = 3$

$\dot{I}_1 = 4-j3$ [A]

$\dot{I}_2 = 2$ [A]

したがって、交流電源から流れる電流 $\dot{I}$ は、次式で求められる。

$$\dot{I} = \dot{I}_1 + \dot{I}_2 = 4-j3+2 = 6-j3 \ [\mathrm{A}]$$

$\dot{I}$ の大きさ I は、次式で求められる。

$$I = \sqrt{6^2+3^2} = \underline{3\sqrt{5}} \ [\mathrm{A}]$$

よって、皮相電力 $P_\mathrm{S} = 3\sqrt{5}\times100 = \underline{300\sqrt{5}}$ [VA]

誘導性負荷であることより、$\dot{I}$ の位相は、$\dot{V}$ の位相より遅れている。

○A − 10

(1)　一つの D に加わる電圧 V_D は、特性が等しいので、$V_\mathrm{D} = \underline{V/2}$ [V] である。

(2)　$V_\mathrm{D} = 0.6$ [V] 以下のとき、$I_\mathrm{D} = 0$ [V] であるから、V が $0.6\times2 = \underline{1.2}$ [V] 以下のときに回路に流れる電流が零である。

(3)　$V = 1.6$ [V] のとき、$V_\mathrm{D} = 1.6/2 = 0.8$ [V] であるから $I ≒ \underline{20}$ [mA] である。

○A-11

ダーリントン接続回路に流れる電流を下図1のようにすると、コレクタ電流 I_{C1} は、ベース電流 I_{B1} を用いて、$I_{C1} = h_{FE1} I_{B1}$〔A〕となる。

$I_{B2} = I_{C1} + I_{B1}$ であるから、コレクタ電流 I_{C2} は次式となる。

$$I_{C2} = h_{FE2} I_{B2} = h_{FE2}(I_{C1} + I_{B1})$$
$$= h_{FE2}(h_{FE1} + 1) I_{B1} \text{〔A〕}$$

図1の回路を図2のような一つのトランジスタ $\mathrm{Tr_0}$ とみなしたとき、$\mathrm{Tr_0}$ のコレクタ電流 I_{C0} は、$I_{C0} = I_{C1} + I_{C2}$ であるから、$\mathrm{Tr_0}$ の h_{FE0} は次式で表される。

$$h_{FE0} = \frac{I_{C0}}{I_{B1}} = h_{FE1} + h_{FE2}(1 + h_{FE1}) = h_{FE1} + h_{FE2} + h_{FE1} h_{FE2}$$

$h_{FE1} \gg 1$、$h_{FE2} \gg 1$ であるから、

$$h_{FE1} + h_{FE2} \ll h_{FE1} h_{FE2}$$

となり、上式は以下のようになる。

$$h_{FE0} \fallingdotseq h_{FE1} h_{FE2}$$

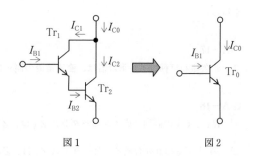

図1　　　　　　　　　　図2

○A-13

ベース電流 I_B は、V_1〔V〕、V_{BE}〔V〕、R_1〔Ω〕及び題意の数値を用い、次式となる。

$$I_B = \frac{V_1 - V_{BE}}{R_1} = \frac{2 - 0.6}{35 \times 10^3} = 0.04 \text{〔mA〕}$$

上式からコレクタ電流 I_C は、$I_C = I_B \times h_{FE} = 0.04 \times 200 = 8$〔mA〕となる。

したがって、V_{CE} は、V_2〔V〕、R_2〔Ω〕及び題意の数値を用いて次のようになる。

$$V_{CE} = V_2 - R_2 I_C = 12 - 1 \times 10^3 \times 8 \times 10^{-3} = 12 - 8 = 4 \text{〔V〕}$$

○A-14

(1) C_2 の影響はないので、交流負荷抵抗 R_A は R_D と R_L の並列合成抵抗である。

(2) 設問図2の出力電圧 V_0 の大きさは、$r_D \gg R_A$ であるから、r_D を無視して次のようになる。

$$V_0 = g_m V_{GS} R_A = g_m V_i R_A \text{〔V〕}$$

(3) 上式から、電圧増幅度 A_V は、$A_V = V_0/V_i = g_m R_A$ となる。

○A−15

設問図1の回路の論理式は次のようになる。

$$X = \overline{A + B \cdot C} = \overline{A} \cdot \overline{B \cdot C} = \overline{A} \cdot (\overline{B} + \overline{C})$$

図2の回路の論理式は次のようになる。

$$X = A \cdot (B + C)$$

○A−16

与図の回路は、ブリッジ全波整流回路である。抵抗 R の両端の電圧 V_{ab} の平均値 V_{av} は、正弦波の最大値を V_m〔V〕として、$V_{av} = 2V_m/\pi$〔V〕である。変成器の二次側の電圧の実効値 V_e は、題意の数値を用いて、$V_e = V \times N_2/N_1 = 100 \times 50/500 = 10$〔V〕であるから、$V_m = \sqrt{2}\,V_e = 10\sqrt{2}$〔V〕となり、$V_{av} = 2V_m/\pi = 2 \times 10\sqrt{2}/\pi = 20\sqrt{2}/\pi$〔V〕を得る。

○A−17

2 永久磁石可動コイル形計器は、**直流電流**の測定に適している。

○A−18

(1) R_A と C_A の直列合成インピーダンス $\dot{Z}_A$ は、$\dot{Z}_A = R_A + \dfrac{1}{j\omega C_A}$〔Ω〕である。

(2) R_X と C_X の直列合成インピーダンス $\dot{Z}_X$ は、$\dot{Z}_X = R_X + \dfrac{1}{j\omega C_X}$〔Ω〕である。

(3) ブリッジが平衡しているとき、次式が成り立つ。

$$R_B \dot{Z}_X = R_C \dot{Z}_A$$

$$R_B R_X + \frac{R_B}{j\omega C_X} = R_A R_C + \frac{R_C}{j\omega C_A} \qquad \cdots ①$$

(4) 式①の両辺の実数部と虚数部がそれぞれで互いに等しいので、次式が得られる。

$$R_X = R_A \times \frac{R_C}{R_B}\ \text{〔Ω〕}, \qquad C_X = C_A \times \frac{R_B}{R_C}\ \text{〔F〕}$$

○A−19

(1) 次図1は内部抵抗8.8〔kΩ〕の電圧計による測定回路である。流れる電流 I_1 は題意の数値を用いて、次式が成り立つ。

$$I_1 = \frac{17.6}{8.8 \times 10^3} = 2 \times 10^{-3}\ \text{〔A〕}$$

また、図1の回路から、次式が成り立つ。

$$rI_1 + 17.6 = 2 \times 10^{-3}\,r + 17.6 = V \qquad \cdots ①$$

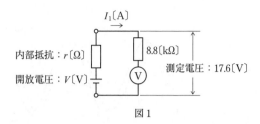

図1

(2) 図2は内部抵抗 2.8〔kΩ〕の電圧計による測定回路である。流れる電流 I_2 は次式となる。

$$I_2 = \frac{16.8}{2.8 \times 10^3} = 6 \times 10^{-3} \ [A]$$

同様に、

$$rI_2 + 16.8 = 6 \times 10^{-3}\,r + 16.8 = V \qquad \cdots ②$$

(3) 式①を3倍し、式②を引いて、次式を得る。

$$17.6 \times 3 - 16.8 = 3V - V = 2V$$

∴ $V = \underline{18 \ [V]}$

式①に $V = 18$〔V〕を代入し、r は次のようになる。

$$r = \frac{18 - 17.6}{2 \times 10^{-3}} = \underline{200 \ [\Omega]}$$

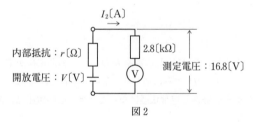

図2

○A−20

(1) 画面上の a は、v_y の最大値であるから、与式から $a = \underline{V_m}$〔V〕である。

(2) 画面上の b は、$v_x = 0$〔V〕のときの v_y であり、与式から $\omega t = n\pi$ ($n =$ 整数)、すなわち $b = V_m \underline{\sin\theta}$〔V〕である。

(3) したがって、v_x と v_y の位相差 θ は、$\theta = \underline{\sin^{-1}(b/a)}$ から求められる。

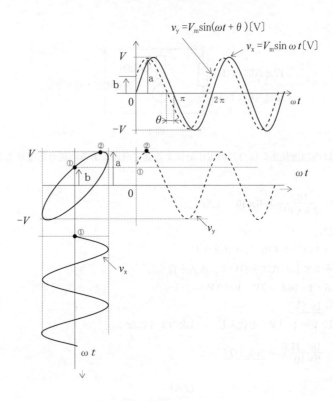

$v_y = V_m \sin(\omega t + \theta)$ 〔V〕

$v_x = V_m \sin \omega t$ 〔V〕

○B－2

(1) SW を a に入れた直後、R_1 に流れる電流 I_0 は、C の初期電荷が零であり、その端子電圧も零であるから、V が R_1 のみに加わり、$I_0 = \underline{V/R_1}$〔A〕となる。

(2) SW を a に入れて十分経過し定常状態になったとき、C の電圧は、流入電流が零となり、$\underline{V}$〔V〕となる。

(3) (2)の後、SW を b に切り替えた直後、C の電圧が R_2 に加わるために、そのとき R_2 に流れる電流は、$\underline{V/R_2}$〔A〕である。

(4) SW を b に切り替えた瞬間から t〔s〕後の電流 I は、$I = (V/R_2)\,\varepsilon^{-\{t/(CR_2)\}}$〔A〕であるから、$CR_2$〔s〕後に R_2 に流れる電流は、$I = (V/R_2)\varepsilon^{-1} = \underline{0.37 \times V/R_2}$〔A〕である。なお、自然対数の底を ε とすると $\varepsilon^{-1} \fallingdotseq 0.37$ である。

(5) SW を b に切り替えてから十分経過し定常状態になったとき、R_2 の両端の電圧は、電流が零になるから、$\underline{0\,（零）}$〔V〕である。

○B-3

イ　ペルチエ効果により熱の吸収が生じている二種類の金属の接点は、電流の方向を**逆にすると熱が発生する**。

ウ　温度測定に利用される熱電対は、**ゼーベック効果**を利用している。

エ　**トムソン効果**による熱の発生又は吸収は、温度勾配がある導線に電流を流すときに生ずる。

○B-4

(1)　直列インピーダンス $\dot{Z}_s$ 及び並列インピーダンス $\dot{Z}_p$ は次のように表される。

$$\dot{Z}_s = R + \frac{1}{j\omega C} \qquad\qquad \cdots ①$$

$$\dot{Z}_p = \frac{R}{1 + j\omega CR} \qquad\qquad \cdots ②$$

(2)　出力電圧 $\dot{V}_o$ と入力電圧 $\dot{V}_i$ との比は、A_{OP} の + 端子への電流が 0 であるから、$\dot{Z}_s$ 及び $\dot{Z}_p$ を用いて、次のようになる。

$$\frac{\dot{V}_o}{\dot{V}_i} = \frac{\dot{Z}_p + \dot{Z}_s}{\dot{Z}_p} = 1 + \frac{\dot{Z}_s}{\dot{Z}_p} \qquad\qquad \cdots ③$$

(3)　式③に式①及び式②を代入して、次式を得る。

$$\frac{\dot{V}_o}{\dot{V}_i} = 3 - j\left(\frac{1}{\omega CR} - \omega CR\right) \qquad\qquad \cdots ④$$

(4)　発振状態では、式④の虚数部が 0 であるから、発振角周波数は $\omega_0 = 1/(CR)$ である。また、そのとき、$\dot{V}_o$ と $\dot{V}_i$ は**同位相**であり、$\dot{V}_o / \dot{V}_i = 3$ である。

(5)　発振周波数 f は、

$$f = \frac{\omega_0}{2\pi} = \frac{1}{2\pi CR} \ \text{〔Hz〕}$$

である。

令和3年7月期

A-1 次の記述は、図に示すように、中心Oを共有し面が直交した円形導体X及びY のそれぞれに直流電流8〔A〕及び3〔A〕を流したときの中心Oにおける磁界について述べたものである。□□□内に入れるべき字句の正しい組合せを下の番号から選べ。ただし、Xの半径を1.0〔m〕、Yの半径を0.5〔m〕とする。

(1) Xによる磁界の強さは、□A□〔A/m〕である。

(2) Xによる磁界とYによる磁界の方向は、□B□〔rad〕異なる。

(3) 点Oにおける合成磁界の強さは、□C□〔A/m〕である。

	A	B	C
1	$\frac{4}{\pi}$	$\frac{\pi}{4}$	$\frac{5}{\pi}$
2	$\frac{4}{\pi}$	$\frac{\pi}{2}$	$\frac{10}{\pi}$
3	4	$\frac{\pi}{4}$	5
4	4	$\frac{\pi}{2}$	10
5	4	$\frac{\pi}{2}$	5

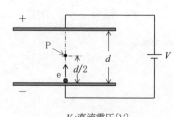

X ←
8〔A〕

O

↑ Y
3〔A〕

A-2 図に示す平行平板電極の負（−）電極に静止して置かれた電子eが、電界からの力を受けて運動を始めた。このときeが電極間の中央Pまで移動するのに要した時間t_P及びPを通過するときの速度v_Pの値の組合せとして、正しいものを下の番号から選べ。ただし、電子が正（＋）電極に達したときの、速度及び移動に要した時間を、それぞれ$20×10^6$〔m/s〕及び$1×10^{-9}$〔s〕とし、電極間の電界は一様とする。

	t_P	v_P
1	$\frac{1}{\sqrt{2}}×10^{-9}$〔s〕	$10×10^{-9}$〔m/s〕
2	$\frac{1}{\sqrt{2}}×10^{-9}$〔s〕	$10\sqrt{2}×10^6$〔m/s〕
3	$\frac{1}{\sqrt{2}}×10^{-9}$〔s〕	$10\sqrt{3}×10^6$〔m/s〕
4	$\frac{1}{\sqrt{3}}×10^{-9}$〔s〕	$10×10^{-9}$〔m/s〕
5	$\frac{1}{\sqrt{3}}×10^{-9}$〔s〕	$10\sqrt{2}×10^6$〔m/s〕

P
d
d/2
e
−
＋
V

V：直流電圧〔V〕
d：電極間隔〔m〕

答　A-1：5　　A-2：2

A－3　図に示す環状磁気材料 A に巻いたコイルに直流電流 I_A〔A〕を流したときに生ずる A 内部の磁束密度が、環状磁気材料 B 内部の磁束密度と等しいとき、B に巻いたコイルに流す直流電流 I_B〔A〕の値として、正しいものを下の番号から選べ。ただし、A と B の形状は等しく、また、磁気回路には、漏れ磁束及び磁気飽和がないものとする。

1　$I_B = I_A$

2　$I_B = 2I_A$

3　$I_B = 3I_A$

4　$I_B = 4I_A$

5　$I_B = 5I_A$

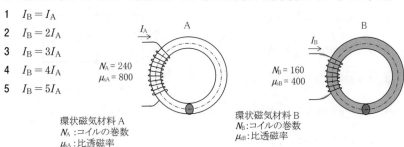

環状磁気材料 A
N_A：コイルの巻数
μ_{sA}：比透磁率

環状磁気材料 B
N_B：コイルの巻数
μ_{sB}：比透磁率

A－4　次の記述は、導線に電流が流れているときに生ずる表皮効果について述べたものである。このうち誤っているものを下の番号から選べ。

1　導線の実効抵抗が小さくなる。

2　直流電流を流したときには生じない。

3　導線に流れる電流による磁束の変化によって生ずる。

4　電流の周波数が高いほど顕著に生ずる。

5　導線断面の中心に近いほど電流密度が小さい。

A－5　図に示す抵抗 R_1、R_2、R_3 及び R_4〔Ω〕からなる回路において、抵抗 R_2 及び R_4 に流れる電流 I_2 及び I_4 の値の大きさの組合せとして、正しいものを下の番号から選べ。ただし、回路の各部には図の矢印で示す方向と大きさの直流電流が流れているものとする。

	I_2	I_4
1	3〔A〕	6〔A〕
2	3〔A〕	4〔A〕
3	3〔A〕	2〔A〕
4	2〔A〕	6〔A〕
5	2〔A〕	4〔A〕

答　　A－3：3　　A－4：1　　A－5：4

A－6　図に示す抵抗 $R = 10$ 〔Ω〕と容量リアクタンス $X_C = 10$ 〔Ω〕の並列回路に、電源電圧として瞬時値 v が $v = 100\sqrt{2}\sin\omega t$ 〔V〕の電圧を加えたとき、電源から流れる電流 i を表す式として、正しいものを下の番号から選べ。ただし、角周波数を ω 〔rad/s〕、時間を t 〔s〕とする。

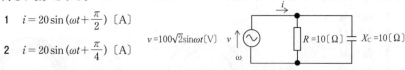

1　$i = 20\sin\left(\omega t + \dfrac{\pi}{2}\right)$ 〔A〕

2　$i = 20\sin\left(\omega t + \dfrac{\pi}{4}\right)$ 〔A〕

3　$i = 20\sin\left(\omega t - \dfrac{\pi}{4}\right)$ 〔A〕

4　$i = 10\sqrt{2}\sin\left(\omega t + \dfrac{\pi}{2}\right)$ 〔A〕

5　$i = 10\sqrt{2}\sin\left(\omega t + \dfrac{\pi}{4}\right)$ 〔A〕

A－7　次の記述は、図に示す RC 直列回路について述べたものである。　内に入れるべき字句の正しい組合せを下の番号から選べ。

(1) 抵抗 R 〔Ω〕の両端の電圧を $\dot{V}_R$ 〔V〕とすると、$\dot{V}_R/\dot{V} = 1/(\boxed{\text{ A }})$ である。

(2) $|\dot{V}_R/\dot{V}| = 1/\sqrt{2}$ となる角周波数を ω_1 とすると、$\omega_1 = \boxed{\text{ B }}$ 〔rad/s〕である。

(3) 回路は、$\boxed{\text{ C }}$ として働く。

	A	B	C
1	$1 - \dfrac{j}{\omega CR}$	CR	低域フィルタ（LPF）
2	$1 - \dfrac{j}{\omega CR}$	CR	高域フィルタ（HPF）
3	$1 + \dfrac{j\omega C}{R}$	CR	低域フィルタ（LPF）
4	$1 + \dfrac{j\omega C}{R}$	$\dfrac{1}{CR}$	高域フィルタ（HPF）
5	$1 - \dfrac{j}{\omega CR}$	$\dfrac{1}{CR}$	高域フィルタ（HPF）

R：抵抗〔Ω〕
C：静電容量〔F〕
$\dot{V}$：交流電圧〔V〕
ω：角周波数〔rad /s〕

A－8　図に示す交流回路において、スイッチ SW を断（OFF）にしたとき、可変静電容量 C_V が 200〔pF〕で回路は共振した。次に SW を接（ON）にして C_V を 150〔pF〕としたところ、回路は同じ周波数で共振した。このときの静電容量 C_X の値として、正しいものを下の番号から選べ。

答　A－6：2　　A－7：5

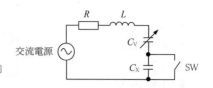

1　350〔pF〕
2　400〔pF〕
3　600〔pF〕
4　700〔pF〕
5　800〔pF〕

R：抵抗〔Ω〕
L：自己インダクタンス〔H〕

交流電源

A－9　次の記述は、半導体のキャリアについて述べたものである。□□□内に入れるべき字句の正しい組合せを下の番号から選べ。

(1)　真性半導体では、ホール（正孔）と電子の密度は　A　。

(2)　一般に電子の移動度は、ホール（正孔）の移動度よりも　B　。

(3)　多数キャリアがホール（正孔）の半導体は、　C　半導体である。

	A	B	C
1	等しい	大きい	P形
2	等しい	大きい	N形
3	等しい	小さい	N形
4	異なる	大きい	N形
5	異なる	小さい	P形

A－10　図1に示すダイオードDを用いた回路に流れる電流 I が 20〔mA〕であるとき、抵抗 R の値として、最も近いものを下の番号から選べ。ただし、Dの順方向の電圧電流特性は図2で表されるものとする。

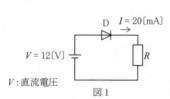

V：直流電圧

図1

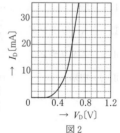

I_D：順方向電流
V_D：順方向電圧

図2

1　160〔Ω〕　　2　260〔Ω〕　　3　470〔Ω〕　　4　570〔Ω〕　　5　840〔Ω〕

A－11　図1に示すトランジスタ（Tr）回路で、コレクタ電流 I_C が 4.95〔mA〕変化したときのエミッタ電流 I_E の変化が 5.00〔mA〕であった。同じ Tr を用いて図2の回路を作り、ベース電流 I_B を 20〔μA〕変化させたときのコレクタ電流 I_C〔mA〕の変化の値として、最も近いものを下の番号から選べ。ただし、トランジスタの電極間の電圧は、図1及び図2で同じ値とする。

答　A－8：**3**　　A－9：**1**　　A－10：**4**

1　0.25　〔mA〕

2　0.50　〔mA〕

3　0.99　〔mA〕

4　1.50　〔mA〕

5　1.98　〔mA〕

図1

図2

C : コレクタ
E : エミッタ
B : ベース
R : 抵抗〔Ω〕
V_1、V_2 : 直流電源電圧〔V〕

A-12　次の記述は、図1に示す図記号のPゲート逆阻止3端子サイリスタについて述べたものである。□□□内に入れるべき字句の正しい組合せを下の番号から選べ。

(1)　内部の基本的な構造は、図2の□ A □である。

(2)　ゲート電流でアノード-カソード間を流れる電流を□ B □する素子である。

(3)　図3の回路でスイッチSWを接（ON）にしたとき、流れる電流 I は、□ C □〔A〕である。ただし、V の値はブレークオーバ電圧以下とする。

	A	B	C
1	Ⅰ	増幅	0
2	Ⅰ	スイッチング	$\dfrac{V}{R}$
3	Ⅱ	スイッチング	0
4	Ⅱ	増幅	0
5	Ⅱ	スイッチング	$\dfrac{V}{R}$

A : アノード
K : カソード
G : ゲート

図1

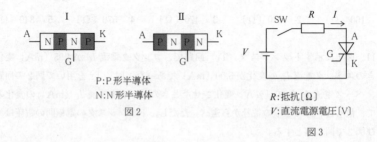

P : P形半導体
N : N形半導体

図2

R : 抵抗〔Ω〕
V : 直流電源電圧〔V〕

図3

答　A-11 : **5**　　A-12 : **3**

A-13　図に示す電界効果トランジスタ（FET）回路において、直流電圧計 V の値が 6〔V〕であるとき、ドレイン電流 I_D〔mA〕及びドレイン-ソース間電圧 V_{DS}〔V〕の値の組合せとして、最も近いものを下の番号から選べ。ただし、抵抗 R_2 を 2〔kΩ〕とする。また、V の内部抵抗の影響はないものとする。

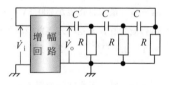

	I_D	V_{DS}
1	2〔mA〕	6〔V〕
2	3〔mA〕	6〔V〕
3	3〔mA〕	8〔V〕
4	4〔mA〕	6〔V〕
5	4〔mA〕	8〔V〕

D：ドレイン
S：ソース
G：ゲート

R_1：抵抗〔Ω〕
V_1、V_2：直流電源電圧〔V〕

A-14　次の記述は、図に示す原理的な RC 発振回路について述べたものである。□□□内に入れるべき字句の正しい組合せを下の番号から選べ。ただし、回路は発振状態にあるものとする。

(1) 名称は、 A 発振回路である。

(2) 入力電圧 $\dot{V}_i$ と出力電圧 $\dot{V}_o$ の位相差は、 B 〔rad〕である。

(3) $R \times C$ の値を大きくすると、発振周波数は、 C なる。

	A	B	C
1	移相形	π	低く
2	移相形	$\dfrac{\pi}{2}$	高く
3	移相形	$\dfrac{\pi}{2}$	低く
4	ウィーンブリッジ形	π	低く
5	ウィーンブリッジ形	$\dfrac{\pi}{2}$	高く

$\dot{V}_i$：入力電圧〔V〕
$\dot{V}_o$：出力電圧〔V〕
C：静電容量〔F〕
R：抵抗〔Ω〕

A-15　次は、論理回路と対応する論理式の組合せを示したものである。このうち誤っているものを下の番号から選べ。ただし、正論理とし、A、B 及び C を入力、X を出力とする。

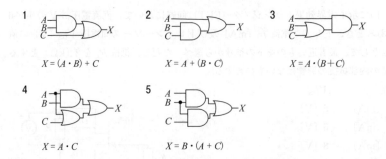

1
$X = (A \cdot B) + C$

2
$X = A + (B \cdot C)$

3
$X = A \cdot (B + C)$

4
$X = A \cdot C$

5
$X = B \cdot (A + C)$

A−16 図に示す整流電源回路の無負荷時における出力電圧 V_o の値として、正しいものを下の番号から選べ。ただし、交流電源 V の電圧は、50〔V〕（実効値）とし、変成器 T 及びダイオード D は理想的な特性とする。また、静電容量 C〔F〕は十分大きな値とする。

1　$50\sqrt{2}$ 〔V〕

2　$100\sqrt{2}$ 〔V〕

3　$200\sqrt{2}$ 〔V〕

4　$300\sqrt{2}$ 〔V〕

5　$400\sqrt{2}$ 〔V〕

N_1：Tの一次側巻数 100
N_2：Tの二次側巻数 200

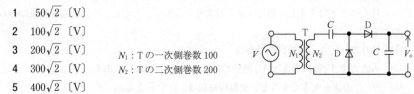

A−17 最大目盛値が 200〔V〕で精度階級の階級指数が2.5の永久磁石可動コイル形電圧計の最大許容誤差の大きさの値として、正しいものを下の番号から選べ。

1　0.5〔V〕　　2　1.5〔V〕　　3　2.5〔V〕　　4　4.0〔V〕　　5　5.0〔V〕

A−18 図に示す回路の端子 ac を電流測定の端子として、また、端子 bc を電圧測定の端子として用いるとき、測定可能な最大電流値 I_m 及び最大電圧値 V_m の最も近い値の組合せとして、正しいものを下の番号から選べ。ただし、直流電流計 A_a の最大目盛値 I_a 及び内部抵抗 R_a をそれぞれ1.5〔mA〕及び1〔Ω〕とする。

	I_m	V_m
1	3〔mA〕	150〔V〕
2	3〔mA〕	300〔V〕
3	4〔mA〕	150〔V〕
4	4〔mA〕	300〔V〕
5	5〔mA〕	150〔V〕

R_s, R_m：抵抗

共通端子

答　A−15：**4**　　A−16：**3**　　A−17：**5**　　A−18：**2**

A-19　図に示す交流ブリッジ回路において、検流計 G の指針が零であるとき、自己インダクタンス L_X〔mH〕の値として、最も近いものを下の番号から選べ。ただし、抵抗 R_1 及び R_2 をそれぞれ 200〔Ω〕及び 500〔Ω〕、静電容量 C_S を 0.1〔μF〕とする。

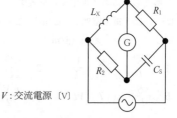

V：交流電源〔V〕

1　10〔mH〕

2　20〔mH〕

3　30〔mH〕

4　40〔mH〕

5　50〔mH〕

A-20　次の記述は、測定方法の偏位法及び零位法について述べたものである。￣￣￣内に入れるべき字句の正しい組合せを下の番号から選べ。

(1)　一般に零位法は偏位法よりも測定の操作が A である。

(2)　一般に零位法は偏位法よりも測定の精度が B 。

(3)　アナログ式のテスタ（回路計）による抵抗値の測定は C である。

	A	B	C
1	複雑	低い	零位法
2	簡単	低い	零位法
3	簡単	低い	偏位法
4	複雑	高い	偏位法
5	複雑	高い	零位法

B-1　次の記述は、図に示す平行平板コンデンサに蓄えられるエネルギーについて述べたものである。￣￣￣内に入れるべき字句を下の番号から選べ。なお、同じ記号の￣￣￣内には、同じ字句が入るものとする。

(1)　コンデンサの静電容量 C は、次式で表される。

$$C = \boxed{\ ア\ } \ 〔F〕 \quad \cdots ①$$

(2)　電極板間に V〔V〕の直流電圧を加えると、電極板間の電界の強さ E は、次式で表される。

$$E = \boxed{\ イ\ } \ 〔V/m〕 \quad \cdots ②$$

(3)　このとき、コンデンサに蓄えられるエネルギー W は、次式で表される。

$$W = \boxed{\ ウ\ } \ 〔J〕 \quad \cdots ③$$

(4)　式③を式①及び②を用いて整理すると、次式が得られる。

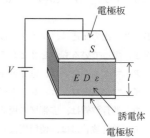

電極板

S

E D $ε$

l

誘電体

電極板

l：電極間の距離〔m〕

S：電極の面積〔m²〕

$ε$：誘電体の誘電率〔F/m〕

答　　A-19：1　　A-20：4

$$W = \boxed{\text{エ}} \times Sl \,\text{〔J〕} \qquad \cdots ④$$

式④において Sl は誘電体の体積であるから $\boxed{\text{エ}}$ は、誘電体の単位体積当たりに蓄えられるエネルギー w を表す。

(5) w は、電束密度 D 〔C/m²〕と E を用いて表すと、次式となる。

$$w = \boxed{\text{オ}} \,\text{〔J/m}^3\text{〕}$$

1　$\dfrac{\varepsilon S^2}{l}$　　2　$\dfrac{V}{l}$　　3　$\dfrac{V^2}{2C}$　　4　$\dfrac{\varepsilon E^2}{2}$　　5　$2ED$

6　$\dfrac{\varepsilon S}{l}$　　7　Vl　　8　$\dfrac{CV^2}{2}$　　9　$\dfrac{\varepsilon V^2}{2}$　　10　$\dfrac{ED}{2}$

B-2　次の記述は、図に示す交流回路の電力について述べたものである。□□内に入れるべき字句を下の番号から選べ。ただし、交流電源電圧 $\dot{V}$ 〔V〕の大きさを V 〔V〕、回路に流れる電流 $\dot{I}$ 〔A〕の大きさを I 〔A〕とする。また、$\dot{V}$ と $\dot{I}$ の位相差を θ 〔rad〕とする。

(1) 皮相電力 P_s は、$P_s = \boxed{\text{ア}}$ 〔VA〕で表される。

(2) 有効電力（消費電力）P は、$P = VI \times \boxed{\text{イ}}$ 〔W〕で表される。

(3) 無効電力 P_q は、$P_q = VI \times \boxed{\text{ウ}}$ 〔var〕で表される。

(4) θ は、R と X_L で表すと、$\theta = \tan^{-1}(\boxed{\text{エ}})$ で表される。

(5) 力率 $\cos\theta$ は、$\cos\theta = \boxed{\text{オ}} / \sqrt{R^2 + X_L{}^2}$ で表される。

R：抵抗〔Ω〕

X_L：誘導リアクタンス〔Ω〕

1　VI　　2　$\tan\theta$　　3　$\sin\theta$　　4　$\dfrac{R}{X_L}$　　5　R

6　V^2I　　7　$\cos\theta$　　8　$\cos^2\theta$　　9　$\dfrac{X_L}{R}$　　10　X_L

B-3　次の記述は、マイクロ波電子管について述べたものである。このうち正しいものを1、誤っているものを2として解答せよ。

ア　マグネトロンは、電界と磁界の作用で電子流を制御する。

イ　マグネトロンは、レーダー用送信管として用いることができない。

ウ　進行波管は、広帯域の周波数の増幅を行うことができる。

エ　進行波管には、使用周波数を決める空洞共振器がある。

オ　進行波管は、通信・放送衛星などに利用できる。

答　B-1：ア-6　イ-2　ウ-8　エ-4　オ-10
　　B-2：ア-1　イ-7　ウ-3　エ-9　オ-5
　　B-3：ア-1　イ-2　ウ-1　エ-2　オ-1

B-4 次の記述は、図に示す理想的な演算増幅器（A_{OP}）を用いた回路について述べたものである。□□□内に入れるべき字句を下の番号から選べ。

(1) 抵抗 R_1〔Ω〕に流れる電流 I_1 は、次式で表される。

$$I_1 = \boxed{\text{ ア }} \text{〔A〕} \quad \cdots ①$$

(2) 抵抗 R_2〔Ω〕に流れる電流 I_2 は、次式で表される。

$$I_2 = \boxed{\text{ イ }} \text{〔A〕} \quad \cdots ②$$

(3) 抵抗 R_3〔Ω〕に流れる電流 I_3 は、I_1 と I_2 で表わせば、次式で表される。

$$I_3 = \boxed{\text{ ウ }} \text{〔A〕} \quad \cdots ③$$

(4) 出力電圧 V_o は、次式で表される。

$$V_o = -I_3 \times \boxed{\text{ エ }} \text{〔V〕} \quad \cdots ④$$

(5) 式④を整理すると、次式が得られる。

$$V_o = -(\boxed{\text{ オ }}) \text{〔V〕}$$

V_1、V_2：入力電圧〔V〕

1　$\dfrac{V_1}{R_1+R_3}$　　2　$\dfrac{V_2}{R_1+R_3}$　　3　I_1+I_2　　4　R_3　　5　$\dfrac{V_1 R_3}{R_1} - \dfrac{V_2 R_3}{R_2}$

6　$\dfrac{V_1}{R_1}$　　7　$\dfrac{V_2}{R_2}$　　8　I_1-I_2　　9　$\dfrac{R_1 R_2}{R_1+R_2}$　　10　$\dfrac{V_1 R_3}{R_1} + \dfrac{V_2 R_3}{R_2}$

B-5 次の表は、電気磁気量の単位を他の SI 単位を用いて表したものである。□□□内に入れるべき字句を下の番号から選べ。

電気磁気量	インダクタンス	静電容量	コンダクタンス	磁束密度	電力
単位	〔H〕	〔F〕	〔S〕	〔T〕	〔W〕
他の SI 単位表示	ア	イ	ウ	エ	オ

1　〔N/m²〕　　2　〔V・s〕　　3　〔W/A〕　　4　〔C/V〕　　5　〔Wb/A〕

6　〔J/s〕　　7　〔Wb/m²〕　　8　〔A/V〕　　9　〔N・m〕　　10　〔V/A〕

答　　B-4：ア-6　イ-7　ウ-3　エ-4　オ-10

　　　B-5：ア-5　イ-4　ウ-8　エ-7　オ-6

▶解答の指針

○A−1

円形導体の中心Oにおける磁界の強さHは、流れる電流をI〔A〕、半径をr〔m〕として、次式で表される。

$$H = \frac{I}{2r} \ \text{〔A/m〕}$$

上式からX及びYの電流によりOに生じる磁界の強さH_X及びH_Yは、題意の数値を用いて次のようになる。

$$H_X = \frac{8}{2 \times 1.0} = \underline{4} \ \text{〔A/m〕}$$

$$H_Y = \frac{3}{2 \times 0.5} = 3 \ \text{〔A/m〕}$$

H_XとH_Yの方向は$\dfrac{\pi}{2}$〔rad〕異なるので、合成磁界の強さHは、次式のようになる。

$$H = \sqrt{H_X{}^2 + H_Y{}^2} = \sqrt{4^2 + 3^2} = \underline{5} \ \text{〔A/m〕}$$

○A−2

電極間の静電界内では、電子はローレンツ力により等加速度運動をする。下図のように、負（−）電極を$t = 0$〔s〕で出発した電子が、点Pで$t = t_p$〔s〕、速度v_p〔m/s〕、正（＋）電極で$t = t_1$〔s〕、速度v_1〔m/s〕、加速度α〔m/s²〕であったとすれば、次式が成り立つ。

$$d = \frac{1}{2}\alpha t_1{}^2 \qquad \cdots ①$$

$$v_1 = \alpha t_1 \qquad \cdots ②$$

$$\frac{d}{2} = \frac{1}{2}\alpha t_p{}^2 \qquad \cdots ③$$

$$v_p = \alpha t_p \qquad \cdots ④$$

式①と③から、$t_p/t_1 = 1/\sqrt{2}$、及び式②と④から、$v_p/v_1 = t_p/t_1 = 1/\sqrt{2}$を得る。

したがって、題意の数値を用いて、t_p及びv_pは次のようになる。

$$t_p = \frac{1}{\sqrt{2}}t_1 = \underline{\frac{1}{\sqrt{2}} \times 10^{-9}} \ \text{〔s〕}$$

$$v_p = \frac{1}{\sqrt{2}}v_1 = \frac{1}{\sqrt{2}} \times 20 \times 10^6 = \underline{10\sqrt{2} \times 10^6} \ \text{〔m/s〕}$$

○A−3

A内部の磁束密度B_Aは真空の透磁率をμ_0、平均の磁路の長さをl〔m〕とすると次式で表され、題意の数値を用いて次のようになる。

$$B_A = \frac{\mu_0 \mu_{sA} N_A I_A}{l} = \frac{\mu_0 \times 800 \times 240 \times I_A}{l}$$

B 内部の磁束密度 B_B は次のようになる。

$$B_B = \frac{\mu_0 \mu_{sB} N_B I_B}{l} = \frac{\mu_0 \times 400 \times 160 \times I_B}{l}$$

題意より、B_A と B_B は等しいので次式が成り立つ。

$$400 \times 160 \times I_B = 800 \times 240 \times I_A$$

$$\therefore \quad I_B = 3I_A$$

○A – 4

1　導線の実効抵抗が**大きくなる。**

○A – 5

結節点においてキルヒホッフの第一法則を適用し次の順序で電流を求める。

$$I_2 = 6 - 3 - 1 = \underline{2}\ 〔A〕\quad (方向は↑)$$

$$I_4 = 5 + 3 - 2 = \underline{6}\ 〔A〕\quad (方向は→)$$

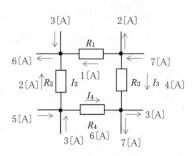

○A – 6

R に流れる電流 i_R は、次式となる。

$$i_R = v/R = (100/10)\sqrt{2}\ \sin\omega t = 10\sqrt{2}\ \sin\omega t\ 〔A〕$$

容量リアクタンス X_c に流れる電流 i_C は、i_R と大きさは同じで位相は電圧より $\pi/2$〔rad〕進むので、次式で表される。

$$i_C = 10\sqrt{2}\ \sin(\omega t + \pi/2)\ 〔A〕$$

電流 i は、i_R と i_C の和であるから次のようになる。

$$i = i_R + i_C = 10\sqrt{2}\ \{\sin\omega t + \sin(\omega t + \pi/2)\}$$

$$= 10\sqrt{2}\ (\sin\omega t + \sin\omega t \cos\pi/2 + \cos\omega t \sin\pi/2)$$

$$\therefore \quad i = 10\sqrt{2}\ (\sin\omega t + \cos\omega t)$$

$$= 10\sqrt{2} \times \sqrt{2}\ \sin(\omega t + \pi/4)$$

$$= 20\sin(\omega t + \pi/4)\ 〔A〕$$

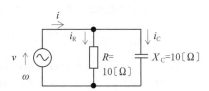

○A－7

(1) 抵抗 R の両端の電圧 $\dot{V}_R$ と電源電圧 $\dot{V}$ との比 $\dot{V}_R/\dot{V}$ は次のようになる。

$$\frac{\dot{V}_R}{\dot{V}} = \frac{R}{R+1/(j\omega C)} = \frac{1}{1-j/(\omega CR)}$$

(2) $\left|\dfrac{\dot{V}_R}{\dot{V}}\right| = \dfrac{1}{\sqrt{2}}$ になるためには上式から、$\omega_1 CR = 1$ が成立し、$\omega_1 = 1/(CR)$〔rad/s〕
を得る。

(3) 回路は微分回路であり、高域フィルタ（HPF）として働く。

○A－8

題意から SW が OFF/ON 両状態のときの共振周波数が同じであり L が一定であるから、それらの状態の合成静電容量は等しく、次式が成り立つ。

$$\frac{200 \times C_X}{200 + C_X} = 150 \text{〔pF〕}$$

したがって、$C_X = 600$〔pF〕を得る。

○A－10

設問図2より $I_D = 20$〔mA〕のときの D の両端の電圧 V_D は 0.6〔V〕と読み取れることから R の両端の電圧 V_R は、

$$V_R = V - V_D = 12 - 0.6 = 11.4 \text{〔V〕}$$

である。したがって、

$$R = \frac{11.4}{0.02} = 570 \text{〔}\Omega\text{〕}$$

となる。

○A－11

ベース接地の電流増幅率 α は、エミッタ電流の変化分 ΔI_E と対応したコレクタ電流の変化分を ΔI_C とし、題意の数値を用いて次式となる。

$$\alpha = \frac{\Delta I_C}{\Delta I_E} = \frac{4.95 \times 10^{-3}}{5.00 \times 10^{-3}} = \frac{4.95}{5.00} = 0.99$$

エミッタ接地の電流増幅率 β と α との関係は、次式で表される。

$$\beta = \frac{\Delta I_C}{\Delta I_B} = \frac{\alpha}{1-\alpha} = \frac{0.99}{1-0.99} = 99$$

したがって、ΔI_C は題意の数値を用いて次式となる。

$$\Delta I_C = \beta \Delta I_B = 99 \times 0.02 \times 10^{-3} = 1.98 \times 10^{-3} = 1.98 \text{〔mA〕}$$

○A−12

(1) 設問図1の図記号のサイリスタは PNPN 接合で、A、G、K の電極をもち、G から K に電流が流れる方向の接合であるから、基本構造は図2の II である。

(2) G−K 間に電流を流すと A−K 間が導通状態になり、G 電流を切ってもその状態を維持し、本素子は、ON/OFF の二つの安定状態をもつ<u>スイッチング</u>素子である。

(3) V がブレークオーバ電圧以下であれば、ゲート・カソード間電圧 V_{GK} が0で、SW を ON にしても電流 I は <u>0</u>〔A〕である。V_{GK} が正のときは V が正電圧の間に電流 I は流れる。

○A−13

ドレイン電流 I_D は、題意の数値より $I_D = 6/(2 \times 10^3) = \underline{3}$〔mA〕である。

また、V_{DS} は、$V_{DS} = 12 - 6 = \underline{6}$〔V〕となる。

○A−14

(1) 名称は、<u>移相形 RC 発振回路</u>である。

(2) 位相回路である RC 回路により π〔rad〕位相を変えることにより発振するので、増幅回路の入力電圧 $\dot{V_i}$ と出力電圧 $\dot{V_o}$ の位相差は、$\underline{\pi}$〔rad〕である。

(3) 設問図のような3段構成の移相形 RC 発振回路の発振周波数 f_0〔Hz〕は、次式で表される。

$$f_0 = \frac{1}{2\pi\sqrt{6}\,RC} \text{〔Hz〕}$$

したがって、$R \times C$ の値を大きくすると、f は<u>低く</u>なる。

○A−15

論理回路を論理式で表すと次のようになる。

1　$(A \cdot B) + C$（正）

2　$A + (B \cdot C)$（正）

3　$A \cdot (B + C)$（正）

4　$(A \cdot B) + A + C = A \cdot (B+1) + C = \boldsymbol{A + C}$（誤）

5　$(A \cdot B) + (B \cdot C) = B \cdot (A + C)$（正）

○A−16

与図の回路は半波倍電圧整流回路である。T の二次側の最大値を V_{max} とすると $V_{max} = 2\sqrt{2}\,V$ となる。したがって V_O は題意の数値を用いて次のようになる。

$$V_O = 2V_{max} = 2 \times 2\sqrt{2}\,V = 200\sqrt{2} \text{〔V〕}$$

○A-17

最大許容誤差は、最大目盛値200〔V〕及び精度階級の指数2.5であるから、

200×2.5/100＝5.0〔V〕である。

○A-18

電流測定端子 ac において、A_a に最大電流が流れるときの電流分布は、$R_a = R_s$ であるから、下図1であり、A_a と R_s に流れる電流はともに1.5〔mA〕であるから、$I_m = \underline{3〔mA〕}$ である。

電圧測定端子 bc において、測定電圧が最大になるのは、I_m が R_m に流れるときであり、下図2のようになる。

したがって、$V_m = 1×1.5×10^{-3}+100×10^3×3×10^{-3} = 300.0015 ≒ \underline{300〔V〕}$ である。

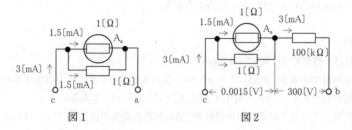

図1　　　　　　　　　　　　　図2

○A-19

ブリッジは平衡状態にあるから、次式が成り立つ。

$$j\omega L_X × \frac{1}{j\omega C_S} = R_1 R_2$$

$$\frac{L_X}{C_S} = R_1 R_2$$

L_X は、上式から題意の数値を用いて次のようになる。

$$L_x = C_S × R_1 R_2 = 0.1×10^{-6}×200×500 = 0.01〔H〕= 10〔mH〕$$

○B-1

(1) コンデンサの静電容量 C は次式で表される。

$$C = \frac{\varepsilon S}{l}〔F〕 \qquad\qquad \cdots①$$

(2) 電極板間に V〔V〕の直流電圧を加えると、電極板間の電界強度 E は次式で表される。

$$E = \frac{V}{l}〔V/m〕 \qquad\qquad \cdots②$$

(3)　コンデンサに蓄えられるエネルギーWは次のように求められる。

　　電荷Qには、$Q = CV$の関係があり、$dQ = CdV$であるから

$$W = \int_0^Q VdQ = C\int_0^V VdV = \frac{1}{2}CV^2 \ \text{(J)} \qquad \cdots ③$$

(4)　式③を式①と②を用いて整理すると、次式を得る。

$$W = \frac{1}{2} \times \frac{\varepsilon S}{l} \times (El)^2 = \frac{\varepsilon E^2}{2} \times Sl \ \text{(J)} \qquad \cdots ④$$

　　式④において、Slは誘電体の体積であるから、$(\varepsilon E^2/2)$は単位体積当たりに蓄えられるエネルギーwを表す。

(5)　wは、電束密度Dが$D = \varepsilon E$であるから、次式となる。

$$w = \frac{\varepsilon E^2}{2} = \frac{ED}{2} \ \text{(J/m}^3\text{)}$$

○B－3

イ　マグネトロンは、レーダー用送信管として用いることができる。

エ　進行波管には、使用周波数を決める空洞共振器が**ない**。

○B－4

(1)　抵抗R_1〔Ω〕に流れる電流I_1は、次式で表される。

$$I_1 = \frac{V_1}{R_1} \ \text{(A)} \qquad \cdots ①$$

(2)　抵抗R_2〔Ω〕に流れる電流I_2は、次式で表される。

$$I_2 = \frac{V_2}{R_2} \ \text{(A)} \qquad \cdots ②$$

(3)　抵抗R_3〔Ω〕に流れる電流I_3は、I_1とI_2で表わせば、次式で表される。

$$I_3 = I_1 + I_2 \ \text{(A)} \qquad \cdots ③$$

(4)　出力電圧V_0は、次式で表される。

$$V_0 = -I_3 \times R_3 \ \text{(V)} \qquad \cdots ④$$

$$V_0 = -(I_1 + I_2)R_3 = -\left(\frac{V_1}{R_1} + \frac{V_2}{R_2}\right)R_3$$

(5)　したがって式④を整理すると、次式が得られる。

$$V_0 = -\left\{\frac{V_1 R_3}{R_1} + \frac{V_2 R_3}{R_2}\right\} \ \text{(V)}$$

令和4年1月期

A-1 次の記述は、電気力線及び電束について述べたものである。□□□内に入れるべき字句の正しい組合せを下の番号から選べ。ただし、媒質の誘電率を ε 〔F/m〕とする。

(1) 点電荷 Q 〔C〕（$Q>0$）からは、□A□本の電気力線が全方向に均等に放射されている。

(2) 点電荷 Q 〔C〕（$Q>0$）からは、□B□本の電束が全方向に均等に放射されている。

	A	B
1	$\dfrac{\varepsilon}{Q}$	$Q\varepsilon$
2	$\dfrac{Q}{\varepsilon}$	Q
3	$\dfrac{\varepsilon}{Q}$	Q
4	$\dfrac{Q}{\varepsilon}$	$Q\varepsilon$
5	$\dfrac{\varepsilon}{Q}$	Q^2

A-2 次の記述は、図に示す磁石 M の磁極間において、一辺が l 〔m〕の正方形のコイル D が、中心軸 OP を中心として ω 〔rad/s〕の角速度で回転しているときの D に生ずる起電力について述べたものである。□□□内に入れるべき字句の正しい組合せを下の番号から選べ。ただし、磁極間の磁束密度は B 〔T〕で均一であり、D の軸 OP は、B の方向と直角とする。

(1) D の辺 ab 及び cd の周辺速度 v は、$v=$ □A□ 〔m/s〕である。

(2) D に生ずる起電力 e が最大になるのは、D の面が B の方向と □B□ になるときである。

(3) (2)のときの e の大きさは、$e=$ □C□ 〔V〕である。

	A	B	C
1	$\dfrac{\omega l}{2}$	直角	$B\omega l^2$
2	$\dfrac{\omega l}{\pi}$	直角	$B\omega l$
3	$\dfrac{\omega l}{2}$	平行	$B\omega l$
4	$\dfrac{\omega l}{2}$	平行	$B\omega l^2$
5	$\dfrac{\omega l}{\pi}$	平行	$B\omega l$

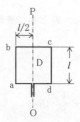

D の構造図

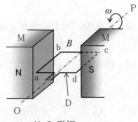

N、S：磁極

答 A-1：2 A-2：4

A－3 図に示すように、環状鉄心に巻いた二つのコイル A 及び B を接続したとき、端子 ac 間のインダクタンスの値として、最も近いものを下の番号から選べ。ただし、A の自己インダクタンスは 8〔mH〕、B の巻数は A の1/2 とする。また、磁気回路には漏れ磁束はないものとする。

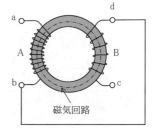

1　18〔mH〕

2　15〔mH〕

3　12〔mH〕

4　9〔mH〕

5　6〔mH〕

A－4 図に示すように、静電容量 C〔F〕のコンデンサを4つ接続した回路において、図に示す電圧 V_1、V_2 及び V_3 の値の組合せとして、正しいものを下の番号から選べ。ただし、直流電圧 V を 60〔V〕とする。

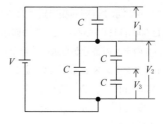

	V_1	V_2	V_3
1	24〔V〕	16〔V〕	8〔V〕
2	24〔V〕	16〔V〕	12〔V〕
3	36〔V〕	24〔V〕	12〔V〕
4	36〔V〕	24〔V〕	8〔V〕
5	24〔V〕	36〔V〕	18〔V〕

A－5 図に示す抵抗 $R = 50$〔Ω〕で作られた回路において、端子 ab 間の合成抵抗の値として、正しいものを下の番号から選べ。

1　75〔Ω〕

2　100〔Ω〕

3　150〔Ω〕

4　200〔Ω〕

5　300〔Ω〕

A－6 次の記述は、図に示す抵抗 R〔Ω〕及び誘導リアクタンス X_L〔Ω〕の並列回路の電力について述べたものである。　　　内に入れるべき字句の正しい組合せを下の番号から選べ。ただし、交流電圧を V〔V〕とする。

(1) 有効電力（消費電力）は、　A 　〔W〕である。

答　A－3：1　　A－4：3　　A－5：2

無線工学の基礎

(2) 無効電力は、 B 〔var〕である。

(3) 皮相電力は、 C 〔VA〕である。

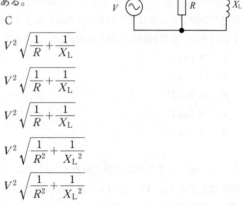

	A	B	C
1	$\dfrac{V^2}{\sqrt{R^2+{X_L}^2}}$	$\dfrac{V^2}{X_L}$	$V^2\sqrt{\dfrac{1}{R}+\dfrac{1}{X_L}}$
2	$\dfrac{V^2}{\sqrt{R^2+{X_L}^2}}$	$\dfrac{V^2}{R+X_L}$	$V^2\sqrt{\dfrac{1}{R}+\dfrac{1}{X_L}}$
3	$\dfrac{V^2}{R}$	$\dfrac{V^2}{X_L}$	$V^2\sqrt{\dfrac{1}{R}+\dfrac{1}{X_L}}$
4	$\dfrac{V^2}{R}$	$\dfrac{V^2}{R+X_L}$	$V^2\sqrt{\dfrac{1}{R^2}+\dfrac{1}{{X_L}^2}}$
5	$\dfrac{V^2}{R}$	$\dfrac{V^2}{X_L}$	$V^2\sqrt{\dfrac{1}{R^2}+\dfrac{1}{{X_L}^2}}$

A－7 図に示す直列共振回路において、可変静電容量 C_V が 50〔pF〕のとき共振周波数 f_r は 900〔kHz〕であった。この回路の f_r を 300〔kHz〕にするための C_V の値として、正しいものを下の番号から選べ。ただし、抵抗 R〔Ω〕及び自己インダクタンス L〔H〕は一定とする。

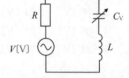

1 450〔pF〕 　2 350〔pF〕

3 225〔pF〕 　4 175〔pF〕 　　V：交流電圧

5 125〔pF〕

A－8 図に示す四端子回路網において、四端子定数（$\dot{A}$、$\dot{B}$、$\dot{C}$、$\dot{D}$）の値の組合せとして、正しいものを下の番号から選べ。ただし、各定数と電圧電流の関係式は、図に併記したとおりとする。

	$\dot{A}$	$\dot{B}$	$\dot{C}$	$\dot{D}$
1	0	$j\omega L$〔Ω〕	$\dfrac{1}{j\omega L}$〔S〕	1
2	0	$j\omega L$〔Ω〕	0 〔S〕	1
3	1	0 〔Ω〕	$\dfrac{1}{j\omega L}$〔S〕	1
4	1	$j\omega L$〔Ω〕	0 〔S〕	1
5	1	0 〔Ω〕	$\dfrac{1}{j\omega L}$〔S〕	0

$\dot{V_1} = \dot{A}\dot{V_2} + \dot{B}\dot{I_2}$

$\dot{I_1} = \dot{C}\dot{V_2} + \dot{D}\dot{I_2}$

$\dot{V_1}$：入力電圧〔V〕

$\dot{V_2}$：出力電圧〔V〕

$\dot{I_1}$：入力電流〔A〕

$\dot{I_2}$：出力電流〔A〕

ω：角周波数〔rad/s〕

L：自己インダクタンス〔H〕

答 　A－6：5 　　A－7：1 　　A－8：3

A－9　次の記述は、半導体のPN接合について述べたものである。□□□内に入れるべき字句の正しい組合せを下の番号から選べ。

(1) PN接合の接合面付近には、外部から電圧を加えなくても、キャリアの　A　領域がある。その領域には、内部電界があり、その電界の方向は　B　に向かう方向である。

(2) 外部からP形に正（＋）、N形に負（－）の電圧を加えると、内部電界の強さは　C　、電流が流れやすくなる。

	A	B	C
1	充満した	N形からP形	弱まり
2	充満した	P形からN形	強まり
3	充満した	N形からP形	強まり
4	無い	N形からP形	弱まり
5	無い	P形からN形	弱まり

A－10　次の記述は、半導体素子の一般的な働き又は用途について述べたものである。このうち誤っているものを下の番号から選べ。

1　バラクタダイオードは、逆方向に加えた電圧によって静電容量が変化する素子として用いられる。

2　フォトダイオードは、光を電気信号に変換する素子として用いられる。

3　ツェナーダイオードは、順方向電圧を加えたときの定電圧特性を利用する素子として用いられる。

4　発光ダイオード（LED）は、順方向電流が流れたときに発光する特性を利用する素子として用いられる。

5　トンネルダイオードは、順方向電圧を加えたときの負性抵抗特性を利用する素子として用いられる。

A－11　図に示す電界効果トランジスタ（FET）のドレイン－ソース間電圧 V_{DS} を12〔V〕一定にして、ゲート－ソース間電圧 V_{GS} を変えてドレイン電流 I_D を求めたとき、表の結果が得られた。このとき、$I_D = 6$〔mA〕付近におけるFETの相互コンダクタンスの値として、最も近いものを下の番号から選べ。

1　20〔mS〕
2　25〔mS〕
3　30〔mS〕
4　35〔mS〕
5　40〔mS〕

D：ドレイン
S：ソース
G：ゲート

V_1、V_2：直流電源電圧〔V〕

V_{GS}〔V〕	I_D〔mA〕
0	12.0
－ 0.1	10.0
－ 0.2	8.0
－ 0.3	6.0
－ 0.4	4.0
－ 0.5	2.0

答　A－9：4　　A－10：3　　A－11：1

A-12 図に示すトランジスタ（Tr）回路のコレクターエミッタ間電圧 V_{CE} の値として、正しいものを下の番号から選べ。ただし、Tr の直流電流増幅率 h_{FE} を200、ベース-エミッタ間電圧 V_{BE} を0.6〔V〕とする。

1　　2〔V〕

2　　4〔V〕

3　　6〔V〕

4　　8〔V〕

5　　10〔V〕

C:コレクタ
E:エミッタ
B:ベース

R_1、R_2:抵抗

V_1、V_2:直流電源電圧〔V〕

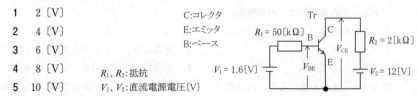

A-13 次の記述は、図1に示す理想ダイオード D を用いた回路の動作について述べたものである。このうち誤っているものを下の番号から選べ。ただし、v_{ab} を入力電圧、v_{cd} を出力電圧、ω を角周波数〔rad/s〕、t を時間〔s〕とする。

1　$v_{ab} = 0$〔V〕のとき、$v_{cd} = 0$〔V〕である。

2　$v_{ab} = -3$〔V〕のとき、$v_{cd} = -3$〔V〕である。

3　$v_{ab} = 3$〔V〕のとき、$v_{cd} = 2$〔V〕である。

4　$v_{ab} = 4 \sin \omega t$〔V〕のとき、v_{cd} の波形は図2になる。

5　回路は、クランプ回路といわれる。

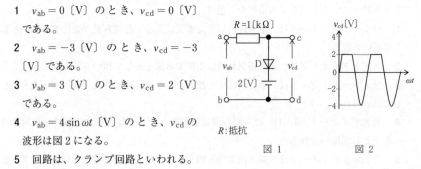

図 1　　　　図 2

A-14 図に示すトランジスタ（Tr）を用いた原理的なコルピッツ発振回路の発振周波数 f の値として、正しいものを下の番号から選べ。

1　$\dfrac{1}{\pi}$〔MHz〕

2　$\dfrac{2}{\pi}$〔MHz〕

3　$\dfrac{3}{\pi}$〔MHz〕

4　$\dfrac{4}{\pi}$〔MHz〕

5　$\dfrac{5}{\pi}$〔MHz〕

C : コレクタ
E : エミッタ
B : ベース
C_1、C_2 : 静電容量
L : 自己インダクタンス

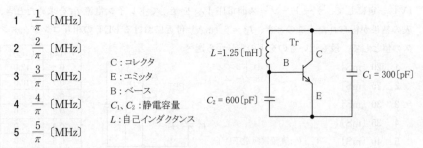

答　　A-12：2　　　A-13：5　　　A-14：1

A-15　図に示す論理回路の真理値表として、正
しいものを下の番号から選べ。ただし、A 及び B
を入力、X 及び Y を出力とする。

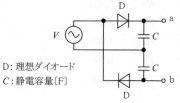

1

入力		出力	
A	B	X	Y
0	0	1	0
0	1	1	0
1	0	1	0
1	1	0	1

2

入力		出力	
A	B	X	Y
0	0	0	0
0	1	1	0
1	0	0	1
1	1	0	0

3

入力		出力	
A	B	X	Y
0	0	0	0
0	1	0	1
1	0	1	0
1	1	0	1

4

入力		出力	
A	B	X	Y
0	0	0	0
0	1	1	1
1	0	1	1
1	1	0	0

5

入力		出力	
A	B	X	Y
0	0	0	0
0	1	1	0
1	0	1	0
1	1	0	1

A-16　次の記述は、図に示す整流回路の動作について述べたものである。　　内に入
れるべき字句の正しい組合せを下の番号から選べ。ただし、出力端子 ab 間は無負荷とする。

(1)　この回路の名称は、　A　形倍電圧整流回路である。

(2)　正弦波交流電源の電圧 V が実効値で 200〔V〕のとき、端子 ab 間に約　B　〔V〕
の直流電圧が得られる。

	A	B
1	全波	200
2	全波	282
3	半波	282
4	全波	564
5	半波	564

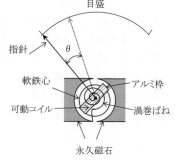

D：理想ダイオード
C：静電容量〔F〕

A-17　次の記述は、図に示す永久磁石可動コイル形計器の原理的な動作について述べた
ものである。このうち誤っているものを下の番号
から選べ。

1　永久磁石による磁界と可動コイルに流れる
　電流との間に生ずる電磁力が指針の駆動トル
　クとなる。

2　渦巻ばねによる弾性力が、指針の制御トル
　クとなる。

3　指針の駆動トルクと制御トルクは、方向が
　同じである。

目盛

指針

θ

軟鉄心

アルミ枠

可動コイル

渦巻ばね

永久磁石

答　A-15：5　　A-16：4

4　可動コイルに流れる電流が直流の場合、指針の振れの角度 θ は、電流値に比例する。

5　指針が静止するまでに生ずるオーバーシュート等の複雑な動きを抑えるために、ア
ルミ枠に流れる誘導電流を利用する。

A-18　次の記述は、図に示す回路を用いて抵抗 R_X 〔Ω〕を測定する方法について述べ
たものである。　　　内に入れるべき字句の正しい組合せを下の番号から選べ。ただし、
直流電流計 A_a の内部抵抗は無視するものとする。

(1)　スイッチ SW を接 (ON) にしたとき、A_a の指示値が 10〔mA〕であった。したがっ
て、V は次の値で表される。

$$V = \boxed{\text{A}} \ \text{〔V〕} \qquad\qquad \cdots ①$$

(2)　次に、SW を断 (OFF) にしたとき、A_a の指示値が 2〔mA〕であった。このとき、
次式が成り立つ。

$$V = (1,000 + \boxed{\text{B}}) \times 2 \times 10^{-3} \ \text{〔V〕} \quad \cdots ②$$

(3)　式①及び②より、R_X は $\boxed{\text{C}}$ 〔Ω〕である。

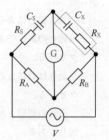

R：抵抗
V：直流電圧〔V〕

	A	B	C
1	10	R_X	5,000
2	10	R_X	4,000
3	20	$2R_X$	4,000
4	20	R_X	5,000
5	20	$2R_X$	5,000

A-19　図に示すブリッジ回路は、各素子が表の値になったとき平衡状態になった。この
ときの静電容量 C_X 及び抵抗 R_X の値の組合せとして、正しいものを下の番号から選べ。

	C_X	R_X
1	0.05〔μF〕	50〔Ω〕
2	0.05〔μF〕	100〔Ω〕
3	0.02〔μF〕	50〔Ω〕
4	0.02〔μF〕	100〔Ω〕
5	0.01〔μF〕	100〔Ω〕

素　子	値
抵　抗　R_A	1,000〔Ω〕
抵　抗　R_B	500〔Ω〕
抵　抗　R_S	200〔Ω〕
静電容量　C_S	0.01〔μF〕

V：交流電源〔V〕
G：交流検流計

答　　A-17：**3**　　A-18：**2**　　A-19：**4**

A - 20 次の記述は、図に示すように補助電極板を用いた三電極法による接地抵抗の測定原理について述べたものである。____内に入れるべき字句の正しい組合せを下の番号から選べ。

(1) 接地電極板 X の接地抵抗 R_X を測定するには、X、Y 及び Z を互いに __A__ とともに間隔ができるだけ等距離になるように大地に埋める。

(2) コールラウシュブリッジなどの __B__ を電源とした抵抗の測定器を用いて、端子 ab 間の抵抗 R_{ab} 〔Ω〕、端子 bc 間の抵抗 R_{bc} 〔Ω〕及び端子 ca 間の抵抗 R_{ca} 〔Ω〕を測定する。

(3) R_{ab}、R_{bc} 及び R_{ca} から R_X は、$R_X =$ __C__ 〔Ω〕で求められる。

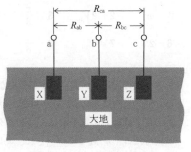

Y、Z：補助電極板

	A	B	C
1	十分近づける	交流	$\dfrac{R_{ab}+R_{ca}-R_{bc}}{3}$
2	十分近づける	直流	$\dfrac{R_{ab}+R_{ca}-R_{bc}}{2}$
3	十分離す	交流	$\dfrac{R_{ab}+R_{ca}-R_{bc}}{3}$
4	十分離す	直流	$\dfrac{R_{ab}+R_{ca}-R_{bc}}{3}$
5	十分離す	交流	$\dfrac{R_{ab}+R_{ca}-R_{bc}}{2}$

B - 1 次の記述は、図に示す磁気ヒステリシスループ（$B-H$ 曲線）について述べたものである。____内に入れるべき字句を下の番号から選べ。ただし、磁束密度を B〔T〕、磁界の強さを H〔A/m〕とする。

(1) 図の B_r〔T〕は、__ア__という。

(2) 図の H_c〔A/m〕は、__イ__という。

(3) B_r と H_c が共に大きい材料は、__ウ__の材料に適している。

(4) 磁気材料のヒステリシス損は、磁気ヒステリシスループの面積 S に __エ__ する。

(5) モーターや変圧器の鉄心には S が __オ__ 材料がよい。

1	磁気飽和	2	保磁力	3	ホール素子	4	反比例	5	小さい
6	残留磁気	7	起磁力	8	永久磁石	9	比例	10	大きい

答 A - 20：5

B - 1：ア - 6 イ - 2 ウ - 8 エ - 9 オ - 5

B-2 次の記述は、正弦波交流電圧 v_1、v_2 及び v_3 の合成について述べたものである。□□内に入れるべき字句を下の番号から選べ。ただし、v_1、v_2 及び v_3 は次式で表されるものとし、その最大値を V_m〔V〕、角周波数を ω〔rad/s〕、時間を t〔s〕とする。

$$v_1 = V_m \sin \omega t \text{〔V〕}, \quad v_2 = V_m \sin\left(\omega t + \frac{2\pi}{3}\right) \text{〔V〕}, \quad v_3 = V_m \sin\left(\omega t - \frac{2\pi}{3}\right) \text{〔V〕}$$

(1) $v_{23} = v_2 + v_3$〔V〕とすると、v_{23} の角周波数は、□ ア □〔rad/s〕である。

(2) v_{23} の最大値は□ イ □〔V〕であり、位相は v_2 よりも□ ウ □〔rad〕進んでいる。

(3) よって、v_1 と v_{23} の位相差は□ エ □〔rad〕である。

(4) したがって、$v_0 = v_1 + v_2 + v_3$ とすると、v_0 の瞬時値は□ オ □〔V〕となる。

1	ω	2	$2V_m$	3	$\dfrac{\pi}{3}$	4	π	5	$\dfrac{V_m}{2}$
6	2ω	7	V_m	8	$\dfrac{\pi}{6}$	9	$\dfrac{2\pi}{3}$	10	0

B-3 次の記述は、図に示す原理的な構造の進行波管（TWT）について述べたものである。□□内に入れるべき字句を下の番号から選べ。

(1) 電子銃からの電子流は、コレクタCなどに加えられた電圧によって加速されると同時にコイルMで□ ア □され、コレクタCに達する。

(2) マイクロ波は、導波管 W_1 から入力され、もう一方の導波管から出力される。

(3) 入力されたマイクロ波は、□ イ □の働きにより位相速度 v_p が遅くなる。

(4) マイクロ波の位相速度を v_p、電子流の速度を v_e とした時、一般に v_p を v_e より少し遅くする。

(5) (4)のようにすると、マイクロ波はその速度差により、ら旋を進むにつれて□ ウ □される。

(6) 進行波管は、同調回路が□ エ □ので、広帯域の信号の増幅が□ オ □である。

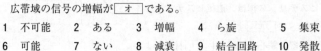

結合回路　コイル M　ら旋　結合回路　コレクタ C　電子銃　導波管 W_1　電子流　導波管 W_2

1	不可能	2	ある	3	増幅	4	ら旋	5	集束
6	可能	7	ない	8	減衰	9	結合回路	10	発散

答　B-2：ア-1　イ-7　ウ-3　エ-4　オ-10

　　B-3：ア-5　イ-4　ウ-3　エ-7　オ-6

B-4 次の記述は、図1及び図2に示す回路について述べたものである。□□内に入れるべき字句を下の番号から選べ。ただし、A_{OP} は理想的な演算増幅器を示す。

(1) 図1の回路の増幅度 $A_0 = |V_{o1}/(V_{i1} - V_{i2})|$ は、 ア である。

(2) 図1の回路は、入力電流 I_i が イ 。

(3) 図2の回路の増幅度 $A = |V_o/V_i|$ は、 ウ である。

(4) 図2の回路の V_o と V_i の位相差は、 エ 〔rad〕である。

(5) 図2の回路は、 オ 増幅回路と呼ばれる。

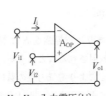

V_{i1}、V_{i2}: 入力電圧〔V〕
V_{o1}: 出力電圧〔V〕
図1

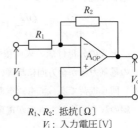

R_1、R_2: 抵抗〔Ω〕
V_i: 入力電圧〔V〕
V_o: 出力電圧〔V〕
図2

1	1	2	流れる	3	$\dfrac{R_2}{R_1}$	4	$\dfrac{\pi}{2}$	5	反転（逆相）
6	∞	7	流れない	8	$1-\dfrac{R_2}{R_1}$	9	π	10	非反転（同相）

B-5 次に掲げる測定方法のうち偏位法によるものを1、零位法によるものを2として解答せよ。

ア ホイートストンブリッジによる抵抗の測定

イ 直流電位差計による起電力の測定

ウ 可動鉄片形電圧計による交流電圧の測定

エ 空心電流力計形電力計による交流電力の測定

オ アナログ式回路計（テスタ）による抵抗の測定

答 B-4：ア-6 イ-7 ウ-3 エ-9 オ-5
　　 B-5：ア-2 イ-2 ウ-1 エ-1 オ-1

▶解答の指針

○A-1

(1) 誘電率 ε の媒質中にある正電荷 Q〔C〕を中心にした半径 r〔m〕の球の表面上での電界強度 E は次のようになる。

$$E = \frac{Q}{4\pi\varepsilon r^2} = \frac{Q/\varepsilon}{4\pi r^2} \ \text{〔V/m〕}$$

上式の分母は球の表面積であり、電界強度 E は電気力線の密度であるから、Q/ε 本の電気力線が全方向に均等に放射されることになる。

(2) 同じ電荷であっても誘電率 ε により電気力線の数は変わってしまう。そこで、電気力線の数を ε 倍したものが電束 ψ と定義され、ψ は次のようになる。

$$\psi = Q/\varepsilon \times \varepsilon = Q$$

すなわち、Q〔C〕の電荷からは Q 本の電束が全方向に放射される。

○A-2

(1) D の辺 ab 及び cd の周辺速度 v は、軸周りの角速度 ω〔rad/s〕と軸からの距離 $(l/2)$〔m〕との積で、$v = \dfrac{\omega l}{2}$〔m/s〕である。

(2) D に生じる起電力 e は、D を貫く磁束の変化率に比例するので、D の面が B の方向と平行のときに最大となる。

(3) e の最大値 $e_{\max}$ は、辺が ab と cd であるから、一辺の 2 倍の起電力となり、次式となる。

$$e_{\max} = 2vBl = 2\left(\frac{\omega l}{2}\right)Bl = B\omega l^2 \ \text{〔V〕}$$

○A-3

コイル A、B のインダクタンス L_A、L_B 及び相互インダクタンス M は、巻き数を N_A、N_B、磁気抵抗を R_m〔H^{-1}〕とすると次式で表され、題意の数値を用いて次のようになる。

$$L_A = \frac{N_A{}^2}{R_m} = 8 \ \text{〔mH〕}$$

$$L_B = \frac{N_B{}^2}{R_m} = \frac{(N_A/2)^2}{R_m} = \frac{N_A{}^2}{4R_m} = 2 \ \text{〔mH〕}$$

$$M = \frac{N_A N_B}{R_m} = \frac{N_A N_A/2}{R_m} = \frac{N_A{}^2}{2R_m} = 4 \ \text{〔mH〕}$$

したがって、合成インダクタンス L は和動接続なので次式のようになる。

$$L = L_A + L_B + 2M = 8 + 2 + 2 \times 4 = 18 \ \text{〔mH〕}$$

○A－4

次図の回路において、$C_1 = C_2 = C_3 = C_4 = C$〔F〕とする。

C_2、C_3 の合成静電容量 C_{23} は、

$$C_{23} = C_2 C_3 / (C_2 + C_3) = C/2 \text{〔F〕}$$

である。また、C_2、C_3 及び C_4 の合成静電容量 C_{234} は、次式で表される。

$$C_{234} = C + C_{23} = C + C/2 = 3C/2 \text{〔F〕}$$

したがって、V_1、V_2 及び V_3 は次のようになる。

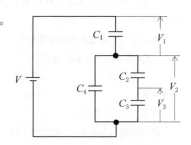

$$V_1 = V \times \frac{C_{234}}{C_1 + C_{234}} = 60 \times \frac{3C/2}{C + 3C/2}$$

$$= \underline{36}\text{〔V〕}$$

$$V_2 = V - V_1 = 60 - 36 = \underline{24}\text{〔V〕}$$

$$V_3 = \frac{V_2}{2} = \underline{12}\text{〔V〕}$$

○A－5

抵抗網において縦に接続されている抵抗の両端は、網の対称性から ab 間に電圧を加えても同電位であり切り離して考えることができるので、ab 間の合成抵抗 R_{ab} は、題意の数値を用いて次のようになる。

$$R_{ab} = \frac{4R \times 4R}{4R + 4R} = 2R = 2 \times 50 = 100 \text{〔Ω〕}$$

○A－6

(1) 有効電力（消費電力）P は、R で消費される電力であり、$P = \dfrac{V^2}{R}$〔W〕となる。

(2) 無効電力 Q は、X_L での消費されない電力であり、$Q = \dfrac{V^2}{X_L}$〔var〕となる。

(3) 皮相電力 S は、定義から P と Q を用いて次式で表される。

$$S = \sqrt{P^2 + Q^2} = \underline{V^2 \sqrt{\frac{1}{R^2} + \frac{1}{X_L{}^2}}}\text{〔VA〕}$$

○A – 7

共振周波数 f_r は、次式で表される。

$$f_r = \frac{1}{2\pi\sqrt{LC_V}} \ \text{[Hz]}$$

上式より L が一定ならば C_V は f_r の二乗に反比例する。

したがって、f_r を 900 [kHz] から 300 [kHz] と $1/3$ 倍にしたとき、C_V は $3^2 = 9$ 倍すればよい。

したがって、題意の数値を用いて、

$$C_V = 50 \times 9 = 450 \ \text{[pF]}$$

○A – 8

(1) $\dot{A}$ 及び $\dot{C}$ を求める。

出力開放 $(\dot{I}_2 = 0)$ の場合は下図 1 のように、$\dot{V}_1 = \dot{V}_2$ であり、次式が成り立つ。

$$\dot{A} = \frac{\dot{V}_1}{\dot{V}_2} = \underline{1}$$

$$\dot{C} = \frac{\dot{I}_1}{\dot{V}_2} = \frac{\dot{V}_1/(j\omega L)}{\dot{V}_2} = \underline{\frac{1}{j\omega L}} \ \text{[S]}$$

(2) $\dot{B}$ 及び $\dot{D}$ を求める。

出力短絡 $(\dot{V}_2 = 0)$ の場合は図 2 のように、$\dot{V}_1 = \dot{V}_2 = 0$、$\dot{I}_1 = \dot{I}_2$ であり、次式が成り立つ。

$$\dot{B} = \frac{\dot{V}_1}{\dot{I}_2} = \underline{0} \ \text{[Ω]}$$

$$\dot{D} = \frac{\dot{I}_1}{\dot{I}_2} = \underline{1}$$

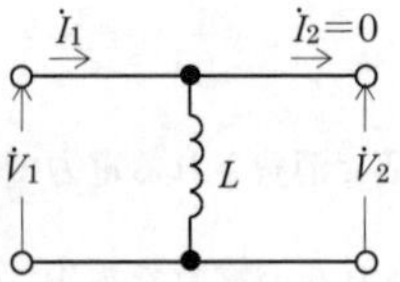

図 1

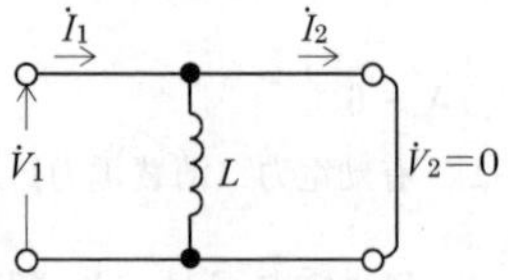

図 2

○A – 10

3 ツェナーダイオードは、**逆方向電圧**を加えたときの定電圧特性を利用する素子として用いられる。

○A – 11

FET の相互コンダクタンス g_m は、次式で表される。

$$g_m = \Delta I_D / \Delta V_{GS} \ \text{[S]}$$

与表の $V_{DS} = 12$ [V]、$I_D = 6$ [mA] 付近で、$\Delta I_D = 2$ [mA] をとると、$\Delta V_{GS} = 0.1$ [V] であるから、上式に代入して g_m は次のようになる。

$$g_m = 2 \times 10^{-3} / 0.1 = 20 \ \text{[mS]}$$

○A－12

ベース電流 I_B は、V_1〔V〕、V_{BE}〔V〕、R_1〔Ω〕及び題意の数値を用い、次式となる。

$$I_B = \frac{V_1 - V_{BE}}{R_1} = \frac{1.6 - 0.6}{50 \times 10^3} = 0.02 \text{〔mA〕}$$

上式からコレクタ電流 I_C は、$I_C = I_B \times h_{FE} = 0.02 \times 200 = 4$〔mA〕となる。

したがって、V_{CE} は、V_2〔V〕、R_2〔Ω〕及び題意の数値を用いて次のようになる。

$$V_{CE} = V_2 - R_2 I_C = 12 - 2 \times 10^3 \times 4 \times 10^{-3} = 12 - 8 = 4 \text{〔V〕}$$

○A－13

5　回路は、**クリッパ回路**といわれる。

○A－14

C_1 と C_2 の直列合成静電容量 C〔F〕は次のようになる。

$$C = \frac{C_1 \times C_2}{C_1 + C_2} = \frac{300 \times 600}{300 + 600} = 200 \text{〔pF〕}$$

したがって、発振周波数は次式で表され、題意の数値を用いて次のようになる。

$$f = \frac{1}{2\pi\sqrt{LC}} = \frac{1}{2\pi\sqrt{1.25 \times 10^{-3} \times 200 \times 10^{-12}}} = \frac{1 \times 10^6}{\pi} = \frac{1}{\pi} \text{〔MHz〕}$$

○A－15

出力 Y は次のようになる。

$$Y = \overline{\overline{A + B}} = \overline{\overline{A}} \cdot \overline{\overline{B}} = A \cdot B$$

また、出力 X は次式となる。

$$X = \overline{\overline{A + B} + A \cdot B} = \overline{\overline{A + B}} \cdot \overline{A \cdot B} = (A + B) \cdot (\overline{A} + \overline{B}) = A \cdot \overline{B} + \overline{A} \cdot B$$

したがって、正しい記述は **5** である。

○A－16

設問図の整流回路は、**全波形倍電圧整流回路**である。一つの容量 C の両端の電圧は電源電圧の最大値 $V_{max} = \sqrt{2}\,V$ であるから、端子 ab 間の電圧は、$2 \times \sqrt{2}\,V \fallingdotseq \underline{564}$〔V〕である。

○A－17

3　指針の駆動トルクと制御トルクは、方向が**互いに逆方向**である。

○A−18

(1) SW を接 (ON) で A_a が10〔mA〕指示したとき次式が成り立つ。

$$V = 1,000 \times 10 \times 10^{-3} = \underline{10} \text{ 〔V〕} \qquad \cdots ①$$

(2) SW を断 (OFF) で A_a が2〔mA〕指示したとき次式が成り立つ。

$$V = (1,000 + \underline{R_X}) \times 2 \times 10^{-3} \text{ 〔V〕} \qquad \cdots ②$$

(3) 式①及び②より V を消去し $R_X = \underline{4,000}$ 〔Ω〕を得る。

○A−19

交流ブリッジの平衡状態では、次式が成り立つ。

$$R_A \left(R_X + \frac{1}{j\omega C_X} \right) = R_B \left(R_S + \frac{1}{j\omega C_S} \right)$$

上式の両辺の実数部及び虚数部は互いに等しいので、R_X 及び C_X は次式となり、題意の数値を用いて、

$$R_X = R_S \times \frac{R_B}{R_A} = 200 \times \frac{500}{1000} = \underline{100} \text{ 〔Ω〕}$$

$$C_X = C_S \times \frac{R_A}{R_B} = 0.01 \times \frac{1000}{500} = \underline{0.02} \text{ 〔}\mu\text{F〕}$$

○A−20

(1) 接地電極板 X の接地抵抗 R_X を測定するには、X 及び補助電極板 Y、Z を互いに十分離すとともに (10〔m〕程度) できるだけ等間隔に大地に埋める。

(2) 分極作用などの影響をなくすため、コールラウシュブリッジなどの交流を電源とした抵抗測定器を用いて、図の抵抗値、R_{ab}〔Ω〕、R_{bc}〔Ω〕及び R_{ca}〔Ω〕を測定する。

(3) Y の接地抵抗を R_Y〔Ω〕、Z の接地抵抗を R_Z〔Ω〕とすると、R_{ab}、R_{bc} 及び R_{ca} は次のように表される。

$$R_{ab} = R_X + R_Y \qquad \cdots ①$$
$$R_{bc} = R_Y + R_Z \qquad \cdots ②$$
$$R_{ca} = R_Z + R_X \qquad \cdots ③$$

式①、②及び③の辺々を加えて、次式を得る。

$$R_{ab} + R_{bc} + R_{ca} = 2(R_X + R_Y + R_Z) \qquad \cdots ④$$

式④の右辺の R_Y と R_Z の和を、式②から R_{bc} に置き換えて、R_X は次のようになる。

$$R_X = \underline{\frac{R_{ab} + R_{ca} - R_{bc}}{2}} \text{ 〔Ω〕}$$

○B − 2

(1)　$v_{23} = v_2 + v_3$〔V〕とすると、v_{23} の角周波数は、$\underline{\omega}$〔rad/s〕である。

(2)　v_{23} の最大値は $\underline{V_m}$〔V〕であり、位相は v_2 よりも $\dfrac{\pi}{3}$〔rad〕進んでいる。

(3)　よって、v_1 と v_{23} の位相差は $\underline{\pi}$〔rad〕である。

(4)　したがって、$v_0 = v_1 + v_2 + v_3$ とすると、v_0 の瞬時値は $\underline{0}$〔V〕となる。

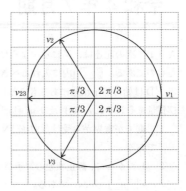

○B − 4

(1)　図1の回路の増幅度 $A_0 = |V_{o1} / (V_{i1} - V_{i2})|$ は、A_{OP} 単体の増幅度であるから、$\underline{\infty}$である。

(2)　図1の回路の入力電流 I_i は、A_{OP} の入力インピーダンスが∞であるから、$\underline{\text{流れない}}$。

(3)　R_1 と R_2 に流れる電流は等しく、それを I とすると次式が成り立つ。

　　　$V_i = R_1 I$　　　　　　　　　　　　　　　　　　…①

　　　$V_o = -R_2 I$　　　　　　　　　　　　　　　　　…②

　　式①と②から、図2の回路の増幅度 A は、$A = |V_o / V_i| = \underline{R_2 / R_1}$である。

(4)　式①から V_o と V_i の位相差は、$\underline{\pi}$〔rad〕である。

(5)　(4)から、図2の回路は$\underline{\text{反転（逆相）}}$増幅回路と呼ばれる。

令和4年7月期

A−1 次の記述は、図に示すように均一な電界中における電子Dの運動について述べたものである。□□内に入れるべき字句の正しい組合せを下の番号から選べ。ただし、電子Dは始め静止状態にあるものとし、電界の強さを E 〔V/m〕、電子の電荷の大きさ及び質量をそれぞれ e 〔C〕及び m 〔kg〕とする。

(1) 電子が電界から受ける力 F 〔N〕によって受ける加速度 α は、$\alpha = \boxed{\text{A}}$ 〔m/s²〕である。

(2) したがって、静止状態の電子が F によって運動を始めて、t 〔s〕後に達する速さ v は、$v = \boxed{\text{B}}$ 〔m/s〕である。

(3) よって、静止状態の電子が F によって運動を始めて、t 〔s〕間で移動する距離 l は、$l = \boxed{\text{C}}$ 〔m〕である。

	A	B	C
1	$\dfrac{eE}{m}$	$\dfrac{eE^2 t^2}{m}$	$\dfrac{eEt^2}{2m}$
2	$\dfrac{eE}{m}$	$\dfrac{eEt}{m}$	$\dfrac{eEt^2}{2m}$
3	$\dfrac{eE}{m}$	$\dfrac{eEt}{m}$	$\dfrac{eE^2 t^2}{4m}$
4	$\dfrac{eE^2}{m}$	$\dfrac{eEt}{m}$	$\dfrac{eE^2 t^2}{4m}$
5	$\dfrac{eE^2}{m}$	$\dfrac{eE^2 t^2}{m}$	$\dfrac{eE^2 t^2}{4m}$

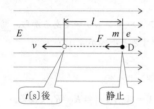

A−2 次の記述は、図に示すように、同一平面上で平行に間隔を r 〔m〕離して真空中に置かれた無限長の直線導線 X、Y 及び Z に、同じ大きさで同一方向にそれぞれ直流電流 I 〔A〕を流したときに、Y が受ける力について述べたものである。□□内に入れるべき字句の正しい組合せを下の番号から選べ。ただし、真空の透磁率を $4\pi \times 10^{-7}$ 〔H/m〕とする。

(1) X と Y の間には、$\boxed{\text{A}}$ 力が働き、その長さ 1 〔m〕当たりの力の大きさ F_{XY} は、次式で表される。

$$F_{XY} = (\boxed{\text{B}}) \times 10^{-7} \text{〔N/m〕}$$

(2) Z と Y の間にも同様の力が働き、1 〔m〕当たりの力の大きさは、F_{XY} と同じである。

(3) したがって、Y が受ける 1 〔m〕当たりの合成力は、力の方向を考えると、$\boxed{\text{C}}$ 〔N/m〕である。

答 A−1：2

	A	B	C
1	反発	$\dfrac{2I}{r^2}$	$2F_{XY}$
2	吸引	$\dfrac{2I}{r^2}$	$2F_{XY}$
3	吸引	$\dfrac{2I^2}{r}$	0
4	反発	$\dfrac{2I^2}{r}$	0
5	反発	$\dfrac{2I^2}{r}$	$2F_{XY}$

A-3　図に示すように、相互インダクタンス M が 0.5〔H〕の回路の一次側コイル L_1 に周波数が 60〔Hz〕で実効値が 0.2〔A〕の正弦波交流電流 I_1 を流したとき、二次側コイル L_2 の両端に生ずる電圧の実効値 V_2〔V〕として、正しいものを下の番号から選べ。

1　25π

2　22π

3　18π

4　15π

5　12π

A-4　図に示すように、0〔℃〕のときの抵抗値が R_M〔Ω〕及び R_N〔Ω〕の抵抗 M 及び N を直列接続したとき、合成抵抗（端子 ab 間の抵抗）の 0〔℃〕における抵抗の温度係数 α_{ab} を表す式として、正しいものを下の番号から選べ。ただし、0〔℃〕における M 及び N の抵抗の温度係数をそれぞれ α_M 及び α_N とする。

1　$\alpha_{ab} = \dfrac{R_M\alpha_M + R_N\alpha_N}{R_M + R_N}$　　2　$\alpha_{ab} = \dfrac{R_M\alpha_N + R_N\alpha_M}{R_M + R_N}$

3　$\alpha_{ab} = \alpha_M + \alpha_N$　　4　$\alpha_{ab} = \sqrt{\alpha_M\alpha_N}$

5　$\alpha_{ab} = \dfrac{\sqrt{R_M R_N \alpha_M \alpha_N}}{R_M + R_N}$

A-5　図1に示す回路において、可変抵抗 R を変えて直流電源の出力電圧 V_o と出力電流 I_o の関係を求めたところ、図2に示す特性が得られた。R が 36〔Ω〕のときの R に流れる電流 I_o の値として、最も近いものを下の番号から選べ。

答　A-2：**3**　　A-3：**5**　　A-4：**1**

1 $I_0 = 50$ 〔mA〕

2 $I_0 = 100$ 〔mA〕

3 $I_0 = 150$ 〔mA〕

4 $I_0 = 200$ 〔mA〕

5 $I_0 = 250$ 〔mA〕

図1

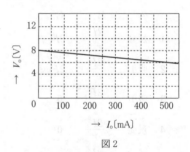

図2

A-6 図に示す抵抗 R、容量リアクタンス X_C 及び誘導リアクタンス X_L の並列回路に 60〔V〕の交流電圧を加えたとき、有効電力（消費電力）P 及び皮相電力 P_S の値の組合せとして、正しいものを下の番号から選べ。

	P	P_S
1	180 〔W〕	360 〔VA〕
2	180 〔W〕	300 〔VA〕
3	120 〔W〕	420 〔VA〕
4	120 〔W〕	360 〔VA〕
5	120 〔W〕	300 〔VA〕

$R = 20$〔Ω〕
$X_C = 10$〔Ω〕
$X_L = 30$〔Ω〕

A-7 図に示す回路において、スイッチ SW が断（OFF）のとき、可変静電容量 C の値が C_1〔F〕で回路は共振した。次に SW を接（ON）にして C を C_2〔F〕にしたところ、SW が断（OFF）のときと同じ周波数で共振した。このときの未知の静電容量 C_x を表す式として、正しいものを下の番号から選べ。

1 $C_x = \dfrac{C_1 C_2}{C_1 - C_2}$ 〔F〕

2 $C_x = \dfrac{C_1 C_2}{C_1 + C_2}$ 〔F〕

3 $C_x = \dfrac{C_1 + C_2}{2}$ 〔F〕

4 $C_x = C_1 + C_2$ 〔F〕

5 $C_x = \sqrt{C_1 C_2}$ 〔F〕

L：自己インダクタンス〔H〕
R：抵抗〔Ω〕
V：正弦波交流電源〔V〕

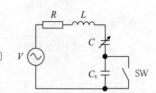

答　A-5：4　　A-6：2　｜　A-7：1

A－8　次の記述は、図に示す回路の過渡現象について述べたものである。□□内に入れるべき字句の正しい組合せを下の番号から選べ。ただし、スイッチ SW は、始めに a に入れて十分に時間が経過してから b に切り替えるものとする。また、静電容量 C〔F〕の初期電荷は零とし、自然対数の底を ε としたとき、$1/\varepsilon \fallingdotseq 0.37$ とする。

(1)　SW を a に入れた直後、抵抗 R_1〔Ω〕に流れる電流は、□A□〔A〕である。

(2)　SW を b に切り替えた直後、抵抗 R_2〔Ω〕に流れる電流は、□B□〔A〕である。

(3)　SW を b に切り替えた直後から CR_2〔s〕後に R_2 に流れる電流は、約□C□〔A〕である。

	A	B	C
1	$\dfrac{V}{R_1}$	0	$\dfrac{0.37V}{R_2}$
2	0	$\dfrac{V}{R_2}$	$\dfrac{0.37V}{R_2}$
3	$\dfrac{V}{R_1}$	$\dfrac{V}{R_2}$	$\dfrac{0.37V}{R_2}$
4	$\dfrac{V}{R_1}$	0	$\dfrac{0.63V}{R_2}$
5	0	0	$\dfrac{0.63V}{R_2}$

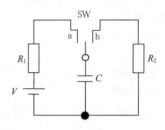

V：直流電圧〔V〕

A－9　次の記述は、P 形半導体について述べたものである。□□内に入れるべき字句の正しい組合せを下の番号から選べ。

(1)　真性半導体に□A□価の不純物を混入したもので、この混入する物質を□B□という。

(2)　P 形半導体のホール（正孔）が、□C□キャリアとなる。

	A	B	C
1	3	アクセプタ	多数
2	3	アクセプタ	少数
3	3	ドナー	少数
4	5	アクセプタ	少数
5	5	ドナー	多数

A－10　図に示すダイオード D と抵抗 R を用いた回路に流れる電流 I の値として、正しいものを下の番号から選べ。ただし、D の順方向の電圧電流特性は、順方向電流及び電圧をそれぞれ I_D〔A〕及び V_D〔V〕としたとき、$I_D = 0.1V_D - 0.06$〔A〕で表せるものとする。

1 　10〔mA〕

2 　15〔mA〕

3 　20〔mA〕

4 　25〔mA〕

5 　30〔mA〕

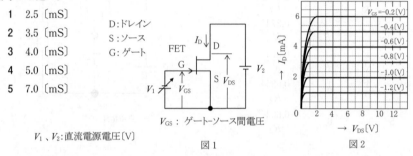

$V = 1.8$〔V〕

V：直流電圧

$R = 30$〔Ω〕

$I_D = 0.1V_D - 0.06$〔A〕

A-11 　図1に示す電界効果トランジスタ（FET）のドレイン-ソース間電圧 V_{DS} とドレイン電流 I_D の特性を求めたところ、図2に示す特性が得られた。このとき、V_{DS} が 6〔V〕、I_D が 3〔mA〕のときの相互コンダクタンス g_m の値として、最も近いものを下の番号から選べ。

1 　2.5〔mS〕

2 　3.5〔mS〕

3 　4.0〔mS〕

4 　5.0〔mS〕

5 　7.0〔mS〕

D：ドレイン
S：ソース
G：ゲート

V_{GS}：ゲート-ソース間電圧

V_1、V_2：直流電源電圧〔V〕

図1 　　　　　　　　図2

A-12 　次の記述は、図に示す原理的な構造のマグネトロンについて述べたものである。 ☐ 内に入れるべき字句の正しい組合せを下の番号から選べ。

(1) 二極真空管に分類され、陽極-陰極間には ☐ A ☐ を加える。

(2) マイクロ波の ☐ B ☐ として用いられ、一般に単一周波数に限定して使用される。

(3) 使用周波数を決める主な要素は、☐ C ☐ である。

	A	B	C
1	直流電圧	増幅用	陰極
2	直流電圧	発振用	空洞共振器
3	交流電圧	発振用	陰極
4	交流電圧	発振用	空洞共振器
5	交流電圧	増幅用	陰極

空洞共振器　　永久磁石　　結合ループ　　→ 出力　　陰極　　陽極　　永久磁石

答 　A-10：5 　　A-11：4 　　A-12：2

A-13　図に示すエミッタ接地トランジスタ（Tr）増幅回路において、コレクタ電流 I_C 及び電圧増幅度の大きさ $A = |V_o/V_i|$ の値の組合せとして、正しいものを下の番号から選べ。ただし、Tr の h 定数を表の値とし、ベース−エミッタ間電圧 V_{BE} を 0.6〔V〕とする。また、出力アドミタンス h_{oe}、電圧帰還率 h_{re} 及び静電容量 C_1、C_2〔F〕の影響は無視するものとする。

名　称	記号	値
入力インピーダンス	h_{ie}	2〔kΩ〕
電流増幅率	h_{fe}	200
直流電流増幅率	h_{FE}	200

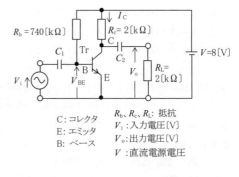

C: コレクタ
E: エミッタ
B: ベース

R_b, R_c, R_L: 抵抗
V_i: 入力電圧〔V〕
V_o: 出力電圧〔V〕
V : 直流電源電圧

	I_C	A
1	1〔mA〕	50
2	1〔mA〕	100
3	2〔mA〕	50
4	2〔mA〕	100
5	2〔mA〕	150

A-14　次の記述は、図に示す理想的な演算増幅器（A_{OP}）を用いた回路について述べたものである。□□□内に入れるべき字句の正しい組合せを下の番号から選べ。

(1)　入力電圧を v_i〔V〕とすると、抵抗 R〔Ω〕に流れる電流 i_R は、$i_R =$ ☐A☐〔A〕で表される。

(2)　出力電圧 v_o〔V〕は、静電容量 C〔F〕に流れる電流を i_C〔A〕とすると、$v_o =$ ☐B☐〔V〕で表される。

(3)　したがって $i_R = i_C$ であるから
v_o は、(1)及び(2)より次式で表される。

$$v_o = \boxed{\text{C}} \ \text{〔V〕}$$

	A	B	C
1	$\dfrac{v_i}{2R}$	$-C\displaystyle\int i_C\,dt$	$-\dfrac{1}{CR}\displaystyle\int v_i\,dt$
2	$\dfrac{v_i}{2R}$	$-\dfrac{1}{C}\displaystyle\int i_C\,dt$	$-\dfrac{C}{R}\displaystyle\int v_i\,dt$
3	$\dfrac{v_i}{R}$	$-\dfrac{1}{C}\displaystyle\int i_C\,dt$	$-\dfrac{C}{R}\displaystyle\int v_i\,dt$
4	$\dfrac{v_i}{R}$	$-C\displaystyle\int i_C\,dt$	$-\dfrac{1}{CR}\displaystyle\int v_i\,dt$
5	$\dfrac{v_i}{R}$	$-\dfrac{1}{C}\displaystyle\int i_C\,dt$	$-\dfrac{1}{CR}\displaystyle\int v_i\,dt$

答　A-13：4　　A-14：5

A-15　図1及び図2に示す論理回路の論理式の組合せとして、正しいものを下の番号から選べ。ただし、正論理とし、A、B及びCを入力、Xを出力とする。

図1　　　　　図2

1　$X = \overline{A} \cdot (\overline{B + \overline{C}})$　　$X = A + (B \cdot C)$

2　$X = A \cdot (B + C)$　　$X = \overline{A} + (\overline{B} \cdot \overline{C})$

3　$X = \overline{A} \cdot (\overline{B + C})$　　$X = A \cdot (B + C)$

4　$X = \overline{A} \cdot (\overline{B + \overline{C}})$　　$X = A \cdot (B + C)$

5　$X = \overline{A} + (\overline{B} \cdot \overline{C})$　　$X = A + (B \cdot C)$

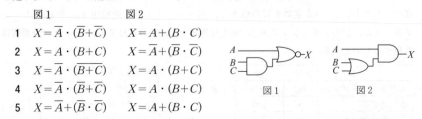

図1　　　　　　図2

A-16　図に示す定電圧ダイオード D_T を用いた回路において、負荷抵抗 R_L を 500〔Ω〕又は 100〔Ω〕としたとき、R_L の両端電圧 V_L の値の組合せとして、正しいものを下の番号から選べ。ただし、D_T は理想的な特性とし、抵抗 R_1 を 100〔Ω〕、D_T のツェナー電圧を 12〔V〕とする。

　　　　$R_L = 500$〔Ω〕　　$R_L = 100$〔Ω〕

1　　12〔V〕　　　　4〔V〕

2　　12〔V〕　　　　6〔V〕

3　　12〔V〕　　　　9〔V〕

4　　15〔V〕　　　　6〔V〕

5　　15〔V〕　　　　9〔V〕

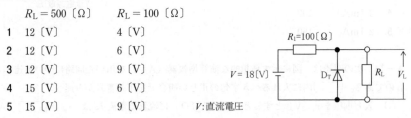

V:直流電圧

A-17　次の記述は、指示電気計器について述べたものである。このうち誤っているものを下の番号から選べ。

　1　可動鉄片形計器は、商用周波数（50Hz/60Hz）の交流の電流の測定に適している。

　2　静電形計器は、商用周波数（50Hz/60Hz）の交流の高電圧の測定に適している。

　3　誘導形計器は、直流の電圧の測定に適している。

　4　熱電対形計器は、高周波の電流の測定に適している。

　5　永久磁石可動コイル形計器は、直流電流の測定に適している。

A-18　図に示す回路において、未知抵抗 R_X を直流電圧計 V の指示値 V〔V〕及び直流電流計 A の指示値 I〔A〕から V/I〔Ω〕として求めるとき、百分率誤差を 5〔%〕以下にするための V の内部抵抗 R_V の最小値として、最も近いものを下の番号から選べ。ただし、$R_X \leq 20$〔kΩ〕とし、また、誤差は R_V によってのみ生ずるものとする。

　答　　A-15：**4**　　A-16：**3**　　A-17：**3**

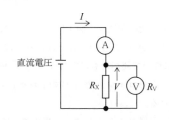

1　380〔kΩ〕

2　420〔kΩ〕

3　480〔kΩ〕

4　580〔kΩ〕

5　600〔kΩ〕

A-19　図に示すように、最大目盛値が V_o〔V〕で静電容量が C_V〔F〕の静電形電圧計 V に直列に C_1〔F〕の静電容量を接続したとき、端子 ab 間で測定できる電圧の最大値として、正しいものを下の番号から選べ。

1　$(1+\dfrac{C_1}{C_V})\,V_o$〔V〕　　2　$(1+\dfrac{C_V}{C_1})\,V_o$〔V〕

3　$(1-\dfrac{C_1}{C_V})\,V_o$〔V〕　　4　$(1-\dfrac{C_V}{C_1})\,V_o$〔V〕

5　$(1+\dfrac{2C_V}{C_1})\,V_o$〔V〕

A-20　次の記述は、図に示すブリッジ回路により平行二線路の接地点 b の位置を測定する方法について述べたものである。　□　内に入れるべき字句の正しい組合せを下の番号から選べ。ただし、線路長を l〔m〕、接地点 b の始点 a からの距離を x〔m〕とする。また、平行二線路の一本の単位長さ当たりの抵抗値 r〔Ω/m〕は均一とする。

(1)　平行二線路の終端 pq を短絡し、可変抵抗 R_1 及び R_2 を調整して、直流検流計 G の振れを零にし、ブリッジを平衡させる。

(2)　このときの R_1 及び R_2 の値をそれぞれ R_{10}〔Ω〕及び R_{20}〔Ω〕とすると、次式が成り立つ。

$$r \times \boxed{\text{A}} \times R_{10} = r \times \boxed{\text{B}} \times R_{20}$$

(3)　したがって、x は、次式で表される。

$$x = \boxed{\text{C}}\ \text{〔m〕}$$

	A	B	C
1	$(l-x)$	l	$\dfrac{lR_{20}}{R_{10}+R_{20}}$
2	$(l-x)$	$(2l-x)$	$\dfrac{lR_{20}}{R_{10}+R_{20}}$
3	$(l-x)$	l	$\dfrac{2lR_{20}}{R_{10}+R_{20}}$
4	x	l	$\dfrac{lR_{20}}{R_{10}+R_{20}}$
5	x	$(2l-x)$	$\dfrac{2lR_{20}}{R_{10}+R_{20}}$

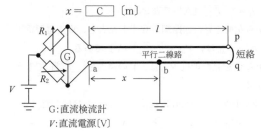

G:直流検流計
V:直流電源〔V〕

答　A-18：1　　A-19：2　　A-20：5

B-1 次の記述は、図1に示すように、中心Oを共有し面が直交した半径 r〔m〕の円形コイル A 及び B のそれぞれに直流電流 I〔A〕を流したときの、Oにおける合成磁界 H_O について述べたものである。 内に入れるべき字句を下の番号から選べ。

(1) 円形コイル A 及び B のそれぞれのコイルの磁界の方向は、 ア の法則で求められる。

(2) 円形コイル A による磁界の強さは、 イ 〔A/m〕である。

(3) 円形コイル A による磁界と円形コイル B によるの磁界の方向は、 ウ 〔rad〕異なる。

(4) したがって、H_O の方向は、図2の エ の方向である。

(5) また、H_O の強さは、 オ 〔A/m〕である。

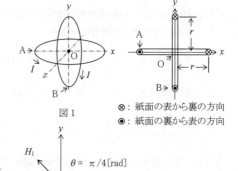

図1

⊗：紙面の表から裏の方向
◉：紙面の裏から表の方向

1 $\dfrac{I}{\sqrt{2}\,r}$	2 H_2	3 π
4 $\dfrac{I}{2r}$	5 アンペアの右ねじ	
6 $\dfrac{I}{\sqrt{2}\,\pi r}$	7 H_1	8 $\dfrac{\pi}{2}$
9 $\dfrac{I}{2\pi r}$	10 レンツ	

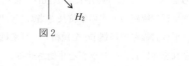

$\theta = \pi/4$〔rad〕

図2

B-2 次の記述は、テブナンの定理を用いた回路の計算について述べたものである。 内に入れるべき字句を下の番号から選べ。

(1) テブナンの定理では、図1に示すように回路網 C の端子 ab 間の電圧が V_{ab}〔V〕で、端子 ab 間から C を見た抵抗が R_{ab}〔Ω〕のとき、端子 ab に R_0〔Ω〕の抵抗を接続すると、R_0 に流れる電流 I_0 は、$I_0 = $ ア 〔A〕で表せる。

(2) 図2の回路において端子 ab から左側を見た回路網を C としたとき、直流電源電圧を V〔V〕とすると端子 ab 間の電圧 V_{ab} は、$V_{ab} = $ イ 〔V〕である。

(3) 図2の回路において端子 ab から C を見た抵抗 R_{ab} は、V の両端を ウ して考えるので、$R_{ab} = $ エ 〔Ω〕である。

(4) したがって、図3のように図2の回路の端子 ab に抵抗 R_1〔Ω〕を接続したとき、R_1 に流れる電流 I_1 は、V、R_1、R を用いて、$I_1 = $ オ 〔A〕で表せる。

答 B-1：ア-5　イ-4　ウ-8　エ-7　オ-1

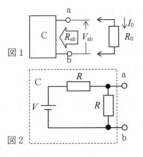

図1

図2

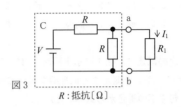

図3

R : 抵抗〔Ω〕

1　$\dfrac{R_{ab}\,V_{ab}}{R_{ab}+R_0}$　　2　$\dfrac{V}{2}$　　3　短絡　　4　$\dfrac{2R}{3}$　　5　$\dfrac{2V}{3R_1+R}$

6　$\dfrac{V_{ab}}{R_{ab}+R_0}$　　7　V　　8　開放　　9　$\dfrac{R}{2}$　　10　$\dfrac{V}{2R_1+R}$

B－3　次の図は、半導体素子の図記号とその名称の組合せを示したものである。このうち正しいものを1、誤っているものを2として解答せよ。

ア　　　　　イ　　　　　ウ　　　　　エ　　　　　オ

バラクタダイオード　　発光ダイオード　　サイリスタ　　可変容量ダイオード　　エサキダイオード

B－4　次の記述は、図に示すトランジスタ（Tr）を用いた原理的な水晶発振回路について述べたものである。　　内に入れるべき字句を下の番号から選べ。なお、同じ記号の　　内には、同じ字句が入るものとする。

(1)　この回路は、　ア　発振回路の一種である。

(2)　回路は、Xのリアクタンスが　イ　性でLとC_2の共振回路のリアクタンスが　ウ　性の時に発振する。

(3)　Xのリアクタンスが　イ　性の周波数の範囲は非常に　エ　ので、周波数の安定した発振が可能である。

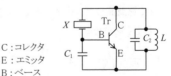

C：コレクタ
E：エミッタ
B：ベース

X：水晶発振子
L：インダクタンス〔H〕
C_1、C_2：静電容量〔F〕

答　　B－2：ア－6　イ－2　ウ－3　エ－9　オ－10

　　　B－3：ア－2　イ－1　ウ－2　エ－1　オ－2

(4) L と C_2 の共振回路をコンデンサに置きかえた回路も発振し、　オ　形発振回路と言われる。

1　コルピッツ形　　2　ターマン形　　3　容量　　4　広い　　5　無調整

6　ハートレー形　　7　誘導　　　　8　抵抗　　9　狭い　　10　ブリッジ形

B-5　次の記述は、図1に示す回路を用いて自己インダクタンス L_X〔H〕のコイルの分布容量 C_X〔F〕を測定する原理的な方法について述べたものである。　　内に入れるべき字句を下の番号から選べ。ただし、発振器の周波数を f〔Hz〕とし、発振器の出力は、結合コイルを通して疎に結合されているものとする。なお、同じ記号の　　内には、同じ字句が入るものとする。

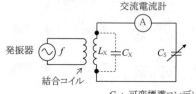

交流電流計

C_S：可変標準コンデンサの静電容量〔F〕

(1) 回路が共振しているとき、次式が成り立つ。

$$(2\pi f)^2 L_X \times \boxed{\text{ア}} = 1 \qquad \cdots ①$$

(2) 式①を変形すると、次式が得られる。

$$\boxed{\text{ア}} = \frac{1}{4\pi^2 L_X} \times \boxed{\text{イ}} \ \text{〔F〕} \qquad \cdots ②$$

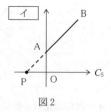

図1

図2

(3) 式②の $\dfrac{1}{4\pi^2 L_X}$ は定数であるから、C_S を横軸に、　イ　を縦軸にしてグラフを描くと、図2の直線 AB となる。

(4) 図2において、直線 AB を延長し、横軸との交点を P とすると、　ウ　の長さが、分布容量 C_X を表す。

(5) 測定では、発振器の　エ　を変えてそのつど交流電流計 A が　オ　になるように C_S を調節して、　イ　と C_S の値を求めて図2のグラフを描き、グラフの　ウ　から C_X を求める。

1　$\dfrac{C_S C_X}{C_S + C_X}$　　2　$\dfrac{1}{f^2}$　　3　AP　　4　周波数　　5　最小

6　$(C_S + C_X)$　　7　f^2　　8　OP　　9　出力電圧　　10　最大

答　B-4：ア-1　イ-7　ウ-3　エ-9　オ-5

　　　B-5：ア-6　イ-2　ウ-8　エ-4　オ-10

▶解答の指針

○A-1

(1) 電子が電界から受ける力 F は、$F = eE = m\alpha$ 〔N〕であるから、$\alpha = \underline{eE/m}$ 〔m/s^2〕である。

(2) 静止状態から t 〔s〕後の速度 v は、$v = \alpha t = \underline{eEt/m}$ 〔m/s〕である。

(3) 静止状態から t 〔s〕間に移動する距離 l は、$l = \alpha t^2/2 = \underline{eEt^2/(2m)}$ 〔m〕である。

○A-2

(1) 同一方向に流れる電流によって生ずる導線間に働く力は、吸引力である。

　　図に示すように、直流電流 I 〔A〕が流れる導線 X によって r 〔m〕離れた導線 Y に生ずる磁界の強さ H_X は、アンペアの周回積分の法則から、$H_X = I/(2\pi r)$ 〔A/m〕である。したがって、磁束密度 B は、真空の透磁率 $\mu_0 = 4\pi \times 10^{-7}$ 〔H/m〕を用いて次式で表される。

$$B = \mu_0 H_X = \frac{\mu_0 I}{2\pi r} = \frac{2I \times 10^{-7}}{r} \text{ 〔T〕}$$

　　上式より、導線間に働く力 F_{XY} は、次式のようになる。

$$F_{XY} = BI = \frac{2I^2}{r} \times 10^{-7} \text{ 〔N/m〕}$$

(2) Z と Y の間の力の大きさ F_{ZY} も吸引力であり、F_{XY} と同じ値である。

(3) 全体では、Y が受ける 1 〔m〕当たりの合成力は、X と Z から受ける力の方向が逆で打ち消しあって、$\underline{0}$ 〔N/m〕である。

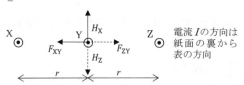

○A-3

　　二次側コイルの両端に生じる電圧の実効値 V_2 は、一次側のコイルの正弦波交流電流 I_1 〔A〕、相互インダクタンス M 〔H〕及び周波数 f 〔Hz〕を用い次式となり、題意の数値を代入して次のようになる。

$$V_2 = 2\pi f M I_1 = 2\pi \times 60 \times 0.5 \times 0.2 = 12\pi \text{ 〔V〕}$$

○A-4

　　温度 t 〔℃〕のときの抵抗 M 及び N の抵抗値を R_{Mt} 〔Ω〕、R_{Nt} 〔Ω〕とすると次のようになる。

$$R_{\mathrm{Mt}} = R_{\mathrm{M}}(1+\alpha_{\mathrm{M}}t) \qquad \cdots ①$$
$$R_{\mathrm{Nt}} = R_{\mathrm{N}}(1+\alpha_{\mathrm{N}}t) \qquad \cdots ②$$

t〔℃〕のときの抵抗 M 及び N を直列接続したときの合成抵抗値 R_{abt} は次式で表される。

$$R_{\mathrm{abt}} = R_{\mathrm{Mt}}+R_{\mathrm{Nt}} = (R_{\mathrm{M}}+R_{\mathrm{N}})(1+\alpha_{\mathrm{ab}}t) \qquad \cdots ③$$

式①、②の両辺の和をとると次のようになる。

$$R_{\mathrm{Mt}}+R_{\mathrm{Nt}} = R_{\mathrm{M}}(1+\alpha_{\mathrm{M}}t)+R_{\mathrm{N}}(1+\alpha_{\mathrm{N}}t) = (R_{\mathrm{M}}+R_{\mathrm{N}})\left(1+\frac{R_{\mathrm{M}}\alpha_{\mathrm{M}}+R_{\mathrm{N}}\alpha_{\mathrm{N}}}{R_{\mathrm{M}}+R_{\mathrm{N}}}t\right)$$

上式を式③と比較することにより α_{ab} は次のようになる。

$$\alpha_{\mathrm{ab}} = \frac{R_{\mathrm{M}}\alpha_{\mathrm{M}}+R_{\mathrm{N}}\alpha_{\mathrm{N}}}{R_{\mathrm{M}}+R_{\mathrm{N}}}$$

○A－5

無負荷時の直流電源の電圧 V は、特性から 8〔V〕である。また、内部抵抗 r は、電流 $I_0 = 500$〔mA〕が流れるとき、$V_0 = 6$〔V〕であるから、$r = (8-6)/0.5 = 4$〔Ω〕である。R を接続したときの等価回路は下図のようになり、電流 I_0 は次のようになる。

$$I_0 = \frac{8}{36+4} = 0.2 = 200 \text{〔mA〕}$$

○A－6

(1) 有効電力 P は、抵抗 R〔Ω〕で消費される電力であり、交流電圧を V〔V〕として、題意の数値を用い次式となる。

$$P = \frac{V^2}{R} = \frac{60^2}{20} = \underline{180 \text{〔W〕}}$$

(2) R、X_{C} 及び X_{L} に流れる電流 I_{R}、I_{C} 及び I_{L} は、次式となる。

$$I_{\mathrm{R}} = \frac{60}{20} = 3 \text{〔A〕}$$
$$I_{\mathrm{C}} = \frac{60}{10} = 6 \text{〔A〕}$$
$$I_{\mathrm{L}} = \frac{60}{30} = 2 \text{〔A〕}$$

ゆえに、回路を流れる電流 I は次のようになる。

$$I = \sqrt{I_{\mathrm{R}}^2+(I_{\mathrm{C}}-I_{\mathrm{L}})^2} = \sqrt{3^2+(6-2)^2} = 5 \text{〔A〕}$$

(3) したがって、皮相電力 P_{S} は、次式となる。

$$P_{\mathrm{S}} = VI = 60\times5 = \underline{300 \text{〔VA〕}}$$

○A－7

SW が断と接で同じ周波数で共振し、かつ L が一定であることから、それらの状態の合成静電容量は等しく、次式が成り立つ。

$$\frac{C_1 C_X}{C_1 + C_X} = C_2$$

$$C_1 C_X = C_1 C_2 + C_2 C_X$$

$$\therefore \quad C_X = \frac{C_1 C_2}{C_1 - C_2} \ \text{〔F〕}$$

○A－8

(1) SW を a に入れた直後、R_1 に流れる電流は、C の初期電荷が零であり、その端子電圧も零であるから、V が R_1 のみに加わり、$\underline{V/R_1}$〔A〕となる。

(2) SW を a に入れて十分経過し定常状態になったとき、C の電圧は流入電流が零となり V〔V〕となる。その後、SW を b に切り替えた直後、C の電圧が R_2 に加わるために、そのとき R_2 に流れる電流は、$\underline{V/R_2}$〔A〕である。

(3) SW を b に切り替えた瞬間から t〔s〕後の電流 I は、$I = (V/R_2)\,\varepsilon^{-\{t/(CR_2)\}}$〔A〕であるから、$CR_2$〔s〕後に R_2 に流れる電流は、$I = (V/R_2)\varepsilon^{-1} = \underline{0.37\,V/R_2}$〔A〕である。

○A－10

V_D と I_D は、キルヒホッフの第2法則と題意より次の2式が成り立つ。

$$30\,I_D + V_D = 1.8 \ \text{〔V〕} \qquad\qquad\qquad \cdots ①$$

$$I_D = 0.1\,V_D - 0.06 \ \text{〔A〕} \qquad\qquad\qquad \cdots ②$$

式②を式①に代入、I_D を消去して、$V_D = 0.9$〔V〕を得る。

この値を式②に代入して、$I_D = 0.03$〔A〕$= 30$〔mA〕を得る。

○A－11

FET の相互コンダクタンス g_m は、次式で定義される。

$$g_m = \Delta I_D / \Delta V_{GS} \ \text{〔S〕}$$

図3において $V_{DS} = 6$〔V〕、$I_D = 3$〔mA〕付近で、ΔI_D を 2.0～4.0〔mA〕にとれば $\Delta V_{GS} = 0.4$〔V〕（$-0.6 \sim -1.0$〔V〕）であるから、上式に代入して、次のようになる。

$$g_m = 2 \times 10^{-3} / 0.4 = 5.0 \ \text{〔mS〕}$$

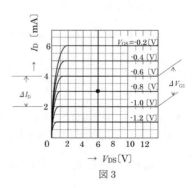

図3

○A-13

バイアスを求める直流等価回路は次図1となり、ベース電流 I_B は次のようになる。

$$I_B = \frac{V - V_{BE}}{R_b} = \frac{8 - 0.6}{740 \times 10^3} = 0.01 \ \text{[mA]}$$

また、コレクタ電流 I_C は次式となる。

$$I_C = h_{FE} I_B = 200 \times 0.01 \times 10^{-3} = \underline{2} \ \text{[mA]}$$

交流等価回路は次図2となる。

並列合成負荷抵抗 R_O は、$R_O = R_c \times R_L / (R_c + R_L) = 1 \ \text{[kΩ]}$ であるから、増幅度 A は、次のようになる。

$$A = \left| \frac{V_o}{V_i} \right| = \frac{h_{fe} I_b R_O}{I_b h_{ie}} = \frac{h_{fe} R_O}{h_{ie}} = \frac{200 \times 10^3}{2 \times 10^3} = \underline{100} \ \text{(真数)}$$

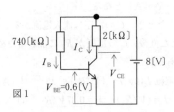

図1

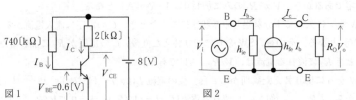

図2

○A-14

(1) 入力電圧を v_i [V] とすると、抵抗 R [Ω] に流れる電流 i_R は、理想演算増幅器の入力端子間の電圧は 0 [V] として扱うので、$i_R = \dfrac{v_i}{R}$ [A] で表される。

(2) 静電容量 C [F] に流れる電流を i_C [A]、C の電荷を q とすると次のようになる。

$$i_C = \frac{dq}{dt}$$

$$\therefore \quad q = \int i_C \, dt$$

また、C の両端の電圧 v_c は、$q = C v_c$ であるから次のようになる。

$$v_c = \frac{1}{C} \int i_C \, dt$$

出力電圧 v_o [V] は、$v_o = -v_c = \underline{-\dfrac{1}{C} \int i_C \, dt}$ [V] で表される。

(3) したがって理想演算増幅器の入力インピーダンスは ∞ [Ω] なので、$i_R = i_C$ であるから v_o は、(1)及び(2)より次式で表される積分回路となる。

$$v_o = -\frac{1}{C} \int i_C \, dt = -\frac{1}{C} \int i_R \, dt = -\frac{1}{C} \int \frac{v_i}{R} \, dt = \underline{-\frac{1}{CR} \int v_i \, dt} \ \text{[V]}$$

○A-15

与図の論理回路を論理式に書き下すと、図1の出力 X は次のようになる。

$$X = \overline{A + B \cdot C} = \overline{A} \cdot \overline{(B \cdot C)} = \overline{A} \cdot (\overline{B} + \overline{C})$$

図2は次のようになる。

$$X = \overline{A} \cdot (\overline{B} + \overline{C})$$

○A-16

(1) $R_L = 500$〔Ω〕のとき、D_T を接続しないときの負荷電圧 V_L は次式となる。

$$V_L = \frac{500 \times 18}{100 + 500} = 15 \text{〔V〕}$$

D_T を接続すると電流が流れ V_L の電圧は降下して、ツェナー電圧 $V_Z = \underline{12}$〔V〕に等しくなる。

(2) $R_L = 100$〔Ω〕のとき、D_T がないときの V_L は次式となる。

$$V_L = \frac{100 \times 18}{100 + 100} = 9 \text{〔V〕}$$

D_T を接続しても $V_L < V_Z$ であるから D_T に電流が流れず（開放）、$V_L = \underline{9}$〔V〕のままである。

○A-17

3 誘導形計器は、**商用周波数（50Hz/60Hz）の交流の電力量**の測定に適している。

○A-18

測定値 M、真の値を T とすると、T は直流電圧計 V を接続しないときの未知抵抗 R_X（= 20〔kΩ〕）であり百分率誤差 ε〔%〕は次のようになる。なお、直流電圧計 V を接続したときの測定値は真値より小さくなるので ε の値は負の値とした。

$$\varepsilon = \frac{M - T}{T} = \frac{M - R_X}{R_X} = \frac{M - 20}{20} = -0.05$$

∴ $M = 19$

測定値 M は R_X と R_V の並列接続の抵抗値であるから次のようになる。

$$M = 19 = \frac{R_X R_V}{R_X + R_V} = \frac{20 R_V}{20 + R_V}$$

∴ $R_V = 380$〔kΩ〕

○A-19

静電形電圧計は、静電容量 C_V〔F〕に置き換えることができ、最大目盛値 V_0〔V〕を示すときに C_V に蓄えられる電荷 Q_V は以下のようになる。

$$Q_V = V_0 C_V \text{〔C〕}$$

そのとき直列接続の C_1 には同量の電荷が蓄えられているので、C_1 の両端の電圧 V_1 は次式となる。

$$V_1 = \frac{Q_V}{C_1} = \frac{V_o C_V}{C_1} \text{〔V〕}$$

したがって、端子 ab で測定できる最大電圧 V_{ab} は次のようになる。

$$V_{ab} = V_o + V_1 = \left(1 + \frac{C_V}{C_1}\right) V_o \text{〔V〕}$$

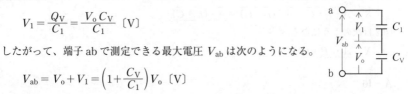

○A-20

(1) 平行二線路の終端 pq を短絡し、可変抵抗 R_1 及び R_2 を調整して、直流検流計 G の振れを零にし、ブリッジを平衡させる。

(2) このときの R_1 及び R_2 の値をそれぞれ R_{10}〔Ω〕及び R_{20}〔Ω〕とすると、ブリッジの平衡条件から次式が成り立つ。

$$r \times \underline{x} \times R_{10} = r \times \underline{(2l-x)} \times R_{20}$$

(3) したがって、x は、上式から次式で表される。

$$rxR_{10} = r(2l-x)R_{20}$$
$$rxR_{10} + rxR_{20} = 2lrR_{20}$$
$$x(R_{10} + R_{20}) = 2lR_{20}$$
$$\therefore \quad x = \underline{\frac{2lR_{20}}{R_{10} + R_{20}}}$$

○B-1

(1) 円形コイル A 及び B のそれぞれのコイルの磁界の方向は、<u>アンペアの右ねじの法則</u>で求められる。

(2) 円形コイル A による磁界の強さ H_A は、$\underline{\dfrac{I}{2r}}$〔A/m〕である。

(3) 円形コイル A による磁界と円形コイル B による磁界の強さ H_B の方向は、$\underline{\dfrac{\pi}{2}}$〔rad〕異なる。

(4) したがって、合成磁界 H_O の方向は、図 2 の $\underline{H_1}$ の方向である。

(5) また、H_O の強さは、$H_O = \sqrt{H_A{}^2 + H_B{}^2} = \sqrt{\left(\dfrac{I}{2r}\right)^2 + \left(\dfrac{I}{2r}\right)^2} = \underline{\dfrac{I}{\sqrt{2}\,r}}$〔A/m〕である。

○B-2

(1) テブナンの定理から、図 1 に示すように回路 C の端子 ab 間の電圧が V_{ab}〔V〕で、端子 ab 間から C を見た抵抗が R_{ab}〔Ω〕のとき、端子 ab に R_0〔Ω〕の抵抗を接続すると、R_0 に流れる電流 I_0 は、$I_0 = \underline{V_{ab}/(R_{ab} + R_0)}$〔A〕で表される。

(2)　図2の回路において端子 ab から左を見た回路網を C としたとき、端子 ab 間の電圧 V_{ab} は、R〔Ω〕の同じ値の二つの抵抗による電源電圧の分割であるから、$V_{ab} = \underline{V/2}$〔V〕である。

(3)　図2の回路において端子 ab から見た抵抗 R_{ab} は、V の両端を<u>短絡</u>して考えるので、抵抗 R〔Ω〕の並列接続となり、$R_{ab} = \underline{R/2}$〔Ω〕である。

(4)　したがって、図3のように図2の回路の端子 ab に抵抗 R_1〔Ω〕を接続したとき、R_1 に流れる電流 I_1 は、V、R_1 及び R を用いて、次のようになる。

$$I_1 = \frac{V/2}{R_1 + R/2} = \underline{\frac{V}{2R_1 + R}} \text{〔A〕}$$

○B-3

誤った組合せは、ア、ウ、オ であり、対応する正しい名称は以下のとおり。

ア　P ゲート逆阻止3端子サイリスタ　ウ　エサキダイオード

オ　N ゲート逆阻止3端子サイリスタ（PUT：programmable uni-junction transistor）

○B-4

(1)　<u>コルピッツ形発振回路において誘導性リアクタンスを水晶発振子に置換した回路である</u>。

(2)　回路は、X が<u>誘導性</u>リアクタンス、L と C_2 からなる共振回路が<u>容量性</u>リアクタンスのときに発振する。

(3)　X が誘導性を示す周波数の範囲が非常に<u>狭い</u>ので、安定した周波数発振器となる。

(4)　共振回路をコンデンサに置換しても回路は発振し、<u>無調整形発振回路</u>といわれる。

○B-5

共振状態では次式が成り立つ。

$$\omega^2 L_X \underline{(C_X + C_S)} = 1$$

$$\therefore\ C_S + C_X = \frac{1}{(2\pi f)^2 L_X} = \frac{1}{(2\pi)^2 L_X} \times \underline{\frac{1}{f^2}}$$

$1/f = k$ とおき、次式を得る。

$$C_S + C_X = \frac{1}{(2\pi)^2 L_X} \times k^2$$

上式右辺の k^2 の係数は定数であるから、発振器の<u>周波数</u>を変えてその都度交流電流計 A が<u>最大</u>になるように C_S を調整し、k^2 を縦軸に、C_S を横軸にしてグラフを描くと設問図2の線分 AB のような直線のグラフとなる。線分 AB のグラフの k^2 が 0 のとき C_S 軸と交わる。このとき上式から $C_S + C_X = 0$ となり、$C_S = -C_X$ となる。したがって、線分 AB を延長し、C_S 軸と交わった点を P とすると、<u>OP</u> の長さが C_X となる。

令和5年1月期

A-1 次の記述は、静電界内における導体の性質について述べたものである。[____]内に入れるべき字句の正しい組合せを下の番号から選べ。

(1) 導体内部の電界の強さは、[__A__]である。

(2) 一つの導体内部のすべての点の電位は、[__B__]。

(3) 導体が帯電したとき、電荷はすべて導体の[__C__]にのみ存在する。

	A	B	C
1	零 (0)	等しい	中心部
2	零 (0)	異なる	表面
3	零 (0)	等しい	表面
4	無限大	異なる	中心部
5	無限大	等しい	中心部

A-2 図に示すように、二つの円形コイルA及びBの中心を重ねOとして同一平面上に置き、互いに逆方向に直流電流 I〔A〕を流したとき、Oにおける合成磁界の強さ H〔A/m〕を表す式として、正しいものを下の番号から選べ。ただし、コイルの巻数はA、Bともに1回、A及びBの円の半径はそれぞれ r〔m〕及び $2r$〔m〕とする。

1 $H = \dfrac{I}{2r}$

2 $H = \dfrac{2I}{3r}$

3 $H = \dfrac{I}{3r}$

4 $H = \dfrac{I}{4r}$

5 $H = \dfrac{3I}{4r}$

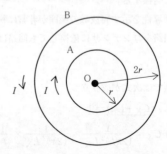

A-3 次の記述は、電磁誘導現象について述べたものである。[____]内に入れるべき字句の正しい組合せを下の番号から選べ。

(1) 図1において、巻数が n のコイルLを貫く磁束 ϕ がひと巻き当たり時間 Δt〔s〕間に $\Delta\phi$〔Wb〕変化したとき、Lに生ずる起電力の大きさは、[__A__]〔V〕である。

[答] A-1：3　　A-2：4

(2) 図2に示すように、永久磁石MのN極をコイルLに近づけると、抵抗 R〔Ω〕には、　B　の方向の電流が流れる。

(3) 図3に示すように、永久磁石MのN極の上で直線導体Dを左から右へ動かすと、Dには　C　の方向の起電力が生じる。

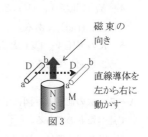

図1　　図2

	A	B	C
1	$\dfrac{\Delta\phi}{\Delta t}$	aからb	bが正(+)、aが負(−)
2	$\dfrac{\Delta\phi}{\Delta t}$	bからa	aが正(+)、bが負(−)
3	$\dfrac{n\Delta\phi}{\Delta t}$	aからb	bが正(+)、aが負(−)
4	$\dfrac{n\Delta\phi}{\Delta t}$	bからa	bが正(+)、aが負(−)
5	$\dfrac{n\Delta\phi}{\Delta t}$	bからa	aが正(+)、bが負(−)

磁束の向き

直線導体を左から右に動かす

図3

A−4 図に示す静電容量 C_1、C_2、C_3 及び C_4 に直流電圧 V を加えたとき、C_3 の両端の電圧の大きさの値として、正しいものを下の番号から選べ。

1　3.5〔V〕
2　4.6〔V〕
3　5.5〔V〕
4　6.2〔V〕
5　7.0〔V〕

$V = 9$〔V〕

$C_1 = 3$〔μF〕　$C_2 = 4$〔μF〕
$C_3 = 5$〔μF〕　$C_4 = 6$〔μF〕

A−5 図に示す抵抗 R〔Ω〕で作られた回路において、端子 ab 間の合成抵抗の値が 150〔Ω〕であった。抵抗 R の値として、正しいものを下の番号から選べ。

1　75〔Ω〕
2　100〔Ω〕
3　150〔Ω〕
4　225〔Ω〕
5　300〔Ω〕

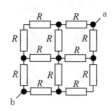

答　A−3：5　　A−4：1　　A−5：2

無線工学の基礎

A-6 次の記述は、図に示す抵抗 R〔Ω〕、容量リアクタンス X_C〔Ω〕及び誘導リアクタンス X_L〔Ω〕の直列回路について述べたものである。このうち誤っているものを下の番号から選べ。ただし、回路は共振状態にあるものとする。

1　回路に流れる電流 $\dot{I}$ は、$\dot{V}/R$〔A〕である。

2　X_L の電圧 $\dot{V}_L$〔V〕の大きさは、$\dot{V}$ の大きさの X_L/R 倍である。

3　回路の点 ab 間の電圧 $\dot{V}_{ab}$ は、$\dot{V}$〔V〕である。

4　X_C の電圧 $\dot{V}_C$〔V〕と X_L の電圧 $\dot{V}_L$ との位相差は、π〔rad〕である。

5　R の電圧 $\dot{V}_R$〔V〕と X_C の電圧 $\dot{V}_C$ の位相差は、$\pi/2$〔rad〕である。

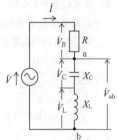

$\dot{V}$: 交流電圧〔V〕

A-7 次の記述は、図に示すような変成器 T を用いた回路のインピーダンス整合について述べたものである。　　内に入れるべき字句の正しい組合せを下の番号から選べ。

(1) T の二次側に、R_L〔Ω〕の負荷抵抗を接続したとき、一次側の端子 ab から負荷側を見た抵抗 R_{ab} は、$R_{ab}=$　A　〔Ω〕となる。

(2) 交流電源の内部抵抗を R_G〔Ω〕としたとき、R_L に最大電力を供給するには、R_{ab} ＝　B　〔Ω〕でなければならない。

(3) (2)のとき、R_L で消費する最大電力の値 P_m は、$P_m=$　C　〔W〕である。

	A	B	C
1	$\left(\dfrac{N_2}{N_1}\right)R_L$	R_G	$\dfrac{V^2}{4R_G}$
2	$\left(\dfrac{N_1}{N_2}\right)R_L$	$2R_G$	$\dfrac{V^2}{2R_G}$
3	$\left(\dfrac{N_1}{N_2}\right)^2 R_L$	$2R_G$	$\dfrac{V^2}{2R_G}$
4	$\left(\dfrac{N_2}{N_1}\right)^2 R_L$	R_G	$\dfrac{V^2}{4R_G}$
5	$\left(\dfrac{N_1}{N_2}\right)^2 R_L$	R_G	$\dfrac{V^2}{4R_G}$

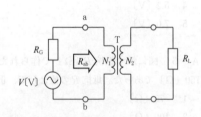

V:交流電源電圧
N_1:T の一次側の巻数
N_2:T の二次側の巻数

答　A-6：**3**　　A-7：**5**

A-8 次の記述は、図に示すように負荷 $\dot{Z}_1$ 及び $\dot{Z}_2$ を交流電源電圧 $\dot{V}=100$〔V〕に接続したときの電流と皮相電力について述べたものである。□□内に入れるべき字句の正しい組合せを下の番号から選べ。ただし、$\dot{Z}_2$ は誘導性の負荷とし、負荷 $\dot{Z}_1$ 及び $\dot{Z}_2$ の特性は、それぞれ表に示すものとする。

(1) $\dot{V}$ から流れる電流 $\dot{I}$ の大きさは、□ A □〔A〕である。

(2) 回路の皮相電力は、□ B □〔VA〕である。

(3) $\dot{I}$ は $\dot{V}$ より位相が、□ C □いる。

	A	B	C
1	$3\sqrt{5}$	$300\sqrt{5}$	遅れて
2	$3\sqrt{5}$	$300\sqrt{5}$	進んで
3	$3\sqrt{5}$	$200\sqrt{3}$	進んで
4	$2\sqrt{3}$	$200\sqrt{3}$	遅れて
5	$2\sqrt{3}$	$200\sqrt{3}$	進んで

負荷	有効電力	力率
$\dot{Z}_1$	200〔W〕	1.0
$\dot{Z}_2$	400〔W〕	0.8

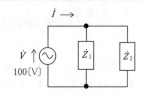

A-9 次の記述は、半導体とその性質について述べたものである。このうち誤っているものを下の番号から選べ。

1 N形半導体の多数キャリアは自由電子である。

2 不純物の濃度を濃くすると、抵抗率が高くなる。

3 真性半導体は、常温付近では温度が上がると、抵抗率が低くなる。

4 P形半導体を作るために真性半導体に入れる不純物をアクセプタという。

5 シリコンやゲルマニウムは、代表的な真性半導体であり、その原子価は4価である。

A-10 図1に示すダイオードDを用いた回路に流れる電流 I が 20〔mA〕であるとき、抵抗 R の値として、最も近いものを下の番号から選べ。ただし、Dの順方向の電圧電流特性は図2で表されるものとする。

1 160〔Ω〕

2 270〔Ω〕

3 360〔Ω〕

4 470〔Ω〕

5 560〔Ω〕

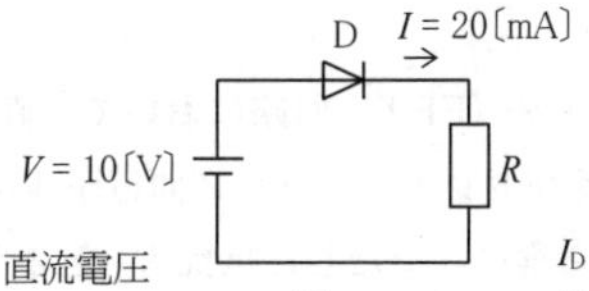

$V=10$〔V〕

V：直流電圧

図1

D　$I=20$〔mA〕

R

I_D：順方向電流

V_D：順方向電圧

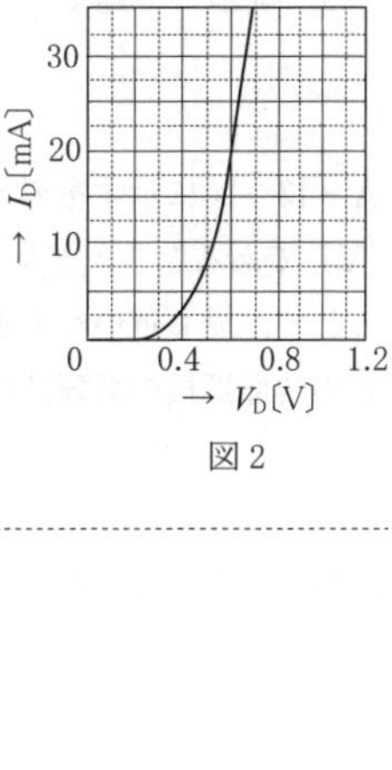

図2

I_D〔mA〕

$\rightarrow V_D$〔V〕

答 A-8：**1**　　A-9：**2**　　A-10：**4**

A－11 図1に示すトランジスタ（Tr）回路で、コレクタ電流 I_C が 4.95〔mA〕変化したときのエミッタ電流 I_E の変化が 5.00〔mA〕であった。同じ Tr を用いて図2の回路を作り、ベース電流 I_B を 30〔μA〕変化させたときのコレクタ電流 I_C〔mA〕の変化の値として、最も近いものを下の番号から選べ。ただし、トランジスタの電極間の電圧は、図1及び図2で同じ値とする。

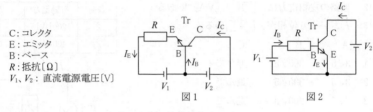

C：コレクタ
E：エミッタ
B：ベース
R：抵抗〔Ω〕
V_1、V_2：直流電源電圧〔V〕

図1   図2

1 2.97〔mA〕   2 1.98〔mA〕   3 0.99〔mA〕
4 0.56〔mA〕   5 0.29〔mA〕

A－12 次の記述は、図に示すマイクロ波帯で用いられる原理的な構造の進行波管について述べたものである。□□□内に入れるべき字句の正しい組合せを下の番号から選べ。
(1) コイルは、電子銃からの電子流を A させる役割がある。
(2) ら旋は、入力されるマイクロ波の位相速度を B する役割がある。
(3) 同調回路がないので、広帯域の信号を C することができる。

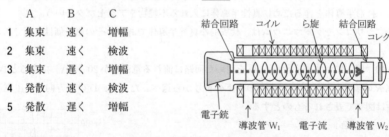

結合回路　コイル　ら旋　結合回路
コレクタ

電子銃
導波管 W_1　電子流　導波管 W_2

	A	B	C
1	集束	速く	増幅
2	集束	速く	検波
3	集束	遅く	増幅
4	発散	速く	検波
5	発散	遅く	増幅

A－13 図に示す電界効果トランジスタ（FET）回路において、直流電圧計 V の値が 8〔V〕であるとき、ドレイン電流 I_D 及びドレイン－ソース間電圧 V_{DS}〔V〕の値の組合せとして、最も近いものを下の番号から選べ。ただし、抵抗 R_2 を 2〔kΩ〕とする。また、V の内部抵抗の影響はないものとする。

答　A－11：1　　A－12：3

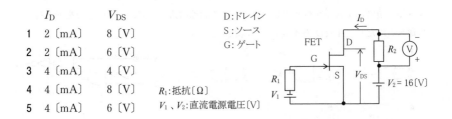

	I_D	V_{DS}
1	2〔mA〕	8〔V〕
2	2〔mA〕	6〔V〕
3	4〔mA〕	4〔V〕
4	4〔mA〕	8〔V〕
5	4〔mA〕	6〔V〕

D：ドレイン
S：ソース
G：ゲート

R_1：抵抗〔Ω〕
V_1、V_2：直流電源電圧〔V〕

無線工学の基礎

A-14 次の記述は、図に示す位相同期ループ（PLL）を用いた発振回路の原理的な構成例について述べたものである。□□□内に入れるべき字句の正しい組合せを下の番号から選べ。ただし、水晶発振器の出力周波数 f_r を 10〔MHz〕とし、回路は発振状態で正常に動作しているものとする。なお、同じ記号の□□□内には、同じ字句が入るものとする。

(1) 発振回路は、水晶発振器、　A　、低域フィルタ（LPF）、　B　、分周器などから構成されている。

(2) 出力の周波数 f_o が150〔MHz〕であるとき、分周器（1/N）の分周比の N は　C　となる。

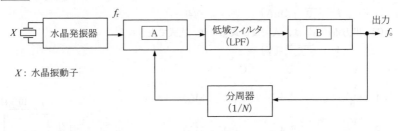

X：水晶振動子

	A	B	C
1	位相比較器	電圧制御発振器（VCO）	10
2	位相比較器	電圧制御発振器（VCO）	15
3	位相比較器	低周波増幅器	30
4	復調器	低周波増幅器	10
5	復調器	低周波増幅器	15

答　A-13：4　　A-14：2

A－15　図に示す論理回路と同等の働きをする論理回路として、正しいものを下の番号から選べ。ただし、A 及び B を入力、X を出力とする。

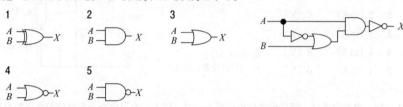

A－16　次の記述は、図に示す理想的な演算増幅器（A_{OP}）で構成する回路について述べたものである。□□□内に入れるべき字句の正しい組合せを下の番号から選べ。

(1)　5〔kΩ〕の抵抗に流れる電流 I_1 は、入力電圧を V_1〔V〕とすると、次式で表される。

$$I_1 = \boxed{\quad A \quad} \text{〔mA〕} \quad\quad \cdots ①$$

(2)　同様に求めた 2〔kΩ〕の抵抗に流れる電流を I_2〔mA〕とすると、10〔kΩ〕の抵抗に流れる電流 I は、次式で表される。

$$I = \boxed{\quad B \quad} \text{〔mA〕} \quad\quad \cdots ②$$

(3)　出力電圧 V_o は、式①及び式②より、次式で表される。

$$V_o = \boxed{\quad C \quad} \text{〔V〕}$$

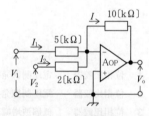

V_1、V_2：入力電圧〔V〕
V_o：出力電圧〔V〕

	A	B	C
1	$\dfrac{V_1}{5}$	I_1+I_2	$-(2V_1+5V_2)$
2	$\dfrac{V_1}{5}$	I_1+I_2	$-(2V_1-5V_2)$
3	$\dfrac{V_1}{5}$	I_1-I_2	$-(2V_1+5V_2)$
4	$\dfrac{V_1+V_2}{7}$	I_1+I_2	$-(2V_1+5V_2)$
5	$\dfrac{V_1+V_2}{7}$	I_1-I_2	$-(2V_1-5V_2)$

A－17　次の記述は、測定器と測定する電気磁気量について述べたものである。このうち零位法によるものを下の番号から選べ。

1　永久磁石可動コイル形計器による直流電流測定

2　アナログ式回路計（テスタ）による抵抗測定

3　ホイートストンブリッジによる抵抗測定

4　電流力計形電力計による交流電力の測定

5　熱電対形電流計による高周波電流の測定

A－18　図1に示す直流回路の端子 ab 間の電圧を、図2に示す内部抵抗 R_{V1} が 20〔kΩ〕の直流電圧計 V_1 で測定したところ誤差の大きさが 3〔V〕であった。同じ回路の電圧を図3に示す内部抵抗 R_{V2} が 80〔kΩ〕の直流電圧計 V_2 で測定したときの誤差の大きさの値として、最も近いものを下の番号から選べ。ただし、誤差は電圧計の内部抵抗によってのみ生ずるものとする。

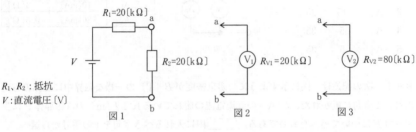

R_1、R_2：抵抗
V：直流電圧〔V〕
図1　　　　図2　　　　図3

1　2.8〔V〕　　2　2.4〔V〕　　3　2.0〔V〕　　4　1.6〔V〕　　5　1.0〔V〕

A－19　図に示す交流ブリッジ回路が平衡しているとき、抵抗 R_x〔Ω〕及び自己インダクタンス L_x〔H〕を表す式の組合せとして、正しいものを下の番号から選べ。

1　$R_x = \dfrac{R_s R_b}{R_a}$　　　$L_x = \dfrac{L_s R_a}{R_b}$

2　$R_x = \dfrac{R_s R_b}{R_a}$　　　$L_x = \dfrac{L_s R_b}{R_a}$

3　$R_x = \dfrac{R_s R_a}{R_b}$　　　$L_x = \dfrac{L_s R_b}{R_a}$

4　$R_x = \dfrac{R_s R_a}{R_b}$　　　$L_x = \dfrac{L_s R_a}{R_b}$

5　$R_x = \dfrac{R_s R_a}{R_b}$　　　$L_x = L_s \left(\dfrac{R_b}{R_a}\right)^2$

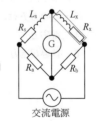

R_s、R_a、R_b：抵抗〔Ω〕
L_s：自己インダクタンス〔H〕
G：交流検流計

交流電源

A-20 次の記述は、図に示すように直流電流計 A_1 及び A_2 を並列に接続したときの端子 ab 間で測定できる電流について述べたものである。□□□内に入れるべき字句の正しい組合せを下の番号から選べ。ただし、A_1 及び A_2 の最大目盛値及び内部抵抗は表の値とする。

(1) 端子 ab 間に流れる電流 I の値を零から増やしていくと、□A□ が先に最大目盛値を指示する。

(2) (1)のとき、もう一方の直流電流計は、□B□〔mA〕を指示する。

(3) したがって、端子 ab 間で測定できる I の最大値は、□C□〔mA〕である。

	A	B	C
1	A_1	15	25
2	A_2	15	25
3	A_1	15	35
4	A_2	5	35
5	A_1	5	35

電流計	最大目盛値	内部抵抗
A_1	10〔mA〕	3〔Ω〕
A_2	30〔mA〕	0.5〔Ω〕

B-1 次の記述は、図に示すように、磁束密度が B〔T〕の一様な磁界中に磁界の方向に対して直角に置かれた、I〔A〕の直流電流の流れている長さ l〔m〕の直線導体Pに生ずる力 F について述べたものである。□□□内に入れるべき字句を下の番号から選べ。

(1) この力 F は、□ア□といわれる。

(2) F の大きさは、$F=$□イ□〔N〕である。

(3) B の方向、I の方向及び F の方向の関係はフレミングの□ウ□の法則で求められる。

(4) (3)の法則では、B の方向と I の方向に定められた指を向けると、□エ□が F の方向を示す。

(5) この力 F は、□オ□に利用する。

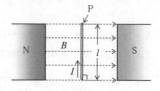

N、S：磁極

1 電磁力	2 BIl	3 右手	4 親指	5 発電機
6 誘導起電力	7 BI^2l	8 左手	9 中指	10 電動機

答　A-20：4

　　B-1：アー1　イー2　ウー8　エー4　オー10

B-2 次の記述は、図に示す3つの正弦波交流電圧 v_1、v_2 及び v_3 の合成について述べたものである。□内に入れるべき字句を下の番号から選べ。ただし、v_1、v_2 及び v_3 の最大値 V_m〔V〕及び角周波数 ω〔rad/s〕は等しいものとし、時間を t〔s〕とする。

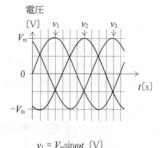

$$v_1 = V_m \sin\omega t \ \text{〔V〕}$$

$$v_2 = V_m \sin(\omega t - \frac{2\pi}{3}) \ \text{〔V〕}$$

$$v_3 = V_m \sin(\omega t + \frac{2\pi}{3}) \ \text{〔V〕}$$

(1) v_1 は v_2 よりも位相が $\frac{2\pi}{3}$〔rad〕 ア いる。

(2) v_1 と v_3 の位相差は、 イ 〔rad〕である。

(3) $v_{23} = v_2 + v_3$ としたとき、v_{23} の最大値は、 ウ 〔V〕である。

(4) v_{23} と v_1 の位相差は、 エ 〔rad〕である。

(5) $v_0 = v_1 + v_2 + v_3$ としたとき、v_0 は、常に オ 〔V〕である。

1 遅れて	2 $\frac{2\pi}{3}$	3 $\sqrt{2}\,V_m$	4 π	5 $\frac{V_m}{2}$
6 進んで	7 $\frac{\pi}{3}$	8 V_m	9 $\frac{\pi}{4}$	10 0

B-3 次の記述は、熱電現象について述べたものである。このうち正しいものを1、誤っているものを2として解答せよ。

ア 温度測定に利用される熱電対は、ペルチエ効果を利用している。

イ 電子冷却には、ゼーベック効果が利用されている。

ウ ゼーベック効果による起電力の大きさは、導体の材質が均質であるならば、導体の長さには影響されない。

エ ペルチエ効果により熱の吸収が生じている二種類の金属の接点は、電流の方向を逆にすると、熱が発生する。

オ トムソン効果による熱の発生又は吸収は、温度勾配がある均質な金属線に電流を流すときに生ずる。

B-4 次の記述は、図1に示す理想ダイオードDを用いた原理的な回路の動作について述べたものである。□内に入れるべき字句を下の番号から選べ。ただし、v_{ab} を入力電圧、v_{cd} を出力電圧、ω を角周波数〔rad/s〕、t を時間〔s〕とする。

答　B-2：ア-6　イ-2　ウ-8　エ-4　オ-10
　　　B-3：ア-2　イ-2　ウ-1　エ-1　オ-1

(1)　$v_{ab} = 0$〔V〕のとき、$v_{cd} = $ ア 〔V〕である。

(2)　$v_{ab} = -3$〔V〕のとき、$v_{cd} = $ イ 〔V〕である。

(3)　$v_{ab} = 3$〔V〕のとき、$v_{cd} = $ ウ 〔V〕である。

(4)　$v_{ab} = 4\sin\omega t$〔V〕のとき、v_{cd}の波形は図2の エ になる。

(5)　回路は、 オ 回路といわれる。

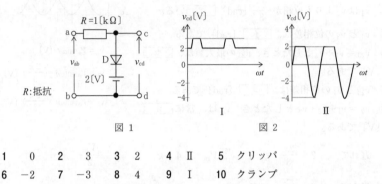

図1　　　　　　　　　図2

1	0	2	3	3	2	4	Ⅱ	5	クリッパ
6	−2	7	−3	8	4	9	Ⅰ	10	クランプ

B−5　次の記述は、図に示す原理的な構造の永久磁石可動コイル形計器（電流計）について述べたものである。　　　内に入れるべき字句を下の番号から選べ。

(1)　駆動トルクは、永久磁石による磁界と可動コイルに流れる測定電流との間に生じる電磁力で、 ア 用の計器である。

(2)　制御トルクは、方向が駆動トルクとは イ であり、 ウ による弾性力である。

(3)　制動装置は、指針が停止するまでの複雑な運動を抑える役割を持ち、アルミ枠が回転することによって生じる エ 電流による制動力を主に利用している。

(4)　目盛は、 オ となる。

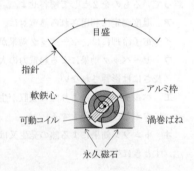

1	交流電流	2	同方向	3	可動コイル	4	変位	5	等分目盛
6	直流電流	7	逆方向	8	渦巻ばね	9	渦	10	対数目盛

答　B−4：アー1　イー7　ウー3　エー4　オー5

　　B−5：アー6　イー7　ウー8　エー9　オー5

▶解答の指針────────────────

○A-1

(1)　導体内部の電界の強さは、<u>零（0）</u>である。

(2)　一つの導体内部のすべての点の電位は、<u>等しい。</u>

(3)　導体が帯電したとき、電荷はすべて導体の<u>表面</u>にのみ存在し、その表面は等電位面である。

○A-2

※令和2年1月期　問題A-2　「解答の指針」を参照。

○A-3

(1)　起電力の大きさは、コイルの巻数1回あたり $\frac{\Delta\phi}{\Delta t}$ 〔V〕であることより、巻数が n であれば $\frac{n\Delta\phi}{\Delta t}$ 〔V〕である。

(2)　電磁誘導の法則によれば、コイル内の磁束の変化を妨げる方向に起電力を発生させる。設問図2において、Mを近づけたときにはコイル内の磁束が増加するので、それを妨げる方向、すなわち、下側がN極となる方向に電流が流れることから、<u>bからaに向</u>かう電流が流れる。

(3)　フレミングの右手の法則を当てはめて、<u>aが正（＋）、bが負（－）</u>となる起電力が生じる。

○A-4

設問図の回路は、下図のように書き換えられる。したがって、C_3 の両端の電圧は図の V_{34} である。7〔μF〕と11〔μF〕の合成容量 C は、$C = 77/18$〔μF〕であり、それらに蓄えられる電荷 Q は等しく、$Q = CV = (77/18) \times 10^{-6} \times 9 = (77/2) \times 10^{-6}$〔C〕となり、$V_{34}$ は次のようになる。

$$V_{34} = \frac{Q}{11 \times 10^{-6}} = \frac{(77/2) \times 10^{-6}}{11 \times 10^{-6}} = 3.5 \text{〔V〕}$$

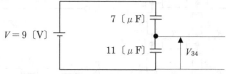

○A-5

図に示す端子ab間の抵抗を求める。

回路 ab 間の電流分布は、回路の対称性から図のようになる。抵抗は全て R とする。

したがって、端子 ab 間に流れる電流を I〔A〕とすると、端子 ab 間の電圧 V_{ab} は次式で表される。

$$V_{ab} = V_1 + V_2 + V_3 + V_4 = \frac{RI}{2} + \frac{RI}{4} + \frac{RI}{4} + \frac{RI}{2}$$

$$= RI\left(\frac{1}{2} + \frac{1}{4} + \frac{1}{4} + \frac{1}{2}\right) = RI\left(\frac{3}{2}\right) \text{〔V〕}$$

よって、合成抵抗 R_{ab} は、次式で表される。

$$R_{ab} = \frac{V_{ab}}{I} = R\left(\frac{3}{2}\right) = 1.5R \text{〔Ω〕}$$

題意より $R_{ab} = 150$〔Ω〕であることから、

$$R = 150/1.5 = 100 \text{〔Ω〕}$$

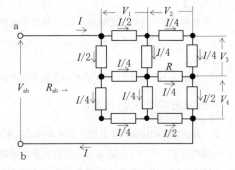

<u>別 解</u>

図1の対角線 cde で半分に折り曲げて三角形にしたときに重なる部分（f と f′、g と g′、h と h′）は、回路に対称性があることから等電位となり、直接接続することができる。したがって各抵抗は二本の R の並列接続であるから $\frac{R}{2}$ となり、図2の回路に置き換えることができる。

図2は図3のように整理できるので端子 ab 間の合成抵抗 R_{ab} は次式で表わされる。

$$R_{ab} = \frac{3}{2}R \text{〔Ω〕}$$

題意より $R_{ab} = 150$〔Ω〕であることから、
$$R = (2/3) \times 150 = 100 \text{〔Ω〕}$$

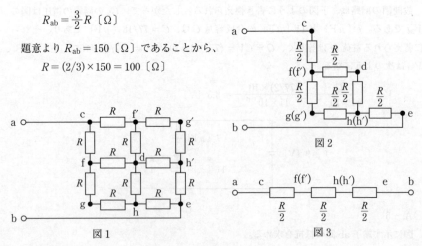

図1

図2

図3

○A−6

直列接続の RLC の端子電圧及び電流は、以下のように表される。

$$\dot{V}_R = R\dot{I}$$
$$\dot{V}_L = jX_L\dot{I}$$
$$\dot{V}_C = -jX_C\dot{I}$$

共振時は、$X_L = X_C$ であり、次図のベクトル図を
得る。

したがって、誤りは **3** であり、正しくは次のとおり
である。

3 　回路の点 ab 間の電圧 $\dot{V}_{ab}$ は $\dot{V}_C + \dot{V}_L = 0$ 〔V〕
である。

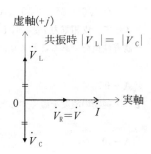

○A−7

(1)　下図のように、T を用いた回路の電圧及び電流の関係は以下のようになる。

$$\frac{V_1}{V_2} = \frac{N_1}{N_2}$$

$$\frac{I_1}{I_2} = \frac{N_2}{N_1}$$

したがって、端子 ab から右を見た抵抗 R_{ab} は、
$V_2/I_2 = R_L$ の関係を用いて次式となる。

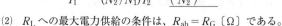

$$R_{ab} = \frac{V_1}{I_1} = \frac{(N_1/N_2)V_2}{(N_2/N_1)I_2} = \left(\frac{N_1}{N_2}\right)^2 R_L \ \text{〔Ω〕}$$

(2)　R_L への最大電力供給の条件は、$R_{ab} = \underline{R_G}$ 〔Ω〕である。

(3)　(2)のとき、最大電力 P_m は次のようになる。

$$P_m = I_2{}^2 R_L = I_1{}^2 R_G = \left(\frac{V}{2R_G}\right)^2 R_G = \underline{\frac{V^2}{4R_G}} \ \text{〔W〕}$$

○A−8

負荷 $\dot{Z}_1$ 及び $\dot{Z}_2$ に流れる電流 I_1 及び I_2 は次式の値になる。

$$I_1 = 200/V = 200/100 = 2 \ \text{〔A〕}$$
$$I_2 = 400/(0.8V) = 400/(0.8 \times 100) = 5 \ \text{〔A〕}$$

これから、$\dot{I}_1$ 及び $\dot{I}_2$ は次のようになる。

$\dot{I}_2$ の実数部の大きさは $5 \times 0.8 = 4$ 〔A〕、虚数部の大きさは $\sqrt{5^2 - 4^2} = 3$
$$\dot{I}_1 = 2 \ \text{〔A〕}$$
$$\dot{I}_2 = 4 - j3 \ \text{〔A〕}$$

したがって、交流電源から流れる電流 $\dot{I}$ は、次式で求められる。

$$\dot{I} = \dot{I}_1 + \dot{I}_2 = 2 + 4 - j3 = 6 - j3 \text{〔A〕}$$

$\dot{I}$ の大きさ I は、次式で求められる。

$$I = \sqrt{6^2 + 3^2} = \underline{3\sqrt{5}} \text{〔A〕}$$

よって、皮相電力 $P_\mathrm{S} = 3\sqrt{5} \times 100 = \underline{300\sqrt{5}}$ 〔VA〕

誘導性負荷であることより、$\dot{I}$ の位相は、$\dot{V}$ の位相より <u>遅れ</u> ている。

○A–9

2 不純物の濃度を濃くすると、抵抗率が 低くなる。

○A–10

設問図 2 より $I_\mathrm{D} = 20$〔mA〕のときの D の両端の電圧 V_D は 0.6〔V〕と読み取れることから R の両端の電圧 V_R は、

$$V_\mathrm{R} = V - V_\mathrm{D} = 10 - 0.6 = 9.4 \text{〔V〕}$$

である。したがって、

$$R = \frac{9.4}{0.02} = 470 \text{〔Ω〕}$$

となる。

○A–11

設問図 1 のベース接地回路の電流増幅率 α は、エミッタ電流の変化分を ΔI_E、そのときのコレクタ電流の変化分を ΔI_C とすると、題意より次式で表される。

$$\alpha = \frac{\Delta I_\mathrm{C}}{\Delta I_\mathrm{E}} = \frac{4.95 \times 10^{-3}}{5.00 \times 10^{-3}} \qquad \cdots ①$$

一方、図 2 のエミッタ接地回路の電流増幅率 β と α との関係は、ベース電流の変化分を ΔI_B とすると、次式で示される。

$$\beta = \frac{\Delta I_\mathrm{C}}{\Delta I_\mathrm{B}} = \frac{\Delta I_\mathrm{C}}{\Delta I_\mathrm{E} - \Delta I_\mathrm{C}} = \frac{\Delta I_\mathrm{C} / \Delta I_\mathrm{E}}{1 - \Delta I_\mathrm{C} / \Delta I_\mathrm{E}} = \frac{\alpha}{1 - \alpha} \qquad \cdots ②$$

よって β は、式①を式②に代入して、次式となる。

$$\beta = \frac{4.95/5.00}{1 - 4.95/5.00} = 99$$

したがって、ΔI_C は以下の式で得られる。

$$\Delta I_\mathrm{C} = \beta \Delta I_\mathrm{B} = 99 \times 30 \times 10^{-6} = 2.97 \text{〔mA〕}$$

○A－12

マイクロ波帯の電波の増幅に用いられている「進行波管（TWT）」は以下の仕組みで動作する。

- 電子銃からの電子流は、コレクタなどに加えられた電圧によって加速されると同時にコイルで集束され、コレクタに達する。
- マイクロ波は導波管 W_1 から入力され、導波管 W_2 から出力される。
- 電子流の速度を、マイクロ波の位相速度に対して少し遅くすることで、マイクロ波が旅を進むにつれて増幅される。
- TWT には空洞共振器のような同調回路がないので、広帯域の信号を増幅することができる。

○A－13

ドレイン電流 I_D は、題意の数値より $I_D = 8/(2 \times 10^3) = 4$〔mA〕である。
また、V_{DS} は、$V_{DS} = 16 - 8 = 8$〔V〕となる。

○A－14

(1) PLL 発振回路は、水晶発振器、位相比較器、低域通過フィルタ（LPF）、電圧制御発振器（VCO）及び分周器などから構成される。

(2) 出力の周波数 f_0 が 150〔MHz〕であることから、水晶発振器の出力周波数 $f_r = 10$〔MHz〕と位相比較するためには、分周器の分周比を15とする必要がある。

○A－15

設問図の論理回路を論理式で表すと、出力 X は以下のとおりとなる。

$$X = A \cdot (\overline{A} + B) = A \cdot \overline{A} + A \cdot B = A \cdot B$$

これは AND 回路と同じ動作をするものである。

○A－16

(1) 設問図の回路は反転増幅回路であり、入力端子は見かけ上の短絡状態（バーチャル・ショート）であることから、

$$I_1 = \frac{V_1}{5 \times 10^3} 〔A〕 = \frac{V_1}{5} 〔mA〕$$

(2) I は I_1 と I_2 の合計の電流である。

(3) V_0 は、10〔kΩ〕の抵抗の両端の電圧を反転させたものであることから、

$$V_0 = -I \times 10 \times 10^3 = -\left(\frac{V_1}{5 \times 10^3} + \frac{V_2}{2 \times 10^3}\right) \times 10 \times 10^3 = -(2V_1 + 5V_2) 〔V〕$$

○A-17

零位法は、例えば、被測定抵抗をホイートストンブリッジの一辺に挿入し、ほかの辺に挿入した基準抵抗を調整して平衡をとることで、基準抵抗の大きさから被測定抵抗の値を求める測定方法である。検出器の感度を高くすれば、基準量の精度と同程度の測定を行うことができる。

○A-18

端子 ab 間の電圧の真値 V_T は、$R_1 = R_2$ であるから、$V/2$〔V〕である。

電圧計 V_1 による測定値 V_{1M} は、$R_2 = 20$〔kΩ〕と $R_{V1} = 20$〔kΩ〕の並列合成抵抗値である 10〔kΩ〕と R_1〔kΩ〕による V の分圧であり次式となる。

$$V_{1M} = V \times \frac{10}{R_1 + 10} = \frac{V}{3}$$

誤差 ε_1 は題意より

$$\varepsilon_1 = |V_T - V_{1M}| = \frac{V}{2} - \frac{V}{3} = \frac{V}{6} = 3 \text{〔V〕}$$

$$\therefore \quad V = 18 \text{〔V〕}$$

$$\therefore \quad V_T = V/2 = 9 \text{〔V〕}$$

同様に、電圧計 V_2 による測定値 V_{2M} は、R_2 と R_{V2} の並列合成抵抗である 16〔kΩ〕と R_1 による V の分圧であるから、次式となる。

$$V_{2M} = V \times \frac{16}{R_1 + 16} = 8 \text{〔V〕}$$

したがって、電圧計 V_2 で測定したときの誤差 ε_2 は次のようになる。

$$\varepsilon_2 = |V_T - V_{2M}| = 9 - 8 = 1 \text{〔V〕}$$

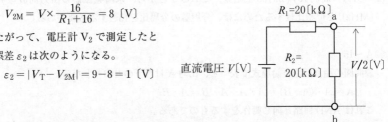

○A-19

R_S と L_S の直列合成インピーダンス $\dot{Z}_S$ は、$\dot{Z}_S = R_S + j\omega L_S$ となる。

また、R_X と L_X の直列合成インピーダンス $\dot{Z}_X$ は、$\dot{Z}_X = R_X + j\omega L_X$ となる。

今、ブリッジが平衡しているので、以下の等式が成り立つ。

$$R_X R_a + j\omega L_X R_a = R_S R_b + j\omega L_S R_b$$

上式の両辺の実数部と虚数部がそれぞれで等しいので、R_X と L_X は次式となる。

$$R_X = \frac{R_S R_b}{R_a}$$

$$L_X = \frac{L_S R_b}{R_a}$$

○A−20

(1)　それぞれの電流計の最大目盛値を指示しているときに電流計に加わる電圧は次式で表される。

　　　A_1：$V = 10 \times 3 = 30$〔mV〕

　　　A_2：$V = 30 \times 0.5 = 15$〔mV〕

　　端子 ab 間に流れる電流 I の値を零から増やしていくと、$\underline{A_2}$が先に最大目盛値を指示する。

(2)　(1)のとき、もう一方の直流電流計 A_1 は、$I = 15/3 = \underline{5}$〔mA〕を指示する。

(3)　したがって、端子 ab 間で測定できる I の最大値は、$30 + 5 = \underline{35}$〔mA〕である。

○B−2

※令和2年1月期　問題B−2　「解答の指針」を参照。

○B−3

ア　温度測定に利用される熱電対は、**ゼーベック効果**を利用している。

イ　電子冷却には、**ペルチェ効果**が利用されている。

○B−4

※令和2年1月期　問題B−4　「解答の指針」を参照。

○B−5

　永久磁石可動コイル形計器（電流計）の構造は、永久磁石の間に円筒形の軟鉄心を置き、アルミ枠に巻かれた可動コイルが、軸心と軸受によって支えられて自由に回転できるようになっている。駆動トルクは、永久磁石による磁界と可動コイルに流れる測定電流との間に生じる電磁力で、<u>直流電流用</u>の計器である。可動コイルには、駆動トルクに応じて<u>逆方向</u>の制御トルクが生じるように、制御用の<u>渦巻ばね</u>が取り付けられてある。アルミ枠が回転することによって生じる<u>渦電流</u>を利用することで、指針が停止するまでの針の複雑な運動を抑えている。目盛は<u>等分目盛</u>となる。

令和5年7月期

A-1 図に示す点a、点b及び点cにそれぞれ +Q〔C〕、−Q〔C〕及び +6Q〔C〕(Q＞0) の点電荷が置かれているとき、点oの電位の値として正しいものを下の番号から選べ。ただし、点aの電荷のみによる点oの電位は +8〔V〕である。

1 ＋ 2〔V〕
2 ＋ 8〔V〕
3 ＋16〔V〕
4 － 2〔V〕
5 － 6〔V〕

l :1目盛の長さ〔m〕

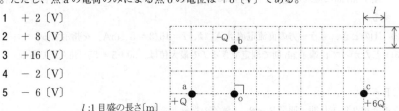

A-2 次の記述は、図に示す磁石Mの磁極間において、一辺が *l*〔m〕の正方形のコイルDが、中心軸OPを中心として ω〔rad/s〕の角速度で回転しているときのDに生ずる起電力について述べたものである。　□□□内に入れるべき字句の正しい組合せを下の番号から選べ。ただし、磁極間の磁束密度は B〔T〕で均一であり、Dの軸OPは、Bの方向と直角とする。

(1) Dの辺 ab 及び cd の周辺速度 *v* は、*v* ＝ □A□ 〔m/s〕である。

(2) Dに生ずる起電力 *e* が最大になるのは、Dの面が B の方向と □B□ になるときである。

(3) (2)のときの *e* の大きさは、*e* ＝ □C□ 〔V〕である。

	A	B	C
1	$\dfrac{\omega l}{\pi}$	直角	$B\omega l$
2	$\dfrac{\omega l}{2}$	直角	$B\omega l^2$
3	$\dfrac{\omega l}{\pi}$	平行	$B\omega l$
4	$\dfrac{\omega l}{2}$	平行	$B\omega l$
5	$\dfrac{\omega l}{2}$	平行	$B\omega l^2$

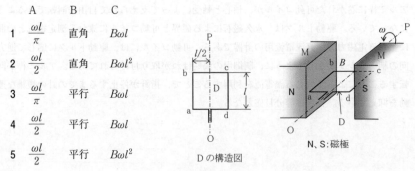

Dの構造図

N、S:磁極

答　A-1：3　　A-2：5

A-3 次の記述は、図に示す回路の静電容量 C_1、C_2 及び C_3 に蓄えられる電荷について述べたものである。□□□内に入れるべき字句の正しい組合せを下の番号から選べ。ただし、C_1、C_2 及び C_3 に蓄えられる電荷をそれぞれ Q_1、Q_2 及び Q_3〔C〕とする。

(1) Q_1 と Q_2 の間には、$Q_2 = \boxed{\text{A}} \times Q_1$〔C〕が成り立つ。

(2) Q_1 と Q_3 の間には、$Q_3 = \boxed{\text{B}} \times Q_1$〔C〕が成り立つ。

(3) Q_2 と Q_3 の間には、$Q_3 = \boxed{\text{C}} \times Q_2$〔C〕が成り立つ。

	A	B	C
1	1	2	$\frac{2}{3}$
2	1	3	$\frac{3}{2}$
3	2	2	$\frac{2}{3}$
4	2	3	$\frac{3}{2}$
5	2	3	$\frac{2}{3}$

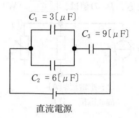

直流電源

A-4 次の記述は、導線に電流が流れているときに生ずる表皮効果について述べたものである。このうち誤っているものを下の番号から選べ。

1 直流電流を流したときには生じない。

2 導線の実効抵抗が小さくなる。

3 導線に流れる電流による磁束の変化によって生ずる。

4 電流の周波数が高いほど顕著に生ずる。

5 導線断面の中心に近いほど電流密度が小さい。

A-5 図に示す抵抗 R〔Ω〕で作られた回路において、端子 ab 間の合成抵抗の値が 100〔Ω〕であった。抵抗 R の値として、正しいものを下の番号から選べ。

1 50〔Ω〕

2 75〔Ω〕

3 100〔Ω〕

4 150〔Ω〕

5 200〔Ω〕

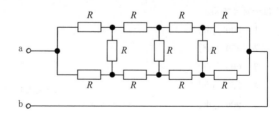

答　A-3：4　　A-4：2　　A-5：1

A－6　次の記述は、図に示す回路において可変抵抗 R_V〔Ω〕で消費される電力について述べたものである。□□内に入れるべき字句の正しい組合せを下の番号から選べ。

(1)　R_V を流れる電流を I_V〔A〕とすると、R_V で消費される電力 P_V は、$P_V =$ □A□〔W〕で表される。

(2)　R_V を変えたとき、P_V が最大になるのは、R_V と R_a の関係が $R_V =$ □B□〔Ω〕になるときである。

(3)　(2)のとき、P_V の値は、□C□〔W〕である。

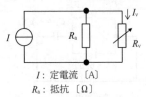

I：定電流〔A〕
R_a：抵抗〔Ω〕

	A	B	C
1	$I_V^2 R_V$	$2R_a$	$\dfrac{I^2 R_a}{2}$
2	$I_V^2 R_V$	$2R_a$	$\dfrac{I^2 R_a}{4}$
3	$I_V^2 R_V$	R_a	$\dfrac{I^2 R_a}{4}$
4	$2I_V^2 R_V$	R_a	$\dfrac{I^2 R_a}{4}$
5	$2I_V^2 R_V$	$2R_a$	$\dfrac{I^2 R_a}{2}$

A－7　図に示す交流回路において、誘導リアクタンス X_L に流れる電流 $\dot{I}_L$〔A〕と容量リアクタンス X_C に流れる電流 $\dot{I}_C$〔A〕の位相差として、正しいものを下の番号から選べ。ただし、抵抗 R、X_L 及び X_C の値を、それぞれ10〔Ω〕とする。

1　$\dfrac{\pi}{9}$〔rad〕　　2　$\dfrac{\pi}{6}$〔rad〕

3　$\dfrac{\pi}{4}$〔rad〕　　4　$\dfrac{\pi}{3}$〔rad〕

5　$\dfrac{\pi}{2}$〔rad〕

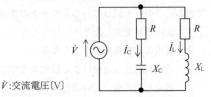

$\dot{V}$：交流電圧〔V〕

A－8　図に示す直列共振回路において、可変静電容量 C_V が50〔pF〕のとき共振周波数 f_r は 900〔kHz〕であった。この回路の f_r を 300〔kHz〕にするための C_V の値として、正しいものを下の番号から選べ。ただし、抵抗 R〔Ω〕及び自己インダクタンス L〔H〕は一定とする。

1　300〔pF〕

2　450〔pF〕

3　600〔pF〕

4　750〔pF〕

5　900〔pF〕

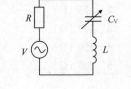

V：交流電圧〔V〕

答　A－6：3　　A－7：5　　A－8：2

A－9　次の記述は、半導体材料のシリコン（Si）について述べたものである。　　内に入れるべき字句の正しい組合せを下の番号から選べ。

(1)　シリコン（Si）は周期表では、　A　に入る。

(2)　真性半導体のシリコンでは、キャリアとして電子密度 N_n とホール密度 N_p の関係は、　B　である。

(3)　P形又はN形半導体を作るために、シリコンに加える不純物の濃度を濃くすると、抵抗率が　C　なる。

	A	B	C
1	第4族	$N_n = N_p$	小さく
2	第4族	$N_n > N_p$	大きく
3	第3族	$N_n = N_p$	大きく
4	第3族	$N_n > N_p$	小さく
5	第3族	$N_n > N_p$	大きく

A－10　次の記述は、トランジスタに生ずる現象について述べたものである。　　内に入れるべき字句の正しい組合せを下の番号から選べ。

(1)　図に示すように、周囲温度の上昇などにより「ΔT」→「ΔI_C」→「ΔP_C」→「ΔH」→「ΔT」の循環ができ、トランジスタが破壊される現象を　A　という。

ΔT:トランジスタの温度上昇
ΔI_C:コレクタ電流の増加
ΔP_C:コレクタ損失の増加
ΔH:トランジスタの発熱の増加

周囲温度の上昇など

ΔT　ΔH　ΔI_C　ΔP_C

(2)　この現象を防ぐために考慮すべき定格の一つとして、　B　がある。

(3)　また、ΔI_C の増加を抑えるために、　C　回路を工夫することが行われている。

	A	B	C
1	熱拡散	コレクタ遮断電流	入出力の結合
2	熱拡散	最高接合部温度	バイアス
3	熱暴走	コレクタ遮断電流	入出力の結合
4	熱暴走	最高接合部温度	バイアス
5	熱暴走	最高接合部温度	入出力の結合

答　A－9：1　　A－10：4

A-11　次の記述は、図1に示すように、特性の等しいダイオードDを二つ直列に接続した回路の電圧と電流について述べたものである。□□□内に入れるべき字句の正しい組合せを下の番号から選べ。ただし、Dは図2の特性を持つものとする。

	A	B	C
1	$\dfrac{V}{4}$	0.6	20
2	$\dfrac{V}{4}$	1.2	40
3	$\dfrac{V}{2}$	0.6	10
4	$\dfrac{V}{2}$	1.2	20
5	$\dfrac{V}{2}$	1.2	40

(1)　回路の直流電圧を V〔V〕としたとき、一つのDに加わる電圧 V_D は、□ A □〔V〕である。

(2)　したがって、V が□ B □〔V〕以下のとき、回路に流れる電流 I は 0（零）である。

(3)　また、V が 1.6〔V〕のとき、I は約□ C □〔mA〕である。

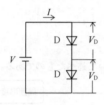

V_D：順方向電圧
I_D：順方向電流

図1

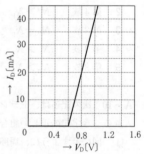

図2

A-12　図1に示す電界効果トランジスタ（FET）のドレイン-ソース間電圧 V_{DS} とドレイン電流 I_D の特性を求めたところ、図2に示す特性が得られた。このとき、V_{DS} が 6〔V〕、I_D が 1.5〔mA〕のときの相互コンダクタンス g_m の値として、最も近いものを下の番号から選べ。

D：ドレイン
S：ソース
G：ゲート
V_1、V_2：直流電源電圧〔V〕

V_{GS}：ゲート-ソース間電圧

図1　　　　　　　図2

1　2.0〔mS〕　　2　2.5〔mS〕　　3　3.0〔mS〕　　4　3.5〔mS〕　　5　4.0〔mS〕

答　A-11：4　　A-12：2

A-13　図に示すA級増幅回路において、4〔Ω〕の負荷抵抗R_Lで消費される最大交流出力電力が2〔W〕のときの直流電源電圧Vの値として、正しいものを下の番号から選べ。ただし、回路は理想的なA級増幅回路として動作し、入力電圧V_iは単一の正弦波交流とする。

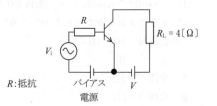

1　8〔V〕　　2　10〔V〕
3　16〔V〕　　4　24〔V〕
5　28〔V〕

R:抵抗　　バイアス電源

A-14　図に示す電界効果トランジスタ（FET）を用いた原理的なコルピッツ発振回路が$1,250/\pi$〔kHz〕の周波数で発振しているとき、自己インダクタンスLの値として、正しいものを下の番号から選べ。

D:ドレイン
G:ゲート
S:ソース

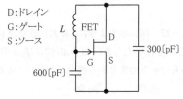

1　0.2〔mH〕　　2　0.4〔mH〕
3　0.8〔mH〕　　4　1.2〔mH〕
5　1.6〔mH〕

A-15　図1に示すJKフリップフロップFF_1、FF_2及びFF_3を用いた回路の入力Cに、図2に示す「1」「0」の繰り返しパルスを入力したとき、時間$t = t_1$〔s〕における出力X_1、X_2及びX_3の組合せとして、正しいものを下の番号から選べ。ただし、フリップフロップはエッジトリガ形でCK入力パルスの立ち下がりで動作する。また、すべてのフリップフロップのJK入力は「1」であり、時間$t = 0$〔s〕では、$X_1 = X_2 = X_3 = $「0」とする。

	X_1	X_2	X_3
1	「0」	「0」	「1」
2	「0」	「1」	「0」
3	「0」	「1」	「1」
4	「1」	「0」	「0」
5	「1」	「1」	「0」

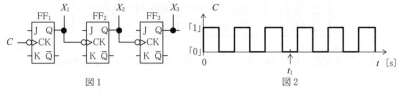

図1　　　　図2

J、K:入力　　Q、Q̄:出力
CK:クロック入力

答　A-13：1　　A-14：3　　A-15：5

A－16　次の記述は、図に示す整流回路の動作について述べたものである。◻◻内に入れるべき字句の正しい組合せを下の番号から選べ。ただし、出力端子ab間は無負荷とする。

(1) この回路の名称は、◻A◻形倍電圧整流回路である。

(2) 正弦波交流電源の電圧 V が実効値で100〔V〕のとき、端子ab間に約◻B◻〔V〕の直流電圧が得られる。

	A	B
1	全波	282
2	全波	141
3	半波	282
4	半波	200
5	半波	141

D：理想ダイオード
C：静電容量〔F〕

A－17　図に示すように、最大目盛値が10〔mA〕の直流電流計Ａに分流器 $R_1 = R_2 = 1.25$〔Ω〕を用いたとき、端子ab間及びac間で測定できる最大電流値の組合せとして、正しいものを下の番号から選べ。ただし、Ａの内部抵抗を2.5〔Ω〕とする。

	ab 間	ac 間
1	20〔mA〕	10〔mA〕
2	30〔mA〕	20〔mA〕
3	40〔mA〕	30〔mA〕
4	40〔mA〕	20〔mA〕
5	50〔mA〕	20〔mA〕

A－18　次の記述は、表に示す三つの可動コイル形電圧計 A、B 及び C の精度について述べたものである。このうち誤っているものを下の番号から選べ。

電圧計	A	B	C
最大目盛値	100〔V〕	50〔V〕	10〔V〕
精度階級	0.5 級	1 級	1.5 級

1　電圧計 A で指示値が100〔V〕のとき、真の値は99.5〔V〕から100.5〔V〕の範囲にある。

2　電圧計 B で指示値が50〔V〕のとき、真の値は49.5〔V〕から50.5〔V〕の範囲にある。

答　A－16：1　　A－17：4

3　電圧計 A で指示値が 50〔V〕のとき、真の値は 49.75〔V〕から 50.25〔V〕の範囲にある。

4　電圧計 B で指示値が 25〔V〕のとき、真の値は 24.5〔V〕から 25.5〔V〕の範囲にある。

5　電圧計 C で指示値が 10〔V〕のとき、真の値は 9.85〔V〕から 10.15〔V〕の範囲にある。

A‒19　図に示すブリッジ回路は、各素子が表の値になったとき平衡状態になった。このときの静電容量 C_X 及び抵抗 R_X の値の組合せとして、正しいものを下の番号から選べ。

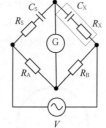

	C_X	R_X
1	0.01〔μF〕	50〔Ω〕
2	0.01〔μF〕	100〔Ω〕
3	0.01〔μF〕	200〔Ω〕
4	0.02〔μF〕	50〔Ω〕
5	0.02〔μF〕	100〔Ω〕

素 子	値
抵 抗 R_A	1,000〔Ω〕
抵 抗 R_B	500〔Ω〕
抵 抗 R_S	200〔Ω〕
静電容量 C_S	0.01〔μF〕

V：交流電源〔V〕
G：交流検流計

A‒20　次の記述は、測定方法の偏位法及び零位法について述べたものである。　　内に入れるべき字句の正しい組合せを下の番号から選べ。

⑴　一般に零位法は偏位法よりも測定の操作が　A　である。

⑵　一般に零位法は偏位法よりも測定の精度が　B　。

⑶　アナログ式のテスタ（回路計）による抵抗値の測定は　C　である。

	A	B	C
1	複雑	高い	零位法
2	複雑	高い	偏位法
3	複雑	低い	零位法
4	簡単	低い	零位法
5	簡単	低い	偏位法

答　A‒18：3　　A‒19：5　　A‒20：2

B-1　次の記述は、電流により生ずる磁界の強さについて述べたものである。□□□内に入れるべき字句を下の番号から選べ。ただし、直線導体及びコイルに流す直流電流を I〔A〕とする。また、図4及び図5のコイルに漏れ磁束はないものとする。

(1) 図1に示す無限長の直線導線Lから直角に r〔m〕離れた点Pの磁界の強さ H は、□ア□〔A/m〕である。

(2) 図2に示す半径が r〔m〕で巻数が1回の円形コイルLの中心点Pの磁界の強さ H は、□イ□〔A/m〕である。

(3) 図3に示す平行に置かれた二本の直線導線 L_1、L_2 の中間点Pの磁界の強さ H は、□ウ□〔A/m〕である。

(4) 図4に示す円筒に巻かれた無限長ソレノイドコイルの円筒内の中心点Pの磁界の強さ H は、□エ□〔A/m〕である。

(5) 図5に示す環状円筒に巻かれた環状ソレノイドコイルの円筒内の中心点Pの磁界の強さ H は、□オ□〔A/m〕である。

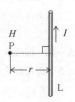

r:Lからの距離〔m〕

図1

r:コイルの半径〔m〕

図2

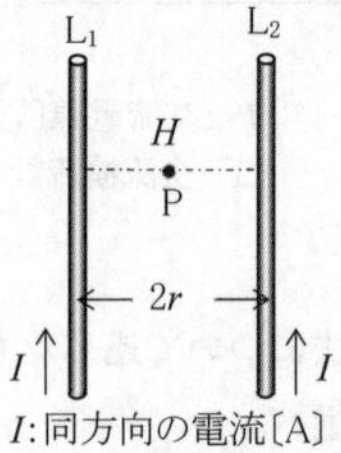

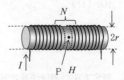

I:同方向の電流〔A〕
$2r$:L_1, L_2 間の距離〔m〕

図3

r:円筒の半径〔m〕
N:1〔m〕当たりのコイルの巻数

図4

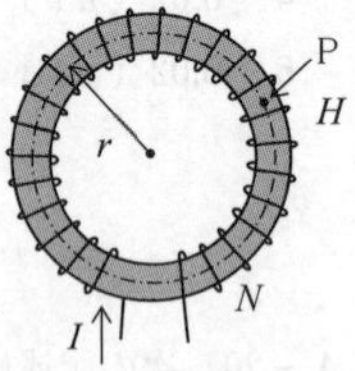

r:円の半径〔m〕
N:コイルの巻数

図5

1	$\dfrac{2I}{\pi r}$	2	$\dfrac{I}{2r}$	3	$\dfrac{NI}{\pi r}$	4	NI	5	$\dfrac{NI}{2\pi r}$
6	$\dfrac{I}{2\pi r}$	7	$\dfrac{I}{r}$	8	0（零）	9	$N^2 I$	10	$\dfrac{NI}{4\pi r}$

B-2　次の記述は、図に示す回路の過渡現象について述べたものである。□□□内に入れるべき字句を下の番号から選べ。ただし、静電容量 C〔F〕の初期電荷は0（零）とする。また、自然対数の底を ε としたとき、$1/\varepsilon = 0.37$ とする。

(1) SWをaに入れた直後、抵抗 R_1〔Ω〕に流れる電流は、□ア□〔A〕である。

答　B-1：ア-**6**　イ-**2**　ウ-**8**　エ-**4**　オ-**5**

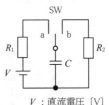

(2) SW を a に入れてから十分に時間が経過し定常状態に
なったとき、C〔F〕の電圧は、 イ 〔V〕である。

(3) (2)の後、SW を b に切り替えた直後、抵抗 R_2〔Ω〕に
流れる電流は、 ウ 〔A〕である。

(4) SW を b に切り替えた直後から CR_2〔s〕後に R_2 に流
れる電流は、約 エ 〔A〕である。

(5) SW を b に切り替えてから十分に時間が経過し定常状態
になったとき、R_2 の両端の電圧は、 オ 〔V〕である。

V：直流電圧〔V〕
SW：スイッチ

1 $\dfrac{V}{R_1+R_2}$ 2 $\dfrac{V}{2}$ 3 $\dfrac{V}{R_2}$ 4 $0.63\times\dfrac{V}{R_2}$ 5 $\dfrac{R_2}{R_1}\times V$

6 $\dfrac{V}{R_1}$ 7 V 8 $\dfrac{R_1}{R_2}\times V$ 9 $0.37\times\dfrac{V}{R_2}$ 10 0（零）

B-3 次の記述は、マイクロ波用の半導体や電子管について述べたものである。このうち正しいものを 1、誤っているものを 2 として解答せよ。

ア トンネルダイオードは、順方向電圧を加えたときの負性抵抗特性を利用する素子として用いられる。

イ マグネトロンは、電界と磁界の作用で電子流を制御する。

ウ マグネトロンは、遅波回路をもち、マイクロ波を増幅する電子管として三極管に分類される。

エ 進行波管は、広帯域の周波数の増幅を行うことができ、通信・放送衛星などにも利用される。

オ 進行波管には、使用周波数を決める空洞共振器がある。

B-4 次の記述は、図1及び図2に示す回路について述べたものである。 内に入れるべき字句を下の番号から選べ。ただし、A_{OP} は理想的な演算増幅器を示す。

(1) 図1の回路の増幅度 $A_0=|\dfrac{V_{o1}}{V_{i1}-V_{i2}}|$ は、 ア である。

(2) 図1の回路は、入力電流 I_i が イ 。

(3) 図2の回路の増幅度 $A=|\dfrac{V_o}{V_i}|$ は、 ウ である。

(4) 図2の回路の V_o と V_i の位相差は、 エ 〔rad〕である。

答 B-2：ア-6 イ-7 ウ-3 エ-9 オ-10
B-3：ア-1 イ-1 ウ-2 エ-1 オ-2

(5) 図 2 の回路は、 オ 増幅回路と呼ばれる。

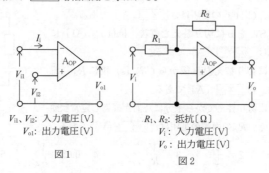

V_{i1}、V_{i2}: 入力電圧〔V〕
V_{o1}: 出力電圧〔V〕

図 1

R_1、R_2: 抵抗〔Ω〕
V_i: 入力電圧〔V〕
V_o: 出力電圧〔V〕

図 2

1　∞　　2　流れない　　3　$1-\dfrac{R_2}{R_1}$　　4　π　　5　非反転（同相）

6　1　　7　流れる　　8　$\dfrac{R_2}{R_1}$　　9　$\dfrac{\pi}{2}$　　10　反転（逆相）

B－5　次の記述は、一般的に用いられる測定器と測定項目について述べたものである。 内に入れるべき最も適している字句を下の番号から選べ。

(1) 電解液の抵抗や接地抵抗の測定に用いられるのは、 ア である。

(2) マイクロ波の電力測定に用いられるのは、 イ である。

(3) 絶縁抵抗の測定に用いられ、内部に高い電圧を発生させる回路があるのは、 ウ である。

(4) 電池や熱電対の起電力の測定に用いられるのは、 エ である。

(5) コイルのインダクタンスや分布容量の測定に用いられるのは、 オ である。

1　Qメータ　　　　　　　　　2　直流電位差計
3　メガー　　　　　　　　　　4　ガウスメータ
5　コールラウシュブリッジ　　6　アナログ式のテスタ（回路計）
7　電流力計形電力計　　　　　8　レベルメータ
9　ボロメータブリッジ　　　　10　ファンクションジェネレータ

答　B－4：ア－1　イ－2　ウ－8　エ－4　オ－10
　　B－5：ア－5　イ－9　ウ－3　エ－2　オ－1

▶解答の指針

○A－1

　題意より、点a、点b、点cが存在するときの点oにおける電位 V_0 は、空間の誘電率を ε とすると、以下の式で表される。

$$V_0 = \frac{1}{4\pi\varepsilon}\left(\frac{Q}{2l} - \frac{Q}{2l} + \frac{6Q}{6l}\right) = \frac{1}{4\pi\varepsilon} \cdot \frac{2Q}{2l}$$

　ここで、点aのみの電荷による点oの電位 V_{oa} が $V_{oa} = \frac{1}{4\pi\varepsilon} \cdot \frac{Q}{2l} = 8$ 〔V〕であることから、V_0 は以下の値となる。

$$V_0 = 2 \cdot V_{oa} = 16 \text{〔V〕}$$

○A－2

　※令和4年1月期　問題A－2　「解答の指針」を参照。

○A－3

　各静電容量に蓄えられる電荷は以下のとおりとなる。

$C_1 : Q_1$

$C_2 : Q_2 = 2Q_1$ （C_1 と C_2 は加わる電圧が等しいため）

$C_3 : Q_3 = 3Q_1$ （C_1 と C_2 に蓄えられた電荷の和になるため）

　したがって、各電荷の関係は以下のようになる。

$$Q_2 = \underline{2}Q_1$$
$$Q_3 = \underline{3}Q_1 = \frac{3}{2}Q_2$$

○A－4

2　導線の実効抵抗が**大きく**なる。

○A－5

　抵抗網において縦に接続されている抵抗の両端は、網の対称性からab間に電圧を加えても同電位であり切り離して考えることができるので、ab間の合成抵抗 R_{ab} は、題意の数値を用いて次のようになる。

$$R_{ab} = \frac{4R \times 4R}{4R + 4R} = 2R$$

　端子ab間の合成抵抗の値が100〔Ω〕であるので、$R = 100/2 = 50$〔Ω〕となる。

○A－6

　(1)より

$$P_V = \underline{I_V{}^2 R_V} = \left(\frac{IR_a}{R_a + R_V}\right)^2 R_V = (IR_a)^2 \frac{R_V}{R_a{}^2 + 2R_a R_V + R_V{}^2}$$

$$= (IR_a)^2 \frac{1}{R_a{}^2/R_V + 2R_a + R_V} = (IR_a)^2 \frac{1}{(\sqrt{R_V})^2 - 2R_a + (R_a/\sqrt{R_V})^2 + 4R_a}$$

$$= \frac{(IR_a)^2}{(\sqrt{R_V} - R_a/\sqrt{R_V})^2 + 4R_a}$$

上式より、分母が最小、すなわち、

$$\sqrt{R_V} - R_a/\sqrt{R_V} = 0$$

$$\therefore R_V = \underline{R_a}$$

$R_V = R_a$ のときに P_v は最大値をとり、その値は $\dfrac{I^2 R_a}{4}$ 〔W〕となる。

○A－7

X_L を流れる電流 $\dot{I}_L$ は、電源電圧を $\dot{V}$ とすると、次式で表される。

$$\dot{I}_L = \frac{\dot{V}}{10 + j10} = \frac{\dot{V}}{2}(1 - j1) \ \text{〔A〕}$$

したがって、$\dot{I}_L$ は $\dot{V}$ に対して $\theta_L = \tan^{-1}(1/1) = \dfrac{\pi}{4}$ 〔rad〕だけ位相が遅れる。

同様に、X_C を流れる電流 $\dot{I}_C$ は、

$$\dot{I}_C = \frac{\dot{V}}{10 - j10} = \frac{\dot{V}}{2}(1 + j1) \ \text{〔A〕}$$

したがって、$\dot{I}_C$ は $\dot{V}$ に対して $\theta_C = \tan^{-1}(1/1) = \dfrac{\pi}{4}$ 〔rad〕だけ位相が進む。

これらより、$\dot{I}_L$ と $\dot{I}_C$ の位相差 θ は次式となる。

$$\theta = \frac{\pi}{4} + \frac{\pi}{4} = \frac{\pi}{2} \ \text{〔rad〕}$$

○A－8

※令和4年1月期　問題A－7　「解答の指針」を参照。

○A－10

　トランジスタは、熱上昇に従って電気伝導度が増す性質をもっている。このため、設問図に示すように、周囲温度などが上昇することが生じると、より大きなコレクタ電流が流れてコレクタ損失が増加し、さらなる温度上昇を招いて、最終的には素子を破壊する熱暴走が起きる。この現象を防ぐために考慮すべき定格として最高接合部温度があり、当該トランジスタが動作する最大の温度を示している。また、熱暴走に至る悪循環を断ち切るために、熱を逃がす「放熱板」や「冷却器」の設置や、バイアス回路を工夫してコレクタ電流の増加を抑えるなどの措置がとられている。

○A-11

※令和3年1月期　問題A-10「解答の指針」を参照。

○A-12

FET の相互コンダクタンス g_m は、次式で定義される。

$$g_\mathrm{m} = \Delta I_\mathrm{D} / \Delta V_\mathrm{GS}\ \text{(S)}$$

図3において $V_\mathrm{DS} = 6$〔V〕、$I_\mathrm{D} = 1.5$〔mA〕付近で、ΔI_D を $1.0\sim2.0$〔mA〕にとれば $\Delta V_\mathrm{GS} = 0.4$〔V〕（$-0.6\sim -1.0$〔V〕）であるから、上式に代入して、次のようになる。

$$g_\mathrm{m} = 1\times10^{-3}/0.4 = 2.5\ \text{(mS)}$$

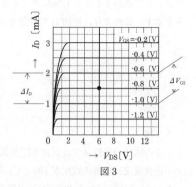

図3

○A-13

回路が理想的な A 級増幅の状態にあることから、動作点 Q は図に示すとおりとなり、負荷線 AB の中央にある。また、最大出力は V_CE と I_C が負荷線 AB 全体にわたって変化する場合に得られる。

したがって、最大出力 P_Rm は、電圧と電流をともに実効値として次式で表される。

$$P_\mathrm{Rm} = \frac{V}{2\sqrt{2}} \times \frac{V}{2\sqrt{2}\,R_\mathrm{L}} = \frac{V^2}{8R_\mathrm{L}}$$

よって、V は次式で得られる。

$$V = \sqrt{P_\mathrm{Rm} \cdot 8R_\mathrm{L}} = \sqrt{2\times8\times4} = 8\ \text{(V)}$$

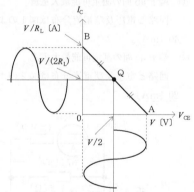

○A-14

※令和2年1月期　問題A-14「解答の指針」を参照。

○A – 15

この回路では、すべての JK 入力が「1」であることから、各段が反転動作するフリップフロップ回路となる。右図にタイムチャートを示す。これより、時間 t_1 の状態を得る。

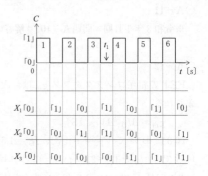

○A – 16

(1)　この回路の名称は<u>全波形倍電圧整流回路</u>である。

(2)　正弦波交流電源の電圧が 100 〔V〕（実効値）のとき、最大値の約2倍の直流電圧、すなわち、$2\sqrt{2} \times 100 ≒ \underline{282}$ 〔V〕が得られる。

○A – 17

①　端子 ab 間の測定可能最大電流

回路と電圧及び電流分布は図1のようになることから、測定可能電流は $10 + 30 = \underline{40}$ 〔mA〕。

②　端子 ac 間の測定可能最大電流

回路と電圧及び電流分布は図2のようになることから、測定可能電流は $10 + 10 = \underline{20}$ 〔mA〕。

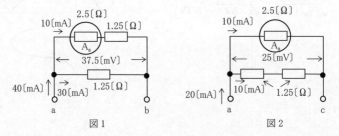

図1　　　　　　図2

○A – 18

3　電圧計 A で指示値が 50 〔V〕のとき、真の値は **49.5 〔V〕** から **50.5 〔V〕** の範囲にある。電圧計 A は最大目盛値が 100 〔V〕、精度階級（クラス）が0.5級であるので、最大目盛の ±0.5％、すなわち ±0.5 〔V〕の誤差が全目盛範囲で許容される。

○A－19
　　※令和4年1月期　問題A－19　「解答の指針」を参照。

○B－1
(1)　アンペアの周回積分の法則から、無限長の直線導体から r〔m〕離れた点Pを通る円ループに沿って磁界強度 H〔A/m〕を積分すると、その値は導線を流れる電流 I〔A〕に等しい。したがって、$2\pi r H = I$ より $H = \underline{I/(2\pi r)}$〔A/m〕。

(2)　円形コイルLに流れる電流 I〔A〕によってコイルの中心Pに生じる磁界の強さ H〔A/m〕は、ビオ・サバールの法則により $H = \underline{I/(2r)}$〔A/m〕で与えられる。

(3)　平行に置かれた2本の直線導体 L_1 と L_2 の中間点Pの磁界 H は、L_1 と L_2 それぞれにより生じる磁界がともに強度が等しく互いに反対方向であることから、打ち消しあって $\underline{0（零）}$〔A/m〕である。

(4)　無限長ソレノイドコイルは、設問図5に示す環状ソレノイドコイルにおいてコイルの半径 r がきわめて大きい場合として扱うことができる。(5)の結果である $H = NI/(2\pi r)$〔A/m〕において $N/(2\pi r)$ は1〔m〕あたりの巻数であることから、これを新たな N として $H = \underline{NI}$〔A/m〕を得る。

(5)　環状ソレノイドコイルにおいて環の半径を r〔m〕、コイルに流れる電流を I〔A〕、コイルの巻数を N、点Pでの磁界の強さを H〔A/m〕とすると、アンペアの周回積分の法則により $2\pi r H = NI$ であることから、$H = \underline{NI/(2\pi r)}$〔A/m〕を得る。

○B－2
　　※令和3年1月期　問題B－2　「解答の指針」を参照。

○B－3
ウ　マグネトロンは、**空洞共振器**をもち、マイクロ波を**発生**する発振管である。
オ　進行波管には、**発振周波数**を決める**固有の共振回路がない**。

○B－4
　　※令和4年1月期　問題B－4　「解答の指針」を参照。

令和6年1月期

A-1 図に示すように、電界の強さ E が一様な電界中を電荷 Q が $\pi/6$ 〔rad〕の角度を保って点aから点bまで $2\sqrt{3}$ 〔m〕移動するのに要する仕事量の値として、正しいものを下の番号から選べ。ただし、$E = 200$ 〔V/m〕、$Q = 4$ 〔μC〕とし Q は E からのみ力を受けるものとする。

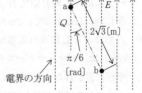

1 2,400 〔μJ〕　　2 2,000 〔μJ〕

3 1,800 〔μJ〕　　4 1,600 〔μJ〕

5 1,000 〔μJ〕

A-2 次の記述は、図に示すように、同一平面上で平行に間隔を r 〔m〕離して真空中に置かれた無限長の直線導線 X、Y 及び Z に、同じ大きさで同一方向にそれぞれ直流電流 I 〔A〕を流したときに、Y が受ける力について述べたものである。　内に入れるべき字句の正しい組合せを下の番号から選べ。ただし、真空の透磁率を $4\pi \times 10^{-7}$ 〔H/m〕とする。

(1) X と Y の間には、　A　力が働き、その長さ 1 〔m〕当たりの力の大きさ F_{XY} は、次式で表される。

$$F_{XY} = (\boxed{\text{B}}) \times 10^{-7} \text{〔N/m〕}$$

(2) Z と Y の間にも同様の力が働き、1 〔m〕当たりの力の大きさは、F_{XY} と同じである。

(3) したがって、Y が受ける 1 〔m〕当たりの合成力は、力の方向を考えると、　C　〔N/m〕である。

	A	B	C
1	反発	$\dfrac{2I^2}{r}$	0
2	反発	$\dfrac{2I^2}{r}$	$2F_{XY}$
3	反発	$\dfrac{2I}{r^2}$	$2F_{XY}$
4	吸引	$\dfrac{2I^2}{r}$	0
5	吸引	$\dfrac{2I}{r^2}$	$2F_{XY}$

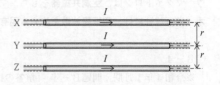

答　A-1：1　　A-2：4

A－3　自己インダクタンスが 9 〔H〕のコイルに 2 〔A〕の電流が流れている。このコイルに蓄えられているエネルギーと同じエネルギーを蓄えることができる自己インダクタンス L 及び流れる電流 I の値の組合せとして、正しいものを下の番号から選べ。

	L	I
1	4 〔H〕	3 〔A〕
2	3 〔H〕	4 〔A〕
3	3 〔H〕	6 〔A〕
4	2 〔H〕	9 〔A〕
5	2 〔H〕	3 〔A〕

A－4　次の記述は、図に示す磁気ヒステリシスループ（$B-H$ 曲線）について述べたものである。このうち誤っているものを下の番号から選べ。ただし、磁束密度を B 〔T〕、磁界の強さを H 〔A/m〕とする。

1　図の B_r 〔T〕は、残留磁気という。

2　図の H_c 〔A/m〕は、保磁力という。

3　B_r と H_c が共に大きい材料は、永久磁石の材料に適している。

4　磁気材料のヒステリシス損は、磁気ヒステリシスループの面積 S に比例する。

5　変圧器の鉄心には面積 S が大きい材料がよい。

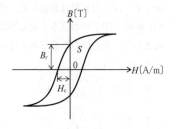

A－5　図に示す抵抗 R_1、R_2、R_3 及び R_4 〔Ω〕からなる回路において、抵抗 R_2 及び R_4 に流れる電流 I_2 及び I_4 の値の大きさの組合せとして、正しいものを下の番号から選べ。ただし、回路の各部には図の矢印で示す方向と大きさの直流電流が流れているものとする。

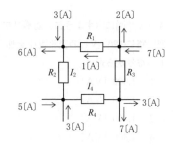

	I_2	I_4
1	2 〔A〕	4 〔A〕
2	2 〔A〕	6 〔A〕
3	3 〔A〕	2 〔A〕
4	3 〔A〕	4 〔A〕
5	3 〔A〕	6 〔A〕

答　A－3：1　　A－4：5　　A－5：2

A－6　次の記述は、図に示す二つの正弦波交流電圧 v_a 及び v_b の和の電圧 $v_c = v_a + v_b$ について述べたものである。□□□内に入れるべき字句の正しい組合せを下の番号から選べ。ただし、t を時間〔s〕とする。

(1) v_c の周波数は、□ A □〔Hz〕である。

(2) v_c の実効値は、□ B □〔V〕である。

(3) v_a と v_c の位相差は、$\tan^{-1}$□ C □〔rad〕である。

	A	B	C
1	120	100	$\dfrac{4}{3}$
2	120	100	$\dfrac{3}{4}$
3	120	140	$\dfrac{3}{4}$
4	60	140	$\dfrac{4}{3}$
5	60	100	$\dfrac{3}{4}$

$v_a = 80\sqrt{2}\sin(120\pi t)$ 〔V〕

$v_b = 60\sqrt{2}\sin\left(120\pi t + \dfrac{\pi}{2}\right)$ 〔V〕

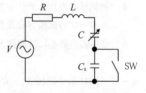

A－7　図に示す回路において、スイッチ SW が断（OFF）のとき、可変静電容量 C の値が C_1〔F〕で回路は共振した。次に SW を接（ON）にして C を C_2〔F〕にしたところ、SW が断（OFF）のときと同じ周波数で共振した。このときの未知の静電容量 C_x を表す式として、正しいものを下の番号から選べ。

1　$C_x = C_1 + C_2$　〔F〕

2　$C_x = \dfrac{C_1 C_2}{C_1 + C_2}$　〔F〕

3　$C_x = \dfrac{C_1 C_2}{C_1 - C_2}$　〔F〕

4　$C_x = \dfrac{C_1 + C_2}{2}$　〔F〕

5　$C_x = \sqrt{C_1 C_2}$　〔F〕

L：自己インダクタンス〔H〕
R：抵抗〔Ω〕
V：正弦波交流電源〔V〕

A－8　図に示すように、誘導リアクタンス X_L、容量リアクタンス X_C 及び抵抗 R の並列回路に 120〔V〕の交流電圧を加えたとき、回路の皮相電力の値として、正しいものを下の番号から選べ。

1　1,000〔VA〕

2　1,200〔VA〕

3　1,400〔VA〕

4　1,800〔VA〕

5　2,100〔VA〕

$R = 10$〔Ω〕
$X_C = 40$〔Ω〕
$X_L = 10$〔Ω〕

120〔V〕

X_C　R　X_L

答　A－6：5　　A－7：3　　A－8：4

A－9　次の記述は、半導体のキャリアについて述べたものである。　　　内に入れるべき字句の正しい組合せを下の番号から選べ。

(1) 真性半導体では、ホール（正孔）と電子の密度は　A　。

(2) 一般にホール（正孔）の移動度は、電子の移動度よりも　B　。

(3) 多数キャリアがホール（正孔）の半導体は、　C　半導体である。

	A	B	C
1	等しい	大きい	P形
2	等しい	大きい	N形
3	等しい	小さい	P形
4	異なる	大きい	N形
5	異なる	小さい	P形

A－10　図に示すダイオードDと抵抗Rを用いた回路に流れる電流Iの値として、正しいものを下の番号から選べ。ただし、Dの順方向の電圧電流特性は、順方向電流及び電圧をそれぞれ I_D〔A〕及び V_D〔V〕としたとき、$I_D = 0.1V_D - 0.06$〔A〕で表せるものとする。

1　30〔mA〕

2　25〔mA〕

3　20〔mA〕

4　15〔mA〕

5　10〔mA〕

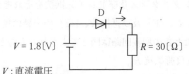

$V = 1.8$〔V〕

V：直流電圧

$R = 30$〔Ω〕

$I_D = 0.1V_D - 0.06$〔A〕

A－11　図1に示すように、トランジスタ Tr_1 及び Tr_2 をダーリントン接続した回路を、図2に示すように一つのトランジスタ Tr_0 とみなしたとき、Tr_0 のエミッタ接地直流電流増幅率 h_{FE0} を表す近似式として、正しいものを下の番号から選べ。ただし、Tr_1 及び Tr_2 のエミッタ接地直流電流増幅率をそれぞれ h_{FE1} 及び h_{FE2} とし、$h_{FE1} \gg 1$、$h_{FE2} \gg 1$ とする。

1　$h_{FE0} \fallingdotseq h_{FE1} + h_{FE2}$

2　$h_{FE0} \fallingdotseq h_{FE1} h_{FE2}$

3　$h_{FE0} \fallingdotseq h_{FE1} + h_{FE2}{}^2$

4　$h_{FE0} \fallingdotseq 2h_{FE1}{}^2 h_{FE2}$

5　$h_{FE0} \fallingdotseq 2h_{FE1} h_{FE2}{}^2$

C：コレクタ
E：エミッタ
B：ベース

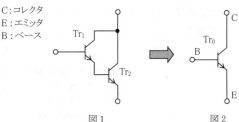

図1　　　　図2

A－12　次の記述は、図に示す原理的な構造のマグネトロンについて述べたものである。　　　内に入れるべき字句の正しい組合せを下の番号から選べ。

答　A－9：3　　A－10：1　　A－11：2

(1) 陽極−陰極間には A を加える。

(2) 発振周波数を決める主な要素は、 B である。

(3) C や調理用電子レンジなどの発振用
として広く用いられている。

空洞共振器 — N — 永久磁石
結合ループ
→ 出力
陽極 — 陰極
S ← 永久磁石
N、S：磁極

	A	B	C
1	交流電圧	陰極	AM放送用送信機
2	交流電圧	陰極	レーダー
3	直流電圧	陰極	レーダー
4	直流電圧	空洞共振器	レーダー
5	直流電圧	空洞共振器	AM放送用送信機

A−13 次の記述は、図1に示す電界効果トランジスタ（FET）を用いた増幅回路について述べたものである。 内に入れるべき字句の正しい組合せを下の番号から選べ。ただし、FETの相互コンダクタンス及びドレイン抵抗をそれぞれ g_m〔S〕及び r_D〔Ω〕とし、静電容量 C_1、C_2、C_S〔F〕及び抵抗 R_S〔Ω〕の影響は無視するものとする。また、FETを等価回路で表したときの増幅回路は図2で表されるものとする。

(1) 図2の回路の交流負荷抵抗 R_A
〔Ω〕は図1の A の並列合成
抵抗である。

(2) 出力電圧 V_o の大きさは、r_D
$\gg R_A$ とすると、$V_o =$ B
〔V〕である。

(3) したがって、電圧増幅度 A_V の
大きさは、$A_V = V_o/V_i =$ C
である。

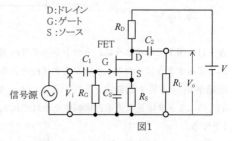

D：ドレイン
G：ゲート
S：ソース

図1

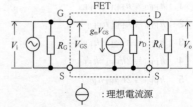

R_G、R_D、R_L：抵抗〔Ω〕
V_i ：入力電圧〔V〕
V_o ：出力電圧〔V〕
V_{GS}：GS間電圧〔V〕
V ：直流電源〔V〕

：理想電流源

図2

	A	B	C
1	R_{S} と R_{L}	$g_{\mathrm{m}} V_{\mathrm{GS}} R_{\mathrm{A}}$	$g_{\mathrm{m}} R_{\mathrm{A}}$
2	R_{D} と R_{L}	$g_{\mathrm{m}} V_{\mathrm{GS}} R_{\mathrm{A}}$	$g_{\mathrm{m}} R_{\mathrm{A}}$
3	R_{D} と R_{L}	$g_{\mathrm{m}} V_{\mathrm{GS}} r_{\mathrm{D}}$	$g_{\mathrm{m}} (r_{\mathrm{D}} + R_{\mathrm{A}})$
4	R_{D} と R_{L}	$g_{\mathrm{m}} V_{\mathrm{GS}} R_{\mathrm{A}}$	$g_{\mathrm{m}} (r_{\mathrm{D}} + R_{\mathrm{A}})$
5	R_{S} と R_{L}	$g_{\mathrm{m}} V_{\mathrm{GS}} r_{\mathrm{D}}$	$g_{\mathrm{m}} (r_{\mathrm{D}} + R_{\mathrm{A}})$

A-14 図に示すトランジスタ（Tr）を用いた原理的なハートレー発振回路が角周波数 $\omega = \sqrt{10} \times 10^5$ 〔rad/s〕で発振しているとき、自己インダクタンス L_1 の値として、最も近いものを下の番号から選べ。ただし、自己インダクタンス L_1 及び L_2 〔H〕の間の相互インダクタンスは無いものとする。

1　10〔mH〕

2　8〔mH〕

3　6〔mH〕

4　4〔mH〕

5　2〔mH〕

$C = 0.001$〔μF〕
$L_2 = 2$〔mH〕

A-15 次の記述は、図に示す論理回路について述べたものである。このうち誤っているものを下の番号から選べ。ただし、正論理とし、A, B を入力、$Q, \overline{Q}$ を出力とする。

1　この回路は、NOR 回路で構成した、RS フリップフロップ回路である。

2　出力 Q を「1」にすることをセットといい、Q を「0（零）」にすることをリセットという。

3　A 及び B の入力がともに「1」のとき、出力 Q 及び $\overline{Q}$ の状態は変化せず、前の状態が保持される。

4　Q が「0（零）」のとき、A を「0（零）」、B を「1」にすると、Q は「1」になる。

5　Q が「1」のとき、A を「1」、B を「0（零）」にすると、Q は「0（零）」になる。

A-16 図に示す定電圧ダイオード D_{T} を用いた回路において、負荷抵抗 R_{L} を 500〔Ω〕又は 100〔Ω〕としたとき、R_{L} の両端電圧 V_{L} の値の組合せとして、正しいものを下の番号から選べ。ただし、D_{T} は理想的な特性とし、抵抗 R_1 を 100〔Ω〕、D_{T} のツェナー電圧を 12〔V〕とする。

──

│答│　A-13：**2**　　A-14：**2**　　A-15：**3**

	$R_L = 500$ 〔Ω〕	$R_L = 100$ 〔Ω〕
1	15 〔V〕	12 〔V〕
2	15 〔V〕	9 〔V〕
3	15 〔V〕	6 〔V〕
4	12 〔V〕	9 〔V〕
5	12 〔V〕	6 〔V〕

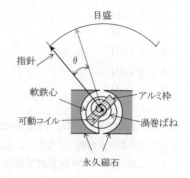

V:直流電圧

A－17 次の記述は、図に示す永久磁石可動コイル形計器の原理的な動作について述べたものである。このうち誤っているものを下の番号から選べ。

1　永久磁石による磁界と可動コイルに流れる電流との間に生ずる誘導起電力が指針の駆動トルクとなる。

2　渦巻ばねによる弾性力が、指針の制御トルクとなる。

3　指針の駆動トルクと制御トルクは、方向が互いに逆である。

4　可動コイルに流れる電流が直流の場合、指針の振れの角度 θ は、電流値に比例する。

5　指針が静止するまでに生ずるオーバーシュート等の複雑な動きを抑えるために、アルミ枠に流れる誘導電流を利用する。

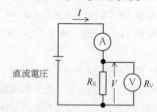

目盛　指針　θ　軟鉄心　アルミ枠　可動コイル　渦巻ばね　永久磁石

A－18 図に示す回路において、未知抵抗 R_X を直流電圧計 V の指示値 V〔V〕及び直流電流計 A の指示値 I〔A〕から V/I〔Ω〕として求めるとき、百分率誤差を 5〔%〕以下にするための V の内部抵抗 R_V の最小値として、最も近いものを下の番号から選べ。ただし、$R_X \leqq 20$〔kΩ〕とし、また、誤差は R_V によってのみ生ずるものとする。

1　600〔kΩ〕
2　580〔kΩ〕
3　480〔kΩ〕
4　420〔kΩ〕
5　380〔kΩ〕

直流電圧　R_X　V　R_V

A－19　図に示す交流ブリッジ回路において、検流計 G の振れが0（零）であるとき、自己インダクタンス L_X の値として、最も近いものを下の番号から選べ。ただし、抵抗 R_1 及び R_2 をそれぞれ200〔Ω〕及び500〔Ω〕、静電容量 C_S を0.33〔μF〕とする。

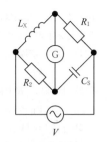

1　11〔mH〕　　2　22〔mH〕

3　33〔mH〕　　4　55〔mH〕

5　66〔mH〕

V：交流電源〔V〕

A－20　次の記述は、電気磁気量とその単位（SI単位）について述べたものである。□□□内に入れるべき字句の正しい組合せを下の番号から選べ。

(1) 電力の単位は〔W〕であるが、他の単位で表すと、　A　である。

(2) 電界の強さの単位は〔V/m〕であるが、他の単位で表すと、　B　である。

(3) 磁束密度の単位は〔T〕であるが、他の単位で表すと、　C　である。

	A	B	C
1	〔N·m〕	〔N/C〕	〔Wb〕
2	〔N·m〕	〔C/V〕	〔Wb/m²〕
3	〔J/s〕	〔N/C〕	〔Wb〕
4	〔J/s〕	〔C/V〕	〔Wb〕
5	〔J/s〕	〔N/C〕	〔Wb/m²〕

B－1　次の記述は、図に示す静電容量の回路について述べたものである。□□□内に入れるべき字句を下の番号から選べ。ただし、C_1、C_2 及び C_3〔F〕の各静電容量に蓄えられている電荷をそれぞれ Q_1、Q_2 及び Q_3〔C〕、各静電容量の両端電圧をそれぞれ V_1、V_2 及び V_3〔V〕とする。

(1) C_2 と C_3 の合成容量 C_{23} は、　ア　〔F〕である。

(2) C_1 と C_{23} の合成容量 C_0 は、　イ　〔F〕である。

(3) V_2 と V_3 の間には、　ウ　〔V〕の関係がある。

(4) Q_1、Q_2 及び Q_3 の間には、　エ　〔C〕の関係がある。

(5) V_1、V_3 及び V の間には、　オ　〔V〕の関係がある。

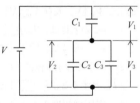

V：直流電圧〔V〕

1　C_2+C_3　　2　$\dfrac{C_1 C_3}{C_1+C_2}$　　3　$V_2=V_3$　　4　$Q_1=Q_2-Q_3$　　5　$V=V_1+V_3$

6　$2(C_2+C_3)$　　7　$\dfrac{C_1 C_{23}}{C_1+C_{23}}$　　8　$V_2=2V_3$　　9　$Q_1=Q_2+Q_3$　　10　$V=V_1-V_3$

答　A－19：3　　A－20：5

　　B－1：ア－1　イ－7　ウ－3　エ－9　オ－5

B-2 次の記述は、図に示す交流回路について述べたものである。◻️◻️◻️内に入れるべき字句を下の番号から選べ。

(1) L の両端電圧 $\dot{V}_L$ は、回路に流れる電流を $\dot{I}$ 〔A〕とすると、次式で表される。

$$\dot{V}_L = \dot{I} \times \boxed{\text{ア}} \quad \text{〔V〕} \quad \cdots ①$$

(2) 同様に、R の両端電圧 $\dot{V}_R$ は、次式で表される。

$$\dot{V}_R = \dot{I} \times \boxed{\text{イ}} \quad \text{〔V〕} \quad \cdots ②$$

(3) $|\dot{V}_L| = |\dot{V}_R|$ となる $\dot{V}$ の周波数 f は、式①及び式②より、次式で表される。

$$f = \boxed{\text{ウ}} \quad \text{〔Hz〕} \quad \cdots ③$$

(4) 式③の周波数では、$|\dot{V}_L| / |\dot{V}|$ は、

$$\frac{|\dot{V}_L|}{|\dot{V}|} = \boxed{\text{エ}} \quad \text{となる。}$$

(5) 式③の周波数では、$\dot{V}$ と $\dot{V}_L$ の位相差は、$\boxed{\text{オ}}$ 〔rad〕となる。

R:抵抗〔Ω〕
L:自己インダクタンス〔H〕
$\dot{V}$:交流電圧〔V〕
ω:角周波数〔rad/s〕

1	$j\omega L$	2	$\dfrac{1}{R}$	3	$\dfrac{R}{2\pi L}$	4	$\dfrac{1}{\sqrt{2}}$	5	$\dfrac{\pi}{2}$
6	$\dfrac{1}{j\omega L}$	7	R	8	$\dfrac{1}{2\pi RL}$	9	$\dfrac{1}{\sqrt{3}}$	10	$\dfrac{\pi}{4}$

B-3 次の記述は、図に示す h 定数によるトランジスタの簡易等価回路を用いたエミッタ接地増幅回路について述べたものである。◻️◻️◻️内に入れるべき字句を下の番号から選べ。ただし、入力電圧及び出力電圧を V_i 〔V〕及び V_o 〔V〕とする。

(1) h_{ie} の名称は、入力 $\boxed{\text{ア}}$ である。

(2) h_{ie} の単位は、$\boxed{\text{イ}}$ である。

(3) 図中の理想電流源①の値は、電流増幅率を h_{fe} とすると、$\boxed{\text{ウ}}$ 〔A〕である。

(4) 電圧増幅度の大きさ $|V_o / V_i|$ は、$\boxed{\text{エ}}$ である。

(5) V_{BE} と V_{CE} との位相は、$\boxed{\text{オ}}$ である。

◯ ：理想電流源

C：コレクタ　　R_L：負荷抵抗〔Ω〕
E：エミッタ　　V_{BE}：B-E 間電圧〔V〕
B：ベース　　　V_{CE}：C-E 間電圧〔V〕
　　　　　　　I_B：ベース電流〔A〕
　　　　　　　I_C：コレクタ電流〔A〕

1	コンダクタンス	2	〔Ω〕	3	$h_{fe} I_C$
4	$\dfrac{h_{fe} h_{ie}}{R_L}$	5	逆位相		
6	インピーダンス	7	〔S〕	8	$h_{fe} I_B$
9	$\dfrac{h_{fe} R_L}{h_{ie}}$	10	同位相		

答　B-2：ア-1　イ-7　ウ-3　エ-4　オ-10
　　　B-3：ア-6　イ-2　ウ-8　エ-9　オ-5

B-4 次の記述は、図に示す理想的な演算増幅器（A_{OP}）を用いた回路について述べたものである。□□内に入れるべき字句を下の番号から選べ。

(1) 抵抗 R_1〔Ω〕に流れる電流 I_1 は、次式で表される。

$$I_1 = \boxed{\text{ア}} \text{〔A〕} \quad \cdots ①$$

(2) 抵抗 R_2〔Ω〕に流れる電流 I_2 は、次式で表される。

$$I_2 = \boxed{\text{イ}} \text{〔A〕} \quad \cdots ②$$

(3) 抵抗 R_3〔Ω〕に流れる電流 I_3 は、I_1 と I_2 で表わせば、次式で表される。

$$I_3 = \boxed{\text{ウ}} \text{〔A〕} \quad \cdots ③$$

(4) 出力電圧 V_o は、次式で表される。

$$V_o = -I_3 \times \boxed{\text{エ}} \text{〔V〕} \quad \cdots ④$$

(5) 式④を整理すると、次式が得られる。

$$V_o = -(\boxed{\text{オ}}) \text{〔V〕}$$

V_1、V_2：入力電圧〔V〕

1 $\dfrac{V_1 R_3}{R_1} - \dfrac{V_2 R_3}{R_2}$　　2 R_3　　3 $I_1 + I_2$　　4 $\dfrac{V_2}{R_2}$　　5 $\dfrac{V_1}{R_1}$

6 $\dfrac{V_1 R_3}{R_1} + \dfrac{V_2 R_3}{R_2}$　　7 $\dfrac{V_2}{R_1 + R_3}$　　8 $I_1 - I_2$　　9 $\dfrac{R_1 R_2}{R_1 + R_2}$　　10 $\dfrac{V_1}{R_1 + R_3}$

B-5 次に掲げる測定方法のうち偏位法によるものを1、零位法によるものを2として解答せよ。

ア 可動鉄片形電圧計による交流電圧の測定

イ ホイートストンブリッジによる抵抗の測定

ウ 空心電流力計形電力計による交流電力の測定

エ 直流電位差計による起電力の測定

オ 回路計（アナログ式テスタ）による抵抗の測定

答　B-4：ア-5　イ-4　ウ-3　エ-2　オ-6

　　B-5：ア-1　イ-2　ウ-1　エ-2　オ-1

▶解答の指針

○A-1

一様な電界中を電荷 Q が点aから点bまで移動するときに必要な仕事量 W の大きさは、電荷量 Q 〔C〕と ab 間の電位差 V 〔V〕の積である。

設問図より V は、点aから点bへの移動ベクトルにおける電界 $E=200$ 〔V/m〕に沿った距離であることから、$V=200\times2\sqrt{3}\times\cos\dfrac{\pi}{6}=600$ 〔V/m〕となる。これより、W は次式で得られる。

$$W=Q\cdot V=4\times600=2,400 〔\mu J〕$$

○A-2

※令和4年7月期　問題A-2　「解答の指針」を参照。

○A-3

コイルに蓄えられる磁気エネルギー W 〔J〕は、コイルの自己インダクタンスを L 〔H〕、コイルに流す電流を I 〔A〕とすると $W=\dfrac{1}{2}LI^2$ で表される。したがって、題意のコイルに蓄えられているエネルギーは36〔J〕である。

そこで、選択肢の条件を使って同様にエネルギーを求めてみると、1は36〔J〕、2は48〔J〕、3は48〔J〕、4は162〔J〕、5は18〔J〕であることより、正解は選択肢1である。

○A-4

5　磁気ヒステリシスループの面積 S は、変圧器等で用いられた場合に熱エネルギーとなって消費される量に相当する。したがって、変圧器の鉄心には S が小さい材料がよい。

○A-5

※令和3年7月期　問題A-5　「解答の指針」を参照。

○A－6

v_a 及び v_b の周波数 f は、$2\pi f = 120\pi$ から $f = 60$ 〔Hz〕である。

v_a 及び v_b の実効値 V_a 及び V_b は、振幅/$\sqrt{2}$ から、おのおの 80 〔V〕及び 60 〔V〕である。

(1) v_c の周波数は $\underline{60}$ 〔Hz〕である。

(2) v_c の実効値 V_c は、下図のベクトル図から次のようになる。

$$V_c = \sqrt{V_a{}^2 + V_c{}^2} = \sqrt{80^2 + 60^2} = \underline{100} \text{〔V〕}$$

(3) ベクトル図から、位相差 θ は次式となる。

$$\theta = \tan^{-1}\left(\frac{60}{80}\right) = \tan^{-1}\left(\frac{3}{\underline{4}}\right) \text{〔rad〕}$$

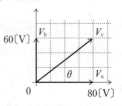

○A－7

※令和4年7月期 問題A－7 「解答の指針」を参照。

○A－8

R、X_C、X_L に流れる電流 I_R、I_C、I_L は、それぞれ次の値となる。

$$I_R = \frac{120}{10} = 12 \text{〔A〕}$$

$$I_C = \frac{120}{40} = 3 \text{〔A〕}$$

$$I_L = \frac{120}{10} = 12 \text{〔A〕}$$

これらより、この回路を流れる電流 I は次式となる。

$$I = \sqrt{I_R{}^2 + (I_C - I_L)^2} = \sqrt{12^2 + (3-12)^2} = 15 \text{〔A〕}$$

したがって、求める皮相電力 P_S は次式から得られる。

$$P_S = V \cdot I = 120 \times 15 = 1,800 \text{〔VA〕}$$

○A－10

※令和4年7月期 問題A－10 「解答の指針」を参照。

○A－11

※令和3年1月期 問題A－11 「解答の指針」を参照。

○A－13

※令和3年1月期 問題A－14 「解答の指針」を参照。

○A−14

ハートレー発振回路の発振角周波数は、$L_1 \cdot L_2$ 間の相互インダクタンスがない場合、以下の式で与えられる。

$$\omega = \sqrt{\frac{1}{C(L_1 + L_2)}}$$

これより、L_1 について変形すると、以下の値が得られる。

$$L_1 = \frac{1}{\omega^2 C} - L_2 = \frac{1}{10 \times 10^{10} \times 1 \times 10^{-9}} - 2 \times 10^{-3} = \frac{1}{10^2} - 2 \times 10^{-3}$$

$$= (10 - 2) \times 10^{-3} = 8 \ [\text{mH}]$$

○A−15

3　A 及び B の入力がともに「0」のとき、出力 Q 及び $\overline{Q}$ の状態は変化せず、前の状態が保持される。

○A−16

※令和4年7月期　問題A−16「解答の指針」を参照。

○A−17

1　永久磁石による磁界と可動コイルに流れる電流との間に生ずる**電磁力**が指針の駆動トルクとなる。

○A−18

※令和4年7月期　問題A−18「解答の指針」を参照。

○A−19

交流ブリッジの平衡状態では、次式が成り立つ。

$$\frac{j\omega L_X}{j\omega C_S} = R_1 R_2$$

$$\therefore \ \frac{L_X}{C_S} = R_1 R_2$$

上式に題意の数値を代入して、L_X は次のようになる。

$$L_X = C_S R_1 R_2 = 0.33 \times 10^{-6} \times 200 \times 500 = 0.033 = 33 \ [\text{mH}]$$

○B−1

※令和元年7月期　問題B−1「解答の指針」を参照。

無線工学の基礎

○B-2

(1) 自己インダクタンス L 〔H〕の両端の電圧 $\dot{V}_L$ は、回路に流れる電流 $\dot{I}$ 〔A〕を用いて次式で表される。

$$\dot{V}_L = \dot{I} \times \underline{j\omega L} \text{ 〔V〕} \qquad \cdots ①$$

(2) 抵抗 R 〔Ω〕の両端の電圧 $\dot{V}_R$ は次式で表される。

$$\dot{V}_R = \dot{I} \times \underline{R} \text{ 〔V〕} \qquad \cdots ②$$

(3) 式①及び②より、$|\dot{V}_L| = |\dot{V}_R|$ となる周波数 f は、$R = \omega L$ であるから、次式となる。

$$f = \frac{R}{2\pi L} \text{ 〔Hz〕} \qquad \cdots ③$$

(4) 式③の周波数では、$\dot{V}_L / \dot{V}$ は次のようになる。

$$\frac{\dot{V}_L}{\dot{V}} = \frac{j\omega L}{R + j\omega L} = \frac{j}{1+j} = \frac{1+j}{2}$$

したがって、下図のように、$|\dot{V}_L| / |\dot{V}| = \underline{1/\sqrt{2}}$ となる。

(5) 式③の周波数では、図のように、$\dot{V}$ と $\dot{V}_L$ の位相差は、$\underline{\pi/4}$ 〔rad〕である。

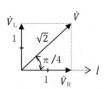

○B-3

(1) h_{ie} の名称は、入力インピーダンスである。

(2) h_{ie} の単位は、〔Ω〕である。

(3) 図中の電流源①の値は、電流増幅率を h_{fe} とすると、$\underline{h_{fe} I_B}$ 〔A〕である。

(4) 電圧増幅度の大きさ $|V_o/V_i|$ は、V_{CE} 及び V_{BE} と以下の関係がある。

$$\left| \frac{V_o}{V_i} \right| = \left| \frac{V_{CE}}{V_{BE}} \right| \qquad \cdots ①$$

V_{BE} 及び V_{CE} は次のようになる。

$$V_{BE} = I_B h_{ie} \qquad \cdots ②$$

$$V_{CE} = -I_C R_L = -I_B h_{fe} R_L \qquad \cdots ③$$

式②と③を式①に代入して、

$$\left| \frac{V_o}{V_i} \right| = \frac{h_{fe} R_L}{h_{ie}}$$

(5) V_{BE} と V_{CE} は異符号であるから逆位相である。

○B-4

※令和3年7月期　問題B-4　「解答の指針」を参照。

無 線 工 学 Ａ

試験概要

試験問題： 問題数／25問　　試験時間／2時間30分

採点基準： 満　点／125点　　合格点／75点

配点内訳　　A問題……20問／100点（1問5点）

　　　　　　B問題…… 5問／ 25点（1問5点）

A-1 図に示す位相同期ループ（PLL）を用いた周波数シンセサイザの原理的な構成例において、出力の周波数 f_0 の値として、正しいものを下の番号から選べ。ただし、水晶発振器の出力周波数 f_x の値を 10〔MHz〕、固定分周器1の分周比について N_1 の値を5、固定分周器2の分周比について N_2 の値を4、可変分周器の分周比について N_p の値を57とし、PLL は、位相比較（検波）器に加わる二つの入力の周波数及び位相が等しくなるように動作するものとする。

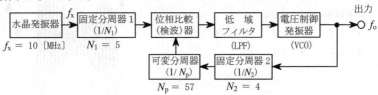

1 62〔MHz〕 2 76〔MHz〕 3 152〔MHz〕
4 304〔MHz〕 5 456〔MHz〕

A-2 次の記述は、直交振幅変調（QAM）等のデジタル信号の帯域制限に用いられるロールオフフィルタ等について述べたものである。□□□内に入れるべき字句の正しい組合せを下の番号から選べ。ただし、デジタル信号のシンボル（パルス）期間長を T〔s〕とし、ロールオフフィルタの帯域制限の傾斜の程度を示す係数（ロールオフ率）を α（$0 \leqq \alpha \leqq 1$）とする。

(1) 遮断周波数 $1/(2T)$〔Hz〕の理想低域フィルタ（LPF）にインパルスを加えたときの出力応答は、中央のピークを除いて □A□〔s〕ごとに零点が現れる波形となる。この間隔でパルス列を伝送すれば、受信パルスの中央でレベルの識別を行うような検出に対して、前後のパルスの影響を受けることなく符号間干渉を避けることができる。

(2) 理想 LPF の実現は困難であり、実際にデジタル信号の帯域制限に用いられるロールオフフィルタに、入力としてシンボル期間長 T〔s〕のデジタル信号を通すと、その出力信号（ベースバンド信号）の周波数帯域幅は、□B□〔Hz〕で表される。また、無線伝送では、ベースバンド信号で搬送波をデジタル変調（線形変調）するので、その周波数帯域幅は、□C□〔Hz〕で表される。

答 A-1：5

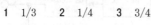

	A	B	C			A	B	C
1	$2T$	$\dfrac{1+\alpha}{2T}$	$\dfrac{1-\alpha}{2T}$	2	$2T$	$\dfrac{1-\alpha}{2T}$	$\dfrac{1+\alpha}{T}$
3	T	$\dfrac{1-\alpha}{2T}$	$\dfrac{1-\alpha}{T}$	4	T	$\dfrac{1+\alpha}{2T}$	$\dfrac{1-\alpha}{T}$
5	T	$\dfrac{1+\alpha}{2T}$	$\dfrac{1+\alpha}{T}$					

A-3　図は、単一正弦波で変調した AM（A3E）変調波をオシロスコープで観測した波形の概略図である。振幅の最小値 B〔V〕と最大値 A〔V〕との比（B/A）の値として、正しいものを下の番号から選べ。ただし、変調度は 40〔%〕とする。

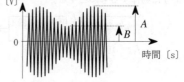

1　1/3　　2　1/4　　3　3/4

4　2/7　　5　3/7

A-4　図に示す電力増幅器の総合的な電力効率を表す式として、正しいものを下の番号から選べ。ただし、終段部の出力電力を P_O〔W〕、終段部の直流入力電力を P_{DCf}〔W〕、励振部の直流入力電力を P_{DCe}〔W〕とする。

1　$\{P_O/(P_{DCf}+P_{DCe})\}\times 100$〔%〕

2　$\{P_O/(P_{DCf}-P_{DCe})\}\times 100$〔%〕

3　$\{(P_O+P_{DCe})/P_{DCf}\}\times 100$〔%〕

4　$\{(P_O-P_{DCe})/P_{DCf}\}\times 100$〔%〕

5　$(P_O/P_{DCf})\times 100$〔%〕

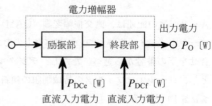

A-5　次の記述は、図に示すデジタル通信に用いられる4相位相変調（QPSK）復調器の原理的構成例について述べたものである。　内に入れるべき字句の正しい組合せを下の番号から選べ。

(1)　位相検波器1及び2は、「QPSK 信号」と「基準搬送波」及び「QPSK 信号」と「基準搬送波と位相が $\pi/2$ 異なる信号」をそれぞれ　A　し、両者の　B　を出力させるものである。

(2)　クロック発生回路は、位相検波器1及び2から出力された信号の　C　に同期したクロック信号を出力し、識別器が正確なタイミングで識別できるようにするものである。

答　A-2：5　　A-3：5　　A-4：1

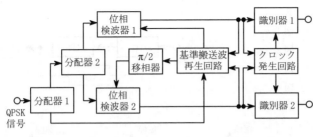

	A	B	C
1	掛け算	振幅差	パルス繰り返し周期
2	掛け算	振幅差	振幅レベル
3	掛け算	位相差	パルス繰り返し周期
4	足し算	位相差	パルス繰り返し周期
5	足し算	振幅差	振幅レベル

A－6　振幅変調波を二乗検波し、低域フィルタ（LPF）を通したときの出力電流 i_a の高調波ひずみ率の値として、正しいものを下の番号から選べ。ただし、i_a〔A〕は次式で表されるものとし、a を比例定数、搬送波の振幅を E〔V〕、変調信号の角周波数を p〔rad/s〕とする。また、変調度 $m \times 100$〔％〕の値を40〔％〕とする。

$$i_a = \frac{aE^2}{2}\left(1 + \frac{m^2}{2} + 2m\sin pt - \frac{m^2}{2}\cos 2pt\right)$$

1　25〔％〕　　2　20〔％〕　　3　15〔％〕　　4　10〔％〕　　5　5〔％〕

A－7　次の記述は、図に示すFM（F3E）受信機に用いられる位相同期ループ（PLL）復調器の原理的な構成例について述べたものである。　内に入れるべき字句の正しい組合せを下の番号から選べ。

(1)　PLL復調器は、位相検出（比較）器（PC）、低域フィルタ（LPF）、低周波増幅器（AF Amp）及び電圧制御発振器（VCO）で構成される。

(2)　この復調器に入力された単一正弦波で変調されている　A　のような周波数変調波の搬送波周波数とVCOの自走周波数が同一のとき、この復調器は、　B　のような波形を出力する。

答　A－5：3　　A－6：4

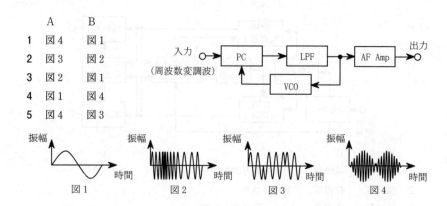

	A	B
1	図4	図1
2	図3	図2
3	図2	図1
4	図1	図4
5	図4	図3

図1　図2　図3　図4

A－8　次の記述は、放送受信用などの一般的なスーパヘテロダイン受信機について述べたものである。◻︎◻︎内に入れるべき字句の正しい組合せを下の番号から選べ。

(1) 総合利得及び初段（高周波増幅器）の利得が十分に ◻A◻ とき、受信機の感度は、初段の雑音指数でほぼ決まる。

(2) 単一同調を使用した中間周波増幅器で、通過帯域幅を決定する同調回路の帯域幅は、尖鋭度 Q が大きいほど、また、同調周波数が低いほど ◻B◻ なる。

(3) 自動利得調整（AGC）回路は、受信電波の ◻C◻ の変化による出力信号への影響を軽減するために用いる。

	A	B	C		A	B	C
1	大きい	広く	強度	2	大きい	狭く	強度
3	大きい	狭く	位相	4	小さい	広く	強度
5	小さい	狭く	位相				

A－9　次の記述は、FM受信機の感度抑圧効果について述べたものである。このうち誤っているものを下の番号から選べ。

1　感度抑圧効果は、希望波信号に近接した強いレベルの妨害波が加わると、受信機の感度が抑圧される現象である。

2　妨害波の許容限界入力レベルは、希望波信号の入力レベルが一定の場合、希望波信号と妨害波信号との周波数差が大きいほど低くなる。

3　感度抑圧効果による妨害の程度は、妨害波が希望波の近傍にあって変調されているときは無変調の場合よりも大きくなることがある。

答　A－7 : 3　　A－8 : 2

4　感度抑圧効果は、受信機の高周波増幅部あるいは周波数変換部の回路が、妨害波によって飽和状態になるために生ずる。

5　感度抑圧効果を軽減するには、高周波増幅部の利得を規定の信号対雑音比（S/N）が得られる範囲で低くする方法がある。

A-10　図に示す直列制御形定電圧回路において、制御用トランジスタ Tr_1 のコレクタ損失の最大値として、正しいものを下の番号から選べ。ただし、入力電圧 V_i は15〜18〔V〕、出力電圧 V_O は10〜12〔V〕、負荷電流 I_L は0〜1〔A〕とする。また、Tr_1 と負荷以外で消費される電力は無視するものとする。

1　2〔W〕
2　4〔W〕
3　6〔W〕
4　8〔W〕
5　10〔W〕

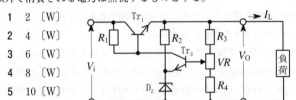

D_z：ツェナーダイオード
Tr_2：トランジスタ
R_1〜R_4：抵抗
VR：可変抵抗

A-11　次の記述は、鉛蓄電池の充電について述べたものである。このうち誤っているものを下の番号から選べ。

1　定電流充電は、常に一定の電流で充電する。

2　定電圧充電は、電池にかける電圧を充電終止電圧に設定し、これを一定に保って充電する。

3　定電圧充電では、充電する電流の大きさは、充電の終期に近づくほど大きくなる。

4　一般によく用いられる定電流・定電圧充電は、充電の初期及び中期には定電流で充電し、終期には定電圧で充電する。

5　電池の電極の負担を軽くするには、充電の初期に大きな電流が流れ過ぎないようにする。

A-12　次の記述は、VOR（超短波全方向式無線標識）について述べたものである。□□□内に入れるべき字句の正しい組合せを下の番号から選べ。

(1)　VOR は、水平偏波の 108〜118〔MHz〕の電波を用いた超短波全方向式無線標識であり、航空機は、VOR からみた自機の □A□ を知ることができる。

(2)　全方位にわたって位相が一定の 30〔Hz〕の基準位相信号を含んだ電波と、方位により位相が変化する □B□ 〔Hz〕の可変位相信号を含んだ電波を同時に発射してい

答　A-9：2　　A-10：4　　A-11：3

(3) VOR は、ドプラ VOR（DVOR）と標準 VOR（CVOR）に分類され、DVOR は、基準位相信号を C で発射し、可変位相信号はドプラ偏移を利用した等価的な周波数変調波で発射している。

	A	B	C		A	B	C
1	磁方位	30	振幅変調波	2	磁方位	30	位相変調波
3	磁方位	60	位相変調波	4	位置	30	位相変調波
5	位置	60	振幅変調波				

A－13 次の記述は、GPS（全世界測位システム）について述べたものである。 内に入れるべき字句の正しい組合せを下の番号から選べ。

(1) GPS は、常時 4 個以上の衛星を観測できて 3 次元測位が可能となるようにしたものである。受信したそれぞれの電波は、GPS 衛星に搭載されている A 時計により共通の基準が与えられており、時間差や位相などを比較して受信点の位置、移動方向、速度などを計測することができる。

(2) GPS 衛星からは、 B 〔GHz〕帯などの電波が送信されている。各衛星では、個々の衛星を識別するため及び C 変調を行うため、各衛星ごとに異なる擬似雑音（PN）コードが割り当てられ、この PN コードと航法メッセージデータとで搬送波を位相変調（PSK）して送信する。

	A	B	C		A	B	C
1	水晶	1.5	OFDM	2	水晶	1.5	スペクトル拡散
3	水晶	2.5	OFDM	4	原子	1.5	スペクトル拡散
5	原子	2.5	スペクトル拡散				

A－14 次の記述は、衛星通信に用いられる多元接続方式について述べたものである。 内に入れるべき字句の正しい組合せを下の番号から選べ。

(1) FDMA 方式は、複数の搬送波をその周波数帯域が互いに重ならないように周波数軸上に配置する方式である。FDMA 方式において、個々の通信路がそれぞれ単一の回線で構成されるとき、これを A という。

(2) TDMA 方式は、時間を分割して各地球局に割り当てる方式である。TDMA 方式は、隣接する通信路間の衝突が生じないように B を設ける。

(3) CDMA 方式は、多数の地球局が中継器の同一の周波数帯域を C に共用し、そ

れぞれ独立に通信を行う。

	A	B	C		A	B	C
1	MCPC	ガードバンド	交互	2	MCPC	ガードバンド	同時
3	MCPC	ガードタイム	交互	4	SCPC	ガードタイム	同時
5	SCPC	ガードバンド	交互				

A-15　次の記述は、雑音について述べたものである。このうち誤っているものを下の番号から選べ。

1　トランジスタから発生するフリッカ雑音は、周波数が1オクターブ上がるごとに電力密度が3〔dB〕減少する。

2　トランジスタから発生する分配雑音は、フリッカ雑音より低い周波数領域で発生する。

3　抵抗体から発生する雑音には、熱じょう乱により発生する熱雑音及び抵抗体に流れる電流により発生する電流雑音がある。

4　増幅回路の内部で発生する内部雑音には、熱雑音及び散弾（ショット）雑音などがある。

5　外部雑音には、コロナ雑音及び空電雑音などがある。

A-16　次の記述は、図に示す構成例を用いた FM（F3E）送信機の信号対雑音比（S/N）の測定法について述べたものである。◯◯◯内に入れるべき字句の正しい組合せを下の番号から選べ。なお、同じ記号の◯◯◯内には、同じ字句が入るものとする。

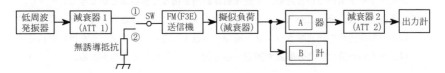

(1)　スイッチ SW を②側に接続して送信機の入力端子を無誘導抵抗に接続し、送信機から無変調波を出力する。次に、出力計の指示値が読み取れる値 V〔V〕となるように◯A◯器の出力側に接続された減衰器2（ATT 2）を調整する。このときの ATT 2 の読みを D_1〔dB〕とする。

(2)　次に、SW を①側に接続し、低周波発振器から規定の変調信号（例えば1〔kHz〕）を減衰器1（ATT 1）を通して送信機に加え、◯B◯が規定値になるように ATT 1

を調整する。

(3) また、ATT 2 を調整し、(1)と同じ出力計の指示値 V 〔V〕となるようにする。このときの ATT 2 の読みを D_2〔dB〕とすれば、求める信号対雑音比 (S/N) は、 　C　 〔dB〕である。

	A	B	C
1	包絡線検波	周波数偏移	D_2-D_1
2	包絡線検波	周波数	D_2+D_1
3	FM 直線検波	周波数偏移	D_2+D_1
4	FM 直線検波	周波数	D_2+D_1
5	FM 直線検波	周波数偏移	D_2-D_1

A−17　次の記述は、デジタル・ストレージ型スペクトルアナライザによる周波数測定について述べたものである。このうち誤っているものを下の番号から選べ。

1　多数の信号のスペクトルが近接し混在していても、雑音も含め、隣接した妨害波の影響がない測定条件のもとで希望する信号のスペクトルの周波数測定ができる。

2　トリガモードによる掃引機能を用いて、発生頻度の低い信号のスペクトルの周波数測定ができる。

3　希望する信号のスペクトルよりも振幅が大きいスペクトルがある場合、又は複数スペクトルの周波数を測定する場合は、ネクストピーク等のマーカサーチ機能を用いて効率的に測定することができる。

4　基準発振器又は外部基準周波数信号の周波数が不正確であっても、局部発振器にシンセサイザを用いているため、十分な周波数測定精度を得ることができる。

5　機能的には、分析したスペクトル周波数をマーカで読み取る方式及び局部発振周波数と中間周波数を周波数カウンタと同様に計数することによりマーカを置いた信号スペクトルの周波数を高分解能で測定する方式を併設しているものがある。

A−18　最高周波数が 4〔kHz〕の音声信号を、伝送速度が 64〔kbps〕のパルス符号変調 (PCM) 方式で伝送するとき、許容される符号化ビット数の最大値として、正しいものを下の番号から選べ。ただし、標本化は、標本化定理に基づいて行い、同期符号等は無く音声信号のみを伝送するものとする。

1　8〔bit〕　　2　16〔bit〕　　3　32〔bit〕　　4　64〔bit〕　　5　128〔bit〕

答　　A−16：5　　　A−17：4　　　A−18：1

A-19 図に示す受信機の二信号選択度特性の測定に用いる整合回路の抵抗 R_2 〔Ω〕の値として、正しいものを下の番号から選べ。ただし、整合回路の抵抗 R_1 を 10 〔Ω〕とし、標準信号発生器 1 及び標準信号発生器 2 の内部抵抗 R_S はともに 50 〔Ω〕、供試受信機の入力インピーダンス R_{in} は 75 〔Ω〕とする。また、整合の条件として、標準信号発生器 1 及び標準信号発生器 2 から整合回路側を見たインピーダンスは、それぞれの内部抵抗 R_S 〔Ω〕に等しく、供試受信機から整合回路側を見たインピーダンスは、R_{in} 〔Ω〕に等しいものとする。

1　50 〔Ω〕

2　45 〔Ω〕

3　35 〔Ω〕

4　25 〔Ω〕

5　10 〔Ω〕

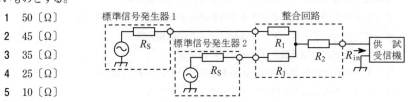

A-20 次の記述は、サンプリングオシロスコープにおけるサンプリングの手法の一例についてその原理を述べたものである。　□□□内に入れるべき字句の正しい組合せを下の番号から選べ。

(1) 図の(a)に示す入力信号を、その周期より　A　周期を持つ(b)のサンプリングパルスでサンプリングすると、観測信号として、(c)に示す入力信号の周期を長くしたような波形が得られる。

(2) 入力信号の繰り返し周波数が f_i 〔Hz〕、サンプリングパルスの繰り返し周波数が f_s 〔Hz〕のとき、観測信号の周波数 f は、　B　〔Hz〕で表されるので、直接観測することが難しい高い周波数の信号を、低い周波数の信号に変換して観測することができる。

(3) このサンプリングによる低い周波数への変換は、周期性のない信号　C　。

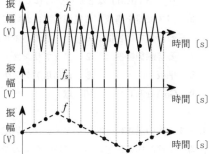

(a) 入力信号

(b) サンプリングパルス

(c) 観測信号

	A	B	C		A	B	C
1	長い	f_i-f_s	には適用できない	2	長い	f_s/f_i	には適用できない
3	長い	f_i-f_s	にも適用できる	4	短い	f_s/f_i	にも適用できる
5	短い	f_i-f_s	には適用できない				

B-1 次に示す測定項目のうち、2つの測定量が共にベクトルネットワーク・アナライザで測定できるものを1、できないものを2として解答せよ。

ア アンテナのインピーダンス及び方形波の衝撃係数（デューティ比）

イ アンテナのインピーダンス及びフィルタの位相特性

ウ 単一正弦波の周波数及びケーブルの電気長

エ ケーブルの電気長及び方形波の衝撃係数（デューティ比）

オ ケーブルの電気長及びアンテナのインピーダンス

B-2 次の記述は、通信衛星（静止衛星）について述べたものである。 内に入れるべき字句を下の番号から選べ。

(1) 通信衛星は、通信を行うための機器（ミッション機器）及びこれをサポートする共通機器（バス機器）から構成される。ミッション機器は、 ア 及び中継器（トランスポンダ）などである。

(2) トランスポンダは、地球局から通信衛星向けのアップリンクの周波数を通信衛星から地球局向けのダウンリンクの周波数に変換するとともに、 イ で減衰した信号を必要なレベルに増幅して送信する。また、トランスポンダを構成する受信機は、地球局からの微弱な信号の増幅を行うので、その初段には低雑音増幅器が必要であり、 ウ やHEMTなどが用いられている。

(3) バス機器を構成する電源機器において、主電力を供給する エ のセルは、一般に、三軸衛星では展開式の オ 状のパネルに実装される。

1	姿勢制御機器	2	アップリンク	3	マグネトロン	4	鉛蓄電池
5	平板	6	通信用アンテナ	7	ダウンリンク	8	太陽電池
9	GaAsFET	10	球				

B-3 次の記述は、図に示すデジタル無線通信に用いられるトランスバーサル形自動等化器の原理的構成例等について述べたものである。 内に入れるべき字句を下の番号

から選べ。

(1) 周波数選択性フェージングなどによる伝送特性の劣化は、波形ひずみとなって現れるため、　ア　が大きくなる原因となる。トランスバーサル形自動等化器は、波形を補償する　イ　の一つである。

(2) 図に示すように、トランスバーサル形自動等化器は、　ウ　ずつパルス列を遅らせ、それぞれのパルスに重み係数（タップ係数）を乗じ、重み付けをして合成することにより、理論的に周波数選択性フェージングなどより生じた符号間干渉を打ち消すことができる。

(3) 重み付けの方法は、図に示すように合成器の出力を識別器に入れ、識別時点における必要とする信号レベルとの誤差を検出し、この誤差が前後のどのパルスから生じたのかを、ビットと乗算して　エ　を検出し判定する。これにより、符号間干渉を与えているパルスに対するタップ係数を制御して誤差を打ち消す。

(4) QAMなど直交した搬送波間の干渉に対処するには、図に示す構成例による回路等を　オ　して構成する。

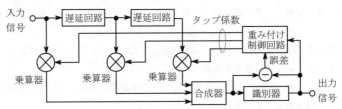

1　信号対干渉雑音比（S/I）	2　周波数領域自動等化器	
3　1/2ビット	4　相関成分	5　2次元化	6　符号誤り率
7　時間領域自動等化器	8　1ビット	9　直交成分	10　3次元化

B－4　次の記述は、送信機の「スプリアス発射の強度」の測定にスペクトルアナライザを用いた場合、そのスペクトルアナライザ内部で発生する高調波ひずみ等が測定に与える影響について述べたものである。　　　内に入れるべき字句を下の番号から選べ。

(1) 測定対象となるスプリアス発射が送信機の搬送波（基本波）の高調波である場合、スペクトルアナライザの内部で高調波ひずみにより基本波の高調波が発生すると、両方の高調波が同一周波数のため完全に重なり、それらの　ア　関係によって合成振幅は増加するか又は減少するかわからない。その結果、測定に影響を与えることになる。

(2) 図は、一例として、あるスペクトルアナライザの仕様項目から、入力した二つの信

答　B－3：ア－6　イ－7　ウ－8　エ－4　オ－5

無線工学A

号（送信機の搬送波と高調波）のレベル差をスペクトルアナライザの内部で発生する高調波ひずみや雑音の影響がなく、規定された確度で測定を行うことができる範囲を示したものであり、ミキサ入力レベルに対するダイナミックレンジを読み取ることができる。

(3) この図から、　イ　ダイナミックレンジとなるミキサ入力レベルは、−30〔dBm〕付近であり、この値から雑音レベル（RBW：100〔kHz〕）までは、約　ウ　〔dB〕のレベル差がある。それを頂点としてミキサ入力レベルが低い領域では　エ　に、ミキサ入力レベルが高い領域では、　オ　によって測定の範囲が制限を受けることがわかる。

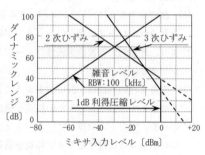

ミキサ入力レベル〔dBm〕

1	位相	2	最大の	3	70	4	側波帯雑音	5	残留応答
6	振幅	7	最小の	8	90	9	内部雑音	10	高調波ひずみ

B − 5　次の記述は、SSB（J3E）通信方式について述べたものである。　　　内に入れるべき字句を下の番号から選べ。

(1) SSB（J3E）通信方式は、　ア　の側波帯のみを伝送して、変調信号を受信側で再現させる方式である。

(2) SSB（J3E）波の占有周波数帯幅は、変調信号が同じとき、AM（A3E）波のほぼ　イ　。

(3) SSB（J3E）波は、変調信号の　ウ　放射される。

(4) SSB（J3E）波は、AM（A3E）波に比べて選択性フェージングの影響を　エ　。

(5) SSB（J3E）波は、搬送波が　オ　されているため、他の SSB 波の混信時にビート妨害を生じない。

1	AM（A3E）波の一つ		2	AM（A3E）波の二つ
3	無いときでも	4	受け易い	5	抑圧	6	1/2である
7	1/4である	8	有るときだけ	9	受け難い	10	低減

答　B − 4：ア − 1　イ − 2　ウ − 3　エ − 9　オ − 10
　　B − 5：ア − 1　イ − 6　ウ − 8　エ − 9　オ − 5

▶解答の指針

○A−1

位相比較器への2入力の周波数が等しいことから、分周比を考慮して次式が成り立つ。

$$\frac{f_o}{N_2\,N_p} = \frac{f_x}{N_1}$$

上式に題意の数値を代入して、f_o は次のようになる。

$$f_o = f_x \times \frac{N_2\,N_p}{N_1} = 10\times10^6 \times \frac{4\times57}{5} = 456\times10^6 = 456 \; 〔\mathrm{MHz}〕$$

○A−2

(1)　遮断周波数 $1/(2T)$ 〔Hz〕の理想低域フィルタのインパルス応答は、中央を除いて T 〔s〕ごとに0点が現れる波形であるから、この周期でパルス列を伝送すれば、符号間干渉を避けられるがこのフィルタの実現は難しい。

(2)　実現可能なベースバンド信号の帯域制限フィルタとして、ロールオフ率を α とした帯域幅 $(1+\alpha)/(2T)$ 〔Hz〕をもつロールオフフィルタが用いられる。また、無線伝送では、ベースバンド信号で搬送波をデジタル変調するので、周波数帯域幅は、その2倍である $(1+\alpha)/T$ 〔Hz〕となる。

○A−3

AM波の電圧 e は、搬送波の振幅を E 〔V〕、角周波数を ω 〔rad/s〕及び信号の角周波数 p 〔rad/s〕と変調度 $m\times100$ 〔%〕を用いて、次式で表される。

$$e = E(1+m\cos pt)\cos\omega t \; 〔\mathrm{V}〕$$

m は、設問図の B と A との比 $R=B/A$ と次のような関係がある。

$$m = \frac{A-B}{A+B} = \frac{1-B/A}{1+B/A} = \frac{1-R}{1+R} = 0.4$$

上式を解いて、$R=3/7$ を得る。

○A−4

電力増幅器の総合的な電力効率は、励振部と終段部に供給される直流電力がいかに効率よく交流の出力電力に変換されるかの指標であるから、正答肢は1である。

○A−6

与式の出力電流 i_a の右辺括弧内の第3及び第4項は、おのおの変調信号成分及びその第2高調波成分であり、高調波ひずみ率 k は、第2高調波成分と変調信号成分との比であるから、題意の数値を用いて次のようになる。

$$k = \frac{m^2/2}{2m}\times100 = \frac{m}{4}\times100 = \frac{0.4}{4}\times100 = 10 \; 〔\%〕$$

○A－7

　位相比較器（PC）には、入力波と電圧制御発振器（VCO）の出力が加えられ、その出力にはそれらの周波数差に対応した電圧が発生する。その出力は低域フィルタ（LPF）を通って VCO の低周波制御電圧となる。VCO の周波数は入力波の周波数に追従して変化するので、制御電圧が検波された信号波そのものである。入力は単一の正弦波で周波数変調されているので<u>図2</u>であり、低周波増幅器（AF amp）の出力は低周波の正弦波形である<u>図1</u>である。

○A－8

⑴　総合利得及び初段の利得が十分<u>大きい</u>とき、受信機の感度は初段の雑音指数でほぼ決まる。

⑵　単一同調を使用した高周波増幅器で、通過帯域を決定する同調回路の帯域幅 B は、尖鋭度 Q が大きいほど、また、同調周波数 f_0〔Hz〕が低いほど<u>狭く</u>なる。ちなみに、同調回路の電流が、共振時の電流値の $1/\sqrt{2}$ になった時の周波数の幅で B を定義すれば、$B = f_0/Q$〔Hz〕の関係がある。

⑶　AGC 回路は、到来電波の<u>強度</u>変動による出力変動への影響を自動的に軽減する回路であり、検波電圧が搬送波の振幅に比例することを利用して増幅器の利得を調整する。

○A－9

2　妨害波の許容限界入力レベルは、希望波信号の入力レベルが一定の場合、希望波信号と妨害波信号との周波数差が大きいほど<u>高く</u>なる。

○A－10

　Tr_1 のコレクター－エミッタ間電圧は、入力電圧 V_i が最大値 V_{imax}〔V〕で、出力電圧 V_o が最小値 V_{omin}〔V〕のときに最大となる。また、Tr_1 のコレクタ損失の最大値 P_{Cmax} は、負荷電流 I_L が最大値 I_{Cmax}〔A〕をとるときであるから、題意の数値を用いて次のようになる。

$$P_{Cmax} = (V_{imax} - V_{omin}) \times I_{Cmax} = (18-10) \times 1 = 8 〔W〕$$

○A－11

3　定電圧充電では、充電する電流の大きさは、充電の終期に近づくほど<u>小さく</u>なる。

○A-12

(1)　VORは、水平偏波の108〜118〔MHz〕帯の電波を用いた航行援助施設であり、送信される基準位相信号と可変位相信号の2種類の信号を航空機で受信させることによりVOR局からの<u>磁方位</u>についての飛行コース情報を与える。

(2)　全方位にわたって位相が一定の30〔Hz〕の基準位相信号を含む電波と、方位によって位相が変化する<u>30</u>〔Hz〕の可変位相信号を含む電波を同時に発射しており、それら信号の位相差から、方位情報を得る。

(3)　ドップラーVOR（DVOR）は、基準位相信号を<u>振幅変調波</u>として、また、可変位相信号をドップラー偏移利用の等価的な周波数変調波として発射する。ちなみに、標準VOR（CVOR）は、基準位相信号を周波数変調波として、また、可変位相信号を振幅変調波として発射し、その放射パターンの回転方向はDVORと逆である。

○A-15

2　トランジスタから発生する分配雑音は、フリッカ雑音より**高い**周波数領域で発生する。

○A-17

4　十分な周波数測定精度を得るためには、局部発振器がシンセサイザであり、基準発振器または外部基準周波数信号の周波数が正確であることが必要である。

○A-18

最高周波数 f_m の音声信号をPCM伝送する場合、標本化定理により $2f_m$ の周波数で標本化すればよいので、許容される符号化ビット数の最大値 N と $2f_m$ の積は伝送速度に等しい。したがって、題意の数値から $N = 64/(2\times4) = 8$ 〔bit〕である。

○A-19

整合回路の出力から標準信号発生器側を見たインピーダンスは、抵抗 (R_1+R_s) の合成並列抵抗に R_2 を直列接続した合成抵抗であるから、整合条件から次式が成り立つ。

$$R_{in} = R_2 + \frac{R_1+R_s}{2}$$

上式より題意の数値を用いて、R_2 は次のようになる。

$$R_2 = 75 - \frac{10+50}{2} = 45 \ 〔\Omega〕$$

○A－20

サンプリングオシロスコープは、高速の繰返し波形を一定の周期でサンプリングして一つの波形に合成、表示するオシロスコープである。入力信号の周波数を f_i〔Hz〕、サンプリングパルスの繰返し周波数を f_s〔Hz〕とすれば、合成（観測）信号の周波数 f は、f_i-f_s〔Hz〕であり、サンプリング周期 $1/f_s$〔s〕は、入力信号の周期、$1/f_i$〔s〕より長い。この周波数変換は周期性のない信号には適用できない。

○B－1

ベクトルネットワーク・アナライザは、被測定回路への入射波と反射波に比例した電圧から S パラメータを測定する機器であって、そのデータから内蔵計算機によりインピーダンス、アドミッタンスや定在波比などを算出する。しかし、設問の測定項目のうち、方形波の衝撃係数と単一正弦波の周波数の測定はできない。測定可能な測定項目は、ケーブルの電気長、フィルタの位相特性及びアンテナのインピーダンスであるから、2つの測定量を共に測定できるのはイ及びオである。

○B－2

(1) ミッション機器は、衛星の主要な役割を果たす通信系であり、通信用アンテナ及び中継器（トランスポンダ）が含まれる。

(2) トランスポンダには、アップリンク周波数をダウンリンク周波数に変換するとともにアップリンクで著しく減衰した電波を増幅する役割があるので、その初段には GaAs（ガリウムヒ素）FET や HEMT など低雑音素子などが用いられる。

(3) 電源機器の主電力を供給する太陽電池のセルは、三軸衛星では電力効率がよい展開式の平板状パネルが用いられる。

○B－4

スペクトルアナライザによる送信機のスプリアス測定では、基本波の高調波が主な対象であり、スペアナの内部でひずみによる高調波が生じると周波数の一致によりそれらの位相関係により合成振幅が変化するので、測定に影響を与える。与図は、特定の周波数におけるスペアナの初段でのミキサ入力に対するスプリアス測定可能な直線範囲の例であり、最大のダイナミックレンジとなるミキサ入力レベルは、2次ひずみと雑音レベルの交点である －30〔dBm〕付近のミキサ入力レベルであり、雑音レベル（RBW：100〔kHz〕）までは、そのダイミックレンジである約70〔dB〕のレベル差がある。これを最大として入力レベルが低い領域では内部雑音に、高い領域では高調波ひずみによって測定範囲が制限されることになる。

A－1　次の記述は、デジタル通信の変調方式である PSK 及び QAM の一般的な特徴等について述べたものである。　　内に入れるべき字句の正しい組合せを下の番号から選べ。ただし、信号空間ダイアグラムとは、信号点配置図である。

(1)　QPSK 波の信号空間ダイアグラムでは、4 個の信号点配置となる。変調信号に対して搬送波の位相が　A　〔rad〕の間隔で割り当てられ、シンボル当たり 2 ビットの情報を送ることができる。

(2)　64QAM 波の信号空間ダイアグラムでは、64 個の信号点配置となる。よって、シンボル当たり　B　ビットの情報を送ることができる。

(3)　PSK は、搬送波の位相に、QAM は、搬送波の位相だけでなく振幅にも情報を乗せる変調方式である。両変調方式共に、多値化するに従って、隣り合う信号点間距離が　C　なるので原理的に伝送路等におけるノイズやひずみによるシンボル誤りが起こりやすくなる。

	A	B	C		A	B	C
1	$\pi/2$	4	狭く	2	$\pi/2$	4	広く
3	$\pi/2$	6	狭く	4	$\pi/4$	6	広く
5	$\pi/4$	4	狭く				

A－2　次の記述は、直交振幅変調（QAM）方式について述べたものである。　　内に入れるべき字句の正しい組合せを下の番号から選べ。

(1)　送信側では、互いに直交する位相関係にある二つの搬送波を、複数の振幅レベルを持つデジタル信号 $\psi_\mathrm{I}(t)$〔V〕及び $\psi_\mathrm{Q}(t)$〔V〕でそれぞれ振幅変調し、その出力を加算して送出する。このときの直交振幅変調波 $e(t)$ は、次式で表される。

　　ただし、ω_c〔rad/s〕は、搬送波の角周波数を示す。

$$e(t) = \psi_\mathrm{I}(t)\cos\omega_\mathrm{c}t + \boxed{\text{A}}\;\text{〔V〕}$$

(2)　受信側では、互いに直交する位相関係にある二つの復調搬送波を用いてデジタル信号を復調する。

　　復調搬送波 $e_\mathrm{L}(t)$ が $e_\mathrm{L}(t) = \cos(\omega_\mathrm{c}t - \varphi)$〔V〕のとき、同期検波を行って低域フィルタ（LPF）を通すと、$\varphi = \pi/2$〔rad〕で、　B　が復調され、$\varphi = 0$〔rad〕で、　C　が復調される。

	A	B	C
1	$\psi_Q(t)\cos\omega_c t$	$\psi_I(t)$	$\psi_Q(t)$
2	$\psi_Q(t)\cos\omega_c t$	$\psi_Q(t)$	$\psi_I(t)$
3	$\psi_Q(t)\tan\omega_c t$	$\psi_I(t)$	$\psi_Q(t)$
4	$\psi_Q(t)\sin\omega_c t$	$\psi_I(t)$	$\psi_Q(t)$
5	$\psi_Q(t)\sin\omega_c t$	$\psi_Q(t)$	$\psi_I(t)$

A-3　次の記述は、我が国の中波放送における同期放送（精密同一周波放送）方式について述べたものである。このうち誤っているものを下の番号から選べ。

1　同期放送では、相互に同期放送の関係にある基幹放送局の地表波対地表波の混信を考慮する必要がある。

2　同期放送の混信保護比を満足しない場所において、相互に同期放送の関係にある基幹放送局の被変調波に位相差があると、合成された被変調波の波形が歪んだり、受信機の検波器の特性による歪を発生し易くなり、サービス低下の原因となる。

3　相互に同期放送の関係にある基幹放送局の電波が受信できる地点の合成電界によるフェージングの繰り返しは、受信機の自動利得調整（AGC）機能や受信機のバーアンテナ等の指向性によって所定の混信保護比を満たすことにより、その改善が期待できる。

4　同期放送の要件として、相互に同期放送の関係にある基幹放送局は、同時に同一の番組を放送するものであって、相互に同期放送の関係にある基幹放送局の搬送周波数の差（Δf）が1〔kHz〕を超えて変わらないものであること。

5　同期放送を行うことによりカーラジオ等の移動体に対するサービス改善が図れる。

A-4　次の記述は、BPSK等のデジタル変調方式におけるシンボルレートとビットレート（データ伝送速度）との原理的な関係について述べたものである。　　内に入れるべき字句の正しい組合せを下の番号から選べ。ただし、シンボルレートは、1秒当たりの変調回数（単位は〔sps〕）を表す。

(1)　BPSK（2PSK）では、シンボルレートが5〔Msps〕のとき、ビットレートは、　A　〔Mbps〕である。

(2)　8PSKでは、シンボルレートが5〔Msps〕のとき、ビットレートは、　B　〔Mbps〕である。

(3)　256QAMでは、ビットレートが48〔Mbps〕のとき、シンボルレートは、　C

答　A-2：5　　A-3：4

〔Msps〕である。

	A	B	C
1	10	20	6
2	10	20	2
3	5	20	8
4	5	15	8
5	5	15	6

A－5　図に示す送信設備の終段部の構成において、1〔W〕の入力電力を加えて、電力増幅器及びアンテナ整合器を通した出力を50〔W〕とするとき、電力増幅器の利得として、正しいものを下の番号から選べ。ただし、アンテナ整合器の挿入損失を1〔dB〕とし、$\log_{10}2 = 0.3$とする。

1　12〔dB〕
2　14〔dB〕
3　16〔dB〕
4　18〔dB〕
5　20〔dB〕

入力 1〔W〕 → 電力増幅器 → アンテナ整合器 50〔W〕 → アンテナ

A－6　次の記述は、2相位相変調（BPSK）の復調器に用いられる基準搬送波再生回路の原理について述べたものである。□□□内に入れるべき字句の正しい組合せを下の番号から選べ。

(1) 図1において、入力のBPSK波 e_i は、式①で表され、図2(a)に示すように位相が0又はπ〔rad〕のいずれかの値をとる。ただし、e_iの振幅を1〔V〕、搬送波の周波数をf_c〔Hz〕とする。また、2値符号 s は"0"又は"1"の値をとり、搬送波と同期しているものとする。

$$e_i = \cos(2\pi f_c t + \pi s)〔V〕　　…①$$

(2) e_i を二乗特性を有するダイオードなどを用いた2逓倍器に入力すると、その出力 e_0 は、式②で表される。ただし、2逓倍器の利得は1とする。

$$e_0 = \cos^2(2\pi f_c t + \pi s) = \frac{1}{2} + \frac{1}{2} \times \boxed{A}〔V〕　…②$$

式②の右辺の位相項は、sの値によって0又は$\boxed{B}$の値をとるので、式②は、図2(b)に示すような波形を表し、$2f_c$〔Hz〕の成分を含む信号が得られる。

(3)　2 逓倍器の出力には、$2f_c$〔Hz〕の成分以外に雑音成分が含まれているので、通過帯域幅が非常に　C　フィルタ（BPF）で $2f_c$〔Hz〕の成分のみを取り出し、位相同期ループ（PLL）で位相安定化後、その出力を 1/2 分周器で分周して図 2 (c) に示すような周波数 f_c〔Hz〕の基準搬送波を再生する。

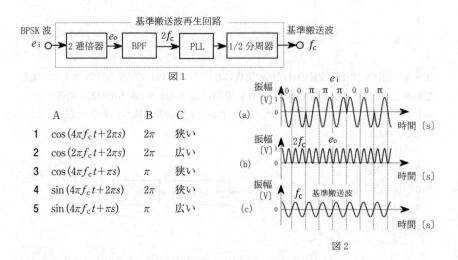

図 1

	A	B	C
1	$\cos(4\pi f_c t + 2\pi s)$	2π	狭い
2	$\cos(2\pi f_c t + 2\pi s)$	2π	広い
3	$\cos(4\pi f_c t + \pi s)$	π	狭い
4	$\sin(4\pi f_c t + 2\pi s)$	2π	狭い
5	$\sin(4\pi f_c t + \pi s)$	π	広い

図 2

A－7　次の記述は、FM（F3E）受信機に用いられる各種回路について述べたものである。　　　内に入れるべき字句の正しい組合せを下の番号から選べ。

(1)　ディエンファシス回路は、送信側で強調された信号の　A　周波数成分を抑圧して平坦な周波数特性に戻し、信号対雑音比（S/N）を改善する。

(2)　スケルチ回路は、受信機入力の信号が　B　なとき、大きな雑音がスピーカから出力されるのを防ぐ動作を行う。

(3)　振幅制限回路は、伝搬の途中において発生するフェージングなどによる　C　の変動が、ひずみや雑音として復調されるのを防ぐ動作を行う。

	A	B	C			A	B	C
1	高域	無い又は微弱	位相		2	高域	無い又は微弱	振幅
3	低域	無い又は微弱	位相		4	低域	過大	振幅
5	低域	過大	位相					

答　A－6：1　　A－7：2

A-8　次の記述は、AM（A3E）スーパヘテロダイン受信機において生ずることのある現象について述べたものである。◻◻◻内に入れるべき字句の正しい組合せを下の番号から選べ。

(1) 寄生振動は、発振器又は増幅器において、目的とする周波数と特定の関係が ◻A◻ 周波数で発振する現象である。

(2) 混変調妨害は、受信機に希望波と同時に異なる周波数の高いレベルの妨害波が混入すると、受信機の非直線動作のため、妨害波の ◻B◻ によって、希望波が変調を受け、受信機出力に現れる現象である。

(3) 相互変調妨害は、受信機に複数の電波が入力されたとき、回路の非直線動作によって各電波の周波数の整数倍の成分の ◻C◻ の成分が発生し、これらが希望周波数又は中間周波数と一致したときに生ずる現象である。

	A	B	C
1	ない	高調波	和又は差
2	ない	変調信号	積
3	ない	変調信号	和又は差
4	ある	変調信号	積
5	ある	高調波	和又は差

A-9　次の記述は、受信機の雑音制限感度について述べたものである。◻◻◻内に入れるべき字句の正しい組合せを下の番号から選べ。

(1) 雑音制限感度は、受信機の出力側において、◻A◻ を得るためにどの程度まで、より ◻B◻ 電波を受信できるか、その能力を表すものである。

(2) 2つの受信機の総合利得が等しいとき、それぞれの出力信号中に含まれる内部雑音の ◻C◻ ほうが雑音制限感度が良い。

	A	B	C
1	規定の信号対雑音比（S/N）の下で規定の信号出力	強い	大きい
2	規定の信号対雑音比（S/N）の下で規定の信号出力	弱い	小さい
3	利得を最大にした状態で規定の信号出力	弱い	小さい
4	利得を最大にした状態で規定の信号出力	強い	大きい
5	利得を最大にした状態で規定の信号出力	弱い	大きい

答　A-8：3　　A-9：2

無線工学A

A－10　電源に用いるコンバータ及びインバータに関する次の記述のうち、誤っているものを下の番号から選べ。

1　コンバータには、入出力間の絶縁ができる絶縁型と、入出力間の絶縁ができない非絶縁型とがある。

2　DC－DCコンバータは、直流24〔V〕で動作する機器を12〔V〕のバッテリで駆動するような場合に使用できる。

3　インバータは、直流電圧を交流電圧に変換する。

4　インバータは、出力の交流電圧の周波数及び位相を制御することができない。

5　インバータの電力制御素子として、主にIGBT（Insulated Gate Bipolar Transistor）やMOS－FETなどのトランジスタ及びサイリスタが用いられている。

A－11　電源の負荷電流と出力電圧の関係がグラフのように表されるとき、この電源の電圧変動率の値として、最も近いものを下の番号から選べ。ただし、定格電流を5〔A〕とする。

1　12.5〔％〕

2　11.3〔％〕

3　10.5〔％〕

4　9.3〔％〕

5　8.3〔％〕

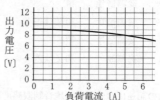

A－12　次の記述は、レーダー方程式のパラメータを変えて最大探知距離を2倍にする方法について述べたものである。このうち誤っているものを下の番号から選べ。ただし、最大探知距離は、レーダー方程式のみで決まるものとし、最小受信電力は、信号の探知限界の電力とする。また、アンテナは送受共用であり、送信利得と受信利得は同じとする。

1　送信電力を4倍にし、アンテナの利得を4倍にする。

2　送信電力を16倍にする。

3　最小受信電力が1/16の受信機を用いる。

4　アンテナの利得を4倍にする。

5　物標の有効反射断面積を16倍にする。

答　　A－10：4　　　A－11：1　　　A－12：1

A-13 図は、衛星通信に用いる地球局の構成例を示したものである。□□内に入れるべき字句の正しい組合せを下の番号から選べ。なお、同じ記号の□□内には、同じ字句が入るものとする。

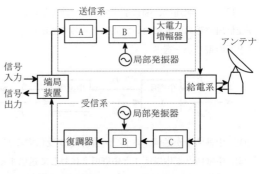

	A	B	C
1	変調器	A−D変換器	低周波増幅器
2	変調器	周波数混合器	低雑音増幅器
3	低周波発振器	周波数混合器	低周波増幅器
4	低周波発振器	A−D変換器	低雑音増幅器
5	周波数混合器	変調器	低周波発振器

A-14 次の記述は、無線伝送路の雑音やひずみ、マルチパス・混信などにより発生するデジタル伝送符号の誤り訂正等について述べたものである。このうち誤っているものを下の番号から選べ。

1 誤りが発生した場合の誤り制御方式を大別すると、ARQ方式とFEC方式に分けられる。

2 FEC方式に用いられる誤り訂正符号を大別すると、ブロック符号と畳み込み符号に分けられる。

3 ブロック符号と畳み込み符号を組み合わせた誤り訂正符号は、雑音やマルチパスの影響を受け易い伝送路で用いられる。

4 一般に、リードソロモン符号はデータ伝送中のビット列における集中的な誤り（バースト性の誤り）に強い方式であり、バースト誤り訂正符号に分類される。また、ビタビ復号法を用いる畳み込み符号はランダム誤り訂正符号に分類される。

5 ARQ方式は、送信側で冗長符号を付加することにより受信側で誤り訂正が可能となる誤り制御方式である。

答 A-13：2 A-14：5

A-15　次の記述は、図に示すマイクロ波通信における2周波中継方式の一般的な送信及び受信周波数の配置について述べたものである。□□□内に入れるべき字句の正しい組合せを下の番号から選べ。

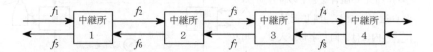

(1) 中継所1が送信するf_2と中継所2が受信するf_7は、□A□周波数である。

(2) 中継所2が中継所1と中継所3に対して送信するf_6とf_3は、□B□周波数である。

(3) 中継所1の送信するf_2が、□C□の受信波に干渉するオーバーリーチの可能性がある。

	A	B	C
1	異なる	同じ	中継所4
2	異なる	同じ	中継所3
3	異なる	異なる	中継所3
4	同じ	同じ	中継所4
5	同じ	異なる	中継所4

A-16　次の記述は、アナログ移動通信方式と比較したときのデジタル移動通信方式の特徴について述べたものである。□□□内に入れるべき字句の正しい組合せを下の番号から選べ。

(1) 雑音や干渉に強く、場合によっては□A□で誤りの訂正ができる。

　　このことは、同一周波数を互いに地理的に離れた場所で繰り返し使用する度合いを高めることに有効であり、周波数の有効利用につながる。

(2) 一つの伝送路で、複数の情報を時間的に多重化□B□。

(3) 通信の秘匿や認証などのセキュリティの確保が□C□となる。

	A	B	C
1	受信側	できる	容易
2	受信側	できない	容易
3	受信側	できる	困難
4	送信側	できる	困難
5	送信側	できない	容易

答　A-15：4　　A-16：1

A－17　図1に示すパルス信号をオシロスコープに表示したところ、図2に示す波形が観測された。一般に、このパルスのパルス幅の測定値として、最も近いものを下の番号から選べ。ただし、水平軸の一目盛あたりの掃引時間を10〔μs〕とする。

1　60〔μs〕
2　50〔μs〕
3　40〔μs〕
4　30〔μs〕
5　20〔μs〕

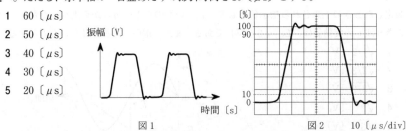

図1　　　　　　　　　　　　　　　図2　　10〔μs/div〕

A－18　図に示す受信機の雑音指数の測定の構成例において、高周波電力計で中間周波増幅器の有能雑音出力電力を測定したところ、−27〔dBm〕であった。このときの被測定部の雑音指数の値として、正しいものを下の番号から選べ。ただし、高周波増幅器の有能雑音入力電力を−100〔dBm〕、被測定部の有能利得を70〔dB〕とする。また、1〔mW〕を0〔dBm〕とする。

1　1〔dB〕
2　2〔dB〕
3　3〔dB〕
4　4〔dB〕
5　5〔dB〕

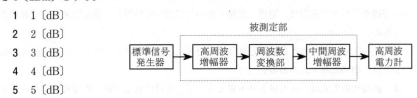

A－19　次の記述は、デジタル方式のオシロスコープについて述べたものである。このうち誤っているものを下の番号から選べ。

1　入力波形をA/D変換によりデジタル信号にしてメモリに順次記録し、そのデータをD/A変換により再びアナログ値に変換して入力された波形と同じ波形を観測する。

2　単発現象でも、メモリに記録した波形情報を読み出すことによって静止波形として観測できる。

3　単発性のパルスなど周期性のない波形に対しては、等価時間サンプリングを用いて観測できる。

4　アナログ方式による観測に比べ、観測データの解析や処理が容易に行える。

5　標本化定理によれば、直接観測することが可能な周波数の上限はサンプリング周波数の1/2までである。

答　　A－17：**2**　　　A－18：**3**　　　A－19：**3**

A−20　図に示す波高値 E_m と周期 T がそれぞれ等しい「のこぎり波」（点線表示）と「正弦波」（実線表示）がある。真の実効値を指示する電圧計で「のこぎり波」（点線表示）を測定したところ、指示値は 1〔V〕であった。次に同じ電圧計で「正弦波」（実線表示）を測定したときの予想される指示値として、正しいものを下の番号から選べ。ただし、「のこぎり波」の実効値は、$E_m/\sqrt{3}$〔V〕である。また、電圧計の誤差はないものとする。

1　$\sqrt{1/2}$〔V〕

2　$\sqrt{2/3}$〔V〕

3　$\sqrt{3/2}$〔V〕

4　$\sqrt{2}$〔V〕

5　$\sqrt{3}$〔V〕

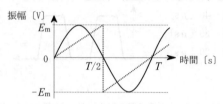

B−1　次の記述は、図に示すデジタルマルチメータの原理的な構成例について述べたものである。　　　内に入れるべき字句を下の番号から選べ。

(1)　入力変換部は、アナログ信号（被測定信号）を増幅するとともに　ア　に変換し、A−D変換器に出力する。A−D変換器で被測定信号（入力量）と基準量とを比較して得たデジタル出力は、処理・変換・表示部において処理し、測定結果として表示される。

(2)　A−D変換器における被測定信号（入力量）と基準量との比較方式には、直接比較方式と間接比較方式がある。

(3)　直接比較方式は、入力量と基準量とを　イ　と呼ばれる回路で直接比較する方式であり、間接比較方式は、入力量を　ウ　してその波形の　エ　を利用する方式である。高速な測定に適するのは、　オ　比較方式である。

| 1　直流電圧 | 2　コンパレータ | 3　微分 | 4　ひずみ | 5　直接 |
| 6　交流電圧 | 7　ミクサ | 8　積分 | 9　傾き | 10　間接 |

B−2　次の記述は、対地高度計として航空機に搭載されている FM−CW レーダー（電波高度計）の原理について述べたものである。　　　内に入れるべき字句を下の番号から選べ。

答　　A−20：3

　　　B−1：アー1　イー2　ウー8　エー9　オー5

(1) 図に示す三角波で周波数変調された電波を真下の地面／海面に送信波として発射し、その反射波である受信波と送信波の周波数差 Δf〔Hz〕から地面／海面までの距離を測定するものである。三角波の周期を T〔s〕、送信波の周波数偏移幅を ΔF〔Hz〕とすれば、送信周波数の時間当たりの変化率は、$\boxed{\text{ ア }}$で表される。

(2) Δf は、(1)で表される変化率と送信された電波が受信されるまでの時間 ΔT を用いて$\boxed{\text{ イ }}$で表される。

(3) 地面／海面までの距離を h〔m〕、電波の伝搬速度を c〔m/s〕とすれば、ΔT は、$\boxed{\text{ ウ }}$で表される。

(4) (2)で表される Δf に、(3)で表される ΔT を代入すると Δf は、$\boxed{\text{ エ }}$で表される。

(5) よって、対地高度である地面／海面までの距離 h は、(4)から$\boxed{\text{ オ }}$として求めることができる。

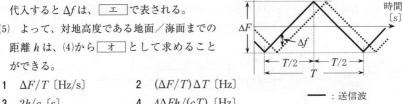

1　$\Delta F/T$〔Hz/s〕
2　$(\Delta F/T)\Delta T$〔Hz〕
3　$2h/c$〔s〕
4　$4\Delta Fh/(cT)$〔Hz〕
5　$cT\Delta f/(2\Delta F)$〔m〕
6　$2\Delta F/T$〔Hz/s〕
7　$(2\Delta F/T)\Delta T$〔Hz〕
8　h/c〔s〕
9　$2\Delta Fh/(cT)$〔Hz〕
10　$cT\Delta f/(4\Delta F)$〔m〕

B-3　次の記述は、スペクトル拡散（SS）通信方式について述べたものである。このうち正しいものを1、誤っているものを2として解答せよ。

ア　直接拡散方式は、一例として、デジタル信号を擬似雑音符号により広帯域信号に変換した信号で搬送波を変調する。受信時における狭帯域の妨害波は、受信側で拡散されるので混信妨害を受けにくい。

イ　周波数ホッピング方式は、搬送波周波数を擬似雑音符号によって定められた順序で時間的に切り換えることにより、スペクトラムを拡散する。

ウ　周波数ホッピング方式は、狭帯域の妨害波により搬送波が妨害を受けても、搬送波がすぐに他の周波数に切り換わるため、混信妨害を受けにくい。

エ　直接拡散方式は、送信側で用いた擬似雑音符号と異なる符号でしか復調（逆拡散）できないため秘話性が高い。

オ　通信チャネルごとに異なる擬似雑音符号を用いる多元接続方式は、TDMA 方式と呼ばれる。

答　B-2：アー6　イー7　ウー3　エー4　オー10
　　B-3：アー1　イー1　ウー1　エー2　オー2

無線工学A

B−4 次の記述は、図に示すデジタル通信回線のビット誤り率（BER）測定系の構成例において、被測定系の変調器と復調器が離れて設置されている場合の測定法について述べたものである。　　内に入れるべき字句を下の番号から選べ。

(1) 測定系送信部は、クロックパルス発生器からのパルスにより制御されたパルスパターン発生器の出力を、被測定系の変調器に加える。測定に用いるパルスパターンとしては、実際のデジタル信号が通過する変調器、　ア　及び復調器の応答特性が伝送周波数帯全域で測定でき、かつ遠隔地でも再現可能なように　イ　パターンを用いる。

(2) 測定系受信部は、測定系送信部と同じパルスパターン発生器を持ち、被測定系の復調器出力の　ウ　から抽出したクロックパルス及びフレームパルスと　エ　パルス列を出力する。誤りパルス検出器は、このパルス列と被測定系の再生器出力のパルス列とを比較し、各パルスの極性の　オ　を検出して計数器に送り、ビット誤り率を測定する。

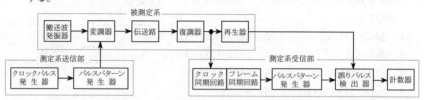

1	パルスパターン発生器	2	擬似ランダム	3	副搬送波	4	非同期の
5	一致又は不一致	6	伝送路	7	ランダム	8	受信パルス列
9	同期した	10	有無				

B−5 次の記述は、スーパヘテロダイン受信機において生ずることがある混信妨害及びその対策について述べたものである。　　内に入れるべき字句を下の番号から選べ。

(1) 近接周波数による混信妨害は、妨害波の周波数が　ア　に近接しているとき生ずるので、通常、　イ　の選択度を向上させるなどにより軽減する。

(2) 影像周波数による混信妨害は、妨害波の周波数が受信周波数から中間周波数の　ウ　倍の周波数だけ離れた周波数になるときに生ずるので、高周波増幅器の　エ　させるなどにより軽減する。

(3) 相互変調及び混変調による混信妨害は、高周波増幅器などが入出力特性の非直線範囲で動作するときに生ずるので、受信機の入力レベルを　オ　などにより軽減する。

1	受信周波数	2	高周波増幅器	3	2	4	選択度を向上	5	上げる
6	局部発振周波数	7	中間周波増幅器	8	3	9	増幅度を増加	10	下げる

答　B−4：ア−6　イ−2　ウ−8　エ−9　オ−5

　　　B−5：ア−1　イ−7　ウ−3　エ−4　オ−10

▶解答の指針

○A−1

(1)　QPSK 波では、変調信号に対して搬送波の位相が $\pi/2$〔rad〕の間隔で割り当てられ、シンボル当たり2ビットの情報を送ることができる。

(2)　64QAM 波では、I 相と Q 相でおのおの8値の信号レベルを合成したものであり、シンボル当たり $\log_2 64 = \underline{6}$ ビットの情報を送ることができる。

(3)　PSK は、搬送波の位相に、QAM は位相と振幅に情報を乗せる変調方式であり、多値化するほど信号点間距離が狭くなるので、伝送路等におけるノイズやひずみの影響を受けやすくなる。

○A−2

(1)　直交振幅変調波 $e(t)$ は、位相が直交関係にある二つの搬送波を複数の振幅レベルをもつ $\psi_I(t)$ と $\psi_Q(t)$ で振幅変調し加算するので、次式で表される。

$$e(t) = \psi_I(t) \cos \omega_C t + \underline{\psi_Q(t) \sin \omega_C t}$$

(2)　$e_L(t) = \cos(\omega_C t - \pi/2) = \sin \omega_C t$ のとき、$e(t)$ との積は、次のようになる。
（設問の $\varphi = \pi/2$〔rad〕に相当し、$\underline{\psi_Q(t)}$ が復調される。）

$$\begin{aligned} e(t) \cdot e_L(t) &= \psi_I(t) \cos \omega_C t \cdot \sin \omega_C t + \psi_Q(t) \sin^2 \omega_C t \\ &= \psi_I(t) \frac{\sin 2\omega_C t}{2} + \psi_Q(t) \frac{1 - \cos 2\omega_C t}{2} \end{aligned}$$

これを低域フィルタに通して、以下の信号を得る。

$$e(t) \cdot e_L(t) = \frac{\psi_Q(t)}{2}$$

同様に、復調搬送波 $e_L(t)$ が $e_L(t) = \cos \omega_C t$ のとき、$e(t)$ との積は、次のようになる。
（設問の $\varphi = 0$〔rad〕に相当し、$\underline{\psi_I(t)}$ が復調される。）

$$\begin{aligned} e(t) \cdot e_L(t) &= \psi_I(t) \cos^2 \omega_C t + \psi_Q(t) \sin \omega_C t \cdot \cos \omega_C t \\ &= \psi_I(t) \frac{1 + \cos 2\omega_C t}{2} + \psi_Q(t) \frac{\sin 2\omega_C t}{2} \end{aligned}$$

これを低域フィルタに通して、以下の信号を得る。

$$e(t) \cdot e_L(t) = \frac{\psi_I(t)}{2}$$

○A−3

4　同期放送の要件として、相互に同期放送の関係にある基幹放送局は、同時に同一の番組を放送するものであって、相互に同期放送の関係にある基幹放送局の搬送周波数の差（Δf）が 0.1〔Hz〕を超えて変わらないものであること。

無線工学A

○A-4

(1) シンボルレートは、ビットレートを各シンボルで送信できるビット数で割った値であり、BPSK のようにシンボル当たり1ビットを送信する場合は、シンボルレートはビットレートと同じになる。BPSK（2PSK）のシンボルレートが 5〔Msps〕のとき、ビットレートは、5〔Mbps〕である。

(2) 8PSK では1シンボルで $\log_2 8 = 3$ ビットの情報を送ることができるので、次のようになる。

シンボルレート 5〔Msps〕＝ビットレート/3

したがって、シンボルレートが 5〔Msps〕のとき、ビットレートは、15〔Mbps〕である。

(3) 256QAM では1シンボルで $\log_2 256 = \log_2 2^8 = 8$ ビットの情報を送ることができるので、ビットレートが 48〔Mbps〕のとき、シンボルレートは次のようになる。

シンボルレート ＝ビットレート/8 ＝ 48/8 ＝ 6〔Msps〕

○A-5

電力増幅器の入力電力を P_I〔W〕、アンテナ整合器を通した出力電力を P_O〔W〕とすると、電力増幅器と整合器全体の利得 G_{PC} は次のようになる。

$$G_{PC} = 10\log_{10}(P_O/P_I) = 10\log_{10} 50 = 10\log_{10}\frac{100}{2} = 10 \times (2-0.3) = 17 \,\text{〔dB〕}$$

電力増幅器の利得を G_P、整合器の損失を L_C とすれば、$G_{PC} = G_P - L_C$ である。

したがって、G_P は題意の数値を代入して次のようになる。

$$G_P = G_{PC} + L_C = 17 + 1 = 18 \,\text{〔dB〕}$$

○A-6

(1) s＝"0"、"1" で、位相が 0 または π〔rad〕であり e_i は、振幅を 1〔V〕とし搬送波周波数 f_c〔Hz〕を用いて、次式で表される。

$$e_i = \cos(2\pi f_c t + \pi s) \,\text{〔V〕}$$

(2) 2逓倍器の出力 e_o は次のようになる。

$$e_o = e_i{}^2 = \frac{1+\cos 2(2\pi f_c t + \pi s)}{2} = \frac{1}{2} + \frac{1}{2}\cos(4\pi f_c t + 2\pi s) \,\text{〔V〕}$$

上式の位相項は、0 または 2π〔rad〕であるから、周波数 $2f_c$〔Hz〕の連続波信号となる。

(3) e_o に含まれる信号波以外の雑音成分を通過帯域幅が非常に狭いフィルタ（BPF）で取り除いた後、PLL で位相を安定化し、その出力を 1/2 に分周して、周波数 f_c〔Hz〕の基準搬送波を得る。

○A－10

4　インバータは、出力の交流電圧の周波数及び位相を制御することができる。

○A－11

電圧変動率 δ は、負荷に定格電流 I_n〔A〕を流したときの定格電圧が V_n〔V〕、負荷電流が零（無負荷）のときの電圧が V_o〔V〕のとき、次式で表される。

$$\delta = \{(V_o - V_n)/V_n\} \times 100 \ \text{〔%〕}$$

題意より定格電流は 5〔A〕であり、設問のグラフより V_n 及び V_o を読取れば、それぞれ約 8〔V〕及び 9〔V〕である。したがって、電圧変動率 δ は、次のようになる。

$$\delta = \{(9-8)/8\} \times 100 = (1/8) \times 100 = 12.5 \ \text{〔%〕}$$

無線工学A

○A－12

1　送信電力を4倍にし、アンテナの利得を2倍にする。

最大探知距離 R_{max} は、送信電力 P_T〔W〕、物標の有効反射断面積 σ〔m²〕、アンテナ利得 G、波長 λ〔m〕、レーダー受信機の検出可能最小受信電力 S_{min}〔W〕として、次のレーダー方程式で表される。

$$R_{max} = \left\{ \frac{P_T \sigma G^2 \lambda^2}{(4\pi)^3 S_{min}} \right\}^{1/4}$$

上式から最大探知距離 R_{max} を2倍にするには、右辺の括弧内を16倍にする必要がある。したがって、誤った記述は1であり正しくは「送信電力を4倍にし、アンテナの利得を2倍にする。」である。

○A－14

5　**FEC方式**は、送信側で冗長符号を付加することにより受信側で誤り訂正が可能となる誤り制御方式である。

○A－15

2周波中継方式では、設問図のような周波数 f_1、f_2…f_8 の配置において異なる2つの使用周波数を F_1 と F_2 とすると次の関係がある。

$$f_1 = f_6 = f_3 = f_8 = F_1$$
$$f_2 = f_5 = f_4 = f_7 = F_2$$

したがって、次のようになる。

(1)　中継所1が送信する f_2 と中継所2が受信する f_7 は、同じ周波数である。

(2)　中継所2が中継所1と中継所3に対して送信する f_6 と f_3 は、同じ周波数である。

(3)　中継所1の送信する f_2 が、中継所4の受信波 f_4 に干渉するオーバーリーチの可能性

がある。

○A-17

パルス幅は、波形の振幅が立ち上がり 50〔%〕から立ち下がり 50〔%〕になるまでの時間であり、題意より水平軸の一目盛あたりの掃引時間が 10〔μs〕であるから、パルス幅の測定値は約 50〔μs〕である。

○A-18

受信機の雑音指数 F は、有能信号入力電力 S_i〔W〕、有能雑音入力電力 N_i〔W〕、有能信号出力電力 S_o〔W〕、有能雑音出力電力 N_o〔W〕を用いて次式で定義され、有能利得 G は、$G = S_o/S_i$ であるから、次のようになる。

$$F = \frac{S_i/N_i}{S_o/N_o} = \frac{N_o}{GN_i}$$

上式及び題意の数値を用いてデシベル表示の F の値は、次のようになる。

$$10\log F = 10\log N_o - 10\log G - 10\log N_i = -27 - 70 - (-100) = 3 \text{〔dB〕}$$

○A-19

3　単発性のパルスなど周期性のない波形に対しては、**実時間**サンプリングを用いて観測できる。

○A-20

この電圧計で測定したときののこぎり波の指示値及び題意より、以下の式を得る。

$$E_m/\sqrt{3} = 1 \text{〔V〕}$$
$$\therefore E_m = \sqrt{3} \text{〔V〕}$$

正弦波の実効値は、$E_m/\sqrt{2}$ であるから、この電圧計の指示値 E は、題意より次のようになる。

$$E = E_m/\sqrt{2} = \sqrt{3/2} \text{〔V〕}$$

○B-2

(1)　送信周波数の単位時間当たりの変化率 D は、時間 $T/2$〔s〕の間の周波数の変化が ΔF〔Hz〕であるから、次のようになる。

$$D = \frac{\Delta F}{T/2} = \frac{2\Delta F}{T} \text{〔Hz/s〕}$$

(2)　Δf は、変化率 D と送信から受信までの時間 ΔT の積であり次のようになる。

$$\Delta f = \frac{2\Delta F}{T} \times \Delta T \;\; \text{(Hz)}$$

(3)　ΔT は地面/海面からの反射波の伝搬時間であり、次のとおり。

$$\Delta T = \frac{2h}{c} \;\; \text{(s)}$$

(4)　Δf は D と ΔT の積であり、次のようになる。

$$\Delta f = \left(\frac{2\Delta F}{T} \right)\left(\frac{2h}{c} \right) = \frac{4\Delta F h}{cT} \;\; \text{(Hz)}$$

(5)　(4)から距離 h は次式で表され、Δf から h が求められる。

$$h = \frac{cT\Delta f}{4\Delta F} \;\; \text{(m)}$$

○B－3

エ　直接拡散方式は、送信側で用いた擬似雑音符号と**同じ符号**でしか復調（逆拡散）できないため秘話性が高い。

オ　通信チャネルごとに異なる擬似雑音符号を用いる多元接続方式は、**CDMA 方式**と呼ばれる。

無線工学A

令和2年11月臨時

A-1 次の記述は、FM放送に用いられるエンファシスについて述べたものである。このうち誤っているものを下の番号から選べ。

1　受信機の入力端で一様な振幅の周波数特性を持つ雑音は、復調されると三角雑音になり周波数が高くなるほどその振幅値が小さくなる。

2　受信機では復調した後に送信側と逆の特性で高域の周波数成分を低減（ディエンファシス）する。

3　送信機では周波数変調する前の信号の高域の周波数成分を強調（プレエンファシス）する。

4　送受信機間の総合した周波数特性は、プレエンファシス回路とディエンファシス回路の時定数を同じものとすることにより、平坦になる。

5　受信信号の信号対雑音比（S/N）を改善するために用いられる。

A-2 次の記述は、周波数変調波の占有周波数帯幅の計算方法について述べたものである。□□□内に入れるべき字句の正しい組合せを下の番号から選べ。

(1) 単一正弦波で変調された周波数変調波のスペクトルは、搬送波を中心にその上下に変調信号の周波数間隔で無限に現れる。その振幅は、第1種ベッセル関数を用いて表され、全放射電力 P_t は次式で表される。ただし、無変調時の搬送波の平均電力を P_c〔W〕とし、m は変調指数とする。

$$P_t = P_c J_0{}^2(m) + 2P_c\{J_1{}^2(m) + J_2{}^2(m) + J_3{}^2(m) + \cdots\}$$
$$= P_c J_0{}^2(m) + 2P_c \sum_{n=1}^{\infty} J_n{}^2(m) \ \text{〔W〕}$$

(2) 周波数変調波は、振幅が一定で、その電力は変調の有無にかかわらず一定であり、次式の関係が成り立つ。

$$J_0{}^2(m) + 2\sum_{n=1}^{\infty} J_n{}^2(m) = \boxed{\text{A}}$$

したがって、$n = k$ 番目の上下側波帯までの周波数帯幅に含まれる平均電力の P_t に対する比 α は、次式より求められる。

$$\alpha = \boxed{\text{B}}$$

(3) 我が国では、占有周波数帯幅を定める α の値は $\boxed{\text{C}}$ と規定されている。

答　A-1：1

	A	B	C
1	1	$2\sum_{n=1}^{k}J_n^{\,2}(m)$	0.99
2	2	$2\sum_{n=1}^{k}J_n^{\,2}(m)$	0.90
3	2	$J_0^{\,2}(m)+2\sum_{n=1}^{k}J_n^{\,2}(m)$	0.99
4	1	$J_0^{\,2}(m)+2\sum_{n=1}^{k}J_n^{\,2}(m)$	0.90
5	1	$J_0^{\,2}(m)+2\sum_{n=1}^{k}J_n^{\,2}(m)$	0.99

無
線
工
学
A

A-3 次の記述は、BPSK（2PSK）信号及び QPSK（4PSK）信号の信号点配置図について述べたものである。□□□内に入れるべき字句の正しい組合せを下の番号から選べ。ただし、信号点間距離は、雑音などがあるときの信号の復調・識別の余裕度を示すもので、信号点配置図における信号点の間の距離のうち、最も短いものをいう。

(1) 図1に示す BPSK 信号の信号点配置図において、信号点間距離は①で表される。また、図2に示す QPSK 信号の信号点配置図において、信号点間距離は A で表される。

(2) BPSK 信号及び QPSK 信号の信号点間距離を等しくして妨害に対する余裕度を一定にするためには、QPSK 信号の振幅 A_4〔V〕を BPSK 信号の振幅 A_2〔V〕の B 倍にする必要がある。

	A	B
1	③	$\sqrt{2}$
2	③	$\sqrt{3}$
3	②	$\sqrt{3}$
4	②	2
5	②	$\sqrt{2}$

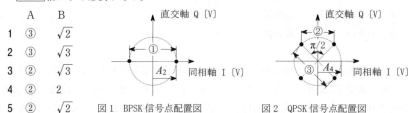

図1 BPSK 信号点配置図　　　図2 QPSK 信号点配置図

A-4 次の記述は、DSB（A3E）変調波と SSB（J3E）変調波の送信電力について述べたものである。□□□内に入れるべき字句の正しい組合せを下の番号から選べ。ただし、A3E 変調波の変調度を $m\times100$〔%〕とする。

(1) A3E 変調波の送信電力 P_{AM}〔W〕は、搬送波成分の電力 P_C〔W〕及び m を用いて次式で表される。

$$P_{AM} = P_C\left(1+ \boxed{\text{A}}\right)\ \text{〔W〕}\ \cdots①$$

(2) J3E 変調波を A3E 変調波のいずれか一方の側波帯とすると、その送信電力 P_{SSB}〔W〕は、次式で表される。

$$P_{SSB} = P_C \times \boxed{\text{B}} \text{〔W〕} \quad \cdots②$$

(3) $m = 1$ のとき、式①、②より、P_{SSB} は、P_{AM} の $\boxed{\text{C}}$ の値になる。

	A	B	C
1	m^2	$m^2/2$	$1/4$
2	$m^2/4$	$m^2/8$	$1/10$
3	$m^2/4$	$m^2/4$	$1/6$
4	$m^2/2$	$m^2/4$	$1/6$
5	$m^2/2$	$m^2/2$	$2/9$

A-5　次の記述は、デジタル信号の復調（検波）方式について述べたものである。□□□内に入れるべき字句の正しい組合せを下の番号から選べ。

(1) 一般に、搬送波電力対雑音電力比（C/N）が同じとき、理論上では遅延検波は同期検波に比べ、符号誤り率が $\boxed{\text{A}}$。

(2) 遅延検波は、1 シンボル $\boxed{\text{B}}$ の変調されている搬送波を基準信号として位相差を検出する方式である。

(3) 同期検波は、受信信号から再生した $\boxed{\text{C}}$ を基準信号として用いる。

	A	B	C
1	大きい	後	包絡線
2	大きい	前	搬送波
3	大きい	後	搬送波
4	小さい	前	包絡線
5	小さい	後	搬送波

A-6　図に示すリング復調回路に1〔kHz〕の低周波信号で変調された SSB（J3E）波を中間周波信号に変換して入力したとき、出力成分中に原信号である低周波信号1〔kHz〕が得られた。このとき、入力 SSB 波の中間周波信号の周波数として、正しいものを下の番号から選べ。ただし、基準搬送波は 453.5〔kHz〕とし、SSB 波は、上側波帯を用いているものとする。

1　451.0〔kHz〕

2　452.5〔kHz〕

3　453.0〔kHz〕

4　454.5〔kHz〕

5　455.5〔kHz〕

入力　SSB 波
中間周波信号
上側波帯

出力　低周波信号
1〔kHz〕

基準搬送波　453.5〔kHz〕

答　A-4：4　　A-5：2　　A-6：4

A－7 次の記述は、スーパヘテロダイン受信機の初段に設ける高周波増幅器について述べたものである。____内に入れるべき字句の正しい組合せを下の番号から選べ。

(1) 受信機の雑音制限感度は、出力を規定の信号対雑音比（S/N）で得るために必要な____A____の受信機入力電圧をいい、受信機の総合利得及び初段の高周波増幅器の利得が十分大きいとき、高周波増幅器の____B____でほぼ決まる。

(2) 高周波増幅器を設けると、____C____の電波による妨害の低減に効果がある。

	A	B	C		A	B	C
1	最小	帯域幅	近接周波数	2	最小	雑音指数	影像周波数
3	最小	雑音指数	近接周波数	4	最大	雑音指数	近接周波数
5	最大	帯域幅	影像周波数				

A－8 スーパヘテロダイン受信機の受信周波数が8,545〔kHz〕のときの影像周波数の値として、正しいものを下の番号から選べ。ただし、中間周波数は455〔kHz〕とし、局部発振器の発振周波数は、受信周波数より高いものとする。

1 7,635〔kHz〕　　2 8,090〔kHz〕　　3 8,545〔kHz〕
4 9,000〔kHz〕　　5 9,455〔kHz〕

A－9 次の記述は、FM（F3E）受信機のスケルチ回路として用いられているノイズスケルチ方式及びキャリアスケルチ方式について述べたものである。このうち誤っているものを下の番号から選べ。

1 ノイズスケルチ方式は、周波数弁別器出力の音声帯域内の音声を整流して得た電圧を制御信号として使用する。

2 ノイズスケルチ方式は、スケルチが働きはじめる動作点を弱電界に設定できるため、スケルチ動作点を通話可能限界点にほぼ一致させることができる。

3 ノイズスケルチ方式は、音声信号の過変調による誤動作が生じやすい。

4 キャリアスケルチ方式は、都市雑音などの影響により、スケルチ動作点を適正なレベルに維持することが難しい。

5 キャリアスケルチ方式は、強電界におけるスケルチに適しており、音声信号による誤動作が少ない。

A－10 次の記述は、移動通信端末などに使用されているリチウムイオン蓄電池について述べたものである。____内に入れるべき字句の正しい組合せを下の番号から選べ。

無線工学A

答　A－7：2　　A－8：5　　A－9：1

(1) リチウムイオン蓄電池の一般的な構造では、負極に、リチウムイオンを吸蔵・放出できる　A　を用い、正極にコバルト酸リチウム、電解液としてリチウム塩を溶解した有機溶媒からなる有機電解液を用いている。

(2) ニッケルカドミウム蓄電池と異なって　B　がなく、継ぎ足し充電も可能である。

(3) 充電が完了した状態のリチウムイオン蓄電池を高温で貯蔵すると、容量劣化が　C　なる。

	A	B	C
1	炭素質材料	サイクル劣化	少なく
2	炭素質材料	メモリ効果	少なく
3	炭素質材料	メモリ効果	大きく
4	金属リチウム	サイクル劣化	大きく
5	金属リチウム	メモリ効果	少なく

A－11　次の記述は、図に示すチョッパ方式のPWM（パルス幅変調）制御型DC－DCコンバータの構成例について述べたものである。　　　内に入れるべき字句の正しい組合せを下の番号から選べ。

(1)「パルス幅変換器」の出力の繰り返し周期は、「　A　」出力の繰り返し周期によって決まる。

(2)「パルス幅変換器」は、「誤差電圧増幅器等」の出力電圧に応じた　B　変調波を出力する。

(3)「チョッパ」は、「パルス幅変換器」の出力に応じて平滑回路を流れる電流の　C　時間を制御する。

	A	B	C
1	信号発生器	パルス振幅	立上がり
2	信号発生器	パルス幅	導通
3	信号発生器	パルス振幅	導通
4	誤差電圧増幅器等	パルス幅	立上がり
5	誤差電圧増幅器等	パルス振幅	導通

A－12　次の記述は、航空機の航行援助に用いられるILS（計器着陸システム）について述べたものである。このうち誤っているものを下の番号から選べ。

1　ILS地上システムは、マーカ・ビーコン、ローカライザ及びグライド・パスの装置で構成される。

2　マーカ・ビーコンは、その上空を通過する航空機に対して、滑走路進入端からの距離の情報を与えるためのものであり、UHF帯の電波を利用している。

3　ローカライザは、航空機に対して、滑走路の中心線の延長上からの水平方向のずれの情報を与えるためのものであり、VHF帯の電波を利用している。

4　グライド・パスは、航空機に対して、設定された進入角からの垂直方向のずれの情報を与えるためのものであり、UHF帯の電波を利用している。

5　グライド・パスの送信設備の条件として、発射する電波の偏波面は、水平である。

A－13　パルスレーダーの距離分解能の値として、正しいものを下の番号から選べ。ただし、距離分解能は、アンテナから同じ方位にある二つの物標を分離して確認できる最小距離差を表すものとする。また、送信パルス幅は0.08〔μs〕とし、二つの物標からの反射波のレベルは同一とする。

1　24〔m〕　　2　18〔m〕　　3　12〔m〕　　4　10〔m〕　　5　7〔m〕

A－14　次の記述は、マイクロ波多重回線の中継方式について述べたものである。□□□内に入れるべき字句の正しい組合せを下の番号から選べ。

(1)　直接中継方式は、受信波を同一の周波数帯で増幅して送信する方式である。直接中継を行うときは、希望波受信電力Cと自局内回込みによる干渉電力Iの比（C/I）を規定値 A に確保しなければならない。

(2)　 B （ヘテロダイン中継）方式は、送られてきた電波を受信してその周波数を中間周波数に変換して増幅した後、再度周波数変換を行い、これを所定レベルまで電力増幅して送信する方式であり、復調及び変調は行わない。

(3)　検波再生中継方式は、復調した信号から元の符号パルスを再生した後、再度変調して送信するため、波形ひずみ等が累積 C 。

	A	B	C			A	B	C
1	以下	無給電中継	される		2	以下	非再生中継	される
3	以上	非再生中継	されない		4	以上	無給電中継	されない
5	以上	非再生中継	される					

無線工学A

　答　　A－12：2　　A－13：3　　A－14：3

A−15 次の記述は、大電力増幅器として用いられる TWT（進行波管）について述べたものである。 内に入れるべき字句の正しい組合せを下の番号から選べ。なお、同じ記号の 内には、同じ字句が入るものとする。

(1) TWT は、入力の電磁波をら旋などの構造を持つ A に沿って進行させ、これとほぼ同じ速度で A の中心を通る電子ビームの電子密度が電磁波によって変調されるのを利用して増幅する。

(2) TWT は、クライストロンに比べ周波数帯域が B ため複数の搬送波を同時に増幅することができる。TWT を使用して複数の搬送波を同時に増幅する場合、相互変調を低減するためのバックオフを必要と C 。

	A	B	C
1	遅延回路	広い	する
2	遅延回路	狭い	しない
3	遅延回路	広い	しない
4	整合回路	狭い	する
5	整合回路	広い	しない

A−16 次の記述は、雑音について述べたものである。このうち誤っているものを下の番号から選べ。

1 トランジスタから発生するフリッカ雑音は、周波数が1オクターブ上がるごとに電力密度が3〔dB〕増加する。

2 トランジスタから発生する分配雑音は、フリッカ雑音より高い周波数領域で発生する。

3 抵抗体から発生する雑音には、熱じょう乱により発生する熱雑音及び抵抗体に流れる電流により発生する電流雑音がある。

4 増幅回路の内部で発生する内部雑音には、熱雑音及び散弾（ショット）雑音などがある。

5 外部雑音には、コロナ雑音及び空電雑音などがある。

A−17 パルス符号変調（PCM）方式を用いて、最高周波数が16〔kHz〕のアナログ信号を標本化定理に基づき標本化し、量子化レベル数が 2^{16} の量子化を行う場合、各標本毎に量子化された値として、その量子化レベルの大きさを示す2進符号に変換（符号化）して伝送するのに必要な最小のビットレートの値として、正しいものを下の番号から選べ。ただし、誤り訂正符号等は付加しないものとする。

1 1,024〔kbps〕　　2 512〔kbps〕　　3 256〔kbps〕
4 128〔kbps〕　　5 64〔kbps〕

答　A−15：1　　A−16：1　　A−17：2

A-18 次の記述は、搬送波零位法による FM（F3E）波の周波数偏移の測定方法について述べたものである。　内に入れるべき字句の正しい組合せを下の番号から選べ。なお、同じ記号の　内には、同じ字句が入るものとする。

(1) FM 波の搬送波及び各側波帯の振幅は、変調指数 m_f を変数（偏角）とするベッセル関数を用いて表され、このうち　A　の振幅は、零次のベッセル関数 $J_0(m_\mathrm{f})$ に比例する。$J_0(m_\mathrm{f})$ は、m_f に対して図1に示すような特性を持ち、m_f が約 2.41、5.52、8.65、・・・のとき、ほぼ零になる。

(2) 図2に示す構成例において、周波数 f_m〔Hz〕の単一正弦波で周波数変調した FM（F3E）送信機の出力の一部をスペクトルアナライザに入力し、FM 波のスペクトルを表示する。単一正弦波の　B　を零から次第に大きくしていくと、搬送波及び各側波帯のスペクトルの振幅がそれぞれ消長を繰り返しながら、徐々に FM 波の占有周波数帯幅が広がる。

(3) 　A　の振幅が零になる度に、m_f の値に対するレベル計の値（入力信号電圧）を測定する。このとき周波数偏移 f_d は、m_f 及び f_m の値を用いて、$f_\mathrm{d} =$　C　であるので、測定値から入力信号電圧対周波数偏移の特性を求めることができ、　A　の振幅が零になるときだけでなく、途中の振幅でも周波数偏移を知ることができる。

	A	B	C
1	側波帯	振幅	$f_\mathrm{m}/m_\mathrm{f}$〔Hz〕
2	側波帯	周波数	$m_\mathrm{f}f_\mathrm{m}$〔Hz〕
3	搬送波	周波数	$m_\mathrm{f}f_\mathrm{m}$〔Hz〕
4	搬送波	振幅	$m_\mathrm{f}f_\mathrm{m}$〔Hz〕
5	搬送波	周波数	$f_\mathrm{m}/m_\mathrm{f}$〔Hz〕

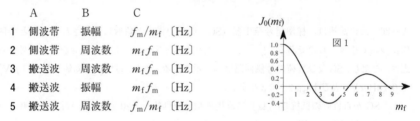

図1

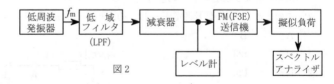

図2

A-19 次の記述は、図に示す計数形周波数計（カウンタ）の原理的構成例について述べたものである。　内に入れるべき字句の正しい組合せを下の番号から選べ。

(1) 入力信号を増幅し、波形整形回路で方形波に整形した後、その立ち上がり又は立ち下がりをパルス変換回路で検出してパルス列に変換する。ゲート時間 T〔s〕の間に

答　A-18：4

ゲート回路を通過したパルスの数 N を計数回路で計数すると、周波数 f は、 A 〔Hz〕で表されるので、これを表示回路で演算し、表示器に表示する。

(2) ±1カウント誤差は、パルス列及びゲート信号の位相が同期して B ことによって生ずるため、計数回路で計数した後の補正が C 。

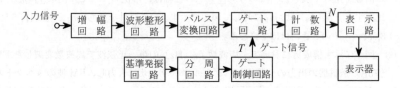

	A	B	C
1	NT	いる	できる
2	NT	いない	できない
3	N/T	いない	できる
4	N/T	いる	できない
5	N/T	いない	できない

A-20 次の記述は、標準信号発生器（SG）の出力電圧と負荷に供給される電力との関係について述べたものである。 内に入れるべき字句の正しい組合せを下の番号から選べ。ただし、SG及び負荷の等価回路は図で示される。また、電圧は実効値とし、1〔μV〕を 0〔dBμV〕及び $\log_{10}2 = 0.3$ とする。

(1) SGから負荷の抵抗50〔Ω〕に高周波信号を供給し、20〔mW〕の電力を消費させるために必要な電圧 v_2 は、約 A 〔dBμV〕である。

(2) このときのSGの信号源電圧 v_1 は、約 B 〔dBμV〕である。

	A	B
1	117	123
2	117	120
3	120	126
4	120	123
5	130	136

内部抵抗 50〔Ω〕

v_1　v_2　抵抗 50〔Ω〕

標準信号発生器（SG）

答 A-19：**5**　　A-20：**3**

B−1　次の記述は、図に示すスーパヘテロダイン方式スペクトルアナライザの原理的な構成例について述べたものである。このうち正しいものを1、誤っているものを2として解答せよ。

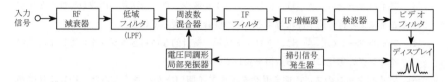

ア　ディスプレイの垂直軸に周波数を、また、水平軸に入力信号の振幅を表示する。

イ　電圧同調形局部発振器の出力の周波数は、掃引信号発生器が出力する信号の電圧に応じて変化する。

ウ　周期的な信号のスペクトル分布のほか、雑音のような連続的なスペクトル分布も観測できる。

エ　周波数分解能を上げるには、IFフィルタの周波数帯域幅を広くする。

オ　掃引信号発生器が出力する信号は、正弦波信号である。

B−2　次の記述は、衛星通信に用いるSCPC方式について述べたものである。□□内に入れるべき字句を下の番号から選べ。なお、同じ記号の□□内には、同じ字句が入るものとする。

(1)　SCPC方式は、□ア□多元接続方式の一つであり、送出する□イ□チャネルに対して一つの搬送波を割り当て、一つのトランスポンダの帯域内に複数の異なる周波数の□ウ□を等間隔に並べる方式である。

(2)　この方式では、同時に送信できる□ウ□の数は、トランスポンダの出力電力を一つの□ウ□当たりに必要な電力で□エ□数で決まる。

(3)　時分割多元接続（TDMA）方式に比べ、構成が簡単であり、通信容量が□オ□地球局で用いられている。

1　時分割　　　　2　一つの　　　3　二つの　　　4　掛けた　　　5　割った

6　周波数分割　　7　小さい　　　8　大きい　　　9　搬送波　　　10　パイロット信号

B−3　次の記述は、図に一例を示すデジタル伝送方式におけるパルスの品質を評価するアイパターンの原理について述べたものである。□□内に入れるべき字句を下の番号から選べ。

答　B−1：ア−2　イ−1　ウ−1　エ−2　オ−2
　　　B−2：ア−6　イ−2　ウ−9　エ−5　オ−7

(1) アイパターンは、パルス列の繰り返し周波数であるクロック周波数に同期させて、　ア　のパルス波形を重ねてオシロスコープ上に描かせたものである。

(2) アイパターンは、伝送路などで受ける波形劣化を観測することが　イ　。

(3) アイパターンの　ウ　は、信号のレベルが減少したり伝送路の周波数特性が変化することによる符号間干渉に対する余裕の度合いを表している。

(4) アイパターンの　エ　は、クロック信号の統計的なゆらぎ（ジッタ）等による識別タイミングの劣化に対する余裕を表している。

(5) アイパターンのアイの開き具合を示すアイ開口率が小さくなると、符号誤り率が　オ　なる。

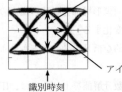

アイの縦の開き
アイの横の開き
識別時刻

1	識別器入力直前	2	できる
3	識別時刻	4	クロック周波数
5	小さく	6	識別器出力
7	できない	8	横の開き具合
9	縦の開き具合	10	大きく

B－4　次の記述は、図に示す構成例を用いた FM（F3E）受信機のスプリアス・レスポンスの測定手順の概要について述べたものである。□□□□内に入れるべき字句を下の番号から選べ。

(1) 受信機のスケルチを断（OFF）、標準信号発生器（SG）を試験周波数に設定し、1,000〔Hz〕の　ア　波により最大周波数偏移の許容値の70〔%〕の変調状態で、受信機に 20〔dBμV〕以上の受信機入力電圧を加え、受信機の復調出力が定格出力の1/2 となるように受信機出力レベルを調整する。

(2) 　イ　の出力を断（OFF）とし、受信機の復調出力（雑音）レベルを測定する。

(3) SG から試験周波数の無変調信号を加え、SG の出力レベルを調整して受信機の復調出力（雑音）レベルが(2)で求めた値より 20〔dB〕　ウ　値とする。このときの SG の出力レベルから受信機入力電圧を求め、これを A〔dB〕とする。

(4) 次に、SG の出力を(3)の測定時の値から変化させて、スプリアス・レスポンスの許容値より 20〔dB〕程度　エ　とし、SG の周波数を掃引してスプリアス・レスポンスの発生する周波数を探索する。この探索は原則として受信機の中間周波数から試験周波数の 3 倍までの周波数範囲について行う。

(5) (4)の探索でスプリアス・レスポンスを検知した各周波数について、SG の出力を調整し受信機の復調出力（雑音）レベルが　オ　の測定時の値と等しい値となるときの

答　B－3：ア－1　イ－2　ウ－9　エ－8　オ－10

SG 出力から、このときの受信機入力電圧 B〔dB〕を求める。スプリアス・レスポンスは、この B の値と、⑶で求めた A の値との差として測定することができる。

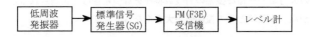

1	⑶	2	高い値	3	高い	4	低周波発振器	5	三角
6	⑵	7	低い値	8	低い	9	標準信号発生器（SG）	10	正弦

無線工学A

B‒5 次の記述は、無線送信機の周波数逓倍や電力増幅に用いることができる C 級増幅器の動作原理等について述べたものである。□□□内に入れるべき字句を下の番号から選べ。ただし、入力信号（基本波成分）v_i〔V〕の角周波数を ω〔rad/s〕とする。

⑴ 無線送信機に用いることができる ア 周波の C 級増幅器は、負荷に同調回路を用いて効率の良い増幅が可能である。

⑵ 図2に示す C 級増幅回路は、図2に示すように、ベースとエミッタ間のバイアス電圧 イ 〔V〕を B 級増幅器より更に低く（しゃ断領域に）設定し、v_i の半周期よりも短い 2θ〔rad〕の期間だけコレクタ電流 i_C〔A〕が流れるようにしているため、出力波形は ウ 。したがって、コレクタ電流には基本波成分の他に エ が含まれているので、負荷回路にコイル L〔H〕及びコンデンサ C〔F〕からなる同調回路（共振回路）を用いて希望する周波数成分を取り出すことができる。よって、周波数逓倍に用いることができる。また、2θ を オ ほど電力効率は良くなるが、出力電力は小さくなる。

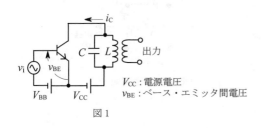

V_{CC}：電源電圧
v_{BE}：ベース・エミッタ間電圧

図1

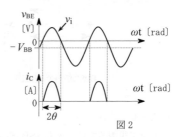

図2

1	ひずむ	2	ひずまない	3	高調波成分	4	V_{BB}	5	大きくする
6	音声	7	単一	8	低調波成分	9	V_{CC}	10	小さくする

答	B‒4：ア‒10 イ‒9 ウ‒8 エ‒2 オ‒1
	B‒5：ア‒7 イ‒4 ウ‒1 エ‒3 オ‒10

▶解答の指針

○A-1

1　受信機の入力端で一様な振幅の周波数特性をもつ雑音は、復調されると三角雑音になり周波数が高くなるほどその振幅値が**大きくなる**。

○A-2

(2)　ベッセル関数の一般公式：$J_0{}^2(m)+2\sum_{n=1}^{\infty}J_n{}^2(m)=\underline{1}$ から $n=k$ 番目の上下側波帯までの周波数帯幅に含まれる平均電力 P_t に対する比 α は、次式となる。

$$\alpha=\underline{J_0{}^2(m)+2\sum_{n=1}^{k}J_n{}^2(m)}$$

(3)　占有周波数帯幅を定める α は、電波法施行規則第2条第1項第61号において全放射電力の0.99と規定されている。

○A-3

(1)　信号点間距離は、信号空間ダイアグラムにおいて信号点間の最短距離で定義されるので QPSK 信号の信号点間距離は②である。

(2)　誤り率を同じにするには、与図に示す QPSK 信号の信号点間距離②が、BPSK 信号の信号点間距離①に等しいときであり、QPSK 信号の振幅である A_4 は二等辺三角形の辺の比から求められ、①の1/2である BPSK 信号の振幅 A_2 の $\sqrt{2}$ 倍である。

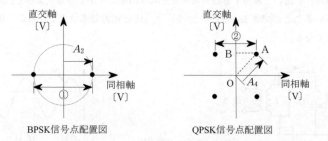

BPSK信号点配置図　　　QPSK信号点配置図

○A-6

リング復調器では、入力 SSB 波の中間周波信号の周波数 f_1 は、上側波帯信号であるから、出力低周波信号の周波数 f_s〔kHz〕と基準搬送波周波数 f_c〔kHz〕の和である。

したがって、f_1 は、次のようになる。

$$f_1=f_c+f_s=453.5+1=454.5 \text{〔kHz〕}$$

○A−8

影像周波数f_mは、上側ヘテロダインであるから、受信周波数をf_1〔kHz〕、中間周波数をf_i〔kHz〕とし題意の数値を用いて次式で表される。

$$f_m = f_1 + 2f_i = 8{,}545 + 2 \times 455 = 9{,}455 \text{〔kHz〕}$$

○A−9

1　ノイズスケルチ方式は、周波数弁別器出力の**音声帯域外の雑音**を整流して得た電圧を制御信号として使用する。

○A−12

2　マーカ・ビーコンは、その上空を通過する航空機に対して、滑走路進入端からの距離の情報を与えるためのものであり、**VHF帯**の電波を利用している。

○A−13

二つの物標の距離分解能R_{res}は、パルス幅τ〔μs〕として次式で表され、題意の数値を用いて次のようになる。

$$R_{res} = 150\tau = 150 \times 0.08 = 12 \text{〔m〕}$$

○A−16

1　トランジスタから発生するフリッカ雑音は、周波数が1オクターブ上がるごとに電力密度が3〔dB〕**減少**する。

○A−17

標本化定理により、標本化周波数は信号の最高周波数の2倍の周波数以上にすればよいので、題意より最小$2 \times 16 = 32$〔kHz〕の標本化周波数が必要である。

符号化ビット数は題意より16〔bit〕であるから、したがって、必要な最小のビットレートRは、$R = 16 \times 32 \times 10^3 = 512 \times 10^3 = 512$〔kbps〕である。

○A−18

(1)　FM波の搬送波及び各側帯波の振幅は、変調指数m_fを変数とするベッセル関数で表され、搬送波の振幅は零次のベッセル関数$J_0(m_f)$に比例する。この関数はm_fが約2.41、5.52、8.65、・・・ではほぼ零となる。

(2)　周波数f_m〔Hz〕の単一正弦波である信号波$v_m = V_m \cos 2\pi f_m t$をFM送信機に加えたときの出力をスペクトル表示した場合、信号波の**振幅**V_mを零から大きくしていくと振幅に比例して周波数偏移f_dが大きくなり、搬送波と各側波帯の振幅は消長を繰り返

しながら緩やかな占有周波数帯幅の広がりを見せる。

(3)　搬送波の振幅は、(1)のように特定の m_f のときに零になるから、その度に周波数偏移 f_d は f_m 及び m_f の値を用いて、$f_d = \underline{m_f f_m}$〔Hz〕で表されるので、信号入力対周波数偏移の特性を求めることができる。

○A－20

(1)　負荷に供給される電力 P は、抵抗 R〔Ω〕の両端の電圧 v_2〔V〕を用いて $P = v_2{}^2/R$〔W〕で表され、v_2 は、題意の数値を用いて次のようになる。

$$v_2 = \sqrt{PR} = \sqrt{20 \times 10^{-3} \times 50} = 1 \text{〔V〕} = 10^6 \text{〔}\mu\text{V〕}$$

また、デシベル表示では、次のようになる。

$$v_2 = 20 \times 6 = \underline{120} \text{〔dB}\mu\text{V〕}$$

(2)　SG の信号電圧 v_1 は、v_2 の2倍であるから、6〔dB〕大きく、約 $\underline{126}$〔dBμV〕である。

○B－1

ア　ディスプレイの垂直軸に**入力信号の振幅**を、また、水平軸に**周波数**を表示する。

エ　周波数分解能を上げるには、IF フィルタの周波数帯域幅を**狭く**する。

オ　掃引信号発生器が出力する信号は、**のこぎり波**信号である。

○B－3

(1)　アイパターンは、パルス列の繰返し周波数であるクロック周波数に同期させて、<u>識別器入力直前</u>のパルス波形を重ねてオシロスコープ上に描かせたものである。

(2)　アイパターンは、伝送路などで受ける波形劣化を<u>観測することができる</u>。

(3)　アイパターンの縦の開き具合は、信号のレベルが減少したり伝送路の周波数特性が変化することによる符号間干渉に対する余裕の度合いを表している。

(4)　アイパターンの横の開き具合は、クロック信号の統計的なゆらぎ（ジッタ）等による識別タイミングの劣化に対する余裕を表している。

(5)　波形がひずみや雑音などによって乱されて、振幅や位相が変化するとアイパターンの線が太くなり、線で囲まれた目の形をした部分（アイ）が狭くなる。アイパターンのアイの開き具合を示すアイ開口率が小さくなると、符号誤り率が<u>大きく</u>なる。

無線工学A

A－1　次の記述は、図に示す QPSK（4PSK）変調器の原理的な構成例について述べたものである。□□□内に入れるべき字句の正しい組合せを下の番号から選べ。

(1)　分配器で分配された搬送波は、BPSK（2PSK）変調器1には直接、BPSK（2PSK）変調器2には $\pi/2$ 移相器を通して入力される。BPSK 変調器1の出力の位相は、符号 a_i に対応して変化し、搬送波の位相に対して □A□ の値をとる。また、BPSK 変調器2の出力の位相は、符号 b_i に対応して変化し、搬送波の位相に対して □B□ の値をとるので、それぞれの出力を合成（加算）することにより、QPSK 波を得る。

(2)　このように、QPSK は、搬送波の $\pi/2$ おきの位相を用いて、1シンボルで □C□ ビットの情報を送る変調方式である。

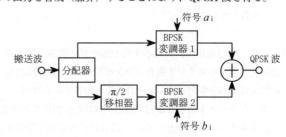

	A	B	C
1	0 又は π	$\pi/2$ 又は $3\pi/2$	2
2	0 又は π	$\pi/2$ 又は $3\pi/2$	4
3	0 又は π	$\pi/4$ 又は $3\pi/4$	4
4	0 又は $\pi/4$	$\pi/2$ 又は $3\pi/2$	4
5	0 又は $\pi/4$	$\pi/4$ 又は $3\pi/4$	2

A－2　次の記述は、セルラー方式の移動通信システムの通信規格の一つであり、LTE（Long Term Evolution）と呼ばれる我が国のシングルキャリア周波数分割多元接続（SC-FDMA）方式携帯無線通信を行う無線局等について述べたものである。このうち誤っているものを下の番号から選べ。

1　LTE では、陸上移動局（携帯端末）から基地局へ送信する場合、ピーク電力対平均電力比（PAPR）の低減が可能な SC-FDMA が用いられているため、送信電力増幅器の電力消費を抑えることにつながり、携帯端末の省電力化や送信電力増幅器の低廉化が可能となる。

答　A－1：1

2　LTE は、基地局から陸上移動局（携帯端末）へ送信を行う場合、直交周波数分割多重（OFDM）方式が用いられる。

3　直交周波数分割多重（OFDM）方式は、シンボル時間が短いほどマルチパス遅延波の干渉を受ける時間が相対的に短くなるので、シンボル間干渉を受けにくくなる。

4　直交周波数分割多重（OFDM）のようなマルチキャリア方式では、それぞれのサブキャリア信号の変調波がランダムにいろいろな振幅や位相をとり、シングルキャリア方式に比較して信号のピーク電力対平均電力比（PAPR）が高くなるため、高性能な線形出力特性を持つ送信電力増幅器が必要となる。

5　基地局から携帯端末へ送信を行う回線においては、無線フレーム長を短縮することにより、接続遅延や制御遅延などの短縮が可能となり、低遅延の無線ネットワークを実現している。

A-3　次の記述は、図に示す我が国の FM 放送（アナログ超短波放送）における主搬送波を変調するステレオ複合（コンポジット）信号等について述べたものである。　　　　内に入れるべき字句の正しい組合せを下の番号から選べ。

(1)　左チャネル信号及び右チャネル信号から和信号及び差信号を作り、その内の和信号を主チャネル信号として、0～15〔kHz〕の帯域で伝送する。副チャネル信号としては、38〔kHz〕の副搬送波を差信号で　A　変調し、23～53〔kHz〕の帯域で伝送する。なお、その副搬送波は、抑圧するものである。

(2)　19〔kHz〕のパイロット信号は、受信側で副チャネル信号を復調するときに必要な　B　を作るために付加する。

(3)　「主搬送波の最大周波数偏移」は（±）75〔kHz〕である。パイロット信号による主搬送波の周波数偏移は「主搬送波の最大周波数偏移」の10〔%〕である。また、主チャネル信号及び副チャネル信号による主搬送波の周波数偏移の最大値は、それぞれ「主搬送波の最大周波数偏移」の　C　である。

	A	B	C
1	角度	副搬送波	45〔%〕
2	角度	主搬送波	15〔%〕
3	角度	副搬送波	30〔%〕
4	振幅	副搬送波	45〔%〕
5	振幅	主搬送波	15〔%〕

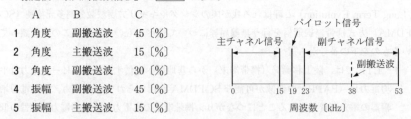

周波数〔kHz〕

A－4　AM（A3E）送信機において、搬送波電力 100〔W〕の高周波を単一正弦波で振幅変調したとき、出力の平均電力が 108〔W〕であった。このときの変調度の値として、正しいものを下の番号から選べ。

1　30〔%〕　　2　40〔%〕　　3　50〔%〕　　4　60〔%〕　　5　70〔%〕

A－5　次の記述は、図に示す BPSK（2PSK）信号の復調回路の構成例について述べたものである。　内に入れるべき字句の正しい組合せを下の番号から選べ。

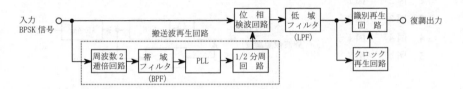

(1)　この復調回路は、　A　検波方式を用いている。
(2)　位相検波回路で入力の BPSK 信号と搬送波再生回路で再生した搬送波との　B　を行い、低域フィルタ（LPF）、識別再生回路及びクロック再生回路によってデジタル信号を復調する。
(3)　搬送波再生回路は、周波数2逓倍回路、帯域フィルタ（BPF）、位相同期ループ（PLL）及び1/2分周回路で構成されており、入力の BPSK 信号の位相がデジタル信号に応じて π〔rad〕変化したとき、搬送波再生回路の帯域フィルタ（BPF）の出力の位相は　C　。

	A	B	C
1	遅延	掛け算	変わらない
2	遅延	加算	変わらない
3	遅延	掛け算	π〔rad〕変化する
4	同期	掛け算	変わらない
5	同期	加算	π〔rad〕変化する

A－6　次の記述は、図に示す FM（F3E）受信機に用いられる位相同期ループ（PLL）復調器の原理的な構成例について述べたものである。　内に入れるべき字句の正しい組合せを下の番号から選べ。

(1) PLL 復調器は、位相検出（比較）器（PC）、低域フィルタ（LPF）、低周波増幅器（AF Amp）及び電圧制御発振器（VCO）で構成される。

(2) この復調器に入力された単一正弦波で変調されている　A　のような周波数変調波の搬送波周波数と VCO の自走周波数が同一のとき、この復調器は、　B　のような波形を出力する。

	A	B
1	図1	図4
2	図2	図1
3	図3	図2
4	図4	図1
5	図4	図3

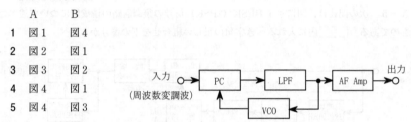

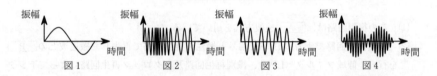

図1　　　　図2　　　　図3　　　　図4

A-7　次の記述は、FM（F3E）受信機の限界受信レベル（スレッショルドレベル）について述べたものである。□□□内に入れるべき字句の正しい組合せを下の番号から選べ。ただし、スレッショルドは、搬送波の尖頭電圧と雑音の尖頭電圧が等しくなる点であり、雑音は受信機内部で発生する連続性雑音でその尖頭電圧は実効値の4倍とし、搬送波は正弦波とする。

また、$\log_{10} 2 = 0.3$、$\sqrt{2} = 1.4$ とする。

(1) S/N 改善利得を得るのに必要な受信電力の限界値がスレッショルドレベルであり、スレッショルドを搬送波の実効値と雑音の実効値で比較し、その値（C/N）をデシベルで表すと　A　〔dB〕となる。

(2) 受信機の入力換算雑音電圧の実効値が 0.35〔μV〕のとき、スレッショルドレベルと等しくなる受信機入力の搬送波の実効値は、　B　〔μV〕である。

	A	B
1	12	2
2	12	1
3	9	5
4	9	2
5	9	1

答　A-6：2　　A-7：5

A-8 図に示す無線通信回線において、送信機の送信電力（平均電力）P の値として、正しいものを下の番号から選べ。ただし、受信機の入力に換算した搬送波電力対雑音電力比（C/N）を 60〔dB〕、送信給電線及び受信給電線の損失をそれぞれ 2〔dB〕、送信アンテナ及び受信アンテナの絶対利得をそれぞれ 30〔dBi〕、両アンテナ間の伝搬損失を 136〔dB〕及び受信機の雑音電力の入力換算値を －107〔dBm〕とする。また、1〔mW〕を 0〔dBm〕、$\log_{10}2 = 0.3$ とする。

1 1〔W〕　　**2** 2〔W〕　　**3** 3〔W〕　　**4** 4〔W〕　　**5** 5〔W〕

A-9 抵抗 300〔Ω〕から発生する熱雑音電圧の実効値として、最も近いものを下の番号から選べ。ただし、等価雑音帯域幅を 3.2〔MHz〕、周囲温度を 300〔K〕、ボルツマン定数を 1.38×10^{-23}〔J/K〕とする。

1 1×10^{-6}〔V〕　　**2** 2×10^{-6}〔V〕　　**3** 3×10^{-6}〔V〕
4 4×10^{-6}〔V〕　　**5** 5×10^{-6}〔V〕

A-10 次の記述は、図に示す基本的な定電圧回路について述べたものである。□内に入れるべき字句の正しい組合せを下の番号から選べ。ただし、ツェナーダイオード D_Z のツェナー電圧を 10〔V〕、直流入力電圧を 20〔V〕、抵抗 R を 100〔Ω〕とする。

D_Z に流れる電流 I_Z〔A〕と負荷抵抗に流れる電流 I_L〔A〕との和は、一定である。よって、I_Z の最大値は、負荷が ☐A☐ のときで、☐B☐〔A〕になる。したがって、このときに D_Z で消費される電力 ☐C☐〔W〕より大きい許容損失の D_Z を使用する必要がある。

	A	B	C
1	開放	0.1	0.5
2	開放	0.2	0.5
3	開放	0.1	1.0
4	短絡	0.2	1.0
5	短絡	0.2	0.5

答　　A-8：**2**　　A-9：**4**　　A-10：**3**

A-11 次の記述は、無停電電源装置用蓄電池の浮動充電方式について述べたものである。 □ 内に入れるべき字句の正しい組合せを下の番号から選べ。

(1) 整流装置に蓄電池と負荷とを A に接続し、蓄電池には自己放電を補う程度の電流で常に充電を行う。

(2) 通常の使用状態では、負荷には B から電力が供給される。

(3) C は、電圧変動を吸収する役目をする。

	A	B	C
1	直列	整流装置	負荷
2	直列	蓄電池	蓄電池
3	並列	整流装置	負荷
4	並列	蓄電池	負荷
5	並列	整流装置	蓄電池

A-12 次の記述は、図に示す航空用DME（距離測定装置）の原理的な構成例について述べたものである。 □ 内に入れるべき字句の正しい組合せを下の番号から選べ。

(1) 地上DME（トランスポンダ）は、航空機の機上DME（インタロゲータ）から送信された質問信号を受信すると、自動的に応答信号を送信し、インタロゲータは、質問信号と応答信号との A を測定して航空機とトランスポンダとの B を求める。

(2) トランスポンダは、複数の航空機からの質問信号に対し応答信号を送信する。このため、インタロゲータは、質問信号の発射間隔を C にし、自機の質問信号に対する応答信号のみを安定に同期受信できるようにしている。

	A	B	C
1	時間差	距離	不規則
2	時間差	距離	一定
3	時間差	方位	一定
4	周波数差	方位	不規則
5	周波数差	距離	一定

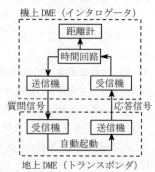

機上DME（インタロゲータ）

距離計 — 時間回路 — 送信機・受信機

質問信号　応答信号

受信機・送信機 — 自動起動

地上DME（トランスポンダ）

A-13 最大探知距離 R_{max} が10〔km〕のパルスレーダーの送信せん頭電力を9倍にしたときの R_{max} の値として、最も近いものを下の番号から選べ。ただし、R_{max} は、レーダー方程式によるものとする。

1　26.5〔km〕
2　24.5〔km〕
3　22.4〔km〕
4　17.3〔km〕
5　14.1〔km〕

答　A-11：5　　A-12：1　　A-13：4

A-14 次の記述は、パルス幅変調（PWM）及びパルス振幅変調（PAM）について述べたものである。☐☐内に入れるべき字句の正しい組合せを下の番号から選べ。

(1) PWM信号又はPAM信号を、振幅の直線性が悪い増幅器で増幅したとき、復調した信号にひずみを生じやすいのは、☐A☐である。

(2) PWM信号は、低域フィルタ（LPF）を用いて復調することが☐B☐。

(3) PAM信号は、低域フィルタ（LPF）を用いて復調することが☐C☐。

	A	B	C
1	PAM	できない	できない
2	PAM	できる	できない
3	PWM	できない	できる
4	PWM	できない	できない
5	PAM	できる	できる

A-15 図は、周波数ホッピング（FH）を用いたスペクトル拡散通信方式の原理的な構成例を示したものである。☐☐内に入れるべき字句の正しい組合せを下の番号から選べ。なお、同じ記号の☐☐内には、同じ字句が入るものとする。

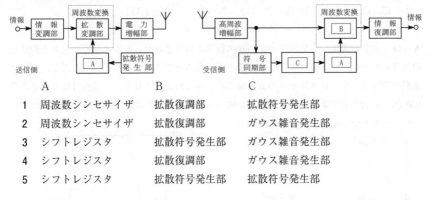

	A	B	C
1	周波数シンセサイザ	拡散復調部	拡散符号発生部
2	周波数シンセサイザ	拡散復調部	ガウス雑音発生部
3	シフトレジスタ	拡散符号発生部	ガウス雑音発生部
4	シフトレジスタ	拡散復調部	ガウス雑音発生部
5	シフトレジスタ	拡散符号発生部	拡散符号発生部

A-16 通信衛星（静止衛星）に関する次の記述のうち、誤っているものを下の番号から選べ。

1 通信衛星は、通信を行うための機器（ミッション機器）及びこれをサポートする共通機器（バス機器）から構成され、ミッション機器には、通信用アンテナ及び中継器（トランスポンダ）などがある。

2 マイクロ波（SHF）帯の通信用アンテナとして、主として反射鏡アンテナ及びホーンアンテナが用いられる。

3　中継器（トランスポンダ）は、地球局から通信衛星向けのダウンリンクの周波数を通信衛星から地球局向けのアップリンクの周波数に変換するとともに、ダウンリンクで減衰した信号を必要なレベルに増幅して送信する。

4　バス機器を構成する電源機器において、主電力を供給する太陽電池のセルは、一般に、三軸衛星では展開式の平板状のパネルに実装される。

5　中継器（トランスポンダ）を構成する受信機は、地球局からの微弱な信号の増幅を行うので、その初段には低雑音増幅器が必要であり、GaAsFET や HEMT などが用いられている。

A－17　伝送速度20〔Mbps〕のデジタル回線のビット誤り率を測定した結果、ビット誤り率が1×10^{-8}であった。この値は、ビット誤り率の測定を開始してから終了するまでの測定時間内において、平均的に t〔s〕毎に1〔bit〕の誤りが生じていることと等価である。このときの t の値として、最も近いものを下の番号から選べ。ただし、測定時間は、t〔s〕より十分に長いものとする。

1　15〔s〕　　2　10〔s〕　　3　8〔s〕　　4　6〔s〕　　5　5〔s〕

A－18　オシロスコープで図に示すパルス信号が観測された。パルス信号の立ち上がり時間及びパルス幅の値の組合せとして、最も近いものを下の番号から選べ。ただし、パルス波形の振幅は、オシロスコープの表示面にあらかじめ設定されている垂直目盛りの0及び100〔%〕に合わせてあるものとし、水平軸の一目盛り当たりの掃引時間は5〔ms〕とする。

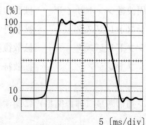

5〔ms/div〕

	立ち上がり時間	パルス幅
1	5〔ms〕	25〔ms〕
2	5〔ms〕	20〔ms〕
3	10〔ms〕	25〔ms〕
4	10〔ms〕	20〔ms〕
5	10〔ms〕	30〔ms〕

A－19　次の記述は、図に示すオシロスコープの入力部とプローブについて述べたものである。　□□□内に入れるべき字句の正しい組合せを下の番号から選べ。

(1)　プローブは、抵抗 R、可変静電容量 C_T 及びケーブルの静電容量 C で構成され、入力抵抗 R_i と入力容量 C_i で構成されるオシロスコープ入力部とで　A　として動作する。

答　　A－16：3　　　A－17：5　　　A－18：1

(2) R と C_T の並列インピーダンスを Z_1 とし、C、R_i 及び C_i の並列インピーダンスを
Z_2 とすると、オシロスコープの入力端子 c-d の電圧 e_0 とプローブの入力端子 a-b
の電圧 e_i との電圧比（e_0/e_i）は、次式で表され、C_T の値を ◯B◯ の条件を満たす
ように調整することにより、
電圧比（e_0/e_i）は、周波数
にかかわらず一定値になる。
この調整は、特に ◯C◯ の波
形観測に重要である。

$e_0/e_i = Z_2/(Z_1+Z_2)$

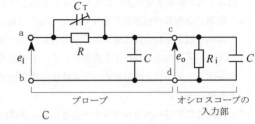

	A	B	C
1	減衰器	$C_T = (C+C_i)R/R_i$	正弦波
2	減衰器	$C_T = (C+C_i)R/R_i$	方形波
3	減衰器	$C_T = (C+C_i)R_i/R$	方形波
4	増幅器	$C_T = (C+C_i)R/R_i$	方形波
5	増幅器	$C_T = (C+C_i)R_i/R$	正弦波

A-20 図に示す電力密度の値が $1×10^{-12}$〔W/Hz〕の雑音を、周波数帯域幅が100〔kHz〕
の理想矩形フィルタを持つスペクトルアナライザで測定したときの電力の値として、正し
いものを下の番号から選べ。ただし、雑音はスペクトルアナライザの帯域内の周波数のす
べてにわたって一様であるとし、フィルタ
の損失はないものとする。また、1〔mW〕
を0〔dBm〕とする。

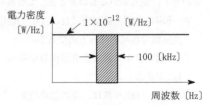

1	-10〔dBm〕	2	-20〔dBm〕
3	-30〔dBm〕	4	-40〔dBm〕
5	-50〔dBm〕		

B-1 次の記述は、図に示す FM（F3E）送信機のプレエンファシス特性の測定法の一
例について述べたものである。 □□□ 内に入れるべき字句を下の番号から選べ。

(1) 変調度計の高域フィルタ（HPF）を断（OFF）、低域フィルタ（LPF）の遮断周波
数を ◯ア◯〔kHz〕程度に設定する。

(2) 送信機は、指定チャネルに設定して送信し、変調は、 ◯イ◯ 波の1,000〔Hz〕で周
波数偏移許容値の70〔%〕に設定する。

---

(3) (2)の変調状態での復調出力レベルを測定し、そのときの低周波発振器の出力レベル
を記録する。

(4) 低周波発振器の周波数を 300〔Hz〕とし、(3)のときと　ウ　復調出力レベルが得ら
れるように低周波発振器の出力レベルを変化させその値を記録する。

(5) 低周波発振器の周波数を 500〔Hz〕、2,000〔Hz〕及び 3,000〔Hz〕と順次変えて(4)
と同様な測定を行い低周波発振器の出力レベルの値を記録する。

(6) (3)の　エ　の出力レベルを基準として、(4)及び(5)における出力レベルとの比を基に
プレエンファシス特性を求め、その特性が法令等で規定された許容値範囲内であるこ
とを確認する。

(7) 低周波発振器の出力レベルを一定として、復調出力レベルを測定する方法も可能で
ある。その場合、1,000〔Hz〕を基準として測定するが、　オ　〔Hz〕で飽和しない
ように注意する。

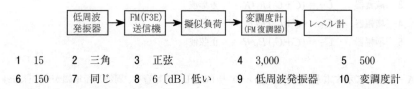

1 15	2 三角	3 正弦	4 3,000	5 500
6 150	7 同じ	8 6〔dB〕低い	9 低周波発振器	10 変調度計

B‒2 次の記述は、SSB（J3E）通信方式について述べたものである。このうち正しい
ものを1、誤っているものを2として解答せよ。

ア　SSB（J3E）通信方式は、AM（A3E）波の二つの側波帯を伝送して、変調信号を
受信側で再現させる方式である。

イ　SSB（J3E）波の占有周波数帯幅は、変調信号が同じとき、AM（A3E）波のほぼ
1/2である。

ウ　SSB（J3E）波は、変調信号の無いときでも放射される。

エ　SSB（J3E）波は、AM（A3E）波に比べて選択性フェージングの影響を受け難い。

オ　SSB（J3E）波は、搬送波が低減されているため、他の SSB 波の混信時にビート
妨害を生じる。

B‒3 次の記述は、図に示す CM 形電力計の原理について述べたものである。　　　
内に入れるべき字句を下の番号から選べ。

(1) CM 形電力計は、　ア　高周波電力計の一種であり、主同軸線路の内部導体の近く

答　B‒1：ア‒1　イ‒3　ウ‒7　エ‒9　オ‒4
　　B‒2：ア‒2　イ‒1　ウ‒2　エ‒1　オ‒2

に副同軸線路の内部導体を配置し、副同軸線路の両端に熱電対形電流計を接続したものである。

(2)　副同軸線路には、その内部導体と主同軸線路の内部導体との間の　イ　によって主同軸線路の電圧に比例する電流が流れ、また、副同軸線路の内部導体と主同軸線路の内部導体との間の　ウ　によって主同軸線路に流れる電流に比例する電流が流れる。

(3)　CM形電力計を構成する素子などが電気的に一定の条件を満足するようにしてあれば、熱電対形電流計の指示は、副同軸線路に流れる電流の　エ　に比例するので、その指示値から負荷への入射波電力及び負荷からの　オ　電力の測定ができる。

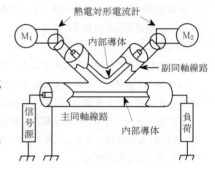

1	通過形	2	負性抵抗
3	静電容量	4	2乗
5	3乗	6	終端形
7	相互インダクタンス	8	表皮効果
9	スプリアス発射の	10	反射波

B-4　次の記述は、デジタル・ストレージ型スペクトルアナライザによる周波数測定について述べたものである。このうち正しいものを1、誤っているものを2として解答せよ。

ア　多数の信号のスペクトルが近接し混在している場合は、雑音等の隣接した妨害波の影響がない測定条件のもとであっても希望する信号のスペクトルの周波数測定はできない。

イ　基準発振器又は外部基準周波数信号の周波数が不正確であっても、局部発振器にシンセサイザを用いているため、十分な周波数測定精度を得ることができる。

ウ　希望する信号のスペクトルよりも振幅が大きいスペクトルがある場合、又は複数スペクトルの周波数を測定する場合は、ネクストピーク等のマーカサーチ機能を用いて効率的に測定することができる。

エ　機能的には、分析したスペクトル周波数をマーカで読み取る方式及び局部発振周波数と中間周波数を周波数カウンタと同様に計数することによりマーカを置いた信号スペクトルの周波数を高分解能で測定する方式を併設しているものがある。

オ　トリガモードによる掃引機能を用いて、発生頻度の低い信号のスペクトルの周波数測定ができる。

答　B-3：ア-1　イ-3　ウ-7　エ-4　オ-10
　　B-4：ア-2　イ-2　ウ-1　エ-1　オ-1

B－5　次の記述は、図に示すデジタル無線通信に用いられるトランスバーサル形自動等化器の原理的構成例等について述べたものである。□□□内に入れるべき字句を下の番号から選べ。

(1) 周波数選択性フェージングなどによる伝送特性の劣化は、波形ひずみとなって現れるため、□ア□が大きくなる原因となる。トランスバーサル形自動等化器は、波形を補償する□イ□の一つである。

(2) 図に示すように、トランスバーサル形自動等化器は、□ウ□ずつパルス列を遅らせ、それぞれのパルスに重み係数（タップ係数）を乗じ、重み付けをして合成することにより、理論的に周波数選択性フェージングなどより生じた符号間干渉を打ち消すことができる。

(3) 重み付けの方法は、図に示すように合成器の出力を識別器に入れ、識別時点における必要とする信号レベルとの誤差を検出し、この誤差が前後のどのパルスから生じたのかを、ビットと乗算して□エ□を検出し判定する。これにより、符号間干渉を与えているパルスに対するタップ係数を制御して誤差を打ち消す。

(4) QAMなど直交した搬送波間の干渉に対処するには、図に示す構成例による回路等を□オ□して構成する。

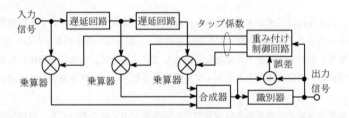

1	信号対干渉雑音比（S/I）	2	時間領域自動等化器	3	1/2ビット
4	直交成分	5	2次元化		
6	符号誤り率	7	周波数領域自動等化器	8	1ビット
9	相関成分	10	3次元化		

答　B－5：ア－6　イ－2　ウ－8　エ－9　オ－5

▶解答の指針

○A−2

3　直交周波数分割多重（OFDM）方式は、シンボル時間が**長い**ほどマルチパス遅延波の干渉を受ける時間が相対的に短くなるので、シンボル間干渉を受けにくくなる。

○A−3

(1)　主チャネル信号は、左右の和信号として 0〜15〔kHz〕の帯域で伝送される。副チャネル信号は、左右の差信号によって 38〔kHz〕の副搬送波を**振幅変調**し、搬送波は抑圧されて 23〜53〔kHz〕の帯域で伝送される。

(2)　19〔kHz〕のパイロット信号は、受信側で差信号である副チャネル信号の復調用**副搬送波**として2逓倍波である 38〔kHz〕を作るために付加される。

(3)　主搬送波の最大周波数偏移 ΔF は、±75〔kHz〕である。パイロット信号による主搬送波の周波数偏移は、ΔF の 10% であり、主チャネル信号及び副チャネル信号による主搬送波の周波数偏移の最大値は、それぞれ ΔF の **45**〔%〕である。

○A−4

単一正弦波で振幅変調した変調波電力 P_{DSB} は、搬送波電力を P_C〔W〕、変調度を $m \times 100$〔%〕として次式で表される。

$$P_{DSB} = P_C\left(1 + \frac{m^2}{2}\right) \text{〔W〕}$$

上式に題意の数値を代入して、$m = 0.4$、すなわち 40〔%〕を得る。

○A−5

(1)　この復調回路は、**同期検波**方式を用いている。

(2)　位相検波回路で入力の BPSK 信号と**搬送波再生回路**の出力との**掛け算**を行い、低域フィルタなどを経て復調出力を得る。

(3)　搬送波再生回路は、与図の回路で構成される。入力信号は s = "0"、"1" すなわち位相が 0 または π〔rad〕で変化するから、e_i は、周波数 f_c〔Hz〕を用いて、次式で表される。

$$e_i = \cos(2\pi f_c t + \pi s) \text{〔V〕}$$

周波数2逓倍器の出力 e_o は次のようになる。

$$e_o = e_i{}^2 = \frac{1 + \cos 2(2\pi f_c t + \pi s)}{2} = \frac{1}{2} + \frac{1}{2}\cos(4\pi f_c t + 2\pi s) \text{〔V〕}$$

上式の位相項は 0 または 2π〔rad〕であるから、周波数 $2f_c$〔Hz〕の連続波信号となり、e_0 に含まれる信号波以外の雑音成分を狭帯域の BPF で取り除く。その出力の位相は**変わらない**。その後 PLL で位相を安定化し、その出力を 1/2 に分周して、周波数 f_c〔Hz〕の基準搬送波を得る。

○A-6

位相比較器（PC）には、入力波と電圧制御発振器（VCO）の出力が加えられ、その出力にはそれらの周波数差に対応した電圧が発生する。その出力は低域フィルタ（LPF）を通って VCO の低周波制御電圧となる。VCO の周波数は入力波の周波数に追従して変化するので、制御電圧が検波された信号波そのものである。入力は単一の正弦波で周波数変調されているので図2であり、低周波増幅器（AF amp）の出力は低周波の正弦波形である図1である。

○A-7

FM受信機のスレッショルドレベルは、搬送波の振幅 V_n と入力換算の雑音電圧の最大値の振幅 V_n が等しいときであるから、おのおのの実効値を、V_{ce} と V_{ne} とすれば、題意より V_n は V_{ne} の4倍であることを考慮して、次式が成り立つ。

$$V_c = \sqrt{2}\, V_{ce} = V_n = 4 V_{ne} \qquad \cdots ①$$

(1) 式①よりスレッショルドレベルにおける搬送波電力対雑音電力比 C/N は次のようになる。

$$\frac{C}{N} = \frac{V_{ce}^2}{V_{ne}^2} = \frac{4^2}{(\sqrt{2})^2} = 8 \qquad \cdots ②$$

したがって、そのデシベル値は、$10\log_{10}8 = 30\log_{10}2 = 30 \times 0.3 = \underline{9}$〔dB〕である。

(2) スレッショルドレベルと等しくなる V_{ce} は、題意の数値を用いて次のようになる。

$$V_{ce} = \frac{4}{\sqrt{2}}\, V_{ne} ≒ \frac{4 \times 0.35}{1.4} = \underline{1}\ 〔\mu V〕$$

○A-8

送信電力 P は、受信機入力に換算した CN 比を (C/N)〔dB〕、受信機雑音電力の入力換算値を N〔dBm〕、送受信アンテナの合計利得を $G = 60$〔dBi〕、送受信給電線の合計損失を $L_f = 4$〔dB〕、及び伝搬損失を L_0〔dB〕として次式で表され、題意の数値を代入して以下のようになる。

$$P = (C/N) + N - G + L_f + L_0 = 60 - 107 - 60 + 4 + 136 = 33\ 〔dBm〕 = 3\ 〔dBW〕$$

すなわち、$P = 2$〔W〕である。

○A-9

抵抗 R〔Ω〕が発する熱雑音の実効値 $\sqrt{e_n^2}$ は、等価雑音帯域幅 B〔Hz〕、周囲温度 T〔K〕、ボルツマン定数 k〔J/K〕と題意の数値を用いて次のようになる。

$$\sqrt{e_n^2} = \sqrt{4kTBR} = \sqrt{4 \times 1.38 \times 10^{-23} \times 300 \times 3.2 \times 10^6 \times 300} ≒ 4 \times 10^{-6}\ 〔V〕$$

○A – 10

設問図の回路では、入力電圧及びツェナー電圧が一定であり、R の両端の電圧は一定であるから R に流れる電流 $I_r = I_Z + I_L$ は一定となる。したがって、I_Z は I_L が増加すると減少する。

また、I_L が大きいほど、D_Z での消費電力は小さくなる。無負荷（開放）のときは、$I_L = 0$〔A〕であるから $I_r = I_Z$〔A〕である。ツェナー電圧が 10〔V〕で、I_Z の最大値は、$(20-10)/100 = \underline{0.1}$〔A〕であり、$10 \times 0.1 = \underline{1.0}$〔W〕より大きい許容損失の D_Z を使用する必要がある。

○A – 13

最大探知距離 $R_{\max}$ は、尖頭電力 P_t〔W〕、有効反射断面積 σ〔m^2〕、アンテナ利得 G、波長 λ〔m〕、レーダー受信機の検出可能最小受信電力 $S_{\min}$〔W〕として次のレーダー方程式で表される。

$$R_{\max} = \left\{ \frac{P_t \sigma G^2 \lambda^2}{(4\pi)^3 S_{\min}} \right\}^{1/4} \text{〔m〕}$$

上式から $R_{\max}$ は、P_t の1/4乗に比例するから、P_t を9倍にしたとき $R_{\max}$ は $9^{1/4} \fallingdotseq 1.73$ 倍、すなわち、$R_{\max} \fallingdotseq 10 \times 1.73 = 17.3$〔km〕となる。

○A – 16

3　中継器（トランスポンダ）は、地球局から通信衛星向けの**アップリンク**の周波数を通信衛星から地球局向けの**ダウンリンク**の周波数に変換するとともに、**アップリンク**で減衰した信号を必要なレベルに増幅して送信する。

○A – 17

ビット誤り率 e は、N〔bit〕伝送では 1〔bit〕の誤りが生じるとき、$e = 1/N$ であるから、1〔bit〕の誤りが生じる時間 t〔s〕は、伝送速度を f〔bps〕とし題意の数値を用いて次のようになる。

$$t = \frac{N}{f} = \frac{1}{ef} = \frac{1}{1 \times 10^{-8} \times 20 \times 10^6} = 5 \text{〔s〕}$$

○A – 18

パルス信号の立ち上がり時間 T_r は、波形の振幅が 10〔%〕から 90〔%〕になる時間であり、設問図から目盛りの数が 1〔div〕であるから、$T_r = 5 \times 1 = \underline{5}$〔ms〕である。

また、パルス幅 τ は、振幅の 50〔%〕の2点間を横切る時間であり、5〔div〕であるから、$\tau = 5 \times 5 = \underline{25}$〔ms〕である。

○A - 19

(1) プローブ及びオシロスコープ入力部は、抵抗及び静電容量からなる受動回路のみで構成されているので、減衰器として作動する。

(2) 並列インピーダンス Z_1 と Z_2 は、回路の諸量を用いて次式で表される。

$$Z_1 = \frac{R}{1+j\omega C_T R}$$

$$Z_2 = \frac{R_i}{1+j\omega(C+C_i)R_i}$$

したがって、プローブの出力信号 e_o〔V〕と入力信号 e_i〔V〕との比 e_o/e_i は、次式となる。

$$\frac{e_o}{e_i} = \frac{Z_2}{Z_1+Z_2} = \frac{R_i}{R\dfrac{1+j\omega(C+C_i)R_i}{1+j\omega C_T R}+R_i}$$

上式は、C_T を $C_T = (C+C_i)\,R_i/R$ に調整すると、$e_o/e_i = R_i/(R+R_i)$ となり、周波数とは無関係の一定値となる。この調整は、オシロスコープ入力部の周波数特性を平坦にし、方形波のような広帯域波形の観測において波形歪みを軽減する。

○A - 20

スペクトルアナライザのフィルタ通過後の電力 P_0 は、雑音の電力密度を P_d〔W/Hz〕、帯域幅を B〔Hz〕として、題意の数値を用い次のようになる。

$$P_0 = P_d B = 1\times10^{-12}\times1\times10^5 = 1\times10^{-7}\text{〔W〕} = 1\times10^{-4}\text{〔mW〕}$$

したがって、デシベル換算で、$P_0 = 10\log_{10}10^{-4} = -40$〔dBm〕となる。

○B - 2

ア SSB（J3E）通信方式は、AM（A3E）波の一つの側波帯のみを伝送して、変調信号を受信側で再現させる方式である。

ウ SSB（J3E）波は、変調信号の有るときだけ放射される。

オ SSB（J3E）波は、搬送波が抑圧されているため、他の SSB 波の混信時にビート妨害を生じない。

○B - 3

⑴　CM 形電力計は、設問図のように主同軸線路と副同軸線路が CM 形方向性結合器に接続されており、主同軸線路を通過する電力の一部を取り出して進行波と反射波の電力を独立に測る<u>通過形高周波電力計</u>の一種である。

⑵　主同軸線路と副同軸線路の内部導体とは<u>静電容量</u>（C）による結合によって主同軸線路の電圧に比例した電流が、また<u>相互インダクタンス</u>（M）による結合によって主同軸線路の電流に比例した電流が副同軸線路に流れる。

⑶　副同軸線路の両端に接続された熱電対形電流計 M_1 と M_2 は、おのおの温度上昇に比例した反射波と入射波の電力の実効値を表示する。CM 形電力計を構成する素子などが電気的に一定の条件を満足するようにしてあれば、熱電対形電流計の指示は、熱電対形電流計の熱線に流れる電流の <u>2 乗</u>に比例するので、指示値から負荷への入射波電力及び負荷からの<u>反射波電力</u>を測定できる。

○B - 4

ア　周波数選択性があるため、多数の信号のスペクトルが近接し混在していても、**雑音等の隣接した妨害波の影響がない**測定条件のもとで希望する信号のスペクトルの周波数測定ができる。

イ　十分な周波数測定精度を得るためには、局部発振器がシンセサイザであり、基準発振器又は外部基準周波数信号の**周波数は正確である**ことが必要である。

令和3年7月期

A-1 次の記述は、我が国の地上系デジタル方式の標準テレビジョン放送に用いられる送信の標準方式について述べたものである。 内に入れるべき字句の正しい組合せを下の番号から選べ。

伝送方式には、 A が用いられる。この方式は、送信データを多数の搬送波に分散して送ることにより、単一キャリアのみを用いて送る方式に比べ伝送シンボルの継続時間が B ため、本質的にマルチパスの影響を受けにくいが、さらに、 C を設定することにより、マルチパスの影響を抑えることができる。

	A	B	C
1	OFDM	短い	ガードインターバル
2	OFDM	短い	バックオフ
3	OFDM	長い	ガードインターバル
4	VSB	短い	バックオフ
5	VSB	長い	バックオフ

A-2 次の記述は、デジタル位相変調方式を用いた BPSK 及び QPSK について述べたものである。 内に入れるべき字句の正しい組合せを下の番号から選べ。

(1) 一般に、BPSK は変調信号に対して、 A 〔rad〕の間隔で搬送波の位相を割り当てる。

(2) QPSK 波は、二つの直交する BPSK 波を B することによって得ることができる。

(3) 同じ符号誤り率を達成するための搬送波電力対雑音電力比（所要 C/N）は、理論的に BPSK に比べて QPSK の方が C 。

	A	B	C
1	$\pi/2$	加算	小さい
2	$\pi/2$	乗算	大きい
3	π	乗算	小さい
4	π	加算	大きい
5	π	加算	小さい

A-3 次の記述は、直交振幅変調（QAM）等のデジタル信号の帯域制限に用いられるロールオフフィルタ等について述べたものである。 内に入れるべき字句の正しい組合せを下の番号から選べ。ただし、デジタル信号のシンボル（パルス）期間長を T 〔s〕とし、ロールオフフィルタの帯域制限の傾斜の程度を示す係数（ロールオフ率）を α （0 ≦ α ≦1) とする。

答 A-1：3 A-2：4

(1) 遮断周波数 $1/(2T)$〔Hz〕の理想低域フィルタ（LPF）にインパルスを加えたときの出力応答は、中央のピークを除いて __A__ 〔s〕ごとに零点が現れる波形となる。この間隔でパルス列を伝送すれば、受信パルスの中央でレベルの識別を行うような検出に対して、前後のパルスの影響を受けることなく符号間干渉を避けることができる。

(2) 理想 LPF の実現は困難であり、実際にデジタル信号の帯域制限に用いられるロールオフフィルタに、入力としてシンボル期間長 T〔s〕のデジタル信号を通すと、その出力信号（ベースバンド信号）の周波数帯域幅は、 __B__ 〔Hz〕で表される。また、無線伝送では、ベースバンド信号で搬送波をデジタル変調（線形変調）するので、その周波数帯域幅は、 __C__ 〔Hz〕で表される。

	A	B	C
1	T	$\dfrac{1+\alpha}{2T}$	$\dfrac{1-\alpha}{T}$
2	T	$\dfrac{1+\alpha}{2T}$	$\dfrac{1+\alpha}{T}$
3	$2T$	$\dfrac{1+\alpha}{2T}$	$\dfrac{1-\alpha}{2T}$
4	$2T$	$\dfrac{1-\alpha}{2T}$	$\dfrac{1+\alpha}{T}$
5	T	$\dfrac{1-\alpha}{2T}$	$\dfrac{1-\alpha}{T}$

無線工学A

A−4 図に示す送信設備の終段部の構成において、1〔W〕の入力電力を加えて、電力増幅器及びアンテナ整合器を通した出力を10〔W〕とするとき、電力増幅器の利得として、正しいものを下の番号から選べ。ただし、アンテナ整合器の挿入損失を1〔dB〕とする。

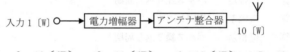

入力 1〔W〕○—→ 電力増幅器 —→ アンテナ整合器 —→ 10〔W〕

1 9〔dB〕 2 10〔dB〕 3 11〔dB〕 4 12〔dB〕 5 13〔dB〕

A−5 次の記述は、スーパヘテロダイン受信機の妨害波の周波数について述べたものである。□□□内に入れるべき字句の正しい組合せを下の番号から選べ。

(1) 妨害波の周波数と受信機の局部発振周波数との差の周波数が __A__ に等しいときは、希望波以外の不要な成分が受信機出力に生ずることがある。

(2) 希望周波数が局部発振周波数より低いとき、妨害波の一つである影像周波数は、局部発振周波数より __B__ 。

	A	B
1	信号周波数	高い
2	局部発振周波数	低い
3	局部発振周波数	高い
4	中間周波数	高い
5	中間周波数	低い

答 A−3：2 A−4：3 A−5：4

A - 6 次の記述は、図に示すデジタル通信に用いられる QPSK 復調器の原理的構成例について述べたものである。□□内に入れるべき字句の正しい組合せを下の番号から選べ。

(1) 位相検波器1及び2は、「QPSK 信号」と「基準搬送波」及び「QPSK 信号」と「基準搬送波と位相が $\pi/2$ 異なる信号」をそれぞれ ☐ A ☐ し、両者の ☐ B ☐ を出力させるものである。

(2) クロック発生回路は、位相検波器1及び2から出力された信号の ☐ C ☐ に同期したクロック信号を出力し、識別器が正確なタイミングで識別できるようにするものである。

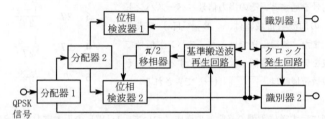

	A	B	C
1	掛け算	位相差	パルス繰り返し周期
2	掛け算	振幅差	パルス繰り返し周期
3	掛け算	振幅差	振幅レベル
4	足し算	位相差	パルス繰り返し周期
5	足し算	振幅差	振幅レベル

A - 7 雑音指数が4〔dB〕で有能利得が14〔dB〕の高周波増幅器の入力端における雑音の有能電力（熱雑音電力）が -118〔dBm〕であるとき、出力端における雑音の有能電力の値として、正しいものを下の番号から選べ。ただし、1〔mW〕を0〔dBm〕とする。

1 -86〔dBm〕　　2 -96〔dBm〕　　3 -100〔dBm〕
4 -104〔dBm〕　　5 -108〔dBm〕

A - 8 受信機の入力端に入力される信号 e の電力が -73〔dBm〕のときの e の電圧の実効値として、最も近いものを下の番号から選べ。ただし、受信機の入力端のインピーダンスを50〔Ω〕とする。また、1〔mW〕を0〔dBm〕、$\log_{10}2 = 0.3$ とする。

1 0.5〔μV〕　　2 2〔μV〕　　3 3〔μV〕　　4 5〔μV〕　　5 50〔μV〕

答　A - 6 : 1　　A - 7 : 3　　A - 8 : 5

A - 9　次の記述は、図に示す直列制御方式の定電圧回路に用いられる電流制限形保護回路について述べたものである。□□□内に入れるべき字句の正しい組合せを下の番号から選べ。なお、同じ記号の□□□内には、同じ字句が入るものとする。

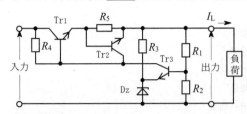

Tr1、Tr2、Tr3：トランジスタ
R_1、R_2、R_3、R_4、R_5：抵抗〔Ω〕
Dz：ツェナーダイオード

(1)　電流制限形保護回路として、動作するトランジスタは　A　であり、過負荷又は負荷が短絡したとき、Tr1 に過大な電流が流れないようにする。

(2)　負荷電流 I_L〔A〕が過大な電流になり、R_5 の両端の電圧が規定の電圧より大きくなると、　A　のコレクタ電流が　B　するため、Tr1 のベース電流が　C　し、I_L が規定値以下になるよう電流を制限することができる。

	A	B	C
1	Tr2	減少	減少
2	Tr2	増加	減少
3	Tr2	減少	増加
4	Tr3	減少	増加
5	Tr3	増加	減少

A - 10　電源の負荷電流と出力電圧の関係がグラフのように表されるとき、この電源の電圧変動率の値として、最も近いものを下の番号から選べ。ただし、定格電流を 4〔A〕とする。

1　7.0〔%〕

2　8.1〔%〕

3　9.5〔%〕

4　10.0〔%〕

5　11.1〔%〕

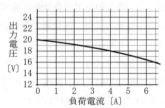

A - 11　次の記述は、ASR（空港監視レーダー）について述べたものである。□□□内に入れるべき字句の正しい組合せを下の番号から選べ。

(1)　ASR は、航空機の位置を探知し、SSR（航空用二次監視レーダー）を併用して得た航空機の　A　情報を用いることにより、航空機の位置を　B　的に把握することが可能である。

答　A - 9：2　　A - 10：5

(2) 移動する航空機の反射波の位相が C によって変化することを利用して山岳、地面及び建物などの固定物標からの反射波を除去し、移動目標の像をレーダーの指示器に明瞭に表示することができる MTI（移動目標指示装置）を用いている。

	A	B	C
1	方位	二次元	ドプラ効果
2	方位	三次元	ドプラ効果
3	方位	二次元	ファラデー効果
4	高度	三次元	ドプラ効果
5	高度	三次元	ファラデー効果

A-12 パルスレーダーにおいて、物標からの反射波を探知するための受信機の入力端子における信号電力の最小値 S_i〔W〕の値として、最も近いものを下の番号から選べ。ただし、入力端に換算した、探知可能な反射波の信号対雑音比（S/N）の最小値は30〔dB〕、雑音は熱雑音のみとし、受信機の雑音指数の値は2（真数）とする。また、ボルツマン定数を k〔J/K〕、等価雑音温度を T〔K〕、受信機の等価雑音帯域幅を B〔Hz〕とするとき、kTB の値は $5×10^{-15}$〔W〕とし、$\log_{10}2 = 0.3$ とする。

1 －80〔dBm〕　　2 －84〔dBm〕　　3 －86〔dBm〕

4 －88〔dBm〕　　5 －90〔dBm〕

A-13 次の記述は、スペクトル拡散（SS）通信方式について述べたものである。このうち誤っているものを下の番号から選べ。

1 直接拡散方式は、送信側で用いた擬似雑音符号と異なる符号でしか復調（逆拡散）できないため秘話性が高い。

2 直接拡散方式は、一例として、デジタル信号を擬似雑音符号により広帯域信号に変換した信号で搬送波を変調する。受信時における狭帯域の妨害波は、受信側で拡散されるので混信妨害を受けにくい。

3 周波数ホッピング方式は、狭帯域の妨害波により搬送波が妨害を受けても、搬送波がすぐに他の周波数に切り換わるため、混信妨害を受けにくい。

4 周波数ホッピング方式は、搬送波周波数を擬似雑音符号によって定められた順序で時間的に切り換えることにより、スペクトラムを拡散する。

5 通信チャネルごとに異なる擬似雑音符号を用いる多元接続方式は、CDMA方式と呼ばれる。

答　A-11：4　　A-12：1　　A-13：1

A－14 次の記述は、衛星通信に用いられる多元接続方式について述べたものである。このうち誤っているものを下の番号から選べ。

1 FDMA 方式は、複数の搬送波をその周波数帯域が互いに重ならないように周波数軸上に配置する方式である。

2 FDMA 方式において、個々の通信路がそれぞれ単一の回線で構成されるとき、これを MCPC という。

3 TDMA 方式は、時間を分割して各地球局に割り当てる方式である。

4 TDMA 方式は、隣接する通信路間の衝突が生じないようにガードタイムを設ける。

5 CDMA 方式は、中継器の同一の周波数帯域を多数の地球局が同時に使っても共用でき、それぞれ独立に通信を行う。

A－15 次の記述は、ブロック符号を例にして、誤り訂正符号の生成及び誤り検出・訂正の原理について述べたものである。□□内に入れるべき字句の正しい組合せを下の番号から選べ。なお、同じ記号の□□内には、同じ字句が入るものとする。

(1) 送信側では、受信側へ送信する情報データに対して□A□を計算し、その計算した□A□を情報ビットに付加して符号語を生成する。例えば、生成した符号語 S_1 と S_2 を受信側へ伝送したとき、その伝送路上でさまざまなノイズの影響を受け、S_1 の d 個のビットが反転して S_1 と S_2 が同じものとなった場合は、受信側では誤って S_1 を S_2 と判断してしまう。

  この場合の送信側の S_1 と S_2 間のハミング距離は、□B□である。

(2) 図は、ハミング距離の空間について、S_1 と S_2 のビットがそれぞれ t 個反転したときの範囲を円で示している。S_1 と S_2 のハミング距離の最小距離を d_{min} とすると、一般に、$d_{min} \geqq$ □C□ であれば、図に示すようにハミング距離の空間内で、S_1 と S_2 を中心とする半径 t の円は互いに交わったり接したりすることがない。よって、S_1 と S_2 が、受信側の誤り検出・訂正によって間違えずに見分けられるために許される誤りの数は t 個以下であることがわかる。

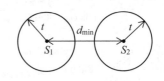

(3) 一般に、ブロック符号では、送信側の S_1 と S_2 間のハミング距離を必ず □C□ 以

	A	B	C
1	最上位ビット	$2d$	$2t+1$
2	最上位ビット	d	$2t-1$
3	検査ビット	d	$2t-1$
4	検査ビット	$2d$	$2t-1$
5	検査ビット	d	$2t+1$

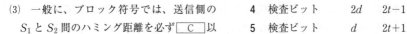

答 A－14：2

上になるように工夫して　A　を計算して情報ビットに付加し送信する。受信側では、任意の符号語間のハミング距離が　C　以上とわかっているから t 個以下の誤りを訂正できる。

A－16　図に示す衛星通信回線の構成例において、受信地球局の受信電力 P_r を表す式として、正しいものを下の番号から選べ。ただし、回線は、以下のパラメータを有するものとする。また、送信地球局の送信電力 P_t 及び受信地球局の受信電力 P_r は、それぞれ1〔W〕を0〔dBW〕とし、その他のパラメータは、全てデシベルを用いた正の値で表している。

送信地球局　：送信電力 P_t〔dBW〕、送信アンテナ利得 G_t〔dBi〕、送信アンテナの給電損失、指向損失及び偏波不整合損失 L_{ta}〔dB〕

人工衛星局　：中継器利得 G_s〔dB〕、送信アンテナ利得 G_{sd}〔dBi〕、送信アンテナの給電損失、指向損失及び偏波不整合損失 L_{da}〔dB〕

　　　　　　　受信アンテナの利得 G_{su}〔dBi〕、受信アンテナの給電損失、指向損失及び偏波不整合損失 L_{ua}〔dB〕

受信地球局　：受信アンテナ利得 G_r〔dBi〕、受信アンテナの給電損失、指向損失及び偏波不整合損失 L_{ra}〔dB〕

アップリンク：伝搬損失（自由空間損失、大気吸収損失及び降雨減衰損失を含む。）L_u〔dB〕

ダウンリンク：伝搬損失（自由空間損失、大気吸収損失及び降雨減衰損失を含む。）L_d〔dB〕

1　$P_r = P_t + G_t + L_{ta} + L_u + G_{su} + L_{ua} + G_s + G_{sd} + L_{da} + L_d + G_r + L_{ra}$〔dBW〕

2　$P_r = P_t + G_t - L_{ta} - L_u + G_{su} - L_{ua} + G_s + G_{sd} + L_{da} + L_d + G_r + L_{ra}$〔dBW〕

3　$P_r = P_t + G_t - L_{ta} - L_u + G_{su} - L_{ua} + G_s + G_{sd} - L_{da} - L_d + G_r - L_{ra}$〔dBW〕

4　$P_r = P_t + G_t + L_{ta} + L_u + G_{su} + L_{ua} + G_s + G_{sd} - L_{da} - L_d + G_r - L_{ra}$〔dBW〕

5　$P_r = P_t + G_t + L_{ta} - L_u + G_{su} + L_{ua} + G_s + G_{sd} + L_{da} - L_d + G_r + L_{ra}$〔dBW〕

答　A－15：**5**　　A－16：**3**

A－17　図は、デジタル無線回線において被測定系の送信装置と受信装置が伝送路を介して離れている場合のビット誤り率測定の構成例を示したものである。□□内に入れるべき字句の正しい組合せを下の番号から選べ。なお、同じ記号の□□内には、同じ字句が入るものとする。

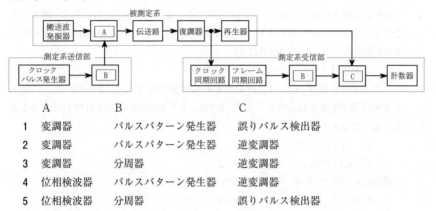

	A	B	C
1	変調器	パルスパターン発生器	誤りパルス検出器
2	変調器	パルスパターン発生器	逆変調器
3	変調器	分周器	逆変調器
4	位相検波器	パルスパターン発生器	逆変調器
5	位相検波器	分周器	誤りパルス検出器

A－18　次の記述は、法令等で規定された SSB（J3E）送信機の搬送波電力（本来抑圧されるべきもの）の測定法の概要について述べたものである。□□内に入れるべき字句の正しい組合せを下の番号から選べ。なお、同じ記号の□□内には、同じ字句が入るものとする。

(1)　測定構成を図に示す。

(2)　SSB（J3E）送信機を指定のチャネルに設定する。

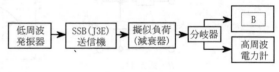

(3)　変調は、□A□の1,500〔Hz〕によって空中線電力を定格電力の80〔%〕に設定する。

(4)　所定の条件により設定した□B□を掃引し、画面に上側波帯電力と搬送波電力を表示して、それぞれの電力（dBm）を測定する。測定結果として、測定した上側波帯電力と搬送波電力の差を求め、その差が40〔dB〕以上あることを確認する。

	A	B
1	三角波	スペクトルアナライザ
2	三角波	オシロスコープ
3	パルス波	オシロスコープ
4	正弦波	オシロスコープ
5	正弦波	スペクトルアナライザ

答　A－17：1　　A－18：5

A-19 次の記述は、オシロスコープの立ち上がり時間について述べたものである。□□□内に入れるべき字句の正しい組合せを下の番号から選べ。ただし、$\log_e(1/0.9) = 0.1$ 及び $\log_e(1/0.1) = 2.3$ とする。また、e は自然対数の底とする。

(1) オシロスコープの垂直増幅器の高域の減衰特性が 6〔dB/oct〕のとき、この特性の等価回路は図1に示す一次の□A□で近似でき、そのステップ応答波形は、図2で表される。ただし、v/V は、ステップ入力の振幅が V〔V〕、出力の振幅が v〔V〕のときの振幅比であり、次式で表される。

$$v/V = \{1 - e^{-t/(CR)}\} \qquad \cdots ①$$

(2) 立ち上がり時間 T_r〔s〕は、v/V がその最終値1.0の 10〔%〕から 90〔%〕になるまでの時間で定義されるので、まず、0〔%〕から 10〔%〕になる時間 t' を求めると、次のようになる。

$$0.1 = 1 - e^{-t'/(CR)}$$

$$t' ≒ 0.1\,CR \ 〔s〕 \qquad \cdots ②$$

同様に 0〔%〕から 90〔%〕になる時間 t'' は次のようになる。

$$t'' ≒ \boxed{\text{B}} \ 〔s〕 \qquad \cdots ③$$

垂直増幅器の高域しゃ断周波数 f_c は、□C□〔Hz〕に等しく、これと式②及び式③より立ち上がり時間 T_r を求めると、T_r は f_c と近似的に次式の関係がある。

$$T_r = t'' - t' ≒ 0.35/f_c \ 〔s〕$$

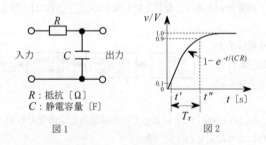

R:抵抗〔Ω〕
C:静電容量〔F〕

図1   図2

	A	B	C
1	低域フィルタ（LPF）	$0.23CR$	$2\pi CR$
2	低域フィルタ（LPF）	$2.3CR$	$1/(2\pi CR)$
3	低域フィルタ（LPF）	$2.3CR$	$2\pi CR$
4	高域フィルタ（HPF）	$0.23CR$	$1/(2\pi CR)$
5	高域フィルタ（HPF）	$2.3CR$	$2\pi CR$

答 A-19：2

A-20　次の記述は、図に示す同軸形抵抗減衰器及びその等価回路について述べたものである。　内に入れるべき字句の正しい組合せを下の番号から選べ。ただし、抵抗素子 R_1〔Ω〕、R_2〔Ω〕及び R_3〔Ω〕には、$R_1 = R_3$、$R_2 = 4R_1$ の関係があり、入出力の抵抗 R_0 の大きさは、$R_0 = 3R_1$〔Ω〕とする。

(1)　端子 ab から負荷側を見た R_2〔Ω〕、R_3〔Ω〕及び R_0〔Ω〕の合成インピーダンスは、　A　である。

(2)　信号源電圧が e〔V〕のとき、減衰器の入力電圧 e_1 は $e_1 =$ 　B　であり、e_1 と出力電圧 e_2 との比からこの同軸形抵抗減衰器の減衰量を求めると、　C　である。

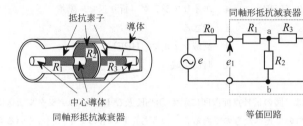

抵抗素子　導体
R_2
R_1　R_3
中心導体
同軸形抵抗減衰器

同軸形抵抗減衰器
R_0　R_1　a　R_3
e　e_1　R_2　e_2　R_0
b
等価回路

	A	B	C
1	$3R_1$〔Ω〕	$e/2$〔V〕	6〔dB〕
2	$3R_1$〔Ω〕	$e/3$〔V〕	3〔dB〕
3	$2R_1$〔Ω〕	$e/2$〔V〕	9〔dB〕
4	$2R_1$〔Ω〕	$e/2$〔V〕	6〔dB〕
5	$2R_1$〔Ω〕	$e/3$〔V〕	3〔dB〕

B-1　次の記述は、図に示す FFT アナライザの原理的な構成例について述べたものである。　内に入れるべき字句を下の番号から選べ。なお、同じ記号の　内には、同じ字句が入るものとする。

被測定信号(アナログ信号) → | ア | → A-D 変換器 → FFT 演算器 → 表示部

(1)　A－D 変換器は、　ア　を通過した被測定信号（アナログ信号）を A－D 変換してデジタルデータに置き換える。

(2)　A－D 変換器の出力であるデジタルデータは、FFT 演算器で演算処理（高速フーリエ変換（FFT））されて　イ　のデータに変換され表示部に表示される。

答　A-20：**4**

(3) FFT アナライザは、被測定信号に含まれる周波数、振幅、位相の三要素をとらえることが　ウ　。

(4) 　ア　を通過した被測定信号（A−D 変換器の入力信号）を忠実に表示するためには、理論的に、A−D 変換器のサンプリング周波数を、被測定信号成分の最高周波数の　エ　より高い周波数とする。

(5) 　ア　は、A−D 変換器においてサンプリング時に発生する可能性のある　オ　を防止する。

1	できない	2	1/2
3	低域フィルタ（LPF）	4	エイリアシング（折り返し）誤差
5	周波数領域	6	できる
7	2倍	8	高域フィルタ（HPF）
9	量子化誤差	10	時間領域

B−2　次の記述は、図の信号点配置図に示す QPSK 及び BPSK のデジタル伝送におけるビット誤り等について述べたものである。このうち正しいものを1、誤っているものを2として解答せよ。

ア　QPSK において、2ビットのデータを各シンボルに割り当てる方法が自然2進符号に基づく場合は、縦横に隣接するシンボル間で誤りが生じたとき、常に2ビットの誤りとなる。

イ　QPSK において、2ビットのデータを各シンボルに割り当てる方法がグレイ符号に基づく場合は、縦横に隣接するシンボル間で誤りが生じたとき、常に1ビットの誤りですむ。

ウ　QPSK において、2ビットのデータを各シンボルに割り当てる方法がグレイ符号に基づく場合と自然2進符号に基づく場合とで比べたとき、グレイ符号に基づく場合の方がビット誤り率を小さくできる。

エ　BPSK では、シンボル誤り率とビット誤り率は同じ値になる。

オ　2,000,000ビットの信号を伝送して、2ビットの誤りがあった場合、ビット誤り率は、10^{-4} である。

B−3　次の記述は、デジタル変調方式である 16QAM 等について述べたものである。□□内に入れるべき字句を下の番号から選べ。

---

(1) 16QAM は、周波数が等しく位相が ア 〔rad〕異なる直交する 2 つの搬送波を、それぞれ イ 値のレベルを持つ信号で変調し、それらを合成することにより得られる。

(2) 16QAM を QPSK と比較すると、一般的に、16QAM の方が ウ 。また、16QAM は、振幅方向にも情報が含まれているため、伝送路におけるノイズやフェージングなどの影響を エ 。

(3) 16QAM を 16PSK と比較すると、理論的に、同じ C/N のときのビット誤り率（BER）は、 オ の方が小さい。

| 1 | $\pi/2$ | 2 | 4 | 3 | 周波数利用効率が低い | 4 | 受け難い | 5 | 16QAM |
| 6 | $\pi/4$ | 7 | 16 | 8 | 周波数利用効率が高い | 9 | 受け易い | 10 | 16PSK |

B - 4　次の記述は、図に示す構成例を用いた FM（F3E）送信機の信号対雑音比（S/N）の測定法について述べたものである。　　内に入れるべき字句を下の番号から選べ。ただし、各機器間の整合はとれているものとする。なお、同じ記号の　　内には、同じ字句が入るものとする。

(1) スイッチ SW を②側に接続して送信機の入力端子を無誘導抵抗に接続し、送信機から ア を出力する。 イ の出力を出力計の指示値が読み取れる値 V〔V〕となるように可変減衰器2（ATT2）を調整し、このときの可変減衰器2（ATT2）の読みを D_1〔dB〕とする。

(2) 次に、SW を①側に接続し、低周波発振器から規定の変調信号を低域フィルタ（LPF）及び可変減衰器1（ATT1）を通して送信機に加え、 ウ が規定値になるように エ を調整する。

(3) また、 イ の出力が(1)と同じ V〔V〕となるように可変減衰器2（ATT2）を調整し、このときの可変減衰器2（ATT2）の読みを D_2〔dB〕とすれば、求める信号対雑音比（S/N）は、 オ 〔dB〕である。

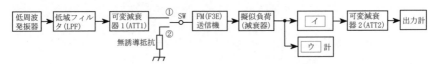

1	変調波	2	FM 直線検波器	3	周波数偏移
4	可変減衰器2（ATT2）	5	D_2+D_1	6	無変調波
7	包絡線検波器	8	ひずみ率	9	可変減衰器1（ATT1）
10	D_2-D_1				

答　B-3：ア-1　イ-2　ウ-8　エ-9　オ-5
　　B-4：ア-6　イ-2　ウ-3　エ-9　オ-10

B－5　次の記述は、FM受信機の感度抑圧効果について述べたものである。このうち正しいものを1、誤っているものを2として解答せよ。

ア　感度抑圧効果は、希望波信号に近接した強いレベルの妨害波が加わると、受信機の感度が抑圧される現象である。

イ　妨害波の許容限界入力レベルは、希望波信号の入力レベルが一定の場合、希望波信号と妨害波信号との周波数差が大きいほど低くなる。

ウ　感度抑圧効果による妨害の程度は、妨害波が希望波の近傍にあって変調されているときは無変調の場合よりも大きくなることがある。

エ　感度抑圧効果は、受信機の高周波増幅部あるいは周波数変換部の回路が、妨害波によって飽和状態になるために生ずる。

オ　感度抑圧効果を軽減するには、高周波増幅部の利得を規定の信号対雑音比（S/N）が得られる範囲で高くする方法がある。

▶解答の指針

○A-3

(1) 遮断周波数 $1/(2T)$ 〔Hz〕の理想低域フィルタのインパルス応答は、中央を除いて T 〔s〕ごとに0点が現れる波形であるから、この周期でパルス列を伝送すれば、符号間干渉を避けられるがこのフィルタの実現は難しい。

(2) 実現可能なベースバンド信号の帯域制限フィルタとして、ロールオフ率を α とした帯域幅 $(1+\alpha)/(2T)$ 〔Hz〕をもつロールオフフィルタが用いられる。また、無線伝送では、ベースバンド信号で搬送波をデジタル変調するので、周波数帯域幅は、その2倍である $(1+\alpha)/T$ 〔Hz〕となる。

○A-4

電力増幅器の入力電力を P_I 〔W〕、アンテナ整合器を通した出力電力を P_O 〔W〕とすると、電力増幅器と整合器全体の利得 G_{PC} は次のようになる。

$$G_{PC} = 10\log_{10}(P_O/P_I) = 10\log_{10}10 = 10 \text{〔dB〕}$$

電力増幅器の利得を G_P、整合器の損失を L_C とすれば、$G_{PC} = G_P - L_C$ である。

したがって、G_P は題意の数値を代入して次のようになる。

$$G_P = G_{PC} + L_C = 10 + 1 = 11 \text{〔dB〕}$$

○A-7

受信機の雑音指数 F は、有能信号入力電力 S_i 〔W〕、有能雑音入力電力 N_i 〔W〕、有能信号出力電力 S_o 〔W〕、有能雑音出力電力 N_o 〔W〕を用いて次式で定義され、有能利得 G は、$G = S_o/S_i$ であるから、次のようになる。

$$F = \frac{S_i/N_i}{S_o/N_o} = \frac{N_o}{GN_i}$$

上式及び題意の数値を用いてデシベル表示の F は、次のようになる。

$$F = N_{odB} - G_{dB} - N_{idB}$$

$$\therefore \quad N_{odB} = F + G_{dB} + N_{idB} = 4 + 14 - 118 = -100 \text{〔dBm〕}$$

○A-8

入力電力 P は、入力電圧の実効値 V 〔V〕及び入力端インピーダンス R 〔Ω〕との間に $P = V^2/R$ 〔W〕の関係がある。P を真数で表して、

$$P = 10^{(-73/10)} \times 10^{-3} = 10^{(-7-0.3)} \times 10^{-3}$$

$$= \frac{10^{-7}}{2} \times 10^{-3} = 0.5 \times 10^{-10} \text{〔W〕}$$

したがって、V は次のようになる。

$$V = \sqrt{PR} = \sqrt{0.5 \times 10^{-10} \times 50}$$
$$= 5 \times 10^{-5} = 50 \ [\mu \text{V}]$$

○A-9

設問図の定電圧回路は、出力電圧の一部と定電圧と比較しその差信号を制御信号として戻し電圧を制御する方式である。

(1) 保護回路として動作するトランジスタは Tr2 であり、出力の逆相信号を Tr1 のベースに加えて過大電流が流れないようにし負荷電流を制御する。

(2) すなわち、I_L が過大電流になり、R_5 の両端の電圧が増加すると、Tr2 のコレクタ電流が増加するとともに Tr1 のベース電流が減少し、規定値以下になるように I_L が減少する。

○A-10

電圧変動率 δ は、負荷に定格電流 I_n [A] を流したときの定格電圧が V_n [V]、負荷電流が零（無負荷）のときの電圧が V_o [V] のとき、次式で表される。

$$\delta = \{(V_\text{o} - V_\text{n})/V_\text{n}\} \times 100 \ [\%]$$

題意より定格電流は 4 [A] であり、設問のグラフより V_n 及び V_o を読取れば、それぞれ約18 [V] 及び 20 [V] である。したがって、電圧変動率 δ は、次のようになる。

$$\delta = \{(20-18)/18\} \times 100 = (2/18) \times 100 \fallingdotseq 11.1 \ [\%]$$

○A-12

受信機の入力端換算の雑音電力 N_i は、ボルツマン定数 k [J/K]、等価雑音温度 T [K]、等価雑音帯域幅 B [Hz]、雑音指数 F（真数）及び題意の値を用いて次のようになる。

$$N_\text{i} = kTBF = 5 \times 10^{-15} \times 2 = 1 \times 10^{-14} \ [\text{W}]$$

また、受信機の入力端における有能信号電力の最小値 S_i は、題意から N_i の1,000倍（$= 10^{(30/10)}$）であり、次のようになる。

$$S_\text{i} = 1 \times 10^{-14} \times 1,000 = 1 \times 10^{-11} \ [\text{W}] = 1 \times 10^{-8} \ [\text{mW}] = -80 \ [\text{dBm}]$$

○A-13

1　直接拡散方式は、送信側で用いた擬似雑音符号と同じ符号でしか復調（逆拡散）できないため秘話性が高い。

○A-14

2　FDMA方式において、個々の通信路がそれぞれ単一の回線で構成されるとき、これを SCPC という。

○A−16

アンテナからの送信電力 P_t〔dBW〕が、受信電力 P_r〔dBW〕で受信されるまでの伝搬路上で、電力の増幅に寄与する要素は、G_t、G_{su}、G_s、G_{sd}、及び G_r の5パラメータであり、減衰に寄与する要素は、L_{ta}、L_u、L_{ua}、L_{da}、L_d、及び L_{ra} の6パラメータである。したがって、P_r は、P_t に前の5パラメータを加え、また、後の6パラメータを引いた式である3で表される。

○A−17

PCM回線のビット誤り率測定では、伝送系の特性を近似できるランダムパルスが望ましいが、再現性がないため、擬似ランダムパルスを発生するパルスパターン発生器　B　を用いる。したがって、　A　は、変調器である。測定系では、受信信号を再生、誤りパルス検出器　C　でパルスパターンを比較、誤りパルスを計数器にてカウントし誤り率を算出する。

○A−19

設問図1の垂直増幅器の近似等価回路は、一次の低域フィルタ（LPF）であり、出力は図2のステップ応答波形となる。この波形は式①で表され、立ち上がり時間 T_r を以下の手順で求める。

T_r は、図2のように v/V が最終値の10〔%〕から90〔%〕になる時間で定義される。10〔%〕になる時間 t' は、式①から次のようになる。

$$0.1 = 1 - \exp\left(-\frac{t'}{CR}\right)$$

$$\therefore \quad t' = -CR\log_e 0.9 = CR\log_e(1/0.9) \fallingdotseq 0.1CR \text{〔s〕}$$

同様に、90〔%〕になる時間 t'' は、次のようになる。

$$0.9 = 1 - \exp\left(-\frac{t''}{CR}\right)$$

$$\therefore \quad t'' = -CR\log_e 0.1 = CR\log_e(1/0.1) \fallingdotseq \underline{2.3CR}$$

垂直増幅器の高域遮断周波数 f_c は、$f_c = \underline{1/(2\pi CR)}$ で表されるから、立ち上がり時間 T_r は、f_c〔Hz〕と次のような関係がある。

$$T_r = t'' - t' \fallingdotseq 2.2CR = 2.2/(2\pi f_c) \fallingdotseq 0.35/f_c \text{〔s〕}$$

○A-20

(1) 端子 ab から負荷を見た合成インピーダンス R_{ab} は、R_2 と R_0+R_3 の並列抵抗であるから、$R_{ab} = R_2 \times (R_3+R_0)/(R_2+R_3+R_0) = 4R_1 \times 4R_1/(8R_1) = \underline{2R_1 \,[\Omega]}$ である。

(2) 減衰器の入力端から負荷を見たインピーダンスは、$3R_1 \,[\Omega]$ であるから、入力電圧 e_1 は $\underline{e/2 \,[\mathrm{V}]}$ である。したがって、$e_1/e_2 = 2$ から、減衰量 $\varGamma = 20\log_{10}2 \fallingdotseq \underline{6 \,[\mathrm{dB}]}$ である。

○B-2

ア QPSK において、2ビットのデータを各シンボルに割り当てる方法が自然2進符号に基づく場合は、縦横に隣接するシンボル間で誤りが生じたとき、**1ビット誤る場合と2ビット誤る場合がある。**

オ 2,000,000ビットの信号を伝送して、2ビットの誤りがあった場合、ビット誤り率は、**10^{-6}** である。

○B-3

(1) 16QAM 信号は、同じ周波数で位相が $\pi/2$ [rad] 異なる2つの搬送波を、合計 $\underline{4}$ 値のレベルの信号で振幅変調した後、合成して得られる。

(2) 理論的な帯域幅効率は、QPSK が2ビット/秒/Hz、16QAM が4ビット/秒/Hz であり、16QAM の方が、QPSK より<u>周波数利用効率が高い</u>が、振幅にも情報を乗せているため、伝送路における<u>ノイズやフェージングの影響を受け易い</u>。

(3) 所要の E_b/N_0 は、符号配列で符号原点からの最大振幅 ε_c と最小符号点間振幅 ε_d の比で評価され、その値が小さいほど E_b/N_0 が小さい。その値は、16QAM では2.12、16PSK で2.56である。すなわち、同じ E_b/N_0 のときは<u>16QAM</u> のビット誤り率の方が、16PSK より小さい。なお、1シンボル当たりの伝送ビット数を k とすると $E_b/N_0 = \dfrac{1}{k}$ C/N の関係があるのでここでは E_b/N_0 が同一の場合で比較しているが、C/N が同一の場合と同一の結果となる。

○B-5

イ 妨害波の許容限界入力レベルは、希望波信号の入力レベルが一定の場合、希望波信号と妨害波信号との周波数差が大きいほど**高くなる。**

オ 感度抑圧効果を軽減するには、高周波増幅部の利得を規定の信号対雑音比（S/N）が得られる範囲で**低くする**方法がある。

A-1 図は、単一正弦波で変調したAM（A3E）変調波をオシロスコープで観測した波形の概略図である。振幅の最小値 B〔V〕と最大値 A〔V〕との比（B/A）の値として、正しいものを下の番号から選べ。ただし、変調度は60〔％〕とする。

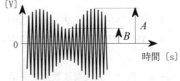

1 1/2 　 2 1/4

3 1/6 　 4 3/4

5 2/3

A-2 次の記述は、直交振幅変調（QAM）方式について述べたものである。□□内に入れるべき字句の正しい組合せを下の番号から選べ。

(1) 送信側では、互いに直交する位相関係にある二つの搬送波を、複数の振幅レベルを持つデジタル信号 $\psi_I(t)$〔V〕及び $\psi_Q(t)$〔V〕でそれぞれ振幅変調し、その出力を加算して送出する。このときの直交振幅変調波 $e(t)$ は、次式で表される。ただし、ω_c〔rad/s〕は、搬送波の角周波数を示す。

$$e(t) = \boxed{\text{A}} + \psi_Q(t)\sin\omega_c t \text{〔V〕}$$

(2) 受信側では、互いに直交する位相関係にある二つの復調搬送波を用いてデジタル信号を復調する。

復調搬送波 $e_L(t)$ が $e_L(t) = 2\cos(\omega_c t -\varphi)$〔V〕のとき、同期検波を行って低域フィルタ（LPF）を通すと、$\varphi = 0$〔rad〕で、□B□が復調され、$\varphi = \pi/2$〔rad〕で、□C□が復調される。

	A	B	C
1	$\psi_I(t)\cos\omega_c t$	$\psi_I(t)$	$\psi_Q(t)$
2	$\psi_I(t)\cos\omega_c t$	$\psi_Q(t)$	$\psi_I(t)$
3	$\psi_I(t)\sin\omega_c t$	$\psi_I(t)$	$\psi_Q(t)$
4	$\psi_I(t)\sin\omega_c t$	$\psi_Q(t)$	$\psi_I(t)$
5	$\psi_I(t)\tan\omega_c t$	$\psi_I(t)$	$\psi_Q(t)$

A-3 図に示す位相同期ループ（PLL）を用いた周波数シンセサイザの原理的な構成例において、出力の周波数 f_o の値として、正しいものを下の番号から選べ。ただし、水晶発振器の出力周波数 f_x の値を10〔MHz〕、固定分周器1の分周比について N_1 の値を5、固定分周器2の分周比について N_2 の値を8、可変分周器の分周比について N_p の値を50とし、PLLは位相ロックしているものとする。

答 　 A-1：2 　 　 A-2：1

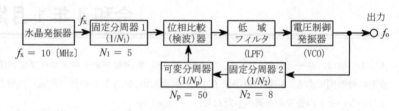

$f_x = 10$ 〔MHz〕　$N_1 = 5$　　　　　　　(LPF)　(VCO)

$N_p = 50$　　$N_2 = 8$

1　73〔MHz〕　　2　108〔MHz〕　　3　400〔MHz〕

4　456〔MHz〕　　5　800〔MHz〕

A－4　図は、直交周波数分割多重（OFDM）方式の変復調システムの原理的な基本構成を示したものである。□□□内に入れるべき字句の正しい組合せを下の番号から選べ。ただし、C_i（$i = 1$、2、…N）は、第i番目の搬送波で送られるデータとする。

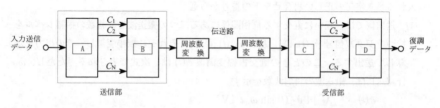

	A	B	C	D
1	並直列変換	離散フーリエ変換	逆離散フーリエ変換	直並列変換
2	並直列変換	逆離散フーリエ変換	離散フーリエ変換	直並列変換
3	直並列変換	離散フーリエ変換	逆離散フーリエ変換	並直列変換
4	直並列変換	逆離散フーリエ変換	離散フーリエ変換	並直列変換
5	直並列変換	離散フーリエ変換	離散フーリエ変換	並直列変換

A－5　振幅変調波を二乗検波し、低域フィルタ（LPF）を通したときの出力電流 i_a の高調波ひずみ率の値として、正しいものを下の番号から選べ。ただし、i_a〔A〕は次式で表されるものとし、a を比例定数、搬送波の振幅を E〔V〕、変調信号の角周波数を p〔rad/s〕とする。また、変調度 $m \times 100$〔％〕の値を60〔％〕とする。

$$i_a = \frac{aE^2}{2}\left(1 + \frac{m^2}{2} + 2m\sin pt - \frac{m^2}{2}\cos 2pt\right)\ \text{〔A〕}$$

1　25〔％〕　　2　20〔％〕　　3　15〔％〕　　4　10〔％〕　　5　5〔％〕

―――

答　　A－3：5　　A－4：4　　A－5：3

A－6　次の記述は、FM（F3E）受信機のスケルチ回路として用いられているノイズスケルチ方式及びキャリアスケルチ方式について述べたものである。このうち誤っているものを下の番号から選べ。

1　キャリアスケルチ方式は、都市雑音などの影響により、スケルチ動作点を適正なレベルに維持することが難しい。

2　キャリアスケルチ方式は、強電界におけるスケルチに適しており、音声信号による誤動作が少ない。

3　ノイズスケルチ方式は、周波数弁別器出力の音声帯域内の音声を整流して得た電圧を制御信号として使用する。

4　ノイズスケルチ方式は、スケルチが働きはじめる動作点を弱電界に設定できるため、スケルチ動作点を通話可能限界点にほぼ一致させることができる。

5　ノイズスケルチ方式は、音声信号の過変調による誤動作が生じやすい。

A－7　次の記述は、AM（A3E）スーパヘテロダイン受信機において生ずることのある現象について述べたものである。□□□□内に入れるべき字句の正しい組合せを下の番号から選べ。

(1)　寄生振動は、発振器又は増幅器において、目的とする周波数と特定の関係が　A　周波数で発振する現象である。

(2)　混変調妨害は、受信機に希望波と同時に異なる周波数の高いレベルの妨害波が混入すると、受信機の非直線動作のため、妨害波の　B　によって、希望波が変調を受け、受信機出力に現れる現象である。

(3)　相互変調妨害は、受信機に複数の電波が入力されたとき、回路の非直線動作によって各電波の周波数の整数倍の成分の　C　の成分が発生し、これらが希望周波数又は中間周波数と一致したときに生ずる現象である。

	A	B	C
1	ある	変調信号	積
2	ある	変調信号	和又は差
3	ない	高調波	和又は差
4	ある	高調波	積
5	ない	変調信号	和又は差

A - 8　抵抗 100〔Ω〕から発生する熱雑音電圧の実効値として、最も近いものを下の番号から選べ。ただし、等価雑音帯域幅を 2.4〔MHz〕、周囲温度を 300〔K〕、ボルツマン定数を 1.38×10^{-23}〔J/K〕とする。

1　1×10^{-6}〔V〕　　2　2×10^{-6}〔V〕　　3　3×10^{-6}〔V〕

4　4×10^{-6}〔V〕　　5　5×10^{-6}〔V〕

A - 9　電源に用いるコンバータ及びインバータに関する次の記述のうち、誤っているものを下の番号から選べ。

1　インバータは、直流電圧を交流電圧に変換する。

2　インバータは、出力の交流電圧の周波数及び位相を制御することができない。

3　インバータの電力制御素子として、主に IGBT（Insulated Gate Bipolar Transistor）や MOS−FET などのトランジスタ及びサイリスタが用いられている。

4　コンバータには、入出力間の絶縁ができる絶縁型と、入出力間の絶縁ができない非絶縁型とがある。

5　DC−DC コンバータは、直流 24〔V〕で動作する機器を 12〔V〕のバッテリで駆動するような場合に使用できる。

A - 10　図に示す直列制御形定電圧回路において、制御用トランジスタ Tr_1 のコレクタ損失の最大値として、正しいものを下の番号から選べ。ただし、入力電圧 V_i は 21〜29〔V〕、出力電圧 V_O は 9〜18〔V〕、負荷電流 I_L は 0〜500〔mA〕とする。また、Tr_1 と負荷以外で消費される電力は無視するものとする。

1　2〔W〕
2　4〔W〕
3　6〔W〕
4　8〔W〕
5　10〔W〕

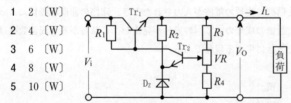

D_Z：ツェナーダイオード
Tr_1, Tr_2：トランジスタ
$R_1 \sim R_4$：抵抗
VR：可変抵抗

A - 11　パルスレーダーにおいて、送信パルスの尖頭電力が 50〔kW〕のときの平均電力の値として、正しいものを下の番号から選べ。ただし、パルスは理想的な矩形波とし、パルスの繰り返し周波数を 1,200〔Hz〕、パルス幅を 0.5〔μs〕とする。

1　3〔W〕　　2　6〔W〕　　3　30〔W〕　　4　60〔W〕　　5　300〔W〕

答　　A - 8：2　　A - 9：2　　A - 10：5　　A - 11：3

A-12 次の記述は、航空機の航行援助に用いられる ILS（計器着陸システム）の基本的な概念について述べたものである。◯◯◯内に入れるべき字句の正しい組合せを下の番号から選べ。

(1) マーカ・ビーコンは、その上空を通過する航空機に対して、滑走路進入端からの距離の情報を与えるためのものであり、 A 帯の電波を利用している。

(2) ローカライザは、航空機に対して、滑走路の中心線の延長上からの水平方向のずれの情報を与えるためのものであり、 B 帯の電波を利用している。

(3) グライド・パスは、航空機に対して、設定された進入角からの垂直方向のずれの情報を与えるためのものであり、 C 帯の電波を利用している。

	A	B	C
1	VHF	VHF	UHF
2	VHF	UHF	VHF
3	UHF	VHF	VHF
4	UHF	VHF	UHF
5	UHF	UHF	VHF

A-13 次の記述は、大電力増幅器として用いられる TWT（進行波管）について述べたものである。◯◯◯内に入れるべき字句の正しい組合せを下の番号から選べ。なお、同じ記号の◯◯◯内には、同じ字句が入るものとする。

(1) TWT は、入力の電磁波をら旋などの構造を持つ A に沿って進行させ、これとほぼ同じ速度で A の中心を通る電子ビームの電子密度が電磁波によって変調されるのを利用して増幅する。

(2) TWT は、クライストロンに比べ周波数帯域が B ため複数の搬送波を同時に増幅することができる。TWT を使用して複数の搬送波を同時に増幅する場合、相互変調を低減するためのバックオフを必要と C 。

	A	B	C
1	整合回路	狭い	する
2	整合回路	広い	しない
3	遅延回路	狭い	しない
4	遅延回路	広い	する
5	遅延回路	広い	しない

A-14 次の記述は、図に示すデジタル無線通信に用いられるトランスバーサル形自動等化器の原理的構成例等について述べたものである。◯◯◯内に入れるべき字句の正しい組合せを下の番号から選べ。

(1) 周波数選択性フェージングなどによる伝送特性の劣化は、波形ひずみとなって現れるため、符号誤り率が大きくなる原因となる。トランスバーサル形自動等化器は、波形を補償する A 領域自動等化器の一つである。

(2) 図に示すように、トランスバーサル形自動等化器は、□B□ビットずつパルス列を遅らせ、それぞれのパルスに重み係数（タップ係数）を乗じ、重み付けをして合成することにより、理論的に周波数選択性フェージングなどより生じた符号間干渉を打ち消すことができる。

(3) 重み付けの方法は、図に示すように合成器の出力を識別器に入れ、識別時点における必要とする信号レベルとの誤差を検出し、この誤差が前後のどのパルスから生じたのかを、ビットと乗算して□C□成分を検出し判定する。これにより、符号間干渉を与えているパルスに対するタップ係数を制御して誤差を打ち消す。

	A	B	C
1	時間	1	相関
2	時間	1/2	直交
3	時間	1/3	直交
4	周波数	1	直交
5	周波数	1/2	相関

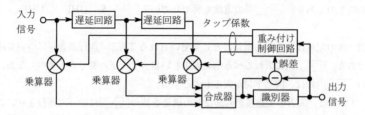

A－15 次の記述は、アナログ移動通信方式と比較したときのデジタル移動通信方式の特徴について述べたものである。□□□内に入れるべき字句の正しい組合せを下の番号から選べ。

(1) 雑音や干渉に強く、場合によっては□A□で誤りの訂正ができる。このことは、同一周波数を互いに地理的に離れた場所で繰り返し使用する度合いを高めることに有効であり、周波数の有効利用につながる。

(2) 一つの伝送路で、複数の情報を時間的に多重化□B□。

(3) 通信の秘匿や認証などのセキュリティの確保が□C□となる。

	A	B	C
1	送信側	できる	困難
2	送信側	できない	困難
3	送信側	できる	容易
4	受信側	できる	容易
5	受信側	できない	容易

答 A－14：1　　A－15：4

A-16 次の記述は、マイクロ波多重回線の中継方式について述べたものである。□□□内に入れるべき字句の正しい組合せを下の番号から選べ。

(1) 直接中継方式は、受信波を同一の周波数帯で増幅して送信する方式である。直接中継を行うときは、希望波受信電力Cと自局内回込みによる干渉電力Iの比 (C/I) を規定値 A に確保しなければならない。

(2) B （ヘテロダイン中継）方式は、送られてきた電波を受信してその周波数を中間周波数に変換して増幅した後、再度周波数変換を行い、これを所定レベルまで電力増幅して送信する方式であり、復調及び変調は行わない。

(3) 検波再生中継方式は、復調した信号から元の符号パルスを再生した後、再度変調して送信するため、波形ひずみ等が累積 C 。

	A	B	C
1	以上	無給電中継	されない
2	以上	非再生中継	されない
3	以下	非再生中継	される
4	以下	無給電中継	される
5	以下	非再生中継	されない

無線工学A

A-17 次の記述は、SSB（J3E）送信機の空中線電力の測定法について述べたものである。□□□内に入れるべき字句の正しい組合せを下の番号から選べ。なお、同じ記号の□□□内には、同じ字句が入るものとする。

(1) 図に示す構成例において、低周波発振器の発振周波数を所定の周波数（1,500〔Hz〕の正弦波）とし、 A を操作して送信機の変調信号の入力レベルを増加しながら、そのつど送信機出力を電力計で測定し、送信機出力が B するまで測定を行う。このとき、低周波発振器の出力レベルが一定に保たれていることをレベル計で確認する。

(2) J3E送信機の空中線電力は、 C で表示することが規定されており、送信機出力が B したときの平均電力である。

低周波発振器 → A → SSB（J3E）送信機 → 電力計
↓
レベル計

	A	B	C
1	変調度計	飽和	平均電力
2	変調度計	増加	尖頭電力
3	可変減衰器	飽和	尖頭電力
4	可変減衰器	飽和	平均電力
5	可変減衰器	増加	平均電力

答　A-16：**2**　　A-17：**3**

A-18 次の記述は、400〔MHz〕帯 F3E 送信設備のスプリアス発射及び不要発射の強度の測定値と、表に示す法令等による許容値との関係等について述べたものである。□□□内に入れるべき字句の正しい組合せを下の番号から選べ。ただし、表中の基本周波数の平均電力及び基本周波数の搬送波電力は、当該送信設備の空中線電力の値と等しいものとする。

(1) 表の許容値が適用される空中線電力50〔W〕の送信設備について、帯域外領域におけるスプリアス発射の強度が100〔μW〕のスプリアス発射を測定した。この場合、当該スプリアス発射の強度の値は、許容値 A 。

(2) また、同送信設備について、スプリアス領域における不要発射の強度が 1〔μW〕の不要発射を測定した。この場合、当該不要発射の強度の値は、許容値 B 。

(3) (2)のスプリアス領域における不要発射の強度は、参照帯域幅の範囲に C 不要発射の電力を積分した値である。

許容値

基 本周波数帯	空中線電 力	帯域外領域におけるスプリアス発射の強度の許容値	スプリアス領域における不要発射の強度の許容値
335.4〔MHz〕を超え470〔MHz〕以下	25〔W〕を超えるもの	1〔mW〕以下であり、かつ、基本周波数の平均電力より 70〔dB〕低い値	基本周波数の搬送波電力より 70〔dB〕低い値

	A	B	C
1	以下である	以下である	含まれる
2	以下である	以下である	含まれない
3	以下である	を超えている	含まれない
4	を超えている	を超えている	含まれる
5	を超えている	以下である	含まれる

A-19 次に示す測定項目のうち、2つの測定量が共にベクトルネットワーク・アナライザで測定できるものとして、正しいものを下の番号から選べ。

1 単一正弦波の周波数及びフィルタの位相特性
2 単一正弦波の周波数及びケーブルの電気長
3 アンテナのインピーダンス及び矩形波の衝撃係数（デューティ比）
4 ケーブルの電気長及びアンテナのインピーダンス
5 ケーブルの電気長及び矩形波の衝撃係数（デューティ比）

答 A-18：5 A-19：4

A-20 次の記述は、図に示すスーパヘテロダイン方式スペクトルアナライザの原理的な構成例について述べたものである。 ____ 内に入れるべき字句の正しい組合せを下の番号から選べ。

(1) ディスプレイの垂直軸に入力信号の振幅を、水平軸に ___A___ を表示することにより、入力信号のスペクトルが直視できる。

(2) 掃引信号発生器で発生する「のこぎり波信号」によって ___B___ した電圧同調形局部発振器の出力と入力信号とを周波数混合器で混合する。その出力は、IF フィルタ、IF 増幅器を通った後、検波器を通してビデオ信号となる。ビデオ信号は、ビデオフィルタで帯域制限された後、ディスプレイの垂直軸に加えるとともに、のこぎり波信号を水平軸に加える。入力信号の周波数の範囲は、IF フィルタの中心周波数及び ___C___ の周波数範囲によって決まる。

(3) 周波数の分解能は、 ___D___ の帯域幅によってほぼ決まる。

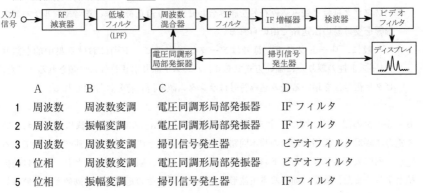

	A	B	C	D
1	周波数	周波数変調	電圧同調形局部発振器	IF フィルタ
2	周波数	振幅変調	電圧同調形局部発振器	IF フィルタ
3	周波数	周波数変調	掃引信号発生器	ビデオフィルタ
4	位相	周波数変調	電圧同調形局部発振器	ビデオフィルタ
5	位相	振幅変調	掃引信号発生器	IF フィルタ

B-1 次の記述は、デジタル方式のオシロスコープについて述べたものである。このうち正しいものを1、誤っているものを2として解答せよ。

ア　アナログ方式による観測に比べ、観測データの解析や処理が容易に行える。

イ　単発性のパルスなど周期性のない波形に対しては、等価時間サンプリングを用いて観測できる。

ウ　入力波形を A/D 変換によりデジタル信号にしてメモリに順次記録し、そのデータを D/A 変換により再びアナログ値に変換して入力された波形と同じ波形を観測する。

エ　標本化定理によれば、直接観測することが可能な周波数の上限はサンプリング周波数の2倍までである。

答 　 A-20：1

オ　単発現象でも、メモリに記録した波形情報を読み出すことによって静止波形として
観測できる。

B-2　次の記述は、無線伝送路の雑音やひずみ、マルチパス・混信などにより発生する
デジタル伝送符号の誤り訂正等について述べたものである。このうち正しいものを1、
誤っているものを2として解答せよ。

ア　誤りが発生した場合の誤り制御方式には、受信側からデータの再送を要求する
FEC方式がある。

イ　ARQ方式は、送信側で冗長符号を付加することにより受信側で誤り訂正が可能と
なる誤り制御方式である。

ウ　FEC方式に用いられる誤り訂正符号を大別すると、ブロック符号と畳み込み符号
に分けられる。

エ　ブロック符号と畳み込み符号を組み合わせた誤り訂正符号は、雑音やマルチパスの
影響を受け易い伝送路で用いられる。

オ　一般に、リードソロモン符号はデータ伝送中のビット列における集中的な誤り
（バースト性の誤り）に強い方式であり、バースト誤り訂正符号に分類される。また、
ビタビ復号法を用いる畳み込み符号はランダム誤り訂正符号に分類される。

B-3　次の記述は、図に示すデジタル処理型中波AM（A3E）送信機に用いられてい
る電力増幅器（D級増幅器）の基本回路構成例についてその動作原理を述べたものである。
□□内に入れるべき字句を下の番号から選べ。ただし、回路は無損失とし、負荷は純抵
抗とする。また、負荷に加わる電圧波形は矩形波とし、その矩形波の実効値と最大値は等
しいものとする。

(1)　電力増幅器には、オン抵抗の□ア□MOS型電界効果トランジスタ（MOSFET）
を使用し、□イ□を向上させている。

(2)　FET1～FET4は、搬送波を波形整形した矩形波の励振入力 $\varphi 1$ 及び $\varphi 2$ によって励
振されて導通（ON）あるいは非導通（OFF）になる。FET1及びFET4がONで、
かつFET2及びFET3がOFFのとき、負荷に流れる電流 I の向きは、□ウ□である。
　　また、FET1及びFET4がOFFで、かつFET2及びFET3がONのとき、電流
の向きはその逆になる。この動作を繰り返すと、負荷には周波数が励振入力の周波数
と□エ□高周波電流が流れる。

(3)　直流電源電圧 E が100〔V〕、負荷のインピーダンスの大きさが20〔Ω〕のとき、

負荷に供給される高周波電力は、 オ 〔W〕である。

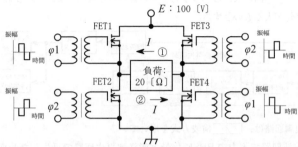

フルブリッジ型 SEPP(Single Ended Push-Pull)回路の電力増幅器

1 電力効率	2 周波数特性	3 ①	4 ②	5 500
6 小さい	7 大きい	8 等しい	9 異なる	10 2,000

B−4 次の記述は、図に示す構成例を用いた FM（F3E）送信機の占有周波数帯幅の測定法について述べたものである。　　　内に入れるべき字句を下の番号から選べ。なお、同じ記号の　　　内には、同じ字句が入るものとする。

(1) 擬似音声発生器から規定のスペクトルの擬似音声信号を送信機に加え、所定の変調を行った周波数変調波を擬似負荷に出力する。 ア を所定の動作条件とし、規定の占有周波数帯幅 イ の帯域を掃引し、所要の数のサンプル点で測定した各電力値の ウ から全電力を求める。

(2) 測定する最低の周波数から高い周波数の方向に掃引して得たそれぞれの電力値を順次加算したとき、その電力が全電力の エ 〔%〕になる周波数 f_1〔Hz〕を求める。

(3) 次に、測定する最高の周波数から低い周波数の方向に掃引して得たそれぞれの電力値を順次加算したとき、その電力が全電力の エ 〔%〕になる周波数 f_2〔Hz〕を求めると、占有周波数帯幅は、 オ 〔Hz〕となる。測定結果として占有周波数帯幅は、〔kHz〕の単位で記録する。

擬似音声発生器 → FM(F3E)送信機 → 擬似負荷（減衰器） → ア

FM(F3E)送信機 → レベル計

1 と同程度	2 の 2〜3.5倍程度	3 差	4 0.5
5 f_1+f_2	6 スペクトルアナライザ	7 オシロスコープ	8 和
9 2.5	10 f_2-f_1		

答 B−3：ア−6 イ−1 ウ−4 エ−8 オ−5
　　B−4：ア−6 イ−2 ウ−8 エ−4 オ−10

B−5　次の記述は、図に示す BPSK 信号の復調回路の原理的な構成例について述べたものである。□内に入れるべき字句を下の番号から選べ。なお、同じ記号の□内には、同じ字句が入るものとする。

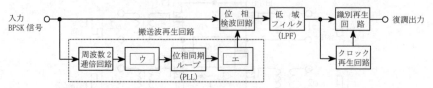

(1)　この復調回路は、［ア］検波方式を用いている。

(2)　位相検波回路で入力の BPSK 信号と搬送波再生回路で再生した基準搬送波との［イ］を行い、低域フィルタ（LPF）、識別再生回路及びクロック再生回路によってデジタル信号を復調する。

(3)　搬送波再生回路は、周波数 2 逓倍回路の出力に含まれる直流成分や雑音成分を［ウ］で取り除き、位相同期ループ（PLL）及び［エ］を用いることで、基準搬送波が再生される。

(4)　入力の BPSK 信号の位相がデジタル信号に応じて π〔rad〕変化したとき、搬送波再生回路の出力の位相は［オ］。

1　遅延		2　掛け算	
3　帯域フィルタ（BPF）		4　1/4 分周回路	
5　変わらない		6　同期	
7　加算		8　低域フィルタ（LPF）	
9　1/2 分周回路		10　π〔rad〕変化する	

答　B−5：ア−6　イ−2　ウ−3　エ−9　オ−5

▶解答の指針

○A-1

AM波の電圧 e は、搬送波の振幅を E〔V〕、角周波数を ω〔rad/s〕及び信号の角周波数 p〔rad/s〕と変調度 $m \times 100$〔%〕を用いて、次式で表される。

$$e = E(1 + m\cos pt)\cos\omega t \ \text{〔V〕}$$

m は、設問図の B と A との比 $R = B/A$ と次のような関係がある。

$$m = \frac{A-B}{A+B} = \frac{1-B/A}{1+B/A} = \frac{1-R}{1+R} = 0.6$$

上式を解いて、$R = \dfrac{1}{4}$ を得る。

○A-2

(1) 直交振幅変調波 $e(t)$ は、位相が直交関係にある二つの搬送波を複数の振幅レベルをもつ $\psi_I(t)$ と $\psi_Q(t)$ で振幅変調し加算するので、次式で表される。

$$e(t) = \underline{\psi_I(t)\cos\omega_C t + \psi_Q(t)\sin\omega_C t}$$

(2) 復調搬送波 e_L が $e_L(t) = 2\cos\omega_C t$ のとき、$e(t)$ との積は、次のようになる。

（設問の $\varphi = 0$〔rad〕に相当し、$\underline{\psi_I(t)}$ が復調される。）

$$\begin{aligned}e(t) \cdot e_L(t) &= \psi_I(t)\,2\cos^2\omega_C t + \psi_Q(t)\,2\sin\omega_C t \cdot \cos\omega_C t \\ &= \psi_I(t)(1+\cos 2\omega_C t) + \psi_Q(t)\sin\omega_C t\end{aligned}$$

これを低域フィルタに通して、以下の信号を得る。

$$e(t) \cdot e_L(t) = \psi_I(t)$$

同様に、$e_L(t) = 2\cos(\omega_C t - \pi/2) = 2\sin\omega_C t$ のとき、$e(t)$ との積は、次のようになる。

（設問の $\varphi = \pi/2$〔rad〕に相当し、$\underline{\psi_Q(t)}$ が復調される。）

$$\begin{aligned}e(t) \cdot e_L(t) &= \psi_I(t)\cos\omega_C t \cdot 2\sin\omega_C t + \psi_Q(t)\,2\sin^2\omega_C t \\ &= \psi_I(t)\sin 2\omega_C t + \psi_Q(t)(1-\cos 2\omega_C t)\end{aligned}$$

これを低域フィルタに通して、以下の信号を得る。

$$e(t) \cdot e_L(t) = \psi_Q(t)$$

○A-3

位相比較器への2入力の周波数が等しいことから、分周比を考慮して次式が成り立つ。

$$\frac{f_o}{N_2\,N_p} = \frac{f_x}{N_1}$$

上式に題意の数値を代入して、f_o は次のようになる。

$$f_o = f_x \times \frac{N_2\,N_p}{N_1} = 10 \times 10^6 \times \frac{8 \times 50}{5} = 800 \times 10^6 = 800 \ \text{〔MHz〕}$$

○A - 5

　与式の出力電流 i_a の右辺括弧内の第3及び第4項は、おのおの変調信号成分及びその第2高調波成分であり、高調波ひずみ率 k は、第2高調波成分と変調信号成分との比であるから、題意の数値を用いて次のようになる。

$$k = \frac{m^2/2}{2m} \times 100 = \frac{m}{4} \times 100 = \frac{0.6}{4} \times 100 = 15 \; [\%]$$

○A - 6

3　ノイズスケルチ方式は、周波数弁別器出力の**音声帯域外**の雑音を整流して得た電圧を制御信号として使用する。

○A - 8

　抵抗 R $[\Omega]$ が発する熱雑音の実効値 $\sqrt{\overline{e_n^2}}$ は、等価雑音帯域幅 B $[Hz]$、周囲温度 T $[K]$、ボルツマン定数 k $[J/K]$ と題意の数値を用いて次のようになる。

$$\sqrt{\overline{e_n^2}} = \sqrt{4kTBR} = \sqrt{4 \times 1.38 \times 10^{-23} \times 300 \times 2.4 \times 10^6 \times 100} \fallingdotseq 2 \times 10^{-6} \; [V]$$

○A - 9

2　インバータは、出力の交流電圧の周波数及び位相を制御することができる。

○A - 10

　Tr_1 のコレクターエミッタ間電圧は、入力電圧 V_i が最大値 V_{imax} $[V]$ で、出力電圧 V_o が最小値 V_{omin} $[V]$ のときに最大となる。また、Tr_1 のコレクタ損失の最大値 P_{Cmax} は、負荷電流 I_L が最大値 I_{Cmax} $[A]$ をとるときであるから、題意の数値を用いて次のようになる。

$$P_{Cmax} = (V_{imax} - V_{omin}) \times I_{Cmax} = (29-9) \times 0.5 = 10 \; [W]$$

○A - 11

　平均電力 P_{ave} は、尖頭電力を P_p $[W]$、パルス繰り返し周波数を f $[Hz]$ 及びパルス幅を $\Delta\tau$ $[s]$ とすると、次式で表され、題意の数値を代入して、

$$P_{ave} = P_p f \Delta\tau = 50 \times 10^3 \times 1,200 \times 0.5 \times 10^{-6} = 30 \; [W]$$

○A - 17

　SSB（J3E）送信機の空中線電力は、電波法施行規則及び無線設備規則により**尖頭電力**で表示することが規定されており、送信機出力が<u>飽和</u>したときの平均電力、すなわち飽和電力をもって尖頭電力とする。

　設問図の方法では、低周波発振器の出力レベルを<u>可変減衰器</u>の操作で上げて、送信電力を電力計により測定、その<u>飽和値</u>をもって送信機の空中線電力とする。

○**A-18**

(1)　対象設備は帯域外領域のスプリアス発射強度の許容値が 1〔mW〕以下であり、かつ、50〔W〕より 70〔dB〕低い値、すなわち $50 \times 10^{-7} = 5$〔μW〕以下である必要がある。測定値 100〔μW〕はその許容値を<u>超えている</u>。

(2)　スプリアス領域の発射強度の許容値は、(1)と同様に題意の条件より、5〔μW〕以下であるから、測定値 1〔μW〕は<u>許容値以下である</u>。

(3)　スプリアス領域の不要発射強度は、参照帯域幅の範囲に<u>含まれる</u>不要発射電力を積分した値である。

○**A-19**

ベクトルネットワーク・アナライザは、被測定回路への入射波と反射波に比例した電圧からSパラメータを測定する機器であって、そのデータから内蔵計算機によりインピーダンス、アドミッタンスや定在波比などを算出する。しかし、設問の測定項目のうち、矩形波の衝撃係数と単一正弦波の周波数の測定はできない。測定可能な測定項目は、ケーブルの電気長、フィルタの位相特性及びアンテナのインピーダンスであるから、2つの測定量を共に測定できるのは**4**である。

○**B-1**

イ　単発性のパルスなど周期性のない波形に対しては、**実時間**サンプリングを用いて観測できる。

エ　標本化定理によれば、直接観測することが可能な周波数の上限はサンプリング周波数の**1/2**までである。

○**B-2**

ア　誤りが発生した場合の誤り制御方式には、受信側からデータの再送を要求する **ARQ 方式**がある。

イ　**FEC 方式**は、送信側で冗長符号を付加することにより受信側で誤り訂正が可能となる誤り制御方式である。

○**B-3**

(1)　電力増幅器には、オン抵抗の<u>小さい</u> MOS-FET を使用し、<u>電力効率</u>の向上を図っている。

(2)　FET1 と FET4 が ON で、かつ FET2 と FET3 が OFF のとき、負荷に流れる電流 I の向きは②であり、ON/OFF が逆の場合、向きは①となる。負荷には励振周波数と<u>等しい</u>周波数の高周波電流が流れる。

(3) 題意から回路は無損失で負荷は純抵抗であるから、負荷に加わる電圧は $E = 100$ 〔V〕であり、負荷の一端を基準にして他端を見た場合の電圧波形は実効値と最大値が等しい方形波であるから、負荷の 20 〔Ω〕に供給される高周波電力は $E^2/20 = \underline{500}$ 〔W〕である。

○ B − 4

(1) FM 送信機の占有周波数帯幅の測定にスペクトルアナライザを用いた例である。規定レベルの擬似音声を送信機に加え、送信機出力を擬似負荷に加えてその出力を<u>スペクトルアナライザ</u>により占有周波数許容値の <u>2 ～3.5</u> 倍程度の帯域内で掃引し、所定のサンプル点での電力値データを取り込み、真値変換してそれらの和を求め全電力とする。

(2) 全電力の真値データの中、最低周波数から高い周波数に向かって得た電力値データを順次加算し、全電力の <u>0.5</u> 〔％〕になる周波数を下限周波数 f_1 〔Hz〕とする。

(3) 次に同じように、最高周波数から低い周波数に向かって得た電力値データを用いて順次加算を行い、全電力の <u>0.5</u> 〔％〕となる周波数を上限周波数 f_2 〔Hz〕とすると、占有周波数帯幅は、$f_2 - f_1$ 〔Hz〕となる。占有周波数帯幅は全電力の99% が含まれる帯域幅であり、〔kHz〕の単位で記録する。

○ B − 5

(1) この復調回路は、<u>同期検波方式</u>を用いている。

(2) 位相検波回路で入力の BPSK 信号と搬送波再生回路の出力との<u>掛け算</u>を行い低域フィルタなどを経て復調出力を得る。

(3) 搬送波再生回路は与図の回路で構成される。入力信号は $s =$ "0"、"1" すなわち位相が 0 または π 〔rad〕で変化するから、e_i は、周波数 f_c 〔Hz〕を用いて、次式で表される。

$$e_i = \cos(2\pi f_c t + \pi s) \text{〔V〕}$$

周波数 2 逓倍器の出力 e_0 は次のようになる。

$$e_0 = e_i{}^2 = \frac{1+\cos 2(2\pi f_c t + \pi s)}{2} = \frac{1}{2} + \frac{1}{2}\cos(4\pi f_c t + 2\pi s) \text{〔V〕}$$

上式の位相項は 0 または 2π 〔rad〕であるから、周波数 $2f_c$ 〔Hz〕の連続波信号となり、e_0 に含まれる信号波以外の雑音成分を狭帯域の<u>帯域フィルタ（BPF）</u>で取り除く。位相同期ループ（PLL）及び <u>1/2 分周回路</u>を用いることで、基準搬送波が再生される。

(4) 入力の BPSK 信号の位相がデジタル信号に応じて π 〔rad〕変化したとき、搬送波再生回路の出力の位相は<u>変わらない</u>。

A－1　次の記述は、我が国の中波放送における同期放送（精密同一周波数放送）方式について述べたものである。このうち誤っているものを下の番号から選べ。

1　同期放送を行うことによりカーラジオ等の移動体に対するサービス改善が図れる。

2　同期放送では、相互に同期放送の関係にある基幹放送局の地表波対地表波の混信を考慮する必要がある。

3　同期放送の混信保護比を満足しない場所において、相互に同期放送の関係にある基幹放送局の被変調波に位相差があると、合成された被変調波の波形が歪んだり、受信機の検波器の特性による歪を発生し易くなり、サービス低下の原因となる。

4　同期放送の要件として、相互に同期放送の関係にある基幹放送局は、同時に同一の番組を放送するものであって、相互に同期放送の関係にある基幹放送局の搬送周波数の差（Δf）が0.1〔Hz〕を超えて変わらないものであること。

5　相互に同期放送の関係にある基幹放送局の電波が受信できる地点の合成電界によるフェージングの繰り返しは、受信機の雑音抑制回路や受信機のバーアンテナ等の指向性によって所定の混信保護比を満たすことにより、その改善が期待できる。

A－2　次の記述は、周波数変調（FM）波について述べたものである。◯◯◯内に入れるべき字句の正しい組合せを下の番号から選べ。ただし、搬送波を$a \sin \omega_c t$〔V〕、変調信号を$b \cos \omega_s t$〔V〕で表すものとし、搬送波の振幅及び角周波数をa〔V〕及びω_c〔rad/s〕、変調信号の振幅及び角周波数をb〔V〕及びω_s〔rad/s〕とする。なお、同じ記号の◯◯◯内には、同じ字句が入るものとする。

(1)　FM波の瞬時角周波数ωは、式①で表される。ただし、k_f〔rad/(s・V)〕は電圧を角周波数に変換する係数、$k_f b$〔rad/s〕は最大角周波数偏移である。

$$\omega = \omega_c + k_f b \cos \omega_s t \ \text{〔rad/s〕} \qquad \cdots ①$$

(2)　FM波の位相角φは、式①をtで積分して得られ、式②で表される。
ただし、θ〔rad〕は積分定数である。

$$\varphi = \int \omega \mathrm{d}t = \omega_c t + (\boxed{\text{ A }}) \sin \omega_s t + \theta \ \text{〔rad〕} \qquad \cdots ②$$

　　　$\boxed{\text{ A }}$は、FM波の$\boxed{\text{ B }}$を表す。

(3)　FM波の全電力は、通常、変調信号の振幅の大きさによって変化$\boxed{\text{ C }}$。

答　A－1：5

	A	B	C
1	$k_f b/\omega_s$	変調指数	しない
2	$k_f b/\omega_s$	角周波数	する
3	$\omega_s/k_f b$	角周波数	する
4	$\omega_s/k_f b$	変調指数	する
5	$\omega_s/k_f b$	変調指数	しない

A－3　次の記述は、BPSK 信号及び QPSK 信号の信号点配置図について述べたものである。□□□内に入れるべき字句の正しい組合せを下の番号から選べ。ただし、信号点間距離は、雑音などがあるときの信号の復調・識別の余裕度を示すもので、信号点配置図における信号点の間の距離のうち、最も短いものをいう。

(1) 図1に示す BPSK 信号の信号点配置図において、信号点間距離は①で表される。また、図2に示す QPSK 信号の信号点配置図において、信号点間距離は　A　で表される。

(2) BPSK 信号及び QPSK 信号の信号点間距離を等しくして妨害に対する余裕度を一定にするためには、QPSK 信号の振幅 A_4〔V〕を BPSK 信号の振幅 A_2〔V〕の　B　倍にする必要がある。

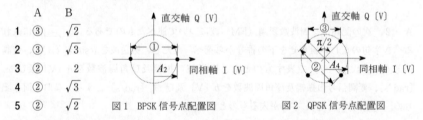

	A	B
1	③	$\sqrt{2}$
2	③	$\sqrt{3}$
3	②	2
4	②	$\sqrt{3}$
5	②	$\sqrt{2}$

図1　BPSK 信号点配置図　　　図2　QPSK 信号点配置図

A－4　図に示す電力増幅器の総合的な電力効率を表す式として、正しいものを下の番号から選べ。ただし、終段部の出力電力を P_O〔W〕、終段部の直流入力電力を P_{DCf}〔W〕、励振部の直流入力電力を P_{DCe}〔W〕とする。

1　$(P_O/P_{DCf})\times 100$〔%〕

2　$\{P_O/(P_{DCf}-P_{DCe})\}\times 100$〔%〕

3　$\{(P_O+P_{DCe})/P_{DCf}\}\times 100$〔%〕

4　$\{(P_O-P_{DCe})/P_{DCf}\}\times 100$〔%〕

5　$\{P_O/(P_{DCf}+P_{DCe})\}\times 100$〔%〕

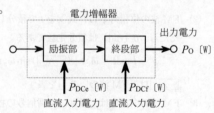

答　A－2：1　　A－3：1　　A－4：5

A－5　次の記述は、BPSK の復調器に用いられる基準搬送波再生回路の原理について述べたものである。_____内に入れるべき字句の正しい組合せを下の番号から選べ。

(1) 図1において、入力の BPSK 波 e_i は、式①で表され、図2 (a) に示すように位相が0又は π 〔rad〕のいずれかの値をとる。ただし、e_i の振幅を1〔V〕、搬送波の周波数を f_c〔Hz〕とする。また、2値符号 s は"0"又は"1"の値をとり、搬送波と同期しているものとする。

$$e_i = \cos(2\pi f_c t + \pi s) \text{〔V〕} \qquad \cdots①$$

(2) e_i を二乗特性を有するダイオードなどを用いた2逓倍器に入力すると、その出力 e_o は、式②で表される。ただし、2逓倍器の利得は1とする。

$$e_o = \cos^2(2\pi f_c t + \pi s) = \frac{1}{2} + \frac{1}{2} \times \boxed{\text{ A }} \text{〔V〕} \qquad \cdots②$$

　式②の右辺の位相項は、s の値によって0又は $\boxed{\text{ B }}$ の値をとるので、式②は、図2 (b) に示すような波形を表し、$2f_c$〔Hz〕の成分を含む信号が得られる。

(3) 2逓倍器の出力には、$2f_c$〔Hz〕の成分以外に雑音成分が含まれているので、通過帯域幅が非常に $\boxed{\text{ C }}$ フィルタ（BPF）で $2f_c$〔Hz〕の成分のみを取り出し、位相同期ループ（PLL）で位相安定化後、その出力を1/2分周器で分周して図2 (c) に示すような周波数 f_c〔Hz〕の基準搬送波を再生する。

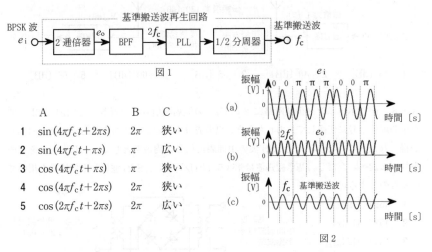

図1

	A	B	C
1	$\sin(4\pi f_c t + 2\pi s)$	2π	狭い
2	$\sin(4\pi f_c t + \pi s)$	π	広い
3	$\cos(4\pi f_c t + \pi s)$	π	狭い
4	$\cos(4\pi f_c t + 2\pi s)$	2π	狭い
5	$\cos(2\pi f_c t + 2\pi s)$	2π	広い

図2

A－6　次の記述は、放送受信用などの一般的なスーパヘテロダイン受信機について述べたものである。_____内に入れるべき字句の正しい組合せを下の番号から選べ。

答　A－5：4

(1)　総合利得及び初段（高周波増幅器）の利得が十分に　A　とき、受信機の感度は、初段の雑音指数でほぼ決まる。

(2)　単一同調を使用した中間周波増幅器で、通過帯域幅を決定する同調回路の帯域幅は、尖鋭度 Q が一定のとき、同調周波数が高いほど　B　なる。

(3)　自動利得調整（AGC）回路は、受信電波の　C　の変化による出力信号への影響を軽減するために用いる。

	A	B	C
1	小さい	広く	強度
2	小さい	狭く	位相
3	大きい	広く	強度
4	大きい	狭く	強度
5	大きい	狭く	位相

A－7　図に示す無線通信回線において、受信機の入力に換算した搬送波電力対雑音電力比（C/N）の値として、正しいものを下の番号から選べ。ただし、送信機の送信電力（平均電力）を 1 〔W〕、送信アンテナ及び受信アンテナの絶対利得をそれぞれ 33 〔dBi〕、送信給電線及び受信給電線の損失をそれぞれ 3 〔dB〕、送信アンテナ及び受信アンテナ間の伝搬損失を130 〔dB〕及び受信機の雑音電力の入力換算値を －105 〔dBm〕とする。また、1 〔mW〕を 0 〔dBm〕とする。

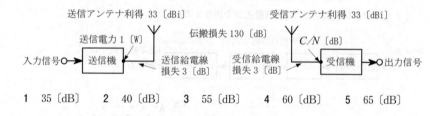

1　35 〔dB〕　　2　40 〔dB〕　　3　55 〔dB〕　　4　60 〔dB〕　　5　65 〔dB〕

A－8　図に示すリング復調回路に 2 〔kHz〕の低周波信号で変調された SSB（J3E）波を中間周波信号に変換して入力したとき、出力成分中に原信号である低周波信号 2 〔kHz〕が得られた。このとき、入力 SSB 波の中間周波信号の周波数として、正しいものを下の番号から選べ。ただし、基準搬送波は 453.5 〔kHz〕とし、SSB 波は、上側波帯を用いているものとする。

1　451.0 〔kHz〕
2　452.5 〔kHz〕
3　453.0 〔kHz〕
4　454.5 〔kHz〕
5　455.5 〔kHz〕

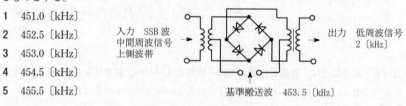

A-9　次の記述は、鉛蓄電池の充電について述べたものである。このうち誤っているものを下の番号から選べ。

1　一般によく用いられる定電流・定電圧充電は、充電の初期及び中期には定電流で充電し、終期には定電圧で充電する。

2　電池の電極の負担を軽くするには、できるだけ大電流で充電することで充電時間を短縮する。

3　定電圧充電は、電池にかける電圧を充電終止電圧に設定し、これを一定に保って充電する。

4　定電流充電は、常に一定の電流で充電する。

5　定電圧充電では、充電する電流の大きさは、充電の終期に近づくほど小さくなる。

A-10　次の記述は、図に示す構成例の無停電電源装置（UPS）等の一般的な動作について述べたものである。　　　内に入れるべき字句の正しい組合せを下の番号から選べ。なお、同じ記号の　　　内には、同じ字句が入るものとする。

(1) UPSの機器に故障が発生した場合には、バイパスから無瞬断で　A　入力が負荷に供給される。

(2) 商用電源が瞬時停電など短時間停電したときは、蓄電池に蓄えられていた　B　電力がインバータ（DC-ACコンバータ）により　A　電力に変換され負荷に供給される。

(3) 商用電源が長時間停電したときは、無停電電源装置に接続されているエンジン発電機からの　C　入力により、負荷に電力を供給する。

	A	B	C
1	直流	交流	直流
2	直流	直流	交流
3	交流	交流	直流
4	交流	直流	直流
5	交流	直流	交流

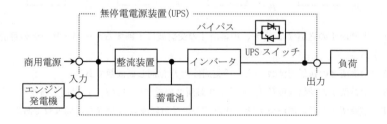

無停電電源装置(UPS)

商用電源　入力　整流装置　インバータ　UPS スイッチ　バイパス　出力　負荷
エンジン発電機　蓄電池

答　A-9：2　　A-10：5

A－11 次の記述は、VOR（超短波全方向式無線標識）について述べたものである。
□□□内に入れるべき字句の正しい組合せを下の番号から選べ。

(1) VORは、水平偏波の108〜118〔MHz〕の電波を用いた超短波全方向式無線標識であり、航空機は、VORからみた自機の □A□ を知ることができる。

(2) 全方位にわたって位相が一定の30〔Hz〕の基準位相信号を含んだ電波と、方位により位相が変化する □B□ 〔Hz〕の可変位相信号を含んだ電波を同時に発射している。

(3) VORは、ドプラVOR（DVOR）と標準VOR（CVOR）に分類され、DVORは、基準位相信号を □C□ で発射し、可変位相信号はドプラ偏移を利用した等価的な周波数変調波で発射している。

	A	B	C
1	磁方位	30	位相変調波
2	磁方位	30	振幅変調波
3	磁方位	60	位相変調波
4	位置	30	位相変調波
5	位置	60	振幅変調波

A－12 最大探知距離 $R_{\max}$ が10〔km〕のパルスレーダーの受信機の最小受信電力を0.25倍にしたときの $R_{\max}$ の値として、最も近いものを下の番号から選べ。ただし、$R_{\max}$ は、レーダー方程式によるものとする。

1 20〔km〕　　2 14〔km〕　　3 7〔km〕　　4 5〔km〕　　5 2.5〔km〕

A－13 次の記述は、図に示すマイクロ波通信における2周波中継方式の一般的な送信及び受信周波数の配置について述べたものである。このうち誤っているものを下の番号から選べ。

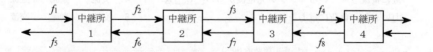

1 中継所1の送信する f_2 が、中継所4の受信波に干渉するオーバーリーチの可能性がある。

2 中継所2の送信周波数 f_3 と、受信周波数 f_7 は同じ周波数である。

3 中継所1の受信周波数 f_1、f_6 と、中継所3の受信周波数 f_3、f_8 は同じ周波数である。

4 中継所1の送信周波数 f_5 と、中継所3の受信周波数 f_8 は異なる周波数である。

5 中継所2の送信周波数 f_6 と、中継所4の受信周波数 f_4 は異なる周波数である。

答　A－11：2　　A－12：2　　A－13：2

A－14　図は、周波数ホッピング（FH）を用いたスペクトル拡散通信方式の原理的な構成例を示したものである。□□□内に入れるべき字句の正しい組合せを下の番号から選べ。なお、同じ記号の□□□内には、同じ字句が入るものとする。

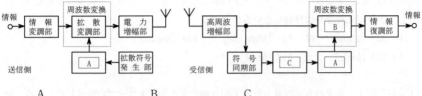

無線工学A

	A	B	C
1	シフトレジスタ	拡散符号発生部	ガウス雑音発生部
2	シフトレジスタ	拡散復調部	ガウス雑音発生部
3	シフトレジスタ	拡散符号発生部	拡散符号発生部
4	周波数シンセサイザ	拡散復調部	拡散符号発生部
5	周波数シンセサイザ	拡散復調部	ガウス雑音発生部

A－15　図は、衛星通信に用いる地球局の構成例を示したものである。□□□内に入れるべき字句の正しい組合せを下の番号から選べ。なお、同じ記号の□□□内には、同じ字句が入るものとする。

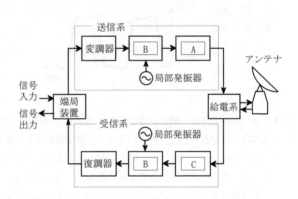

	A	B	C
1	大電力増幅器（HPA）	周波数混合器	低雑音増幅器（LNA）
2	大電力増幅器（HPA）	A－D変換器	低雑音増幅器（LNA）
3	低雑音増幅器（LNA）	周波数混合器	大電力増幅器（HPA）
4	低雑音増幅器（LNA）	A－D変換器	大電力増幅器（HPA）
5	低雑音増幅器（LNA）	低周波増幅器	大電力増幅器（HPA）

答　A－14：4　　A－15：1

A - 16 パルス符号変調（PCM）方式を用いて、最高周波数が 8〔kHz〕のアナログ信号を標本化定理に基づき標本化し、量子化レベル数が 2^8 の量子化を行う場合、各標本毎に量子化された値として、その量子化レベルの大きさを示す 2 進符号に変換（符号化）して伝送するのに必要な最小のビットレートの値として、正しいものを下の番号から選べ。ただし、誤り訂正符号等は付加しないものとする。

1　32〔kbps〕　　2　64〔kbps〕　　3　128〔kbps〕

4　256〔kbps〕　　5　512〔kbps〕

A - 17 図 1 に示すパルス信号の立ち上がり部分をオシロスコープに表示したところ、図 2 に示す波形が観測された。一般に、このパルスの立上がり時間の測定値として、最も近いものを下の番号から選べ。ただし、水平軸の一目盛あたりの掃引時間を 10〔μs〕とする。

1　10〔μs〕

2　15〔μs〕

3　20〔μs〕

4　25〔μs〕

5　30〔μs〕

図 1　　　　時間(s)　　　図 2

A - 18 次の記述は、搬送波零位法による FM（F3E）波の周波数偏移の測定方法について述べたものである。　　内に入れるべき字句の正しい組合せを下の番号から選べ。なお、同じ記号の　　内には、同じ字句が入るものとする。

(1) FM 波の搬送波及び各側波帯の振幅は、変調指数 m_f を変数（偏角）とするベッセル関数を用いて表され、このうち　A　の振幅は、零次のベッセル関数 $J_0(m_f)$ に比例する。$J_0(m_f)$ は、m_f に対して図 1 に示すような特性を持ち、m_f が約 2.41、5.52、8.65、・・・のとき、ほぼ零になる。

(2) 図 2 に示す構成例において、周波数 f_m〔Hz〕の単一正弦波で周波数変調した FM（F3E）送信機の出力の一部をスペクトルアナライザに入力し、FM 波のスペクトルを表示する。単一正弦波の　B　を零から次第に大きくしていくと、搬送波及び各側波帯のスペクトルの振幅がそれぞれ消長を繰り返しながら、徐々に FM 波の占有周波数帯幅が広がる。

答　　A - 16：**3**　　　A - 17：**3**

(3)　　A　　の振幅が零になる度に、m_f の値に対するレベル計の値（入力信号電圧）を測定する。このとき周波数偏移 f_d は、m_f 及び f_m の値を用いて、$f_d =$ 　C　 であるので、測定値から入力信号電圧対周波数偏移の特性を求めることができ、　A　の振幅が零になるときだけでなく、途中の振幅でも周波数偏移を知ることができる。

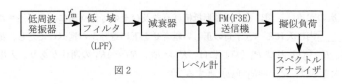

	A	B	C
1	搬送波	振幅	$m_f f_m$ 〔Hz〕
2	搬送波	周波数	$m_f f_m$ 〔Hz〕
3	搬送波	周波数	f_m / m_f 〔Hz〕
4	側波帯	振幅	f_m / m_f 〔Hz〕
5	側波帯	周波数	$m_f f_m$ 〔Hz〕

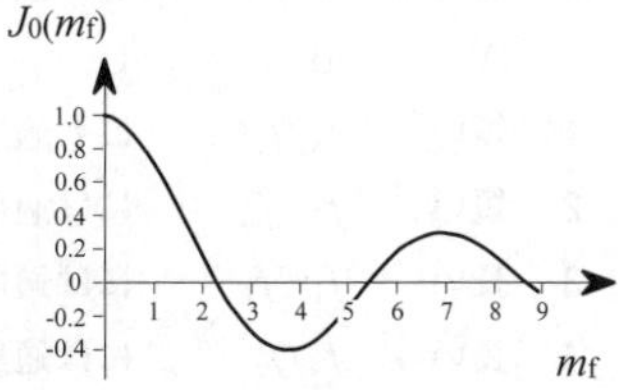

無線工学A

図1

図2

A-19　次の記述は、サンプリングオシロスコープにおけるサンプリングの手法の一例についてその原理を述べたものである。　　　　内に入れるべき字句の正しい組合せを下の番号から選べ。

(1)　図の(a)に示す入力信号を、その周期より　A　周期を持つ(b)のサンプリングパルスでサンプリングすると、観測信号として、(c)に示す入力信号の周期を長くしたような波形が得られる。

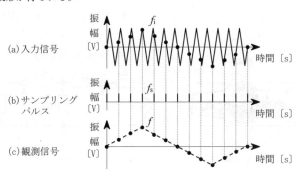

答　A-18：1

(2)　入力信号の繰り返し周波数が f_i〔Hz〕、サンプリングパルスの繰り返し周波数が f_s 〔Hz〕のとき、観測信号の周波数 f は、　B　〔Hz〕で表されるので、直接観測することが難しい高い周波数の信号を、低い周波数の信号に変換して観測することができる。

(3)　このサンプリングによる低い周波数への変換は、周期性のない信号　C　。

	A	B	C
1	短い	f_s/f_i	にも適用できる
2	短い	f_i-f_s	には適用できない
3	長い	f_i-f_s	には適用できない
4	長い	f_s/f_i	には適用できない
5	長い	f_i-f_s	にも適用できる

A-20　次の記述は、図に示す同軸形抵抗減衰器及びその等価回路について述べたものである。　　内に入れるべき字句の正しい組合せを下の番号から選べ。ただし、抵抗素子 R_1〔Ω〕、R_2〔Ω〕及び R_3〔Ω〕には、$R_1=R_3$、$R_2=4R_1$ の関係があり、入出力の抵抗 R_0 の大きさは、$R_0=3R_1$〔Ω〕とする。

(1)　端子 ab から負荷側を見た R_2〔Ω〕、R_3〔Ω〕及び R_0〔Ω〕の合成インピーダンスは、　A　である。

(2)　信号源電圧が e〔V〕のとき、減衰器の入力電圧 e_1 は $e_1=$　B　であり、e_1 と出力電圧 e_2 との比からこの同軸形抵抗減衰器の減衰量を求めると、　C　である。

	A	B	C
1	$2R_1$〔Ω〕	$e/3$〔V〕	3〔dB〕
2	$2R_1$〔Ω〕	$e/2$〔V〕	6〔dB〕
3	$2R_1$〔Ω〕	$e/2$〔V〕	9〔dB〕
4	$3R_1$〔Ω〕	$e/2$〔V〕	6〔dB〕
5	$3R_1$〔Ω〕	$e/3$〔V〕	3〔dB〕

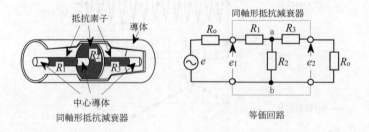

同軸形抵抗減衰器　　　　　等価回路

答　A-19：3　　A-20：2

B-1 次の記述は、図に示すデジタルマルチメータの原理的な構成例について述べたものである。 内に入れるべき字句を下の番号から選べ。

(1) 入力変換部は、アナログ信号（被測定信号）を増幅するとともに ア に変換し、A-D変換器に出力する。A-D変換器で被測定信号（入力量）と基準量とを比較して得たデジタル出力は、処理・変換・表示部において処理し、測定結果として表示される。

(2) A-D変換器における被測定信号（入力量）と基準量との比較方式には、直接比較方式と間接比較方式がある。

(3) 直接比較方式は、入力量と基準量とを イ と呼ばれる回路で直接比較する方式であり、間接比較方式は、入力量を ウ してその波形の エ を利用する方式である。高速な測定に適するのは、 オ 比較方式である。

アナログ信号
（被測定信号）　→　入力変換部　→　A-D変換器　→　処理・変換・表示部

| 1 | 交流電圧 | 2 | ミクサ | 3 | 積分 | 4 | 傾き | 5 | 間接 |
| 6 | 直流電圧 | 7 | コンパレータ | 8 | 微分 | 9 | ひずみ | 10 | 直接 |

B-2 次の記述は、衛星通信に用いるSCPC方式について述べたものである。 内に入れるべき字句を下の番号から選べ。なお、同じ記号の 内には、同じ字句が入るものとする。

(1) SCPC方式は、 ア 多元接続方式の一つであり、送出する イ チャネルに対して一つの搬送波を割り当て、一つのトランスポンダの帯域内に複数の異なる周波数の ウ を等間隔に並べる方式である。

(2) この方式では、同時に送信できる ウ の数は、トランスポンダの出力電力を一つの ウ 当たりに必要な電力で エ 数で決まる。

(3) 時分割多元接続（TDMA）方式に比べ、構成が簡単であり、通信容量が オ 地球局で用いられている。

| 1 | 周波数分割 | 2 | 小さい | 3 | 大きい | 4 | 搬送波 | 5 | パイロット信号 |
| 6 | 時分割 | 7 | 一つの | 8 | 二つの | 9 | 掛けた | 10 | 割った |

答　B-1：ア-6　イ-7　ウ-3　エ-4　オ-10
　　B-2：ア-1　イ-7　ウ-4　エ-10　オ-2

無線工学A

B-3 次の記述は、図に示す振幅変調（A3E）波について述べたものである。このうち正しいものを1、誤っているものを2として解答せよ。ただし、振幅変調波は、$e = E(1+m \cos pt) \cos \omega t$〔V〕で表され、搬送波の振幅、搬送波の角周波数及び信号波の角周波数を、それぞれ E〔V〕、ω〔rad/s〕及び p〔rad/s〕とする。

ア 振幅変調波 e は、信号波によって搬送波の振幅が変化し、信号波がないときは零になる。

イ $\cos pt$ の係数 m が $m<1$ のとき過変調という。

ウ $\cos pt$ の係数 m は、$m = (A-B)/(A+B)$ で表される。

エ 振幅変調波 e は、搬送波 ω、上側波帯 $p+\omega$ 及び下側波帯 $p-\omega$ の三つの成分を含んでいる。

オ $m=1$ のとき、上側波帯及び下側波帯の電力の和は、搬送波電力の1/2である。

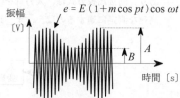

B-4 次の記述は、図に示す構成例を用いた FM（F3E）受信機のスプリアス・レスポンスの測定手順の概要について述べたものである。◻︎◻︎内に入れるべき字句を下の番号から選べ。

(1) 受信機のスケルチを断（OFF）、標準信号発生器（SG）を試験周波数に設定し、1,000〔Hz〕の ┌ア┐ 波により最大周波数偏移の許容値の70〔％〕の変調状態で、受信機に 20〔dBμV〕以上の受信機入力電圧を加え、受信機の復調出力が定格出力の 1/2 となるように受信機出力レベルを調整する。

(2) ┌イ┐ の出力を断（OFF）とし、受信機の復調出力（雑音）レベルを測定する。

(3) SG から試験周波数の無変調信号を加え、SG の出力レベルを調整して受信機の復調出力（雑音）レベルが(2)で求めた値より 20〔dB〕 ┌ウ┐ 値とする。このときの SG の出力レベルから受信機入力電圧を求め、これを A〔dB〕とする。

(4) 次に、SG の出力を(3)の測定時の値から変化させて、スプリアス・レスポンスの許容値より 20〔dB〕程度 ┌エ┐ とし、SG の周波数を掃引してスプリアス・レスポンスの発生する周波数を探索する。この探索は原則として受信機の中間周波数から試験周波数の3倍までの周波数範囲について行う。

答 B-3：ア-2 イ-2 ウ-1 エ-2 オ-1

(5)　(4)の探索でスプリアス・レスポンスを検知した各周波数について、SG の出力を調整し受信機の復調出力（雑音）レベルが　オ　の測定時の値と等しい値となるときの SG 出力から、このときの受信機入力電圧 B〔dB〕を求める。スプリアス・レスポンスは、この B の値と、(3)で求めた A の値との差として測定することができる。

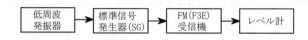

1	(2)	2	低い値	3	低い	4	標準信号発生器（SG）	5	正弦
6	(3)	7	高い値	8	高い	9	低周波発振器	10	三角

B－5　次の記述は、SSB（J3E）受信機の特徴について述べたものである。　　内に入れるべき字句を下の番号から選べ。なお、同じ記号の　　内には、同じ字句が入るものとする。

(1)　一般に、AM（A3E）受信機に比べ、同一の音声信号を復調するために必要な中間周波増幅器の帯域幅は、通常、ほぼ　ア　である。

(2)　復調するためには、検波用局部発振器で搬送波に相当する周波数成分を作り、　イ　に加える必要がある。

(3)　局部発振器の発振周波数と送信側で抑圧された J3E 波の搬送波の周波数との関係が正しく保たれないと、　ウ　が悪くなるため、　エ　が用いられる。

(4)　　エ　の調整を容易にするため、　オ　を用いる方法がある。

1	1/2	2	低周波増幅器	3	明りょう度
4	自動利得調整回路	5	中間周波増幅器		
6	1/4	7	検波器	8	スプリアス・レスポンス
9	クラリファイア	10	トーン発振器		

答　B－4：ア－5　イ－4　ウ－3　エ－7　オ－6
　　B－5：ア－1　イ－7　ウ－3　エ－9　オ－10

▶解答の指針

○A-1

5　相互に同期放送の関係にある基幹放送局の電波が受信できる地点の合成電界による フェージングの繰り返しは、受信機の**自動利得調整（AGC）機能**や受信機のバーアン テナ等の指向性によって所定の混信保護比を満たすことにより、その改善が期待できる。

○A-3

(1)　信号点間距離は、信号空間ダイアグラムにおいて信号点間の最短距離で定義されるの で QPSK 信号の信号点間距離は③である。

(2)　誤り率を同じにするには、与図に示す QPSK 信号の信号点間距離③が、BPSK 信号 の信号点間距離①に等しいときであり、QPSK 信号の振幅である A_4 は二等辺三角形の 辺の比から求められ、①の1/2である BPSK 信号の振幅 A_2 の $\sqrt{2}$ 倍である。

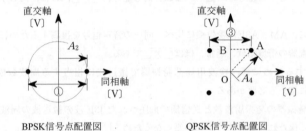

BPSK信号点配置図　　　　　QPSK信号点配置図

○A-4

　電力増幅器の総合的な電力効率は、励振部と終段部に供給される直流電力がいかに効率 よく交流の出力電力に変換されるかの指標であるから、正答肢は **5** である。

○A-5

(1)　s = "0"、"1" で、位相が 0 または π 〔rad〕であり e_i は、振幅を 1 〔V〕とし搬送波周 波数 f_c〔Hz〕を用いて、次式で表される。

$$e_i = \cos(2\pi f_c t + \pi s) \text{〔V〕}$$

(2)　2 逓倍器の出力 e_0 は次のようになる。

$$e_0 = e_i{}^2 = \frac{1 + \cos 2(2\pi f_c t + \pi s)}{2} = \frac{1}{2} + \frac{1}{2}\underline{\cos(4\pi f_c t + 2\pi s)} \text{〔V〕}$$

　上式の位相項は、0 または 2π〔rad〕であるから、周波数 $2f_c$〔Hz〕の連続波信号と なる。

(3)　e_0 に含まれる信号波以外の雑音成分を通過帯域幅が非常に**狭い**フィルタ（BPF）で 取り除いた後、PLL で位相を安定化し、その出力を1/2に分周して、周波数 f_c〔Hz〕 の基準搬送波を得る。

○A-6

(1)　総合利得及び初段の利得が十分**大きい**とき、受信機の感度は初段の雑音指数でほぼ決まる。

(2)　単一同調を使用した高周波増幅器で、通過帯域を決定する同調回路の帯域幅 B は、尖鋭度 Q が一定のとき、同調周波数 f_0 〔Hz〕が高いほど**広く**なる。ちなみに、同調回路の電流が、共振時の電流値の $1/\sqrt{2}$ になった時の周波数の幅で B を定義すれば、$B = f_0/Q$ 〔Hz〕の関係がある。

(3)　AGC 回路は、到来電波の**強度**変動による出力変動への影響を自動的に軽減する回路であり、検波電圧が搬送波の振幅に比例することを利用して増幅器の利得を調整する。

○A-7

等価等方輻射電力（EIRP）は、送信電力＋送信アンテナ利得－送信給電線損失 ＝ $30+33-3 = 60$ 〔dBm〕である。受信電力 P_r は、$P_r =$ EIRP－ 伝搬損失＋受信アンテナ利得－受信給電線損失 ＝ $60-130+33-3 = -40$ 〔dBm〕であるから、雑音電力の受信機入力換算値を考慮して搬送波電力対雑音電力比（C/N）は、次のようになる。

$$C/N = -40-(-105) = 65 \text{〔dB〕}$$

○A-8

リング復調回路に入力される SSB 波の周波数 f_I は、基準搬送波周波数を f_C 〔kHz〕、出力される信号の周波数を f_S 〔kHz〕として $f_I = f_C+f_S$ 〔kHz〕で表されるので、題意の数値から、$f_I = 453.5+2 = 455.5$ 〔kHz〕となる。

○A-9

2　電池の電極の負担を軽くするには、**充電の初期に大きな電流が流れ過ぎないようにする**。

○A-11

(1)　VOR は、水平偏波の108〜118〔MHz〕帯の電波を用いた航行援助施設であり、送信される基準位相信号と可変位相信号の2種類の信号を航空機で受信させることにより VOR 局からの**磁方位**についての飛行コース情報を与える。

(2)　全方位にわたって位相が一定の 30〔Hz〕の基準位相信号を含む電波と、方位によって位相が変化する **30**〔Hz〕の可変位相信号を含む電波を同時に発射しており、それら信号の位相差から、方位情報を得る。

(3)　ドップラー VOR（DVOR）は、基準位相信号を**振幅変調波**として、また、可変位相信号をドップラー偏移利用の等価的な周波数変調波として発射する。ちなみに、標準 VOR（CVOR）は、基準位相信号を周波数変調波として、また、可変位相信号を振幅

右余白：無線工学A

変調波として発射し、その放射パターンの回転方向は DVOR と逆である。

○A-12

最大探知距離 R_{max} は、尖頭電力 P_t〔W〕、有効反射断面積 σ〔m²〕、アンテナ利得 G、波長 λ〔m〕、レーダー受信機の検出可能最小受信電力 S_{min}〔W〕として次のレーダー方程式で表される。

$$R_{max} = \left\{ \frac{P_t \sigma G^2 \lambda^2}{(4\pi)^3 S_{min}} \right\}^{1/4} \text{〔m〕}$$

上式から R_{max} は、S_{min} の 1/4 乗に反比例するから、S_{min} を 0.25 倍にしたとき R_{max} は $4^{1/4} \fallingdotseq 1.4$ 倍、すなわち、$R_{max} \fallingdotseq 10 \times 1.4 = 14$〔km〕となる。

○A-13

2 周波中継方式では、設問図のような周波数 f_1, $f_2 \cdots f_8$ の配置において異なる 2 つの使用周波数を F_1 と F_2 とし次のような関係がある。

$$f_1 = f_6 = f_3 = f_8 = F_1$$
$$f_2 = f_5 = f_4 = f_7 = F_2$$

したがって 2 が誤りであり、正しくは以下のようになる。

2　中継所 2 の送信周波数 f_3 と、受信周波数 f_7 は**異なる**周波数である。

○A-14

　A　は、送信側固有の不規則符号を発生する拡散符号発生部からの出力に応じてホッピング周波数を生成する周波数シンセサイザで、　C　は、受信信号から符号同期させて送信側と同じ拡散符号パターンを発生する拡散符号発生部、　B　は、逆拡散（周波数変換）を行う拡散復調部である。

○A-16

標本化定理により、標本化周波数は信号の最高周波数の 2 倍の周波数以上にすればよいので、題意より最小 $2 \times 8 = 16$〔kHz〕の標本化周波数が必要である。

符号化ビット数は題意より 8〔bit〕であるから、したがって、必要な最小のビットレート R は、$R = 8 \times 16 \times 10^3 = 128 \times 10^3 = 128$〔kbps〕である。

○A-17

パルス信号の立上がり時間は、波形の振幅が 10〔%〕から 90〔%〕になるまでの時間で定義されるので、与図の波形では時間軸の 2 目盛に相当し、題意より 20〔μs〕である。

○A–18

(1) FM波の搬送波及び各側帯波の振幅は、変調指数 m_f を変数とするベッセル関数で表され、搬送波の振幅は零次のベッセル関数 $J_0(m_f)$ に比例する。この関数は m_f が約2.41、5.52、8.65、・・・ではほぼ零となる。

(2) 周波数 f_m〔Hz〕の単一正弦波である信号波 $v_m = V_m \cos 2\pi f_m t$ をFM送信機に加えたときの出力をスペクトル表示した場合、信号波の振幅 V_m を零から大きくしていくと振幅に比例して周波数偏移 f_d が大きくなり、搬送波と各側波帯の振幅は消長を繰り返しながら緩やかな占有周波数帯幅の広がりを見せる。

(3) 搬送波の振幅は、(1)のように特定の m_f のときに零になるから、その度に周波数偏移 f_d は f_m 及び m_f の値を用いて、$f_d = m_f f_m$〔Hz〕で表されるので、信号入力対周波数偏移の特性を求めることができる。

○A–19

サンプリングオシロスコープは、高速の繰返し波形を一定の周期でサンプリングして一つの波形に合成、表示するオシロスコープである。入力信号の周波数を f_i〔Hz〕、サンプリングパルスの繰返し周波数を f_s〔Hz〕とすれば、合成（観測）信号の周波数 f は、$f_i - f_s$〔Hz〕であり、サンプリング周期 $1/f_s$〔s〕は、入力信号の周期、$1/f_i$〔s〕より長い。この周波数変換は周期性のない信号には適用できない。

○A–20

(1) 端子abから負荷を見た合成インピーダンス R_{ab} は、R_2 と $R_0 + R_3$ の並列抵抗であるから、$R_{ab} = R_2 \times (R_3 + R_0)/(R_2 + R_3 + R_0) = 4R_1 \times 4R_1/(8R_1) = 2R_1$〔Ω〕である。

したがってab間の電圧 e_{ab} は $e_{ab} = e_1 \times \dfrac{2R_1}{3R_1} = e_1 \times \dfrac{2}{3}$ となる。

また $e_2 = e_{ab} \times \dfrac{R_0}{R_3 + R_0} = e_1 \times \dfrac{2}{3} \times \dfrac{3R_1}{4R_1} = e_1 \times \dfrac{1}{2}$ となる。

(2) 減衰器の入力端から負荷を見たインピーダンスは、$3R_1$〔Ω〕であるから、入力電圧 e_1 は $e/2$〔V〕である。したがって、$e_1/e_2 = 2$ から、減衰量 $\Gamma = 20 \log_{10} 2 \fallingdotseq 6$〔dB〕である。

○B–3

ア 振幅変調波 e は、信号波によって搬送波の振幅が変化し、信号波がないときは与式の $m = 0$ に相当し、搬送波のみとなる。

イ $\cos pt$ の係数 m が $m > 1$ のとき過変調という。

エ 振幅変調波 e は、搬送波 ω、上側波帯 $\omega + p$ 及び下側波帯 $\omega - p$ の三つの成分を含んでいる。

無線工学A

令和5年1月期

A-1 次の記述は、デジタル通信の変調方式である PSK 及び QAM の一般的な特徴等について述べたものである。 ____ 内に入れるべき字句の正しい組合せを下の番号から選べ。ただし、信号空間ダイアグラムとは、信号点配置図である。

(1) 8PSK 波の信号空間ダイアグラムでは、8個の信号点配置となる。変調信号に対して搬送波の位相が ___A___ 〔rad〕の間隔で割り当てられ、シンボル当たり3ビットの情報を送ることができる。

(2) 16QAM 波の信号空間ダイアグラムでは、16個の信号点配置となる。よって、シンボル当たり ___B___ ビットの情報を送ることができる。

(3) PSK は、搬送波の位相に、QAM は、搬送波の位相だけでなく振幅にも情報を乗せる変調方式である。両変調方式共に、多値化するに従って、隣り合う信号点間距離が狭くなるので原理的に伝送路等におけるノイズやひずみによるシンボル誤りが起こり ___C___ なる。

	A	B	C
1	$\pi/2$	4	やすく
2	$\pi/2$	4	難く
3	$\pi/2$	6	やすく
4	$\pi/4$	6	難く
5	$\pi/4$	4	やすく

A-2 次の記述は、周波数変調波の占有周波数帯幅の計算方法について述べたものである。 ____ 内に入れるべき字句の正しい組合せを下の番号から選べ。

(1) 単一正弦波で変調された周波数変調波のスペクトルは、搬送波を中心にその上下に変調信号の周波数間隔で無限に現れる。その振幅は、第1種ベッセル関数を用いて表され、全放射電力 P_t は次式で表される。ただし、無変調時の搬送波の平均電力を P_c〔W〕とし、m は変調指数とする。

$$P_t = P_c J_0{}^2(m) + 2P_c\{J_1{}^2(m) + J_2{}^2(m) + J_3{}^2(m) + \cdots\}$$
$$= P_c J_0{}^2(m) + 2P_c \sum_{n=1}^{\infty} J_n{}^2(m) \ \text{〔W〕}$$

(2) 周波数変調波は、振幅が一定で、その電力は変調の有無にかかわらず一定であり、次式の関係が成り立つ。

$$J_0{}^2(m) + 2\sum_{n=1}^{\infty} J_n{}^2(m) = \boxed{\text{A}}$$

したがって、$n = k$ 番目の上下側波帯までの周波数帯幅に含まれる平均電力の P_t に対する比 a は、次式より求められる。

答 A-1：5

$\alpha = \boxed{\text{B}}$

(3) 我が国では、占有周波数帯幅を定める α の値は $\boxed{\text{C}}$ と規定されている。

	A	B	C
1	1	$2\sum_{n=1}^{k} J_n^2(m)$	0.99
2	1	$J_0^2(m) + 2\sum_{n=1}^{k} J_n^2(m)$	0.90
3	1	$J_0^2(m) + 2\sum_{n=1}^{k} J_n^2(m)$	0.99
4	2	$2\sum_{n=1}^{k} J_n^2(m)$	0.90
5	2	$J_0^2(m) + 2\sum_{n=1}^{k} J_n^2(m)$	0.99

A-3 次の記述は、我が国の地上系デジタル方式の標準テレビジョン放送に用いられる送信の標準方式について述べたものである。□□□内に入れるべき字句の正しい組合せを下の番号から選べ。

伝送方式には、$\boxed{\text{A}}$ が用いられる。この方式は、送信データを多数の搬送波に分散して送ることにより、単一キャリアのみを用いて送る方式に比べ伝送シンボルの継続時間が $\boxed{\text{B}}$ ため、本質的にマルチパスの影響を受けにくいが、さらに、$\boxed{\text{C}}$ を設定することにより、マルチパスの影響を抑えることができる。

	A	B	C
1	OFDM	長い	ガードインターバル
2	OFDM	短い	ガードインターバル
3	OFDM	短い	バックオフ
4	VSB	長い	バックオフ
5	VSB	短い	バックオフ

A-4 次の記述は、BPSK等のデジタル変調方式におけるシンボルレートとビットレート（データ伝送速度）との原理的な関係について述べたものである。□□□内に入れるべき字句の正しい組合せを下の番号から選べ。ただし、シンボルレートは、1秒当たりの変調回数（単位は〔sps〕）を表す。

(1) BPSK では、シンボルレートが10〔Msps〕のとき、ビットレートは、$\boxed{\text{A}}$ 〔Mbps〕である。

(2) QPSK では、シンボルレートが5〔Msps〕のとき、ビットレートは、$\boxed{\text{B}}$ 〔Mbps〕である。

(3) 64QAM では、ビットレートが48〔Mbps〕のとき、シンボルレートは、$\boxed{\text{C}}$ 〔Msps〕である。

	A	B	C
1	10	10	6
2	10	10	8
3	5	10	8
4	5	15	8
5	5	15	6

答　A-2：**3**　　A-3：**1**　　A-4：**2**

A-5 次の記述は、図に示すデジタル通信に用いられる QPSK 復調器の原理的構成例について述べたものである。　　内に入れるべき字句の正しい組合せを下の番号から選べ。

(1) 位相検波器1及び2は、「QPSK 信号」と「基準搬送波」及び「QPSK 信号」と「基準搬送波と位相が　A　〔rad〕異なる信号」をそれぞれ掛け算し、両者の　B　を出力させるものである。

(2) クロック発生回路は、位相検波器1及び2から出力された信号の　C　に同期したクロック信号を出力し、識別器が正確なタイミングで識別できるようにするものである。

	A	B	C
1	$\pi/4$	位相差	パルス繰り返し周期
2	$\pi/4$	振幅差	振幅レベル
3	$\pi/2$	位相差	パルス繰り返し周期
4	$\pi/2$	振幅差	パルス繰り返し周期
5	$\pi/2$	振幅差	振幅レベル

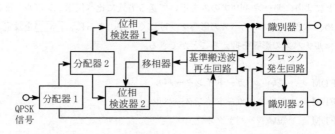

A-6 次の記述は、FM（F3E）受信機の限界受信レベル（スレッショルドレベル）について述べたものである。　　内に入れるべき字句の正しい組合せを下の番号から選べ。ただし、雑音は受信機内部で発生する連続性雑音でその尖頭電圧は実効値の +12〔dB〕とし、搬送波は正弦波とする。なお、$\log_{10} 2 = 0.3$ とする。

(1) スレッショルドは、搬送波の尖頭電圧と雑音の尖頭電圧が等しくなる点であり、それぞれの実効値を E_C 及び E_N とすると、E_C と E_N の関係は　A　となり、S/N 改善利得を得るのに必要な受信電力の限界値がスレッショルドレベルである。

(2) スレッショルドを搬送波の実効値と雑音の実効値で比較し、その値（C/N）をデシベルで表すと　B　〔dB〕となる。

	A	B
1	$\sqrt{2}\, E_C = 4E_N$	9
2	$\sqrt{2}\, E_C = 4E_N$	6
3	$E_C = 8E_N$	6
4	$E_C = 8E_N$	9
5	$E_C = 8E_N$	12

答　A-5：3　　A-6：1

A－7　次の記述は、FM（F3E）受信機のスケルチ回路として用いられているノイズスケルチ方式及びキャリアスケルチ方式について述べたものである。このうち誤っているものを下の番号から選べ。

1　キャリアスケルチ方式は、都市雑音などの影響により、スケルチ動作点を適正なレベルに維持することが難しい。

2　キャリアスケルチ方式は、弱電界におけるスケルチに適しており、音声信号による誤動作が少ない。

3　ノイズスケルチ方式は、周波数弁別器出力の音声帯域外の雑音を整流して得た電圧を制御信号として使用する。

4　ノイズスケルチ方式は、スケルチが働きはじめる動作点を弱電界に設定できるため、スケルチ動作点を通話可能限界点にほぼ一致させることができる。

5　ノイズスケルチ方式は、音声信号の過変調による誤動作が生じやすい。

無線工学A

A－8　次の記述は、AM（A3E）スーパヘテロダイン受信機において生ずることのある混変調について述べたものである。　　　内に入れるべき字句の正しい組合せを下の番号から選べ。なお、同じ記号の　　　内には、同じ字句が入るものとする。

(1)　希望波と周波数が異なり、かつ、入力の強度が大きい妨害波が受信機の周波数変換部などに混入したとき、回路の　A　によって妨害波の信号波成分で希望波の搬送波が変調を受ける現象である。

(2)　希望波の搬送波が f_d〔Hz〕、妨害波の搬送波が f_u〔Hz〕、妨害波の信号波成分が f_m〔Hz〕及び妨害波の側波帯成分が $f_\mathrm{u}+f_\mathrm{m}$〔Hz〕のとき、受信機の　A　によって3次ひずみによる混変調積が発生すると、次式で表される周波数成分を生ずる。

$$f_\mathrm{d}-\boxed{\ \ B\ \ }+(f_\mathrm{u}+f_\mathrm{m}) \quad \cdots ①$$
$$f_\mathrm{d}+\boxed{\ \ B\ \ }-(f_\mathrm{u}+f_\mathrm{m}) \quad \cdots ②$$

式①の周波数成分である $f_\mathrm{d}+f_\mathrm{m}$〔Hz〕及び②の周波数成分である $f_\mathrm{d}-f_\mathrm{m}$〔Hz〕は、$f_\mathrm{d}$ が f_m で振幅変調されたときの上下の側波帯成分に等しいので、妨害を受ける。

	A	B
1	直線動作	f_u
2	直線動作	f_m
3	非直線動作	$f_\mathrm{u}-f_\mathrm{m}$
4	非直線動作	f_u
5	非直線動作	f_m

A－9　電源に用いるコンバータ及びインバータに関する次の記述のうち、誤っているものを下の番号から選べ。

答　A－7：2　　A－8：4

1　コンバータには、入出力間の絶縁ができる絶縁型と、入出力間の絶縁ができない非絶縁型とがある。

2　DC−DCコンバータは、直流24〔V〕で動作する機器を12〔V〕のバッテリで駆動するような場合に使用できる。

3　インバータの出力制御方式の一つであるPAM方式はパルス幅を変えることにより出力を可変するもので、パルス幅変調周期を決定するキャリア周波数が高いほど、出力の波形が正弦波に近づく。

4　インバータは、出力の交流電圧の周波数及び位相を制御することができる。

5　インバータの電力制御素子として、主にIGBT（Insulated Gate Bipolar Transistor）やMOS−FETなどのトランジスタ及びサイリスタが用いられている。

A−10　次の記述は、無停電電源装置用蓄電池の浮動充電方式について述べたものである。□□□内に入れるべき字句の正しい組合せを下の番号から選べ。

(1) 整流装置に蓄電池と負荷とを□A□に接続し、蓄電池には自己放電を補う程度の電流で常に充電を行う。

(2) 通常の使用状態では、負荷には□B□から電力が供給される。

(3) □C□は、電圧変動を吸収する役目をする。

	A	B	C
1	並列	蓄電池	負荷
2	並列	整流装置	蓄電池
3	並列	整流装置	負荷
4	直列	整流装置	負荷
5	直列	蓄電池	蓄電池

A−11　次の記述は、ASR（空港監視レーダー）について述べたものである。□□□内に入れるべき字句の正しい組合せを下の番号から選べ。

(1) ASRは、航空機の位置を探知し、SSR（航空用二次監視レーダー）を併用して得た航空機の□A□情報を用いることにより、航空機の位置を□B□的に把握することが可能である。

(2) 移動する航空機の反射波の位相が□C□によって変化することを利用して山岳、地面及び建物などの固定物標からの反射波を除去し、移動目標の像をレーダーの指示器に明瞭に表示することができるMTI（移動目標指示装置）を用いている。

	A	B	C
1	高度	三次元	ファラデー効果
2	高度	三次元	ドプラ効果
3	方位	二次元	ドプラ効果
4	方位	三次元	ドプラ効果
5	方位	二次元	ファラデー効果

答　　A−9：3　　A−10：2　　A−11：2

A-12 図に示すように、ドプラレーダーを用いて移動体を前方 30 〔°〕の方向から測定したときのドプラ周波数が、1,000 〔Hz〕であった。この移動体の移動方向の速度の値として、最も近いものを下の番号から選べ。ただし、レーダーの周波数は 10 〔GHz〕とし、前方 30 〔°〕の方向から測定した移動体の相対速度 v と移動方向の速度 v_0 との関係は、$v = v_0 \cos 30$〔°〕で表せるものとする。

また、$\cos 30$〔°〕$= 0.87$ とする。

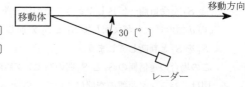

1　30 〔km/h〕　　2　47 〔km/h〕

3　54 〔km/h〕　　4　62 〔km/h〕

5　93 〔km/h〕

A-13 次の記述は、雑音について述べたものである。このうち誤っているものを下の番号から選べ。

1　トランジスタから発生するフリッカ雑音は、周波数が 1 オクターブ上がるごとに電力密度が 3 〔dB〕減少する。

2　トランジスタから発生する分配雑音は、フリッカ雑音より高い周波数領域で発生する。

3　抵抗体から発生する雑音には、熱じょう乱により発生する熱雑音及び抵抗体に流れる電流により発生する電流雑音がある。

4　増幅回路の内部で発生する内部雑音には、熱雑音及び散弾（ショット）雑音などがある。

5　外部雑音には、コロナ雑音及びアバランシェ雑音などがある。

A-14 次の記述は、衛星通信に用いられる多元接続方式について述べたものである。このうち誤っているものを下の番号から選べ。

1　FDMA 方式は、複数の搬送波をその周波数帯域が互いに重ならないように周波数軸上に配置する方式である。

2　FDMA 方式において、個々の通信路がそれぞれ単一の回線で構成されるとき、これを SCPC という。

3　TDMA 方式は、時間を分割して各地球局に割り当てる方式である。

4　TDMA 方式は、隣接する通信路間の衝突が生じないようにガードバンドを設ける。

5　CDMA 方式は、中継器の同一の周波数帯域を多数の地球局が同時に使っても共用でき、それぞれ独立に通信を行う。

答　　A-12：4　　　A-13：5　　　A-14：4

A-15 次の記述は、ブロック符号を例にして、誤り訂正符号の生成及び誤り検出・訂正の原理について述べたものである。□□内に入れるべき字句の正しい組合せを下の番号から選べ。なお、同じ記号の□□内には、同じ字句が入るものとする。

(1) 送信側では、受信側へ送信する情報データに対して検査ビットを計算し、その計算した検査ビットを情報ビットに付加して符号語を生成する。例えば、生成した符号語 S_1 と S_2 を受信側へ伝送したとき、その伝送路上でさまざまなノイズの影響を受け、S_1 の d 個のビットが反転して S_1 と S_2 が同じものとなった場合は、受信側では誤って S_1 を S_2 と判断してしまう。

　　この場合の送信側の S_1 と S_2 間のハミング距離は、□ A □である。

(2) 図は、ハミング距離の空間について、S_1 と S_2 のビットがそれぞれ t 個反転したときの範囲を円で示している。S_1 と S_2 のハミング距離の最小距離を d_{min} とすると、一般に、$d_{min} \geq$ □ B □であれば、図に示すようにハミング距離の空間内で、S_1 と S_2 を中心とする半径 t の円は互いに交わったり接したりすることがない。

(3) 一般に、ブロック符号では、送信側の S_1 と S_2 間のハミング距離を必ず□ B □以上になるように工夫して検査ビットを計算して情報ビットに付加し送信する。受信側では、任意の符号語間のハミング距離が□ B □以上とわかっているから□ C □個以下の誤りを訂正できる。

	A	B	C
1	d	$2t-1$	$2t$
2	d	$2t-1$	t
3	d	$2t+1$	t
4	$2d$	$2t+1$	$2t$
5	$2d$	$2t-1$	t

A-16 伝送速度 5〔Mbps〕のデジタル回線のビット誤り率を測定した結果、ビット誤り率が 1×10^{-8} であった。この値は、ビット誤り率の測定を開始してから終了するまでの測定時間内において、平均的に t〔s〕毎に 1〔bit〕の誤りが生じていることと等価である。このときの t の値として、最も近いものを下の番号から選べ。ただし、測定時間は、t〔s〕より十分に長いものとする。

　　1 20〔s〕　　**2** 10〔s〕　　**3** 8〔s〕　　**4** 6〔s〕　　**5** 5〔s〕

答　A-15：**3**　　A-16：**1**

A-17 次の記述は、図に示す構成例を用いた FM（F3E）送信機の信号対雑音比（S/N）の測定法について述べたものである。　　内に入れるべき字句の正しい組合せを下の番号から選べ。なお、同じ記号の　　内には、同じ字句が入るものとする。

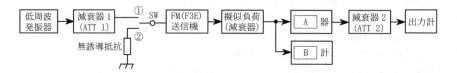

(1) スイッチ SW を②側に接続して送信機の入力端子を無誘導抵抗に接続し、送信機から無変調波を出力する。次に、出力計の指示値が読み取れる値 V〔V〕となるように　A　器の出力側に接続された減衰器2（ATT 2）を調整する。このときの ATT 2 の読みを D_1〔dB〕とする。

(2) 次に、SW を①側に接続し、低周波発振器から規定の変調信号（例えば 1〔kHz〕）を減衰器1（ATT 1）を通して送信機に加え、　B　が規定値になるように ATT 1 を調整する。

(3) また、ATT 2 を調整し、(1)と
同じ出力計の指示値 V〔V〕とな
るようにする。このときの
ATT 2 の読みを D_2〔dB〕とす
れば、求める信号対雑音比（S/N）
は、　C　〔dB〕である。

	A	B	C
1	FM 直線検波	周波数偏移	D_2-D_1
2	FM 直線検波	周波数偏移	D_2+D_1
3	FM 直線検波	周波数	D_2+D_1
4	包絡線検波	周波数偏移	D_2-D_1
5	包絡線検波	周波数	D_2+D_1

A-18 図に示す受信機の雑音指数の測定の構成例において、高周波電力計で中間周波増幅器の有能雑音出力電力を測定したところ、-26〔dBm〕であった。このときの被測定部の雑音指数の値として、正しいものを下の番号から選べ。ただし、高周波増幅器の有能雑音入力電力を -130〔dBW〕、被測定部の有能利得を 70〔dB〕とする。また、1〔mW〕を 0〔dBm〕とする。

1　1〔dB〕

2　2〔dB〕

3　3〔dB〕

4　4〔dB〕

5　5〔dB〕

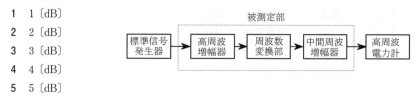

答　A-17：1　　A-18：4

無線工学 A

A-19 図に示す波高値 E_m と周期 T がそれぞれ等しい「のこぎり波」（点線表示）と「正弦波」（実線表示）がある。真の実効値を指示する電圧計で「のこぎり波」（点線表示）を測定したところ、指示値は 2〔V〕であった。次に同じ電圧計で「正弦波」（実線表示）を測定したときの予想される指示値として、正しいものを下の番号から選べ。ただし、「のこぎり波」の実効値は、$E_m/\sqrt{3}$〔V〕である。また、電圧計の誤差はないものとする。

1　$\sqrt{2/3}$〔V〕

2　$2\sqrt{2/3}$〔V〕

3　$\sqrt{3/2}$〔V〕

4　$\sqrt{3}$〔V〕

5　$\sqrt{6}$〔V〕

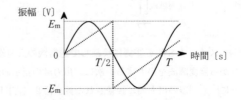

A-20 次の記述は、図に示す高速フーリエ変換（FFT）アナライザの原理的な構成例について述べたものである。□□□内に入れるべき字句の正しい組合せを下の番号から選べ。なお、同じ記号の□□□内には、同じ字句が入るものとする。

(1) 被測定信号（アナログ信号）は、低域フィルタ（LPF）を通過した後、□A□でデジタルデータに置き換えられる。このデータは、FFT演算器で演算処理されて□B□のデータに変換され、表示部に表示される。

(2) アナログ処理によるスーパヘテロダイン方式のスペクトルアナライザとの相違点は、□C□の情報が得られることである。

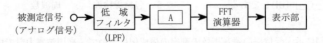

	A	B	C
1	A-D 変換器	周波数領域	位相
2	A-D 変換器	時間領域	位相
3	A-D 変換器	周波数領域	振幅
4	D-A 変換器	時間領域	振幅
5	D-A 変換器	周波数領域	位相

B-1　次の記述は、図に示すCM形電力計の原理について述べたものである。□□□
内に入れるべき字句を下の番号から選べ。

(1)　CM形電力計は、□ア□高周波電力計の一種であり、主同軸線路の内部導体の近く
　　に副同軸線路の内部導体を配置し、副同軸線路の両端に熱電対形電流計を接続したも
　　のである。

(2)　副同軸線路には、その内部導体と主同軸線路の内部導体との間の□イ□によって主
　　同軸線路の電圧に比例する電流が流れ、また、副同軸線路の内部導体と主同軸線路の
　　内部導体との間の□ウ□によって主同軸線路に流れる電流に比例する電流が流れる。

(3)　CM形電力計を構成する素子などが電気的に一定の条件を満足するようにしてあれ
　　ば、熱電対形電流計の指示は、副同軸
　　線路に流れる電流の□エ□に比例する
　　ので、その指示値から負荷への入射波
　　電力及び負荷からの□オ□電力の測定
　　ができる。

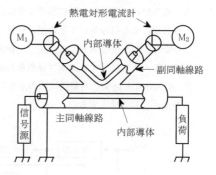

1　終端形	2　相互インダクタンス
3　表皮効果	4　スプリアス発射の
5　反射波	6　通過形
7　負性抵抗	8　静電容量
9　2乗	10　3乗

B-2　次の記述は、SSB（J3E）通信方式について述べたものである。このうち正しい
ものを1、誤っているものを2として解答せよ。

ア　SSB（J3E）波は、変調信号の有るときだけ放射される。

イ　SSB（J3E）波は、AM（A3E）波に比べて選択性フェージングの影響を受けやすい。

ウ　SSB（J3E）通信方式は、AM（A3E）波の二つの側波帯を伝送して、変調信号を
　　受信側で再現させる方式である。

エ　SSB（J3E）波の占有周波数帯幅は、変調信号が同じとき、AM（A3E）波のほぼ
　　1/4である。

オ　SSB（J3E）波は、搬送波が抑圧されているため、他のSSB波の混信時にビート
　　妨害を生じない。

答　B-1：ア-6　イ-8　ウ-2　エ-9　オ-5
　　　B-2：ア-1　イ-2　ウ-2　エ-2　オ-1

B-3 次の記述は、図に示すデジタル無線通信に用いられるトランスバーサル形自動等化器の原理的構成例等について述べたものである。　　　内に入れるべき字句を下の番号から選べ。

(1) 周波数選択性フェージングなどによる伝送特性の劣化は、波形ひずみとなって現れるため、　ア　が大きくなる原因となる。トランスバーサル形自動等化器は、波形を補償する　イ　の一つである。

(2) 図に示すように、トランスバーサル形自動等化器は、　ウ　ずつパルス列を遅らせ、それぞれのパルスに重み係数（タップ係数）を乗じ、重み付けをして合成することにより、理論的に周波数選択性フェージングなどより生じた符号間干渉を打ち消すことができる。

(3) 重み付けの方法は、図に示すように合成器の出力を識別器に入れ、識別時点における必要とする信号レベルとの誤差を検出し、この誤差が前後のどのパルスから生じたのかを、ビットと乗算して　エ　を検出し判定する。これにより、符号間干渉を与えているパルスに対するタップ係数を制御して誤差を打ち消す。

(4) QAMなど直交した搬送波間の干渉に対処するには、図に示す構成例による回路等を　オ　して構成する。

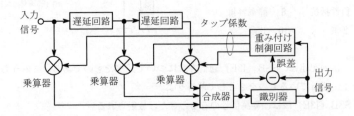

1	符号誤り率	2	周波数領域自動等化器	3	1ビット
4	相関成分	5	3次元化		
6	信号対干渉雑音比（S/I）	7	時間領域自動等化器	8	1/2ビット
9	直交成分	10	2次元化		

答　B-3：ア-1　イ-7　ウ-3　エ-4　オ-10

B－4 次の記述は、図に一例を示すデジタル伝送方式におけるパルスの品質を評価するアイパターンの原理について述べたものである。 内に入れるべき字句を下の番号から選べ。

(1) アイパターンは、パルス列の繰返し周波数であるクロック周波数に同期させて、 ア のパルス波形を重ねてオシロスコープ上に描かせたものである。

(2) アイパターンは、伝送路などで受ける波形劣化を観測することが イ 。

(3) アイパターンの ウ は、信号のレベルが減少したり伝送路の周波数特性が変化することによる符号間干渉に対する余裕の度合いを表している。

(4) アイパターンの エ は、クロック信号の統計的なゆらぎ（ジッタ）等による識別タイミングの劣化に対する余裕を表している。

(5) アイパターンのアイの開き具合を示すアイ開口率が小さくなると、符号誤り率が オ なる。

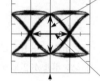

1	識別器出力	2	できない
3	横の開き具合	4	縦の開き具合
5	大きく	6	識別器入力直前
7	できる	8	識別時刻
9	クロック周波数	10	小さく

（図中）アイの縦の開き／アイの横の開き／識別時刻

B－5 次の記述は、スーパヘテロダイン受信機において生ずることがある混信妨害及びその対策について述べたものである。 内に入れるべき字句を下の番号から選べ。

(1) 近接周波数による混信妨害は、妨害波の周波数が ア に近接しているとき生ずるので、通常、 イ の選択度を向上させるなどにより軽減する。

(2) 影像周波数による混信妨害は、妨害波の周波数が受信周波数から中間周波数の ウ 倍の周波数だけ離れた周波数になるときに生ずるので、高周波増幅器の エ させるなどにより軽減する。

(3) 相互変調及び混変調による混信妨害は、高周波増幅器などが入出力特性の非直線範囲で動作するときに生ずるので、受信機の入力レベルを オ などにより軽減する。

1	局部発振周波数	2	中間周波増幅器	3	3
4	増幅度を増加	5	下げる		
6	受信周波数	7	高周波増幅器	8	2
9	選択度を向上	10	上げる		

答 B－4：ア－6 イ－7 ウ－4 エ－3 オ－5
　　 B－5：ア－6 イ－2 ウ－8 エ－9 オ－5

▶解答の指針

○A－1

(1) 8PSK波では、変調信号に対して搬送波の位相が $\pi/4$〔rad〕の間隔で割り当てられ、シンボル当たり3ビットの情報を送ることができる。

(2) 16QAM波では、I相とQ相でおのおの4値の信号レベルを合成したものであり、シンボル当たり $\log_2 16 = 4$ ビットの情報を送ることができる。

(3) PSKは、搬送波の位相に、QAMは位相と振幅に情報を乗せる変調方式であり、多値化するほど信号点間距離が狭くなるので、伝送路等におけるノイズやひずみの影響を受けやすくなる。

○A－2

※令和2年11月臨時　問題A－2　「解答の指針」を参照。

○A－4

(1) BPSKでは、シンボルレートとビットレートは等しい。

(2) QPSKでは、1シンボルが2ビットで構成されるので、ビットレートはシンボルレートの2倍である。

(3) 64QAMでは、位相と振幅の変化によって8値×8＝64値が得られ、1シンボルが6ビットで構成されるので、ビットレートはシンボルレートの6倍である。

○A－5

(1) QPSKは、4つの位相値を用いて情報を伝送する変調方式である。そのため、位相が $\pi/2$ 異なる2つ基準搬送波それぞれとの掛け算により位相差を検出して識別する方法を用いることにより、単純な構成の復調器が実現できる。位相検波器は位相差を出力させる。

○A－6

(1) 搬送波の尖頭電圧を E_{CM}、雑音の尖頭電圧を E_{NM} とすると、題意より $E_{CM} = E_{NM}$ である。ここで、搬送波は正弦波であるので $E_C = E_{CM}/\sqrt{2}$ また、$20\log_{10}\dfrac{E_{NM}}{E_N} = 12$〔dB〕より $\dfrac{E_{NM}}{E_N} = 4$ であることから、$\sqrt{2}\,E_C = 4E_N$ となる。

(2) (1)より、求めるC/Nは、

$$20\log_{10}\frac{E_C}{E_N} = 20\log_{10}\frac{4}{\sqrt{2}} = 10\log_{10}\frac{16}{2} = 10\log_{10}8 = 30\log_{10}2 = 30\times0.3$$

$$= 9 \text{〔dB〕}$$

となる。

○A－7

2　キャリアスケルチ方式は、**強電界**におけるスケルチに適しており、音声信号による誤動作が少ない。

○A－8

⑴　希望波と周波数が異なり、かつ、入力の強度が大きい妨害波が受信機の周波数変換部などに混入したとき、回路の非線形動作によって妨害波の信号成分で希望波の搬送波が変調を受ける現象である。

⑵　希望波の搬送波が f_d〔Hz〕、妨害波の搬送波が f_u〔Hz〕、妨害波の信号成分が f_m〔Hz〕及び妨害波の側波帯成分が f_u+f_m〔Hz〕のとき、受信機の非線形動作によって3次ひずみによる混変調積が発生したとすると、次式で表される周波数成分を生じる。

$$f_d-\underline{f_u}+(f_u+f_m) \qquad \cdots ①$$
$$f_d+\underline{f_u}-(f_u+f_m) \qquad \cdots ②$$

式①の周波数成分である f_d+f_m〔Hz〕及び②の周波数成分である f_d-f_m〔Hz〕は、f_d が f_m で振幅変調されたときの上下の側波帯成分に等しいので、妨害を受ける。

また、妨害波の側波帯成分が f_u-f_m〔Hz〕に対しても同様に考えることができる。

$$f_d-f_u+(f_u-f_m) \qquad \cdots ③$$
$$f_d+f_u-(f_u-f_m) \qquad \cdots ④$$

式③の周波数成分である f_d-f_m〔Hz〕及び④の周波数成分である f_d+f_m〔Hz〕も、f_d が f_m で振幅変調されたときの上下の側波帯成分に等しいので、妨害を受ける。

○A－9

3　インバータの出力制御方式の一つである **PWM** 方式はパルス幅を変えることにより出力を可変するもので、パルス幅変調周期を決定するキャリア周波数が高いほど、出力の波形が正弦波に近づく。

○A－12

ドプラ周波数 f_d は、レーダーと移動体の相対速度 v〔m/s〕、送信周波数 f〔Hz〕、電波の速度 c〔m/s〕を用い、次のように表される。

$$f_d = \frac{2vf}{c} \ 〔\text{Hz}〕$$

したがって、v は、題意の数値を用いて以下のようになる。

$$v = \frac{f_d c}{2f} = \frac{1 \times 10^3 \times 3 \times 10^8}{2 \times 10 \times 10^9} = 15 \ 〔\text{m/s}〕$$

無線工学A

移動体の速度 v_0 は、移動方向とレーダーへの視線方向との角度を θ として、$v_0 = v/\cos\theta$ であるから、$v_0 = 15/0.87 \fallingdotseq 17.24$ 〔m/s〕であり、時速に換算して、$v_0 \fallingdotseq 62$ 〔km/h〕を得る。

○A－13

5　外部雑音には、コロナ雑音及び**空電雑音**などがある。

○A－14

4　TDMA 方式には、近接する通信路間の衝突が生じないように**ガードタイム**を設ける。

○A－16

N〔bit〕伝送して 1〔bit〕誤りが生じるとき、ビット誤り率 e は $e = 1/N$ で表される。伝送速度を f〔bps〕とすると、1〔bit〕誤りが生じる時間 t〔s〕は、題意の数値を用いて次のようになる。

$$t = \frac{N}{f} = \frac{1}{ef} = \frac{1}{1 \times 10^{-8} \times 5 \times 10^{6}} = 20 \text{ 〔s〕}$$

○A－18

受信機の雑音指数 F は、有能信号入力電力 S_i〔W〕、有能雑音入力電力 N_i〔W〕、有能信号出力電力 S_o〔W〕、有能雑音出力電力 N_o〔W〕を用いて次式で定義され、有能利得 G は、$G = S_o/S_i$ であるから、次のようになる。

$$F = \frac{S_i/N_i}{S_o/N_o} = \frac{N_o}{GN_i}$$

上式及び題意の数値を用いてデシベル表示の F の値は、次のようになる。

なお、計算全体を〔dBm〕で統一するために、-130〔dBW〕$= -100$〔dBm〕として代入する。

$$10\log F = 10\log N_o - 10\log G - 10\log N_i = -26 - 70 - (-100) = 4 \text{ 〔dB〕}$$

○A－19

この電圧計で測定したときののこぎり波の指示値及び題意より、以下の式を得る。

$$E_m/\sqrt{3} = 2 \text{ 〔V〕}$$

$$\therefore \quad E_m = 2 \times \sqrt{3} \text{ 〔V〕}$$

正弦波の実効値は、$E_m/\sqrt{2}$ であるから、この電圧計の指示値 E は、題意より次のようになる。

$$E = E_m/\sqrt{2} = \sqrt{6} \text{ 〔V〕}$$

○B-1
　※令和3年1月期　問題B-3　「解答の指針」を参照。

○B-2
イ　SSB（J3E）波は、AM（A3E）波に比べて選択性フェージングの影響を**受けにくい**。選択性フェージングは周波数によって異なる変動を有することから、AM（A3E）波に比べて約半分の占有周波数帯幅であるSSB（J3E）波は変動の影響を受けにくくなるためである。

ウ　SSB（J3E）通信方式は、AM（A3E）波の**一つの側波帯のみ**を伝送して、変調信号を受信側で再現させる方式である。

エ　SSB（J3E）波の占有周波数帯幅は、変調信号が同じとき、AM（A3E）波のほぼ1/2である。

○B-4
　※令和2年11月臨時　問題B-3　「解答の指針」を参照。

A－1　次の記述は、FM放送に用いられるエンファシスについて述べたものである。このうち正しいものを下の番号から選べ。

1　受信機の入力端で一様な振幅の周波数特性を持つ雑音は、復調されると三角雑音になり周波数が高くなるほどその振幅値が小さくなる。

2　受信機では復調した後に送信側と逆の特性で高域の周波数成分を強調（プレエンファシス）する。

3　受信信号の信号対雑音比（S/N）を改善するために用いられる。

4　送信機では周波数変調する前の信号の高域の周波数成分を低減（ディエンファシス）する。

5　送受信機間の総合した周波数特性は、プレエンファシス回路とディエンファシス回路の時定数を異なるものとすることにより、平坦になる。

A－2　次の記述は、図に示すQPSK変調器の原理的な構成例について述べたものである。□□□内に入れるべき字句の正しい組合せを下の番号から選べ。

(1)　分配器で分配された搬送波は、BPSK変調器1には直接、BPSK変調器2には$\pi/2$移相器を通して入力される。BPSK変調器1の出力の位相は、符号a_iに対応して変化し、搬送波の位相に対して　A　の値をとる。また、BPSK変調器2の出力の位相は、符号b_iに対応して変化し、搬送波の位相に対して　B　の値をとるので、それぞれの出力を合成（加算）することにより、QPSK波を得る。

(2)　このように、QPSKは、搬送波の$\pi/2$おきの位相を用いて、1シンボルで　C　ビットの情報を送る変調方式である。

	A	B	C
1	0又は$\pi/4$	$\pi/2$又は$3\pi/2$	4
2	0又は$\pi/4$	$\pi/4$又は$3\pi/4$	2
3	0又はπ	$\pi/2$又は$3\pi/2$	2
4	0又はπ	$\pi/2$又は$3\pi/2$	4
5	0又はπ	$\pi/4$又は$3\pi/4$	4

　答　　A－1：3　　A－2：3

A-3 次の記述は、送信機の電力増幅段などで生ずることのある相互変調積等について述べたものである。☐☐☐内に入れるべき字句の正しい組合せを下の番号から選べ。

(1) 送信機における相互変調積は、例えば、自局が f_1〔Hz〕の電波を送信しているとき、f_1 に比較的近い f_2〔Hz〕の周波数を使用する他局の電波が自局の送信機に入ると、自局の送信機の電力増幅段などの非直線性により f_1 に近接した周波数成分がつくられ、f_1 の電波とともに発射されることであり、相互変調積は、非直線回路に2つ以上の周波数成分を加えたとき生じる周波数成分のことである。一般に、非直線動作を行う回路の入力 x に対する出力 y の関係は、a_1、a_2、a_3、…をそれぞれ定数とし、次式で表される。 $y=$ ☐A☐

(2) x が近接した二つの周波数成分 f_1〔Hz〕及び f_2〔Hz〕から成るとき、(1)に示す式の ☐B☐ の項に表れる周波数成分は、f_1, f_2, $3f_1$, $3f_2$, $2f_1 \pm f_2$, $2f_2 \pm f_1$〔Hz〕であり、これらの成分のうち、☐C☐ は、f_1 と近接していることが多く、送信機から発射されることがある。この対策としては、他局の電波が入り込まないようにアンテナ相互間の結合を弱くする。

	A	B	C
1	$a_1x+a_2x^2+a_3x^3+\cdots$	3次	$2f_1-f_2$ 及び $2f_2-f_1$ 波
2	$a_1x+a_2x^2+a_3x^3+\cdots$	2次	$2f_1-f_2$ 及び $2f_2-f_1$ 波
3	$a_1x+a_2x^2+a_3x^3+\cdots$	2次	$2f_1+f_2$ 及び $2f_2+f_1$ 波
4	$a_1x+a_2x^3+a_3x^4+\cdots$	4次	$2f_1-f_2$ 及び $2f_2-f_1$ 波
5	$a_1x+a_2x^3+a_3x^4+\cdots$	3次	$2f_1-f_2$ 及び $2f_2+f_1$ 波

A-4 次の記述は、DSB（A3E）変調波と SSB（J3E）変調波の送信電力について述べたものである。☐☐☐内に入れるべき字句の正しい組合せを下の番号から選べ。ただし、A3E 変調波の変調度を $m \times 100$〔%〕とする。

(1) A3E 変調波の送信電力 P_{AM}〔W〕は、搬送波成分の電力 P_C〔W〕及び m を用いて次式で表される。

$$P_{AM} = P_C(1 + \boxed{\text{A}})\,\text{〔W〕} \cdots ①$$

(2) J3E 変調波を A3E 変調波のいずれか一方の側波帯とすると、その送信電力 P_{SSB}〔W〕は、次式で表される。

$$P_{SSB} = P_C \times \boxed{\text{B}}\,\text{〔W〕} \cdots ②$$

(3) $m=1$ のとき、式①、②より、P_{SSB} は、P_{AM} の ☐C☐ の値になる。

	A	B	C
1	$m^2/4$	$m^2/8$	1/10
2	$m^2/4$	$m^2/4$	1/6
3	$m^2/2$	$m^2/4$	1/6
4	$m^2/2$	$m^2/2$	2/9
5	m^2	$m^2/2$	1/4

無線工学A

答   A-3：**1**   A-4：**3**

A-5　次の記述は、スーパヘテロダイン受信機の妨害波の周波数について述べたものである。□□□内に入れるべき字句の正しい組合せを下の番号から選べ。

(1) 妨害波の周波数と受信機の局部発振周波数との差の周波数が　A　に等しいときは、希望波以外の不要な成分が受信機出力に生ずることがある。

(2) 希望周波数が局部発振周波数より高いとき、妨害波の一つである影像周波数は、局部発振周波数より　B　。

	A	B
1	中間周波数	高い
2	中間周波数	低い
3	信号周波数	高い
4	局部発振周波数	低い
5	局部発振周波数	高い

A-6　次の記述は、受信機の雑音制限感度について述べたものである。□□□内に入れるべき字句の正しい組合せを下の番号から選べ。

(1) 雑音制限感度は、受信機の出力側において、　A　を得るためにどの程度まで、より　B　電波を受信できるか、その能力を表すものである。

(2) 2つの受信機の総合利得が等しいとき、それぞれの出力信号中に含まれる内部雑音の　C　ほうが雑音制限感度が良い。

	A	B	C
1	利得を最大にした状態で規定の信号出力	弱い	小さい
2	利得を最大にした状態で規定の信号出力	強い	大きい
3	利得を最大にした状態で規定の信号出力	弱い	大きい
4	規定の信号対雑音比（S/N）の下で規定の信号出力	強い	大きい
5	規定の信号対雑音比（S/N）の下で規定の信号出力	弱い	小さい

A-7　次の記述は、デジタル信号の復調（検波）方式について述べたものである。□□□内に入れるべき字句の正しい組合せを下の番号から選べ。

(1) 一般に、搬送波電力対雑音電力比（C/N）が同じとき、理論上では同期検波は遅延検波に比べ、符号誤り率が　A　。

(2) 遅延検波は、1シンボル　B　の変調されている搬送波を基準信号として位相差を検出する方式である。

(3) 同期検波は、受信信号から再生した　C　を基準信号として用いる。

	A	B	C
1	大きい	後	搬送波
2	大きい	前	搬送波
3	小さい	前	搬送波
4	小さい	前	包絡線
5	大きい	後	包絡線

答　A-5：2　　A-6：5　　A-7：3

A-8　振幅変調波を二乗検波し、低域フィルタ（LPF）を通したときの出力電流 i_a の高調波ひずみ率の値として、正しいものを下の番号から選べ。ただし、i_a〔A〕は次式で表されるものとし、a を比例定数、搬送波の振幅を E〔V〕、変調信号の角周波数を p〔rad/s〕とする。また、変調度 $m \times 100$〔％〕の値を 80〔％〕とする。

$$i_a = \frac{aE^2}{2}\left(1 + \frac{m^2}{2} + 2m\sin pt - \frac{m^2}{2}\cos 2pt\right)\ \text{〔A〕}$$

1　25〔％〕　　2　20〔％〕　　3　15〔％〕　　4　10〔％〕　　5　5〔％〕

A-9　図に示すダイオード D 及びコンデンサ C で構成される整流回路において、交流入力が実効値 10〔V〕の単一正弦波であるとき、無負荷のときの各ダイオード D に印加される逆方向の電圧の最大値として、最も近いものを下の番号から選べ。ただし、各ダイオード D の特性は同一とする。

1　14〔V〕

2　10〔V〕

3　7〔V〕

4　5〔V〕

5　3〔V〕

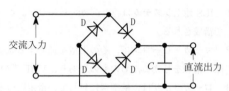

A-10　次の記述は、移動通信端末などに使用されているリチウムイオン二次電池について述べたものである。　　内に入れるべき字句の正しい組合せを下の番号から選べ。

(1)　リチウムイオン二次電池の一般的な構造では、負極に、リチウムイオンを吸蔵・放出できる　A　を用い、正極にコバルト酸リチウム、電解液としてリチウム塩を溶解した有機溶媒からなる有機電解液を用いている。

(2)　ニッケル・カドミウム蓄電池と異なって　B　がなく、継ぎ足し充電も可能である。

(3)　充電が完了した状態のリチウムイオン二次電池を高温で保存すると、容量劣化が　C　なる。

	A	B	C
1	金属リチウム	サイクル劣化	大きく
2	金属リチウム	メモリ効果	少なく
3	炭素質材料	サイクル劣化	少なく
4	炭素質材料	メモリ効果	少なく
5	炭素質材料	メモリ効果	大きく

答　A-8：2　　A-9：1　　A-10：5

A-11　次の記述は、レーダー方程式のパラメータを変えて最大探知距離を2倍にする方法について述べたものである。このうち誤っているものを下の番号から選べ。ただし、最大探知距離は、レーダー方程式のみで決まるものとし、最小受信電力は、信号の探知限界の電力とする。また、アンテナは送受共用であり、送信利得と受信利得は同じとする。

1　最小受信電力が1/16の受信機を用いる。
2　アンテナの利得を4倍にする。
3　物標の有効反射断面積を16倍にする。
4　送信電力を4倍にし、アンテナの利得を4倍にする。
5　送信電力を16倍にする。

A-12　次の記述は、航空機の航行援助に用いられるILS（計器着陸システム）の基本的な概念について述べたものである。このうち誤っているものを下の番号から選べ。

1　ILS地上システムは、マーカ・ビーコン、ローカライザ及びグライド・パスの装置で構成される。
2　マーカ・ビーコンは、その上空を通過する航空機に対して、滑走路進入端からの距離の情報を与えるためのものであり、VHF帯の電波を利用している。
3　ローカライザは、航空機に対して、滑走路の中心線の延長上からの水平方向のずれの情報を与えるためのものであり、VHF帯の電波を利用している。
4　グライド・パスは、航空機に対して、設定された進入角からの垂直方向のずれの情報を与えるためのものであり、VHF帯の電波を利用している。
5　グライド・パスの送信設備の条件として、発射する電波の偏波面は、水平である。

A-13　次の記述は、パルス振幅変調（PAM）及びパルス幅変調（PWM）について述べたものである。このうち誤っているものを下の番号から選べ。ただし、変調信号は、アナログの音声信号とする。

1　PAM信号又はPWM信号を振幅の直線性が悪い増幅器で増幅したとき、復調した信号にひずみを生じやすいのはPWM信号である。
2　PAMは、変調信号の振幅に応じてパルスの振幅が変化する。
3　PWMは、変調信号の振幅に応じてパルスの幅が変化する。
4　PWM信号は、低域フィルタ（LPF）を用いて復調することができる。
5　PAM信号は、低域フィルタ（LPF）を用いて復調することができる。

答　　A-11：4　　A-12：4　　A-13：1

A-14　図に示す衛星通信回線の構成例において、受信地球局の受信電力 P_r を表す式として、正しいものを下の番号から選べ。ただし、回線は、以下のパラメータを有するものとする。また、送信地球局の送信電力 P_t 及び受信地球局の受信電力 P_r は、それぞれ 1〔W〕を 0〔dBW〕とし、その他のパラメータは、全てデシベルを用いた正の値で表している。

送信地球局：送信電力 P_t〔dBW〕、送信アンテナ利得 G_t〔dBi〕、送信アンテナの給電損失、指向損失及び偏波不整合損失 L_{ta}〔dB〕

人工衛星局：中継器利得 G_s〔dB〕、送信アンテナ利得 G_{sd}〔dBi〕、送信アンテナの給電損失、指向損失及び偏波不整合損失 L_{da}〔dB〕

　　　　　　受信アンテナの利得 G_{su}〔dBi〕、受信アンテナの給電損失、指向損失及び偏波不整合損失 L_{ua}〔dB〕

受信地球局：受信アンテナ利得 G_r〔dBi〕、受信アンテナの給電損失、指向損失及び偏波不整合損失 L_{ra}〔dB〕

アップリンク：伝搬損失（自由空間損失、大気吸収損失及び降雨減衰損失を含む。）L_u〔dB〕

ダウンリンク：伝搬損失（自由空間損失、大気吸収損失及び降雨減衰損失を含む。）L_d〔dB〕

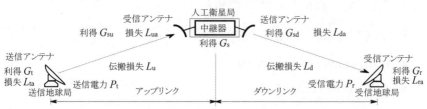

1　$P_r = P_t + G_t + L_{ta} - L_u + G_{su} + L_{ua} + G_s + G_{sd} + L_{da} - L_d + G_r + L_{ra}$〔dBW〕

2　$P_r = P_t + G_t - L_{ta} - L_u + G_{su} - L_{ua} + G_s + G_{sd} - L_{da} - L_d + G_r - L_{ra}$〔dBW〕

3　$P_r = P_t + G_t - L_{ta} - L_u + G_{su} - L_{ua} + G_s + G_{sd} + L_{da} + L_d + G_r + L_{ra}$〔dBW〕

4　$P_r = P_t + G_t + L_{ta} + L_u + G_{su} + L_{ua} + G_s + G_{sd} + L_{da} + L_d + G_r + L_{ra}$〔dBW〕

5　$P_r = P_t + G_t + L_{ta} + L_u + G_{su} + L_{ua} + G_s + G_{sd} - L_{da} - L_d + G_r - L_{ra}$〔dBW〕

A-15　次の記述は、地上系マイクロ波多重回線の中継方式について述べたものである。このうち誤っているものを下の番号から選べ。

1　ヘテロダイン（非再生）中継方式は、送られてきた電波を受信してその周波数を中間周波数に変換して増幅した後、再度周波数変換を行い、これを所定レベルまで電力

増幅して送信する方式であり、復調及び変調は行わない。

2　直接中継方式は、受信波を同一の周波数帯で増幅して送信する方式である。

3　2周波中継方式において、ラジオダクトによるオーバーリーチ干渉を避ける方法としては、中継ルートをジグザグに設定して、アンテナの指向性を利用することが多い。

4　再生中継方式は、復調した信号から元の符号パルスを再生した後、再度変調して送信するため、波形ひずみ等が累積される。

5　直接中継を行うときは、自局内回り込みによる干渉電力に対する希望波受信電力の比を規定値以上に確保しなければならない。

A－16　衛星通信回線の総合の搬送波電力対雑音電力比の値（真数）を表す式として、正しいものを下の番号から選べ。ただし、雑音は、アップリンク熱雑音電力、ダウンリンク熱雑音電力、システム間干渉雑音電力及びシステム内干渉雑音電力のみとし、搬送波電力と各雑音電力との比をそれぞれ C/N_1、C/N_2、C/N_3 及び C/N_4 とする。

1　$1/\left(\dfrac{1}{C/N_1}+\dfrac{1}{C/N_2}+\dfrac{1}{C/N_3}+\dfrac{1}{C/N_4}\right)$

2　$4/\left(\dfrac{1}{C/N_1}+\dfrac{1}{C/N_2}+\dfrac{1}{C/N_3}+\dfrac{1}{C/N_4}\right)$

3　$\dfrac{1}{C/N_1}+\dfrac{1}{C/N_2}+\dfrac{1}{C/N_3}+\dfrac{1}{C/N_4}$

4　$(C/N_1+C/N_2+C/N_3+C/N_4)/4$

5　$C/N_1+C/N_2+C/N_3+C/N_4$

A－17　図に示す電力密度の値が 5×10^{-15}〔W/Hz〕の雑音を、周波数帯域幅が 200〔kHz〕の理想矩形フィルタを持つスペクトルアナライザで測定したときの電力の値として、正しいものを下の番号から選べ。ただし、雑音はスペクトルアナライザの帯域内の周波数のすべてにわたって一様であるとし、フィルタの損失はないものとする。また、1〔mW〕を 0〔dBm〕とする。

1　－20〔dBm〕

2　－30〔dBm〕

3　－40〔dBm〕

4　－50〔dBm〕

5　－60〔dBm〕

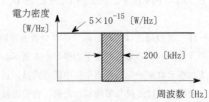

A-18 次の記述は、法令等で規定されたSSB（J3E）送信機の搬送波電力（本来抑圧されるべきもの）の測定法の概要について述べたものである。□□内に入れるべき字句の正しい組合せを下の番号から選べ。なお、同じ記号の□□内には、同じ字句が入るものとする。

(1) 測定構成を図に示す。
(2) SSB（J3E）送信機を指定のチャネルに設定する。

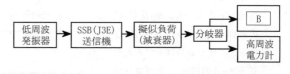

(3) 変調は、□A□の1,500〔Hz〕によって空中線電力を定格電力の80〔%〕に設定する。
(4) 所定の条件により設定した□B□を掃引し、画面に上側波帯電力と搬送波電力を表示して、それぞれの電力（dBm）を測定する。測定結果として、測定した上側波帯電力と搬送波電力の差を求め、その差が40〔dB〕以上あることを確認する。

	A	B
1	三角波	スペクトルアナライザ
2	三角波	オシロスコープ
3	正弦波	オシロスコープ
4	正弦波	スペクトルアナライザ
5	パルス波	オシロスコープ

A-19 図に示す受信機の二信号選択度特性の測定に用いる整合回路の抵抗 R_1〔Ω〕の値として、正しいものを下の番号から選べ。ただし、整合回路の抵抗 R_2 を45〔Ω〕とし、標準信号発生器1及び標準信号発生器2の内部抵抗 R_S はともに50〔Ω〕、供試受信機の入力インピーダンス R_{in} は75〔Ω〕とする。また、整合の条件として、標準信号発生器1及び標準信号発生器2から整合回路側を見たインピーダンスは、それぞれの内部抵抗 R_S〔Ω〕に等しく、供試受信機から整合回路側を見たインピーダンスは、R_{in}〔Ω〕に等しいものとする。

1 50〔Ω〕
2 45〔Ω〕
3 35〔Ω〕
4 25〔Ω〕
5 10〔Ω〕

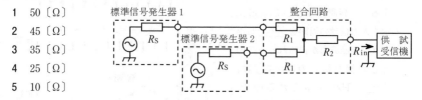

A-20 次の記述は、図に示すオシロスコープの入力部とプローブについて述べたものである。□□内に入れるべき字句の正しい組合せを下の番号から選べ。

答　A-18：4　　A-19：5

(1) プローブは、抵抗 R、可変静電容量 C_T 及びケーブルの静電容量 C で構成され、入力抵抗 R_i と入力容量 C_i で構成されるオシロスコープ入力部とで　A　として動作する。

(2) R と C_T の並列インピーダンスを Z_1 とし、C、R_i 及び C_i の並列インピーダンスを Z_2 とすると、オシロスコープの入力端子 c–d の電圧 e_o とプローブの入力端子 a–b の電圧 e_i との電圧比 (e_o/e_i) は、次式で表され、C_T の値を　B　の条件を満たすように調整することにより、電圧比 (e_o/e_i) は、周波数にかかわらず一定値になる。この調整は、特に　C　の波形観測に重要である。

$$e_o/e_i = Z_2/(Z_1+Z_2)$$

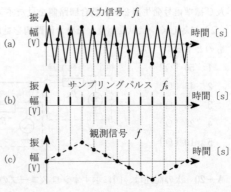

	A	B	C
1	減衰器	$C_T = (C+C_i)\,R/R_i$	正弦波
2	減衰器	$C_T = (C+C_i)\,R_i/R$	方形波
3	減衰器	$C_T = (C+C_i)\,R/R_i$	方形波
4	増幅器	$C_T = (C+C_i)\,R/R_i$	方形波
5	増幅器	$C_T = (C+C_i)\,R_i/R$	正弦波

B−1　次の記述は、サンプリングオシロスコープにおけるサンプリングの手法の一例についてその原理を述べたものである。　　　内に入れるべき字句を下の番号から選べ。ただし、入力信号の周波数を f_i〔Hz〕、サンプリングパルスの周波数を f_s〔Hz〕及び観測信号の周波数を f〔Hz〕とする。

(1) 図の(a)に示す入力信号を、その周期より　ア　を持つ(b)のサンプリングパルスでサンプリングすると、観測信号として、(c)に示す入力信号の周期を　イ　したような観測波形が得られる。このときの観測信号の周波数 f は、　ウ　〔Hz〕で表されるので、直接観測することが難しい高い周波数の信号を、低い周波数の信号に変換して観測することができる。

(2)　サンプリングは、図に示すように入力信号の毎回の波形（1個ごと）に対して行うことは必ずしも必要でなく、複数個ごとに少しずつずらして行うと、このときのサンプリングパルスの周波数は、(1)のときのサンプリングパルスの周波数よりも、さらに　エ　周波数のサンプリングパルスとなる。

(3)　このようなサンプリングによる低い周波数への変換は、周期性のない信号　オ　。

1	長い周期	2	長く	3	f_s/f_i	4	低い	5	にも適用できる
6	短い周期	7	短く	8	$f_i - f_s$	9	高い	10	には適用できない

B－2　次の記述は、通信衛星（対地静止衛星）について述べたものである。　　　　内に入れるべき字句を下の番号から選べ。

(1)　通信衛星は、通信を行うための機器（ミッション機器）及びこれをサポートする共通機器（バス機器）から構成される。ミッション機器は、　ア　及び中継器（トランスポンダ）などである。

(2)　トランスポンダは、地球局から通信衛星向けのアップリンクの周波数を通信衛星から地球局向けのダウンリンクの周波数に変換するとともに、　イ　で減衰した信号を必要なレベルに増幅して送信する。また、トランスポンダを構成する受信機は、地球局からの微弱な信号の増幅を行うので、その初段には低雑音増幅器が必要であり、　ウ　や HEMT などが用いられている。

(3)　バス機器を構成する電源機器において、主電力を供給する　エ　のセルは、一般に、三軸衛星では展開式の　オ　状のパネルに実装される。

1	通信用アンテナ	2	ダウンリンク	3	太陽電池
4	GaAsFET	5	球	6	姿勢制御機器
7	アップリンク	8	マグネトロン		
9	鉛蓄電池	10	平板		

B－3　次の記述は、図に示すデジタル処理型中波 AM（A3E）送信機に用いられている電力増幅器の基本回路構成例についてその動作原理を述べたものである。　　　　内に入れるべき字句を下の番号から選べ。ただし、回路は無損失とし、負荷は純抵抗とする。また、負荷に加わる電圧波形は矩形波とし、その矩形波の実効値と最大値と等しいものとする。

(1)　電力増幅器には、オン抵抗の　ア　MOS 型電界効果トランジスタ（MOSFET）を使用し、　イ　を向上させている。

(2)　FET1〜FET4 は、搬送波を波形整形した矩形波の励振入力 φ1 及び φ2 によって励

答　B－1：ア－1　イ－2　ウ－8　エ－4　オ－10
　　　B－2：ア－1　イ－7　ウ－4　エ－3　オ－10

振されて導通（ON）あるいは非導通（OFF）になる。FET1 及び FET4 が OFF で、かつ FET2 及び FET3 が ON のとき、負荷に流れる電流 I の向きは、　ウ　である。

また、FET1 及び FET4 が ON で、かつ FET2 及び FET3 が OFF のとき、電流の向きはその逆になる。この動作を繰り返すと、負荷には周波数が励振入力の周波数と　エ　高周波電流が流れる。

(3)　直流電源電圧 E が 100〔V〕、負荷のインピーダンスの大きさが 20〔Ω〕のとき、負荷に供給される高周波電力は、　オ　〔W〕である。

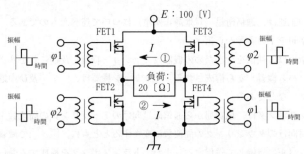

フルブリッジ型 SEPP(Single Ended Push-Pull)回路の電力増幅器

1	小さい	2	大きい	3	等しい	4	異なる	5	2,000
6	電力効率	7	周波数特性	8	①	9	②	10	500

B-4　次の記述は、送信機の「スプリアス発射の強度」の測定にスペクトルアナライザを用いた場合、そのスペクトルアナライザ内部で発生する高調波ひずみ等が測定に与える影響について述べたものである。□□□内に入れるべき字句を下の番号から選べ。

(1)　測定対象となるスプリアス発射が送信機の搬送波（基本波）の高調波である場合、スペクトルアナライザの内部で高調波ひずみにより基本波の高調波が発生すると、両方の高調波が同一周波数のため完全に重なり、それらの　ア　関係によって合成振幅は増加するか又は減少するかわからない。その結果、測定に影響を与えることになる。

(2)　図は、一例として、あるスペクトルアナライザの仕様項目から、入力した二つの信号（送信機の搬送波と高調波）のレベル差をスペクトルアナライザの内部で発生する高調波ひずみや雑音の影響がなく、規定された確度で測定を行うことができる範囲を示したものであり、ミキサ入力レベルに対するダイナミックレンジを読み取ることができる。

答　B-3：ア-1　イ-6　ウ-8　エ-3　オ-10

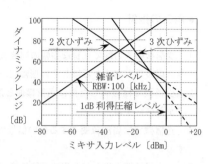

(3)　この図から、　イ　ダイナミックレン
　　ジとなるミキサ入力レベルは、−30
　　〔dBm〕付近であり、この値から雑音レ
　　ベル（RBW：100〔kHz〕）までは、約
　　　ウ　〔dB〕のレベル差がある。それ
　　を頂点としてミキサ入力レベルが高い領
　　域では　エ　に、ミキサ入力レベルが低
　　い領域では、　オ　によって測定の範囲
　　が制限を受けることがわかる。

| 1 | 振幅 | 2 | 最小の | 3 | 90 | 4 | 内部雑音 | 5 | 高調波ひずみ |
| 6 | 位相 | 7 | 最大の | 8 | 70 | 9 | 側波帯雑音 | 10 | 残留応答 |

無線工学A

B−5　次の記述は、図に示す BPSK 信号の復調回路の原理的な構成例について述べた
ものである。　　　内に入れるべき字句を下の番号から選べ。なお、同じ記号の　　　内
には、同じ字句が入るものとする。

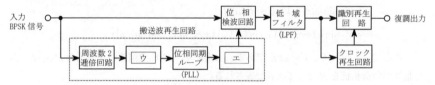

(1)　この復調回路は、　ア　検波方式を用いている。

(2)　位相検波回路で入力の BPSK 信号と搬送波再生回路で再生した基準搬送波との
　　　イ　を行い、低域フィルタ（LPF）、識別再生回路及びクロック再生回路によって
　　デジタル信号を復調する。

(3)　搬送波再生回路は、周波数2逓倍回路の出力に含まれる直流成分や雑音成分を
　　　ウ　で取り除き、位相同期ループ（PLL）及び　エ　を用いることで、基準搬送
　　波が再生される。

(4)　入力の BPSK 信号の位相がデジタル信号に応じて π〔rad〕変化したとき、搬送波
　　再生回路の出力の位相は　オ　。

1	同期	2	加算	3	低域フィルタ（LPF）	4	1/2 分周回路
5	π〔rad〕変化する			6	遅延	7	掛け算
8	帯域フィルタ（BPF）			9	1/4 分周回路	10	変わらない

答　B−4：ア−6　イ−7　ウ−8　エ−5　オ−4
　　B−5：ア−1　イ−7　ウ−8　エ−4　オ−10

▶解答の指針

○A－1

1　受信機の入力端で一様な振幅の周波数特性をもつ雑音は、復調されると三角雑音になり、周波数が高くなるほどその振幅値が**大きくなる**。

2　受信機では復調した後に送信機側と逆の特性で高域の周波数成分を**低減（ディエンファシス）**する。

4　送信機では周波数変調する前の信号の高域の周波数成分を**強調（プレエンファシス）**する。

5　送受信機間の総合した周波数特性は、プレエンファシス回路とディエンファシス回路の時定数を**同じ**ものとすることにより、平坦になる。

○A－4

(1)　A3E 変調波は、搬送波の振幅、周波数をそれぞれ V_C、f_C、信号の振幅、周波数をそれぞれ V_P、f_P とすると、次式で表される。

$$V_{A3E} = (V_C + V_P \cos pt)\sin \omega t = V_C \sin \omega t + V_P \cos pt \sin \omega t$$
$$= V_C \sin \omega t + m V_C \cos pt \sin \omega t$$
$$= V_C \sin \omega t + \frac{1}{2} m V_C \sin (\omega + p) t + \frac{1}{2} m V_C \sin (\omega - p) t$$

ここで、$\omega = 2\pi f_C$、$p = 2\pi f_p$ である。上式より、A3E 変調波の送信電力 P_{AM} は、送信機の負荷抵抗を R として次式で表される。

$$P_{AM} = \frac{(V_C/\sqrt{2})^2}{R} + 2 \times \frac{(m V_C/2\sqrt{2})^2}{R} = \frac{V_C^2(1+m^2/2)}{2R} = P_C\left(1+\frac{m^2}{2}\right) \cdots ①$$

ここで、$P_C = \dfrac{V_C^2}{2R}$ である。

(2)　式①の括弧の中の2項目は上・下2つの側波帯の電力の合計であることから、J3E 変調波の電力はその半分である。

(3)　$m = 1$ の場合、$P_{AM} = 1.5 P_C$、$P_{SSB} = 0.25 P_C$ となることから、P_{SSB} は P_{AM} の $\underline{1/6}$。

○A－8

与式の出力電流 i_a の右辺括弧内の第3及び第4項は、おのおの変調信号成分及びその第2高調波成分であり、高調波ひずみ率 k は、第2高調波成分と変調信号成分との比であるから、題意の数値を用いて次のようになる。

$$k = \frac{m^2/2}{2m} \times 100 = \frac{m}{4} \times 100 = \frac{0.8}{4} \times 100 = 20 〔\%〕$$

○A－9

　交流入力が正の半サイクルのとき、図のダイオード D_1 と D_4 が導通し、C は交流入力電圧の最大の電圧に充電される。次の負の半サイクルのときに、D_1 と D_4 には負の入力電圧と C の電圧が逆電圧となって印加される。したがって、ダイオード1個当たりにかかる逆方向の電圧の最大値は、ダイオードの特性が同一であるから、その1/2であり、題意の数値を用いて、$10 \times \sqrt{2} \fallingdotseq 14$〔V〕となる。$D_2$ と D_3 についても同様に扱うことができる。

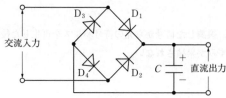

○A－11

4　送信電力を4倍にし、アンテナの利得を2倍にする。

　最大探知距離 R_{max} は、送信電力 P_T〔W〕、物標の有効反射断面積 σ〔m²〕、アンテナ利得 G、波長 λ〔m〕、レーダー受信機の検出可能最小受信電力 S_{min}〔W〕として、次のレーダー方程式で表される。

$$R_{max} = \left\{ \frac{P_T \sigma G^2 \lambda^2}{(4\pi)^3 S_{min}} \right\}^{1/4}$$

　上式から最大探知距離 R_{max} を2倍にするには、右辺の括弧内を16倍にする必要がある。したがって、誤った記述は4であり正しくは「送信電力を4倍にし、アンテナの利得を2倍にする。」である。

○A－12

4　グライド・パスは、航空機に対して、設定された進入角からの垂直方向のずれの情報を与えるためのものであり、UHF帯の電波を利用している。

○A－13

1　PAM信号又はPWM信号を振幅の直線性が悪い増幅器で増幅したとき、復調した信号にひずみを生じやすいのはPAM信号である。

無線工学A

○A – 14

アンテナからの送信電力 P_t〔dBW〕が、受信電力 P_r〔dBW〕で受信されるまでの伝搬路上で、電力の増幅に寄与する要素は、G_t、G_{su}、G_s、G_{sd}、及び G_r の5パラメータであり、減衰に寄与する要素は、L_{ta}、L_u、L_{ua}、L_{da}、L_d、及び L_{ra} の6パラメータである。したがって、P_r は、P_t に前の5パラメータを加え、また、後の6パラメータを引いた式である**2**で表される。

○A – 15

4 再生中継方式は、復調した信号から元の符号パルスを再生した後、再度変調して送信するため、波形ひずみが累積**されない**。

○A – 16

衛星通信回線における総合の搬送波電力対雑音電力比 $(C/N)_T$ は、題意の諸量を用いて、次のように表される。

$$\left(\frac{C}{N}\right)_T = \frac{C}{N_1+N_2+N_3+N_4} = \frac{1}{N_1/C+N_2/C+N_3/C+N_4/C}$$
$$= 1/\left(\frac{1}{C/N_1}+\frac{1}{C/N_2}+\frac{1}{C/N_3}+\frac{1}{C/N_4}\right)$$

○A – 17

スペクトルアナライザのフィルタ通過後の電力 P_0 は、雑音の電力密度を P_d〔W/Hz〕、帯域幅を B〔Hz〕として、題意の数値を用い次のようになる。

$$P_0 = P_d B = 5\times10^{-15}\times200\times10^3 = 1\times10^{-9}\,\text{〔W〕} = 1\times10^{-6}\,\text{〔mW〕}$$

したがって、デシベル換算で、$P_0 = 10\log_{10}10^{-6} = -60$〔dBm〕となる。

○A – 18

SSB 波の搬送波電力は、題意のように飽和レベルで変調されたときの平均電力に対する本来抑圧されるべき搬送波の相対レベルで規定される。

設問図の測定システムでは、SSB 送信機で 1,500〔Hz〕の<u>正弦波</u>で変調し、空中線電力を定格電力の80〔％〕に設定、その出力を<u>スペクトルアナライザ</u>と電力計で計測する。スペアナ画面には搬送波と側帯波を表示し、それぞれの電力をデシベル単位で表示して、搬送波電力が規定の送信電力より40〔dB〕以上低い値であることを確認する。

○A - 19

整合回路の出力から標準信号発生器側を見たインピーダンスは、抵抗 (R_1+R_S) の合成並列抵抗に R_2 を直列接続した合成抵抗であり、整合条件から次式が成り立つ。

$$R_\text{in} = R_2 + \frac{R_1+R_S}{2}$$

題意の数値を上式に代入して、$75 = 45+(R_1+50)/2$ となり、$R_1 = 10$ 〔Ω〕を得る。

○A - 20

※令和3年1月期　問題A-19 「解答の指針」を参照。

○B - 1

サンプリングオシロスコープは、高速の繰返し波形を一定の周期でサンプリングして1つの波形に合成、表示する測定器である。入力信号の周波数を f_i 〔Hz〕、サンプリングパルスの繰返し周期を f_s 〔Hz〕とすると、観測される信号の周波数は (f_i-f_s) 〔Hz〕となることから、直接観測することが難しい高い周波数の信号を、低い周波数に変換して観測することが可能となる。この手法は、周期性のない信号には適用できない。

○B - 2

※令和元年7月期　問題B-2 「解答の指針」を参照。

○B - 3

※令和4年1月期　問題B-3 「解答の指針」を参照。

○B - 4

※令和元年7月期　問題B-4 「解答の指針」を参照。

○B - 5

※令和4年1月期　問題B-5 「解答の指針」を参照。

令和6年1月期

A-1 次の記述は、我が国の地上系デジタル放送の標準方式（ISDB-T）に用いられている画像の符号化方式等について述べたものである。□□内に入れるべき字句の正しい組合せを下の番号から選べ。なお、同じ記号の□□内には、同じ字句が入るものとする。

(1) ハイビジョン（HDTV、高精細度テレビジョン放送）の原信号（画像信号）は、情報量が多いため、原信号を圧縮符号化し、情報量を減らして伝送することが必要になる。原信号の画像符号化方式は、動き補償予測符号化方式、離散コサイン変換方式及び □A□ などの画像情報圧縮技術を組み合わせた □B□ 方式である。

(2) 画像情報圧縮技術のうち、□A□ は、一般に、信号をデジタル化すると、デジタル化した値は均等な確率で発生するのではなく、同じような値が偏って発生する傾向があることから、統計的に発生頻度の □C□ 符号ほど短いビット列で表現して、全体として平均的な符号長を短くし、データの統計的な冗長性を除去することにより、伝送するビット数を減らす方式である。

	A	B	C
1	マルチキャリア方式	JPEG	高い
2	マルチキャリア方式	JPEG	低い
3	マルチキャリア方式	MPEG-2	高い
4	可変長符号化方式	MPEG-2	高い
5	可変長符号化方式	MPEG-2	低い

A-2 次の記述は、直交周波数分割多重（OFDM）方式について述べたものである。□□内に入れるべき字句の正しい組合せを下の番号から選べ。

(1) 図に示すように、各サブキャリアを直交させてお互いに干渉させずに最小の周波数間隔で配置している。最小のサブキャリアの間隔を ΔF〔Hz〕とし、シンボル長を T〔s〕とすると直交条件は、□A□ である。

(2) サブキャリア信号のそれぞれの変調波がランダムにいろいろな振幅や位相をとり、これらが合成された送信波形は、各サブキャリアの振幅や位相の関係によってその振幅変動が大きくなるため、送信増幅では、□B□ で増幅を行う必要がある。

(3) シングルキャリアをデジタル変調した場合と比較して、伝送速度はそのままでシンボル長を □C□ できる。シンボル長が □D□ ほどマルチパス遅延波の干渉を受ける時間が相対的に短くなり、マルチパス遅延波の影響で生じるシンボル間干渉を受けにくくなる。

答 A-1：4

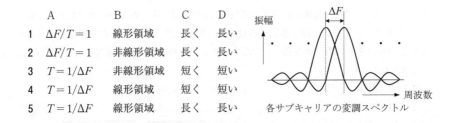

	A	B	C	D
1	$\Delta F/T = 1$	線形領域	長く	長い
2	$\Delta F/T = 1$	非線形領域	長く	長い
3	$T = 1/\Delta F$	非線形領域	短く	短い
4	$T = 1/\Delta F$	線形領域	短く	短い
5	$T = 1/\Delta F$	線形領域	長く	長い

各サブキャリアの変調スペクトル

A－3 AM（A3E）送信機において、搬送波を単一正弦波で振幅変調したとき、送信機出力の被変調波の平均電力が 124〔W〕、変調度は 50〔%〕であった。無変調のときの搬送波電力の値として、最も近いものを下の番号から選べ。

1 100〔W〕　　2 105〔W〕　　3 110〔W〕　　4 115〔W〕　　5 120〔W〕

A－4 次の記述は、図に示す FM（F3E）受信機に用いられる位相同期ループ（PLL）復調器の概念などについて述べたものである。□□□内に入れるべき字句の正しい組合せを下の番号から選べ。

(1) PLL 復調器は、位相検出（比較）器（PC）、低域フィルタ（LPF）、低周波増幅器（AF Amp）及び電圧制御発振器（VCO）で構成される。

(2) この復調器に入力された単一正弦波で変調されている A のような周波数変調波の搬送波周波数と VCO の自走周波数が同一のとき、この復調器は、 B のような波形を出力する。

	A	B
1	図1	図2
2	図1	図3
3	図2	図1
4	図2	図4
5	図4	図1

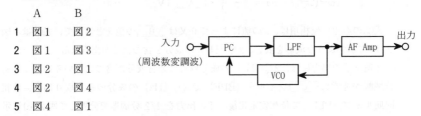

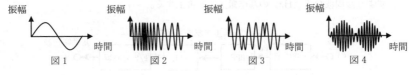

答　A－2：**5**　　A－3：**3**　　A－4：**3**

A－5　図に示す送信設備の終段部の構成において、1〔W〕の入力電力を加えて、電力増幅器及びアンテナ整合器を通した出力を 40〔W〕とするとき、電力増幅器の利得として正しいものを下の番号から選べ。ただし、アンテナ整合器の挿入損失を 2〔dB〕とし、$\log_{10} 2 = 0.3$ とする。

1　12〔dB〕

2　14〔dB〕

3　16〔dB〕

4　18〔dB〕

5　20〔dB〕

入力 1〔W〕○━━▶ 電力増幅器 ━▶ アンテナ整合器 ￥
　　　　　　　　　　　　　　　　　　　　　　40〔W〕

A－6　次の記述は、BPSK の復調器に用いられる基準搬送波再生回路の原理について述べたものである。□□□内に入れるべき字句の正しい組合せを下の番号から選べ。

(1) 図1において、入力の BPSK 波 e_i は、式①で表され、図2(a)に示すように位相が 0 又は π〔rad〕のいずれかの値をとる。ただし、e_i の振幅を 1〔V〕、搬送波の周波数を f_c〔Hz〕とする。また、2値符号 s は "0" 又は "1" の値をとり、搬送波と同期しているものとする。

$$e_i = \cos(2\pi f_c t + \pi s) \text{〔V〕} \quad \cdots ①$$

(2) e_i を二乗特性を有するダイオードなどを用いた2逓倍器に入力すると、その出力 e_0 は、式②で表される。ただし、2逓倍器の利得は1とする。

$$e_0 = \cos^2(2\pi f_c t + \pi s) = \frac{1}{2} + \frac{1}{2} \times \boxed{\text{A}} \text{〔V〕} \quad \cdots ②$$

式②の右辺の位相項は、s の値によって 0 又は □B□ の値をとるので、式②は、図2(b)に示すような波形を表し、$2f_c$〔Hz〕の成分を含む信号が得られる。

(3) 2逓倍器の出力には、$2f_c$〔Hz〕の成分以外に雑音成分が含まれているので、通過帯域幅が非常に □C□ フィルタ（BPF）で $2f_c$〔Hz〕の成分のみを取り出し、位相同期ループ（PLL）で位相安定化後、その出力を 1/2 分周器で分周して図2(c)に示すような周波数 f_c〔Hz〕の基準搬送波を再生する。

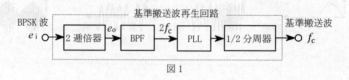

基準搬送波再生回路

BPSK 波　　　　　　　　　　　　　　　　　　　　　　　　　基準搬送波
e_i ○━▶ 2逓倍器 $\xrightarrow{e_0}$ BPF $\xrightarrow{2f_c}$ PLL ━▶ 1/2 分周器 ━━○ f_c

図1

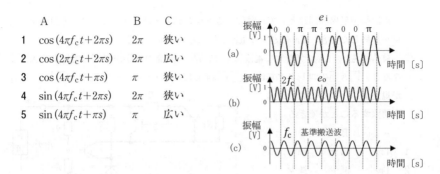

	A	B	C
1	$\cos(4\pi f_c t + 2\pi s)$	2π	狭い
2	$\cos(2\pi f_c t + 2\pi s)$	2π	広い
3	$\cos(4\pi f_c t + \pi s)$	π	狭い
4	$\sin(4\pi f_c t + 2\pi s)$	2π	狭い
5	$\sin(4\pi f_c t + \pi s)$	π	広い

図 2

A－7　次の記述は、FM（F3E）受信機に用いられる各種回路について述べたものである。　　　内に入れるべき字句の正しい組合せを下の番号から選べ。

(1) ディエンファシス回路は、送信側で強調された信号の　A　周波数成分を抑圧して平坦な周波数特性に戻し、信号対雑音比（S/N）を改善する。

(2) スケルチ回路は、受信機入力の信号が　B　なとき、大きな雑音がスピーカから出力されるのを防ぐ動作を行う。

(3) 振幅制限回路は、電波伝搬状況や雑音等の影響等による　C　の変動が、ひずみや雑音として復調されるのを防ぐ動作を行う。

	A	B	C
1	低域	過大	振幅
2	低域	過大	位相
3	低域	無い又は微弱	位相
4	高域	無い又は微弱	振幅
5	高域	無い又は微弱	位相

A－8　スーパヘテロダイン受信機の受信周波数が8,400〔kHz〕のときの影像周波数の値として、正しいものを下の番号から選べ。ただし、中間周波数は455〔kHz〕とし、局部発振器の発振周波数は、受信周波数より低いものとする。

1　7,490〔kHz〕　　2　7,945〔kHz〕　　3　8,400〔kHz〕
4　8,855〔kHz〕　　5　9,310〔kHz〕

A－9　次の記述は、図に示す直列制御方式の定電圧回路に用いられる電流制限形保護回路について述べたものである。　　　内に入れるべき字句の正しい組合せを下の番号から選べ。なお、同じ記号の　　　内には、同じ字句が入るものとする。

答　A－6：1　　A－7：4　　A－8：1

(1) 電流制限形保護回路として、動作するトランジスタは ☐A☐ であり、過負荷又は負荷が短絡したとき、Tr₁ に過大な電流が流れないようにする。

(2) 負荷電流 I_L 〔A〕が過大な電流になり、R_5 の両端の電圧が規定の電圧より大きくなると、☐A☐ のコレクタ電流が ☐B☐ するため、Tr₁ のベース電流が ☐C☐ し、I_L が規定値以下になるよう電流を制限することができる。

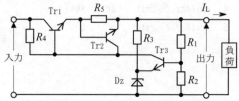

Tr₁、Tr₂、Tr₃：トランジスタ
R_1、R_2、R_3、R_4、R_5：抵抗〔Ω〕
Dz：ツェナーダイオード

	A	B	C
1	Tr₂	増加	減少
2	Tr₂	減少	減少
3	Tr₂	減少	増加
4	Tr₃	減少	増加
5	Tr₃	増加	減少

A-10 次の記述は、鉛蓄電池の充電について述べたものである。このうち誤っているものを下の番号から選べ。

1 一般によく用いられる定電流・定電圧充電は、充電の初期及び中期には定電圧で充電し、終期には定電流で充電する。

2 電池の電極の負担を軽くするには、充電の初期に大きな電流が流れ過ぎないようにする。

3 定電圧充電は、電池にかける電圧を充電終止電圧に設定し、これを一定に保って充電する。

4 定電流充電は、常に一定の電流で充電する。

5 定電圧充電では、充電する電流の大きさは、充電の終期に近づくほど小さくなる。

A-11 パルスレーダーの距離分解能の値として、正しいものを下の番号から選べ。ただし、距離分解能は、アンテナから同じ方位にある二つの物標を分離して確認できる最小距離差を表すものとする。また、送信パルス幅は 0.6〔μs〕とし、二つの物標からの反射波のレベルは同一とする。

1 45〔m〕 2 90〔m〕 3 120〔m〕 4 160〔m〕 5 180〔m〕

A-12 次の記述は、図に示す航空用 DME（距離測定装置）の原理的な構成例について述べたものである。☐☐☐内に入れるべき字句の正しい組合せを下の番号から選べ。

答　　A-9：1　　A-10：1　　A-11：2

(1)　地上 DME（トランスポンダ）は、航空機の機上 DME（インタロゲータ）から送信された質問信号を受信すると、自動的に応答信号を送信し、インタロゲータは、質問信号と応答信号との　A　を測定して航空機とトランスポンダとの　B　を求める。

(2)　トランスポンダは、複数の航空機からの質問信号に対し応答信号を送信する。このため、インタロゲータは、質問信号の発射間隔を　C　にし、自機の質問信号に対する応答信号のみを安定に同期受信できるようにしている。

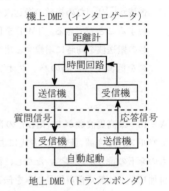

機上 DME（インタロゲータ）

地上 DME（トランスポンダ）

	A	B	C
1	周波数差	方位	不規則
2	周波数差	距離	一定
3	時間差	距離	一定
4	時間差	方位	一定
5	時間差	距離	不規則

A-13　次の記述は、スペクトル拡散（SS）通信方式について述べたものである。このうち誤っているものを下の番号から選べ。

1　直接拡散方式は、送信側で用いた擬似雑音符号と同じ符号でしか復調（逆拡散）できないため秘話性が高い。

2　直接拡散方式は、一例として、デジタル信号を擬似雑音符号により広帯域信号に変換した信号で搬送波を変調する。受信時における狭帯域の妨害波は、受信側で拡散されるので混信妨害を受けにくい。

3　周波数ホッピング方式は、狭帯域の妨害波により搬送波が妨害を受けても、搬送波がすぐに他の周波数に切り換わるため、混信妨害を受けにくい。

4　周波数ホッピング方式は、搬送波周波数を擬似雑音符号によって定められた順序で時間的に切り換えることにより、スペクトラムを拡散する。

5　通信チャネルごとに異なる擬似雑音符号を用いる多元接続方式は、TDMA 方式と呼ばれる。

A-14　次の記述は、大電力増幅器として用いられる TWT（進行波管）について述べたものである。　　　内に入れるべき字句の正しい組合せを下の番号から選べ。なお、同じ記号の　　　内には、同じ字句が入るものとする。

(1)　TWT は、入力の電磁波をら旋などの構造を持つ ☐A☐ に沿って進行させ、これとほぼ同じ速度で ☐A☐ の中心を通る電子ビームの電子密度が電磁波によって変調されるのを利用して増幅する。

(2)　TWT は、クライストロンに比べ周波数帯域が ☐B☐ ため複数の搬送波を同時に増幅することができる。TWT を使用して複数の搬送波を同時に増幅する場合、相互変調を低減するためのバックオフを必要と ☐C☐。

	A	B	C
1	遅延回路	狭い	しない
2	遅延回路	広い	する
3	遅延回路	広い	しない
4	整合回路	狭い	する
5	整合回路	広い	しない

A-15 最高周波数が 8〔kHz〕の音声信号を標本化及び量子化し、16ビットで符号化してパルス符号変調（PCM）方式により伝送するときの通信速度の最小値として、正しいものを下の番号から選べ。ただし、標本化は、標本化定理に基づいて行い、同期符号等の付加ビットは無く音声信号のみを伝送するものとする。

1　80〔kbps〕　　2　128〔kbps〕　　3　256〔kbps〕
4　320〔kbps〕　　5　512〔kbps〕

A-16 次の記述は、無線伝送路の雑音やひずみ、マルチパス・混信などにより発生するデジタル伝送符号の誤り訂正等について述べたものである。このうち誤っているものを下の番号から選べ。

1　誤りが発生した場合の誤り制御方式を大別すると、ARQ 方式と FEC 方式に分けられる。

2　ARQ 方式は大別すると、ブロック符号と畳み込み符号に分けられる。

3　ブロック符号と畳み込み符号を組み合わせた誤り訂正符号は、雑音やマルチパスの影響を受け易い伝送路で用いられる。

4　一般に、リードソロモン符号はデータ伝送中のビット列における集中的な誤り（バースト性の誤り）に強い方式であり、バースト誤り訂正符号に分類される。また、ビタビ復号法を用いる畳み込み符号はランダム誤り訂正符号に分類される。

5　FEC 方式は、送信側で冗長符号を付加することにより受信側で誤り訂正が可能となる誤り制御方式である。

| 答 |　A-14：**2**　　A-15：**3**　　A-16：**2**

A-17　図1に示すパルス信号をオシロスコープに表示したところ、図2に示す波形が観測された。一般に、このパルスのパルス幅の測定値として、最も近いものを下の番号から選べ。ただし、水平軸の一目盛あたりの掃引時間を5〔μs〕とする。

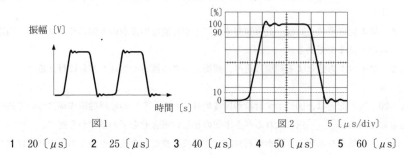

図1　　　　　　　　　　　　　図2　　　5〔μs/div〕

1　20〔μs〕　　2　25〔μs〕　　3　40〔μs〕　　4　50〔μs〕　　5　60〔μs〕

A-18　図は、デジタル無線回線において被測定系の送信装置と受信装置が伝送路を介して離れている場合のビット誤り率測定の構成例を示したものである。□□□内に入れるべき字句の正しい組合せを下の番号から選べ。なお、同じ記号の□□□内には、同じ字句が入るものとする。

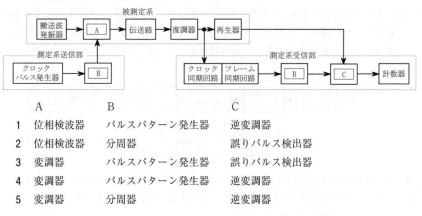

	A	B	C
1	位相検波器	パルスパターン発生器	逆変調器
2	位相検波器	分周器	誤りパルス検出器
3	変調器	パルスパターン発生器	誤りパルス検出器
4	変調器	パルスパターン発生器	逆変調器
5	変調器	分周器	逆変調器

A-19　次の記述は、デジタル方式のオシロスコープについて述べたものである。このうち誤っているものを下の番号から選べ。

1　繰り返し波形の観測に用いられる等価時間サンプリングは、実際のサンプリング周期より高い時間分解能を得ることができる。

答　A-17：2　　A-18：3

2 単発現象でも、メモリに記録した波形情報を読み出すことによって静止波形として観測できる。

3 単発性のパルスなど周期性のない波形に対しては、実時間サンプリングを用いて観測できる。

4 標本化定理によれば、直接観測することが可能な周波数の上限はサンプリング周波数の2倍までである。

5 アナログ方式による観測に比べ、観測データの解析や処理が容易に行える。

A-20 次の記述は、図に示す計数形周波数計（カウンタ）の原理的構成例について述べたものである。□□□内に入れるべき字句の正しい組合せを下の番号から選べ。

(1) 入力信号を増幅し、波形整形回路で方形波に整形した後、その立ち上がり又は立ち下がりをパルス変換回路で検出してパルス列に変換する。ゲート時間 T〔s〕の間にゲート回路を通過したパルスの数 N を計数回路で計数すると、周波数 f は、□A□〔Hz〕で表されるので、これを表示回路で演算し、表示器に表示する。

(2) ±1カウント誤差は、パルス列及びゲート信号の位相が同期して□B□ことによって生ずるため、計数回路で計数した後の補正が□C□。

	A	B	C
1	N/T	いない	できる
2	N/T	いる	できない
3	N/T	いない	できない
4	NT	いる	できる
5	NT	いない	できない

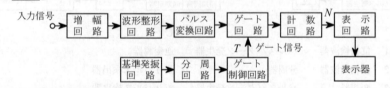

B-1 次に示す測定項目のうち、2つの測定量が共に一般的なベクトル・ネットワーク・アナライザで測定できるものを1、できないものを2として解答せよ。

ア ケーブルの電気長及びアンテナのインピーダンス

イ ケーブルの電気長及び方形波の衝撃係数（デューティ比）

ウ アンテナのインピーダンス及び方形波の衝撃係数（デューティ比）

エ アンテナのインピーダンス及びフィルタの位相特性

オ 単一正弦波の周波数及びケーブルの電気長

答 A-19：4　A-20：3

B-1：ア-1 イ-2 ウ-2 エ-1 オ-2

B－2　次の記述は、衛星通信に用いる SCPC 方式について述べたものである。□□□内に入れるべき字句を下の番号から選べ。なお、同じ記号の□□□内には、同じ字句が入るものとする。

(1) SCPC 方式は、□ア□多元接続方式の一つであり、送出する□イ□チャネルに対して一つの搬送波を割り当て、一つのトランスポンダの帯域内に複数の異なる周波数の□ウ□を等間隔に並べる方式である。

(2) この方式では、同時に送信できる□ウ□の数は、トランスポンダの出力電力を一つの□ウ□当たりに必要な電力で□エ□数で決まる。

(3) 複数の搬送波を衛星中継器で共通増幅するため、混変調による雑音を考慮する必要が□オ□。

1	時分割	2	一つの	3	二つの	4	掛けた	5	割った
6	周波数分割	7	ある	8	ない	9	搬送波	10	パイロット信号

無線工学A

B－3　次の記述は、デジタル変調方式である 16QAM 等について述べたものである。□□□内に入れるべき字句を下の番号から選べ。

(1) 16QAM は、周波数が等しく位相が□ア□〔rad〕異なる直交する 2 つの搬送波を、それぞれ□イ□値のレベルを持つ信号で変調し、それらを合成することにより得られる。

(2) 16QAM を QPSK と比較すると、一般的に、16QAM の方が□ウ□。また、16QAM は、振幅方向にも情報が含まれているため、伝送路におけるノイズやフェージングなどの影響を□エ□。

(3) 16QAM を16PSK と比較すると、理論的に、同じ C/N のときのビット誤り率（BER）は、□オ□の方が小さい。

1	$\pi/4$	2	16	3	周波数利用効率が高い	4	受け易い	5	16PSK
6	$\pi/2$	7	4	8	周波数利用効率が低い	9	受け難い	10	16QAM

B－4　次の記述は、図に示す構成例を用いた FM（F3E）受信機のスプリアス・レスポンスの測定手順の概要について述べたものである。□□□内に入れるべき字句を下の番号から選べ。

(1) 受信機のスケルチを断（OFF）、標準信号発生器（SG）を試験周波数に設定し、1,000〔Hz〕の□ア□波により最大周波数偏移の許容値の 70〔%〕の変調状態で、受信機に 20〔dBμV〕以上の受信機入力電圧を加え、受信機の復調出力が定格出力の

答　B－2：ア－6　イ－2　ウ－9　エ－5　オ－7
　　　B－3：ア－6　イ－7　ウ－3　エ－4　オ－10

1/2となるように受信機出力レベルを調整する。

(2) □イ□の出力を断（OFF）とし、受信機の復調出力（雑音）レベルを測定する。

(3) SGから試験周波数の無変調信号を加え、SGの出力レベルを調整して受信機の復調出力（雑音）レベルが(2)で求めた値より20〔dB〕□ウ□値とする。このときのSGの出力レベルから受信機入力電圧を求め、これを A〔dBμV〕とする。

(4) 次に、SGの出力を(3)の測定時の値から変化させて、スプリアス・レスポンスの許容値より20〔dB〕程度□エ□とし、SGの周波数を掃引してスプリアス・レスポンスの発生する周波数を探索する。この探索は原則として受信機の中間周波数から試験周波数の3倍までの周波数範囲について行う。

(5) (4)の探索でスプリアス・レスポンスを検知した各周波数について、SGの出力を調整し受信機の復調出力（雑音）レベルが□オ□の測定時の値と等しい値となるときのSG出力から、このときの受信機入力電圧 B〔dBμV〕を求める。スプリアス・レスポンスは、この B の値と、(3)で求めた A の値との差として測定することができる。

| 1 | (3) | 2 | 高い値 | 3 | 高い | 4 | 低周波発振器 | 5 | 三角 |
| 6 | (2) | 7 | 低い値 | 8 | 低い | 9 | 標準信号発生器（SG） | 10 | 正弦 |

B－5　次の記述は、SSB（J3E）受信機の特徴について述べたものである。□□□内に入れるべき字句を下の番号から選べ。なお、同じ記号の□□□内には、同じ字句が入るものとする。

(1) 一般に、AM（A3E）受信機に比べ、同一の音声信号を復調するために必要な中間周波増幅器の帯域幅は、通常、ほぼ□ア□である。

(2) 復調するためには、検波用局部発振器で搬送波に相当する周波数成分を作り、□イ□に加える必要がある。

(3) 局部発振器の発振周波数と送信側で抑圧された J3E 波の搬送波の周波数との関係が正しく保たれないと、□ウ□が悪くなるため、□エ□が用いられる。

(4) □エ□の調整を容易にするため、□オ□を用いる方法がある。

1	1/4	2	検波器	3	スプリアス・レスポンス
4	クラリファイア	5	トーン発振器		
6	1/2	7	低周波増幅器	8	明りょう度
9	自動利得調整回路	10	中間周波増幅器		

答　B－4：ア－10　イ－9　ウ－8　エ－2　オ－1

　　B－5：ア－6　イ－2　ウ－8　エ－4　オ－5

▶解答の指針

○A-2

(1) OFDM方式では、各サブキャリアを下図に示すスペクトラム配置で合成している。その際、$T = 1/\Delta F$ となるように配置することで、各サブキャリアが直交し、互いに干渉せずに最小の周波数間隔で配置することができる。

(2) 各サブキャリア信号の変調波における振幅や位相はランダムな値をとりうることから、それらを合成した送信波形は、各サブキャリアの振幅や位相の関係によって振幅が大きく変動する。そのため、送信増幅部ではその変動を忠実に増幅する必要があることから、動作の線形領域で増幅を行う。

(3) 1つのキャリアを使ってデジタル変調した場合との比較では、トータルの伝送速度はそのままで、シンボル長を長くできる。シンボル長が長いほど、そのシンボル時間内においてマルチパス遅延波の干渉を受ける時間が相対的に短くなることから、マルチパス遅延波の影響により生じるシンボル間干渉を受けにくくなる。

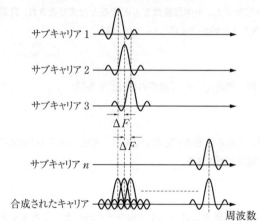

○A-3

単一正弦波で振幅変調した変調波電力 P_{DSB} は、搬送波電力を P_C〔W〕、変調度を $m \times 100$〔%〕として次式で表される。

$$P_{DSB} = P_C\left(1 + \frac{m^2}{2}\right) \text{〔W〕}$$

上式に題意の数値を代入して、$P_C = 124/1.125 ≒ 110$〔W〕を得る。

○A-4

※令和3年1月期　問題A-6　「解答の指針」を参照。

○A－5

電力増幅器の入力電力を P_{I}〔W〕、アンテナ整合器を通した出力電力を P_{O}〔W〕とすると、電力増幅器と整合器全体の利得 G_{PC} は次のようになる。

$$G_{\mathrm{PC}} = 10\log_{10}(P_{\mathrm{O}}/P_{\mathrm{I}}) = 10\log_{10}40 = 10\log_{10}(2^2 \times 10) = 10 + 20\log_{10}2 = 16 \text{〔dB〕}$$

電力増幅器の利得を G_{P}、整合器の損失を L_{C} とすれば、$G_{\mathrm{PC}} = G_{\mathrm{P}} - L_{\mathrm{C}}$ である。

したがって、G_{P} は題意の数値を代入して次のようになる。

$$G_{\mathrm{P}} = G_{\mathrm{PC}} + L_{\mathrm{C}} = 16 + 2 = 18 \text{〔dB〕}$$

○A－6

※令和4年7月期　問題A－5　「解答の指針」を参照。

○A－8

題意より、局部発振器の発振周波数が受信周波数より低いことから、その場合の影像周波数 f_{m} は、受信周波数を f_{d}、中間周波数を f_{i} とすると次式で表され、計算より結果を得る。

$$f_{\mathrm{m}} = f_{\mathrm{d}} - 2 \times f_{\mathrm{i}} = 8,400 - 2 \times 455 = 7,490 \text{〔kHz〕}$$

○A－9

※令和3年7月期　問題A－9　「解答の指針」を参照。

○A－10

1　一般によく用いられる定電流・定電圧充電は、充電の初期及び中期には**定電流**で充電し、終期には**定電圧**で充電する。

○A－11

二つの物標の距離分解能 R_{res} は、パルス幅を τ〔μs〕として次式で表され、題意の数値を用いて次のようになる。

$$R_{\mathrm{res}} = 150\tau = 150 \times 0.6 = 90 \text{〔m〕}$$

○A－12

DMEシステムは、航行中の航空機に地上の既知の地点からの距離情報を連続的に与える2次レーダーの一種で、地上DMEが航空機の機上DMEからの質問信号を受信すると、自動的に受信周波数と異なる周波数の応答信号を送信し、機上で質問信号送信時間と応答信号受信時間との**時間差**から**距離**を測定する。地上DMEから応答信号が質問信号に同期して送信されるため、質問信号の発射間隔を**不規則**にすることにより質問した航空機のみが安定に同期受信できるようにしている。

○A − 13

5　通信チャネルごとに異なる擬似雑音符号を用いる多元接続方式は **CDMA** 方式と呼ばれる。

○A − 15

伝送する音声信号の最高周波数が 8〔kHz〕であることより、標本化定理に基づき、標本化周波数の最小値は $2×8 = 16$〔kHz〕である。さらに16ビットの符号化を用いることから、伝送速度の最小値は 16〔kHz〕$×16$〔bit〕$= 256$〔kbps〕となる。

○A − 16

2　**FEC 方式に用いられる誤り訂正符号**は大別すると、ブロック符号と畳み込み符号に分けられる。

○A − 17

パルス幅は、波形の振幅における立ち上がり 50〔%〕から立ち下がり 50〔%〕までの時間である。設問図2からその時間間隔を読み取ると、水平軸が 5〔μs/div〕（一目盛あたりの掃引時間が 5〔μs〕）であることより、パルス幅の測定値はおよそ 25〔μs〕である。

○A − 18

※令和3年7月期　問題A − 17 「解答の指針」を参照。

○A − 19

4　標本化定理によれば、直接観測することが可能な周波数の上限はサンプリング周波数の 1/2 までである。

○B − 1

※令和元年7月期　問題B − 1 「解答の指針」を参照。

○B − 3

※令和3年7月期　問題B − 3 「解答の指針」を参照。

無 線 工 学 B

試験概要

試験問題： 問題数／25 問　　試験時間／2 時間 30 分

採点基準： 満　点／125 点　　合　格　点／75 点

配点内訳　　A問題……20 問／100 点（1 問 5 点）

B問題…… 5 問／　25 点（1 問 5 点）

A-1 自由空間内に置かれた微小ダイポールによる静電界と放射電界の大きさが等しくなる距離の値として、最も近いものを下の番号から選べ。ただし、微小ダイポールによる任意の点Pの電界強度 E_θ は次式で与えられるものとする。この式で I〔A〕は放射電流、l〔m〕は微小ダイポールの長さ、λ〔m〕は波長、r〔m〕は微小ダイポールからの距離、θ〔rad〕は微小ダイポールの電流が流れる方向と微小ダイポールの中心から点Pを見た方向とがなす角度、ω〔rad/s〕は角周波数とする。また、周波数を15〔MHz〕とする。

$$E_\theta = \frac{j60\pi Il\sin\theta}{\lambda}\left(\frac{1}{r} - \frac{j\lambda}{2\pi r^2} - \frac{\lambda^2}{4\pi^2 r^3}\right)e^{j(\omega t - 2\pi r/\lambda)} \text{〔V/m〕}$$

1 1.2〔m〕 **2** 3.2〔m〕 **3** 6.6〔m〕 **4** 10.2〔m〕 **5** 18.8〔m〕

A-2 図に示す電界強度の放射パターンを持つアンテナの前後（FB）比の値として、正しいものを下の番号から選べ。ただし、メインローブの最大放射方向 a の大きさを 0〔dB〕としたとき、サイドローブの b、c、d、e 及び f 方向の大きさをそれぞれ −15〔dB〕、−20〔dB〕、−12〔dB〕、−20〔dB〕及び −15〔dB〕とし、また、角度 θ_1、θ_2、θ_3 及び θ_4 をそれぞれ58度、58度、58度及び58度とする。

1 3〔dB〕
2 6〔dB〕
3 12〔dB〕
4 15〔dB〕
5 20〔dB〕

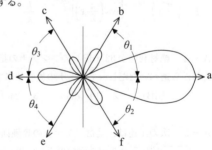

A-3 次の記述は、図に示す高さが h〔m〕の1/4波長接地アンテナの実効高を求める過程について述べたものである。□□□内に入れるべき字句の正しい組合せを下の番号から選べ。ただし、1/4波長接地アンテナ上における電流は余弦波状に分布しており、実効高は、この電流分布の面積と長方形の電流分布 ABCD の面積とが等しいとして求められるものとする。

答 A-1：**2** A-2：**3**

(1) 余弦波状の電流分布に沿って $x=0$ から $x=\lambda/4$ まで積分して、その面積 S を求めると、次式のようになる。ただし、波長を λ〔m〕、電流分布の最大振幅を I_0〔A〕とし、アンテナ基部から頂点方向への距離を x〔m〕とする。

$$S = \int_0^{\lambda/4} I_0 \cos \boxed{\text{A}}\ dx = \frac{\lambda I_0}{2\pi} \boxed{\text{B}} = \frac{\lambda I_0}{2\pi}\ \text{〔Am〕}$$

(2) 長方形の電流分布では、距離 x によらず電流 I_0〔A〕が一様に分布するものと仮定するので、実効高 h_e〔m〕を h で表すと、以下のようになる。

$$h_e = \frac{S}{I_0} = \boxed{\text{C}}\ \text{〔m〕}$$

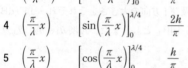
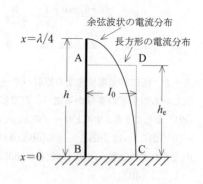

	A	B	C
1	$\left(\dfrac{2\pi}{\lambda}x\right)$	$\left[\sin\left(\dfrac{2\pi}{\lambda}x\right)\right]_0^{\lambda/4}$	$\dfrac{2h}{\pi}$
2	$\left(\dfrac{2\pi}{\lambda}x\right)$	$\left[\cos\left(\dfrac{2\pi}{\lambda}x\right)\right]_0^{\lambda/4}$	$\dfrac{h}{\pi}$
3	$\left(\dfrac{2\pi}{\lambda}x\right)$	$\left[\sin\left(\dfrac{2\pi}{\lambda}x\right)\right]_0^{\lambda/4}$	$\dfrac{h}{\pi}$
4	$\left(\dfrac{\pi}{\lambda}x\right)$	$\left[\sin\left(\dfrac{\pi}{\lambda}x\right)\right]_0^{\lambda/4}$	$\dfrac{2h}{\pi}$
5	$\left(\dfrac{\pi}{\lambda}x\right)$	$\left[\cos\left(\dfrac{\pi}{\lambda}x\right)\right]_0^{\lambda/4}$	$\dfrac{h}{\pi}$

A-4　絶対利得が33〔dB〕のアンテナの指向性利得の値として、最も近いものを下の番号から選べ。ただし、アンテナの放射効率を0.8とする。ただし、$\log_{10}2 = 0.3$ とする。

1　14〔dB〕　　2　19〔dB〕　　3　24〔dB〕　　4　29〔dB〕　　5　34〔dB〕

A-5　次の記述は、受信アンテナの等価回路と受信有能電力について述べたものである。 □ 内に入れるべき字句の正しい組合せを下の番号から選べ。

(1) 図1に示す受信回路において、受信アンテナに誘起される電圧を V〔V〕とすると、この電圧によって受信アンテナ及び受信機に電流が流れる。このアンテナを等価回路で表したときの内部インピーダンスは、送信アンテナとしての □ A □ インピーダンス Z_a〔Ω〕と等価であるので、入力インピーダンスが Z_l〔Ω〕の受信機を接続したときの等価回路は、図2のようになる。

答　A-3：1　　A-4：5

(2) Z_l から受信有能電力を取り出すことができるのは、Z_a と Z_l をそれぞれ R_a+jX_a と R_l+jX_l とすれば、$R_a = R_l$、かつ $X_a = $ B のときであり、このとき、受信機の受信有能電力の値は C 〔W〕となる。

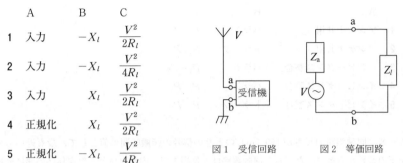

	A	B	C
1	入力	$-X_l$	$\dfrac{V^2}{2R_l}$
2	入力	$-X_l$	$\dfrac{V^2}{4R_l}$
3	入力	X_l	$\dfrac{V^2}{2R_l}$
4	正規化	X_l	$\dfrac{V^2}{2R_l}$
5	正規化	$-X_l$	$\dfrac{V^2}{4R_l}$

図1　受信回路　　図2　等価回路

A−6　次の記述は、平行二線式給電線と小電力用同軸ケーブルについて述べたものである。このうち誤っているものを下の番号から選べ。

1　平行二線式給電線は、平衡形の給電線であり、零電位は2本の導線の間隔の垂直二等分面上にある。

2　平行二線式給電線の特性インピーダンスは、導線の太さが同じ場合には、導線の間隔が狭いほど小さくなる。

3　小電力用同軸ケーブルは、不平衡形の給電線であり、通常、外部導体を接地して使用する。

4　小電力用同軸ケーブルの特性インピーダンスは、内部導体の外径 d に対する外部導体の内径 D の比（D/d）が大きいほど小さくなる。

5　小電力用同軸ケーブルは、平行二線式給電線よりも、外部からの誘導妨害の影響を受けにくい。

A−7　次の記述は、給電回路について述べたものである。□内に入れるべき字句の正しい組合せを下の番号から選べ。

(1) インピーダンスが異なる2つの給電回路を直列接続するときには、反射損を少なくし、効率良く伝送するために A 回路を用いる。また、インピーダンスが同じであっても平衡回路と不平衡回路を接続するときには、漏れ電流を防ぐために B を用いる。

答　A−5：2　　A−6：4

(2) 給電線に入力される電力を P_1〔W〕、給電線に接続されている負荷で消費される電力を P_2〔W〕としたとき、　C　を伝送効率といい、反射損や給電線での損失が少ないほど伝送効率は良い。

	A	B	C
1	アンテナ共用	バラン	P_1-P_2
2	アンテナ共用	トラップ	P_1/P_2
3	インピーダンス整合	バラン	P_1-P_2
4	インピーダンス整合	バラン	P_2/P_1
5	インピーダンス整合	トラップ	P_2/P_1

A－8　同軸線路の長さが150〔m〕のときの信号の伝搬時間の値として、最も近いものを下の番号から選べ。ただし、同軸線路は、無損失で、内部導体と外部導体との間に充填されている絶縁体の比誘電率の値を2.25とする。

1　0.25〔μs〕　2　0.50〔μs〕　3　0.75〔μs〕
4　1.00〔μs〕　5　1.25〔μs〕

A－9　図に示すように、特性インピーダンスが Z_0〔Ω〕の平行二線式給電線と給電点インピーダンスが R〔Ω〕のアンテナを整合させるために、集中定数整合回路を挿入した。この回路の静電容量 C〔F〕を求める式として、正しいものを下の番号から選べ。ただし、$Z_0 > R$ であり、コイルのインダクタンスを L〔H〕、角周波数を ω〔rad/s〕とし、給電線は無損失とする。

1　$C = \dfrac{1}{\omega Z_0}\sqrt{\dfrac{Z_0-R}{R}}$

2　$C = \dfrac{Z_0}{2\omega}\sqrt{Z_0-R}$

3　$C = \dfrac{Z_0}{2\omega}\sqrt{\dfrac{Z_0-R}{R}}$

4　$C = 2\omega Z_0\sqrt{\dfrac{Z_0-R}{R}}$

5　$C = \dfrac{1}{\omega Z_0}\sqrt{Z_0-R}$

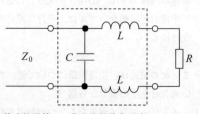

平行二線式給電線　　集中定数整合回路　　アンテナ

答　A－7：4　　A－8：3　　A－9：1

A－10 次の記述は、半波長ダイポールアンテナについて述べたものである。このうち誤っているものを下の番号から選べ。ただし、波長を λ〔m〕とする。

1 放射抵抗は、約 73〔Ω〕である。

2 実効長は、λ/π〔m〕である。

3 実効面積は、約 $0.13\lambda^2$〔m^2〕である。

4 絶対利得は、1.64〔dB〕である。

5 E面内の指向性パターンは、8字特性である。

A－11 次の記述は、図に示す対数周期ダイポールアレーアンテナについて述べたものである。 □ 内に入れるべき字句の正しい組合せを下の番号から選べ。

(1) 隣り合う素子の長さの比 l_n/l_{n+1} と隣り合う素子の頂点 O からの距離の比 A は等しい。

(2) 半波長ダイポールアンテナと比較して周波数帯域幅が B 。

(3) 主放射の方向は矢印 C の方向である。

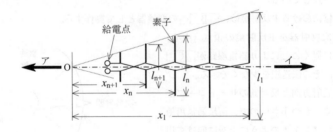

	A	B	C		A	B	C
1	x_{n+1}/x_n	広い	イ	2	x_{n+1}/x_n	狭い	ア
3	x_n/x_{n+1}	狭い	ア	4	x_n/x_{n+1}	広い	イ
5	x_n/x_{n+1}	広い	ア				

A－12 次の記述は、図に示すディスコーンアンテナについて述べたものである。 □ 内に入れるべき字句の正しい組合せを下の番号から選べ。

(1) 図に示すように、円錐形の導体の頂点に円盤形の導体を置き、円錐形の導体に同軸ケーブルの外部導体を、円盤形の導体に内部導体をそれぞれ接続したものであり、給電点は、円錐形の導体の A にある。

答 A－10：4 A－11：5

(2) 水平面内の指向性は、□B□であり、垂直偏波の電波の送受信に用いられる。スリーブアンテナやブラウンアンテナに比べて□C□特性を持つ。

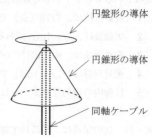

円盤形の導体

円錐形の導体

同軸ケーブル

	A	B	C
1	頂点	単一指向性	狭帯域
2	頂点	全方向性	広帯域
3	底辺	全方向性	狭帯域
4	底辺	全方向性	広帯域
5	底辺	単一指向性	狭帯域

A-13 次の記述は、図に示すカセグレンアンテナについて述べたものである。□□内に入れるべき字句の正しい組合せを下の番号から選べ。

(1) 回転放物面の主反射鏡、回転双曲面の副反射鏡及び一次放射器で構成されている。副反射鏡の二つの焦点のうち、一方は主反射鏡の□A□と、他方は一次放射器の励振点と一致している。

(2) 送信における主反射鏡は、□B□への変換器として動作する。

(3) 一次放射器を主反射鏡の頂点（中心）付近に置くことにより給電線路が□C□ので、その伝送損を少なくできる。

(4) 主放射方向と反対側のサイドローブが少なく、かつ小さいので、衛星通信用地球局のアンテナのように上空に向けて用いる場合、□D□からの熱雑音の影響を受けにくい。

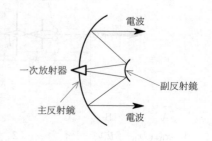

電波

一次放射器

副反射鏡

主反射鏡

電波

	A	B	C	D
1	焦点	球面波から平面波	短くできる	大地
2	焦点	平面波から球面波	長くなる	大地
3	焦点	平面波から球面波	短くできる	自由空間
4	開口面	球面波から平面波	短くできる	大地
5	開口面	球面波から平面波	長くなる	自由空間

答 A-12：2 A-13：1

A－14　超短波（VHF）帯の電波伝搬において、送信アンテナの高さ、送信周波数、送信電力及び通信距離の条件を一定にして、受信アンテナの高さを変化させて、受信電界強度（受信点の電界強度）を測定すると、図に示すハイトパターンが得られる。この現象に関する記述として、誤っているものを下の番号から選べ。ただし、大地は完全導体平面で、反射係数を －1 とする。

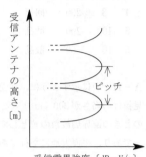

1　見通し距離内の電波伝搬における受信電界強度は、直接波と大地反射波の合成によって生ずる。

2　大地反射波の位相は、直接波の位相より、通路差による位相差と反射の際に生ずる位相差との和の分だけ遅れる。

3　大地反射波と直接波の電界強度の大きさを同じとすれば、両者の位相が同位相のときは受信電界強度が極大になり、逆位相のときは零となる。

4　受信電界強度が周期的に変化するピッチは、周波数が低くなるほど、広くなる。

5　受信電界強度の極大値は、受信点の自由空間電界強度のほぼ4倍となる。

A－15　次の記述は、電波に対する大気の屈折率について述べたものである。　　　内に入れるべき字句の正しい組合せを下の番号から選べ。

⑴　大気の屈折率は、　A　に非常に近い値であり、気圧、気温及び湿度の変動によりわずかに変化する。このわずかな変化がマイクロ波（SHF）帯の伝搬に大きな影響を与える。

⑵　標準大気の屈折率は、高さ約1〔km〕以下では高さとともに直線的に減少するので、地表面に平行に放射された電波は、徐々に　B　に曲げられて進む。

⑶　修正した大気の屈折率の高度分布を表す　C　が、電波の伝搬状況を把握するために用いられる。

	A	B	C		A	B	C
1	0	下方	M曲線	2	0	上方	等圧線図
3	1	上方	等圧線図	4	1	下方	等圧線図
5	1	下方	M曲線				

A－16　次の記述は、マイクロ波からミリ波までの周波数帯における降雨による減衰について述べたものである。　　　内に入れるべき字句の正しい組合せを下の番号から選べ。

無線工学B

答　A－14：5　　A－15：5

(1) 降雨による減衰は、約 A 〔GHz〕で顕著になり、周波数が高くなると共に増大するが、約 B 〔GHz〕以上でほぼ一定になる。

(2) 降雨による減衰の主な要因は、電波の吸収又は C である。

	A	B	C		A	B	C
1	3	200	回折	2	3	80	散乱
3	10	200	散乱	4	10	50	回折
5	10	50	散乱				

A-17 図に示すように、送受信点間の距離が 800〔km〕の電離層伝搬において、F層の見掛けの高さが 300〔km〕で、最高使用可能周波数（MUF）が 12〔MHz〕であった。このときの臨界周波数の値として、最も近いものを下の番号から選べ。ただし、電離層は均一であり、平面大地に平行であるものとする。

1　7.2〔MHz〕

2　10.5〔MHz〕

3　11.3〔MHz〕

4　12.8〔MHz〕

5　15.0〔MHz〕

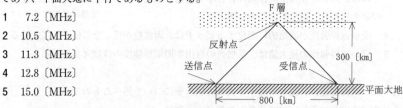

A-18 長さ l〔m〕の無損失給電線の終端を開放及び短絡して入力端から見たインピーダンスを測定したところ、それぞれ Z_{op}〔Ω〕及び Z_{sh}〔Ω〕であった。この給電線の特性インピーダンスの値として、正しいものを下の番号から選べ。

1　$\sqrt{Z_{op}Z_{sh}}/2$〔Ω〕　　2　$Z_{op}+Z_{sh}$〔Ω〕　　3　$(Z_{op}+Z_{sh})/2$〔Ω〕

4　$\sqrt{Z_{op}Z_{sh}}$〔Ω〕　　5　$2(Z_{op}+Z_{sh})$〔Ω〕

A-19 次の記述は、図に示す小形アンテナの放射効率を測定する Wheeler cap（ウィーラー・キャップ）法について述べたものである。□内に入れるべき字句の正しい組合せを下の番号から選べ。ただし、金属の箱及び地板の大きさ及び材質は、測定条件を満たしているものとする。なお、同じ記号の□内には、同じ字句が入るものとする。

(1) 図に示すように、地板の上に置いた被測定アンテナに、アンテナ電流の分布を乱さないよう適当な形及び大きさの金属の箱をかぶせて地板との間に隙間がないように密閉し、被測定アンテナの入力インピーダンスの A を測定する。この値は、アンテナからの放射がないので、アンテナの B とみなせる。

答　A-16 : 3　　A-17 : 1　　A-18 : 4

(2)　次に金属の箱を取り除いて、同様に、被測定アンテナの入力インピーダンスの
　　　 A を測定する。この値はアンテ
　　　ナの B と C の和である。

(3)　放射効率は、(1)と(2)の測定値の差
　　　から求められる C を(2)で測定し
　　　た A で割った値で表される。

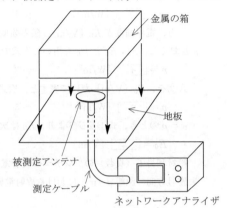

金属の箱

地板

被測定アンテナ

測定ケーブル

ネットワークアナライザ

	A	B	C
1	実数部	絶縁抵抗	損失抵抗
2	実数部	放射抵抗	損失抵抗
3	実数部	損失抵抗	放射抵抗
4	虚数部	絶縁抵抗	損失抵抗
5	虚数部	損失抵抗	放射抵抗

A-20　次の記述は、アンテナの特性の測定法について述べたものである。　　内に入
れるべき字句の正しい組合せを下の番号から選べ。

(1)　アンテナの近傍界測定法は、アンテナの近傍の電磁界の分布を測定し、その測定値
　　　から計算により、遠方における A 電磁界の分布を測定したものと等価であるとし
　　　て、アンテナの特性を求めるものである。

(2)　一般の測定設備を用いた測定ができない大形の可動アンテナの特性を測定するため
　　　に、放射する電波の B が既知の電波星を用いることがある。

(3)　航空機などに用いられるアンテナの特性は、その物体とアンテナを縮小した模型を
　　　用いて測定することがあり、そのときの測定周波数は、アンテナの実際の使用周波数
　　　より C 。

	A	B	C			A	B	C
1	放射	強度	低い		2	放射	強度	高い
3	放射	偏波	低い		4	誘導	偏波	高い
5	誘導	偏波	低い					

B-1　次の記述は、絶対利得 G（真数）のアンテナの放射電界強度の計算式を求める過
程について述べたものである。　　内に入れるべき字句を下の番号から選べ。ただし、
アンテナ及び給電回路の損失はないものとする。

(1)　等方性アンテナの放射電力を P_0〔W〕とすれば、アンテナから半径 d〔m〕の距離

無線工学B

にある球面を通過して出て行く電波の電力束密度 w は、次式で表される。

$$w = \boxed{\text{ア}} \ [\text{W/m}^2] \qquad \cdots ①$$

一方、電界強度が E_0〔V/m〕、磁界強度が H_0〔A/m〕の点の電波の電力束密度を p とおくと、p は E_0 と H_0 を用いて次式で表される。

$$p = \boxed{\text{イ}} \ [\text{W/m}^2] \qquad \cdots ②$$

式②を、E_0〔V/m〕だけで表すと、次式となる。

$$p = \boxed{\text{ウ}} \ [\text{W/m}^2] \qquad \cdots ③$$

$w = p$ のとき、式①及び③より、E_0 は次式で表される。

$$E_0 = \boxed{\text{エ}} \ [\text{V/m}]$$

(2) 絶対利得 G（真数）のアンテナの放射電力を P〔W〕とすれば、このアンテナの最大放射方向の距離 d〔m〕における放射電界強度 E は、次式で表される。

$$E = \boxed{\text{オ}} \ [\text{V/m}]$$

1	$\dfrac{P_0}{4\pi d^2}$	2	$\dfrac{E_0}{H_0}$	3	$\dfrac{E_0{}^2}{120\pi}$	4	$\dfrac{\sqrt{49P_0}}{d}$	5	$\dfrac{\sqrt{49GP}}{d}$
6	$\dfrac{P_0}{2\pi d^2}$	7	$E_0 H_0$	8	$\dfrac{E_0{}^2}{90\pi}$	9	$\dfrac{\sqrt{30P_0}}{d}$	10	$\dfrac{\sqrt{30GP}}{d}$

B-2 次の記述は、図に示す反射板付きの双ループアンテナについて述べたものである。　　内に入れるべき字句を下の番号から選べ。

(1) 2ループを平行給電線で接続したものに反射板を組み合わせたアンテナで、ループの円周の長さは、それぞれ約 $\boxed{\text{ア}}$ 波長である。

(2) 給電点は、一般に平行給電線の $\boxed{\text{イ}}$ である。

(3) 2ループが大地に対して上下になるように置いたときの水平面内の指向性は、$\boxed{\text{ウ}}$ の指向性とほぼ等しい。

(4) 利得を上げるために反射板内のループの数を上下方向に増やすと、使用周波数範囲が $\boxed{\text{エ}}$ なる。

(5) このアンテナを四角鉄塔の各面に取付けた場合、鉄塔の幅が波長に比べて狭いときは、水平面内の指向性はほぼ $\boxed{\text{オ}}$ となる。

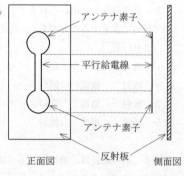

正面図　　側面図

1	上端	2	双方向性	3	1/2	4 反射板付き4ダイポールアンテナ	5 狭く
6	中央	7	全方向性	8	1	9 ホイップアンテナ	10 広く

B-3　次の記述は、方形導波管の伝送損について述べたものである。このうち正しいものを1、誤っているものを2として解答せよ。

ア　誘電損は、内部が中空の導波管では極めて小さいが、雨水などが管内に浸入した場合は極めて大きくなる。

イ　同じ導波管どうしを接続する場合、接続部での伝送損を防ぐため、チョーク接続などの方法を用いる。

ウ　管壁において電波が反射するとき、管壁に侵入する表皮厚さ（深さ）は、周波数が高くなるほど薄く（浅く）なる。

エ　遮断周波数より十分高い周波数では、周波数が高くなるほど伝送損が小さくなる。

オ　遮断周波数に十分近い周波数範囲では、遮断周波数に近くなるほど伝送損が小さくなる。

B-4　次の記述は、VHF帯及びUHF帯の電波の見通し外伝搬について述べたものである。　　内に入れるべき字句を下の番号から選べ。なお、同じ記号の　　内には、同じ字句が入るものとする。

(1)　電波は、障害物があると　ア　によりその裏側にも回り込んで伝搬する。そのために球面大地上の見通し外伝搬において、伝搬路の途中に　イ　がある場合、それがない場合に比べて　ア　により受信電界強度が上がることがある。

(2)　大気は乱流により絶えず変動しているため、　ウ　が周囲とは違った領域が生じている。この領域で電波が散乱され、見通し外にも伝搬する。この現象を利用する対流圏散乱通信において受信される電波は、多くの散乱体によって散乱されて到来した振幅及び　エ　が異なる多くの波の合成波であるので、　オ　フェージングを生ずる。

1　反射　　2　山岳　　3　屈折率　　4　周期　　5　レイリー
6　回折　　7　河川　　8　導電率　　9　位相　　10　ダクト形

B-5　次の記述は、アンテナに供給される電力を求める過程について述べたものである。　　内に入れるべき字句を下の番号から選べ。

入力インピーダンスがR_a〔Ω〕のアンテナに、特性インピーダンスがR_0〔Ω〕の給電線を用いて給電したとき、給電線上に生ずる定在波の電圧波腹及び電圧波節の実効値がそれぞれV_{max}〔V〕及びV_{min}〔V〕であった。ただし、R_a及びR_0は純抵抗で、$R_a < R_0$であり、給電線は無損失で波長に比べて十分長いものとする。

(1)　給電線の電圧反射係数Γの絶対値$|\Gamma|$は、R_aとR_0を用いて、次式で表される。

$|\Gamma| = \boxed{\quad ア \quad}$ $\cdots$①

(2) 電圧定在波比 S は、$|\Gamma|$ を用いて、次式で表される。

$$S = \frac{1+|\Gamma|}{1-|\Gamma|} \qquad \cdots②$$

式①を式②に代入すれば、S は、次式で表される。

$S = \boxed{\quad イ \quad}$ $\cdots$③

(3) 一方、S は、V_{max} と V_{min} を用いて、次式で表される。

$S = \boxed{\quad ウ \quad}$ $\cdots$④

(4) アンテナ端の電圧 V_l〔V〕は、給電線上の入射波電圧 V_f〔V〕及び反射波電圧 V_r〔V〕を用いて、次式で表される。

$V_l = \boxed{\quad エ \quad}$〔V〕 $\cdots$⑤

また、$R_a < R_0$ のときには、V_l は、次式で表される。

$V_l = V_{min}$〔V〕 $\cdots$⑥

アンテナに供給される電力 P は、式③、④及び⑥から、次式で表される。

$$P = \frac{V_l{}^2}{R_a} = \boxed{\quad オ \quad}$$〔W〕

1 $\dfrac{R_0+R_a}{R_0-R_a}$	2 $\dfrac{R_a}{R_0}$	3 $V_{max}-V_{min}$	4 V_f-V_r	5 $\dfrac{V_{max}\,V_{min}}{R_a}$
6 $\dfrac{R_0-R_a}{R_0+R_a}$	7 $\dfrac{R_0}{R_a}$	8 $\dfrac{V_{max}}{V_{min}}$	9 $\dfrac{V_f}{V_r}$	10 $\dfrac{V_{max}\,V_{min}}{R_0}$

▶解答の指針

○A-1

電界強度の与式において、静電界は$1/r^3$の項、放射電界は$1/r$の項であり、それらが等しくなる距離rは、$1/r = \lambda^2/(4\pi^2 r^3)$ を満たすので、$r = \lambda/(2\pi)$ である。$\lambda = 20$〔m〕であるから、$r = 20/(2\pi) \fallingdotseq 3.2$〔m〕を得る。

○A-2

前後比Rは、最大放射方向（0〔°〕とする）の電界強度E_fと180 ± 60〔°〕の角度範囲にある最大のサイドローブの電界強度E_bとの比で定義され、通常 dB で表す。

$$R = 20\log_{10}(E_f/E_b) = 20\log_{10}E_f - 20\log_{10}E_b$$

定義される角度範囲にあるサイドローブの最大電界強度は、d 方向で$E_b = -12$〔dB〕であるから、Rは次のようになる。

$$R = 0 - (-12) = 12\text{〔dB〕}$$

○A-3

(1)　　A　は、アンテナの電流分布の位相角であるから、$\left(\dfrac{2\pi}{\lambda}x\right)$〔rad〕である。

　　B　は、積分した結果で、$\left[\sin\left(\dfrac{2\pi}{\lambda}x\right)\right]_0^{\lambda/4}$ となる。

(2)　$\lambda/4$垂直接地アンテナの実効高 h_e は、(1)の面積 S〔m²〕を電流分布の最大振幅 I_0〔A〕で割った値であり、$h = \lambda/4$ を考慮して、次式、すなわち　C　を得る。

$$h_e = \frac{S}{I_0} = \frac{\lambda I_0}{2\pi} \cdot \frac{1}{I_0} = \frac{\lambda}{2\pi} = \frac{4h}{2\pi} = \frac{2h}{\pi}\text{〔m〕}$$

○A-4

指向性利得 G_d は、絶対利得 G_a を放射効率 η で割った値で、$G_d = G_a/\eta$ で表される。$G_a = 10^{(33/10)} = 10^3 \times 10^{0.3} = 2 \times 1000 = 2000$ であるから、題意の数値を用いて、$G_d = 2000/0.8 = 2500$ となる。したがって、G_d はデシベル表示で次のようになる。

$$G_d = 10\log_{10}2500 = 10\log_{10}(5^2 \times 10^2) = 20\log_{10}5 + 20 = 20 \times (1 - 0.3) + 20$$
$$= 34\text{〔dB〕}$$

○A-5

(1)　図2の等価回路において、V〔V〕は受信アンテナに誘起される開放端電圧であり、Z_a〔Ω〕は送信アンテナとしての入力インピーダンスと等価である。

(2)　負荷インピーダンス Z_l〔Ω〕から最大電力を取り出すことができる条件は、最大電力供給の定理から、Z_a と Z_l が複素共役、すなわち $Z_a = R_a + jX_a$、$Z_l = R_l + jX_l$ とす

無線工学 B

れば、$R_a = R_l$, $X_a = -X_l$ であり、そのとき受信機の受信有能電力 P は、次のようになる。

$$P = \frac{V^2 R_l}{(R_a+R_l)^2+(X_a+X_l)^2} = \frac{V^2}{4R_l} \ \text{〔W〕}$$

○A－6

4　小電力用同軸ケーブルの特性インピーダンス Z_0 は、内部導体の外径 d に対する外部導体の内径 D の比 (D/d) が大きいほど**大きく**なる。ちなみに、Z_0 は、D/d の対数に比例する。

○A－8

同軸ケーブル内の位相速度（伝搬速度）v_p は、真空中の電波の速度 c〔m/s〕と絶縁体の比誘電率 ε_r を用いて次式で表され、題意の数値を代入して次のようになる。

$$v_p = c/\sqrt{\varepsilon_r} = 3 \times 10^8 / \sqrt{2.25} = 2 \times 10^8 \ \text{〔m/s〕}$$

したがって、信号の伝搬時間 τ は、ケーブルの長さ $l = 150$〔m〕として次式を得る。

$$\tau = l/v_p = 150/(2 \times 10^8) = 75 \times 10^{-8} = 0.75 \ \text{〔}\mu\text{s〕}$$

○A－9

給電線端子から負荷側を見たインピーダンス Z は、次のようになる。

$$Z = \frac{(R+j2\omega L)/(j\omega C)}{R+j2\omega L+1/(j\omega C)} = \frac{R+j2\omega L}{j\omega C(R+j2\omega L)+1} = \frac{R+j2\omega L}{1-2\omega^2 LC+j\omega CR}$$

整合条件より $Z = Z_0$ であるから次のようになる。

$$Z_0 = \frac{R+j2\omega L}{1-2\omega^2 LC+j\omega CR}$$

上式を整理し、次の二式を得る。

$$Z_0(1-2\omega^2 LC) = R$$
$$\omega CRZ_0 = 2\omega L$$

これらの式から L を消去して C は次のようになる。

$$C = \frac{1}{\omega Z_0} \sqrt{\frac{Z_0-R}{R}} \ \text{〔F〕}$$

○A－10

4　絶対利得は、**2.15**〔dB〕である。

○ A-11

対数周期ダイポールアレーアンテナは、多数の異なる半波長ダイポール素子が、設問図のように対数周期的に互いに平行に配置され、交互に反転した位相で給電される自己相似アンテナアレーの一種である。与図のように、n を正整数として、原点 O から距離 x_n の位置に長さ l_n のダイポールが配置されており、その間に次の関係がある。

$$\frac{l_n}{l_{n+1}} = \frac{x_n}{x_{n+1}} = \tau \quad (一定)$$

いま、n 番目の素子が共振したとすればその入力インピーダンスは純抵抗となり、電波を放射し、その素子より短い $(n+1)$ 番目以上のアンテナは容量性となり伝送領域となる。逆に、その素子より長い $(n-1)$ 番目以下のアンテナは誘導性となり、反射領域となり、図中の「ア」の方向が主放射の方向となる。このアンテナの励振周波数を連続的に変えると放射領域が移動するが、各ダイポールの電気的特性はほとんど変化せず、入力インピーダンスはほぼ一定で周波数帯域幅が広い。

○ A-12

ディスコーンアンテナは、与図のように、バイコニカルアンテナの一方の円錐導体を円盤導体に置き換えた形態をもち、その給電点は円錐形の導体の頂点にあってダイポールアンテナと同様の放射特性をもつ。軸を垂直にして使用するため、水平面内の指向性は全方向性であり、VHF から UHF 帯でほぼ相対利得 0〔dB〕の垂直偏波送受信用アンテナとして用いられ、スリーブアンテナやブラウンアンテナと比べて広帯域特性を持つ。

○ A-13

カセグレンアンテナは、一次放射器の前に回転双曲面でできた副反射鏡を置き、主反射鏡とともに電波を 2 回反射させ外部に放射する構造をもつ。副反射鏡の焦点の一つは主反射鏡の焦点に、他の焦点は、一次放射器の励振点に位置する。送信における主反射鏡は、球面波から平面波への変換器である。パラボラアンテナと比べて、給電回路が短くできるので伝送損失が少なくできる。背面方向への漏れが少ないので、衛星通信用のアンテナとして上空に向けて用いた場合、大地からの熱雑音の影響を受けにくい特長がある。

○ A-14

5 受信電界強度の極大値は、受信点の自由空間電界強度のほぼ 2 倍となる。

○ A-15

⑴ 大気の屈折率は、気圧、気温及び湿度の関数であり、その値は真空の場合の 1 に非常に近いが、マイクロ波帯の伝搬に影響を与える。

(2)　標準大気の屈折率は、高さが約 1 〔km〕以下では高さとともにほぼ直線的に減少するので、地表面に平行に発射された電波通路は下方に曲げられ、上に凸の円弧を描く。

(3)　地球の湾曲も考慮し修正した大気の屈折率の高度分布は、M 曲線といわれ、電波伝搬の状況の把握に用いられる。

○A – 17

F層反射の最高使用可能周波数 f_m は、下図に示すように反射点での臨界周波数 f_c〔Hz〕、入射角 i〔rad〕を用いて、セカントの法則から次式で表される。

$$f_m = f_c \sec i \ \text{〔Hz〕} \qquad \cdots ①$$

$\sec i$ は、反射点の見かけの高さ h'〔m〕、送受信点間距離 d〔m〕を用いて次式となる。

$$\sec i = \sqrt{h'^2 + (d/2)^2}/h' \qquad \cdots ②$$

したがって、式①及び②から、題意の数値を用いて f_c は次のようになる。

$$f_c = \frac{f_m}{\sec i} = f_m \times \frac{h'}{\sqrt{h'^2 + (d/2)^2}} = 12 \times \frac{3}{\sqrt{3^2 + 4^2}} = \frac{12 \times 3}{5} = 7.2 \ \text{〔MHz〕}$$

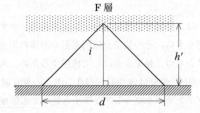

○A – 18

出力端開放インピーダンス Z_{op} 及び短絡インピーダンス Z_{sh} は、特性インピーダンスを Z_0〔Ω〕、入力端から出力端までの距離を l〔m〕、位相定数を β〔rad/m〕として次のように表される。

$$Z_{op} = -jZ_0 \cot \beta l \ \text{〔Ω〕}$$

$$Z_{sh} = jZ_0 \tan \beta l \ \text{〔Ω〕}$$

上式の辺々の積をとり、$\cot \beta l \times \tan \beta l = 1$ を考慮して次の関係を得る。

$$Z_0{}^2 = Z_{op} Z_{sh}$$

$$\therefore \quad Z_0 = \sqrt{Z_{op} Z_{sh}} \ \text{〔Ω〕}$$

○A – 19

ウィーラー・キャップによって密閉された空間では、その中のアンテナからの放射電力を零とすることができるので、ネットワークアナライザで測定されるアンテナ端子での入力インピーダンスの実数部は、損失抵抗 R_L とみなされる。また、キャップを取り除いた

場合に得られる入力インピーダンスの測定値 R_{IN} は、<u>損失抵抗 R_L</u> と <u>放射抵抗 R_R</u> との和を表すので、それらの測定値を用いて放射効率 η は次式で表される。

$$\eta = \frac{R_{IN} - R_L}{R_{IN}} \quad (真数)$$

○B-1

(1)　等方性アンテナからの電波の電力束密度 w は、放射電力 P_0〔W〕をアンテナ中心とした半径 d〔m〕の球面の面積で割った値であり次式で表される。

$$w = \frac{P_0}{4\pi d^2} \quad 〔W/m^2〕 \qquad \cdots ①$$

一方、電界強度 E_0〔V/m〕、磁界強度 H_0〔A/m〕の点の電力束密度 p は、ポインティング電力として次式で表される。

$$p = \underline{E_0 H_0} \quad 〔W/m^2〕 \qquad \cdots ②$$

式②は、$E_0 = 120\pi H_0$ の関係を用いて次のようになる。

$$p = \frac{E_0{}^2}{120\pi} \quad 〔W/m^2〕 \qquad \cdots ③$$

したがって、$w = p$ の関係から、E_0 は次式で表される。

$$E_0 = \frac{\sqrt{30 P_0}}{d} \quad 〔V/m〕$$

(2)　絶対利得 G（真数）は、等方性アンテナの放射電力と比べて何倍の電力が最大放射方向に放射されるかを表すから、その方向の距離 d〔m〕における放射電界強度 E は次式で表される。

$$E = \frac{\sqrt{30 G P}}{d} \quad 〔V/m〕$$

○B-2

双ループアンテナは、設問図のように円周が約 <u>1</u> 波長の2つの円形ループアンテナを平行給電線で結んだもので、主に VHF～UHF 帯で用いられる。給電点は給電線の<u>中央</u>にあり、反射板は、ループ面から0.25～0.3波長離して設置される。上下方向に置かれた双ループアンテナの電流の水平成分により電波が放射されるので、その水平面内の指向性は、<u>反射板付き4ダイポールアンテナ</u>とほぼ等価な単一指向性である。ループの数を上下方向に縦続接続すれば、単独の双ループよりさらに高い利得が得られるが、使用周波数帯は<u>狭く</u>なる。このアンテナを四角鉄塔の各側面に取り付けた場合は、各アンテナの利得の調整により水平面内の指向性をほぼ<u>全方向性</u>にできる。

○ B - 3

エ　遮断周波数より十分高い周波数では、周波数が高くなるほど伝送損が**大きく**なる。

オ　遮断周波数に十分近い周波数範囲では、遮断周波数に近くなるほど伝送損が**大きく**なる。

○ B - 5

(1)　給電線の電圧反射係数 Γ は、入力インピーダンス R_a〔Ω〕及び特性インピーダンス R_0〔Ω〕を用いて、次式で与えられる。

$$\Gamma = \frac{R_\mathrm{a} - R_0}{R_\mathrm{a} + R_0}$$

したがって、その絶対値は、題意の条件：$R_\mathrm{a} < R_0$ から次のようになる。

$$|\Gamma| = \frac{R_0 - R_\mathrm{a}}{R_0 + R_\mathrm{a}} \qquad \cdots ①$$

(2)、(3)　S は、式①を与式②に代入して次式を得る。

$$S = \frac{1 + |\Gamma|}{1 - |\Gamma|} = \frac{1 + (R_0 - R_\mathrm{a})/(R_0 + R_\mathrm{a})}{1 - (R_0 - R_\mathrm{a})/(R_0 + R_\mathrm{a})} = \frac{R_0}{R_\mathrm{a}} = \frac{V_{\max}}{V_{\min}} \qquad \cdots ③、④$$

(4)　アンテナ端の電圧 V_l は、入射波電圧 V_f〔V〕と反射波電圧 V_r〔V〕を用い、次式で表される。

$$V_l = V_{\min} = V_\mathrm{f} - V_\mathrm{r} \ 〔V〕 \qquad \cdots ⑤、⑥$$

したがって、アンテナへの供給電力 P は、式③、④及び⑥から、次のようになる。

$$P = \frac{V_l{}^2}{R_\mathrm{a}} = \frac{V_{\min}{}^2}{R_\mathrm{a}} = \frac{V_{\min}}{R_\mathrm{a}}\left(\frac{R_\mathrm{a}}{R_0}\right)V_{\max} = \frac{V_{\max} V_{\min}}{R_0} \ 〔W〕$$

A－1　次の記述は、電波の平面波と球面波について述べたものである。このうち誤っているものを下の番号から選べ。

1　電波の進行方向に直交する平面内で、一様な電界と磁界を持つ電波を平面波という。

2　波面が球面の電波を球面波という。

3　平面波と球面波は、いずれも縦波であり、光波と同じ速さで進む。

4　ホーンアンテナから放射された電波は、その開口面の近傍ではほぼ球面波で近似することができる。

5　アンテナから放射された電波は、アンテナから十分離れた距離においては平面波とみなすことができる。

A－2　図に示す長さが半波長程度のダイポールアンテナの給電端子 ab から見たインピーダンス Z_{ab} が次式で与えられるとき、Z_{ab} を純抵抗とするためのアンテナ素子の短縮率 $\delta \times 100$〔％〕の値として、最も近いものを下の番号から選べ。ただし、アンテナ素子の特性インピーダンス Z_0 は、純抵抗で 414〔Ω〕とする。

$$Z_{ab} \fallingdotseq 73.1 + j42.6 - jπZ_0\delta \,〔Ω〕$$

1　1.1〔％〕　　2　3.3〔％〕　　3　5.3〔％〕　　4　6.9〔％〕　　5　8.4〔％〕

A－3　電界強度が 3〔mV/m〕の到来電波を実効面積 A_e〔m²〕のアンテナで受信して、0.1〔μW〕の受信有能電力を得た。A_e の値として、最も近いものを下の番号から選べ。ただし、アンテナ及び給電回路の損失はないものとする。

1　0.8〔m²〕　　2　1.5〔m²〕　　3　2.2〔m²〕　　4　3.0〔m²〕　　5　4.2〔m²〕

A－4　次の記述は、アンテナの指向性について述べたものである。　　内に入れるべき字句の正しい組合せを下の番号から選べ。

(1)　アンテナの放射電磁界は、そのアンテナ固有の　A　特性を持っている。これをアンテナの指向性という。

(2)　アンテナの指向性係数は、アンテナからの距離に　B　。

(3)　一般に指向性の相似な複数のアンテナを並べた場合の合成指向性は、アンテナ素子の指向性と無指向性点放射源の配列の指向性の　C　で表される。

答　　A－1：3　　　A－2：2　　　A－3：5

	A	B	C		A	B	C
1	方向	関係しない	積	2	方向	関係しない	和
3	方向	比例する	和	4	時間	比例する	積
5	時間	関係しない	比				

A－5 距離25〔km〕のマイクロ波固定通信回線において、周波数が12〔GHz〕で送信機出力が36〔dBm〕のときの受信機入力の値として、最も近いものを下の番号から選べ。ただし、送信及び受信アンテナの絶対利得をそれぞれ40〔dB〕及び40〔dB〕、送信側及び受信側の給電回路の損失をそれぞれ5〔dB〕及び6〔dB〕とし、大地及び伝搬路周辺の反射物体からの影響はないものとする。また、自由空間基本伝送損L（真数）は、送受信アンテナ間の距離をd〔m〕、波長をλ〔m〕とすれば、次式で与えられるものとし、1〔mW〕を0〔dBm〕、$\log_{10}2 = 0.3$、$\log_{10}\pi = 0.5$とする。

$$L = \left(\frac{4\pi d}{\lambda}\right)^2$$

1　-55〔dBm〕　　2　-50〔dBm〕　　3　-45〔dBm〕
4　-37〔dBm〕　　5　-33〔dBm〕

A－6 特性インピーダンスが50〔Ω〕、長さが2〔m〕の無損失給電線の出力端を短絡したとき、入力端から見たインピーダンスの値として、正しいものを下の番号から選べ。ただし、周波数を25〔MHz〕とし、また、特性インピーダンスがZ_0〔Ω〕で、長さがl〔m〕の無損失給電線にインピーダンスがZ_d〔Ω〕の負荷を接続したときの入力端から見たインピーダンスZ_iは、位相定数をβ〔rad/m〕とすると、次式で表される。

$$Z_i = Z_0\left(\frac{Z_d\cos\beta l + jZ_0\sin\beta l}{Z_0\cos\beta l + jZ_d\sin\beta l}\right) \text{〔Ω〕}$$

1　$j20\sqrt{3}$〔Ω〕　2　$j50$〔Ω〕　3　$j50\sqrt{3}$〔Ω〕　4　$j100$〔Ω〕　5　$j75\sqrt{3}$〔Ω〕

A－7 次の記述は、図のように特性インピーダンスがZ_0〔Ω〕の平行二線式給電線と入力抵抗R_L〔Ω〕のアンテナを接続した回路の短絡トラップ（スタブ）による整合について述べたものである。このうち誤っているものを下の番号から選べ。ただし、アンテナ接続点から距離l_1〔m〕の点P、P'に、特性インピーダンスがZ_0〔Ω〕、長さl_2〔m〕の短絡トラップが接続され整合しているものとする。なお、短絡トラップを接続していないとき、点P、P'からアンテナ側を見たアドミタンスは、$(1/Z_0)+jB$〔S〕とする。

答　A-4：1　　A-5：4　　A-6：3

1 短絡トラップを接続していないとき、定在波電圧が最大又は最小となる点からアンテナ側を見たインピーダンスは純抵抗である。

2 短絡トラップのアドミタンスは、$+jB$〔S〕である。

3 短絡トラップの長さを変えたとき、点P、P'から短絡トラップ側を見たインピーダンスは、誘導性から容量性まで変化する。

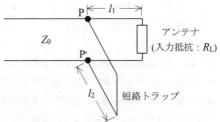

4 短絡トラップを接続したとき、点P、P'からアンテナ側を見たアドミタンスは、$1/Z_0$〔S〕である。

5 スミスチャートを用いて、l_1とl_2の大きさを求めることができる。

A－8 次の記述は、給電回路で用いられる機器について述べたものである。□□□内に入れるべき字句の正しい組合せを下の番号から選べ。

(1) アイソレータは、順方向にはほとんど減衰なく電力を通すが、逆方向には大きく減衰させる2端子の A 回路である。

(2) B は、ある端子からの入力は特定の方向の隣の端子のみに出力する機能を有する3端子以上からなる回路である。

(3) 1次線路上の入射波及び反射波に比例した電力を、それに結合した2次線路側のそれぞれの端子に分離して取り出す場合に C が使用される。

	A	B	C
1	非可逆	サーキュレータ	方向性結合器
2	非可逆	スタブ	バラン
3	非可逆	サーキュレータ	バラン
4	可逆	サーキュレータ	方向性結合器
5	可逆	スタブ	バラン

A－9 次の記述は、マイクロストリップ線路について述べたものである。□□□内に入れるべき字句の正しい組合せを下の番号から選べ。

(1) 接地した導体基板の上に大きな比誘電率を持つ厚さが薄い誘電体基板を密着させ、その上に幅が狭く厚さが極めて薄い A を密着させたものである。導波管及び同軸線路に比べて非常に小形、軽量であり、マイクロ波の伝送線路としても使用される。

答 A－7：2　　A－8：1

(2)　一種の　B　線路であるから、外部雑音が混入するおそれがある。また、誘電体基板の比誘電率を十分　C　選べば、放射損は非常に小さくなる。

	A	B	C		A	B	C
1	絶縁体	密閉	小さく	**2**	絶縁体	開放	大きく
3	導体	密閉	小さく	**4**	導体	開放	大きく
5	導体	開放	小さく				

A－10　次の記述は、図に示す折返し半波長ダイポールアンテナを半波長ダイポールアンテナと比べたときの特徴について述べたものである。□□内に入れるべき字句の正しい組合せを下の番号から選べ。ただし、2本の素子（導線）は同じ太さ及び材質で、きわめて接近して平行であるものとする。また、アンテナの電流分布は、正弦波状とする。

(1)　2本の素子の長さが1/2波長であるので、両素子の電流分布は、半波長ダイポールアンテナと同じ振幅、位相で、向きが等しい分布となる。利得はほぼ同じであるが、入力インピーダンスは約　A　倍、アンテナの実効長は約　B　倍になる。

(2)　半波長ダイポールアンテナより　C　であり、また、平行二線式給電線との整合がしやすくなる。

	A	B	C		A	B	C
1	2	3	狭帯域	**2**	2	2	狭帯域
3	2	4	広帯域	**4**	4	3	広帯域
5	4	2	広帯域				

A－11　次の記述は、図に示すコーナレフレクタアンテナについて述べたものである。□□内に入れるべき字句の正しい組合せを下の番号から選べ。ただし、波長をλ〔m〕とし、平面反射板又は金属すだれは、電波を理想的に反射する大きさとする。

(1)　半波長ダイポールアンテナに平面反射板又は金属すだれを組み合わせた構造であり、金属すだれは半波長ダイポールアンテナの放射素子に平行に導体棒を並べたもので、導体棒の間隔は平面反射板と等価な反射特性を得るために約　A　以下にする必要がある。

(2)　開き角は、60°又は90°の場合などがあり、半波長ダイポールアンテナとその影像の合計数は、60°では6個、90°では　B　であり、これらの複数のアンテナの効果により、半波長ダイポールアンテナ単体の場合よりも鋭い指向性と大きな利得が得られる。

答　A－9：4　　A－10：5

(3)　アンテナパターンは、図に示す距離 d〔m〕によって大きく変わる。開き角が90°のとき、$d=\lambda$ では指向性が二つに割れて正面方向では零になり、$d=1.5\lambda$ では主ビームは鋭くなるがサイドローブを生ずる。一般に、　C　となるように d を $\lambda/4{\sim}3\lambda/4$ の範囲で調整する。

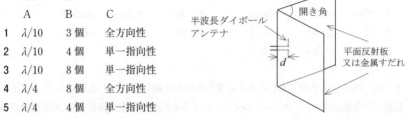

	A	B	C
1	$\lambda/10$	3個	全方向性
2	$\lambda/10$	4個	単一指向性
3	$\lambda/10$	8個	単一指向性
4	$\lambda/4$	8個	全方向性
5	$\lambda/4$	4個	単一指向性

A－12　次の記述は、ホーンアンテナについて述べたものである。このうち誤っているものを下の番号から選べ。

1　方形や円形の導波管の切口部分を徐々に広げて必要な大きさの開口面にしたものである。

2　角錐、円錐、扇形などのホーンアンテナがある。

3　開口面の大きさを一定にしたまま、ホーンの長さを短くすると利得は大きくなる。

4　ホーンの長さを一定にしたまま、開口面の大きさを変えたとき利得はある大きさで最大となる。

5　反射鏡アンテナなどの一次放射器として用いられることがある。

A－13　周波数6〔GHz〕で絶対利得2,160（真数）を得るために必要とする円形パラボラアンテナの直径の値として、最も近いものを下の番号から選べ。ただし、アンテナの開口効率を0.6とする。

1　0.30〔m〕　　2　0.48〔m〕　　3　0.68〔m〕　　4　0.75〔m〕　　5　0.96〔m〕

A－14　次の記述は、電波の地上波伝搬について述べたものである。　　　　内に入れるべき字句の正しい組合せを下の番号から選べ。

(1)　地表波は、地表面に沿って伝搬する波で、周波数が　A　ほど、また、大地の導電率が大きいほど減衰が小さく、海上の方が陸上より減衰が　B　。

(2)　超短波（VHF）帯の地上波伝搬において、送信点と受信点の距離から見て球面大地による損失があり到底通信に必要な電界強度が得られないと思われるときであって

も、送信点と受信点の途中に山岳があると　C　によって通信に必要な電界強度が得られることがある。この場合の山岳が存在するために得られる伝搬損失の軽減量は、山岳利得と呼ばれている。

	A	B	C		A	B	C
1	低い	小さい	回折波	2	低い	大きい	散乱波
3	低い	大きい	回折波	4	高い	小さい	回折波
5	高い	大きい	散乱波				

A－15　図に示す平面大地上にある送受信点間の伝搬において、地上高 h_1 が 40〔m〕の送信点から地上高 h_2 が 10〔m〕の受信点に至る直接波の伝搬通路長 r_1 と大地反射波の伝搬通路長 r_2 との通路差による位相差が $2\pi \times 10^{-2}$〔rad〕であった。このときの地表距離 d〔m〕の値として、最も近い値のものを下の番号から選べ。ただし、周波数を 100〔MHz〕とし、$h_1 \ll d$ 及び $h_2 \ll d$ とする。また、r_1 及び r_2 は次式で与えられるものとする。

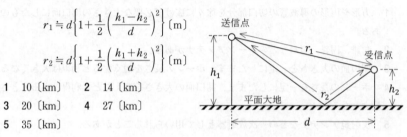

$$r_1 \fallingdotseq d\left\{1 + \frac{1}{2}\left(\frac{h_1 - h_2}{d}\right)^2\right\} \text{〔m〕}$$

$$r_2 \fallingdotseq d\left\{1 + \frac{1}{2}\left(\frac{h_1 + h_2}{d}\right)^2\right\} \text{〔m〕}$$

1	10〔km〕	2	14〔km〕
3	20〔km〕	4	27〔km〕
5	35〔km〕		

A－16　次の記述は、電離層と電子密度について述べたものである。　□　内に入れるべき字句の正しい組合せを下の番号から選べ。

(1) E層は夜間も消滅せず、その電子密度は、一般に　A　の方が大きい。

(2) スポラジックE層（Es）は、　B　とほぼ同じ高さに生じ、その電子密度はF層の電子密度より大きくなることがある。

(3) F層は、昼間は　C　を除きF₁層とF₂層に分かれるが夜間は一つにまとまり、そのときの電子密度は、一般に冬より夏の方が大きい。

	A	B	C		A	B	C
1	冬より夏	F層	冬	2	冬より夏	E層	冬
3	冬より夏	E層	夏	4	夏より冬	E層	冬
5	夏より冬	F層	夏				

答　A－14：1　　A－15：4　　A－16：2

A - 17　次の記述は、陸上の移動体通信の電波伝搬特性について述べたものである。□□内に入れるべき字句の正しい組合せを下の番号から選べ。

(1)　基地局から送信された電波は、移動局周辺の建物などにより反射、回折され、定在波などを生じ、この定在波中を移動局が移動すると受信波にフェージングが発生する。一般に、周波数が □A□ ほど、また、移動速度が速いほど変動が速いフェージングとなる。

(2)　さまざまな方向から反射、回折して移動局に到来する電波の遅延時間に差があるため、広帯域伝送では、一般に帯域内の各周波数の振幅と位相の変動が一様ではなく、伝送路の周波数特性が劣化し、伝送信号の □B□ が生ずる。到来する電波の遅延時間を横軸にとり、各到来波の受信レベルを縦軸にプロットしたものは、□C□ という。

	A	B	C
1	低い	波形ひずみ	遅延プロファイル
2	低い	フレネルゾーン	伝搬距離特性
3	高い	フレネルゾーン	伝搬距離特性
4	高い	波形ひずみ	伝搬距離特性
5	高い	波形ひずみ	遅延プロファイル

A - 18　次の記述は、図に示す構成例により、電圧定在波比を測定して反射損を求める原理について述べたものである。□□内に入れるべき字句の正しい組合せを下の番号から選べ。ただし、電源は、起電力が V_0〔V〕で給電線の特性インピーダンスと等しい内部抵抗 Z_0〔Ω〕を持ち、また、無損失の平行二線式給電線の終端には純抵抗負荷が接続されているものとする。

(1)　給電線上の任意の点から電源側を見たインピーダンスは、常に Z_0〔Ω〕であるので、負荷側を見たインピーダンスが最大の値 Z_m〔Ω〕となる点に流れる電流を I〔A〕とすれば、この点において負荷側に伝送される電力 P_t は、次式となる。

$$P_t = I^2 Z_m = \boxed{\text{A}} \times Z_m \text{〔W〕} \qquad \cdots ①$$

(2)　電圧定在波比を S とすれば、$Z_m = S Z_0$ の関係があるから、式①は、次式となる。

$$P_t = \frac{V_0{}^2}{Z_0} \times \boxed{\text{B}} \text{〔W〕} \qquad \cdots ②$$

(3)　負荷と給電線が整合しているとき $S = 1$ であるから、このときの P_t を P_0 とすれば、式②から P_0 は、次式となる。

$$P_0 = \boxed{\text{C}} \text{〔W〕} \qquad \cdots ③$$

答　A - 17：5

(4) 負荷と給電線が整合していないときに生ずる反射損 M は、P_0 と P_t の比であり、式②と③から次式となる。

$$M = \frac{P_0}{P_t} = \boxed{\text{D}}$$

すなわち、電圧定在波比を測定すれば、反射損を求めることができる。

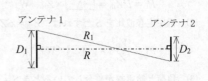

	A	B	C	D
1	$\left(\dfrac{V_0}{Z_0+Z_m}\right)^2$	$\dfrac{S}{(1+S)^2}$	$\dfrac{V_0{}^2}{4Z_0}$	$\dfrac{(1+S)^2}{4S}$
2	$\left(\dfrac{V_0}{Z_0+Z_m}\right)^2$	$\left(\dfrac{2}{1+S}\right)^2$	$\dfrac{V_0{}^2}{Z_0}$	$\dfrac{(1+S)^2}{4}$
3	$\left(\dfrac{V_0}{2Z_0+Z_m}\right)^2$	$\left(\dfrac{2}{1+S}\right)^2$	$\dfrac{V_0{}^2}{Z_0}$	$\dfrac{(1+S)^2}{4}$
4	$\left(\dfrac{V_0}{2Z_0+Z_m}\right)^2$	$\dfrac{S}{(1+S)^2}$	$\dfrac{V_0{}^2}{4Z_0}$	$\dfrac{(1+S)^2}{4S}$
5	$\left(\dfrac{V_0}{2Z_0+Z_m}\right)^2$	$\dfrac{S}{(1+S)^2}$	$\dfrac{V_0{}^2}{4Z_0}$	$\dfrac{(1+S)^2}{4}$

A-19 図は、使用する電波の波長 λ〔m〕に比べて大きなアンテナ直径 D_1〔m〕又は D_2〔m〕を持つ2つの開口面アンテナの利得や指向性を測定する場合の最小測定距離 R〔m〕を求めるための幾何学的な関係を示したものである。$D_1 = 1.2$〔m〕、$D_2 = 0.8$〔m〕及び測定周波数が 20〔GHz〕のときの R の値として、最も近いものを下の番号から選べ。ただし、通路差 ΔR は、$\Delta R = R_1 - R \fallingdotseq (D_1+D_2)^2/(8R)$〔m〕とし、$\Delta R$ が $\lambda/16$〔m〕以下であれば適切な測定ができるものとする。

1　366〔m〕

2　450〔m〕

3　533〔m〕

4　810〔m〕

5　952〔m〕

A－20　次の記述は、電波暗室について述べたものである。このうち誤っているものを下の番号から選べ。

1　電波暗室内の壁面や天井及び床に電波吸収体を張り付けて自由空間とほぼ同等の空間を実現したもので、アンテナの指向性の測定などを能率的に行うことができる。

2　電波暗室には、電磁的なシールドが施されている。

3　電波吸収体は、使用周波数に適した材質、形状のものを用いる。

4　電波暗室内で、測定するアンテナを設置する場所をフレネルゾーンといい、そこへ到来する不要反射電力が決められた値以下になるように設計されている。

5　電波暗室の性能は壁面や天井及び床などからの反射電力の大小で評価され、評価法にはアンテナパターン比較法や空間定在波法などがある。

B－1　次の記述は、自由空間において、半波長ダイポールアンテナの最大放射方向における電界強度を求める方法について述べたものである。　　内に入れるべき字句を下の番号から選べ。

(1)　半波長ダイポールアンテナの実効長を l_e〔m〕、給電点の電流を I_0〔A〕及び波長を λ〔m〕とすれば、アンテナの最大放射方向における距離 d〔m〕の点の電界強度 E は、次式で表される。

$$E = \boxed{\text{ア}} \text{〔V/m〕} \qquad \cdots ①$$

(2)　半波長ダイポールアンテナの実効長 l_e は、次式で表される。

$$l_e = \boxed{\text{イ}} \text{〔m〕} \qquad \cdots ②$$

(3)　アンテナからの放射電力を P_t〔W〕、放射抵抗を R_r〔Ω〕とすれば、給電点の電流 I_0 は、次式で表される。

$$I_0 = \boxed{\text{ウ}} \text{〔A〕} \qquad \cdots ③$$

(4)　式①に式②及び③を代入すると、E は、次式で表される。

$$E = \boxed{\text{エ}} \text{〔V/m〕} \qquad \cdots ④$$

(5)　式④の R_r に半波長ダイポールアンテナの放射抵抗の値を代入すると、E は、次式で表される。

$$E \fallingdotseq \boxed{\text{オ}} \text{〔V/m〕}$$

1　$\dfrac{45\pi I_0 l_e}{\lambda d}$	2　$\dfrac{\lambda}{\pi}$	3　$\sqrt{\dfrac{P_t}{R_r}}$	4　$\dfrac{1}{d}\sqrt{\dfrac{3{,}600 P_t}{R_r}}$	5　$\dfrac{\sqrt{30 P_t}}{d}$
6　$\dfrac{60\pi I_0 l_e}{\lambda d}$	7　$\dfrac{2\lambda}{\pi}$	8　$\dfrac{P_t}{R_r}$	9　$\dfrac{1}{d}\sqrt{\dfrac{8{,}100 P_t}{R_r}}$	10　$\dfrac{7\sqrt{P_t}}{d}$

答　A－20：4

B－1：ア－6　イ－2　ウ－3　エ－4　オ－10

B-2 次の記述は、同軸ケーブルと方形導波管について述べたものである。このうち正しいものを1、誤っているものを2として解答せよ。

　ア　同軸ケーブルの特性インピーダンスの大きさは、外部導体と内部導体の間にある誘電体の比誘電率が小さいほど大きい。

　イ　同軸ケーブルは、使用周波数が高くなると導体損と誘電損がともに減少する。

　ウ　同軸ケーブルの基本モードは、TEMモードである。

　エ　方形導波管の管内波長は、自由空間の波長よりも短い。

　オ　方形導波管は、遮断周波数を超える周波数の電磁波は伝送できない。

B-3 次の記述は、基本的な八木・宇田アンテナ（八木アンテナ）について述べたものである。[　　]内に入れるべき字句を下の番号から選べ。ただし、波長を λ〔m〕とする。

(1) 放射器として半波長ダイポールアンテナ又は[ア]が用いられ、反射器は1本、導波器は利得を上げるために複数本用いられることが多い。

(2) 三素子のときには、素子の長さは、反射器が最も長く、[イ]が最も短い。

(3) 放射器と反射器の間隔を[ウ]〔m〕程度にして用いる。

(4) 素子の太さを太くすると、帯域幅がやや[エ]なる。

(5) 放射される電波が水平偏波のとき、水平面内の指向性は[オ]である。

1　水平ビームアンテナ	2　放射器	3　$\lambda/4$
4　狭く	5　単一指向性	6　折返し半波長ダイポールアンテナ
7　導波器	8　$\lambda/2$	9　広く
10　全方向性		

B-4 次の記述は、マイクロ波（SHF）帯の電波の対流圏伝搬における屈折率について述べたものである。[　　]内に入れるべき字句を下の番号から選べ。

(1) 標準大気において、大気の屈折率 n は地表からの高さとともに[ア]するから、標準大気中の電波通路は、送受信点間を結ぶ直線に対して[イ]わん曲する。

(2) 実際の大地は球面であるが、これを平面大地上の伝搬として等価的に取り扱うために、$m = n + (h/R)$ で与えられる修正屈折率 m が定義されている。ここで、h〔m〕は地表からの高さ、R〔m〕は地球の[ウ]である。

(3) m は[エ]に極めて近い値で不便なので、修正屈折示数 M を用いる。

(4) M は、$M = $[オ]$\times 10^6$ で与えられ、標準大気では地表からの高さとともに増加する。

1	減少	2	増加	3	$(m-1)$	4	等価半径	5	半径
6	下方に凸に	7	上方に凸に	8	0	9	$(m+1)$	10	1

B-5　次の記述は、マジックTによるインピーダンスの測定について述べたものである。□内に入れるべき字句を下の番号から選べ。ただし、測定器相互間の整合はとれているものとし、接続部からの反射は無視できるものとする。なお、同じ記号の□内には、同じ字句が入るものとする。

(1)　図において、開口1及び2に任意のインピーダンスを接続して、開口3からマイクロ波を入力すると、等分されて開口1及び2へ進むが、両開口からの反射波があると、開口4へ出力される。その大きさは、開口1及び2からの反射波の大きさの　ア　である。

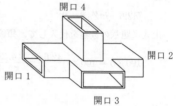

開口4
開口2
開口1
開口3

(2)　未知のインピーダンスを測定するには、開口1に標準可変インピーダンス、開口2に被測定インピーダンス、開口3に高周波発振器及び開口4に　イ　を接続し、標準可変インピーダンスを加減して　イ　への出力が　ウ　になるようにする。このときの標準可変インピーダンスの値が被測定インピーダンスの値である。

(3)　標準可変インピーダンスに換えて　エ　を接続し、被測定インピーダンスからの反射電力を測定して、その値から計算により被測定インピーダンスの　オ　を求めることもできる。

1	差	2	検出器	3	最大	4	短絡板	5	大きさ
6	和	7	可変移相器	8	最小	9	無反射終端	10	位相

無線工学B

答　B-4：ア-1　イ-7　ウ-5　エ-10　オ-3

　　　B-5：ア-1　イ-2　ウ-8　エ-9　オ-5

▶解答の指針

○A-1

3　平面波と球面波は、いずれも**横波**であり、光波と同じ速さで進む。

○A-2

給電点から見た与式のインピーダンス Z_{ab} を純抵抗にする条件は、以下の式が成立すればよい。

$$j42.6 - j\pi Z_0 \delta = 0$$

上式に題意の数値を代入して、短縮率 $100 \times \delta$ は、以下のようになる。

$$100 \times \delta = 100 \times \frac{42.6}{\pi \times Z_0} = \frac{4,260}{\pi \times 414} \fallingdotseq 3.3 \ [\%]$$

○A-3

自由空間の電力束密度 p は、到来電波の電界強度を E [V/m]、自由空間の固有インピーダンス 120π [Ω] を用い次式で表される。

$$p = \frac{E^2}{120\pi} \ [\text{W/m}^2]$$

受信有能電力 P はアンテナの実効面積 A_e [m²] を用い $P = p \times A_e$ [W] で表されるから、A_e は上式と題意の数値を用いて、次のようになる。

$$A_e = \frac{P}{p} = \frac{120\pi P}{E^2} = \frac{120\pi \times 0.1 \times 10^{-6}}{(3 \times 10^{-3})^2} \fallingdotseq 4.2 \ [\text{m}^2]$$

○A-5

波長 λ は $\lambda = 2.5 \times 10^{-2}$ [m] であるから、与式と題意の数値を用いて、L は次のようになる。

$$L = 20 \log_{10} \left(\frac{4\pi \times 25 \times 10^3}{2.5 \times 10^{-2}} \right) = 20 \log_{10} (4\pi \times 10^6)$$

$$= 20 \times (\log_{10} 2^2 + \log_{10} \pi + \log_{10} 10^6) = 20 \times (0.6 + 0.5 + 6) = 142 \ [\text{dB}]$$

受信機入力はデシベル表示により次式で表され、題意の数値を用いて、次のようになる。

受信機入力 ＝ (送信機出力) ＋ (送信アンテナの絶対利得) － (送信側給電回路の損失) － (自由空間基本伝送損 L) ＋ (受信アンテナの絶対利得) － (受信側給電回路の損失) ＝ $36 + 40 - 5 - 142 + 40 - 6 = -37$ [dBm]

○A – 6

出力端を短絡したとき、$Z_d = 0$ であるから、与式は次式となる。

$$Z_{is} = Z_0 \frac{jZ_0 \sin\beta l}{Z_0 \cos\beta l} = jZ_0 \tan\beta l \ [\Omega]$$

波長 λ [m] は、$\lambda = 12$ [m] であり、$\beta = 2\pi/\lambda$ であるから、与式に題意の数値を代入して Z_{is} は次のようになる。

$$Z_{is} = j50 \times \tan\left(\frac{2\pi}{12} \times 2\right) = j50 \times \tan\left(\frac{\pi}{3}\right) = j50\sqrt{3} \ [\Omega]$$

○A – 7

2　短絡トラップのアドミタンスは、$-jB$ [S] である。

○A – 9

マイクロストリップ線路は、接地導体板上に薄い誘電体基板をのせ、その上に狭い幅のストリップ導体を張った構造をもつ一種の開放線路である。電波の外部への漏れや外来からの影響を受けやすいが、誘電体基板の導電率を小さくすれば減衰量は小さくなり、誘電体基板の比誘電率を十分大きくすれば放射損は非常に小さくなる。

○A – 10

(1)　2本の素子に流れる電流は、振幅、位相及び方向の等しい正弦波分布をとり、利得はほぼ同じである。入力インピーダンスは、半波長ダイポールアンテナの約4倍の約300 [Ω] である。受信開放電圧は半波長ダイポールアンテナの2倍、すなわち実効長は2倍である。しかし入力インピーダンスが4倍になるため、受信有能電力は半波長ダイポールアンテナとほぼ等しい。

(2)　半波長ダイポールアンテナより広帯域であり、入力インピーダンスが平行二線式給電線とほぼ等しく整合が取りやすい。

○A – 11

(1)　コーナレフレクタアンテナの反射板の機能をもつ金属すだれは、平面反射板と同等な反射特性と耐風圧などを考慮し、約 $\lambda/10$ 以下の間隔で格子状に並べる必要がある。

(2)　開き角は解析の容易さから60度または90度が採用され、半波長ダイポールアンテナと影像アンテナの合計数は、おのおの6個と4個である。

(3)　アンテナパターンは、距離 d [m] によって変化し、開き角が90度の場合、λ の1/2、1、3/2のそれぞれの場合の変化を次図に示す。$d = \lambda$ で主指向性が二つに分かれ正面で0となり、$d = 3\lambda/2$ では指向性が増すがサイドローブが現れる。一般に、単一指向性が得られる $d = \lambda/4 \sim 3\lambda/4$ とし、そのとき約10 [dB] の利得が得られる。

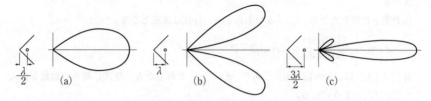

放射素子までの距離 d に対する放射特性

○A－12

3　開口面積を一定にしたまま、ホーンの長さを**長く**すると利得は大きくなる。

○A－13

円形パラボラアンテナの開口面積を A 〔m²〕、開口効率を η、開口面の直径 D 〔m〕とすれば絶対利得 G は次式で与えられる。

$$G = \frac{4\pi}{\lambda^2} A\eta = \frac{4\pi}{\lambda^2} \pi\left(\frac{D}{2}\right)^2 \eta = \left(\frac{\pi D}{\lambda}\right)^2 \eta$$

したがって、D は次式で表され、題意の数値を用いて次のようになる。

$$D = \frac{\lambda}{\pi}\sqrt{\frac{G}{\eta}} = \frac{0.05}{\pi} \times \sqrt{\frac{2,160}{0.6}} = \frac{0.05}{\pi} \times 60 \fallingdotseq 0.96 \text{〔m〕}$$

○A－15

与式から、通路差は次式となる。

$$r_2 - r_1 = \frac{d}{2}\left\{\left(\frac{h_1 + h_2}{d}\right)^2 - \left(\frac{h_1 - h_2}{d}\right)^2\right\} = \frac{2h_1 h_2}{d} \text{〔m〕}$$

波長を λ 〔m〕とすれば、通路差1波長に対する位相差は 2π 〔rad〕であるから、通路差による位相差 ϕ は次式で与えられる。

$$\phi = \frac{2\pi}{\lambda}(r_2 - r_1) = \frac{4\pi h_1 h_2}{\lambda d} \text{〔rad〕}$$

したがって、距離 d は次式で表され、題意の数値を用いて次のようになる。

$$d = \frac{4\pi h_1 h_2}{\phi\lambda} = \frac{4\pi \times 40 \times 10}{2\pi \times 10^{-2} \times 3} \fallingdotseq 26,667 \text{〔m〕} \fallingdotseq 27 \text{〔km〕}$$

○A－17

(1) 基地局から送信された電波は、陸上移動局周辺の建物などにより反射、回折され、主に搬送波の半波長の定在波を作り、受信波にフェージングを発生させる。一般に周波数が高いほど、また移動速度が速いほど、速い変動のフェージングとなる。

(2) 広帯域伝送では、帯域内の各周波数成分の振幅と位相の変動が一様でなく、伝送路の周波数特性が劣化して波形ひずみが生ずる。ちなみに、実際の伝送路において、遅延時間対受信電力を表す遅延プロファイルを測定し、その標準偏差である遅延スプレッドによって伝送路を評価する。

○A－18

(1) 給電線上の負荷側を見たインピーダンスが最大の値 Z_m 〔Ω〕となる点に流れる電流 I は、電源側を見たインピーダンスが Z_0 〔Ω〕であるから、電圧 V_m 〔V〕の電源に Z_0 と Z_m を直列接続した場合の電流に等しい。すなわち、$I = V_0/(Z_0+Z_m)$ 〔A〕であり、電力 P_t は次のようになる。

$$P_t = I^2 Z_m = \left(\frac{V_0}{Z_0+Z_m}\right)^2 \times Z_m \ \text{〔W〕} \qquad \cdots①$$

(2) $Z_m = SZ_0$ の関係があるから、式①は、次式となる。

$$P_t = \left(\frac{V_0}{Z_0+Z_m}\right)^2 \times Z_m = \left(\frac{V_0}{Z_0+SZ_0}\right)^2 \times SZ_0 = \frac{V_0^2}{Z_0} \times \frac{S}{(1+S)^2} \ \text{〔W〕} \qquad \cdots②$$

(3) 整合しているとき $S=1$ であるから、このときの P_t を P_0 とすれば、式②から P_0 は、次式となる。

$$P_0 = \frac{V_0^2}{4Z_0} \ \text{〔W〕} \qquad \cdots③$$

(4) 負荷と給電線が整合していないときに生ずる反射損 M は、P_0 と P_t の比であり、式②と③から次式となる。

$$M = \frac{P_0}{P_t} = \frac{V_0^2}{4Z_0} \times \frac{Z_0(1+S)^2}{V_0^2 S} = \frac{(1+S)^2}{4S}$$

すなわち、電圧定在波比 S を測定すれば、反射損を求めることができる。

○A－19

題意から通路差 ΔR は次の不等式が成り立つ。

$$\Delta R = R_1 - R \fallingdotseq (D_1+D_2)^2/(8R) \leqq \lambda/16 \ \text{〔m〕}$$

$$\therefore \ R \geqq 2(D_1+D_2)^2/\lambda \ \text{〔m〕}$$

したがって、題意の数値を上式に代入し、適切な測定のための最小測定距離 R_{min} は次のようになる。

$$R_{\min} = 2(D_1 + D_2)^2/\lambda = 2(1.2 + 0.8)^2/0.015 \ \text{[m]} \fallingdotseq 533 \ \text{[m]}$$

○A - 20

4　電波暗室内で、測定するアンテナを設置する場所を**クワイエットゾーン**といい、そこへ到来する不要反射電力が決められた値以下になるように設計されている。

○B - 1

(1)　半波長ダイポールアンテナの実効長を l_e [m]、給電点の電流を I_0 [A] 及び波長を λ [m] とすれば、アンテナの最大放射方向における距離 d [m] の点の電界強度 E は、次式で表される。

$$E = \frac{60\pi I_0 l_e}{\lambda d} \ \text{[V/m]} \quad \cdots ①$$

(2)　半波長ダイポールアンテナの実効長 l_e は、次式で表される。

$$l_e = \frac{\lambda}{\pi} \ \text{[m]} \quad \cdots ②$$

(3)　アンテナからの放射電力を P_t [W]、放射抵抗を R_r [Ω] とすれば、給電点の電流 I_0 は、$P_t = R_r I_0{}^2$ の関係があるから、次式で表される。

$$I_0 = \sqrt{\frac{P_t}{R_r}} \ \text{[A]} \quad \cdots ③$$

(4)　式①に式②及び③を代入すると、E は、次式で表される。

$$E = \frac{1}{d}\sqrt{\frac{3,600 P_t}{R_r}} \ \text{[V/m]} \quad \cdots ④$$

(5)　式④の R_r に半波長ダイポールアンテナの放射抵抗73.13 [Ω] の値を代入すると、E は、次式で表される。

$$E \fallingdotseq \frac{1}{d}\sqrt{\frac{3,600 P_t}{73.13}} \fallingdotseq \frac{\sqrt{49 P_t}}{d} = \frac{7\sqrt{P_t}}{d} \ \text{[V/m]}$$

○B - 2

イ　同軸ケーブルは、使用周波数が高くなると導体損と誘電損がともに**増加**する。

エ　方形導波管の管内波長は、自由空間の波長よりも**長い**。

オ　方形導波管は、遮断周波数**以下**の周波数の電磁波は伝送できない。

○B - 4

(1)　標準大気において、大気の屈折率 n は地表からの高さとともに**減少**するから、電波通路は、送受信点間を結ぶ直線に対して**上方に凸**にわん曲する。

(2) 球面大地を平面で扱うために、地球からの高さを h 〔m〕、地球の半径を R 〔m〕として $m = n+(h/R)$ で修正屈折率 m を定義する。

(3) m は 1 に極めて近い値であるから、改めて修正屈折示数 M を定義する。

(4) $M = (m-1) \times 10^6$ であり、h とともに増加する。

○ B - 5

(1) TE_{10} モードでは、開口 3 への入力は、開口 1 と 2 へ同一振幅、同位相の垂直偏波の電界成分に分かれ、開口 1 の接続インピーダンスからの反射波と開口 2 の接続インピーダンスからの反射波との差 が、開口 4 に出力される。

(2) 開口 1 に標準可変インピーダンスを、開口 2 に被測定インピーダンスを、開口 3 に高周波発振器を、開口 4 に検出器 を接続する。検出器出力が最小 になるように標準可変インピーダンスを調整すれば、その値が被測定インピーダンスの値となる。

(3) 標準可変インピーダンスを無反射終端 に置き換えれば、開口 4 の出力電力は、開口 2 の被測定インピーダンスからの反射電力の半分であるから、検出器の電力測定値から被測定インピーダンスの大きさ が求められる。

無線工学 B

A-1 自由空間の固有インピーダンスの値として、最も近いものを下の番号から選べ。ただし、自由空間の誘電率 ε_0 を $\varepsilon_0 = \dfrac{10^{-9}}{36\pi}$ 〔F/m〕とし、透磁率 μ_0 を $\mu_0 = 4\pi \times 10^{-7}$ 〔H/m〕とする。

  1 90π 〔Ω〕 2 120π 〔Ω〕 3 150π 〔Ω〕 4 180π 〔Ω〕 5 210π 〔Ω〕

A-2 次の記述は、微小ダイポールを正弦波電流で励振した場合に発生する電磁界の成分について述べたものである。このうち正しいものを下の番号から選べ。

  1 微小ダイポールのごく近傍で支配的な電磁界は、静電界と静磁界の二つである。

  2 誘導電磁界は、ビオ・サバールの法則に従う磁界とそれに対応する電界で、その大きさは、微小ダイポールからの距離の3乗に反比例する。

  3 誘導電磁界と放射電磁界の大きさは、微小ダイポールからの距離が波長の $(1/2\pi)$ 倍のとき等しくなる。

  4 放射電磁界の強度は、微小ダイポールからの距離の3乗に反比例する。

  5 放射電界の位相は、放射磁界の位相より $\pi/2$ 〔rad〕遅れている。

A-3 次の記述は、アンテナの指向性について述べたものである。 内に入れるべき字句の正しい組合せを下の番号から選べ。

  (1) アンテナから電波が放射されるとき、又はアンテナに電圧が誘起されるときの電波の方向に関する特性であり、アンテナからの距離に A 指向性係数によって表される。

  (2) 送信アンテナと受信アンテナとの間に B が成り立つ場合は、同一のアンテナを送信に用いたときの指向性と受信に用いたときの指向性は等しい。

  (3) 一般に、放射 C 強度のパターンか、又は放射電力束密度のパターンで表される。

	A	B	C
1	関係しない	可逆性	電界
2	関係しない	補対の関係	磁界
3	反比例する	補対の関係	磁界
4	反比例する	可逆性	電界
5	反比例する	可逆性	磁界

答 A-1：2 A-2：3 A-3：1

A - 4　次の記述は、アンテナの利得について述べたものである。□□□内に入れるべき字句の正しい組合せを下の番号から選べ。

(1) 基準アンテナの実効面積を A_{es}〔m²〕とすると、実効面積が A_e〔m²〕のアンテナの利得は、　A　で表される。

(2) 等方性アンテナに対する利得を　B　利得という。

(3) 半波長ダイポールアンテナの絶対利得は、約　C　〔dB〕である。

	A	B	C
1	A_{es}/A_e	相対	1.50
2	A_{es}/A_e	絶対	2.15
3	A_e/A_{es}	相対	1.50
4	A_e/A_{es}	絶対	2.15
5	A_e/A_{es}	絶対	1.50

A - 5　自由空間において、周波数100〔MHz〕、電界強度10〔mV/m〕の到来電波の中に置かれた半波長ダイポールアンテナに誘起する電圧の値として、最も近いものを下の番号から選べ。ただし、半波長ダイポールアンテナの最大指向方向は、到来電波の方向に向けられているものとする。また、波長を λ〔m〕とすれば、半波長ダイポールアンテナの実効長は、λ/π〔m〕である。

　1　1.0〔mV〕　　2　2.2〔mV〕　　3　3.2〔mV〕　　4　6.4〔mV〕　　5　9.6〔mV〕

A - 6　特性インピーダンスが300〔Ω〕の無損失給電線に純抵抗負荷75〔Ω〕を接続したときの電圧定在波比（VSWR）の値として、最も近いものを下の番号から選べ。

　1　1　　　2　2　　　3　3　　　4　4　　　5　5

A - 7　図に示す同軸ケーブルにおいて、外部導体の内径が10〔mm〕、内部導体の外径が2〔mm〕及び外部導体と内部導体間に挿入されている誘電体の比誘電率が4であるとき、特性インピーダンスの値として、最も近いものを下の番号から選べ。ただし、$\log_{10}2 = 0.3$ とする。

　1　36〔Ω〕　　2　48〔Ω〕

　3　60〔Ω〕　　4　75〔Ω〕

　5　96〔Ω〕

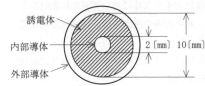

誘電体
内部導体
外部導体
2〔mm〕　10〔mm〕

　答　　A - 4：4　　　A - 5：5　　　A - 6：4　　　A - 7：2

A-8 次の記述は、方形導波管とマイクロストリップ線路について述べたものである。□□□内に入れるべき字句の正しい組合せを下の番号から選べ。なお、同じ記号の□□□内には、同じ字句が入るものとする。

(1) 方形導波管は、その遮断周波数より □A□ 周波数の電磁波を伝送できない。また、方形導波管の基本モードの遮断周波数は、他の高次モードの遮断周波数より □A□ 。

(2) マイクロストリップ線路は、□B□ された構造であり、外部から雑音等が混入することがあるが、回路やアンテナを同一面に構成できる利点がある。

(3) 方形導波管内を伝搬する電磁波は、TE波又はTM波であるのに対して、マイクロストリップ線路を伝搬する電磁波は、近似的に □C□ である。

	A	B	C
1	低い	密閉	TM波
2	低い	開放	TM波
3	低い	開放	TEM波
4	高い	密閉	TM波
5	高い	開放	TEM波

A-9 方形導波管内の電磁波の位相速度が$3.6×10^8$〔m/s〕であるとき、電磁波の群速度の値として、最も近いものを下の番号から選べ。ただし、導波管の内部は空気とする。

1 $2.5×10^8$〔m/s〕　2 $3.6×10^8$〔m/s〕　3 $4.0×10^8$〔m/s〕
4 $6.0×10^8$〔m/s〕　5 $1.2×10^9$〔m/s〕

A-10 次の記述は、図に示すブラウンアンテナについて述べたものである。このうち誤っているものを下の番号から選べ。

1 放射素子と4本の地線の長さは、全て約1/2波長である。
2 地線は、同軸ケーブルの外部導体に漏れ電流が流れ出すのを防ぐ働きをする。
3 入力インピーダンスは、地線の取付け角度によって変わる。
4 放射素子を大地に対して垂直に置いたとき、水平面内の指向性は、ほぼ全方向性である。
5 地線は、同軸ケーブルの外部導体に接続されている。

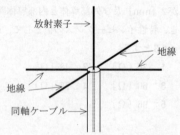

放射素子→　地線　地線　同軸ケーブル→

答　A-8：3　A-9：1　A-10：1

A－11　太さの一様な導線を用いた二線式折返し半波長ダイポールアンテナの入力抵抗の値として、最も近いものを下の番号から選べ。ただし、半波長ダイポールアンテナの入力抵抗を73〔Ω〕とする。

　　1　73〔Ω〕　　2　146〔Ω〕　　3　220〔Ω〕　　4　250〔Ω〕　　5　300〔Ω〕

A－12　次の記述は、波長に比べて直径が十分小さな受信用ループアンテナについて述べたものである。 内に入れるべき字句の正しい組合せを下の番号から選べ。ただし、ループの面は、大地に対して垂直とする。

　(1)　最小感度の方向は、到来電波の方向がループ面に A ときである。

　(2)　実効長は、ループの面積と巻数の積に B する。

　(3)　水平面内の指向性は、 C である。

	A	B	C
1	一致した	比例	全方向性
2	一致した	反比例	8字特性
3	直角な	反比例	全方向性
4	直角な	反比例	8字特性
5	直角な	比例	8字特性

A－13　次の記述は、オフセットパラボラアンテナについて述べたものである。 内に入れるべき字句の正しい組合せを下の番号から選べ。なお、同じ記号の 内には、同じ字句が入るものとする。

　(1)　曲面が A の反射鏡の一部と、 A の焦点に置かれた一次放射器から構成されている。

　(2)　開口面の正面に一次放射器や給電線路など電波の通路をさえぎるものがないため B が良く、放射特性が良好である。

　(3)　衛星用の受信アンテナとして用いる場合、同じ仰角で用いる開口径の等しい円形パラボラアンテナに比べて、大地からの熱雑音の影響を C 。

	A	B	C
1	回転双曲面	開口効率	受けやすい
2	回転双曲面	面精度	受けにくい
3	回転放物面	開口効率	受けやすい
4	回転放物面	面精度	受けやすい
5	回転放物面	開口効率	受けにくい

無線工学B

答　A－11：5　　　A－12：5　　　A－13：5

A-14　自由空間において、絶対利得 10〔dB〕のアンテナで電波を放射したとき、最大放射方向の 40〔km〕離れた点における電界強度が 3〔mV/m〕であった。このときの供給電力の値として、最も近いものを下の番号から選べ。ただし、アンテナの損失はないものとする。

1　24〔W〕　　2　32〔W〕　　3　48〔W〕　　4　64〔W〕　　5　75〔W〕

A-15　次の記述は、電波の伝搬形式（伝搬様式）について述べたものである。　　内に入れるべき字句の正しい組合せを下の番号から選べ。

(1) 地表波は、周波数が低いほど、また、大地の導電率が　A　ほど遠方まで伝搬する。

(2) F層反射波は、主に　B　帯で用いられる。

(3) スポラジックE層（Es）反射波は、　C　帯の通信に混信妨害を与えることがある。

	A	B	C
1	高い	超短波（VHF）	マイクロ波（SHF）
2	高い	短波（HF）	超短波（VHF）
3	低い	短波（HF）	超短波（VHF）
4	低い	短波（HF）	マイクロ波（SHF）
5	低い	超短波（VHF）	マイクロ波（SHF）

A-16　次の記述は、図1から図5に示す M 曲線について述べたものである。このうち誤っているものを下の番号から選べ。

1　図1は標準大気のときに見られる。このとき、等価地球半径係数 K は 4/3 であり、図1は標準形と呼ばれる。

2　図2は転移形と呼ばれ、ダクトが生じようとする過渡期に見られる。

3　図3は準標準形と呼ばれている。h の低い部分では、M の増加率が標準大気の場合より大きいため等価地球半径係数 K は 4/3 より大きくなる。

4　図4のダクトは、上昇S形ダクトと呼ばれる。ある高さに温度が上昇するような暖かい空気が地表から離れて横たわっているときに見られる。

5　図5のダクトは、接地形ダクトと呼ばれている。

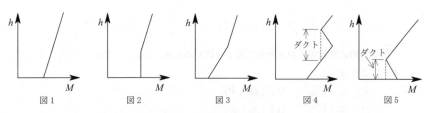

h：地上高、M：修正屈折示数

A－17 次の記述は、SHF 帯や EHF 帯の電波の伝搬について述べたものである。□□□□
内に入れるべき字句の正しい組合せを下の番号から選べ。

(1) 晴天時の大気ガスによる電波の共鳴吸収は、主に酸素及び水蒸気分子によるもので
あり、100〔GHz〕以下の周波数では、　A　〔GHz〕付近に水蒸気分子の共鳴周波
数が、60〔GHz〕付近に酸素分子の共鳴周波数がある。

(2) 降雨による減衰は、雨滴による　B　と散乱で生じ、概ね10〔GHz〕以上で顕著
になる。

(3) 互いに直交する偏波を用いる多重通信では、降雨時に　C　が原因となる両偏波間
の結合が生じ、混信を生ずることがある。

	A	B	C		A	B	C
1	42	反射	降雨の強弱	**2**	42	吸収	雨滴の形状
3	42	吸収	降雨の強弱	**4**	22	吸収	雨滴の形状
5	22	反射	降雨の強弱				

A－18 次の記述は、無損失の平行二線式給電線に接続されたアンテナの入力抵抗を測定
する原理について述べたものである。□□□□内に入れるべき字句の正しい組合せを下の番
号から選べ。

(1) 給電線の特性インピーダンスを Z_0〔Ω〕、アンテナの入力抵抗を R〔Ω〕とすれば、
Z_0 と R が等しくないと給電線上に定在波が生ずる。このときのアンテナの給電点に
おける定在波電圧は、　A　であれば電圧最小（波節）、Z_0 と R の大小関係が逆であ
れば電圧最大（波腹）となる。

(2) 電圧定在波比 S は、給電点における反射係数を Γ、波腹の電圧を V_{max}〔V〕、波節
の電圧を V_{min}〔V〕とすれば、次式で与えられる。

$$S = \frac{V_{max}}{V_{min}} = \boxed{}\ B$$

答　A－16：3　　A－17：4

ただし、$|\Gamma| = \dfrac{R-Z_0}{R+Z_0}$ $(Z_0 < R)$ 又は $|\Gamma| = \dfrac{Z_0-R}{R+Z_0}$ $(Z_0 > R)$ とする。

(3) 給電点の定在波電圧が波腹か波節かを確かめた後、$V_{\max}$ と $V_{\min}$ を測定して、R を次式により求める。

$$R = Z_0 \times \boxed{\text{C}} \ [\Omega] \ (Z_0 < R)$$
$$R = Z_0 \times \boxed{\text{D}} \ [\Omega] \ (Z_0 > R)$$

	A	B	C	D
1	$Z_0 > R$	$(1-|\Gamma|)/(1+|\Gamma|)$	$V_{\min}/V_{\max}$	$V_{\max}/V_{\min}$
2	$Z_0 > R$	$(1+|\Gamma|)/(1-|\Gamma|)$	$V_{\max}/V_{\min}$	$V_{\min}/V_{\max}$
3	$Z_0 < R$	$(1-|\Gamma|)/(1+|\Gamma|)$	$V_{\min}/V_{\max}$	$V_{\max}/V_{\min}$
4	$Z_0 < R$	$(1+|\Gamma|)/(1-|\Gamma|)$	$V_{\max}/V_{\min}$	$V_{\min}/V_{\max}$
5	$Z_0 < R$	$(1+|\Gamma|)/(1-|\Gamma|)$	$V_{\min}/V_{\max}$	$V_{\max}/V_{\min}$

A-19　次の記述は、図に示す構成によりマイクロ波のアンテナの利得を測定する方法について述べたものである。□□□内に入れるべき字句の正しい組合せを下の番号から選べ。ただし、各アンテナの損失は無視し、基準アンテナと被測定アンテナは同じ位置に置くものとする。なお、同じ記号の□□□内には、同じ字句が入るものとする。

(1) 絶対利得 G_t（真数）の送信アンテナから送信電力 P_t [W] を送信したとき、距離 d [m] 離れた受信点での電波の電力束密度 p は、次式で表される。

$$p = \boxed{\text{A}} \ [\text{W/m}^2] \qquad \cdots ①$$

(2) スイッチ SW を基準アンテナ側にして受信電力 P_s [W] を測定する。基準アンテナの絶対利得及び実効面積をそれぞれ G_s（真数）及び S [m^2]、波長を λ [m] とすれば、式①から、P_s は、次式で表される。

$$P_s = Sp = \frac{\lambda^2}{4\pi} G_s p = \boxed{\text{B}} \times G_s G_t P_t \ [\text{W}] \qquad \cdots ②$$

(3) SW を被測定アンテナ側にして受信電力 P_x [W] を測定する。被測定アンテナの利得を G_x（真数）とすれば、式②と同様に、P_x は、次式で表される。

$$P_x = \boxed{\text{B}} \times G_x G_t P_t \ [\text{W}] \qquad \cdots ③$$

(4) 式②と③から、G_x は次式となり、被測定アンテナの利得が測定できる。

$$G_x = \boxed{\text{C}}$$

答　A-18：**2**

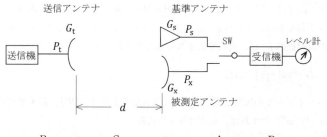

無線工学B

A　　　　B　　　　C　　　　　　　　A　　　　B　　　　C

1　$\dfrac{G_t P_t}{4\pi d^2}$　$\left(\dfrac{\lambda}{4\pi d}\right)^2$　$\dfrac{G_s P_x}{P_s}$　　2　$\dfrac{G_t P_t}{4\pi d^2}$　$\left(\dfrac{\lambda}{4\pi d}\right)^2$　$\dfrac{G_s}{P_x}$

3　$\dfrac{G_t P_t}{d^2}$　$\dfrac{1}{4\pi}\left(\dfrac{\lambda}{d}\right)^2$　$\dfrac{G_s P_x}{P_s}$　　4　$\dfrac{G_t P_t}{\pi d^2}$　$\left(\dfrac{\lambda}{2\pi d}\right)^2$　$\dfrac{G_s}{P_x}$

5　$\dfrac{G_t P_t}{\pi d^2}$　$\left(\dfrac{\lambda}{2\pi d}\right)^2$　$\dfrac{G_s P_x}{P_s}$

A－20　次の記述は、図に示すアンテナの近傍界を測定するプローブの平面走査法について述べたものである。このうち誤っているものを下の番号から選べ。

1　プローブには、半波長ダイポールアンテナやホーンアンテナなどが用いられる。

2　被測定アンテナを回転させないでプローブを上下左右方向に走査して測定を行うので、鋭いビームを持つアンテナや回転不可能なアンテナの測定に適している。

3　高精度の測定には、受信機の直線性を校正しておかなければならない。

4　数値計算による近傍界から遠方界への変換が、円筒面走査法や球面走査法に比べて難しい。

5　多重反射による誤差は、プローブを極端に大きくしたり、被測定アンテナに接近させ過ぎたりすることで生ずる。

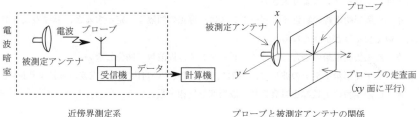

近傍界測定系　　　　　　　　　プローブと被測定アンテナの関係

答　　A－19：1　　A－20：4

B−1　次の記述は、微小ダイポールの実効面積について述べたものである。□内に入れるべき字句を下の番号から選べ。ただし、波長を λ〔m〕とし、長さ l〔m〕の微小ダイポールの放射抵抗 R_r は、次式で表されるものとする。

$$R_r = 80\left(\frac{\pi l}{\lambda}\right)^2 \text{〔}\Omega\text{〕}$$

(1)　微小ダイポールの実効面積 A_e は、受信有能電力を P_a〔W〕、到来電波の電力束密度を p〔W/m²〕とすれば、次式で与えられる。

$$A_e = \boxed{\quad\text{ア}\quad} \text{〔m}^2\text{〕} \quad\quad\cdots①$$

(2)　P_a は、アンテナの誘起電圧 V_a〔V〕及び R_r を用いて、次式で与えられる。

$$P_a = \boxed{\quad\text{イ}\quad} \text{〔W〕} \quad\quad\cdots②$$

(3)　V_a は、到来電波の電界強度 E〔V/m〕と l〔m〕から、次式で与えられる。

$$V_a = \boxed{\quad\text{ウ}\quad} \text{〔V〕} \quad\quad\cdots③$$

(4)　p は、E と自由空間の固有インピーダンスから、次式で与えられる。

$$p = \boxed{\quad\text{エ}\quad} \text{〔W/m}^2\text{〕} \quad\quad\cdots④$$

(5)　式①、②、③、④より、A_e は次式で表される。

$$A_e = \boxed{\quad\text{オ}\quad} \times \frac{\lambda^2}{\pi} \text{〔m}^2\text{〕}$$

1	$\dfrac{P_a}{p}$	2	$\dfrac{V_a^2}{2R_r}$	3	$2El$	4	$\dfrac{E^2}{120\pi}$	5　$\dfrac{8}{3}$
6	$\dfrac{p}{P_a}$	7	$\dfrac{V_a^2}{4R_r}$	8	El	9	$120\pi E^2$	10　$\dfrac{3}{8}$

B−2　次の記述は、給電線の諸定数について述べたものである。このうち正しいものを1、誤っているものを2として解答せよ。

ア　一般に用いられている平衡形給電線の特性インピーダンスは、不平衡形給電線の特性インピーダンスより大きい。

イ　平衡形給電線の特性インピーダンスは、導線の間隔を一定とすると、導線の太さが細くなるほど小さくなる。

ウ　無損失給電線の場合、特性インピーダンスは周波数に関係しない。

エ　不平衡形給電線上の波長は、一般に、同じ周波数の自由空間の電波の波長より長い。

オ　伝搬定数の実数部を減衰定数、虚数部を位相定数という。

　答　B−1：ア−1　イ−7　ウ−8　エ−4　オ−10

　　　B−2：ア−1　イ−2　ウ−1　エ−2　オ−1

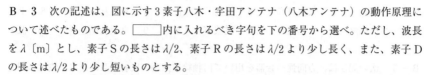

B－3 次の記述は、図に示す3素子八木・宇田アンテナ（八木アンテナ）の動作原理について述べたものである。◻内に入れるべき字句を下の番号から選べ。ただし、波長をλ〔m〕とし、素子Sの長さは$\lambda/2$、素子Rの長さは$\lambda/2$より少し長く、また、素子Dの長さは$\lambda/2$より少し短いものとする。

(1) Sから放射された電波がSから$\lambda/4$〔m〕離れたRに到達すると、その位相は、Sにおける位相より$\pi/2$〔rad〕　ア　。この電波によってRに電波と同相の誘起電圧が発生する。Rに流れる電流の位相は、Rが誘導性リアクタンスであるため、誘起電圧より$\pi/2$〔rad〕遅れる。

(2) Rに流れる電流は、その電流より位相が　イ　〔rad〕遅れた電波を再放射する。再放射された電波がSに到達すると、その位相は、Rにおける位相より$\pi/2$〔rad〕遅れる。

(3) 結果的に、Sから出てRを経てSに戻って来た電波の位相遅れの合計が　ウ　〔rad〕となり、Sから放射される電波と同相になるため、Rで再放射された電波は、矢印の方向へ向かう電波を強めることになる。

(4) 一方、Sから放射された電波により、Sから$\lambda/4$〔m〕だけ離れたDに流れる電流の位相は、Dが　エ　リアクタンスであるため、その誘起電圧より進み、この電流によって電波が再放射される。

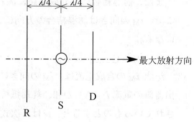

(5) Dから再放射される電波は、Sから矢印の方向へ放射された電波が$\lambda/4$〔m〕の距離だけ伝搬した電波を　オ　ことになる。

1 進む	2 $\pi/2$	3 2π	4 誘導性	5 弱める
6 遅れる	7 $\pi/4$	8 π	9 容量性	10 強める

B－4 次の記述は、太陽雑音とその通信への影響について述べたものである。◻内に入れるべき字句を下の番号から選べ。

(1) 太陽雑音には、太陽のコロナ領域などの　ア　が静穏時に主に放射する　イ　及び太陽爆発などにより突発的に生ずる　ウ　などがある。

(2) 静止衛星からの電波を受信する際、　エ　の頃に地球局のアンテナの主ビームが太陽に向くときがあり、そのとき極端に受信雑音温度が　オ　し、受信機の信号対雑音比（S/N）が低下することがある。

　答　 B－3：ア－6　イ－2　ウ－3　エ－9　オ－10

| 1 | 水蒸気 | 2 | 大気雑音 | 3 | 極冠じょう乱 | 4 | 春分及び秋分 | 5 | 上昇 |
| 6 | プラズマ | 7 | 熱雑音 | 8 | 電波バースト | 9 | 夏至及び冬至 | 10 | 低下 |

B-5　次の記述は、方向性結合器を用いて同軸給電回路の反射係数及び定在波比を測定する原理について述べたものである。◻◻◻内に入れるべき字句を下の番号から選べ。ただし、方向性結合器の主線路と副線路は、図に示すように静電容量 C〔F〕及び相互インダクタンス M〔H〕によって結合されているものとし、主線路は特性インピーダンス Z_0〔Ω〕の同軸給電線で高周波発振器とアンテナに接続され、副線路は電流を測定する検出器と終端抵抗 R〔Ω〕に接続されているものとする。また、検出器の内部抵抗と終端抵抗は等しく、副線路の自己インダクタンスを L〔H〕、角周波数を ω〔rad/s〕とすると、$\omega L \ll R$ 及び $R \ll 1/(\omega C)$ のとき、$M = CRZ_0$ の関係があるものとする。

(1) 主線路上の電圧を V〔V〕、電流を I〔A〕とすると、副線路に流れる電流は、V に比例し、静電結合により静電容量 C を通り検出器と終端抵抗に二分されるので、その一つを i_C とすると、i_C は、次式で表される。

$$i_C \fallingdotseq \boxed{\text{ア}} \text{〔A〕} \qquad \cdots ①$$

また、誘導結合により副線路に流れる電流 i_M は、I に比例し次式で表される。ここで、i_M の向きは誘導結合の方向により検出器側又は終端抵抗側のいずれかの方向になる。

$$i_M \fallingdotseq \boxed{\text{イ}} \text{〔A〕} \qquad \cdots ②$$

(2) i_C と i_M の合成電流は、i_M の向きによりそれらの和又は差となるが、ここでは、検出器側の電流 i_f〔A〕が和、終端抵抗側の電流 i_r〔A〕が差となるように回路が構成されているものとすると、i_f は、次式で表される。

$$i_f = i_C + i_M \fallingdotseq \boxed{\text{ウ}} \text{〔A〕} \qquad \cdots ③$$

(3) 入射波のみのときは、$V/I = Z_0$ であり、条件から $M = CRZ_0$ であるから、式③は次式となる。

$$i_f \fallingdotseq \boxed{\text{エ}} \text{〔A〕}$$

また、負荷側（アンテナ）からの反射波のみのときには I の符号が変わるから、$i_f = 0$ となる。この場合、方向性結合器に接続されている検出器と終端抵抗を入れ替えると、この反射波電圧に比例した電流を測定できる。このようにして、入射波電圧と反射波電圧を測定し、それらの◻オ◻から反射係数を求め、定在波比を算出する。

答　B-4：ア-6　イ-7　ウ-8　エ-4　オ-5

1   $\dfrac{j\omega MI}{2}$ 2 $\dfrac{j\omega CV}{2R}$ 3 $j\omega\left(\dfrac{CV}{2}+\dfrac{MI}{2R}\right)$ 4   比   5 $\dfrac{j\omega MI}{2R}$

6   $\dfrac{j\omega CV}{2}$ 7   積   8 $j\omega\left(\dfrac{CV}{2R}+\dfrac{MI}{2R}\right)$ 9 $j\omega CV$ 10 $j\omega MI$

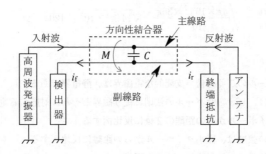

無線工学B

▶解答の指針

○A－1

自由空間の固有インピーダンス Z_0 は、空間の誘電率 ε_0〔F/m〕と透磁率 μ_0〔H/m〕及び与えられた数値を用いて、次のようになる。

$$Z_0 = \sqrt{\frac{\mu_0}{\varepsilon_0}} = \sqrt{\frac{4\pi \times 10^{-7} \times 36\pi}{10^{-9}}} = \sqrt{144\pi^2 \times 10^2} = 120\pi \;〔\Omega〕$$

○A－2

1　微小ダイポールのごく近傍で支配的な電磁界は、**静電界**である。

2　誘導電磁界は、ビオ・サバールの法則に従う磁界とそれに対応する電界で、その大きさは、微小ダイポールからの**距離の2乗**に反比例する。

4　放射電磁界の強度は、微小ダイポールからの**距離**に反比例する。

5　放射電界の位相は、放射磁界の位相と**同相**である。

○A－5

誘起電圧 V は、アンテナの実効長 l_e〔m〕、到来波の電界強度 E〔V/m〕として次式となる。

$$V = E l_e \;〔V〕$$

λ は、3〔m〕であり、上式と題意の数値より V は次のようになる。

$$V = \frac{E\lambda}{\pi} = \frac{10 \times 10^{-3} \times 3}{3.14} = 9.6 \times 10^{-3} = 9.6 \;〔mV〕$$

○A－6

特性インピーダンス Z_0〔Ω〕の給電線にインピーダンス Z_r〔Ω〕の負荷を接続したときの電圧反射係数の大きさ $|\Gamma|$ は、題意の数値を用いて次のようになる。

$$|\Gamma| = \left|\frac{Z_r - Z_0}{Z_r + Z_0}\right| = \left|\frac{300 - 75}{300 + 75}\right| = 0.6$$

したがって、電圧定在波比 S は次のようになる。

$$S = \frac{1 + |\Gamma|}{1 - |\Gamma|} = \frac{1 + 0.6}{1 - 0.6} = 4$$

○A－7

同軸ケーブルの特性インピーダンス Z_0 は、外部導体の内径 D_1〔m〕、内部導体の外径 D_2〔m〕及び誘電体の比誘電率 ε_s を用いて次式で表される。

$$Z_0 = \frac{138}{\sqrt{\varepsilon_\mathrm{s}}} \log_{10} \frac{D_1}{D_2} \ \mathrm{(\Omega)}$$

上式に題意の数値を代入して、Z_0は次のようになる。

$$Z_0 = \frac{138}{\sqrt{4}} \log_{10} \frac{10\times10^{-3}}{2\times10^{-3}} = \frac{138}{2}\times(\log_{10}10 - \log_{10}2)$$

$$= 69\times(1-0.3) = 48.3 \fallingdotseq 48 \ \mathrm{(\Omega)}$$

○A－8

(1) 方形導波管は、遮断周波数より低い周波数の電磁波は伝搬できない。また、基本モードの遮断周波数は、他の高次モードの遮断周波数より低い。

(2) マイクロストリップ線路は、接地導体基板上に薄い厚さの誘電体をのせ、その上に幅が狭く厚さが薄いストリップ導体を密着させた不平衡線路である。開放された構造であり、外部雑音が混入したり、逆に信号波が漏洩するおそれがある。誘電体の誘電率を十分に大きく選べば、放射損を減らすことができ、減衰量も小さくなる。

(3) 方形導波管内では、進行方向に電磁界成分をもつ電磁波が伝搬するが、マイクロストリップ線路では、不平衡線路であるが、進行方向に電磁界成分が小さく、近似的にTEM波として扱うことができる。

○A－9

方形導波管内の位相速度v_p〔m/s〕と群速度v_gとの間には、光速をc〔m/s〕として、次のような関係がある。

$$v_\mathrm{g}\times v_\mathrm{p} = c^2$$

したがって、v_gは、上式と題意の数値を用いて、次のようになる。

$$v_\mathrm{g} = \frac{(3\times10^8)^2}{3.6\times10^8} = 2.5\times10^8 \ \mathrm{(m/s)}$$

○A－10

1　放射素子と4本の地線の長さは、全て約1/4波長である。

○A－11

太さの一様な導線による二線式折返し半波長ダイポールアンテナの入力抵抗R_rは、半波長ダイポールアンテナの入力抵抗をR_0〔Ω〕として、$R_\mathrm{r} \fallingdotseq 4R_0$〔Ω〕で表されるので、題意の数値を用いて、$R_\mathrm{r} \fallingdotseq 4R_0 = 4\times73 = 292 \fallingdotseq 300$〔Ω〕となる。

○A－12

　受信用ループアンテナでは、寸法が波長に比べて非常に小さい場合、その受信開放電圧の大きさ $|V|$ は、ループの導線の巻数を N、面積を A〔m²〕、中心の電界強度を E_0〔V/m〕、波長を λ〔m〕、ループ面と電波の到来方向とのなす角度を θ〔rad〕として、次式で表される。

$$|V| = \frac{2\pi NA}{\lambda} E_0 \cos\theta \text{〔V〕}$$

　上式から、最大感度の方向は、ループ面に平行な方向（$\theta = 0$〔rad〕）、最小感度の方向は、直角な方向（$\theta = \pi/2$〔rad〕）である。実効高 h_e は、$h_e = \frac{2\pi NA}{\lambda}$〔m〕であり、$N$ と A の積に比例する。また、ループ面に直角な平面内の指向性は8字特性である。

　したがって、

(1)　最小感度の方向は、到来電波の方向がループ面に直角なときである。

(2)　実効長は、ループ面の面積と導線の巻数の積に比例する。

(3)　水平面内の指向性は、8字特性である。

○A－13

　オフセットパラボラアンテナは、パラボラアンテナの主反射鏡である回転放物面の一部を利用した反射鏡と、その焦点に置かれた一次放射器からなる。開口面の正面に障害物がないため開口効率がよく、低サイドローブであるから地上波からの干渉や大地からの熱雑音の影響を受けにくい。また、前方からの反射波がないので放射効率がよい。また、反射鏡面を大地にほぼ垂直に設置すれば、雪などの付着を少なくできる。

○A－14

　最大放射方向の自由空間電界強度 E は、供給電力 P〔W〕、アンテナ利得 G（真数）、距離 d〔m〕を用いて次式で表される。

$$E = \frac{\sqrt{30GP}}{d} \text{〔V/m〕}$$

$G = 10^{(10/10)} = 10$（真数）であり、題意の数値を用いて、上式から P は次のようになる。

$$P = \frac{E^2 d^2}{30G} = \frac{3^2 \times 10^{-6} \times 40^2 \times 10^6}{30 \times 10} = 48 \text{〔W〕}$$

○A－16

3　図3は準標準形と呼ばれている。h の低い部分では、M の増加率が標準大気の場合より大きいため等価地球半径係数 K は4/3より小さくなる。

○A−18

(1) 給電線の特性インピーダンスを Z_0〔Ω〕、アンテナの入力抵抗を R〔Ω〕とすれば、Z_0 と R が等しくないと給電線上に定在波が生ずる。このときのアンテナの給電点における定在波電圧は、$Z_0 > R$ であれば電圧最小（波節）、Z_0 と R の大小関係が逆であれば電圧最大（波腹）となる。

(2) 電圧定在波比 S は、給電点における反射係数を Γ、波腹の電圧を V_{max}〔V〕、波節の電圧を V_{min}〔V〕とすれば、$Z_0 < R$ のとき、次式で与えられる。

$$S = \frac{V_{max}}{V_{min}} = \frac{1+|\Gamma|}{1-|\Gamma|} = \frac{1+\dfrac{R-Z_0}{R+Z_0}}{1-\dfrac{R-Z_0}{R+Z_0}} = \frac{R}{Z_0} \qquad \cdots ①$$

$Z_0 > R$ のときは、次式となる。

$$S = \frac{V_{max}}{V_{min}} = \frac{1+|\Gamma|}{1-|\Gamma|} = \frac{1+\dfrac{Z_0-R}{R+Z_0}}{1-\dfrac{Z_0-R}{R+Z_0}} = \frac{Z_0}{R} \qquad \cdots ②$$

ただし、$|\Gamma| = \dfrac{R-Z_0}{R+Z_0}$ $(Z_0 < R)$ または $|\Gamma| = \dfrac{Z_0-R}{R+Z_0}$ $(Z_0 > R)$ とする。

(3) 給電点の定在波電圧が波腹か波節かを確かめた後、V_{max} と V_{min} を測定して、R を次式により求める。

$Z_0 < R$ のとき、式①より次式で与えられる。

$$R = Z_0 S = Z_0 \times \frac{V_{max}}{V_{min}}$$

$Z_0 > R$ のときは、式②より次式で与えられる。

$$R = \frac{Z_0}{S} = Z_0 \times \frac{V_{min}}{V_{max}}$$

○A−19

(1) 絶対利得 G_t（真数）の送信アンテナから送信電力 P_t〔W〕を送信したとき、距離 d〔m〕離れた受信点での電波の電力束密度 p は、次式で表される。

$$p = \frac{G_t P_t}{4\pi d^2} \quad \text{〔W/m}^2\text{〕} \qquad \cdots ①$$

(2) スイッチ SW を基準アンテナ側にして受信電力 P_s〔W〕を測定する。基準アンテナの絶対利得及び実効面積をそれぞれ G_s（真数）及び S〔m²〕、波長を λ〔m〕とすれば、式①から、P_s は、次式で表される。

$$P_s = Sp = \frac{\lambda^2}{4\pi} G_s p = \left(\frac{\lambda}{4\pi d}\right)^2 \times G_s G_t P_t \quad \text{〔W〕} \qquad \cdots ②$$

(3) SW を被測定アンテナ側にして受信電力 P_x〔W〕を測定する。被測定アンテナの利得を G_x（真数）とすれば、式②と同様に、P_x は、次式で表される。

$$P_x = \left(\frac{\lambda}{4\pi d}\right)^2 \times G_x G_t P_t \text{〔W〕} \qquad \cdots ③$$

(4) 式②と③から、G_x は次式となり、被測定アンテナの利得が測定できる。

$$\left(\frac{\lambda}{4\pi d}\right)^2 G_t P_t = \frac{P_s}{G_s} = \frac{P_x}{G_x}$$

$$\therefore \quad G_x = \frac{G_s P_x}{P_s}$$

○A－20

4　数値計算による近傍界から遠方界への変換は、円筒面走査法や球面走査法よりも**比較的容易**である。**平面走査法は、平面波で変換するが、円筒面走査法や球面走査法は、放射電磁界を円筒波や球面波で展開して計算を行うので一般に複雑になる。**

○B－1
(1) 受信有能電力 P_a は、到来電波の電力束密度 p〔W/m²〕と実効面積 A_e〔m²〕の積で定義されるので $P_a = p A_e$〔W〕であり、A_e は次式となる。
$$A_e = \underline{P_a/p} \text{〔m²〕} \qquad \cdots ①$$
(2) P_a は、アンテナ誘起電圧 V_a〔V〕、放射抵抗 R_r〔Ω〕を用いて、次式で表される。
$$P_a = \underline{V_a^2/(4R_r)} \text{〔W〕} \qquad \cdots ②$$
(3) V_a は、到来電波の電界強度 E〔V/m〕と微小ダイポールの長さ l〔m〕の積であるから次式となる。
$$V_a = \underline{El} \text{〔V〕} \qquad \cdots ③$$
(4) p は、自由空間の固有インピーダンス $Z_0 = 120\pi$〔Ω〕を用いて、次式で表される。
$$p = \underline{E^2/(120\pi)} \text{〔W/m²〕} \qquad \cdots ④$$
(5) 式①に式②と式④を代入し、式③を用いて E を消去し、R_r の与式を代入し、A_e は次のようになる。
$$A_e = \underline{3/8} \times \lambda^2/\pi \text{〔m²〕}$$

○B－2
イ　平衡形給電線の特性インピーダンスは、導線の間隔を一定とすると、導線の太さが細くなるほど**大きく**なる。
エ　不平衡形給電線上の波長は、一般に、同じ周波数の自由空間の電波の波長より**短い**。

○B-4

(1) 太陽雑音には、コロナ領域などの<u>プラズマ</u>がほぼ定常的に放射する<u>熱雑音</u>と太陽フレアーが発生するときに放射する<u>電波バースト</u>などがある。

(2) 静止衛星電波の受信時に<u>春分及び秋分</u>の頃、アンテナの主ビームが太陽に向くときがあり、極端に受信雑音温度が<u>上昇</u>し、受信機の S/N が低下することがある。

○B-5

(1) 静電結合による電流 i_C は、電圧 V がかかる容量リアクタンスを流れる電流 $j\omega CV$〔A〕であり、検出器と終端抵抗に 2 等分されるから、$i_C \fallingdotseq j\omega CV/2$〔A〕となる。

　　また、誘導結合による電流 i_M は、検出器の内部抵抗 R と終端抵抗 R からなる閉回路を流れるから、相互インダクタンスによる誘導電圧 $j\omega MI$ を $2R$ で除した $i_M = \underline{j\omega MI/(2R)}$〔A〕となる。

(2) 検出器側の電流 i_f が i_C と i_M の和となるように接続されている場合は、次式となる。

$$i_f = i_C + i_M \fallingdotseq j\omega\left(\frac{CV}{2} + \frac{MI}{2R}\right) \text{〔A〕}$$

(3) (2)の i_f に、$Z_0 = V/I$ と題意の条件式 $M = CRZ_0$ を代入して、$i_f \fallingdotseq \underline{j\omega CV}$〔A〕を得る。また、終端抵抗と検出器の方向性結合器への接続を入れ替え、負荷からの反射波と入射波を測定してそれらの<u>比</u>から反射係数を求め、定在波比を算出する。

無線工学B

A-1 次の記述は、ポインチングベクトルについて述べたものである。このうち誤っているものを下の番号から選べ。

1 電磁エネルギーの流れを表すベクトルである。

2 電界ベクトルと磁界ベクトルの外積である。

3 大きさは、電界ベクトルと磁界ベクトルを二辺とする二等辺三角形の面積に等しい。

4 電界ベクトルと磁界ベクトルのなす面に垂直で、電界ベクトルの方向から磁界ベクトルの方向に右ねじを回したときに、ねじの進む方向に向いている。

5 大きさは、単位面積を単位時間に通過する電磁エネルギーを表す。

A-2 自由空間の固有インピーダンス Z_0 〔Ω〕を表す式として、正しいものを下の番号から選べ。ただし、自由空間中の誘電率及び透磁率をそれぞれ ε_0 〔F/m〕、μ_0 〔H/m〕とする。

1 $Z_0 = \sqrt{\dfrac{\mu_0}{\varepsilon_0}}$ 　　2 $Z_0 = \sqrt{\dfrac{\varepsilon_0}{\mu_0}}$ 　　3 $Z_0 = \dfrac{\varepsilon_0}{\mu_0}$

4 $Z_0 = \left(\dfrac{\varepsilon_0}{\mu_0}\right)^2$ 　　5 $Z_0 = \left(\dfrac{\mu_0}{\varepsilon_0}\right)^2$

A-3 次の記述は、受信アンテナの等価回路と受信有能電力について述べたものである。 □ 内に入れるべき字句の正しい組合せを下の番号から選べ。

(1) 図1に示す受信回路において、受信アンテナに誘起される電圧を V 〔V〕とすると、この電圧によって受信アンテナ及び受信機に電流が流れる。このアンテナを等価回路で表したときの内部インピーダンスは、送信アンテナとしての □ A インピーダンス Z_a 〔Ω〕と等価であるので、入力インピーダンスが Z_l 〔Ω〕の受信機を接続したときの等価回路は、図2のようになる。

(2) Z_l から受信有能電力を取り出すことができるのは、Z_a と Z_l をそれぞれ R_a+jX_a と R_l+jX_l とすれば、$R_a = R_l$、かつ $X_a = $ □ B のときであり、このとき、受信機の受信有能電力の値は □ C 〔W〕となる。

	A	B	C
1	正規化	X_l	$\dfrac{V^2}{2R_l}$
2	正規化	$-X_l$	$\dfrac{V^2}{4R_l}$
3	入力	$-X_l$	$\dfrac{V^2}{2R_l}$
4	入力	$-X_l$	$\dfrac{V^2}{4R_l}$
5	入力	X_l	$\dfrac{V^2}{2R_l}$

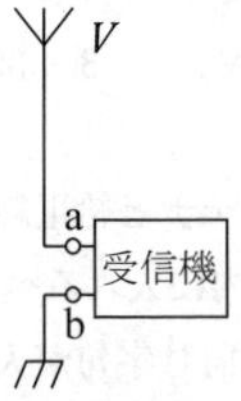

図1　受信回路 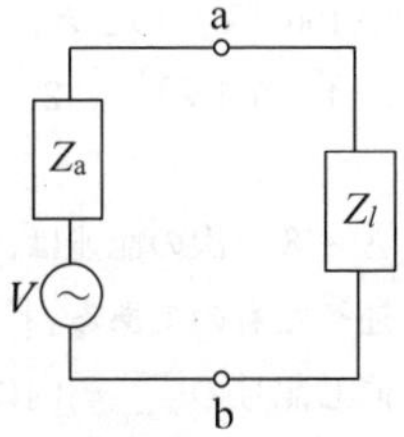　　図2　等価回路

A-4 絶対利得が24（真数）のアンテナの指向性利得（真数）の値として、最も近いものを下の番号から選べ。ただし、アンテナの放射効率を0.6とする。

1　52　　**2**　40　　**3**　32　　**4**　24　　**5**　15

A-5 次の記述は、アンテナの放射パターンについて述べたものである。　内に入れるべき字句の正しい組合せを下の番号から選べ。

(1) 電力パターンは、　A　の指向性を図示したものをいい、これは　B　の指向性係数の2乗を図示したものでもある。

(2) E面放射パターンは、電波が　C　で放射される場合、電界ベクトルを含む面における指向性を図示したものである。

	A	B	C
1	放射電界強度	電界強度	楕円偏波
2	放射電界強度	電界強度	直線偏波
3	放射電界強度	電力	楕円偏波
4	放射電力束密度	電力	楕円偏波
5	放射電力束密度	電界強度	直線偏波

A-6 単位長さ当たりの自己インダクタンスが0.10〔μH/m〕及び静電容量が40〔pF/m〕の無損失給電線がある。この給電線の特性インピーダンスの大きさの値として、正しいものを下の番号から選べ。

1　50〔Ω〕　　**2**　65〔Ω〕　　**3**　75〔Ω〕　　**4**　90〔Ω〕　　**5**　100〔Ω〕

答　A-3：4　　A-4：2　　A-5：5　　A-6：1

A-7　給電線上において、電圧定在波比（VSWR）が1.5で、負荷への入射波の実効値が100〔V〕のとき、反射波の実効値として、正しいものを下の番号から選べ。

　　1　5〔V〕　　2　20〔V〕　　3　30〔V〕　　4　40〔V〕　　5　50〔V〕

A-8　次の記述は、アンテナと給電線を整合させるための対称形集中定数回路について述べたものである。□□内に入れるべき字句の正しい組合せを下の番号から選べ。なお、同じ記号の□□内には、同じ字句が入るものとする。また、給電線は無損失とし、その特性インピーダンス Z_0 を300〔Ω〕、アンテナの入力抵抗 R を12〔Ω〕とする。

(1)　特性インピーダンス Z_0 の給電線と入力抵抗 R のアンテナを図に示すリアクタンス X を用いた対称形集中定数回路により整合させるためには、次式が成立しなければならない。

$$Z_0 = jX + \frac{-jX(\boxed{A})}{(\boxed{A}) - jX}$$

(2)　これより、整合条件は次式で与えられる。

$$X = \boxed{B}$$

(3)　題意の数値を代入すれば、X は次の値となる。

$$X = \boxed{C} \ \text{〔Ω〕}$$

	A	B	C
1	$R+jX$	$\sqrt{2RZ_0}$	120
2	$R+jX$	$\sqrt{RZ_0/2}$	105
3	$R+jX$	$\sqrt{RZ_0}$	60
4	$R-jX$	$\sqrt{2RZ_0}$	120
5	$R-jX$	$\sqrt{RZ_0}$	60

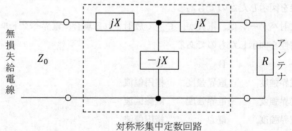

対称形集中定数回路

A-9　次の記述は、バランの一種であるシュペルトップについて述べたものである。□□内に入れるべき字句の正しい組合せを下の番号から選べ。なお、同じ記号の□□内には、同じ字句が入るものとする。

(1)　図に示すように、同軸ケーブルの終端に長さが □A□ の円筒導体をかぶせ、その a 側端を同軸ケーブルの外部導体に短絡したものである。

(2)　円筒導体の b 側端では、電圧分布が最大で電流分布が最小であるため、インピーダンスは非常に □B□ 。このため、不平衡回路と平衡回路を直接接続したときに生ず

答　　A-7：2　　A-8：3

る　C　電流が、同軸ケーブルの外部導体に沿って流れ出すのを防止することができる。

	A	B	C
1	1/2 波長	大きい	不平衡
2	1/2 波長	小さい	平衡
3	1/4 波長	小さい	平衡
4	1/4 波長	大きい	不平衡
5	1/4 波長	小さい	不平衡

（図）同軸ケーブル　A　外部導体　円筒導体　a 側端　b 側端　平衡回路

無線工学B

A−10　次の記述は、図に示す素子の太さが同じ二線式折返し半波長ダイポールアンテナについて述べたものである。このうち誤っているものを下の番号から選べ。

1　同一電波を受信したときの受信有能電力は、半波長ダイポールアンテナとほぼ同じである。

2　実効長は、半波長ダイポールアンテナの約2倍である。

3　指向性は、半波長ダイポールアンテナとほぼ同じである。

4　半波長ダイポールアンテナに比べて広帯域特性を持つ。

5　入力インピーダンスは、半波長ダイポールアンテナの約2倍である。

（図）約 $\lambda/2$　　λ：波長

A−11　次の記述は、図に示す対数周期ダイポールアレーアンテナについて述べたものである。　　内に入れるべき字句の正しい組合せを下の番号から選べ。

(1)　隣り合う素子の長さの比 l_n/l_{n+1} と隣り合う素子の頂点Оからの距離の比　A　は等しい。

(2)　半波長ダイポールアンテナと比較して周波数帯域幅が　B　。

(3)　主放射の方向は矢印　C　の方向である。

	A	B	C
1	x_n/x_{n+1}	広い	ア
2	x_n/x_{n+1}	広い	イ
3	x_n/x_{n+1}	狭い	ア
4	x_{n+1}/x_n	狭い	ア
5	x_{n+1}/x_n	広い	イ

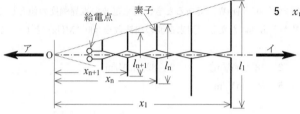

給電点　素子　ア　О　イ　x_{n+1}　x_n　l_{n+1}　l_n　l_1　x_1

A－12　反射鏡の直径が4〔m〕の円形パラボラアンテナを周波数10〔GHz〕で用いたときの絶対利得（真数）が100,000であった。このパラボラアンテナの開口効率の値として、最も近いものを下の番号から選べ。

1　0.47　　2　0.57　　3　0.68　　4　0.76　　5　0.86

A－13　次の記述は、図に示すグレゴリアンアンテナについて述べたものである。□□□内に入れるべき字句の正しい組合せを下の番号から選べ。

(1)　図に示すように、主反射鏡に回転放物面を、副反射鏡に回転　A　の凹面側を用い、主反射鏡の曲面の焦点と副反射鏡の曲面の一方の焦点を一致させ、他方の焦点と1次放射器の励振点（位相中心）を一致させた構造である。

(2)　円形パラボラアンテナに比べて反射鏡で生ずる交差偏波成分が　B　。

(3)　オフセットパラボラアンテナよりもサイドローブが　C　。

	A	B	C
1	双曲面	少ない	小さい
2	双曲面	多い	大きい
3	楕円面	少ない	小さい
4	楕円面	多い	小さい
5	楕円面	少ない	大きい

A－14　送受信点間の距離が30〔km〕のとき、周波数6〔GHz〕の電波の自由空間基本伝送損（真数）の値として、最も近いものを下の番号から選べ。

1　1.6×10^{15}　　2　1.6×10^{14}　　3　5.7×10^{13}
4　5.7×10^{12}　　5　1.6×10^{11}

A－15　自由空間において、到来電波の方向に最大感度方向が向けられた半波長ダイポールアンテナの受信有能電力が10^{-3}〔mW〕であるとき、到来電波の電界強度の値として、最も近いものを下の番号から選べ。ただし、到来電波の周波数を300〔MHz〕とし、$\sqrt{73}$＝8.54とする。

1　6〔mV/m〕　　2　18〔mV/m〕　　3　32〔mV/m〕
4　54〔mV/m〕　　5　82〔mV/m〕

答　A－12：2　　A－13：5　　A－14：3　　A－15：4

A－16　次の記述は、対流圏伝搬における等価地球半径係数について述べたものである。◻内に入れるべき字句の正しい組合せを下の番号から選べ。ただし、大気は標準大気とする。なお、同じ記号の◻内には、同じ字句が入るものとする。

(1) 大気の屈折率は、高さと共にほぼ直線的に◻A◻なるので、地表面にほぼ平行に発射された電波の通路は上方に◻B◻にわん曲する。

(2) 大気の屈折率の高さに対する傾きに応じ、地球の半径を等価的に◻C◻すると、電波の通路を直線として表すことができる。地球の半径を a〔m〕、等価的に◻C◻した地球の半径を r〔m〕とすれば、r と a の比 (r/a) を等価地球半径係数といい、標準大気では◻D◻である。

	A	B	C	D
1	小さく	凹	大きく	5/2
2	小さく	凸	大きく	4/3
3	小さく	凸	小さく	3/4
4	大きく	凹	大きく	4/3
5	大きく	凸	小さく	3/4

A－17　次の記述は、短波（HF）帯の電波伝搬におけるフェージングについて述べたものである。◻内に入れるべき字句の正しい組合せを下の番号から選べ。

(1) 電離層の臨界周波数は時々刻々変化するので、跳躍距離に対応する電離層の反射点では電波が反射したり突き抜けたりする現象を繰り返し、跳躍距離付近では電界強度が激しく変動する。このようにして発生するフェージングを◻A◻フェージングという。

(2) 直線偏波で放射された電波は、電離層を通過すると◻B◻となり、電離層の変動によって偏波面が変動する。この電波を一つの直線状アンテナで受信すると誘起電圧が変動する。このようにして発生するフェージングを◻C◻フェージングという。

	A	B	C
1	跳躍性	楕円偏波	偏波性
2	跳躍性	垂直偏波	k 形
3	干渉性	楕円偏波	k 形
4	干渉性	垂直偏波	k 形
5	干渉性	楕円偏波	偏波性

A－18　長さ l〔m〕の無損失給電線の終端を開放及び短絡して入力端から見たインピーダンスを測定したところ、それぞれ Z_{op}〔Ω〕及び Z_{sh}〔Ω〕であった。この給電線の特性インピーダンスの値として、正しいものを下の番号から選べ。

1　$\sqrt{Z_{op}Z_{sh}}/2$〔Ω〕　　2　$Z_{op}+Z_{sh}$〔Ω〕　　3　$\sqrt{Z_{op}Z_{sh}}$〔Ω〕

4　$(Z_{op}+Z_{sh})/2$〔Ω〕　　5　$2(Z_{op}+Z_{sh})$〔Ω〕

答　A－16：2　　A－17：1　　A－18：3

A-19　次の記述は、自由空間において十分離れた距離に置いた二つのアンテナを用いてアンテナの利得を求める方法について述べたものである。□□□内に入れるべき字句の正しい組合せを下の番号から選べ。ただし、波長を λ 〔m〕とし、アンテナ及び給電回路の損失はないものとする。

(1)　利得がそれぞれ G_1（真数）、G_2（真数）の二つのアンテナを、距離 d 〔m〕だけ離して偏波面をそろえて対向させ、その一方のアンテナへ電力 P_t〔W〕を加えて電波を送信し、他方のアンテナで受信したときのアンテナの受信電力が P_r〔W〕であると、次式が成り立つ。

$$P_r = G_1 G_2 P_t \times \boxed{\text{A}}$$

(2)　一方のアンテナの利得が既知のとき、例えば、G_1 が既知であれば、G_2 は、次式によって求められる。

$$G_2 = \frac{P_r}{P_t G_1} \times \boxed{\text{B}}$$

(3)　両方のアンテナの利得が等しいときには、それらを P_t と P_r の測定値から、次式によって求めることができる。

$$G_1 = G_2 = \frac{4\pi d}{\lambda} \times \boxed{\text{C}}$$

	A	B	C
1	$\left(\dfrac{4\pi d}{\lambda}\right)^2$	$\left(\dfrac{\lambda}{4\pi d}\right)^2$	$\sqrt{\dfrac{P_t}{P_r}}$
2	$\left(\dfrac{4\pi d}{\lambda}\right)^2$	$\left(\dfrac{4\pi d}{\lambda}\right)^2$	$\sqrt{\dfrac{P_r}{P_t}}$
3	$\left(\dfrac{\lambda}{4\pi d}\right)^2$	$\left(\dfrac{4\pi d}{\lambda}\right)^2$	$\sqrt{\dfrac{P_t}{P_r}}$
4	$\left(\dfrac{\lambda}{4\pi d}\right)^2$	$\left(\dfrac{\lambda}{4\pi d}\right)^2$	$\sqrt{\dfrac{P_t}{P_r}}$
5	$\left(\dfrac{\lambda}{4\pi d}\right)^2$	$\left(\dfrac{4\pi d}{\lambda}\right)^2$	$\sqrt{\dfrac{P_r}{P_t}}$

A-20　1/4波長垂直接地アンテナの接地抵抗を測定したとき、周波数 2.5〔MHz〕で 4〔Ω〕であった。このアンテナの放射効率の値として、最も近いものを下の番号から選べ。ただし、大地は完全導体とし、アンテナ導線の損失抵抗及び接地抵抗による損失以外の損失は無視できるものとする。また、波長を λ 〔m〕とすると、給電点から見たアンテナ導線の損失抵抗 R_L は、次式で表されるものとする。

$$R_L = 0.1\lambda/8 \ \text{〔Ω〕}$$

1 0.58　　**2** 0.68　　**3** 0.72　　**4** 0.87　　**5** 0.99

B-1　次の記述は、自由空間における半波長ダイポールアンテナの絶対利得を求める過程について述べたものである。□□□内に入れるべき字句を下の番号から選べ。なお、同じ記号の□□□内には、同じ字句が入るものとする。

□答□　A-19：5　　A-20：4

(1)　等方性アンテナから電力 P_s〔W〕を送信したとき、遠方の距離 d〔m〕離れた点 P における電界強度 E_s は、次式で表される。

$$E_s = \boxed{\text{ア}} \ \text{〔V/m〕} \quad \cdots①$$

(2)　半波長ダイポールアンテナに振幅が I_0〔A〕の正弦波状の給電電流を加えたとき、最大放射方向の遠方の距離 d〔m〕離れた点 P における電界強度 E_h は、次式で表される。

$$E_h = \frac{60 I_0}{d} \ \text{〔V/m〕} \quad \cdots②$$

半波長ダイポールアンテナの放射抵抗は、約 $\boxed{\text{イ}}$〔Ω〕であるので、このアンテナに I_0 を加えたときに放射される電力 P_h は、次式で表される。

$$P_h = \boxed{\text{イ}} \times I_0{}^2 \ \text{〔W〕} \quad \cdots③$$

式③より求めた I_0 を式②へ代入すると、E_h は、次式となる。

$$E_h = \boxed{\text{ウ}} \ \text{〔V/m〕} \quad \cdots④$$

(3)　半波長ダイポールアンテナが無損失であれば、このアンテナの絶対利得 G_0（真数）は、点 P において $E_s = \boxed{\text{エ}}$ となるときの P_s と P_h の比であり、式①と④から、次式で表される。

$$G_0 = \frac{P_s}{P_h} \fallingdotseq \boxed{\text{オ}}$$

1　$\dfrac{7\sqrt{P_s}}{d}$	2　73	3　$\dfrac{\sqrt{60 P_h}}{d}$	4　$\sqrt{E_h}$	5　1.64
6　$\dfrac{\sqrt{30 P_s}}{d}$	7　60	8　$\dfrac{60\sqrt{P_h}}{d\sqrt{73}}$	9　E_h	10　1.76

B-2　次の記述は、方形導波管とマイクロストリップ線路について述べたものである。□内に入れるべき字句を下の番号から選べ。

(1)　方形導波管は、その遮断周波数より低い周波数の電磁波を $\boxed{\text{ア}}$。また、方形導波管の基本モードの遮断周波数は、他の高次モードの遮断周波数より $\boxed{\text{イ}}$。

(2)　マイクロストリップ線路は、接地した導体基板の上に大きな比誘電率を持つ厚さが薄い誘電体基板を密着させ、その上に幅が狭く厚さが極めて薄い $\boxed{\text{ウ}}$ を密着させたものである。$\boxed{\text{エ}}$ された線路であり、外部から雑音等が混入することがあるが、回路やアンテナを同一面に構成できる利点がある。

答　B-1：ア-6　イ-2　ウ-8　エ-9　オ-5

(3)　方形導波管内を伝搬する電磁波は、TE 波又は TM 波であり、マイクロストリップ
　　線路を伝搬する電磁波は、近似的に ┃ オ ┃ である。

1　伝送できる　　　2　伝送できない　　　3　絶縁体　　　4　導体　　　5　TEM 波
6　低い　　　　　　7　高い　　　　　　　8　開放　　　　9　密閉　　　10　TE 波

B - 3　次の記述は、各種アンテナの特徴などについて述べたものである。このうち正し
いものを 1、誤っているものを 2 として解答せよ。
　ア　ホイップアンテナの指向性は、水平面、垂直面とも全方向性である。
　イ　スリーブアンテナの利得は、半波長ダイポールアンテナとほぼ同じである。
　ウ　ディスコーンアンテナは、スリーブアンテナに比べて広帯域なアンテナである。
　エ　ホーンアンテナは、開口面の大きさを一定にしたまま、ホーンの長さを短くすると
　　　利得は大きくなる。
　オ　カセグレンアンテナの副反射鏡は、回転放物面である。

B - 4　次の記述は、マイクロ波（SHF）帯の伝搬について述べたものである。┃　　　┃
内に入れるべき字句を下の番号から選べ。
(1)　降雨による減衰は、電波が雨滴にあたり、そのエネルギーの一部が ┃ ア ┃ や散乱さ
　　れることによって生ずる。
(2)　伝搬路が長いほど、フェージングの発生頻度と ┃ イ ┃ がともに大きくなる。また、
　　伝搬路の平均地上高が ┃ ウ ┃ ほどフェージングは大きくなる。
(3)　地理的な条件による例外を除いて一般に ┃ エ ┃ の日の深夜又は早朝に顕著なフェー
　　ジングが多く生ずる。
(4)　ラジオダクトが発生すると、電波はあたかも導波管内を進むようにラジオダクト内
　　に閉じ込められて ┃ オ ┃ を繰り返しながら遠距離まで伝搬することがある。

1　吸収　　　2　周波数変動　　　3　高い　　　4　晴天　　　5　反射
6　回折　　　7　変動幅　　　　　8　低い　　　9　曇天　　　10　散乱

┃答┃　B - 2：ア- 2　イ- 6　ウ- 4　エ- 8　オ- 5
　　　　B - 3：ア- 2　イ- 1　ウ- 1　エ- 2　オ- 2
　　　　B - 4：ア- 1　イ- 7　ウ- 8　エ- 4　オ- 5

B-5 次の記述は、給電線上の電圧分布から給電線の特性インピーダンスを求める方法について述べたものである。 内に入れるべき字句を下の番号から選べ。ただし、給電線の特性インピーダンスを Z_0 〔Ω〕とし、給電線の損失はないものとする。また、給電線の終端に既知抵抗 R 〔Ω〕を接続するものとする。

(1) 図に示すように、給電線上に生じた定在波の最大値を V_{max} 〔V〕、最小値を V_{min} 〔V〕、電圧反射係数を Γ とすれば、電圧定在波比 S は次式で表される。

$$S = \frac{V_{max}}{V_{min}} = \boxed{\text{ア}} \qquad \cdots ①$$

(2) Γ は、Z_0 及び R を用いて次式で表される。

$$|\Gamma| = \boxed{\text{イ}} \qquad \cdots ②$$

(3) $R > Z_0$ のとき、S の値は、Z_0 と R で表すと式①及び②から次式となる。

$$S = \boxed{\text{ウ}} \qquad \cdots ③$$

したがって、$Z_0 = \boxed{\text{エ}}$ 〔Ω〕が得られる。

$R < Z_0$ のときも同様にして求めることができる。

(4) 定在波が生じていない場合には $V_{max} = V_{min}$ であるから、

$$Z_0 = \boxed{\text{オ}} \text{〔Ω〕である。}$$

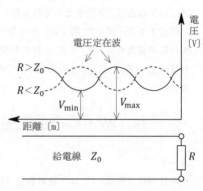

1 $\dfrac{1+|\Gamma|}{1-|\Gamma|}$　　2 $\dfrac{|R+Z_0|}{|R-Z_0|}$　　3 $\dfrac{R}{Z_0}$　　4 $\dfrac{RV_{max}}{V_{min}}$　　5 $4R$

6 $\dfrac{1-|\Gamma|}{1+|\Gamma|}$　　7 $\dfrac{|R-Z_0|}{|R+Z_0|}$　　8 $\dfrac{Z_0}{R}$　　9 $\dfrac{RV_{min}}{V_{max}}$　　10 R

▶解答の指針────────────────────────────

○A-1

3　大きさは、電界ベクトルと磁界ベクトルを二辺とする**平行四辺形**の面積に等しい。

○A-3

(1)　図2の等価回路において、V〔V〕は受信アンテナに誘起される開放端電圧であり、Z_a〔Ω〕は送信アンテナとしての**入力**インピーダンスと等価である。

(2)　負荷インピーダンス Z_l〔Ω〕から最大電力を取り出すことができる条件は、最大電力供給の定理から、Z_a と Z_l が複素共役、すなわち $Z_a = R_a + jX_a$、$Z_l = R_l + jX_l$ とすれば、$R_a = R_l$、$X_a = \underline{-X_l}$ であり、そのとき受信機の受信有能電力 P は、次のようになる。

$$P = \frac{V^2 R_l}{(R_a + R_l)^2 + (X_a + X_l)^2} = \frac{V^2}{4R_l}\ \text{〔W〕}$$

○A-4

指向性利得（真数）G_d は、絶対利得（真数）G_a、放射効率 η を用いて次式で表され、題意の数値を用いて次のようなる。

$$G_d = \frac{G_a}{\eta} = \frac{24}{0.6} = 40$$

○A-6

給電線の特性インピーダンス Z_0 は、単位長当たりの自己インダクタンスを L〔H/m〕、静電容量を C〔F/m〕とし、題意の数値を用いて以下のようになる。

$$Z_0 = \sqrt{\frac{L}{C}} = \sqrt{\frac{0.1 \times 10^{-6}}{40 \times 10^{-12}}} = \sqrt{2.5 \times 10^3} = 50\ \text{〔Ω〕}$$

○A-7

給電線上の定在波電圧の最大値 V_{max} 及び最小値 V_{min} は、進行波電圧と反射波電圧の実効値をおのおの $|V_f|$ 及び $|V_r|$ として、$V_{max} = |V_f| + |V_r|$、$V_{min} = |V_f| - |V_r|$ で表されるから、電圧定在波比 S は次式となる。

$$S = \frac{V_{max}}{V_{min}} = \frac{|V_f| + |V_r|}{|V_f| - |V_r|}$$

上式より、題意の数値を用いて、$|V_r|$ は次のようになる。

$$|V_r| = |V_f| \times \frac{S-1}{S+1} = 100 \times \frac{1.5-1}{1.5+1} = 20\ \text{〔V〕}$$

○A-8

(1)　集中定数回路に R を接続した回路を給電線から見たインピーダンスが給電線の特性インピーダンス Z_0 に等しいことが整合条件であるから、次式が成り立つ。

$$Z_0 = jX + \frac{-jX(R+jX)}{(R+jX)-jX}$$

(2)　上式より次式を得る。

$$X = \underline{\sqrt{RZ_0}}$$

(3)　上式に題意の数値を代入して X は次のようになる。

$$X = \sqrt{12 \times 300} \fallingdotseq \underline{60} \ [\Omega]$$

○A-9

　シュペルトップは、設問図のように、同軸ケーブルの外側に長さ 1/4 波長の円筒導体をかぶせ、同軸ケーブルの外部導体と a 側端で外部導体に短絡したものである。円筒導体の b 側端では電圧分布が最大、電流分布が最小であるため、入力インピーダンスは非常に大きい。同軸ケーブルの外側を流れる不平衡電流を止めることができ、同軸ケーブルと平行線路との整合に用いられる。

○A-10

5　入力インピーダンスは、半波長ダイポールアンテナの約4倍である。

○A-11

　対数周期ダイポールアレーアンテナは、多数の異なる半波長ダイポール素子が、設問図のように対数周期的に互いに平行に配置され、交互に反転した位相で給電される自己相似アンテナアレーの一種である。与図のように、n を正整数として、原点 O から距離 x_n の位置に長さ l_n のダイポールが配置されており、その間に次の関係がある。

$$\frac{l_n}{l_{n+1}} = \frac{x_n}{x_{n+1}} = \tau \ （一定）$$

　いま、n 番目の素子が共振したとすればその入力インピーダンスは純抵抗となり、電波を放射し、その素子より短い $(n+1)$ 番目以上のアンテナは容量性となり伝送領域となる。逆に、その素子より長い $(n-1)$ 番目以下のアンテナは誘導性となり、反射領域となり、図中の「ア」の方向が主放射の方向となる。このアンテナの励振周波数を連続的に変えると放射領域が移動するが、各ダイポールの電気的特性はほとんど変化せず、入力インピーダンスはほぼ一定で周波数帯域幅が広い。

右余白の縦書き：無線工学B

○A-12

アンテナの絶対利得 G は、開口面積を A 〔m^2〕、波長を λ 〔m〕、開口効率を η として次式で表される。

$$G = \frac{4\pi A}{\lambda^2} \eta$$

$\lambda = 0.03$ 〔m〕、$G = 10^5$ であり、題意の数値を用いて上式から η は次のようになる。

$$\eta = \frac{G\lambda^2}{4\pi A} = \frac{10^5 \times 0.03^2}{4 \times 3.14 \times 4\pi} \fallingdotseq 0.57$$

○A-14

自由空間基本伝送損 L は、波長 $\lambda = 5 \times 10^{-2}$ 〔m〕、距離 $d = 30 \times 10^3$ 〔m〕を用いて、次のようになる。

$$L = \left(\frac{4\pi d}{\lambda}\right)^2 = \left(\frac{4\pi \times 30 \times 10^3}{5 \times 10^{-2}}\right)^2 \fallingdotseq 5.7 \times 10^{13} \quad (\text{真数})$$

○A-15

受信有能電力 P は、到来電波の電界強度を E 〔V/m〕、半波長ダイポールアンテナの入力抵抗を R 〔Ω〕、その実効長を l_e 〔m〕として次式で表される。

$$P = \frac{E^2 l_\mathrm{e}^2}{4R} \quad \text{〔W〕}$$

上式より、E は次のようになる。

$$E = \frac{2}{l_\mathrm{e}} \sqrt{PR} \quad \text{〔V/m〕}$$

$\lambda = 1$ 〔m〕であり、l_e は波長を λ 〔m〕として $l_\mathrm{e} = \lambda/\pi$ 〔m〕であるから、$R \fallingdotseq 73$ 〔Ω〕及び題意の数値を用いて E は次のようになる。

$$E = 2 \times \pi \times \sqrt{10^{-6} \times 73} \fallingdotseq 2\pi \times 8.54 \times 10^{-3} \fallingdotseq 54 \quad \text{〔mV/m〕}$$

○A-18

出力端開放インピーダンス Z_op 及び短絡インピーダンス Z_sh は、特性インピーダンスを Z_0 〔Ω〕、入力端から出力端までの距離を l 〔m〕、位相定数を β 〔rad/m〕として次のように表される。

$$Z_\mathrm{op} = -jZ_0 \cot \beta l \quad \text{〔Ω〕}$$

$$Z_\mathrm{sh} = jZ_0 \tan \beta l \quad \text{〔Ω〕}$$

上式の辺々の積をとり、$\cot \beta l \times \tan \beta l = 1$ を考慮して次の関係を得る。

$$Z_0^2 = Z_\mathrm{op} Z_\mathrm{sh}$$

$$\therefore \quad Z_0 = \sqrt{Z_\mathrm{op} Z_\mathrm{sh}} \quad \text{〔Ω〕}$$

○**A-19**

(1)　送信アンテナ1からの電波の受信アンテナ2の位置における電力密度 p は次式となる。

$$p = \frac{P_t G_1}{4\pi d^2} \; [\text{W/m}^2] \qquad \cdots ①$$

一方、P_r は、アンテナ2の開口面積 $A_r \, [\text{m}^2]$ を用いて $P_r = p A_r$ で表される。

A_r は、G_2 及び波長 $\lambda \, [\text{m}]$ を用いて $A_r = G_2 \lambda^2/(4\pi)$ で表されるから、式①より P_r は次のようになる。

$$P_r = \frac{P_t G_1}{4\pi d^2} \times \frac{G_2 \lambda^2}{4\pi} = G_1 G_2 P_t \times \left(\frac{\lambda}{4\pi d}\right)^2 \; [\text{W}] \qquad \cdots ②$$

(2)　G_1 が既知のとき、式②より G_2 は次のようになる。

$$G_2 = \frac{P_r}{P_t G_1} \left(\frac{4\pi d}{\lambda}\right)^2 \qquad \cdots ③$$

(3)　式③から、利得が等しいときには、それらを G として次式が得られ、P_t と P_r の測定値から G が求められる。

$$G = \sqrt{G_1 G_2} = \frac{4\pi d}{\lambda} \sqrt{\frac{P_r}{P_t}}$$

○**A-20**

放射効率 η は、アンテナの放射抵抗 $R_r \, [\Omega]$、接地抵抗 $R_E \, [\Omega]$ 及び損失抵抗 $R_L \, [\Omega]$ として次式で表される。

$$\eta = \frac{R_r}{R_r + R_E + R_L}$$

R_L は、波長 $\lambda = 120 \, [\text{m}]$ であり与式より $R_L = 0.1 \times 120/8 = 1.5 \, [\Omega]$ となる。

R_r は、半波長ダイポールアンテナの放射抵抗の約1/2で36.6 $[\Omega]$ であるから、上式にそれらの数値を代入して η は次のようになる。

$$\eta = \frac{36.6}{36.6 + 4 + 1.5} \fallingdotseq 0.87$$

無線工学B

○B−1

(1) 電力 P_s〔W〕を送信する等方性アンテナから遠方の距離 d〔m〕離れた点 P における電界強度 E_s は次式で表される。

$$E_s = \frac{\sqrt{30P_s}}{d} \text{〔V/m〕} \qquad \cdots ①$$

(2) 半波長ダイポールアンテナに振幅 I_0〔A〕の正弦波電流を加えたときの放射電力 P_h は、このアンテナの放射抵抗73〔Ω〕を用い、次式となる。

$$P_h = \underline{73} \times I_0{}^2 \text{〔W〕} \qquad \cdots ③$$

この場合、最大放射方向の遠方の距離 d〔m〕離れた点 P における電界強度 E_h は、与式②である。式③から I_0 を求め、式②に代入して、次式を得る。

$$E_h = \frac{60 I_0}{d} = \frac{60\sqrt{P_h}}{d\sqrt{73}} \text{〔V/m〕} \qquad \cdots ④$$

(3) 半波長ダイポールアンテナが無損失であれば、このアンテナの絶対利得 G_0 は、点 P において $E_s = \underline{E_h}$ のときの P_s と P_h の比であり、式①と④から、次式のようになる。

$$G_0 = \frac{P_s}{P_h} = \frac{60^2}{30 \times 73} \fallingdotseq \underline{1.64} \text{（真数）}$$

○B−2

(1) 方形導波管は、遮断周波数より低い周波数の電磁波は <u>伝送できない</u>。また、基本モードの遮断周波数は、他の高次モードの遮断周波数より <u>低い</u>。

(2) マイクロストリップ線路は、接地導体基板上に薄い厚さの誘電体をのせ、その上に幅が狭く厚さが薄いストリップ <u>導体</u> を密着させた不平衡線路である。<u>開放</u> された構造であり、外部雑音が混入したり、逆に信号波が漏洩するおそれがある。誘電体の誘電率を十分に大きく選べば、放射損を減らすことができ、減衰量も小さくなる。

(3) 方形導波管内では、進行方向に電磁界成分をもつ電磁波が伝搬するが、マイクロストリップ線路では、不平衡線路であるが、進行方向に電磁界成分が小さく、近似的に <u>TEM 波</u> として扱うことができる。

○B−3

ア ホイップアンテナの指向性は、水平面は全方向性であるが、**垂直面は全方向性ではない**。

エ ホーンアンテナは、開口面積を一定にしたまま、ホーンの長さを**長く**すると利得は大きくなる。

オ カセグレンアンテナの副反射鏡は、**回転双曲面**である。

○B-4

(1) 降雨による減衰は、電波が雨滴にあたり、その一部のエネルギーが吸収や散乱されることにより生ずる。

(2) 伝搬路が長いほど、干渉性や減衰性のフェージングの発生頻度と変動幅がともに大きくなる。また、伝搬路の平均地上高が低いほど回折損によるフェージングは大きくなる。

(3) 一般に晴天の日の深夜又は早朝など温度の逆転層ができやすい時間帯にラジオダクトによるダクト形フェージングが多く生ずる。

(4) 温度の逆転層によるラジオダクト内を、電波が導波管内伝搬のごとく反射を繰り返しながら遠距離まで伝搬することがある。

○B-5

(1) 給電線上の定在波の最大電圧 V_{max} 及び最小電圧 V_{min} は、進行波と反射波電圧の実効値をそれぞれ $|V_1|$ 及び $|V_2|$ として次のように表される。

$$V_{max} = |V_1| + |V_2| \ \text{〔V〕}$$

$$V_{min} = |V_1| - |V_2| \ \text{〔V〕}$$

$|\varGamma|$ は、$|\varGamma| = |V_2|/|V_1|$ で定義されるので、S は次のようになる。

$$S = \frac{V_{max}}{V_{min}} = \frac{|V_1| + |V_2|}{|V_1| - |V_2|} = \frac{1 + |V_2|/|V_1|}{1 - |V_2|/|V_1|} = \frac{1 + |\varGamma|}{1 - |\varGamma|} \qquad \cdots ①$$

(2) 終端での電圧反射係数 $\varGamma$ は、R〔Ω〕と Z_0〔Ω〕を用いて次式で表される。

$$|\varGamma| = \frac{|R - Z_0|}{|R + Z_0|} \qquad \cdots ②$$

(3) $R > Z_0$ のとき、S は、式①及び②から次のようになる。

$$S = \frac{R + Z_0 + R - Z_0}{R + Z_0 - (R - Z_0)} = \frac{R}{Z_0} \qquad \cdots ③$$

$$\therefore \ Z_0 = \frac{R}{S} = \frac{R V_{min}}{V_{max}} \ \text{〔Ω〕}$$

$R < Z_0$ のときも同様に求められる。

(4) 定在波が生じていない場合、$V_{max} = V_{min}$ であるから、$Z_0 = R$〔Ω〕である。

令和3年7月期

A-1 次の記述は、電波の平面波と球面波について述べたものである。このうち誤っているものを下の番号から選べ。

1 電波の進行方向に直交する平面内で、一様な電界と磁界を持つ電波を平面波という。
2 波面が球面の電波を球面波という。
3 ホーンアンテナから放射された電波は、その開口面の近傍ではほぼ球面波で近似することができる。
4 アンテナから放射された電波は、アンテナから十分離れた距離においては平面波とみなすことができる。
5 平面波と球面波は、いずれも縦波であり、光波と同じ速さで進む。

A-2 自由空間において、到来電波の磁界強度が5×10^{-5}〔A/m〕であった。このときの電界強度の値として、最も近いものを下の番号から選べ。ただし、電波は平面波とする。

1 5〔mV/m〕 2 19〔mV/m〕 3 38〔mV/m〕
4 69〔mV/m〕 5 98〔mV/m〕

A-3 自由空間内に置かれた微小ダイポールによる静電界と放射電界の大きさが等しくなる距離の値として、最も近いものを下の番号から選べ。ただし、微小ダイポールによる任意の点Pの電界強度E_θは次式で与えられるものとする。この式でI〔A〕は放射電流、l〔m〕は微小ダイポールの長さ、λ〔m〕は波長、r〔m〕は微小ダイポールからの距離、θ〔rad〕は微小ダイポールの電流が流れる方向と微小ダイポールの中心から点Pを見た方向とがなす角度、ω〔rad/s〕は角周波数とする。また、周波数を6〔MHz〕とする。

$$E_\theta = \frac{j60\pi Il\sin\theta}{\lambda}\left(\frac{1}{r} - \frac{j\lambda}{2\pi r^2} - \frac{\lambda^2}{4\pi^2 r^3}\right)e^{j(\omega t - 2\pi r/\lambda)} \text{〔V/m〕}$$

1 1.2〔m〕 2 3.2〔m〕 3 8.0〔m〕 4 10.2〔m〕 5 18.8〔m〕

A-4 図に示す長さが半波長程度のダイポールアンテナの給電端子abから見たインピーダンスZ_{ab}が次式で与えられるとき、Z_{ab}を純抵抗とするためのアンテナ素子の短縮率$\delta \times 100$〔%〕の値として、最も近いものを下の番号から選べ。ただし、アンテナ素子の特性インピーダンスZ_0は、純抵抗で414〔Ω〕とする。

答 A-1:5 A-2:2 A-3:3

$$Z_{\text{ab}} \fallingdotseq 73.1 + j42.6 - j\pi Z_0\delta \ (\Omega)$$

1 3.3〔%〕 2 5.2〔%〕

3 6.2〔%〕 4 7.9〔%〕

5 9.4〔%〕

A－5 周波数20〔MHz〕用の半波長ダイポールアンテナの実効面積の値として、最も近いものを下の番号から選べ。

1 58〔m²〕 2 45〔m²〕 3 35〔m²〕 4 29〔m²〕 5 13〔m²〕

A－6 次の記述は、平行二線式給電線と小電力用同軸ケーブルについて述べたものである。このうち誤っているものを下の番号から選べ。

1 平行二線式給電線の特性インピーダンスは、導線の太さが同じ場合には、導線の間隔が狭いほど大きくなる。

2 平行二線式給電線は、平衡形の給電線であり、零電位は2本の導線の間隔の垂直二等分面上にある。

3 小電力用同軸ケーブルは、通常、外部導体を接地して使用する。

4 小電力用同軸ケーブルの特性インピーダンスは、内部導体の外径dに対する外部導体の内径Dの比（D/d）が大きいほど大きくなる。

5 小電力用同軸ケーブルは、平行二線式給電線よりも、外部からの誘導妨害の影響を受けにくい。

A－7 無損失の平行二線式給電線の終端が開放されているとき、終端に最も近い定在波電圧の最小点から終端までの距離l_{v}及び終端に最も近い定在波電流の最小点から終端までの距離l_{i}の値の組合せとして、正しいものを下の番号から選べ。ただし、周波数は15〔MHz〕とし、$l_{\text{v}} > 0$、$l_{\text{i}} > 0$とする。

	l_{v}	l_{i}
1	1.5〔m〕	1.5〔m〕
2	2.5〔m〕	2.5〔m〕
3	2.5〔m〕	5.0〔m〕
4	5.0〔m〕	2.5〔m〕
5	5.0〔m〕	10.0〔m〕

答 A－4：1 A－5：4 A－6：1 A－7：5

A-8　方形導波管で周波数が8〔GHz〕、管内波長が5〔cm〕であるとき、位相速度v_pと群速度v_gの値の組合せとして、正しいものを下の番号から選べ。ただし、TE$_{10}$モードとする。

	v_p	v_g
1	4.0×10^8〔m/s〕	1.10×10^8〔m/s〕
2	4.0×10^8〔m/s〕	1.65×10^8〔m/s〕
3	4.0×10^8〔m/s〕	2.25×10^8〔m/s〕
4	3.2×10^8〔m/s〕	1.50×10^8〔m/s〕
5	3.2×10^8〔m/s〕	2.25×10^8〔m/s〕

A-9　次の記述は、マイクロストリップ線路について述べたものである。　　内に入れるべき字句の正しい組合せを下の番号から選べ。

(1)　接地した導体基板の上に大きな比誘電率を持つ厚さが薄い誘電体基板を密着させ、その上に幅が狭く厚さが極めて薄い　A　を密着させたものである。導波管及び同軸線路に比べて非常に小形、軽量であり、マイクロ波の伝送線路としても使用される。

(2)　一種の　B　線路であるから、外部雑音が混入するおそれがある。また、誘電体基板の比誘電率を十分　C　選べば、放射損は非常に小さくなる。

	A	B	C
1	導体	密閉	小さく
2	導体	開放	大きく
3	導体	開放	小さく
4	絶縁体	密閉	小さく
5	絶縁体	開放	大きく

A-10　次の記述は、各種アンテナの特徴などについて述べたものである。このうち誤っているものを下の番号から選べ。

1　八木・宇田アンテナ（八木アンテナ）は、利得を上げるために、通常、数個の導波器を用いる。

2　半波長ダイポールアンテナの絶対利得（真数）は、約2.15である。

3　対数周期ダイポールアレーアンテナは、半波長ダイポールアンテナに比べて広帯域なアンテナである。

4　ディスコーンアンテナは、スリーブアンテナに比べて広帯域なアンテナである。

答　A-8：3　　A-9：2

5　パラボラアンテナは、開口面近傍で放射される電波がほぼ平面波になるように設計される。

A−11　次の記述は、図に示す素子の太さが同じ二線式折返し半波長ダイポールアンテナについて述べたものである。　　　内に入れるべき字句の正しい組合せを下の番号から選べ。

(1)　上下に対向する2本の素子に流れる電流の方向は、　A　である。

(2)　入力インピーダンスは、半波長ダイポールアンテナの約　B　倍である。

(3)　同一電波を受信したときの受信有能電力は、半波長ダイポールアンテナで受信したときの受信有能電力と　C　。

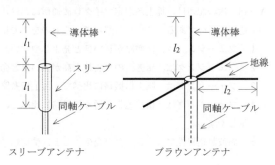

λ：波長

	A	B	C
1	反対の向き	8	ほぼ同一である
2	反対の向き	2	大きく異なる
3	同じ向き	8	ほぼ同一である
4	同じ向き	4	ほぼ同一である
5	同じ向き	2	大きく異なる

A−12　次の記述は、図に示すスリーブアンテナ及びブラウンアンテナについて述べたものである。　　　内に入れるべき字句の正しい組合せを下の番号から選べ。ただし、アンテナは大地に対して垂直に設置されているものとする。

(1)　スリーブアンテナの導体棒とスリーブの長さ l_1 は、ともに約　A　である。

(2)　ブラウンアンテナの導体棒と4本の各地線の長さ l_2 は、ともに約　B　である。

(3)　スリーブアンテナのスリーブ及びブラウンアンテナの地線は同軸ケーブルの外部導体に漏れ電流が流れるのを防止する効果がある。

(4)　水平面内の指向性は、ともに　C　である。

導体棒
スリーブ
同軸ケーブル
スリーブアンテナ

導体棒
地線
同軸ケーブル
ブラウンアンテナ

答　A−10：2　　A−11：4

	A	B	C
1	半波長	半波長	双方向性
2	半波長	1/4波長	全方向性
3	1/4波長	1/4波長	双方向性
4	1/4波長	1/4波長	全方向性
5	1/4波長	半波長	双方向性

A-13 次の記述は、扇形ホーンアンテナについて述べたものである。このうち誤っているものを下の番号から選べ。

1 方形導波管の終端を開放し、その一対の管壁の幅を徐々に広げて所定の大きさにしたものである。

2 H面扇形ホーンとE面扇形ホーンがある。

3 開口面積を一定にしたまま、ホーンの長さを長くすると利得が変わる。

4 放射される電波は、開口面上で球面波である。

5 ホーンの長さを一定にしたまま、ホーンの開き角を大きくすればするほど利得は大きくなる。

A-14 自由空間において、半波長ダイポールアンテナから電波を放射したとき、最大放射方向の15〔km〕離れた受信点における電界強度が1.4〔mV/m〕であった。このときの放射電力の値として、最も近いものを下の番号から選べ。

1 9.0〔W〕　2 6.5〔W〕　3 4.0〔W〕　4 2.5〔W〕　5 1.0〔W〕

A-15 次の記述は、地上系固定マイクロ波通信におけるフェージングの一般的事項について述べたものである。このうち誤っているものを下の番号から選べ。

1 フェージングは、伝搬路が長いほど発生しやすい。

2 フェージングは、伝搬路の平均地上高が低いほど発生しやすい。

3 フェージングは、陸上伝搬路に比べて、海上伝搬路の方が発生しにくい。

4 フェージングは、山岳地帯を通る伝搬路に比べて、平地の上を通る伝搬路の方が発生しやすい。

5 周波数選択性フェージングが発生すると、受信信号に波形ひずみが生じやすい。

A-16 次の記述は、対流圏伝搬について述べたものである。 内に入れるべき字句の正しい組合せを下の番号から選べ。

(1) 大気の屈折率は、 A 前後の値であり、気象状態によるこの値のわずかな変動が電波の伝搬に大きな影響を与える。標準大気中では、大気の屈折率は高さとともにほぼ直線的に減少するため、地表面にほぼ平行に放射された電波は上方に凸に曲がり、見通し距離が増大する。

(2) 標準大気中では、わん曲する電波の通路を直線的に扱うために、等価的に地球の半径を B するような等価地球半径係数を用いる。

(3) 大気の屈折率の高度分布を示す M 曲線が負の傾きを生じているときには、 C が生成され、超短波（VHF）帯からマイクロ波（SHF）帯の電波が異常に遠距離まで伝搬することがある。

	A	B	C
1	1.0003	小さく	フレネルゾーン
2	1.0003	小さく	ラジオダクト
3	1.0003	大きく	ラジオダクト
4	1.3333	大きく	ラジオダクト
5	1.3333	小さく	フレネルゾーン

A-17 次の記述は、電離層内を伝搬する電波について述べたものである。 内に入れるべき字句の正しい組合せを下の番号から選べ。なお、同じ記号の 内には、同じ字句が入るものとする。

(1) 電波の電離層内における反射に主として影響を及ぼすのは、電波の A 、電離層への入射角及び電離層の電子密度である。 A を変えないで、電離層への入射角を変えていくと、電波の反射する高さが変化する。入射角を B し過ぎると、電波は電離層を突き抜けてしまう。

(2) 電離層内では、電磁エネルギーが電子に移り、電子が分子、原子に衝突してこのエネルギーが熱に変わることによって電波が減衰する。電波が電離層を通過するときに生ずる減衰を C という。

	A	B	C
1	周波数	大きく	第2種減衰
2	周波数	小さく	第1種減衰
3	周波数	大きく	第1種減衰
4	電界強度	大きく	第1種減衰
5	電界強度	小さく	第2種減衰

答 A-16：3　A-17：2

A – 18　次の記述は、アンテナの諸特性の測定について述べたものである。　□□□内に入れるべき字句の正しい組合せを下の番号から選べ。

(1)　一般に　□A□　がVHF帯用アンテナの利得を測定する場合の基準アンテナとして用いられる。

(2)　測定するアンテナの前後比（F/B）は、最大放射方向の電界強度 E_f〔V/m〕と最大放射方向から　□B□　方向の範囲内の最大の電界強度 E_r〔V/m〕を測定し、E_f/E_r として求める。

(3)　開口面アンテナの測定では、測定周波数が一定の場合、開口面の面積が　□C□　ほど送信アンテナと受信アンテナとの距離を大きくする必要がある。

	A	B	C
1	半波長ダイポールアンテナ	180度±60度	大きい
2	半波長ダイポールアンテナ	90度±60度	小さい
3	ホーンアンテナ	90度±60度	小さい
4	ホーンアンテナ	180度±60度	大きい
5	ホーンアンテナ	180度±60度	小さい

A – 19　次の記述は、図に示す小形アンテナの放射効率を測定する Wheeler cap（ウィーラー・キャップ）法について述べたものである。　□□□内に入れるべき字句の正しい組合せを下の番号から選べ。ただし、金属の箱及び地板の大きさ及び材質は、測定条件を満たしており、アンテナの位置は、箱の中央部に置いて測定するものとする。また、金属の箱の有無にかかわらず、アンテナ電流を一定とし、被測定アンテナは直列共振形とする。なお、同じ記号の□□□内には、同じ字句が入るものとする。

(1)　図に示すように、地板の上に置いた被測定アンテナに、アンテナ電流の分布を乱さないよう適当な形及び大きさの金属の箱をかぶせて地板との間に隙間がないように密閉し、被測定アンテナの入力インピーダンスの□A□を測定する。この値は、アンテナからの放射がないので、アンテナの□B□とみなせる。

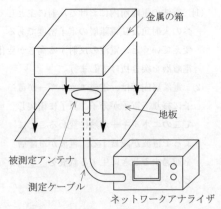

(2) 次に金属の箱を取り除いて、同様に、被測定アンテナの入力インピーダンスの □A□ を測定する。この値はアンテナの □B□ と □C□ の和である。

(3) 放射効率は、(1)と(2)の測定値の差から求められる □C□ を(2)で測定した □A□ で割った値で表される。

	A	B	C
1	虚数部	損失抵抗	放射抵抗
2	虚数部	絶縁抵抗	損失抵抗
3	実数部	絶縁抵抗	損失抵抗
4	実数部	損失抵抗	放射抵抗
5	実数部	放射抵抗	損失抵抗

A-20 次の記述は、電波暗室と電波吸収体について述べたものである。□□□内に入れるべき字句の正しい組合せを下の番号から選べ。

(1) 屋外でアンテナ特性を測定すると、大地や周囲の建造物などからの反射波が直接波とともに受信されるため、良好な測定結果が得られない場合がある。電波暗室は、壁、天井及び床に電波吸収体を張り付けて、室内を □A□ の状態に近づけ、この中でアンテナ特性などの測定が行えるような構造にしたものである。

(2) 電波吸収体は、電波がその表面に入射したとき、反射されずに内部へ十分に進入して吸収されることが必要である。誘電材料を用いた電波吸収体の場合には、□B□ 粉末を誘電体表面に塗布したり、誘電体の内部に混入したりする。その形状には、表面を □C□ にしたものや、誘電率の異なる平板状の材料を層状に重ねたものなどがある。

	A	B	C
1	誘導電磁界領域	黒鉛	ピラミッド状など
2	誘導電磁界領域	フェライト	ピラミッド状など
3	誘導電磁界領域	フェライト	球状
4	自由空間	フェライト	球状
5	自由空間	黒鉛	ピラミッド状など

B-1 次の記述は、自由空間内におけるアンテナの放射電界強度の計算式の誘導について述べたものである。□□□内に入れるべき字句を下の番号から選べ。ただし、アンテナ等の損失はないものとする。

無線工学B

答 A-19：4 A-20：5

(1) 等方性アンテナの放射電力を P_0〔W〕、アンテナから距離 d〔m〕離れた点における電界強度を E_0〔V/m〕とすると、この点の ア W は、次式で表される。

$$W = \frac{P_0}{4\pi d^2} = \boxed{\text{イ}} \quad \text{〔W/m}^2\text{〕}$$

上式から、E_0 は、次式で表される。

$$E_0 = \boxed{\text{ウ}} \quad \text{〔V/m〕}$$

(2) 等方性アンテナ及び任意のアンテナに、それぞれ電力 P_0〔W〕及び P〔W〕を入力したとき、両アンテナから十分離れた同一地点における両電波の電界強度が等しければ、任意のアンテナの絶対利得 G（真数）は、次式で与えられる。

$$G = \boxed{\text{エ}}$$

(3) したがって、絶対利得 G の任意のアンテナに電力 P〔W〕を入力したとき、このアンテナから距離 d〔m〕離れた点における電界強度 E〔V/m〕は、次式で表される。

$$E = \frac{\boxed{\text{オ}}}{d} \quad \text{〔V/m〕}$$

1　有効電力	2　$\dfrac{\sqrt{30P_0}}{d}$	3　$\dfrac{E_0{}^2}{120\pi}$	4　$\sqrt{30GP}$
5　$2\sqrt{30GP}$	6　$\dfrac{E_0{}^2}{60\pi}$	7　ポインチング電力	8　$\dfrac{2\sqrt{30P_0}}{d}$
9　$\dfrac{P}{P_0}$	10　$\dfrac{P_0}{P}$		

B－2 次の記述は、整合について述べたものである。□□内に入れるべき字句を下の番号から選べ。

(1) 給電線の特性インピーダンスと給電線に接続されているアンテナや送受信機の入力又は出力インピーダンスが ア と、これらの接続点から反射波が生じ、電力の イ が低下する。これを防ぐため、これらの接続点にインピーダンス整合回路を挿入して整合をとる。

(2) 同軸給電線のような ウ とダイポールアンテナのような平衡回路を直接接続すると、平衡回路に エ が流れ、送信や受信に悪影響を生ずる。これを防ぐため、二つの回路の間に オ を挿入して、整合をとる。

1　等しい	2　伝送効率	3　平衡回路	4　不平衡電流	5　バラン
6　異なる	7　反射効率	8　不平衡回路	9　平衡電流	10　アイソレータ

答　B－1：ア－7　イ－3　ウ－2　エ－10　オ－4

　　　B－2：ア－6　イ－2　ウ－8　エ－4　オ－5

B-3 次の記述は、図に示す反射板付きの双ループアンテナについて述べたものである。□□内に入れるべき字句を下の番号から選べ。

(1) 2ループを平行給電線で接続したものに反射板を組み合わせたアンテナで、ループの円周の長さは、それぞれ約 ［ ア ］ 波長である。

(2) 給電点は、一般に平行給電線の ［ イ ］ である。

(3) 2ループが大地に対して上下になるように置いたときの水平面内の指向性は、［ ウ ］ の指向性とほぼ等しい。

(4) 利得を上げるために反射板内のループの数を上下方向に増やすと、使用周波数範囲が ［ エ ］ なる。

(5) このアンテナを四角鉄塔の各面に取付けた場合、鉄塔の幅が波長に比べて狭いときは、水平面内の指向性はほぼ ［ オ ］ となる。

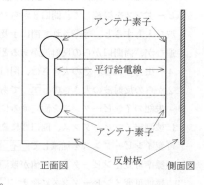

1　1　　　　2　中央　　　　3　反射板付き4ダイポールアンテナ
4　広く　　　5　双方向性　　6　1/2
7　上端　　　8　ホイップアンテナ　9　狭く　　10　全方向性

B-4 次の記述は、各周波数帯における電波の伝搬について述べたものである。このうち正しいものを1、誤っているものを2として解答せよ。

ア　長波（LF）帯では、日の出及び日没のときに受信電界強度が急に弱くなる日出日没現象がある。

イ　中波（MF）帯では、夜間は電離層（D層）で吸収されるので地表波のみが伝搬するが、昼間はD層が消滅するため電離層（E層）反射波も伝搬する。

ウ　短波（HF）帯は、主に電離層伝搬であり、電離層による吸収及び反射の影響が大きく、昼夜、季節、太陽活動などの変化により最適の伝搬周波数が異なる。

エ　超短波（VHF）帯では、一年を通じて電離層を突き抜けるので、電離層からの反射波はない。

オ　マイクロ波（SHF）帯及びミリ波（EHF）帯では、降雨により地上系固定通信の交差偏波識別度が劣化することがある。

答　B-3：ア-1　イ-2　ウ-3　エ-9　オ-10
　　B-4：ア-1　イ-2　ウ-1　エ-2　オ-1

B-5 次の記述は、マジックTによるインピーダンスの測定について述べたものである。□内に入れるべき字句を下の番号から選べ。ただし、測定器相互間の整合はとれているものとし、接続部からの反射は無視できるものとする。なお、同じ記号の□内には、同じ字句が入るものとする。

(1) 図において、開口1及び2に任意のインピーダンスを接続して、開口3からマイクロ波を入力すると、等分されて開口1及び2へ進むが、両開口からの反射波があると、開口4へ出力される。その大きさは、開口1及び2からの反射波の大きさの ア である。

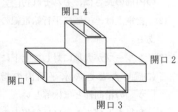

開口4
開口2
開口1
開口3

(2) 未知のインピーダンスを測定するには、開口1に標準可変インピーダンス、開口2に被測定インピーダンス、開口3に高周波発振器及び開口4に イ を接続し、標準可変インピーダンスを加減して イ への出力が ウ になるようにする。このときの標準可変インピーダンスの値が被測定インピーダンスの値である。

(3) 標準可変インピーダンスに換えて エ を接続し、被測定インピーダンスからの反射電力を測定して、その値から計算により被測定インピーダンスの オ を求めることもできる。

1 和   2 可変移相器   3 最小   4 無反射終端   5 大きさ
6 差   7 検出器   8 最大   9 短絡板   10 位相

答 B-5：ア-6   イ-7   ウ-3   エ-4   オ-5

▶解答の指針

○A-1

5　平面波と球面波は、いずれも**横波**であり、光波と同じ速さで進む。

○A-2

自由空間での平面波の電界強度 E は、空間の固有インピーダンス 120π〔Ω〕と磁界強度 H〔A/m〕を用いて次式で表され、題意の数値を代入して次のようになる。

$$E = 120\pi H$$
$$= 120\pi \times 5 \times 10^{-5} \fallingdotseq 19 \text{〔mV/m〕}$$

○A-3

電界強度の与式において、静電界は $1/r^3$ の項、放射電界は $1/r$ の項であり、それらが等しくなる距離 r は、$1/r = \lambda^2/(4\pi^2 r^3)$ を満たすので、$r = \lambda/(2\pi)$ である。

$\lambda = 50$〔m〕であるから、$r = 50/(2\pi) \fallingdotseq 8.0$〔m〕を得る。

○A-4

給電点から見た与式のインピーダンス Z_{ab} を純抵抗にする条件は、以下の式が成立すればよい。

$$j42.6 - j\pi Z_0 \delta = 0$$

上式に題意の数値を代入して、短縮率 $100 \times \delta$ は、以下のようになる。

$$100 \times \delta = 100 \times \frac{42.6}{\pi \times Z_0} = \frac{4,260}{\pi \times 414} \fallingdotseq 3.3 \text{〔\%〕}$$

○A-5

アンテナの実効面積 A_e は、波長を λ〔m〕、アンテナの絶対利得を G とすれば、次式で表され、半波長ダイポールアンテナの絶対利得 $G = 1.64$ と題意の数値を用いて次のようになる。

$$A_e = \frac{\lambda^2}{4\pi} G = \frac{15^2}{4\pi} 1.64 \fallingdotseq 29 \text{〔m}^2\text{〕}$$

○A-6

1　平行二線式給電線の特性インピーダンスは、導線の太さが同じ場合には、導線の間隔が狭いほど**小さくなる**。

○A-7

無損失の平行二線式給電線上の波長は自由空間波長と同じであるから、題意の周波数から20〔m〕である。終端開放のとき、終端の電圧は最大で電流は最小となる。したがって、

(1) 終端に最も近い定在波電圧の最小点から終端までの距離は、1/4波長であり、$l_v = 20/4 = \underline{5.0}$〔m〕である。

(2) 終端に最も近い定在波電流の最小点から終端までの距離は、1/2波長であり、$l_i = 20/2 = \underline{10.0}$〔m〕である。

○A-8

管内の位相速度v_pは、周波数f〔Hz〕と管内波長λ_g〔m〕との積であるから、題意の数値を用いて、

$$v_p = f\lambda_g = 8 \times 10^9 \times 5 \times 10^{-2} = \underline{4.0 \times 10^8}\text{〔m/s〕}$$

v_pと群速度v_gは、電波の速度をc〔m/s〕として、$v_p v_g = c^2$の関係があるので、v_gは次のようになる。

$$v_g = \frac{c^2}{v_p} = \frac{(3 \times 10^8)^2}{4.0 \times 10^8} = 2.25 \times 10^8 \text{〔m/s〕}$$

○A-10

2　半波長ダイポールアンテナの絶対利得（真数）は、**約1.64**である。

○A-11

2本の素子に流れる電流は、振幅、位相及び方向の等しい正弦波分布をとり（2本の素子に流れる電流の方向は<u>同じ向き</u>）、利得はほぼ同じである。入力インピーダンスは、半波長ダイポールアンテナの約<u>4倍</u>の約300〔Ω〕である。受信開放電圧は半波長ダイポールアンテナの2倍、すなわち実効長は2倍である。しかし入力インピーダンスが4倍になるため、受信有能電力は半波長ダイポールアンテナと<u>ほぼ同一である</u>。

○A-13

5　ホーンの長さを一定にしたまま、ホーンの開き角を**大きくしていくと利得は大きくなるが、開き角がある値を越すと利得が小さくなってくる**。

○A – 14

半波長ダイポールアンテナにおける最大放射方向の電界強度 E は、放射電力 P 〔W〕、距離 d 〔m〕により、$E = \dfrac{7\sqrt{P}}{d}$ 〔V/m〕で表されるから、P は題意の数値を用いて次式となる。

$$P = \frac{E^2 d^2}{49} = \frac{(1.4\times10^{-3}\times15\times10^3)^2}{49} = 9.0 \ \text{〔W〕}$$

○A – 15

3　フェージングは、陸上伝搬路に比べて、海上伝搬路の方が**発生しやすい**。

○A – 18

(1)　一般に VHF 帯用アンテナの利得測定に基準アンテナとして半波長ダイポールアンテナが用いられる。

(2)　アンテナの前後比（F/B）は、最大放射方向（0°）の電界強度 E_f〔V/m〕と最大放射方向から$180°\pm60°$ の方向の範囲内のサイドローブの最大電界強度 E_r〔V/m〕との比で定義される。

(3)　開口面アンテナの測定では、測定周波数が一定の場合、開口面の面積が大きいほど送受信点間の通路差が大きく変化し測定誤差が大きくなるので、送受信アンテナの間の距離を大きくとる必要がある。

○A – 19

ウィーラー・キャップによって密閉された空間では、その中のアンテナからの放射電力を零とすることができるので、ネットワークアナライザで測定されるアンテナ端子での入力インピーダンスの実数部は、損失抵抗 R_L とみなされる。また、キャップを取り除いた場合に得られる入力インピーダンスの測定値 R_{IN} は、損失抵抗 R_L と放射抵抗 R_R との和を表すので、それらの測定値を用いて放射効率 η は次式で表される。

$$\eta = \frac{R_{IN} - R_L}{R_{IN}} \quad \text{（真数）}$$

無線工学B

○B-3

　双ループアンテナは、設問図のように円周が約<u>1</u>波長の2つの円形ループアンテナを平行給電線で結んだもので、主に VHF～UHF 帯で用いられる。給電点は給電線の<u>中央</u>にあり、反射板は、ループ面から0.25～0.3波長離して設置される。上下方向に置かれた双ループアンテナの電流の水平成分により電波が放射されるので、その水平面内の指向性は、<u>反射板付き4ダイポールアンテナ</u>とほぼ等価な単一指向性である。ループの数を上下方向に縦続接続すれば、単独の双ループよりさらに高い利得が得られるが、使用周波数帯は<u>狭</u>くなる。このアンテナを四角鉄塔の各側面に取り付けた場合は、各アンテナの利得の調整により水平面内の指向性をほぼ<u>全方向性</u>にできる。

○B-4

イ　中波（MF）帯では、**昼間は電離層（D層）で吸収される**ので地表波のみが伝搬するが、**夜間は D 層が消滅するため電離層（E層）反射波**も伝搬する。

エ　超短波（VHF）帯では、**主に直接波による伝搬であり、これに大地反射波が加わる。この周波数帯では、スポラジックE層（Es）反射により遠距離へ伝搬**したり、対流圏散乱波により見通し外へ伝搬することがある。

○B-5

(1)　TE$_{10}$ モードでは、開口3への入力は、開口1と2へ同一振幅、同位相の垂直偏波の電界成分に分かれ、開口1の接続インピーダンスからの反射波と開口2の接続インピーダンスからの反射波との<u>差</u>が、開口4に出力される。

(2)　開口1に標準可変インピーダンスを、開口2に被測定インピーダンスを、開口3に高周波発振器を、開口4に<u>検出器</u>を接続する。検出器出力が<u>最小</u>になるように標準可変インピーダンスを調整すれば、その値が被測定インピーダンスの値となる。

(3)　標準可変インピーダンスを<u>無反射終端</u>に置き換えれば、開口4の出力電力は、開口2の被測定インピーダンスからの反射電力の半分であるから、検出器の電力測定値から被測定インピーダンスの<u>大きさ</u>が求められる。

A－1 次の記述は、微小ダイポールを正弦波電流で励振した場合に発生する電磁界の成分について述べたものである。このうち正しいものを下の番号から選べ。

1 微小ダイポールのごく近傍で支配的な電磁界は、静電界と静磁界の二つである。

2 誘導電磁界は、ビオ・サバールの法則に従う磁界とそれに対応する電界で、その大きさは、微小ダイポールからの距離の３乗に反比例する。

3 誘導電磁界と放射電磁界の大きさは、微小ダイポールからの距離が波長の（$1/\pi$）倍のとき等しくなる。

4 放射電磁界の強度は、微小ダイポールからの距離に反比例する。

5 放射電界の位相は、放射磁界の位相より $\pi/2$〔rad〕遅れている。

A－2 次の記述は、アンテナ素子の太さが無視できる半波長ダイポールアンテナの入力インピーダンスについて述べたものである。□□内に入れるべき字句の正しい組合せを下の番号から選べ。

(1) 入力インピーダンスの抵抗分は約73〔Ω〕、リアクタンス分は約 A である。

(2) アンテナ素子の長さを変化させたときの抵抗分の変化量は、リアクタンス分の変化量より B 。

(3) アンテナ素子の長さを半波長より少し C すると、リアクタンス分を零にすることができる。

	A	B	C
1	23〔Ω〕	少ない	短く
2	23〔Ω〕	多い	短く
3	23〔Ω〕	多い	長く
4	43〔Ω〕	少ない	短く
5	43〔Ω〕	多い	長く

A－3 次の記述は、フリスの伝達公式について述べたものである。□□内に入れるべき字句の正しい組合せを下の番号から選べ。ただし、図に示すように、送信アンテナに供給される電力を P_t〔W〕、送信及び受信アンテナの絶対利得をそれぞれ G_t（真数）及び G_r（真数）、送信及び受信アンテナの実効面積をそれぞれ A_t〔m²〕及び A_r〔m²〕、受信アンテナから取り出し得る受信有能電力を P_r〔W〕、送受信アンテナ間の距離を d〔m〕、波長を λ〔m〕とする。

(1) 送信アンテナから d〔m〕の点における電波の電力束密度 p は、次式で表される。

答 A－1：4 A－2：4

$$p = \boxed{\text{A}} \ [\text{W/m}^2] \qquad \cdots ①$$

(2) 受信アンテナの実効面積 A_r は、次式で表される。

$$A_r = \boxed{\text{B}} \ [\text{m}^2] \qquad \cdots ②$$

(3) 式①及び②より、P_r は、次式で表され、この式は、フリスの伝達公式と呼ばれている。

$$P_r = \boxed{\text{C}} \times P_t\,G_t\,G_r \ [\text{W}]$$

	A	B	C
1	$\dfrac{P_t\,G_t}{4\pi d^2}$	$\dfrac{\lambda^2\,G_r}{4\pi}$	$\dfrac{\lambda}{4\pi d}$
2	$\dfrac{P_t\,G_t}{4\pi d^2}$	$\dfrac{\lambda^2\,G_r}{4\pi}$	$\left(\dfrac{\lambda}{4\pi d}\right)^2$
3	$\dfrac{P_t\,G_t}{4\pi d^2}$	$\dfrac{\lambda\,G_r}{4\pi}$	$\left(\dfrac{\lambda}{4\pi d}\right)^2$
4	$\dfrac{P_t\,G_t}{4\pi d}$	$\dfrac{\lambda\,G_r}{4\pi}$	$\left(\dfrac{\lambda}{4\pi d}\right)^2$
5	$\dfrac{P_t\,G_t}{4\pi d}$	$\dfrac{\lambda^2\,G_r}{4\pi}$	$\dfrac{\lambda}{4\pi d}$

送信アンテナ G_t, A_t　　受信アンテナ G_r, A_r

送信機 → P_t ───── d ───── P_r → 受信機

A - 4　絶対利得が 13 [dB] のアンテナの指向性利得の値として、最も近いものを下の番号から選べ。ただし、アンテナの放射効率を0.8とし、$\log_{10} 2 = 0.3$ とする。

　1　14 [dB]　　2　19 [dB]　　3　24 [dB]　　4　29 [dB]　　5　34 [dB]

A - 5　放射効率が0.8のアンテナで生ずる損失電力が 3 [W] であるとき、このアンテナから放射される電力の値として、正しいものを下の番号から選べ。

　1　6 [W]　　2　8 [W]　　3　10 [W]　　4　12 [W]　　5　14 [W]

A - 6　給電線上において、負荷への入射波の実効値が180 [V]、反射波の実効値が90 [V] であるときの電圧定在波比の値として、正しいものを下の番号から選べ。

　1　1.5　　2　2.3　　3　3.0　　4　3.5　　5　4.5

A - 7　無損失で特性インピーダンスが200 [Ω]、長さ 1.0 [m] の平行二線式給電線を終端で短絡したとき、入力インピーダンスの絶対値として、最も近いものを下の番号から選べ。ただし、周波数は 50 [MHz] とし、$\sqrt{3} = 1.73$ とする。

　1　219 [Ω]　　2　292 [Ω]　　3　346 [Ω]　　4　447 [Ω]　　5　519 [Ω]

答　A - 3：2　　A - 4：1　　A - 5：4　　A - 6：3　　A - 7：3

A－8 次の記述は、給電回路で用いられる機器について述べたものである。 内に入れるべき字句の正しい組合せを下の番号から選べ。

(1) アイソレータは、順方向にはほとんど減衰なく電力を通すが、逆方向には大きく減衰させる2端子の A 回路である。

(2) B は、ある端子からの入力は特定の方向の隣の端子のみに出力する機能を有する3端子以上からなる回路である。

(3) 1次線路上の入射波及び反射波に比例した電力を、それに結合した2次線路側のそれぞれの端子に分離して取り出す場合に C が使用される。

	A	B	C
1	可逆	サーキュレータ	バラン
2	非可逆	スタブ	バラン
3	非可逆	サーキュレータ	方向性結合器
4	可逆	サーキュレータ	方向性結合器
5	可逆	スタブ	バラン

A－9 次の記述は、方形導波管の伝送損について述べたものである。 内に入れるべき字句の正しい組合せを下の番号から選べ。なお、同じ記号の 内には、同じ字句が入るものとする。

(1) 電磁波が導波管内を伝搬するとき、内壁の表面に電流が流れる。この電流による抵抗損を少なくするため、内壁は導電率の A 銀、金などでメッキされる。

(2) 内部が中空であるため、原理的に B 損はないが、雨水などが内部に入ると B 損が生ずる。この損失を少なくするため、 C を強制的に注入するなどの方法が採られる。

	A	B	C
1	大きい	誘電	乾燥空気
2	大きい	放射	圧縮空気
3	小さい	誘電	乾燥空気
4	小さい	放射	圧縮空気
5	小さい	誘電	圧縮空気

A－10 次の記述は、装荷ダイポールアンテナについて述べたものである。 内に入れるべき字句の正しい組合せを下の番号から選べ。

(1) 抵抗装荷は、アンテナの A を目的として利用される。

(2) リアクタンス装荷は、長さの短い B のダイポールアンテナを共振させ、整合をとる目的で利用されるため、帯域が C なる。

答 A－8：3 A－9：1

	A	B	C
1	信号対雑音比 (S/N) の改善	誘導性	広く
2	信号対雑音比 (S/N) の改善	容量性	広く
3	広帯域化	容量性	狭く
4	広帯域化	誘導性	広く
5	広帯域化	誘導性	狭く

A-11 次の記述は、コーリニアアレーアンテナについて述べたものである。このうち誤っているものを下の番号から選べ。

1 垂直半波長ダイポールアンテナ等を構成単位としたアレーアンテナである。

2 構成単位のアンテナの数を増やすと、垂直面内の指向性が鋭くなる。

3 構成単位のアンテナを垂直方向に一直線上に等間隔に並べて、隣り合う各素子を互いに同振幅、逆位相の電流で励振する。

4 使用可能な周波数範囲を広くするためには、素子の直径 D と長さ L の比 (D/L) を大きくする。

5 水平面内の指向性は、全方向性である。

A-12 太さの一様な導線を用いた二線式折返し半波長ダイポールアンテナの入力抵抗の値として、最も近いものを下の番号から選べ。ただし、半波長ダイポールアンテナの入力抵抗を73 〔Ω〕とする。

1 220 〔Ω〕　　2 300 〔Ω〕　　3 370 〔Ω〕　　4 440 〔Ω〕　　5 510 〔Ω〕

A-13 次の記述は、図に示すバイコニカルアンテナ（双円錐アンテナ）について述べたものである。◻︎◻︎◻︎内に入れるべき字句の正しい組合せを下の番号から選べ。

(1) 円錐の底面の直径と母線の長さの比が一定である自己相似アンテナである。このアンテナを広帯域にするには、一般に頂角を ◻A◻ したり、母線を ◻B◻ することで対応している。

(2) このアンテナの変形として円錐の代わりに導体平面板を三角形に切り取ったもの、あるいは多数の導線を用いた ◻C◻ がある。

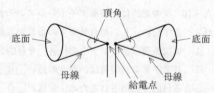

	A	B	C
1	狭く（約20から30度）	短く	ファンアンテナ
2	狭く（約20から30度）	長く	スロットアンテナ
3	広く（約50から90度）	長く	スロットアンテナ
4	広く（約50から90度）	短く	スロットアンテナ
5	広く（約50から90度）	長く	ファンアンテナ

A−14 超短波（VHF）帯の電波伝搬において、送信アンテナの高さ、送信周波数、送信電力及び通信距離の条件を一定にして、受信アンテナの高さを変化させて、受信電界強度（受信点の電界強度）を測定すると、図に示すハイトパターンが得られる。この現象に関する記述として、誤っているものを下の番号から選べ。ただし、大地は完全導体平面で、反射係数を −1 とする。

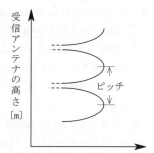

1 見通し距離内の電波伝搬における受信電界強度は、直接波と大地反射波の合成によって生ずる。

2 大地反射波の位相は、直接波の位相より、通路差による位相差と反射の際に生ずる位相差との和の分だけ遅れる。

3 大地反射波と直接波の電界強度の大きさを同じとすれば、両者の位相が同位相のときは受信電界強度が極大になり、逆位相のときは零となる。

4 受信電界強度が周期的に変化するピッチは、周波数が高くなるほど、広くなる。

5 受信電界強度の極大値は、受信点の自由空間電界強度のほぼ2倍となる。

A−15 短波（HF）帯の電離層伝搬において、送受信点間の距離が800〔km〕、F_2 層の反射点における臨界周波数が9〔MHz〕であるとき、最適使用周波数（FOT）の値として、最も近いものを下の番号から選べ。ただし、反射点の高さを300〔km〕とし、電離層は平面大地に平行であるものとする。

1 6.1〔MHz〕　　2 7.7〔MHz〕　　3 10.2〔MHz〕

4 11.3〔MHz〕　　5 12.8〔MHz〕

A−16 次の記述は、マイクロ波（SHF）帯以上の電波の減衰について述べたものである。□□□内に入れるべき字句の正しい組合せを下の番号から選べ。

答　A−13：**5**　　A−14：**4**　　A−15：**5**

(1)　気体分子による減衰は、電波の周波数が気体分子の持つ双極子の固有振動数と一致すると、分子の　A　が起こり、電波のエネルギーの一部がこれらの気体分子に吸収されることによって生ずる。SHF 帯以上の電波では酸素や　B　などによる減衰が起こる。

(2)　降雨による減衰は、電波が雨滴にあたり、そのエネルギーの一部が吸収や　C　されることによって生ずる。

(3)　霧や細かい雨による減衰は、周波数が　D　なると増加し、単位体積中に含まれる水分の量に比例する。

	A	B	C	D
1	散乱	水蒸気	散乱	低く
2	散乱	水素	回折	高く
3	散乱	水蒸気	回折	低く
4	共鳴	水蒸気	散乱	高く
5	共鳴	水素	散乱	低く

A－17　次の記述は、陸上の移動体通信の電波伝搬特性について述べたものである。□□□内に入れるべき字句の正しい組合せを下の番号から選べ。

(1)　基地局から送信された電波は、移動局周辺の建物などにより反射、回折され、定在波などを生じ、この定在波中を移動局が移動すると受信波にフェージングが発生する。一般に、周波数が　A　ほど、また、移動速度が速いほど変動が速いフェージングとなる。

(2)　さまざまな方向から反射、回折して移動局に到来する電波の遅延時間に差があるため、広帯域伝送では、一般に帯域内の各周波数の振幅と位相の変動が一様ではなく、伝送路の周波数特性が劣化し、伝送信号の　B　が生ずる。到来する電波の遅延時間を横軸にとり、各到来波の受信レベルを縦軸にプロットしたものは、　C　という。

	A	B	C
1	高い	波形ひずみ	伝搬距離特性
2	高い	波形ひずみ	遅延プロファイル
3	高い	フレネルゾーン	伝搬距離特性
4	低い	波形ひずみ	遅延プロファイル
5	低い	フレネルゾーン	伝搬距離特性

A－18　次の記述は、アンテナの特性の測定法について述べたものである。□□□内に入れるべき字句の正しい組合せを下の番号から選べ。

(1)　アンテナの近傍界測定法は、アンテナの近傍の電磁界の分布を測定し、その測定値から計算により、遠方における　A　電磁界の分布を測定したものと等価であるとして、アンテナの特性を求めるものである。

答　A－16：4　　A－17：2

(2) 一般の測定設備を用いた測定ができない大形の可
　　動アンテナの特性を測定するために、放射する電波
　　の　B　が既知の電波星を用いることがある。

(3) 航空機などに用いられるアンテナの特性は、その
　　物体とアンテナを縮小した模型を用いて測定するこ
　　とがあり、そのときの測定周波数は、アンテナの実
　　際の使用周波数より　C　。

	A	B	C
1	放射	強度	高い
2	放射	強度	低い
3	放射	偏波	低い
4	誘導	偏波	高い
5	誘導	偏波	低い

A-19　雑音温度が140〔K〕のアンテナに給電回路を接続したとき、190〔K〕の雑音温
度が測定された。この給電回路の損失（真数）の値として、最も近いものを下の番号から
選べ。ただし、周囲温度を17〔℃〕とする。

　1　0.7　　　2　0.9　　　3　1.1　　　4　1.4　　　5　1.5

A-20　次の記述は、電波暗室について述べたものである。このうち誤っているものを下
の番号から選べ。

1　電波暗室内で、測定するアンテナを設置する場所をフレネルゾーンといい、そこへ
　到来する不要反射電力が決められた値以下になるように設計されている。

2　電波暗室には、電磁的なシールドが施されている。

3　電波吸収体は、使用周波数に適した材質、形状のものを用いる。

4　電波暗室内の壁面や天井及び床に電波吸収体を張り付けて自由空間とほぼ同等の空
　間を実現したもので、アンテナの指向性の測定などを能率的に行うことができる。

5　電波暗室の性能は壁面や天井及び床などからの反射電力の大小で評価され、評価法
　にはアンテナパターン比較法や空間定在波法などがある。

B-1　次の記述は、自由空間において、半波長ダイポールアンテナの最大放射方向にお
ける電界強度を求める方法について述べたものである。　　　内に入れるべき字句を下の
番号から選べ。

(1) 半波長ダイポールアンテナの実効長を l_e〔m〕、給電点の電流を I_0〔A〕及び波長
　を λ〔m〕とすれば、アンテナの最大放射方向における距離 d〔m〕の点の電界強度
　E は、次式で表される。

$$E = \boxed{\ ア\ } \ 〔V/m〕 \qquad \cdots ①$$

(2) 半波長ダイポールアンテナの実効長 l_e は、次式で表される。

　答　　A-18：1　　　A-19：5　　　A-20：1

$$l_e = \boxed{\text{イ}} \ \text{[m]} \qquad \cdots ②$$

(3) アンテナからの放射電力を P_t〔W〕、放射抵抗を R_r〔Ω〕とすれば、給電点の電流 I_0 は、次式で表される。

$$I_0 = \boxed{\text{ウ}} \ \text{[A]} \qquad \cdots ③$$

(4) 式①に式②及び③を代入すると、E は、次式で表される。

$$E = \boxed{\text{エ}} \ \text{[V/m]} \qquad \cdots ④$$

(5) 式④の R_r に半波長ダイポールアンテナの放射抵抗の値を代入すると、E は、次式で表される。

$$E \fallingdotseq \boxed{\text{オ}} \ \text{[V/m]}$$

1 $\dfrac{60\pi I_0 l_e}{\lambda d}$	2 $\dfrac{\lambda}{\pi}$	3 $\sqrt{\dfrac{P_t}{R_r}}$	4 $\dfrac{1}{d}\sqrt{\dfrac{8,100 P_t}{R_r}}$	5 $\dfrac{7\sqrt{P_t}}{d}$
6 $\dfrac{45\pi I_0 l_e}{\lambda d}$	7 $\dfrac{2\lambda}{\pi}$	8 $\dfrac{P_t}{R_r}$	9 $\dfrac{1}{d}\sqrt{\dfrac{3,600 P_t}{R_r}}$	10 $\dfrac{\sqrt{30 P_t}}{d}$

B-2　次の記述は、図に示す2結合孔方向性結合器について述べたものである。　　　内に入れるべき字句を下の番号から選べ。

(1) 2本の導波管を平行にして密着させ、その密着面に管内波長の $\boxed{\text{ア}}$ の間隔で2個の結合孔 a 及び b を開けたものである。導波管の一方が主伝送路で、他方が副伝送路として働き、主伝送路に沿って一方向に進行する電磁波の一部を取り出し、それを副伝送路に移して特定の方向に進行させるものである。

(2) 各伝送路が無反射終端されている場合、端子①から入力された電磁波は、その一部が a 及び b を通ってそれぞれ端子③及び④へ等分される。このとき④へ向かう電磁波は、a を通る伝送距離と b を通る伝送距離が等しいので、同位相で加わり合う。また、③へ向かう電磁波は、a を通る伝送距離と b を通る伝送距離との間に1/2波長の経路差があるので、$\boxed{\text{イ}}$〔rad〕の位相差があり、互いに $\boxed{\text{ウ}}$。

(3) この方向性結合器は、原理的に周波数特性が $\boxed{\text{エ}}$ であるので、通常、多数の結合孔を設けて周波数特性を改善する。このときの各結合孔の面積は、結合孔の $\boxed{\text{オ}}$ によって決まる。

1 狭帯域	2 加わり合う	
3 数	4 1/8	
5 1/4	6 打ち消し合う	
7 π/4	8 π	
9 広帯域	10 間隔	

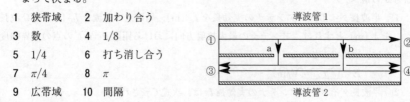

答　B-1：ア-1　イ-2　ウ-3　エ-9　オ-5

　　B-2：ア-5　イ-8　ウ-6　エ-1　オ-3

B-3　次の記述は、各種アンテナについて述べたものである。このうち正しいものを1、誤っているものを2として解答せよ。

ア　逆L形アンテナやT形アンテナの頂部負荷は、大地との間の静電容量を高め、実効高をあまり減少させないで、アンテナの実際の高さを低くする効果がある。

イ　スリーブアンテナは、同軸ケーブルの中心導線の先端にまっすぐに1/4波長の導線を接続し、同軸ケーブルの外部導体にスリーブという同じ長さの円筒導体を接続したアンテナであり、半波長ダイポールアンテナと等価な働きをする。

ウ　ブラウンアンテナは、同軸ケーブルの中心導線の先端にまっすぐに1/2波長の導線を接続するとともに、同軸ケーブルの外部導体に2～4本の1/2波長の導線からなる地線を接続したアンテナである。

エ　ホイップアンテナの指向性は、水平面は全方向性であるが、垂直面は全方向性ではない。

オ　カセグレンアンテナは、副反射鏡の二つの焦点の一方と主反射鏡の焦点を一致させ、他方の焦点と一次放射器の励振点とを一致させてある。

B-4　次の記述は、VHF帯及びUHF帯の電波の見通し外伝搬について述べたものである。　　内に入れるべき字句を下の番号から選べ。なお、同じ記号の　　内には、同じ字句が入るものとする。

(1)　電波は、障害物があると　ア　によりその裏側にも回り込んで伝搬する。そのために球面大地上の見通し外伝搬において、伝搬路の途中に　イ　がある場合、それがない場合に比べて　ア　により受信電界強度が上がることがある。

(2)　大気は乱流により絶えず変動しているため、　ウ　が周囲とは違った領域が生じている。この領域で電波が散乱され、見通し外にも伝搬する。この現象を利用する対流圏散乱通信において受信される電波は、多くの散乱体によって散乱されて到来した振幅及び　エ　が異なる多くの波の合成波であるので、　オ　フェージングを生ずる。

1　回折　　2　河川　　3　屈折率　　4　周期　　5　ダクト形
6　反射　　7　山岳　　8　導電率　　9　位相　　10　レイリー

B－5　次の記述は、アンテナに供給される電力を求める過程について述べたものである。□□□内に入れるべき字句を下の番号から選べ。

入力インピーダンスが R_a〔Ω〕のアンテナに、特性インピーダンスが R_0〔Ω〕の給電線を用いて給電したとき、給電線上に生ずる定在波の電圧波腹及び電圧波節の実効値がそれぞれ V_{max}〔V〕及び V_{min}〔V〕であった。ただし、R_a 及び R_0 は純抵抗で、$R_a < R_0$ であり、給電線は無損失で波長に比べて十分長いものとする。

(1) 給電線の電圧反射係数 Γ の絶対値 $|\Gamma|$ は、R_a と R_0 を用いて、次式で表される。

$$|\Gamma| = \boxed{\quad ア \quad} \qquad \cdots ①$$

(2) 電圧定在波比 S は、$|\Gamma|$ を用いて、次式で表される。

$$S = \frac{1+|\Gamma|}{1-|\Gamma|} \qquad \cdots ②$$

式①を式②に代入すれば、S は、次式で表される。

$$S = \boxed{\quad イ \quad} \qquad \cdots ③$$

(3) 一方、S は、V_{max} と V_{min} を用いて、次式で表される。

$$S = \boxed{\quad ウ \quad} \qquad \cdots ④$$

(4) アンテナ端の電圧 V_l〔V〕は、給電線上の入射波電圧 V_f〔V〕及び反射波電圧 V_r〔V〕を用いて、次式で表される。

$$V_l = \boxed{\quad エ \quad} \text{〔V〕} \qquad \cdots ⑤$$

また、$R_a < R_0$ のときには、V_l は、次式で表される。

$$V_l = V_{min} \text{〔V〕} \qquad \cdots ⑥$$

アンテナに供給される電力 P は、式③、④及び⑥から、次式で表される。

$$P = \frac{V_l^2}{R_a} = \boxed{\quad オ \quad} \text{〔W〕}$$

1	$\dfrac{R_0 - R_a}{R_0 + R_a}$	2	$\dfrac{R_0}{R_a}$	3	$\dfrac{V_{max}}{V_{min}}$	4	$V_f - V_r$	5	$\dfrac{V_{max} V_{min}}{R_a}$
6	$\dfrac{R_0 + R_a}{R_0 - R_a}$	7	$\dfrac{R_a}{R_0}$	8	$\dfrac{V_{min}}{V_{max}}$	9	$\dfrac{V_f}{V_r}$	10	$\dfrac{V_{max} V_{min}}{R_0}$

答　B－5：ア－1　イ－2　ウ－3　エ－4　オ－10

▶解答の指針

○A－1

正しい記述は **4** であり、他は以下のように修正される。

1　微小ダイポールのごく近傍で支配的な電磁界は、**静電界**である。

2　誘導電磁界は、ビオ・サバールの法則に従う磁界とそれに対応する電界で、その大きさは、微小ダイポールからの距離の**2乗に反比例**する。

3　誘導電磁界と放射電磁界の大きさは、微小ダイポールからの距離が **1/(2π) 波長**のとき等しくなる。

5　放射電界の位相は、放射磁界の位相と**同相**である。

○A－2

(1)　半波長ダイポールアンテナの入力インピーダンス Z は、抵抗分を R 〔Ω〕、リアクタンス分を X 〔Ω〕とすれば、$Z = R + jX \fallingdotseq 73.13 + j42.55 \fallingdotseq \underline{73 + j43}$ 〔Ω〕である。

(2)　R と X は、長さが半波長より短いほど、ともに小さくなり、アンテナ素子の長さを変化させたときの抵抗分の変化量は、リアクタンス分の変化量より**少ない**。ちなみに、長さを変えたときの半波長前後の R と X の変化の様子を下図に示す。

(3)　X は、図のように素子の長さを半波長より少し**短く**すると零にすることができる。

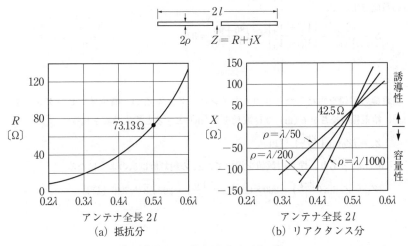

アンテナ全長が λ/2 付近の入力インピーダンス Z

○**A - 4**

指向性利得（真数）G_d は、絶対利得（真数）G_a を放射効率 η で割った値で、$G_d = G_a/\eta$ で表される。$G_a = 10^{(13/10)} = 10 \times 10^{0.3} = 20$ であるから、題意の数値を用いて、$G_d = 20/0.8 = 25$ となる。したがって、G_d はデシベル表示で次のようになる。

$$G_d = 10\log_{10}25 = 10\log_{10}5^2 = 20\log_{10}5 = 20 \times (1-0.3) = 14 \ \text{(dB)}$$

○**A - 5**

アンテナへの入力電力 P_i〔W〕、放射電力 P_r〔W〕、損失電力 P_l〔W〕及び放射効率 η の間に以下の関係が成立する。

$$P_r = \eta P_i$$
$$P_r = P_i - P_l$$

上の二つの式から P_i を消去し、題意の数値を用いて P_r は次のようになる。

$$P_r = \frac{\eta P_l}{1-\eta} = \frac{0.8 \times 3}{1-0.8} = 12 \ \text{(W)}$$

○**A - 6**

電圧定在波比 S は、入射波と反射波の実効値をおのおの $|V_f|$〔V〕及び $|V_r|$〔V〕とし、定在波の最大値と最小値をおのおの V_{max}〔V〕及び V_{min}〔V〕として次式で表され、題意の数値を用いて、

$$S = \frac{V_{max}}{V_{min}} = \frac{|V_f| + |V_r|}{|V_f| - |V_r|} = \frac{180+90}{180-90} = 3.0$$

○**A - 7**

給電線の終端を短絡したときの入力インピーダンス Z_s は、特性インピーダンスを Z_0〔Ω〕、給電線の長さを l〔m〕及び波長を λ〔m〕とすると次式で表される。

$$Z_s = jZ_0\tan\left(\frac{2\pi l}{\lambda}\right) \ \text{(Ω)}$$

$\lambda = 6$〔m〕であり、題意の数値を用いて、Z_s の絶対値は次のようになる。

$$|Z_s| = Z_0\tan\left(\frac{2\pi l}{\lambda}\right) = 200 \times \tan\left(2\pi \times \frac{1.0}{6}\right) = 200\sqrt{3} \fallingdotseq 346 \ \text{(Ω)}$$

○ A-10

ダイポールアンテナ上の電流分布を制御し所要の指向性やインピーダンス特性を得るために適当な位置にインピーダンスを装荷する。

(1) 抵抗装荷は、アンテナ効率の低下や S/N の劣化を考慮した上でアンテナの<u>広帯域化</u>のために行う。

(2) リアクタンス装荷は、長さの短い<u>容量性</u>のダイポールアンテナを共振させ整合させるために用いられ、装荷により帯域は<u>狭く</u>なる。

○ A-11

3 構成単位のアンテナを垂直方向に一直線上に等間隔に並べて、隣り合う各素子を互いに同振幅、**同位相**の電流で励振する。

○ A-12

太さの一様な導線による二線式折返し半波長ダイポールアンテナの入力抵抗 R_r は、半波長ダイポールアンテナの入力抵抗を R_0〔Ω〕として、$R_r ≒ 4R_0$〔Ω〕で表されるので、題意の数値を用いて、$R_r ≒ 4R_0 = 4×73 = 292 ≒ 300$〔Ω〕となる。

○ A-13

バイコニカルアンテナは、自己相似アンテナの一種で、入力インピーダンス Z はほぼ周波数に関係なく一定であり、頂角で決定される。頂角を<u>広く（約50から90度）</u>したり、母線を<u>長く</u>すると最低周波数が下がり広帯域となる。その変形として円錐の代わりに三角形の導体平面板にした双扇形アンテナや多数の導線を用いた<u>ファンアンテナ</u>（扇形アンテナ）がある。

○ A-14

4 受信電界強度が周期的に変化するピッチは、周波数が**低く**なるほど、広くなる。

○ A-15

最高使用可能周波数 f_{MU} は、電離層への入射角を $θ$〔rad〕、臨界周波数を f_c〔MHz〕、反射点高度を h〔km〕、送受信点間距離を d〔km〕としてセカントの法則で表され、題意の数値を用いて次のようになる。

$$f_{MU} = f_c × \sec θ = 9 × \frac{5}{3} ≒ 15 \text{〔MHz〕}$$

したがって、最適使用周波数 f_{OT} として次の値を得る。

$$f_{OT} ≒ 0.85 × f_{MU} = 0.85 × 15 ≒ 12.8 \text{〔MHz〕}$$

無線工学 B

○A–17

(1) 基地局から送信された電波は、陸上移動局周辺の建物などにより反射、回折され、主に搬送波の半波長の定在波を作り、受信波にフェージングを発生させる。一般に周波数が高いほど、また移動速度が速いほど、速い変動のフェージングとなる。

(2) 広帯域伝送では、帯域内の各周波数成分の振幅と位相の変動が一様でなく、伝送路の周波数特性が劣化して波形ひずみが生ずる。ちなみに、実際の伝送路において、遅延時間対受信電力を表す遅延プロファイルを測定し、その標準偏差である遅延スプレッドによって伝送路を評価する。

○A–19

給電回路を含めたアンテナ系の雑音温度 T_A は、アンテナ雑音温度 T_a〔K〕、周囲温度 T_e〔K〕及び給電回路の損失 L（真数）を用いて、次式で表される。

$$T_A = \frac{T_a}{L} + \left(1 - \frac{1}{L}\right) T_e \ \text{〔K〕}$$

したがって、L は、題意の数値を用いて次のようになる。

$$L = \frac{T_e - T_a}{T_e - T_A} = \frac{(273+17)-140}{(273+17)-190} = \frac{150}{100} = 1.5$$

○A–20

1　電波暗室内で、測定するアンテナを設置する場所を**クワイエットゾーン**といい、そこへ到来する不要反射電力が決められた値以下になるように設計されている。

○B–1

(1) 半波長ダイポールアンテナの実効長を l_e〔m〕、給電点の電流を I_0〔A〕及び波長を λ〔m〕とすれば、アンテナの最大放射方向における距離 d〔m〕の点の電界強度 E は、次式で表される。

$$E = \frac{60\pi I_0 l_e}{\lambda d} \ \text{〔V/m〕} \qquad \cdots ①$$

(2) 半波長ダイポールアンテナの実効長 l_e は、次式で表される。

$$l_e = \frac{\lambda}{\pi} \ \text{〔m〕} \qquad \cdots ②$$

(3) アンテナからの放射電力を P_t〔W〕、放射抵抗を R_r〔Ω〕とすれば、給電点の電流 I_0 は、$P_t = R_r I_0^2$ の関係があるから、次式で表される。

$$I_0 = \sqrt{\frac{P_t}{R_r}} \ \text{〔A〕} \qquad \cdots ③$$

(4)　式①に式②及び③を代入すると、E は、次式で表される。

$$E = \frac{1}{d}\sqrt{\frac{3{,}600P_\mathrm{t}}{R_\mathrm{r}}}\ \mathrm{[V/m]} \qquad \cdots ④$$

(5)　式④の R_r に半波長ダイポールアンテナの放射抵抗 73.13〔Ω〕の値を代入すると、E は、次式で表される。

$$E \fallingdotseq \frac{1}{d}\sqrt{\frac{3{,}600P_\mathrm{t}}{73.13}} \fallingdotseq \frac{\sqrt{49P_\mathrm{t}}}{d} = \underline{\frac{7\sqrt{P_\mathrm{t}}}{d}}\ \mathrm{[V/m]}$$

B-3

ウ　ブラウンアンテナは、同軸ケーブルの中心導線の先端にまっすぐに **1/4波長**の導線を接続するとともに、同軸ケーブルの外部導体に 2～4 本の **1/4波長**の導線からなる地線を接続したアンテナである。

B-5

(1)　給電線の電圧反射係数 $\varGamma$ は、入力インピーダンス R_a〔Ω〕及び特性インピーダンス R_0〔Ω〕を用いて、次式で与えられる。

$$\varGamma = \frac{R_\mathrm{a}-R_0}{R_\mathrm{a}+R_0}$$

したがって、その絶対値は、題意の条件：$R_\mathrm{a} < R_0$ から次のようになる。

$$|\varGamma| = \frac{R_0-R_\mathrm{a}}{R_0+R_\mathrm{a}} \qquad \cdots ①$$

(2)、(3)　S は、式①を与式②に代入して次式を得る。

$$S = \frac{1+|\varGamma|}{1-|\varGamma|} = \frac{1+(R_0-R_\mathrm{a})/(R_0+R_\mathrm{a})}{1-(R_0-R_\mathrm{a})/(R_0+R_\mathrm{a})} = \underline{\frac{R_0}{R_\mathrm{a}}} = \underline{\frac{V_\mathrm{max}}{V_\mathrm{min}}} \qquad \cdots ③、④$$

(4)　アンテナ端の電圧 V_l は、入射波電圧 V_f〔V〕と反射波電圧 V_r〔V〕を用い、次式で表される。

$$V_l = V_\mathrm{min} = \underline{V_\mathrm{f} - V_\mathrm{r}}\ \mathrm{[V]} \qquad \cdots ⑤、⑥$$

したがって、アンテナへの供給電力 P は、式③、④及び⑥から、次のようになる。

$$P = \frac{V_l^{\,2}}{R_\mathrm{a}} = \frac{V_\mathrm{min}^{\,2}}{R_\mathrm{a}} = \frac{V_\mathrm{min}}{R_\mathrm{a}}\left(\frac{R_\mathrm{a}}{R_0}\right)V_\mathrm{max} = \underline{\frac{V_\mathrm{max}\,V_\mathrm{min}}{R_0}}\ \mathrm{[W]}$$

A-1 自由空間の固有インピーダンス Z_0〔Ω〕を表す式として、正しいものを下の番号から選べ。ただし、自由空間中の誘電率及び透磁率をそれぞれ ε_0〔F/m〕、μ_0〔H/m〕とする。

1 $Z_0 = \left(\dfrac{\mu_0}{\varepsilon_0}\right)^2$ 　　2 $Z_0 = \left(\dfrac{\varepsilon_0}{\mu_0}\right)^2$ 　　3 $Z_0 = \dfrac{\mu_0}{\varepsilon_0}$

4 $Z_0 = \dfrac{\varepsilon_0}{\mu_0}$ 　　5 $Z_0 = \sqrt{\dfrac{\mu_0}{\varepsilon_0}}$

A-2 図に示す長さが半波長程度のダイポールアンテナの給電端子 ab から見たインピーダンス Z_{ab} が次式で与えられるとき、Z_{ab} を純抵抗とするためのアンテナ素子の短縮率 $\delta \times 100$〔％〕の値として、最も近いものを下の番号から選べ。ただし、アンテナ素子の特性インピーダンス Z_0 は、純抵抗で315〔Ω〕とする。

$$Z_{ab} \fallingdotseq 73.1 + j42.6 - j\pi Z_0 \delta \ \text{〔Ω〕}$$

1 2.0〔％〕　　2 3.3〔％〕　　3 4.3〔％〕

4 5.2〔％〕　　5 7.9〔％〕

A-3 次の記述は、等方性アンテナの実効面積を表す式の導出について述べたものである。◯◯内に入れるべき字句の正しい組合せを下の番号から選べ。ただし、波長を λ〔m〕とする。

(1) 到来電波の電界強度を E〔V/m〕、自由空間の固有インピーダンスを Z_0〔Ω〕、アンテナの絶対利得を G（真数）とすれば、次式で示される P_0〔W〕は、 A を表す。

$$P_0 = \frac{G\lambda^2 E^2}{4\pi Z_0} \ \text{〔W〕} \qquad \cdots ①$$

(2) 絶対利得が G（真数）のアンテナの実効面積 S_e〔m²〕は、到来電波の電力束密度 p〔W/m²〕に対する P_0〔W〕の比であり、p は、 B に等しいので、次式で表される。

$$S_e = \frac{P_0}{p} = \boxed{\ C\ } \ \text{〔m²〕} \qquad \cdots ②$$

(3) 等方性アンテナは、$G = 1$ であるので、その実効面積は、式②より、 D 〔m²〕で求められる。

	A	B	C	D
1	受信有能電力	$2E^2/Z_0$	$G\lambda^2/(2\pi)$	$\lambda^2/(2\pi)$
2	受信有能電力	E^2/Z_0	$G\lambda^2/(4\pi)$	$\lambda^2/(4\pi)$
3	放射電力	E^2/Z_0	$G\lambda^2/(2\pi)$	$\lambda^2/(2\pi)$
4	放射電力	E^2/Z_0	$G\lambda^2/(4\pi)$	$\lambda^2/(4\pi)$
5	放射電力	$2E^2/Z_0$	$G\lambda^2/(2\pi)$	$\lambda^2/(2\pi)$

A-4 次の記述は、アンテナの利得について述べたものである。 内に入れるべき字句の正しい組合せを下の番号から選べ。

(1) 基準アンテナの実効面積を A_{es}〔m²〕とすると、実効面積が A_e〔m²〕のアンテナの利得は、 A で表される。

(2) 等方性アンテナに対する利得を B 利得という。

(3) 半波長ダイポールアンテナの絶対利得は、約 C 〔dB〕である。

	A	B	C
1	A_{es}/A_e	相対	1.50
2	A_{es}/A_e	絶対	2.15
3	A_e/A_{es}	相対	1.50
4	A_e/A_{es}	絶対	1.50
5	A_e/A_{es}	絶対	2.15

A-5 周波数が600〔kHz〕、電界強度が 5〔mV/m〕のとき、直径40〔cm〕、巻回数10の円形ループアンテナに誘起する電圧の値として、最も近いものを下の番号から選べ。ただし、円形ループアンテナの面と電波の到来方向とのなす角度は60度とする。

1 15〔μV〕　　2 20〔μV〕　　3 39〔μV〕　　4 49〔μV〕　　5 62〔μV〕

A-6 特性インピーダンス Z_0〔Ω〕の平行二線式給電線の線の直径及び間隔をそれぞれ4倍にした。このときの給電線の特性インピーダンスの値として、正しいものを下の番号から選べ。

1 $4Z_0$〔Ω〕　　2 $2Z_0$〔Ω〕　　3 Z_0〔Ω〕　　4 $Z_0/2$〔Ω〕　　5 $Z_0/4$〔Ω〕

A-7 次の記述は、同軸ケーブルと導波管との結合方法について述べたものである。 内に入れるべき字句の正しい組合せを下の番号から選べ。

答　A-3：**2**　　A-4：**5**　　A-5：**3**　　A-6：**3**

(1) 図は、一方が短絡された方形導波管の H 面の中央の位置に同軸ケーブルをコネクタで接続して、同軸ケーブルの内部導体を導波管に挿入してプローブとし、両給電回路を結合する方法の一例である。これは一般に電界結合と呼ばれており、励振モードは A モードである。

(2) 同軸ケーブルと導波管との整合をとるには、電波を一方に送り出すために短絡端とプローブの距離 d〔m〕を管内波長のほぼ B とし、プローブの挿入の長さ h〔m〕を調整する。さらに広帯域にわたって整合をとるにはプローブの太さを C するなどの方法がとられる。

	A	B	C
1	TE_{10}	1/4	太く
2	TE_{10}	1/2	細く
3	TE_{11}	1/4	細く
4	TE_{11}	1/2	細く
5	TE_{11}	1/4	太く

A-8 特性インピーダンスが 300〔Ω〕の無損失給電線に純抵抗負荷 50〔Ω〕を接続したときの電圧定在波比（VSWR）の値として、最も近いものを下の番号から選べ。

　　1　2　　　2　3　　　3　4　　　4　5　　　5　6

A-9 次の記述は、導波管及びマイクロストリップ線路について述べたものである。 内に入れるべき字句の正しい組合せを下の番号から選べ。

(1) 導波管は、基本モードの遮断周波数より A 周波数の電磁波を伝送することはできない。

(2) 導波管の基本モードの遮断周波数は、他の高次モードの遮断周波数より B 。

(3) マイクロストリップ線路の伝搬モードは、近似的に C モードである。

	A	B	C
1	低い	高い	TM
2	低い	低い	TEM
3	高い	低い	TM
4	高い	低い	TEM
5	高い	高い	TM

A-10 次の記述は、各種アンテナの特徴などについて述べたものである。このうち誤っているものを下の番号から選べ。

答 A-7：1　　A-8：5　　A-9：2

1 垂直接地アンテナの大地からの高さと逆L形接地アンテナの垂直部の大地からの
高さが同じ場合、その実効高は逆L形接地アンテナの方が大きい。

2 スリーブアンテナの利得は、半波長ダイポールアンテナとほぼ同じである。

3 ディスコーンアンテナは、スリーブアンテナに比べて広帯域なアンテナである。

4 パラボラアンテナは、開口面近傍で放射される電波がほぼ球面波になるように設計
される。

5 カセグレンアンテナの副反射鏡は、回転双曲面である。

A-11 反射鏡の直径が2〔m〕の円形パラボラアンテナを周波数6〔GHz〕で用いたと
きの絶対利得（真数）が10,000であった。このパラボラアンテナの開口効率の値として、
最も近いものを下の番号から選べ。

1 0.47 2 0.57 3 0.63 4 0.72 5 0.86

A-12 次の記述は、図に示す素子の太さが同じ二線式折返し半波長ダイポールアンテナ
について述べたものである。□□□内に入れるべき字句の正しい組合せを下の番号から選
べ。

(1) 上下に対向する2本の素子に流れる電流の方向は、
　　　A　である。

(2) 入力インピーダンスは、半波長ダ
イポールアンテナの約　B　倍であ
る。

(3) 同一電波を受信したときの受信有
能電力は、半波長ダイポールアンテ
ナで受信したときの受信有能電力と
　　　C　。

約 $\lambda/2$

λ：波長

	A	B	C
1	反対の向き	4	ほぼ同一である
2	反対の向き	2	大きく異なる
3	反対の向き	2	ほぼ同一である
4	同じ向き	2	大きく異なる
5	同じ向き	4	ほぼ同一である

A-13 次の記述は、図に示す対数周期ダイポールアレーアンテナについて述べたもので
ある。□□□内に入れるべき字句の正しい組合せを下の番号から選べ。

(1) 隣り合う素子の長さの比 l_n/l_{n+1} と隣り合う素子の頂点Oからの距離の比　A
は等しい。

(2) 半波長ダイポールアンテナと比較して周波数帯域幅が　B　。

(3) 主放射の方向は矢印　C　の方向である。

答 A-10：**4**　　A-11：**3**　　A-12：**5**

	A	B	C
1	x_n/x_{n+1}	広い	イ
2	x_n/x_{n+1}	広い	ア
3	x_n/x_{n+1}	狭い	イ
4	x_{n+1}/x_n	広い	ア
5	x_{n+1}/x_n	狭い	イ

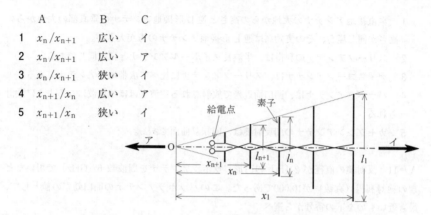

A-14 周波数150〔MHz〕の電波を高さ h_1 が30〔m〕の送信アンテナから放射したとき、送信点からの距離 d が10〔km〕、高さ h_2 が10〔m〕の地点における電界強度 E の値として、最も近いものを下の番号から選べ。ただし、送信アンテナの放射電力を15〔W〕、送信アンテナの絶対利得を3〔dB〕とし、アンテナ等の損失はないものとする。また、このときの E は、波長を λ〔m〕、自由空間電界強度を E_0〔V/m〕とすると、次式で表されるものとし、$\log_{10}2 = 0.3$ とする。

$$E = E_0 \frac{4\pi h_1 h_2}{\lambda d} \text{〔V/m〕}$$

1　454〔μV/m〕　　2　565〔μV/m〕　　3　660〔μV/m〕

4　756〔μV/m〕　　5　830〔μV/m〕

A-15 次の記述は、電離層と電子密度について述べたものである。□□内に入れるべき字句の正しい組合せを下の番号から選べ。

(1) E層は夜間も消滅せず、その電子密度は、一般に □A□ の方が大きい。

(2) スポラジックE層（Es）は、□B□ とほぼ同じ高さに生じ、その電子密度はF層の電子密度より大きくなることがある。

(3) F層は、昼間は□C□を除き F_1 層と F_2 層に分かれるが、夜間は一つにまとまり、そのときの電子密度は、一般に冬より夏の方が大きい。

	A	B	C
1	冬より夏	E層	冬
2	冬より夏	F層	夏
3	夏より冬	E層	夏
4	夏より冬	E層	冬
5	夏より冬	F層	夏

答　A-13：2　　A-14：2　　A-15：1

A - 16 図に示す電離層伝搬で、電離層（F層）の臨界周波数が 4〔MHz〕のとき、5〔MHz〕の電波で通信するときの跳躍距離 d の値として、最も近いものを下の番号から選べ。ただし、大地は水平な平面であり、電離層は大地に平行であるものとする。また、F層の見掛けの高さ h は 400〔km〕で、F層の電子密度を一定とする。

1 200〔km〕
2 300〔km〕
3 400〔km〕
4 500〔km〕
5 600〔km〕

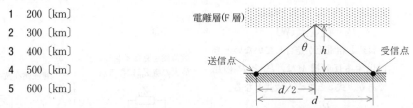

A - 17 次の記述は、対流圏伝搬で生ずる k 形フェージングについて述べたものである。このうち誤っているものを下の番号から選べ。

1 大気の屈折率分布が時間的に変化し、等価地球半径係数 k が変化して生ずるフェージングである。

2 干渉性 k 形フェージングの影響を軽減するには、反射波が途中の山などの地形によって遮へいされるように伝搬路を選定するなどの方法がある。

3 干渉性 k 形フェージングは、大地反射係数が小さいほど深い。

4 回折性 k 形フェージングの影響を軽減するには、電波通路と大地との間隔を十分大きくとればよい。

5 回折性 k 形フェージングは、等価地球半径係数 k が小さくなり、電波が下向きに（大地の方へ）屈折して、電波通路と大地との間隔が十分でない場合に、電波が大地による回折損を受け減衰することにより生ずる。

A - 18 次の記述は、図に示す構成例により、電圧定在波比を測定して反射損を求める原理について述べたものである。□□内に入れるべき字句の正しい組合せを下の番号から選べ。ただし、電源は、起電力が V_0〔V〕で給電線の特性インピーダンスと等しい内部抵抗 Z_0〔Ω〕を持ち、また、無損失の平行二線式給電線の終端には純抵抗負荷が接続されているものとする。

(1) 給電線上の任意の点から電源側を見たインピーダンスは、常に Z_0〔Ω〕であるので、負荷側を見たインピーダンスが最大の値 Z_m〔Ω〕となる点に流れる電流を I〔A〕とすれば、この点において負荷側に伝送される電力 P_t は、次式となる。

$$P_t = I^2 Z_m = \boxed{\text{A}} \times Z_m \text{〔W〕} \qquad \cdots ①$$

無線工学 B

答 A - 16：**5**   A - 17：**3**

(2)　電圧定在波比を S とすれば、$Z_m = SZ_0$ の関係があるから、式①は、次式となる。

$$P_t = \frac{V_0^2}{Z_0} \times \boxed{\text{B}} \quad \text{〔W〕} \qquad \cdots ②$$

(3)　負荷と給電線が整合しているとき $S = 1$ であるから、このときの P_t を P_0 とすれば、式②から P_0 は、次式となる。

$$P_0 = \boxed{\text{C}} \quad \text{〔W〕} \qquad \cdots ③$$

(4)　負荷と給電線が整合していないときに生ずる反射損 M は、P_0 と P_t の比であり、式②と③から次式となる。

$$M = \frac{P_0}{P_t} = \boxed{\text{D}}$$

すなわち、電圧定在波比を測定すれば、反射損を求めることができる。

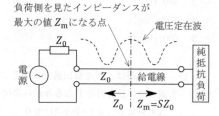

負荷側を見たインピーダンスが最大の値 Z_m になる点　　電圧定在波　　純抵抗負荷　　電源　　Z_0　　Z_0　　給電線　　Z_0 | $Z_m = SZ_0$

	A	B	C	D
1	$\left(\dfrac{V_0}{Z_0+Z_m}\right)^2$	$\left(\dfrac{2}{1+S}\right)^2$	$\dfrac{V_0^2}{Z_0}$	$\dfrac{(1+S)^2}{4}$
2	$\left(\dfrac{V_0}{Z_0+Z_m}\right)^2$	$\dfrac{S}{(1+S)^2}$	$\dfrac{V_0^2}{4Z_0}$	$\dfrac{(1+S)^2}{4S}$
3	$\left(\dfrac{V_0}{2Z_0+Z_m}\right)^2$	$\left(\dfrac{2}{1+S}\right)^2$	$\dfrac{V_0^2}{Z_0}$	$\dfrac{(1+S)^2}{4}$
4	$\left(\dfrac{V_0}{2Z_0+Z_m}\right)^2$	$\dfrac{S}{(1+S)^2}$	$\dfrac{V_0^2}{4Z_0}$	$\dfrac{(1+S)^2}{4S}$
5	$\left(\dfrac{V_0}{2Z_0+Z_m}\right)^2$	$\dfrac{S}{(1+S)^2}$	$\dfrac{V_0^2}{4Z_0}$	$\dfrac{(1+S)^2}{4}$

A-19　次の記述は、図に示すアンテナの近傍界を測定するプローブの平面走査法について述べたものである。このうち誤っているものを下の番号から選べ。

1　プローブには、半波長ダイポールアンテナやホーンアンテナなどが用いられる。

2　被測定アンテナを回転させないでプローブを上下左右方向に走査して測定を行うので、鋭いビームを持つアンテナや回転不可能なアンテナの測定に適していない。

3　高精度の測定には、受信機の直線性を校正しておかなければならない。

4　数値計算による近傍界から遠方界への変換が、円筒面走査法や球面走査法に比べて容易である。

答　A-18：2

5　多重反射による誤差は、プローブを極端に大きくしたり、被測定アンテナに接近させ過ぎたりすることで生ずる。

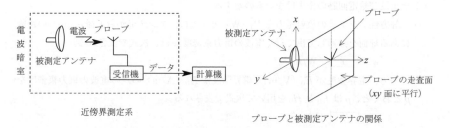

近傍界測定系

プローブと被測定アンテナの関係

A-20　次の記述は、自由空間において十分離れた距離に置いた二つのアンテナを用いてアンテナの利得を求める方法について述べたものである。　　　内に入れるべき字句の正しい組合せを下の番号から選べ。ただし、波長をλ〔m〕とし、アンテナ及び給電回路の損失はないものとする。

(1)　利得がそれぞれG_1（真数）、G_2（真数）の二つのアンテナを、距離d〔m〕だけ離して偏波面をそろえて対向させ、その一方のアンテナへ電力P_t〔W〕を加えて電波を送信し、他方のアンテナで受信したときのアンテナの受信電力がP_r〔W〕であると、次式が成り立つ。

$$P_r = G_1\,G_2\,P_t \times \boxed{\text{A}}$$

(2)　一方のアンテナの利得が既知のとき、例えば、G_1が既知であれば、G_2は、次式によって求められる。

$$G_2 = \frac{P_r}{P_t\,G_1} \times \boxed{\text{B}}$$

(3)　両方のアンテナの利得が等しいときには、それらをP_tとP_rの測定値から、次式によって求めることができる。

$$G_1 = G_2 = \frac{4\pi d}{\lambda} \times \boxed{\text{C}}$$

	A	B	C
1	$\left(\dfrac{4\pi d}{\lambda}\right)^2$	$\left(\dfrac{\lambda}{4\pi d}\right)^2$	$\sqrt{\dfrac{P_t}{P_r}}$
2	$\left(\dfrac{4\pi d}{\lambda}\right)^2$	$\left(\dfrac{4\pi d}{\lambda}\right)^2$	$\sqrt{\dfrac{P_r}{P_t}}$
3	$\left(\dfrac{\lambda}{4\pi d}\right)^2$	$\left(\dfrac{4\pi d}{\lambda}\right)^2$	$\sqrt{\dfrac{P_r}{P_t}}$
4	$\left(\dfrac{\lambda}{4\pi d}\right)^2$	$\left(\dfrac{\lambda}{4\pi d}\right)^2$	$\sqrt{\dfrac{P_r}{P_t}}$
5	$\left(\dfrac{\lambda}{4\pi d}\right)^2$	$\left(\dfrac{4\pi d}{\lambda}\right)^2$	$\sqrt{\dfrac{P_t}{P_r}}$

無線工学B

答　A-19：2　　A-20：3

B-1　次の記述は、絶対利得 G（真数）のアンテナの放射電界強度の計算式を求める過程について述べたものである。□□内に入れるべき字句を下の番号から選べ。ただし、アンテナ及び給電回路の損失はないものとする。

(1) 等方性アンテナの放射電力を P_0〔W〕とすれば、アンテナから半径 d〔m〕の距離にある球面を通過して出て行く電波の電力束密度 w は、次式で表される。

$$w = \boxed{\text{ア}} \ \text{〔W/m}^2\text{〕} \quad \cdots ①$$

一方、電界強度が E_0〔V/m〕、磁界強度が H_0〔A/m〕の点の電波の電力束密度を p とおくと、p は E_0 と H_0 を用いて次式で表される。

$$p = \boxed{\text{イ}} \ \text{〔W/m}^2\text{〕} \quad \cdots ②$$

式②を、E_0〔V/m〕だけで表すと、次式となる。

$$p = \boxed{\text{ウ}} \ \text{〔W/m}^2\text{〕} \quad \cdots ③$$

$w = p$ のとき、式①及び③より、E_0 は次式で表される。

$$E_0 = \boxed{\text{エ}} \ \text{〔V/m〕}$$

(2) 絶対利得 G（真数）のアンテナの放射電力を P〔W〕とすれば、このアンテナの最大放射方向の距離 d〔m〕における放射電界強度 E は、次式で表される。

$$E = \boxed{\text{オ}} \ \text{〔V/m〕}$$

1 $\dfrac{P_0}{2\pi d^2}$	2 $\dfrac{E_0}{H_0}$	3 $\dfrac{E_0{}^2}{120\pi}$	4 $\dfrac{\sqrt{30P_0}}{d}$	5 $\dfrac{\sqrt{49GP}}{d}$
6 $\dfrac{P_0}{4\pi d^2}$	7 $E_0 H_0$	8 $\dfrac{E_0{}^2}{90\pi}$	9 $\dfrac{\sqrt{49P_0}}{d}$	10 $\dfrac{\sqrt{30GP}}{d}$

B-2　次の記述は、基本的な八木・宇田アンテナ（八木アンテナ）について述べたものである。□□内に入れるべき字句を下の番号から選べ。ただし、波長を λ〔m〕とする。

(1) 放射器として半波長ダイポールアンテナ又は $\boxed{\text{ア}}$ が用いられ、反射器は1本、導波器は利得を上げるために複数本用いられることが多い。

(2) 三素子のときには、素子の長さは、$\boxed{\text{イ}}$ が最も長く、導波器が最も短い。

(3) 放射器と反射器の間隔を $\boxed{\text{ウ}}$〔m〕程度にして用いる。

(4) 素子の太さを $\boxed{\text{エ}}$ すると、帯域幅がやや広くなる。

(5) 放射される電波が水平偏波のとき、水平面内の指向性は $\boxed{\text{オ}}$ である。

1　水平ビームアンテナ	2　反射器	3　$\lambda/4$	4　太く
5　単一指向性	6　折返し半波長ダイポールアンテナ		7　放射器
8　$\lambda/2$	9　細く	10　全方向性	

答　B-1：ア-6　イ-7　ウ-3　エ-4　オ-10

　　B-2：ア-6　イ-2　ウ-3　エ-4　オ-5

B－3　次の記述は、方形導波管の伝送損について述べたものである。このうち正しいものを1、誤っているものを2として解答せよ。

ア　誘電損は、内部が中空の導波管では極めて小さいが、雨水などが管内に浸入した場合は極めて大きくなる。

イ　同じ導波管どうしを接続する場合、接続部での伝送損を防ぐため、チョーク接続などの方法を用いる。

ウ　管壁において電波が反射するとき、管壁に侵入する表皮厚さ（深さ）は、周波数が高くなるほど厚く（深く）なる。

エ　遮断周波数より十分高い周波数では、周波数が高くなるほど伝送損が小さくなる。

オ　遮断周波数に十分近い周波数範囲では、遮断周波数に近くなるほど伝送損が大きくなる。

B－4　次の記述は、各周波数帯における電波の伝搬について述べたものである。□□□内に入れるべき字句を下の番号から選べ。

(1)　長波（LF）帯では、南北方向の伝搬路で日の出及び日没のときに受信電界強度が急に□ア□なる日出日没現象がある。

(2)　中波（MF）帯では、主に地表波による伝搬となるが、夜間は□イ□の消滅により減衰が小さくなるため、電離層反射波も伝搬する。

(3)　短波（HF）帯では、主に電離層伝搬であり、電離層による□ウ□及び反射の影響が大きく、昼夜、季節、太陽活動などの変化により最適の伝搬周波数が異なる。

(4)　超短波（VHF）帯では、主に□エ□による伝搬であり、これに大地反射波が加わる。この周波数帯では、スポラジックE層（Es）反射により遠距離へ伝搬したり、対流圏散乱波により見通し外へ伝搬することがある。

(5)　SHF帯及びEHF帯では、□オ□及び酸素による共鳴吸収及び降雨による減衰が大きくなる。

1	強く	2	F層	3	吸収	4	地表波	5	X線
6	弱く	7	D層	8	回折	9	直接波	10	水蒸気

B－5　次の記述は、方向性結合器を用いて同軸給電回路の反射係数及び定在波比を測定する原理について述べたものである。□□□内に入れるべき字句を下の番号から選べ。ただし、方向性結合器の主線路と副線路は、図に示すように静電容量 C〔F〕及び相互インダクタンス M〔H〕によって結合されているものとし、主線路は特性インピーダンス Z_0

答　B－3：ア－1　イ－1　ウ－2　エ－2　オ－1
　　B－4：ア－6　イ－7　ウ－3　エ－9　オ－10

〔Ω〕の同軸給電線で高周波発振器とアンテナに接続され、副線路は電流を測定する検出器と終端抵抗 R 〔Ω〕に接続されているものとする。また、検出器の内部抵抗と終端抵抗は等しく、副線路の自己インダクタンスを L 〔H〕、角周波数を ω 〔rad/s〕とすると、$\omega L \ll R$ 及び $R \ll 1/(\omega C)$ のとき、$M = CRZ_0$ の関係があるものとする。

(1) 主線路上の電圧を V 〔V〕、電流を I 〔A〕とすると、副線路に流れる電流は、V に比例し、静電結合により静電容量 C を通り検出器と終端抵抗に二分されるので、その一つを i_C とすると、i_C は、次式で表される。

$$i_C \fallingdotseq \boxed{\text{ア}} \text{〔A〕} \qquad \cdots ①$$

また、誘導結合により副線路に流れる電流 i_M は、I に比例し次式で表される。ここで、i_M の向きは誘導結合の方向により検出器側又は終端抵抗側のいずれかの方向になる。

$$i_M \fallingdotseq \boxed{\text{イ}} \text{〔A〕} \qquad \cdots ②$$

(2) i_C と i_M の合成電流は、i_M の向きによりそれらの和又は差となるが、ここでは、検出器側の電流 i_f 〔A〕が和、終端抵抗側の電流 i_r 〔A〕が差となるように回路が構成されているものとすると、i_f は、次式で表される。

$$i_f = i_C + i_M \fallingdotseq \boxed{\text{ウ}} \text{〔A〕} \qquad \cdots ③$$

(3) 入射波のみのときは、$V/I = Z_0$ であり、条件から $M = CRZ_0$ であるから、式③は次式となる。

$$i_f \fallingdotseq \boxed{\text{エ}} \text{〔A〕}$$

また、負荷側（アンテナ）からの反射波のみのときには I の符号が変わるから、$i_f = 0$ となる。この場合、方向性結合器に接続され

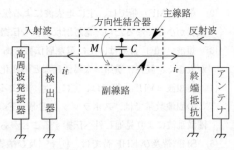

ている検出器と終端抵抗を入れ替えると、この反射波電圧に比例した電流を測定できる。このようにして、入射波電圧と反射波電圧を測定し、それらの $\boxed{\text{オ}}$ から反射係数を求め、定在波比を算出する。

1	$\dfrac{j\omega MI}{2}$	2	$\dfrac{j\omega CV}{2R}$	3	$j\omega\left(\dfrac{CV}{2} + \dfrac{MI}{2R}\right)$	4	積	5	$\dfrac{j\omega CV}{2}$
6	$\dfrac{j\omega MI}{2R}$	7	比	8	$j\omega\left(\dfrac{CV}{2R} + \dfrac{MI}{2R}\right)$	9	$j\omega CV$	10	$j\omega MI$

　答　B－5：ア－5　イ－6　ウ－3　エ－9　オ－7

▶解答の指針

○A-2

給電点から見た与式のインピーダンス Z_{ab} を純抵抗にする条件は、以下の式が成立すればよい。

$$j42.6 - j\pi Z_0\, \delta = 0$$

上式に題意の数値を代入して、短縮率 $100 \times \delta$ は、以下のようになる。

$$100 \times \delta = 100 \times \frac{42.6}{\pi \times Z_0} = \frac{4{,}260}{\pi \times 315} \fallingdotseq 4.3 \ (\%)$$

○A-3

(1) 式①の P_0 は、(2)の記述から、絶対利得 G のアンテナから得られる受信有能電力を表す。

(2) 到来電波の電力密度 p は、電界強度を E 〔V/m〕、自由空間の固有インピーダンスを Z_0 〔Ω〕として、$p = \underline{E^2/Z_0}$ 〔W〕で表されるので、絶対利得 G のアンテナの実効面積 S_e は、次のようになる。

$$S_e = \frac{P_0}{p} = \frac{G\lambda^2 E^2}{4\pi Z_0} \times \frac{Z_0}{E^2} = \underline{\frac{G\lambda^2}{4\pi}} \ (\mathrm{m}^2)$$

(3) 等方性アンテナは $G = 1$ であるから、上式から、$S_e = \underline{\lambda^2/(4\pi)}$ 〔m^2〕を得る。

○A-5

ループアンテナに誘起する電圧 V は、到来波の電界強度 E 〔V/m〕、ループ面の面積 S 〔m^2〕、巻数 N、波長 λ 〔m〕、電波の到来方向とループ面のなす角 θ 〔°〕とし、次式で表される。

$$V = E \times \frac{2\pi NS}{\lambda} \cos\theta \ (\mathrm{V})$$

上式に $\lambda = 500$ 〔m〕及び題意の数値を代入して、V は次のようになる。

$$V = 5 \times 10^{-3} \times \frac{2\pi^2 \times 10 \times 0.2 \times 0.2}{500} \times 0.5 \fallingdotseq 39 \times 10^{-6} = 39 \ (\mu\mathrm{V})$$

○A-6

平行二線式給電線の特性インピーダンス Z_0 は、線の間隔 D 〔m〕及び線の直径 d 〔m〕を用いて、次式で表される。

$$Z_0 \fallingdotseq 276 \log_{10} \frac{2D}{d} \ (\Omega)$$

題意から上式の真数は変わらないので、Z_0 も変わらない。

○A-7

設問図の電界結合では、導波管内の電界強度が最大となる位置に同軸ケーブルの内部導体があり、励振モードは最低次数の $\underline{\text{TE}_{10}}$ モードである。内部導体を電界の波腹に、短絡板を波節にし、距離 d 〔m〕をほぼ管内波長の $\underline{(1/4)}$ として、プローブの深さ h 〔m〕を調整することにより整合をとる。プローブを太くすると広帯域整合が可能となる。

○A-8

特性インピーダンス Z_0 〔Ω〕の給電線にインピーダンス Z_r 〔Ω〕の負荷を接続したときの電圧反射係数の大きさ $|\varGamma|$ は、題意の数値を用いて次のようになる。

$$|\varGamma| = \left|\frac{Z_r - Z_0}{Z_r + Z_0}\right| = \left|\frac{50 - 300}{50 + 300}\right| = 5/7$$

したがって、電圧定在波比 S は次のようになる。

$$S = \frac{1 + |\varGamma|}{1 - |\varGamma|} = \frac{1 + 5/7}{1 - 5/7} = 6$$

○A-9

(1)(2) 方形導波管は、遮断周波数より低い周波数の電磁波は伝搬できない。また、基本モードの遮断周波数は、他の高次モードの遮断周波数より低い。

(3) マイクロストリップ線路は、接地導体基板上に薄い厚さの誘電体をのせ、その上に幅が狭く厚さが薄いストリップ導体を密着させた不平衡線路である。開放された構造であり、外部雑音が混入したり、逆に信号波が漏洩するおそれがある。誘電体の誘電率を十分に大きく選べば、放射損を減らすことができ、減衰量も小さくなる。

　方形導波管内では、進行方向に電磁界成分をもつ電磁波が伝搬するが、マイクロストリップ線路では、不平衡線路であるが、進行方向に電磁界成分が小さく、近似的に TEM 波として扱うことができる。

○A-10

4　パラボラアンテナは、開口面近傍で放射される電波がほぼ平面波になるように設計される。

○A-11

アンテナの絶対利得 G は、開口面積を A 〔m²〕、波長を λ 〔m〕、開口効率を η として次式で表される。

$$G = \frac{4\pi A}{\lambda^2}\eta$$

$\lambda = 0.05$ 〔m〕、$G = 10^4$ であり、題意の数値を用いて上式から η は次のようになる。

$$\eta = \frac{G\lambda^2}{4\pi A} = \frac{10^4 \times 0.05^2}{4 \times 3.14 \times 3.14} \fallingdotseq 0.63$$

○A－12

(1)　2本の素子に流れる電流は、振幅、位相及び同じ向きで定在波の正弦波分布をとる。

(2)　入力インピーダンスは、半波長ダイポールアンテナの約4倍の約300〔Ω〕である。

(3)　同一電波を受信したとき、受信開放電圧は半波長ダイポールアンテナの2倍、すなわち実効長は、2倍である。しかし入力インピーダンスが4倍になるため、受信有能電力は、半波長ダイポールアンテナとほぼ同一である。

○A－13

対数周期ダイポールアレーアンテナは、多数の異なる半波長ダイポール素子が、設問図のように対数周期的に互いに平行に配置され、交互に反転した位相で給電される自己相似アンテナアレーの一種である。与図のように、n を正整数として、原点 O から距離 x_n の位置に長さ l_n のダイポールが配置されており、その間に次の関係がある。

$$\frac{l_n}{l_{n+1}} = \frac{x_n}{x_{n+1}} = \tau \ (一定)$$

いま、n 番目の素子が共振したとすればその入力インピーダンスは純抵抗となり、電波を放射し、その素子より短い $(n+1)$ 番目以上のアンテナは容量性となり伝送領域となる。逆に、その素子より長い $(n-1)$ 番目以下のアンテナは誘導性となり、反射領域となり、図中の「ア」の方向が主放射の方向となる。このアンテナの励振周波数を連続的に変えると放射領域が移動するが、各ダイポールの電気的特性はほとんど変化せず、入力インピーダンスはほぼ一定で周波数帯域幅が広い。

○A－14

自由空間電界強度 E_0 は、送信アンテナの放射電力を P〔W〕、絶対利得を G（真数）、距離を d〔m〕とすれば、次式で表される。

$$E_0 = \frac{\sqrt{30GP}}{d} \ \text{〔V/m〕}$$

上式に、$G = 10^{3/10} = 2$、及び題意の数値を代入して次の E_0 を得る。

$$E_0 = \frac{\sqrt{30 \times 2 \times 15}}{10 \times 10^3} = 3 \times 10^{-3} \ \text{〔V/m〕}$$

したがって、E_0 及び題意の数値を用い電界強度 E は次のようになる。

$$E = 3 \times 10^{-3} \times \frac{4\pi \times 30 \times 10}{2 \times 10 \times 10^3} \fallingdotseq 565 \times 10^{-6} = 565 \ \text{〔}\mu\text{V/m〕}$$

○A－16

設問図において、臨界周波数 f_c〔Hz〕、斜め伝搬の電波の周波数 f〔Hz〕、電離層の見掛けの高さ h〔m〕、跳躍距離 d〔m〕の1/2、$r = d/2$〔m〕、入射角 θ〔rad〕の間に、セカントの法則から次の関係がある。

無線工学B

$$f = f_c \sec\theta = f_c \frac{\sqrt{h^2 + r^2}}{h}$$

したがって、d は、題意の数値を用いて次のようになる。

$$d = 2r = 2h\sqrt{\left(\frac{f}{f_c}\right)^2 - 1} = 2 \times 400 \times 10^3 \times \sqrt{\left(\frac{5 \times 10^6}{4 \times 10^6}\right)^2 - 1}$$

$$= 800 \times \frac{3}{4} \times 10^3 \fallingdotseq 600 \ \text{(km)}$$

○A-17

3　干渉性 k 形フェージングは、大地反射係数が**大きい**ほど深い。

○A-18

(1)　給電線上の負荷側を見たインピーダンスが最大の値 Z_m〔Ω〕となる点に流れる電流 I は、電源側を見たインピーダンスが Z_0〔Ω〕であるから、電圧 V_m〔V〕の電源に Z_0 と Z_m を直列接続した場合の電流に等しい。すなわち、$I = V_0/(Z_0 + Z_m)$〔A〕であり、電力 P_t は次のようになる。

$$P_t = I^2 Z_m = \left(\frac{V_0}{Z_0 + Z_m}\right)^2 \times Z_m \ \text{(W)} \qquad \cdots ①$$

(2)　$Z_m = S Z_0$ の関係があるから、式①は、次式となる。

$$P_t = \left(\frac{V_0}{Z_0 + Z_m}\right)^2 \times Z_m = \left(\frac{V_0}{Z_0 + S Z_0}\right)^2 \times S Z_0 = \frac{V_0^2}{Z_0} \times \frac{S}{(1+S)^2} \ \text{(W)} \qquad \cdots ②$$

(3)　整合しているとき $S = 1$ であるから、このときの P_t を P_0 とすれば、式②から P_0 は、次式となる。

$$P_0 = \frac{V_0^2}{4 Z_0} \ \text{(W)} \qquad \cdots ③$$

(4)　負荷と給電線が整合していないときに生ずる反射損 M は、P_0 と P_t の比であり、式②と③から次式となる。

$$M = \frac{P_0}{P_t} = \frac{V_0^2}{4 Z_0} \times \frac{Z_0 (1+S)^2}{V_0^2 S} = \frac{(1+S)^2}{4S}$$

すなわち、電圧定在波比 S を測定すれば、反射損を求めることができる。

○A-19

2　被測定アンテナを回転させないでプローブを上下左右方向に走査して測定を行うので、鋭いビームを持つアンテナや回転不可能なアンテナの測定に**適して**いる。

○A－20

(1) 送信アンテナ1からの電波の受信アンテナ2の位置における電力密度 p は次式となる。

$$p = \frac{P_{\rm t} G_1}{4\pi d^2} \ [{\rm W/m^2}] \qquad\qquad\cdots①$$

一方、$P_{\rm r}$ は、アンテナ2の開口面積 $A_{\rm r}$ $[{\rm m^2}]$ を用いて $P_{\rm r} = pA_{\rm r}$ で表される。$A_{\rm r}$ は、G_2 及び波長 λ $[{\rm m}]$ を用いて $A_{\rm r} = G_2\lambda^2/(4\pi)$ で表されるから、式①より $P_{\rm r}$ は次のようになる。

$$P_{\rm r} = \frac{P_{\rm t} G_1}{4\pi d^2} \times \frac{G_2\lambda^2}{4\pi} = G_1 G_2 P_{\rm t} \times \left(\frac{\lambda}{4\pi d}\right)^2 \ [{\rm W}] \qquad\cdots②$$

(2) G_1 が既知のとき、式②より G_2 は次のようになる。

$$G_2 = \frac{P_{\rm r}}{P_{\rm t} G_1} \left(\frac{4\pi d}{\lambda}\right)^2 \qquad\qquad\cdots③$$

(3) 式③から、利得が等しいときには、それらを G として次式が得られ、$P_{\rm t}$ と $P_{\rm r}$ の測定値から G が求められる。

$$G = \sqrt{G_1 G_2} = \frac{4\pi d}{\lambda} \sqrt{\frac{P_{\rm r}}{P_{\rm t}}}$$

○B－1

(1) 等方性アンテナからの電波の電力束密度 w は、放射電力 P_0 $[{\rm W}]$ をアンテナ中心とした半径 d $[{\rm m}]$ の球面の面積で割った値であり次式で表される。

$$w = \frac{P_0}{4\pi d^2} \ [{\rm W/m^2}] \qquad\qquad\cdots①$$

一方、電界強度 E_0 $[{\rm V/m}]$、磁界強度 H_0 $[{\rm A/m}]$ の点の電力束密度 p は、ポインティング電力として次式で表される。

$$p = \underline{E_0 H_0} \ [{\rm W/m^2}] \qquad\qquad\cdots②$$

式②は、$E_0 = 120\pi H_0$ の関係を用いて次のようになる。

$$p = \frac{E_0{}^2}{120\pi} \ [{\rm W/m^2}] \qquad\qquad\cdots③$$

したがって、$w = p$ の関係から、E_0 は次式で表される。

$$E_0 = \frac{\sqrt{30 P_0}}{d} \ [{\rm V/m}]$$

(2) 絶対利得 G（真数）は、等方性アンテナの放射電力と比べて何倍の電力が最大放射方向に放射されるかを表すから、その方向の距離 d $[{\rm m}]$ における放射電界強度 E は次式で表される。

$$E = \frac{\sqrt{30 GP}}{d} \ [{\rm V/m}]$$

○B - 3

ウ 管壁において電波が反射するとき、管壁に侵入する表皮厚さ（深さ）は、周波数が高くなるほど**薄く（浅く）**なる。

エ 遮断周波数より十分高い周波数では、周波数が高くなるほど伝送損が**大きく**なる。

○B - 4

(1) 長波（LF）帯では、日の出及び日没のときに南北伝搬路で受信電界強度が急に**弱く**なる日出日没現象がある。

(2) 中波（MF）帯では、主に地表波伝搬となるが、夜間では、最も低い**D層**の消滅により電離層反射波が現れる。

(3) 短波（HF）帯は、主に電離層反射波による伝搬であり、電離層による**吸収**及び反射の影響が大きく、昼夜、季節、太陽活動などの変化により最適の伝搬周波数が異なる。

(4) 超短波（VHF）帯では、主に**直接波**による伝搬であり、それに大地反射波が加わる。この帯域の低い周波数帯では、夏季においてスポラジックE層（Es）による電離層反射波があり、遠距離へ伝搬したり、対流圏散乱波により見通し**外**へ伝搬したりして既存の通信に影響を与えることがある。

(5) SHF帯及びEHF帯では、晴天時に**水蒸気**や酸素分子による共鳴吸収減衰が、降雨時には降雨粒子による散乱減衰が大きくなる。

○B - 5

(1) 静電結合による電流 i_C は、電圧 V がかかる容量リアクタンスを流れる電流 $j\omega CV$〔A〕であり、検出器と終端抵抗に2等分されるから、$i_C \fallingdotseq j\omega CV/2$〔A〕となる。

また、誘導結合による電流 i_M は、検出器の内部抵抗 R と終端抵抗 R からなる閉回路を流れるから、相互インダクタンスによる誘導電圧 $j\omega MI$ を $2R$ で除した $i_M \fallingdotseq \underline{j\omega MI/ (2R)}$〔A〕となる。

(2) 検出器側の電流 i_f が i_C と i_M の和となるように接続されている場合は、次式となる。

$$i_f = i_C + i_M \fallingdotseq j\omega \left(\frac{CV}{2} + \frac{MI}{2R} \right) \text{〔A〕}$$

(3) (2)の i_f に、$Z_0 = V/I$ と題意の条件式 $M = CRZ_0$ を代入して、$i_f \fallingdotseq j\omega CV$〔A〕を得る。また、終端抵抗と検出器の方向性結合器への接続を入れ替え、負荷からの反射波と入射波を測定してそれらの**比**から反射係数を求め、定在波比を算出する。

A－1 自由空間において、到来電波の電界強度が 2〔V/m〕であった。このときの磁界強度の値として、最も近いものを下の番号から選べ。ただし、電波は平面波とする。

　1　$1.3×10^{-3}$〔A/m〕　　2　$2.7×10^{-3}$〔A/m〕　　3　$5.3×10^{-3}$〔A/m〕

　4　$7.3×10^{-3}$〔A/m〕　　5　$8.6×10^{-3}$〔A/m〕

A－2 次の記述は、アンテナの指向性について述べたものである。□□□内に入れるべき字句の正しい組合せを下の番号から選べ。

(1) アンテナの放射電磁界は、そのアンテナ固有の　A　特性を持っている。これをアンテナの指向性という。

(2) アンテナの指向性係数は、アンテナからの距離に　B　。

(3) 一般に指向性の相似な複数のアンテナを並べた場合の合成指向性は、アンテナ素子の指向性と無指向性点放射源の配列の指向性の　C　で表される。

	A	B	C
1	方向	関係しない	和
2	方向	関係しない	積
3	方向	比例する	和
4	時間	比例する	積
5	時間	関係しない	比

A－3 次の記述は、アンテナの放射抵抗について述べたものである。□□□内に入れるべき字句の正しい組合わせを下の番号から選べ。

(1) 自由空間に置かれた損失の無いアンテナの放射抵抗は、実効長の2乗に比例し、利得に　A　する。

(2) 微小ダイポールの放射抵抗は、アンテナの長さが一定ならば、波長が　B　ほど大きい。

(3) 1/4 波長垂直接地アンテナの放射抵抗は、ほぼ　C　〔Ω〕である。

	A	B	C
1	反比例	短い	36.6
2	反比例	長い	73.1
3	比例	短い	36.6
4	比例	長い	73.1
5	比例	長い	36.6

答　　A－1：3　　A－2：2　　A－3：1

A－4　自由空間において到来電波を受信したとき、受信有能電力が 0.135〔μW〕、アンテナの実効面積が 0.628〔m²〕であった。このときの到来電波の電界強度の値として、最も近いものを下の番号から選べ。

1　3〔mV/m〕　　2　6〔mV/m〕　　3　9〔mV/m〕

4　12〔mV/m〕　　5　18〔mV/m〕

A－5　次の記述は、ポインチングベクトルについて述べたものである。このうち誤っているものを下の番号から選べ。

1　電磁エネルギーの流れを表すベクトルである。

2　電界ベクトルと磁界ベクトルのなす面に垂直で、電界ベクトルの方向から磁界ベクトルの方向に右ねじを回したときに、ねじの進む方向に向いている。

3　大きさは、電界ベクトルと磁界ベクトルを二辺とする平行四辺形の面積に等しい。

4　電界ベクトルと磁界ベクトルの内積である。

5　大きさは、単位面積を単位時間に通過する電磁エネルギーを表す。

A－6　単位長さ当たりの自己インダクタンスが 0.05〔μH/m〕及び静電容量が 20〔pF/m〕の無損失給電線がある。この給電線の特性インピーダンスの大きさの値として、正しいものを下の番号から選べ。

1　40〔Ω〕　　2　50〔Ω〕　　3　75〔Ω〕　　4　90〔Ω〕　　5　100〔Ω〕

A－7　次の記述は、無損失給電線上の定在波について述べたものである。　　内に入れるべき字句の正しい組合せを下の番号から選べ。

(1) 定在波は入射波と反射波とが合成されて給電線上に生ずる電圧又は電流の分布であり、それぞれ給電線に沿って　A　波長の間隔で繰り返す。

(2) 定在波電圧が最大の点では、定在波電流は　B　である。

(3) 給電線と負荷が整合しているときの電圧定在波比は　C　である。

	A	B	C
1	1/2	最小	0
2	1/2	最大	0
3	1/2	最小	1
4	1/4	最大	0
5	1/4	最大	1

答　A－4：3　　A－5：4　　A－6：2　　A－7：3

A-8　次の記述は、給電回路について述べたものである。￣￣￣内に入れるべき字句の正しい組合せを下の番号から選べ。

(1) インピーダンスが異なる2つの給電回路を直列接続するときには、反射損を少なくし、効率良く伝送するために　A　回路を用いる。また、インピーダンスが同じであっても平衡回路と不平衡回路を接続するときには、漏れ電流を防ぐために　B　を用いる。

(2) 給電線に入力される電力を P_1〔W〕、給電線に接続されている負荷で消費される電力を P_2〔W〕としたとき、　C　を伝送効率といい、反射損や給電線での損失が少ないほど伝送効率は良い。

	A	B	C
1	アンテナ共用	バラン	P_1-P_2
2	アンテナ共用	トラップ	P_1/P_2
3	インピーダンス整合	バラン	P_1-P_2
4	インピーダンス整合	トラップ	P_2/P_1
5	インピーダンス整合	バラン	P_2/P_1

A-9　次の記述は、平行二線式給電線と小電力用同軸ケーブルについて述べたものである。このうち誤っているものを下の番号から選べ。

1　平行二線式給電線の特性インピーダンスは、導線の太さが同じ場合には、導線の間隔が狭いほど小さくなる。

2　平行二線式給電線は、平衡形の給電線であり、零電位は2本の導線の間隔の垂直二等分面上にある。

3　小電力用同軸ケーブルは、不平衡形の給電線であり、通常、外部導体を接地して使用する。

4　小電力用同軸ケーブルの特性インピーダンスは、内部導体の外径 d に対する外部導体の内径 D の比（D/d）が大きいほど小さくなる。

5　小電力用同軸ケーブルは、平行二線式給電線よりも、外部からの誘導妨害の影響を受けにくい。

答　A-8：5　　A-9：4

A－10　次の記述は、半波長ダイポールアンテナについて述べたものである。このうち誤っているものを下の番号から選べ。ただし、波長を λ〔m〕とする。

1　実効長は、λ/π〔m〕である。

2　相対利得（真数）は、約0.609である。

3　実効面積は、約 $0.13\lambda^2$〔m^2〕である。

4　絶対利得は、約2.15〔dB〕である。

5　水平設置の場合、E面内の指向性パターンは、8字特性である。

A－11　次の記述は、図に示すカセグレンアンテナについて述べたものである。□□内に入れるべき字句の正しい組合せを下の番号から選べ。

(1)　回転放物面の主反射鏡、回転双曲面の副反射鏡及び一次放射器で構成されている。副反射鏡の二つの焦点のうち、一方は主反射鏡の□A□と、他方は一次放射器の励振点と一致している。

(2)　送信における主反射鏡は、□B□への変換器として動作する。

(3)　一次放射器を主反射鏡の頂点（中心）付近に置くことにより給電線路が□C□ので、その伝送損を少なくできる。

(4)　主放射方向と反対側のサイドローブが少なく、かつ小さいので、衛星通信用地球局のアンテナのように上空に向けて用いる場合、□D□からの熱雑音の影響を受けにくい。

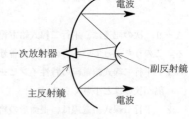

	A	B	C	D
1	焦点	平面波から球面波	長くなる	大地
2	焦点	球面波から平面波	短くできる	大地
3	開口面	平面波から球面波	長くなる	自由空間
4	開口面	平面波から球面波	短くできる	大地
5	開口面	球面波から平面波	長くなる	自由空間

A－12　周波数20〔GHz〕で絶対利得2,160（真数）を得るために必要とする円形パラボラアンテナの直径の値として、最も近いものを下の番号から選べ。ただし、アンテナの開口効率を0.6とする。

1　0.30〔m〕　　2　0.48〔m〕　　3　0.68〔m〕　　4　0.75〔m〕　　5　0.96〔m〕

答　A－10：2　　　A－11：2　　　A－12：1

A−13 次の記述は、図に示すホーンレフレクタアンテナについて述べたものである。□□□内に入れるべき字句の正しい組合せを下の番号から選べ。

(1) 電磁ホーンの ┃ A ┃ と回転放物面反射鏡の焦点が一致するように構成されたオフセットアンテナの一種である。

(2) 開口面から放射される電波は、ほぼ ┃ B ┃ である。

(3) 直線偏波と円偏波の共用 ┃ C ┃。

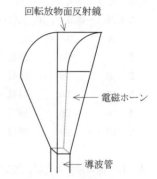

回転放物面反射鏡

電磁ホーン

導波管

	A	B	C
1	焦点	平面波	ができる
2	焦点	球面波	はできない
3	焦点	球面波	ができる
4	頂点（励振点）	球面波	はできない
5	頂点（励振点）	平面波	ができる

A−14 次の記述は、電波の周波数と伝搬について述べたものである。□□□内に入れるべき字句の正しい組合せを下の番号から選べ。

(1) 地表波は、周波数が ┃ A ┃ ほど、また、大地の導電率が高いほど遠方まで伝搬する。

(2) F層反射波は、主に ┃ B ┃ 帯で用いられる。

(3) スポラジックE層（Es）反射波は、┃ C ┃ 帯の通信に混信妨害を与えることがある。

	A	B	C
1	低い	超短波（VHF）	マイクロ波（SHF）
2	低い	短波（HF）	超短波（VHF）
3	低い	短波（HF）	マイクロ波（SHF）
4	高い	短波（HF）	超短波（VHF）
5	高い	超短波（VHF）	マイクロ波（SHF）

A−15 自由空間において、相対利得 10〔dB〕のアンテナで電波を放射したとき、最大放射方向の 50〔km〕離れた点における電界強度が 7〔mV/m〕であった。このときの供給電力の値として、最も近いものを下の番号から選べ。ただし、アンテナの損失はないものとする。

1　250〔W〕　　2　320〔W〕　　3　480〔W〕　　4　640〔W〕　　5　750〔W〕

A-16　次の記述は、SHF 帯及び EHF 帯の周波数帯における降雨による減衰について述べたものである。　　　内に入れるべき字句の正しい組合せを下の番号から選べ。

　降雨による減衰は、周波数が　A　〔GHz〕付近で顕著になり、それより周波数が高くなるとともに増大するが、約　B　〔GHz〕以上ではほぼ一定になる。降雨による減衰の主な要因は、電波の　C　又は散乱である。

	A	B	C
1	3	200	回折
2	3	50	吸収
3	10	50	吸収
4	10	50	回折
5	10	200	吸収

A-17　図に示すように、送受信点間の距離が 600 〔km〕の電離層伝搬において、F 層の見掛けの高さが 400 〔km〕で、最高使用可能周波数（MUF）が 14 〔MHz〕であった。このときの臨界周波数〔MHz〕の値として、最も近いものを下の番号から選べ。ただし、電離層は均一であり、平面大地に平行であるものとする。

1　7.2

2　10.5

3　11.2

4　12.8

5　15.0

A-18　図は、使用する電波の波長 λ〔m〕に比べて大きなアンテナ直径 D_1〔m〕、D_2〔m〕を持つ 2 つの開口面アンテナの利得や指向性を測定する場合の最小測定距離 R〔m〕を求めるための幾何学的な関係を示したものである。$D_1 = 1.4$〔m〕、$D_2 = 0.6$〔m〕及び測定周波数が 30〔GHz〕のときの R の値として、最も近いものを下の番号から選べ。ただし、R_1 は両アンテナ間の最大通路長、通路差 ΔR は、$\Delta R = R_1 - R \fallingdotseq (D_1 + D_2)^2/(8R)$〔m〕とし、$\Delta R$ が $\lambda/16$〔m〕以下のとき適切な測定ができるものとする。

1　266〔m〕　　2　400〔m〕

3　533〔m〕　　4　800〔m〕

5　952〔m〕

　答　　A-16：**5**　　　A-17：**3**　　　A-18：**4**

A-19 次の記述は、図に示す構成によりマイクロ波のアンテナの利得を測定する方法について述べたものである。□□内に入れるべき字句の正しい組合せを下の番号から選べ。ただし、各アンテナの損失は無視し、基準アンテナと被測定アンテナは同じ位置に置くものとする。なお、同じ記号の□□内には、同じ字句が入るものとする。

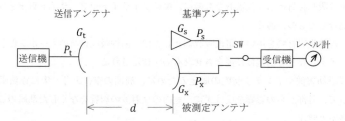

(1) 絶対利得 G_t（真数）の送信アンテナから送信電力 P_t〔W〕を送信したとき、距離 d〔m〕離れた受信点での電波の電力束密度 p は、次式で表される。

$$p = \boxed{\text{A}} \quad \text{〔W/m}^2\text{〕} \qquad \cdots ①$$

(2) スイッチ SW を基準アンテナ側にして受信電力 P_s〔W〕を測定する。基準アンテナの絶対利得及び実効面積をそれぞれ G_s（真数）及び S〔m^2〕、波長を λ〔m〕とすれば、式①から、P_s は、次式で表される。

$$P_s = Sp = \frac{\lambda^2}{4\pi} G_s p = \boxed{\text{B}} \times G_s G_t P_t \text{〔W〕} \qquad \cdots ②$$

(3) SW を被測定アンテナ側にして受信電力 P_x〔W〕を測定する。被測定アンテナの利得を G_x（真数）とすれば、式②と同様に、P_x は、次式で表される。

$$P_x = \boxed{\text{B}} \times G_x G_t P_t \text{〔W〕} \cdots ③$$

(4) 式②と③から、$G_x = \boxed{\text{C}}$ となり、被測定アンテナの利得が測定できる。

	A	B	C
1	$\dfrac{G_t P_t}{4\pi d^2}$	$\left(\dfrac{\lambda}{4\pi d}\right)^2$	$\dfrac{G_s}{P_x}$
2	$\dfrac{G_t P_t}{4\pi d^2}$	$\left(\dfrac{\lambda}{4\pi d}\right)^2$	$\dfrac{G_s P_x}{P_s}$
3	$\dfrac{G_t P_t}{d^2}$	$\dfrac{1}{4\pi}\left(\dfrac{\lambda}{d}\right)^2$	$\dfrac{G_s}{P_x}$
4	$\dfrac{G_t P_t}{\pi d^2}$	$\left(\dfrac{\lambda}{2\pi d}\right)^2$	$\dfrac{G_s}{P_x}$
5	$\dfrac{G_t P_t}{\pi d^2}$	$\left(\dfrac{\lambda}{2\pi d}\right)^2$	$\dfrac{G_s P_x}{P_s}$

A-20 次の記述は、電波吸収体と電波吸収材料について述べたものである。このうち誤っているものを下の番号から選べ。

答　A-19：2

無線工学B

1 電波吸収体は、入射した電波のエネルギーのほとんどを吸収体内部で熱エネルギーに変換するものである。

2 電波吸収体には誘電性吸収材料、磁性吸収材料、抵抗性（導電性）吸収材料が使われている。

3 磁性吸収材料として代表的なものに、焼結フェライトやフェライト粉末をゴムなどに混合したものがある。

4 誘電性吸収材料を用いた電波吸収体としては、磁性吸収材料のカーボン粒子（グラファイト）などを誘電体に混合させたものが使用される。

5 電磁妨害波やアンテナ特性の測定のために、周囲の壁、天井、床に電波吸収体を貼って、外部からの影響を受けずに、室内の反射波の影響をなくした部屋のことを電波暗室と呼ぶ。

B－1 次の記述は、自由空間における半波長ダイポールアンテナの絶対利得を求める過程について述べたものである。□□内に入れるべき字句を下の番号から選べ。なお、同じ記号の□□内には、同じ字句が入るものとする。

(1) 等方性アンテナから電力 P_s〔W〕を送信したとき、遠方の距離 d〔m〕離れた点Pにおける電界強度 E_s は、次式で表される。

$$E_s = \boxed{\text{ア}} \text{〔V/m〕} \quad \cdots ①$$

(2) 半波長ダイポールアンテナに振幅が I_0〔A〕の正弦波状の給電電流を加えたとき、最大放射方向の遠方の距離 d〔m〕離れた点Pにおける電界強度 E_h は、次式で表される。

$$E_h = \frac{60 I_0}{d} \text{〔V/m〕} \quad \cdots ②$$

半波長ダイポールアンテナの放射抵抗は、約 $\boxed{\text{イ}}$〔Ω〕であるので、このアンテナに I_0 を加えたときに放射される電力 P_h は、次式で表される。

$$P_h = \boxed{\text{イ}} \times I_0{}^2 \text{〔W〕} \quad \cdots ③$$

式③より求めた I_0 を式②へ代入すると、E_h は、次式となる。

$$E_h = \boxed{\text{ウ}} \text{〔V/m〕} \quad \cdots ④$$

(3) 半波長ダイポールアンテナが無損失であれば、このアンテナの絶対利得 G_0（真数）は、点Pにおいて $E_s = \boxed{\text{エ}}$ となるときの P_s と P_h の比であり、式①と④から、次式で表される。

$$G_0 = \frac{P_s}{P_h} \fallingdotseq \boxed{\text{オ}}$$

答 A－20：4

| 1 | $\dfrac{7\sqrt{P_\mathrm{s}}}{d}$ | 2 | 60 | 3 | $\dfrac{\sqrt{60P_\mathrm{h}}}{d}$ | 4 | E_h | 5 | 1.76 |
| 6 | $\dfrac{\sqrt{30P_\mathrm{s}}}{d}$ | 7 | 73 | 8 | $\dfrac{60\sqrt{P_\mathrm{h}}}{d\sqrt{73}}$ | 9 | $\sqrt{E_\mathrm{h}}$ | 10 | 1.64 |

B－2　次の記述は、図のように特性インピーダンスが Z_0〔Ω〕の平行二線式給電線と入力抵抗 R_L〔Ω〕のアンテナを接続した回路の短絡トラップ（スタブ）による整合について述べたものである。このうち正しいものを1、誤っているものを2として解答せよ。ただし、アンテナ接続点から距離 l_1〔m〕の点P、P'に、特性インピーダンスが Z_0〔Ω〕、長さ l_2〔m〕の短絡トラップが接続され整合しているものとする。なお、短絡トラップを接続していないとき、点P、P'からアンテナ側を見たアドミタンスは、$(1/Z_0)+jB$〔S〕とする。

ア　短絡トラップを接続していないとき、定在波電圧が最大又は最小となる点からアンテナ側を見たインピーダンスは純抵抗である。

イ　短絡トラップのアドミタンスは、$+jB$〔S〕である。

ウ　短絡トラップの長さを変えたとき、点P、P'から短絡トラップ側を見たインピーダンスは、誘導性から容量性まで変化する。

エ　短絡トラップを接続したとき、点P、P'からアンテナ側を見たアドミタンスは、$-1/Z_0$〔S〕である。

オ　スミスチャートを用いて、l_1 と l_2 の大きさを求めることができる。

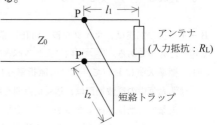

無線工学B

B－3　次の記述は、図に示す3素子八木・宇田アンテナの動作原理について述べたものである。　□　内に入れるべき字句を下の番号から選べ。ただし、波長を λ〔m〕とし、素子Sの長さは $\lambda/2$、素子Rの長さは $\lambda/2$ より少し長く、また、素子Dの長さは $\lambda/2$ より少し短いものとする。

(1)　Sから放射された電波がSから $\lambda/4$〔m〕離れたRに到達すると、その位相は、Sにおける位相より $\pi/2$〔rad〕　ア　。この電波によってRに電波と同相の誘起電圧が発生する。Rに流れる電流の位相は、Rが誘導性リアクタンスであるため、誘起電圧より $\pi/2$〔rad〕遅れる。

答　B－1：ア-6　イ-7　ウ-8　エ-4　オ-10
　　B－2：ア-1　イ-2　ウ-1　エ-2　オ-1

(2)　Rに流れる電流は、その電流より位相が　イ　〔rad〕遅れた電波を再放射する。再放射された電波がSに到達すると、その位相は、Rにおける位相より $\pi/2$〔rad〕遅れる。

(3)　結果的に、Sから出てRを経てSに戻って来た電波の位相遅れの合計が　ウ　〔rad〕となり、Sから放射される電波と同相になるため、Rで再放射された電波は、矢印の方向へ向かう電波を強めることになる。

(4)　一方、Sから放射された電波により、Sから $\lambda/4$〔m〕だけ離れたDに流れる電流の位相は、Dが　エ　リアクタンスであるため、その誘起電圧より進み、この電流によって電波が再放射される。

(5)　Dから再放射される電波は、Sから矢印の方向へ放射された電波が $\lambda/4$〔m〕の距離だけ伝搬した電波を　オ　ことになる。

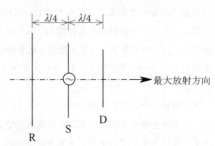

1　進む　　　2　$\pi/4$　　3　π　　　4　容量性　　5　弱める
6　遅れる　　7　$\pi/2$　　8　2π　　9　誘導性　　10　強める

B-4　次の記述は、マイクロ波（SHF）帯の電波の対流圏伝搬における屈折率について述べたものである。□□□内に入れるべき字句を下の番号から選べ。

(1)　標準大気において、大気の屈折率 n は地表からの高さとともに　ア　するから、標準大気中の電波通路は、送受信点間を結ぶ直線に対して　イ　わん曲する。

(2)　実際の大地は球面であるが、これを平面大地上の伝搬として等価的に取り扱うために、$m = n+(h/R)$ で与えられる修正屈折率 m が定義されている。ここで、h〔m〕は地表からの高さ、R〔m〕は地球の　ウ　である。

(3)　m は　エ　に極めて近い値で不便なので、修正屈折示数 M を用いる。

(4)　M は、$M = $　オ　$\times 10^6$ で与えられ、標準大気では地表からの高さとともに増加する。

1　増加　　　　　2　減少　　　　　　3　$(m+1)$　　4　等価半径　　5　半径
6　上方に凸に　　7　下方に凸に　　　8　0　　　　　9　$(m-1)$　　10　1

答　B-3：ア-6　イ-7　ウ-8　エ-4　オ-10
　　B-4：ア-2　イ-6　ウ-5　エ-10　オ-9

B-5　次の記述は、給電線上の電圧分布から給電線の特性インピーダンスを求める方法について述べたものである。□□内に入れるべき字句を下の番号から選べ。ただし、給電線の特性インピーダンスを Z_0〔Ω〕とし、給電線の損失はないものとする。また、給電線の終端に既知抵抗 R〔Ω〕を接続するものとする。

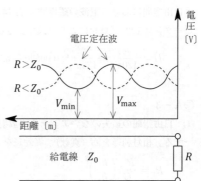

(1)　図に示すように、給電線上に生じた定在波の最大値を V_{max}〔V〕、最小値を V_{min}〔V〕、電圧反射係数を Γ とすれば、電圧定在波比 S は次式で表される。

$$S = \frac{V_{max}}{V_{min}} = \boxed{\ \text{ア}\ } \qquad \cdots ①$$

(2)　Γ は、Z_0 及び R を用いて次式で表される。

$$|\Gamma| = \boxed{\ \text{イ}\ } \qquad \cdots ②$$

(3)　$R > Z_0$ のとき、S の値は、Z_0 と R で表すと式①及び②から次式となる。

$$S = \boxed{\ \text{ウ}\ } \qquad \cdots ③$$

したがって、$Z_0 = \boxed{\ \text{エ}\ }$〔Ω〕が得られる。

$R < Z_0$ のときも同様にして求めることができる。

(4)　定在波が生じていない場合には $V_{max} = V_{min}$ であるから、

$$Z_0 = \boxed{\ \text{オ}\ }\text{〔Ω〕である。}$$

| 1 | $\dfrac{1+|\Gamma|}{1-|\Gamma|}$ | 2 | $\dfrac{|R-Z_0|}{|R+Z_0|}$ | 3 | $\dfrac{R}{Z_0}$ | 4 | $\dfrac{RV_{max}}{V_{min}}$ | 5 | R |
| 6 | $\dfrac{1-|\Gamma|}{1+|\Gamma|}$ | 7 | $\dfrac{|R+Z_0|}{|R-Z_0|}$ | 8 | $\dfrac{Z_0}{R}$ | 9 | $\dfrac{RV_{min}}{V_{max}}$ | 10 | $2R$ |

▶解答の指針

○A－1

自由空間における電波の磁界強度 H は、その電界強度 E 〔V/m〕及び空間の固有インピーダンス 120π 〔Ω〕により次式で表され、題意の数値を用いて次のようになる。

$$H = \frac{E}{120\pi} = \frac{2}{120\pi} \fallingdotseq 0.00530 \fallingdotseq 5.3 \times 10^{-3} \text{ 〔A/m〕}$$

○A－3

(1) 自由空間の損失のないアンテナの放射抵抗は、実効長の2乗に比例し、利得に反比例する。相対利得を G（真数）、実効長を h_e とすると、放射抵抗 R_r は次式で表される。

$$R_r = \frac{R_{rs}}{G}\left(\frac{h_e}{h_s}\right)^2$$

ここで、R_{rs} は半波長ダイポールアンテナの放射抵抗73.13〔Ω〕、h_s は同アンテナの実効長であり、波長を λ 〔m〕として $h_s = \lambda/\pi$ 〔m〕で与えられる。

(2) 微小ダイポールの放射抵抗は、アンテナの長さが一定ならば、波長が短いほど大きい。波長を λ 〔m〕、長さを l 〔m〕とすると、放射抵抗 R_r は次式で表される。

$$R_r = 80\left(\frac{\pi l}{\lambda}\right)^2 \text{ 〔Ω〕}$$

(3) 1/4波長垂直接地アンテナの放射抵抗は、半波長ダイポールアンテナの放射抵抗の約1/2であるほぼ36.6〔Ω〕である。

○A－4

自由空間の電力束密度 p は、到来電波の電界強度 E 〔V/m〕及び自由空間の固有インピーダンス 120π 〔Ω〕を用い次式で表される。

$$p = \frac{E^2}{120\pi} \text{ 〔W/m}^2\text{〕}$$

したがって、E は次式となる。

$$E = \sqrt{120\pi p} \text{ 〔V/m〕}$$

受信有能電力 P はアンテナの実効面積 A_e 〔m^2〕を用い、$P = p \times A_e$ で表されるから、題意の数値を用いて E は次のようになる。

$$E = \sqrt{120\pi \times \frac{P}{A_e}} = \sqrt{120\pi \times \frac{0.135 \times 10^{-6}}{0.628}} \fallingdotseq 9 \text{ 〔mV/m〕}$$

○A－5

4 電界ベクトルと磁界ベクトルの**外積**である。

○A-6

給電線の特性インピーダンス Z_0 は、単位長当たりの自己インダクタンスを L〔H/m〕、静電容量を C〔F/m〕とし、題意の数値を用いて以下のようになる。

$$Z_0 = \sqrt{\frac{L}{C}} = \sqrt{\frac{0.05\times10^{-6}}{20\times10^{-12}}} = \sqrt{2.5\times10^3} = 50 \ 〔\Omega〕$$

○A-8

(1) インピーダンスが異なる2つの給電回路を直列接続するときにはインピーダンス整合回路を用いる。インピーダンスが同じでも、平衡回路と不平衡回路を接続するときにはバランを用いて整合させる。

(2) 給電線の伝送効率は、当該給電線に入力される電力に対する、給電線の負荷端に接続された負荷で消費される電力の比で表される。

○A-9

4 小電力用同軸ケーブルの特性インピーダンスは、内部導体の外径 d に対する外部導体の内径 D の比 (D/d) が大きいほど**大きくなる**。

○A-10

2 相対利得（真数）は、1である。

○A-11

※令和元年7月期　問題A-13「解答の指針」を参照。

○A-12

円形パラボラアンテナの開口面積を A〔m²〕、開口効率を η、開口面の直径を D〔m〕とすれば絶対利得 G は次式で与えられる。

$$G = \frac{4\pi}{\lambda^2}A\eta = \frac{4\pi}{\lambda^2}\pi\left(\frac{D}{2}\right)^2\eta = \left(\frac{\pi D}{\lambda}\right)^2\eta$$

したがって、D は次式で表され、題意の数値を用いて次のようになる。

$$D = \frac{\lambda}{\pi}\sqrt{\frac{G}{\eta}} = \frac{0.015}{\pi}\times\sqrt{\frac{2,160}{0.6}} = \frac{0.015}{\pi}\times60 ≒ 0.3 \ 〔m〕$$

○A-13

ホーンレフレクタアンテナは、電磁ホーンと回転放物面反射鏡を組み合わせたアンテナである。電磁ホーンは、導波管の終端を徐々に広げることによって空間とのインピーダンス整合を図り、導波管内の励振点を中心とする球面波を放射する。回転放物面の一部からなる反射鏡の焦点を電磁ホーンの頂点（励振点）と一致させることにより、開口面からはほぼ平面波が放射される。直線偏波と円偏波の共用ができる。

○A – 15

最大放射方向の自由空間電界強度 E は、供給電力 P 〔W〕、アンテナ利得 G （真数）、距離 d 〔m〕を用いて次式で表される。

$$E = \frac{\sqrt{30GP}}{d} \text{ 〔V/m〕}$$

相対利得 10〔dB〕のアンテナは、半波長ダイポールアンテナの絶対利得（真数）1.64 の10倍の利得を有することから $G = 16.4$（真数）であり、題意の数値を用いて、上式から P は次のようになる。

$$P = \frac{E^2 d^2}{30G} = \frac{7^2 \times 10^{-6} \times 50^2 \times 10^6}{30 \times 16.4} \fallingdotseq 250 \text{ 〔W〕}$$

○A – 17

F層反射の最高使用可能周波数 f_m は、下図に示すように反射点での臨界周波数 f_c〔Hz〕、入射角 i〔rad〕を用いて、セカントの法則から次式で表される。

$$f_\mathrm{m} = f_\mathrm{c} \sec i \text{ 〔Hz〕} \qquad \cdots ①$$

$\sec i$ は、反射点の見かけの高さ h'〔m〕、送受信点間距離 d〔m〕を用いて次式となる。

$$\sec i = \sqrt{h'^2 + (d/2)^2}/h' \qquad \cdots ②$$

したがって、式①及び②から、題意の数値を用いて f_c は次のようになる。

$$f_\mathrm{c} = \frac{f_\mathrm{m}}{\sec i} = f_\mathrm{m} \times \frac{h'}{\sqrt{h'^2 + (d/2)^2}} = 14[\mathrm{MHz}] \times \frac{400[\mathrm{km}]}{\sqrt{(400[\mathrm{km}])^2 + (300[\mathrm{km}])^2}}$$

$$= \frac{14[\mathrm{MHz}] \times 4}{5} = 11.2 \text{ 〔MHz〕}$$

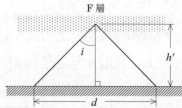

○A – 18

題意から通路差 ΔR は次の不等式が成り立つ。

$$\Delta R = R_1 - R \fallingdotseq (D_1 + D_2)^2/(8R) \leqq \lambda/16 \text{ 〔m〕}$$

$$\therefore \quad R \geqq 2(D_1 + D_2)^2/\lambda \text{ 〔m〕}$$

したがって、題意の数値を上式に代入し、適切な測定のための最小測定距離 R_min は次のようになる。

$$R_\mathrm{min} = 2(D_1 + D_2)^2/\lambda = 2(1.4 + 0.6)^2/0.01 \text{ 〔m〕} = 800 \text{ 〔m〕}$$

○A-19

※令和2年11月臨時　問題A-19「解答の指針」を参照。

○A-20

4　誘電性吸収材料を用いた電波吸収体としては、**非磁性**吸収材料のカーボン粒子（グラファイト）などを誘電体に混合させたものが使用される。

○B-1

(1)　電力 P_s〔W〕を送信する等方性アンテナから遠方の距離 d〔m〕離れた点 P における電界強度 E_s は次式で表される。

$$E_s = \frac{\sqrt{30P_s}}{d} \ \text{〔V/m〕} \qquad \cdots ①$$

(2)　半波長ダイポールアンテナに振幅 I_0〔A〕の正弦波電流を加えたときの放射電力 P_h は、このアンテナの放射抵抗73〔Ω〕を用い、次式となる。

$$P_h = \underline{73} \times I_0{}^2 \ \text{〔W〕} \qquad \cdots ③$$

　この場合、最大放射方向の遠方の距離 d〔m〕離れた点 P における電界強度 E_h は、与式②である。式③から I_0 を求め、式②に代入して、次式を得る。

$$E_h = \frac{60I_0}{d} = \frac{60\sqrt{P_h}}{d\sqrt{73}} \ \text{〔V/m〕} \qquad \cdots ④$$

(3)　半波長ダイポールアンテナが無損失であれば、このアンテナの絶対利得 G_0 は、点 P において $E_s = \underline{E_h}$ のときの P_s と P_h の比であり、式①と④から、次式のようになる。

$$G_0 = \frac{P_s}{P_h} = \frac{60^2}{30 \times 73} \fallingdotseq \underline{1.64} \ \text{（真数）}$$

○B-2

イ　短絡トラップのアドミタンスは、$-jB$〔S〕である。

エ　短絡トラップを接続したとき、点P、P' からアンテナ側を見たアドミタンスは、$1/Z_0$〔S〕である。

○B-4

※令和2年1月期　問題B-4「解答の指針」を参照。

○B-5

※令和3年1月期　問題B-5「解答の指針」を参照。

無線工学B

令和 5 年 7 月期

A－1 　自由空間において、到来電波の電界強度が 4〔V/m〕であった。このときの磁界強度の値として、最も近いものを下の番号から選べ。ただし、電波は平面波とする。

1 　5.3×10^{-3}〔A/m〕　　2 　6.5×10^{-3}〔A/m〕　　3 　7.3×10^{-3}〔A/m〕

4 　8.6×10^{-3}〔A/m〕　　5 　1.1×10^{-2}〔A/m〕

A－2 　図に示す電界強度の放射パターンを持つアンテナの前後（FB）比の値として、正しいものを下の番号から選べ。ただし、メインローブの最大放射方向 a の大きさを 0〔dB〕としたとき、サイドローブの b、c、d、e 及び f 方向の大きさをそれぞれ -15〔dB〕、-19〔dB〕、-17〔dB〕、-11〔dB〕

及び -13〔dB〕とし、また、角度 θ_1、θ_2、θ_3 及び θ_4 はすべて58度とする。

1 　11〔dB〕
2 　13〔dB〕
3 　15〔dB〕
4 　17〔dB〕
5 　19〔dB〕

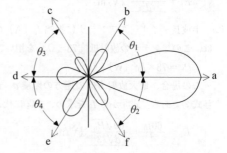

A－3 　次の記述は、アンテナの指向性について述べたものである。____内に入れるべき字句の正しい組合せを下の番号から選べ。

(1) 　アンテナから電波が放射されるとき、又はアンテナに電圧が誘起されるときの電波の方向に関する特性であり、アンテナからの距離に____A____指向性係数によって表される。

(2) 　送信アンテナと受信アンテナとの間に____B____が成り立つ場合は、同一のアンテナを送信に用いたときの指向性と受信に用いたときの指向性は等しい。

(3) 　一般に、放射____C____強度のパターンか、又は放射電力束密度のパターンで表される。

	A	B	C
1	反比例する	補対の関係	磁界
2	反比例する	可逆性	電界
3	反比例する	可逆性	磁界
4	関係しない	可逆性	電界
5	関係しない	補対の関係	磁界

答 　A－1：5 　　A－2：1 　　A－3：4

A-4 次の記述は、円形の開口面アンテナの利得とビームの電力半値幅について述べたものである。 内に入れるべき字句の正しい組合せを下の番号から選べ。ただし、開口面の直径は波長に比べて大きく、波長及び開口効率は一定であり、アンテナの損失はなく、開口面上の電磁界分布は一様であるものとする。

(1) 利得は、開口面の直径が小さいほど A なる。

(2) ビームの電力半値幅は、電界強度が最大放射方向の値の B になる二つの方向にはさまれる角度の幅であり、開口面の直径が大きいほど小さくなる。

(3) 利得は、ビームの電力半値幅が大きいほど C なる。

	A	B	C
1	小さく	$1/\sqrt{2}$	小さく
2	小さく	$1/2$	大きく
3	大きく	$1/\sqrt{2}$	小さく
4	小さく	$1/\sqrt{2}$	大きく
5	大きく	$1/2$	大きく

A-5 同じアンテナに対して定義されている利得を値の小さい順に左から並べたものとして、正しいものを下の番号から選べ。

1	指向性利得	絶対利得	相対利得
2	相対利得	指向性利得	絶対利得
3	絶対利得	指向性利得	相対利得
4	絶対利得	相対利得	指向性利得
5	相対利得	絶対利得	指向性利得

A-6 特性インピーダンスが50〔Ω〕、長さが0.5〔m〕の無損失給電線の出力端を短絡したとき、入力端から見たインピーダンスの値として、正しいものを下の番号から選べ。ただし、周波数を50〔MHz〕とし、また、特性インピーダンスがZ_0〔Ω〕で、長さがl〔m〕の無損失給電線にインピーダンスがZ_d〔Ω〕の負荷を接続したときの入力端から見たインピーダンスZ_iは、位相定数をβ〔rad/m〕とすると、次式で表される。

$$Z_i = Z_0\left(\frac{Z_d\cos\beta l + jZ_0\sin\beta l}{Z_0\cos\beta l + jZ_d\sin\beta l}\right) \text{〔Ω〕}$$

1	$j50/\sqrt{3}$ 〔Ω〕	2	$j50$ 〔Ω〕	3	$j50\sqrt{3}$ 〔Ω〕
4	$j100$ 〔Ω〕	5	$j100\sqrt{3}$ 〔Ω〕		

A-7 次の記述は、無損失給電線上の定在波について述べたものである。このうち誤っているものを下の番号から選べ。

答　A-4：1　　A-5：5　　A-6：1

無線工学B

1　負荷と整合していない給電線に高周波電圧を加えると、負荷の接続されている受端（終端）で反射波が発生し、入射波と合成され給電線上に定在波が生ずる。

2　受端開放の給電線では、定在波の電圧波腹は受端及び受端から1/4波長の偶数倍の点に、電圧波節は受端から1/4波長の奇数倍の点に生ずる。

3　受端短絡の給電線では、定在波の電圧波節は受端及び受端から1/4波長の偶数倍の点に、電圧波腹は受端から1/4波長の奇数倍の点に生ずる。

4　反射波がなく、定在波が生じていない給電線上の電圧定在波比（VSWR）は、1である。

5　定在波の電圧波腹と電流波腹は、給電線上の1/2波長ずれた位置に生ずる。

A－8　次の記述は、アンテナと給電線を整合させるための対称形集中定数回路について述べたものである。□□□内に入れるべき字句の正しい組合せを下の番号から選べ。なお、同じ記号の□□□内には、同じ字句が入るものとする。また、給電線は無損失とし、その特性インピーダンス Z_0 を600〔Ω〕、アンテナの入力抵抗 R を12〔Ω〕とする。

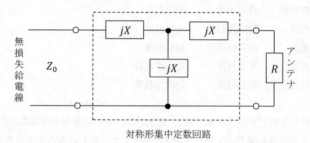

対称形集中定数回路

(1)　特性インピーダンス Z_0 の給電線と入力抵抗 R のアンテナを図に示すリアクタンス X を用いた対称形集中定数回路により整合させるためには、次式が成立しなければならない。

$$Z_0 = jX + \frac{-jX(\boxed{\ \text{A}\ })}{(\boxed{\ \text{A}\ }) - jX}$$

(2)　これより、整合条件は次式で与えられる。

$$X = \boxed{\ \text{B}\ }$$

(3)　題意の数値を代入すれば、X は次の値となる。

$$X \fallingdotseq \boxed{\ \text{C}\ } \ 〔Ω〕$$

	A	B	C
1	$R+jX$	$\sqrt{2RZ_0}$	120
2	$R+jX$	$\sqrt{RZ_0}$	85
3	$R+jX$	$\sqrt{RZ_0}$	60
4	$R-jX$	$\sqrt{2RZ_0}$	170
5	$R-jX$	$\sqrt{RZ_0}$	43

A－9　方形導波管内の電磁波の位相速度が$4.5×10^8$〔m/s〕であるとき、電磁波の群速度の値として、最も近いものを下の番号から選べ。ただし、導波管の内部は空気とする。

　　1　$1.5×10^8$〔m/s〕　　2　$2.0×10^8$〔m/s〕　　3　$2.5×10^8$〔m/s〕

　　4　$3.6×10^8$〔m/s〕　　5　$4.5×10^8$〔m/s〕

A－10　素子の太さが等しい二線式折返し半波長ダイポールアンテナへの給電電流が1.0〔A〕であるときに放射される電力の値として、最も近いものを下の番号から選べ。ただし、アンテナにおける損失はないものとする。

　　1　86〔W〕　　2　128〔W〕　　3　292〔W〕　　4　437〔W〕　　5　584〔W〕

A－11　次の記述は、図に示すコーナレフレクタアンテナについて述べたものである。□□□内に入れるべき字句の正しい組合せを下の番号から選べ。ただし、波長を$λ$〔m〕とし、平面反射板又は金属すだれは、電波を理想的に反射する大きさとする。

(1)　半波長ダイポールアンテナに平面反射板又は金属すだれを組み合わせた構造であり、金属すだれは半波長ダイポールアンテナの放射素子に平行に導体棒を並べたもので、導体棒の間隔は平面反射板と等価な反射特性を得るために約　A　以下にする必要がある。

(2)　開き角は、60°又は90°の場合などがあり、半波長ダイポールアンテナとその影像の合計数は、60°では　B　、90°では4個であり、これらの複数のアンテナの効果により、半波長ダイポールアンテナ単体の場合よりも鋭い指向性と大きな利得が得られる。

(3)　アンテナパターンは、図に示す距離d〔m〕によって大きく変わる。開き角が90°のとき、$d＝λ$では指向性が二つに割れて正面方向では零になり、$d＝1.5λ$では主ビームは鋭くなるがサイドローブを生ずる。一般に、　C　となるようにdを$λ/4$〜$3λ/4$の範囲で調整する。

	A	B	C
1	$λ/10$	3個	全方向性
2	$λ/10$	4個	単一指向性
3	$λ/10$	6個	単一指向性
4	$λ/4$	6個	全方向性
5	$λ/4$	4個	単一指向性

半波長ダイポール
アンテナ

開き角

d

平面反射板
又は金属すだれ

答　A－9：2　　A－10：3　　A－11：3

A-12　次の記述は、各種アンテナの特徴などについて述べたものである。このうち誤っているものを下の番号から選べ。

1　ホイップアンテナの指向性は、水平面は全方向性であるが、垂直面は全方向性ではない。

2　スリーブアンテナの利得は、半波長ダイポールアンテナとほぼ同じである。

3　ディスコーンアンテナは、スリーブアンテナに比べて広帯域なアンテナである。

4　ホーンアンテナは、開口面の大きさを一定にしたまま、ホーンの長さを長くすると利得は大きくなる。

5　カセグレンアンテナの副反射鏡は、回転放物面である。

A-13　次の記述は、オフセットパラボラアンテナについて述べたものである。　　内に入れるべき字句の正しい組合せを下の番号から選べ。なお、同じ記号の　　内には、同じ字句が入るものとする。

(1)　曲面が　A　の反射鏡の一部と、　A　の焦点に置かれた一次放射器から構成されている。

(2)　開口面の正面に一次放射器や給電線路など電波の通路をさえぎるものがないため　B　が良く、放射特性が良好である。

(3)　衛星用の受信アンテナとして用いる場合、同じ仰角で用いる開口径の等しい円形パラボラアンテナに比べて、大地からの熱雑音の影響を　C　。

	A	B	C
1	回転双曲面	開口効率	受けやすい
2	回転双曲面	面精度	受けにくい
3	回転放物面	開口効率	受けにくい
4	回転放物面	面精度	受けやすい
5	回転双曲面	開口効率	受けにくい

A-14　次の記述は、電波の地上波伝搬について述べたものである。　　内に入れるべき字句の正しい組合せを下の番号から選べ。

(1)　地表波は、地表面に沿って伝搬する波で、周波数が　A　ほど、また、大地の導電率が大きいほど減衰が小さく、陸上の方が海上より減衰が　B　。

(2)　超短波（VHF）帯の地上波伝搬において、送信点と受信点の距離から見て球面大地による損失があり到底通信に必要な電界強度が得られないと思われるときであって

も、送信点と受信点の途中に山岳があると　C　によって通信に必要な電界強度が得られることがある。この場合の山岳が存在するために得られる伝搬損失の軽減量は、山岳利得と呼ばれている。

	A	B	C
1	高い	小さい	回折波
2	高い	大きい	散乱波
3	低い	大きい	回折波
4	低い	小さい	回折波
5	低い	大きい	散乱波

A-15 図に示す平面大地上にある送受信点間の伝搬において、地上高 h_1 が 40〔m〕の送信点から地上高 h_2 が 20〔m〕の受信点に至る直接波の伝搬通路長 r_1 と大地反射波の伝搬通路長 r_2 との通路差による位相差が $2\pi \times 10^{-2}$〔rad〕であった。このときの地表距離 d〔km〕の値として、最も近いものを下の番号から選べ。ただし、周波数を 150〔MHz〕とし、$h_1 \ll d$ 及び $h_2 \ll d$ とする。また、r_1 及び r_2 は次式で与えられるものとする。

$$r_1 \fallingdotseq d\left\{1+\frac{1}{2}\left(\frac{h_1-h_2}{d}\right)^2\right\}〔\text{m}〕$$

$$r_2 \fallingdotseq d\left\{1+\frac{1}{2}\left(\frac{h_1+h_2}{d}\right)^2\right\}〔\text{m}〕$$

1　20〔km〕
2　27〔km〕
3　40〔km〕
4　54〔km〕
5　80〔km〕

A-16 次の記述は、短波（HF）帯の電波伝搬におけるフェージングについて述べたものである。　　内に入れるべき字句の正しい組合せを下の番号から選べ。

(1) 電離層の電子密度は時々刻々変化するので、跳躍距離に対応する電離層の反射点では電波が反射したり突き抜けたりする現象を繰り返し、跳躍距離付近では電界強度が激しく変動する。このようにして発生するフェージングを　A　フェージングという。

(2) 直線偏波で放射された電波は、電離層を通過すると　B　となり、電離層の変動によって偏波面が変動する。この電波を一つの直線状アンテナで受信すると誘起電圧が

変動する。このようにして発生するフェージングを C フェージングという。

	A	B	C
1	干渉性	楕円偏波	偏波性
2	干渉性	垂直偏波	k 形
3	干渉性	楕円偏波	k 形
4	跳躍性	垂直偏波	k 形
5	跳躍性	楕円偏波	偏波性

A-17 次の記述は、太陽フレアについて述べたものである。このうち誤っているものを下の番号から選べ。

1 太陽フレアとは、太陽の表面の爆発現象で、X線などの電磁波、高エネルギー粒子、プラズマなどが地球に到達し、停電、通信障害、人工衛星などへ様々な影響を及ぼすことが知られている。

2 太陽フレアは、太陽の黒点活動との関連性はない。

3 太陽フレアが起きると、大量の放射線だけでなく、数万～数10億電子ボルトの電子や陽子・重イオンなどの高エネルギーの粒子も放出される。

4 太陽から吹き出す極めて高温で電離した粒子（プラズマ）のことを太陽風という。

5 太陽フレアによって引き起こされる現象のひとつに、デリンジャ現象がある。

A-18 次の記述は、図に示すマジックTによるインピーダンスの測定法について述べたものである。 内に入れるべき字句の正しい組合せを下の番号から選べ。ただし、同じ記号の 内には、同じ字句が入るものとする。

(1) 任意のインピーダンスを開口1及び開口2に接続して、開口3からマイクロ波を入力すると、等分されて開口1及び開口2へ進む。開口1及び開口2からの反射波があると、開口4へ出力され、その大きさは、二つの反射波の A である。

(2) インピーダンスを測定するには、開口1に標準可変インピーダンス、開口2に被測定インピーダンス、開口3にマイクロ波発振器及び開口4に B を接続し、標準可変インピーダンスを加減して B への出力が C になるようにする。このときの標準可変インピーダンスの値が被測定インピーダンスの値である。

答 A-16：**5** A-17：**2**

	A	B	C
1	和	終端抵抗	零
2	差	終端抵抗	最大
3	差	検出器	零
4	和	終端抵抗	最大
5	和	検出器	最大

A−19 1/4 波長垂直接地アンテナの接地抵抗を測定したとき、周波数 3〔MHz〕で 2〔Ω〕であった。このアンテナの放射効率の値として、最も近いものを下の番号から選べ。ただし、大地は完全導体とし、アンテナ導線の損失抵抗及び接地抵抗による損失以外の損失は無視できるものとする。また、波長を λ〔m〕とすると、給電点から見たアンテナ導線の損失抵抗 R_L は、次式で表されるものとする。

$$R_L = 0.1\lambda/8 \ \text{〔Ω〕}$$

1　0.58　　2　0.68　　3　0.72　　4　0.87　　5　0.92

A−20　次の記述は、電波暗室と電波吸収体について述べたものである。　内に入れるべき字句の正しい組合せを下の番号から選べ。

(1) 屋外でアンテナ特性を測定すると、大地や周囲の建造物などからの反射波が直接波とともに受信されるため、良好な測定結果が得られない場合がある。電波暗室は、壁、天井及び床に電波吸収体を張り付けて、室内を A の状態に近づけ、この中でアンテナ特性などの測定が行えるような構造にしたものである。

(2) 電波吸収体は、電波がその表面に入射したとき、反射されずに内部へ十分に進入して吸収されることが必要である。誘電材料を用いた電波吸収体の場合には、 B 粉末を誘電体表面に塗布したり、誘電体の内部に混入したりする。その形状には、表面を C にしたものや、誘電率の異なる平板状の材料を層状に重ねたものなどがある。

	A	B	C
1	自由空間	黒鉛	球状
2	自由空間	フェライト	球状
3	自由空間	黒鉛	ピラミッド状
4	誘導電磁界領域	フェライト	ピラミッド状
5	誘導電磁界領域	フェライト	球状

無線工学B

答　A−18：**3**　　A−19：**5**　　A−20：**3**

B-1 次の記述は、微小ダイポールの実効面積について述べたものである。□内に入れるべき字句を下の番号から選べ。ただし、波長を λ 〔m〕とし、長さ l 〔m〕の微小ダイポールの放射抵抗 R_r は、次式で表されるものとする。

$$R_r = 80\left(\frac{\pi l}{\lambda}\right)^2 \ 〔\Omega〕$$

(1) 微小ダイポールの実効面積 A_e は、受信有能電力を P_a 〔W〕、到来電波の電力束密度を p 〔W/m²〕とすれば、次式で与えられる。

$$A_e = \boxed{\quad ア \quad} \ 〔m^2〕 \quad \cdots ①$$

(2) P_a は、アンテナの誘起電圧 V_a 〔V〕及び R_r を用いて、次式で与えられる。

$$P_a = \boxed{\quad イ \quad} \ 〔W〕 \quad \cdots ②$$

(3) V_a は、到来電波の電界強度 E 〔V/m〕と l 〔m〕から、次式で与えられる。

$$V_a = \boxed{\quad ウ \quad} \ 〔V〕 \quad \cdots ③$$

(4) p は、E と自由空間の固有インピーダンスから、次式で与えられる。

$$p = \boxed{\quad エ \quad} \ 〔W/m^2〕 \quad \cdots ④$$

(5) 式①、②、③、④より、A_e は次式で表される。

$$A_e = \boxed{\quad オ \quad} \times \frac{\lambda^2}{\pi} \ 〔m^2〕$$

1 $\dfrac{P_a}{p}$ 2 $\dfrac{V_a^2}{4R_r}$ 3 El 4 $\dfrac{E^2}{120\pi}$ 5 $\dfrac{3}{8}$

6 $\dfrac{p}{P_a}$ 7 $\dfrac{V_a^2}{2R_r}$ 8 $2El$ 9 $120\pi E^2$ 10 $\dfrac{8}{3}$

B-2 次の記述は、同軸ケーブルと方形導波管について述べたものである。このうち正しいものを1、誤っているものを2として解答せよ。

ア 同軸ケーブルの特性インピーダンスの大きさは、外部導体と内部導体の間にある誘電体の比誘電率が小さいほど小さい。

イ 同軸ケーブルは、使用周波数が高くなると導体損と誘電損がともに増加する。

ウ 同軸ケーブルの基本モードは、TEMモードである。

エ 方形導波管の管内波長は、自由空間の波長よりも短い。

オ 方形導波管は、遮断周波数を超える周波数の電磁波は伝送できない。

答 B-1:ア-1 イ-2 ウ-3 エ-4 オ-5
　　B-2:ア-2 イ-1 ウ-1 エ-2 オ-2

B-3　次の記述は、スロットアンテナについて述べたものである。□□□内に入れるべき字句を下の番号から選べ。ただし、導体平板は波長に比べて十分大きいものとする。

(1) 図1に示すように、スロットの長さを l〔m〕、横幅を w〔m〕、波長を λ〔m〕とすれば、通常 ア の関係を満足するように作られている。

(2) 図1に示すように置かれたスロットアンテナからの放射電波は、大地面を紙面に垂直な面とすると、 イ となり、その指向性は、図2に示す補対の関係にある ウ アンテナの電界と磁界を入れ替えたときの指向性にほぼ等しい。

(3) 同軸給電線を用いて給電するときには、スロットアンテナの中央における入力インピーダンスが同軸給電線のインピーダンスに比べて非常に エ ので、給電 オ を変化させて、同軸給電線と整合をとる。

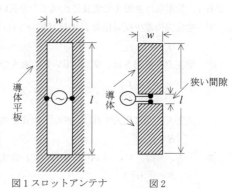

図1 スロットアンテナ　　　図2

1　$w \ll l < \lambda$　　2　水平偏波　　3　四角形ループ　　4　大きい　　5　位置

6　$w \leqq \lambda < l$　　7　垂直偏波　　8　ダイポール　　9　小さい　　10　電圧

B-4　次の記述は、マイクロ波（SHF）帯の伝搬について述べたものである。□□□内に入れるべき字句を下の番号から選べ。

(1) 降雨による減衰は、電波が雨滴にあたり、そのエネルギーの一部が ア や散乱されることによって生ずる。

(2) 伝搬路が長いほど、フェージングの発生頻度と イ がともに大きくなる。また、伝搬路の平均地上高が高いほどフェージングは ウ なる。

(3) 地理的な条件による例外を除いて、一般に エ の日の深夜又は早朝に顕著なフェージングが多く生ずる。

(4) ラジオダクトが発生すると、電波はあたかも導波管内を進むようにラジオダクト内に閉じ込められて オ を繰り返しながら遠距離まで伝搬することがある。

1　吸収　　　2　周波数変動　　3　小さく　　4　曇天　　5　反射

6　回折　　　7　変動幅　　　　8　大きく　　9　晴天　　10　散乱

答　B-3：ア-1　イ-2　ウ-8　エ-4　オ-5

　　B-4：ア-1　イ-7　ウ-3　エ-9　オ-5

B - 5　次の記述は、アンテナに供給される電力を求める過程について述べたものである。□内に入れるべき字句を下の番号から選べ。

入力インピーダンスが R_a〔Ω〕のアンテナに、特性インピーダンスが R_0〔Ω〕の給電線を用いて給電したとき、給電線上に生ずる定在波の電圧波腹及び電圧波節の実効値がそれぞれ V_{max}〔V〕及び V_{min}〔V〕であった。ただし、R_a 及び R_0 は純抵抗で、$R_a < R_0$ であり、給電線は無損失で波長に比べて十分長いものとする。

(1)　給電線の電圧反射係数 Γ の絶対値 $|\Gamma|$ は、R_a と R_0 を用いて、次式で表される。

$$|\Gamma| = \boxed{\ ア\ } \qquad \cdots ①$$

(2)　電圧定在波比 S は、$|\Gamma|$ を用いて、次式で表される。

$$S = \frac{1+|\Gamma|}{1-|\Gamma|} \qquad \cdots ②$$

式①を式②に代入すれば、S は、次式で表される。

$$S = \boxed{\ イ\ } \qquad \cdots ③$$

(3)　一方、S は、V_{max} と V_{min} を用いて、次式で表される。

$$S = \boxed{\ ウ\ } \qquad \cdots ④$$

(4)　アンテナ端の電圧 V_l〔V〕は、給電線上の入射波電圧 V_f〔V〕及び反射波電圧 V_r〔V〕を用いて、次式で表される。

$$V_l = \boxed{\ エ\ } \ 〔V〕 \qquad \cdots ⑤$$

また、$R_a < R_0$ のときには、V_l は、次式で表される。

$$V_l = V_{min} \ 〔V〕 \qquad \cdots ⑥$$

アンテナに供給される電力 P は、式③、④及び⑥から、次式で表される。

$$P = \frac{V_l{}^2}{R_a} = \boxed{\ オ\ } \ 〔W〕$$

1　$\dfrac{R_0+R_a}{R_0-R_a}$	2　$\dfrac{R_0}{R_a}$	3　$\dfrac{V_{min}}{V_{max}}$	4　$V_f - V_r$	5　$\dfrac{V_{max}\,V_{min}}{R_a}$
6　$\dfrac{R_0-R_a}{R_0+R_a}$	7　$\dfrac{R_a}{R_0}$	8　$\dfrac{V_{max}}{V_{min}}$	9　$\dfrac{V_f}{V_r}$	10　$\dfrac{V_{max}\,V_{min}}{R_0}$

答　B - 5：ア - 6　イ - 2　ウ - 8　エ - 4　オ - 10

▶解答の指針

○A-1

自由空間における電波の磁界強度 H は、その電界強度 E 〔V/m〕及び空間の固有イン
ピーダンス 120π 〔Ω〕により次式で表され、題意の数値を用いて次のようになる。

$$H = \frac{E}{120\pi} = \frac{4}{120\pi} \fallingdotseq 0.01061 \fallingdotseq 1.1 \times 10^{-2} \text{ 〔A/m〕}$$

○A-2

前後比 R は、最大放射方向（0〔°〕とする）の電界強度 E_f と 180 ± 60 〔°〕の角度範囲
にある最大のサイドローブの電界強度 E_b との比で定義され、通常デシベルで表す。

$$R = 20 \log_{10}(E_f/E_b) = 20 \log_{10} E_f - 20 \log_{10} E_b$$

定義される角度範囲にあるサイドローブの最大電界強度は、d 方向で $E_b = -11$ 〔dB〕
であるから、R は次のようになる。

$$R = 0 - (-11) = 11 \text{ 〔dB〕}$$

○A-4

(1) 円形の開口面アンテナの利得 G は、開口面の直径 D 〔m〕、開口効率 η 及び波長 λ 〔m〕
により $G = (\pi D/\lambda)^2 \eta$ （真数）で表され、D が小さいほど G は小さくなる。

(2) ビームの電力半値幅 θ は、電界強度が最大方向の値の $1/\sqrt{2}$ になる二つの方向に挟ま
れた角度幅であって $\theta = (70 \sim 80) \lambda/D$ 〔度〕で表され、D が大きいほど小さくなる。

(3) 表式から θ が大きいほど λ/D が大きくなり、G は小さくなる。

○A-5

絶対利得（真値）及び指向性利得（真値）は、絶対利得を用いてそれぞれ以下のように
表される。ここで、放射効率は 1 より小さい。

$$相対利得 = 絶対利得／1.64$$
$$指向性利得 = 絶対利得／放射効率$$

したがって、

$$相対利得 < 絶対利得 < 指向性利得$$

の関係となる。

○A-6

出力端を短絡したとき、$Z_d = 0$ であるから、与式は次式となる。

$$Z_{is} = Z_0 \frac{jZ_0 \sin\beta l}{Z_0 \cos\beta l} = jZ_0 \tan\beta l \text{ 〔Ω〕}$$

無線工学 B

波長 λ 〔m〕は、$\lambda = 6$ 〔m〕であり、$\beta = 2\pi/\lambda$ であるから、与式に題意の数値を代入して Z_{is} は次のようになる。

$$Z_{is} = j50 \times \tan\left(\frac{2\pi}{6} \times 0.5\right) = j50 \times \tan\left(\frac{\pi}{6}\right) = j50/\sqrt{3} \ 〔\Omega〕$$

○A－7

5　定在波の電圧腹と電流腹は、給電線上の 1/4 波長ずれた位置に生ずる。

○A－8

(1)　集中定数回路に R を接続した回路を給電線から見たインピーダンスが給電線の特性インピーダンス Z_0 に等しいことが整合条件であるから、次式が成り立つ。

$$Z_0 = jX + \frac{-jX(R+jX)}{(R+jX)-jX}$$

(2)　上式より次式を得る。

$$X = \sqrt{RZ_0}$$

(3)　上式に題意の数値を代入して X は次のようになる。

$$X = \sqrt{12 \times 600} \fallingdotseq \underline{85} \ 〔\Omega〕$$

○A－9

方形導波管内の位相速度 v_p〔m/s〕と群速度 v_g との間には、光速を c〔m/s〕として、次のような関係がある。

$$v_g \times v_p = c^2$$

したがって、v_g は、上式と題意の数値を用いて、次のようになる。

$$v_g = \frac{(3 \times 10^8)^2}{4.5 \times 10^8} = 2.0 \times 10^8 \ 〔m/s〕$$

○A－10

素子の太さが等しい二線式折返し半波長ダイポールアンテナの入力抵抗 R_r は、半波長ダイポールアンテナの入力抵抗を R_0 とすると $R_r \fallingdotseq 4R_0$ で表される。二線式折返し半波長ダイポールアンテナへの給電電流を I_{in} とすると、アンテナにおける損失はないことから、放射される電力 P_r は $P_r = I_{in}^2 R_r$ で表され、$R_0 \fallingdotseq 73$〔Ω〕として題意の数値を用いると、

$$P_r = I_{in}^2 R_r = 1^2 \times 4 \times 73 = 292 \ 〔W〕$$

となる。

○A−11

※令和2年1月期　問題A−11　「解答の指針」を参照。

○A−12

5　カセグレンアンテナの副反射鏡は、**回転双極面**である。

○A−13

※令和2年11月臨時　問題A−13　「解答の指針」を参照。

○A−15

与式から、通路差は次式となる。

$$r_2 - r_1 = \frac{d}{2}\left\{\left(\frac{h_1+h_2}{d}\right)^2 - \left(\frac{h_1-h_2}{d}\right)^2\right\} = \frac{2h_1 h_2}{d} \ \text{〔m〕}$$

波長をλ〔m〕とすれば、通路差1波長に対する位相差は2π〔rad〕であるから、通路差による位相差ϕは次式で与えられる。

$$\phi = \frac{2\pi}{\lambda}(r_2 - r_1) = \frac{4\pi h_1 h_2}{\lambda d} \ \text{〔rad〕}$$

したがって、距離dは次式で表され、題意の数値を用いて次のようになる。

$$d = \frac{4\pi h_1 h_2}{\phi\lambda} = \frac{4\pi \times 40 \times 20}{2\pi \times 10^{-2} \times 2} \fallingdotseq 80,000 \ \text{〔m〕} \fallingdotseq 80 \ \text{〔km〕}$$

○A−17

2　太陽フレアは、太陽の黒点活動と**関連性がある**。太陽フレアは太陽黒点の爆発によって生じることから、太陽の黒点活動により太陽フレアの発生頻度や規模が大きく変化する。

○A−18

(1)　問題中の図で示されるマジックTにおいては、任意のインピーダンスを開口1及び開口2に接続して、開口3からマイクロ波を入力すると、等分されて開口1及び開口2へ進むが、その際、開口1及び開口2からの反射波があると、その大きさの差が開口4へ出力される。

(2)　(1)の特性を利用して、開口1に標準可変インピーダンス、開口2に未知の被測定インピーダンス、開口3にマイクロ波発振器、開口4にマイクロ波検出器を接続することで、被測定インピーダンスを求めることができる。その方法は、標準可変インピーダンスを加減してマイクロ波検出器の出力値が零になるようにする。そのときの標準可変インピーダンスの値が被測定インピーダンスの値である。

右側余白：無線工学B

○A－19

放射効率 η は、アンテナの放射抵抗 R_r〔Ω〕、接地抵抗 R_E〔Ω〕及び損失抵抗 R_L〔Ω〕として次式で表される。

$$\eta = \frac{R_r}{R_r + R_E + R_L}$$

R_L は、波長 $\lambda = 100$〔m〕であり与式より $R_L = 0.1 \times 100/8 = 1.25$〔Ω〕となる。

R_r は、半波長ダイポールアンテナの放射抵抗の約1/2で36.6〔Ω〕であるから、上式にそれらの数値を代入して η は次のようになる。

$$\eta = \frac{36.6}{36.6 + 2 + 1.25} \fallingdotseq 0.92$$

○B－1

※令和2年11月臨時　問題B－1　「解答の指針」を参照。

○B－2

ア　同軸ケーブルの特性インピーダンスの大きさは、外部導体と内部導体の間にある誘電体の比誘電率が小さいほど**大きい**。

エ　方形導波管の管内波長は、自由空間の波長よりも**長い**。

オ　方形導波管は、遮断周波数**以下の**周波数の電磁波は伝送できない。

○B－3

(1)　スロットアンテナは、導体平板に長方形などの細長いスロットでアンテナを構成する。スロットの大きさは、長さを l、幅を w、波長を λ として、$w \ll l < \lambda$ に選ばれる。

(2)　スロットアンテナは、スロットと同じ形状の**ダイポール**アンテナと補対の関係にあり、ダイポールアンテナの電界と磁界を入れ替えたときの放射指向性にほぼ等しい。

(3)　スロットアンテナの入力インピーダンスを Z_{sl}、補対アンテナのそれを Z_{di} とすると、$Z_{sl} \fallingdotseq (60\pi)2/Z_{di}$ で与えられる。半波長のスロットアンテナでは、$Z_{di} \fallingdotseq 73$〔Ω〕であるから Z_{sl} は約360〔Ω〕となり、非常に**大きい**。同軸給電線を用いて給電する場合、給電**位置**を中央から変化させることにより入力インピーダンスを下げて整合させる。

○B－4

※令和3年1月期　問題B－4　「解答の指針」を参照。

○B－5

※令和4年1月期　問題B－5　「解答の指針」を参照。

無線工学B

A－1　自由空間の固有インピーダンスの値として、最も近いものを下の番号から選べ。ただし、自由空間の誘電率 ε_0 を $\varepsilon_0 = \dfrac{10^{-9}}{36\pi}$〔F/m〕とし、透磁率 μ_0 を $\mu_0 = 4\pi \times 10^{-7}$〔H/m〕とする。

　1　60π〔Ω〕　　2　90π〔Ω〕　　3　120π〔Ω〕　　4　150π〔Ω〕　　5　180π〔Ω〕

A－2　次の記述は、アンテナの放射パターンについて述べたものである。◻内に入れるべき字句の正しい組合せを下の番号から選べ。

(1)　電力パターンは、 A の指向性を図示したものをいい、これは B の指向性係数の2乗を図示したものでもある。

(2)　E面放射パターンは、電波が C で放射される場合、電界ベクトルを含む面における指向性を図示したものである。

	A	B	C
1	放射電界強度	電界強度	楕円偏波
2	放射電界強度	電界強度	直線偏波
3	放射電界強度	電力	楕円偏波
4	放射電力束密度	電界強度	直線偏波
5	放射電力束密度	電力	楕円偏波

A－3　自由空間において、微小ダイポールから放射電力0.8〔W〕で電波を放射したときの最大放射方向の距離9〔km〕の点における電界強度の値として、最も近いものを下の番号から選べ。

　1　0.33〔mV/m〕　　2　0.5〔mV/m〕　　3　0.66〔mV/m〕
　4　1.0 〔mV/m〕　　5　1.5〔mV/m〕

A－4　次の記述は、受信アンテナの等価回路と受信有能電力について述べたものである。◻内に入れるべき字句の正しい組合せを下の番号から選べ。

(1)　図1に示す受信回路において、受信アンテナに誘起される電圧を V〔V〕とすると、この電圧によって受信アンテナ及び受信機に電流が流れる。このアンテナを等価回路で表したときの内部インピーダンスは、送信アンテナとしての A インピーダンス

Z_a〔Ω〕と等価であるので、入力インピーダンスが Z_l〔Ω〕の受信機を接続したときの等価回路は、図2のようになる。

(2) Z_l から受信有能電力を取り出すことができるのは、Z_a と Z_l をそれぞれ R_a+jX_a と R_l+jX_l とすれば、$R_a = R_l$、かつ $X_a =$ 　B　 のときであり、このとき、受信機の受信有能電力の値は 　C　〔W〕となる。

	A	B	C
1	入力	X_l	$\dfrac{V^2}{2R_l}$
2	入力	$-X_l$	$\dfrac{V^2}{4R_l}$
3	入力	$-X_l$	$\dfrac{V^2}{2R_l}$
4	正規化	$-X_l$	$\dfrac{V^2}{4R_l}$
5	正規化	X_l	$\dfrac{V^2}{2R_l}$

図1　受信回路 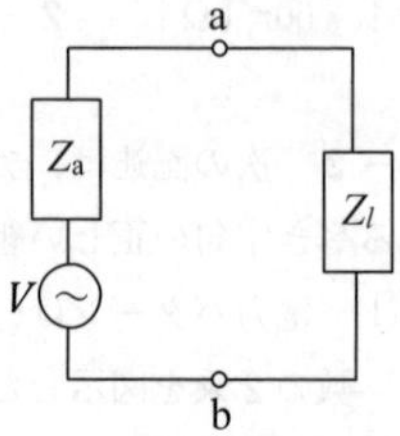　　図2　等価回路

A-5 次の記述は、電波の平面波と球面波について述べたものである。このうち誤っているものを下の番号から選べ。

1 電波の進行方向に直交する平面内で、一様な電界と磁界を持つ電波を平面波という。

2 電波源から見た電界または磁界の位相が等しい点の軌跡が円筒状になるような電波を球面波という。

3 ホーンアンテナから放射された電波は、その開口面の近傍ではほぼ球面波で近似することができる。

4 アンテナから放射された電波は、アンテナから十分離れた距離においては平面波とみなすことができる。

5 平面波と球面波は、いずれも横波であり、光波と同じ速さで進む。

A-6 次の記述は、方形導波管とマイクロストリップ線路について述べたものである。　　内に入れるべき字句の正しい組合せを下の番号から選べ。なお、同じ記号の　　内には、同じ字句が入るものとする。

(1) 方形導波管は、その遮断波長より 　A　 波長の電磁波を伝送できない。また、方形導波管の基本モードの遮断波長は、他の高次モードの遮断波長より 　A　。

答　　A-4：2　　A-5：2

(2)　マイクロストリップ線路は、　B　された構造であり、外部から雑音等が混入することがあるが、回路やアンテナを同一面に構成できる利点がある。

(3)　方形導波管内を伝搬する電磁波は、TE 波又は TM 波であるのに対して、マイクロストリップ線路を伝搬する電磁波は、近似的に　C　である。

	A	B	C
1	短い	密閉	TM 波
2	短い	開放	TM 波
3	短い	開放	TEM 波
4	長い	密閉	TM 波
5	長い	開放	TEM 波

A－7　図に示すように、特性インピーダンスが Z_0〔Ω〕の平行二線式給電線と給電点インピーダンスが R〔Ω〕のアンテナを整合させるために、集中定数整合回路を挿入した。この回路の静電容量 C〔F〕を求める式として、正しいものを下の番号から選べ。ただし、$Z_0 > R$ であり、コイルのインダクタンスを L〔H〕、角周波数を ω〔rad/s〕とし、給電線は無損失とする。

1　$C = 2\omega Z_0 \sqrt{\dfrac{Z_0 - R}{R}}$

2　$C = \dfrac{Z_0}{2\omega} \sqrt{Z_0 - R}$

3　$C = \dfrac{Z_0}{2\omega} \sqrt{\dfrac{Z_0 - R}{R}}$

4　$C = \dfrac{1}{\omega Z_0} \sqrt{\dfrac{Z_0 - R}{R}}$

5　$C = \dfrac{1}{\omega Z_0} \sqrt{Z_0 - R}$

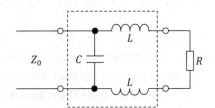

平行二線式給電線　　　集中定数整合回路　　　アンテナ

A－8　給電線上において、電圧定在波比（VSWR）が1.5で、負荷への入射波の実効値が150〔V〕のとき、反射波の実効値として、正しいものを下の番号から選べ。

1　10〔V〕　　**2**　20〔V〕　　**3**　30〔V〕　　**4**　40〔V〕　　**5**　50〔V〕

A－9　次の記述は、バランの一種であるシュペルトップについて述べたものである。　　　内に入れるべき字句の正しい組合せを下の番号から選べ。なお、同じ記号の　　　内には、同じ字句が入るものとする。

答　A－6：**5**　　A－7：**4**　　A－8：**3**

(1) 図に示すように、同軸ケーブルの終端に長さが　A　の円筒導体をかぶせ、そのa側端を同軸ケーブルの外部導体に短絡したものである。

(2) 円筒導体のb側端では、電圧分布が最大で電流分布が最小であるため、インピーダンスは非常に　B　。このため、不平衡回路と平衡回路を直接接続したときに生ずる　C　電流が、同軸ケーブルの外部導体に沿って流れ出すのを防止することができる。

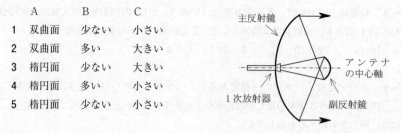

	A	B	C
1	1/4 波長	大きい	不平衡
2	1/4 波長	小さい	平衡
3	1/2 波長	小さい	平衡
4	1/2 波長	大きい	不平衡
5	1/2 波長	小さい	不平衡

A-10 太さの一様な導線を用いた終端短絡三線式折返し半波長ダイポールアンテナの入力抵抗の値として、最も近いものを下の番号から選べ。ただし、半波長ダイポールアンテナの入力抵抗を73〔Ω〕とする。

1　300〔Ω〕　　2　380〔Ω〕　　3　470〔Ω〕　　4　560〔Ω〕　　5　650〔Ω〕

A-11 次の記述は、図に示すグレゴリアンアンテナについて述べたものである。　　内に入れるべき字句の正しい組合せを下の番号から選べ。

(1) 図に示すように、主反射鏡に回転放物面を、副反射鏡に回転　A　の凹面側を用い、主反射鏡の曲面の焦点と副反射鏡の曲面の一方の焦点を一致させ、他方の焦点と1次放射器の励振点（位相中心）を一致させた構造である。

(2) 円形パラボラアンテナに比べて反射鏡で生ずる交差偏波成分が　B　。

(3) オフセットパラボラアンテナよりもサイドローブが　C　。

	A	B	C
1	双曲面	少ない	小さい
2	双曲面	多い	大きい
3	楕円面	少ない	大きい
4	楕円面	多い	小さい
5	楕円面	少ない	小さい

答　A-9：1　　A-10：5　　A-11：3

A-12　次の記述は、ホーンアンテナについて述べたものである。このうち誤っているものを下の番号から選べ。

1　方形や円形の導波管の切口部分を徐々に広げて必要な大きさの開口面にしたものである。

2　方形導波管のH面のみの幅を広げたものをE面扇形ホーンアンテナという。

3　開口面の大きさを一定にしたまま、ホーンの長さを長くすると利得は大きくなる。

4　ホーンの長さを一定にしたまま開口面の大きさを変えたとき、利得はある大きさで最大となる。

5　反射鏡アンテナなどの一次放射器として用いられることがある。

A-13　次の記述は、波長に比べて直径が十分小さな受信用ループアンテナについて述べたものである。□□□内に入れるべき字句の正しい組合せを下の番号から選べ。ただし、ループの面は、大地に対して垂直とする。

(1)　最大感度の方向は、到来電波の方向がループ面に　A　ときである。

(2)　実効長は、ループの面積と巻数の積に　B　する。

(3)　水平面内の指向性は、　C　である。

	A	B	C
1	一致した	比例	8字特性
2	一致した	反比例	全方向性
3	直角な	反比例	全方向性
4	直角な	反比例	8字特性
5	直角な	比例	8字特性

A-14　次の記述は、フェージングについて述べたものである。□□□内に入れるべき字句の正しい組合せを下の番号から選べ。

(1)　同一送信点から放射された電波がいくつかの異なる通路を通って受信点に到来し、各電波の位相関係が変化するために、それらが合成されて受信されるため起こるフェージングは、　A　フェージングと呼ばれ、互いに　B　のとき受信電界強度が最大となる。

(2)　近距離フェージングは、地表波と電離層反射波との干渉により生じ、主として　C　帯で起こることが多い。

答　　A-12：2　　A-13：1

(3) 伝搬通路がオーロラ帯域に近い場合などでは、電離層の散乱反射が著しいために、伝搬通路がわずかに異なる多数の電波を生じ、これが干渉して周期が非常に短いフェージングが生ずる。このようなフェージングを　D　という。

	A	B	C	D
1	干渉性	逆位相	短波（HF）	跳躍性フェージング
2	干渉性	同位相	中波（MF）	フラッタフェージング
3	干渉性	同位相	短波（HF）	跳躍性フェージング
4	吸収性	逆位相	短波（HF）	フラッタフェージング
5	吸収性	同位相	中波（MF）	跳躍性フェージング

A−15　自由空間において、半波長ダイポールアンテナから電波を放射したとき、最大放射方向の15〔km〕離れた受信点における電界強度が2.1〔mV/m〕であった。このときの放射電力の値として、最も近いものを下の番号から選べ。

1　9〔W〕　　2　12〔W〕　　3　16〔W〕　　4　20〔W〕　　5　23〔W〕

A−16　次の記述は、図1から図5に示すM曲線について述べたものである。このうち誤っているものを下の番号から選べ。

1　図1は標準大気のときに見られる。標準大気のとき、等価地球半径係数Kは4/3であり、図1は標準形と呼ばれる。

2　図2は転移形と呼ばれ、ダクトが生じようとする過渡期に見られる。

3　図3は準標準形と呼ばれている。hの低い部分では、Mの増加率が標準大気の場合より大きいため等価地球半径係数Kは4/3より小さくなる。

4　図4のダクトは、上昇S形ダクトと呼ばれる。ある高さに温度が下降するような冷たい空気が地表から離れて横たわっているときに見られる。

5　図5のダクトは、接地形ダクトと呼ばれている。

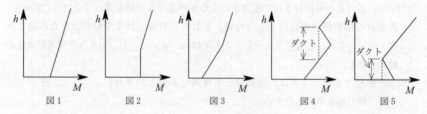

h：地上高、M：修正屈折示数

答　　A−14：2　　　A−15：4　　　A−16：4

A－17 次の記述は、電離層伝搬について述べたものである。____内に入れるべき字句の正しい組合せを下の番号から選べ。

(1) 長波（LF）帯の電波は、D層又はE層で反射するが、中波（MF）帯の電波は、ほとんど___A___で吸収されてしまう。

(2) 夏季に発生する___B___により、超短波（VHF）帯の電波が反射され見通し外まで伝搬することがある。

(3) 電離層の電子密度は、一般に昼間は高いので、短波（HF）帯の通信回線では、昼間は、比較的___C___周波数を使用する。

	A	B	C
1	D層	F層	高い
2	D層	スポラジックE層(Es)	高い
3	D層	F層	低い
4	E層	F層	低い
5	E層	スポラジックE層(Es)	高い

A－18 長さ l〔m〕の無損失給電線の終端を開放及び短絡して入力端から見たインピーダンスを測定したところ、それぞれ Z_{op}〔Ω〕及び Z_{sh}〔Ω〕であった。この給電線の特性インピーダンスの値として、正しいものを下の番号から選べ。

1 $\sqrt{Z_{op}Z_{sh}}/2$〔Ω〕　　2 $\sqrt{Z_{op}Z_{sh}}$〔Ω〕　　3 $Z_{op}+Z_{sh}$〔Ω〕

4 $(Z_{op}+Z_{sh})/2$〔Ω〕　　5 $2(Z_{op}+Z_{sh})$〔Ω〕

A－19 次の記述は、アンテナの諸特性の測定について述べたものである。____内に入れるべき字句の正しい組合せを下の番号から選べ。

(1) 一般に___A___がマイクロ波帯用アンテナの利得を測定する場合の基準アンテナとして用いられる。

(2) 測定するアンテナの前後比（F/B）は、最大放射方向の電界強度 E_f〔V/m〕と最大放射方向から___B___方向の範囲内の最大の電界強度 E_r〔V/m〕を測定し、E_f/E_r として求める。

(3) 開口面アンテナの測定では、測定周波数が一定の場合、開口面の面積が大きいほど送信アンテナと受信アンテナとの距離を___C___する必要がある。

	A	B	C
1	半波長ダイポールアンテナ	180度±60度	大きく
2	半波長ダイポールアンテナ	180度±90度	小さく
3	ホーンアンテナ	180度±90度	小さく
4	ホーンアンテナ	180度±60度	大きく
5	ホーンアンテナ	180度±60度	小さく

A－20　雑音温度が150〔K〕のアンテナに給電回路を接続したとき、190〔K〕の雑音温度が測定された。この給電回路の損失（給電回路における入力電力の出力電力に対する比の真数）の値として、最も近いものを下の番号から選べ。ただし、周囲温度を17〔℃〕とする。

1　1.1　　　2　1.4　　　3　1.5　　　4　1.7　　　5　2.0

B－1　次の記述は、自由空間内におけるアンテナの放射電界強度の計算式の誘導について述べたものである。□□□内に入れるべき字句を下の番号から選べ。ただし、アンテナ等の損失はないものとする。

(1)　等方性アンテナの放射電力を P_0〔W〕、アンテナから距離 d〔m〕離れた点における電界強度を E_0〔V/m〕とすると、この点の　ア　W は、次式で表される。

$$W = \frac{P_0}{4\pi d^2} = \boxed{\text{イ}} \ \text{〔W/m}^2\text{〕}$$

上式から、E_0 は、次式で表される。

$$E_0 = \boxed{\text{ウ}} \ \text{〔V/m〕}$$

(2)　等方性アンテナ及び任意のアンテナに、それぞれ電力 P_0〔W〕及び P〔W〕を入力したとき、両アンテナから十分離れた同一地点における両電波の電界強度が等しければ、任意のアンテナの絶対利得 G（真数）は、次式で与えられる。

$$G = \boxed{\text{エ}}$$

(3)　したがって、絶対利得 G の任意のアンテナに電力 P〔W〕を入力したとき、このアンテナから距離 d〔m〕離れた点における電界強度 E〔V/m〕は、次式で表される。

$$E = \frac{\boxed{\text{オ}}}{d} \ \text{〔V/m〕}$$

1　有効電力	2　$\dfrac{\sqrt{30P_0}}{d}$	3　$\dfrac{E_0{}^2}{60\pi}$	4　$2\sqrt{30GP}$　　5　$\sqrt{30GP}$
6　$\dfrac{E_0{}^2}{120\pi}$	7　ポインチング電力	8　$\dfrac{2\sqrt{30P_0}}{d}$	9　$\dfrac{P_0}{P}$　　　10　$\dfrac{P}{P_0}$

答　　A－19：4　　　A－20：2

　　　B－1：ア－7　イ－6　ウ－2　エ－9　オ－5

B-2　次の記述は、給電線の諸定数について述べたものである。このうち正しいものを1、誤っているものを2として解答せよ。

　ア　一般に用いられている平衡形給電線の特性インピーダンスは、不平衡形給電線の特性インピーダンスより小さい。

　イ　平衡形給電線の特性インピーダンスは、導線の間隔を一定とすると、導線の太さが細くなるほど小さくなる。

　ウ　無損失給電線の場合、特性インピーダンスは周波数に関係しない。

　エ　不平衡形給電線上の波長は、一般に、同じ周波数の自由空間の電波の波長より長い。

　オ　伝搬定数の実数部を位相定数、虚数部を減衰定数という。

B-3　次の記述は、基本的な八木・宇田アンテナについて述べたものである。　　　内に入れるべき字句を下の番号から選べ。ただし、波長を λ〔m〕とする。

　(1)　放射器として半波長ダイポールアンテナ又は　ア　が用いられ、反射器は1本、導波器は利得を上げるために複数本用いられることが多い。

　(2)　三素子のときには、素子の長さは、反射器が最も長く、　イ　が最も短い。

　(3)　放射器と反射器の間隔を　ウ　〔m〕程度にして用いる。

　(4)　素子の太さを　エ　すると、帯域幅がやや広くなる。

　(5)　放射される電波が水平偏波のとき、水平面内の指向性は　オ　である。

1　水平ビームアンテナ	2　放射器	3　$\lambda/2$	4　細く
5　単一指向性	6　折返し半波長ダイポールアンテナ	7　導波器	
8　$\lambda/4$	9　太く	10　全方向性	

B-4　次の記述は、太陽雑音とその通信への影響について述べたものである。　　　内に入れるべき字句を下の番号から選べ。

　(1)　太陽雑音には、太陽のコロナ領域などの　ア　が静穏時に主に放射する　イ　及び太陽爆発などにより突発的に生ずる　ウ　などがある。

　(2)　静止衛星からの電波を受信する際、　エ　の頃に地球局のアンテナの主ビームが太陽に向くときがあり、そのとき極端に受信雑音温度が　オ　し、受信機の信号対雑音比（S/N）が低下することがある。

1　プラズマ	2　熱雑音	3　極冠じょう乱	4　春分及び秋分	5　上昇
6　水蒸気	7　大気雑音	8　電波バースト	9　夏至及び冬至	10　低下

　答　　B-2：ア-2　イ-2　ウ-1　エ-2　オ-2

　　　　B-3：ア-6　イ-7　ウ-8　エ-9　オ-5

　　　　B-4：ア-1　イ-2　ウ-8　エ-4　オ-5

B-5　次の記述は、方向性結合器を用いて同軸給電回路の反射係数及び定在波比を測定する原理について述べたものである。□□内に入れるべき字句を下の番号から選べ。ただし、方向性結合器の主線路と副線路は、図に示すように静電容量 C〔F〕及び相互インダクタンス M〔H〕によって結合されているものとし、主線路は特性インピーダンス Z_0〔Ω〕の同軸給電線で高周波発振器とアンテナに接続され、副線路は電流を測定する検出器と終端抵抗 R〔Ω〕に接続されているものとする。また、検出器の内部抵抗と終端抵抗は等しく、副線路の自己インダクタンスを L〔H〕、角周波数を ω〔rad/s〕とすると、$\omega L \ll R$ 及び $R \ll 1/(\omega C)$ のとき、$M = CRZ_0$ の関係があるものとする。

(1) 主線路上の電圧を V〔V〕、電流を I〔A〕とすると、副線路に流れる電流は、V に比例し、静電結合により静電容量 C を通り検出器と終端抵抗に二分されるので、その一つを i_C とすると、i_C は、次式で表される。

$$i_C \fallingdotseq \boxed{\ ア\ }\ 〔A〕 \quad\cdots①$$

　　また、誘導結合により副線路に流れる電流 i_M は、I に比例し次式で表される。ここで、i_M の向きは誘導結合の方向により検出器側又は終端抵抗側のいずれかの方向になる。

$$i_M \fallingdotseq \boxed{\ イ\ }\ 〔A〕 \quad\cdots②$$

(2) i_C と i_M の合成電流は、i_M の向きによりそれらの和又は差となるが、ここでは、検出器側の電流 i_f〔A〕が和、終端抵抗側の電流 i_r〔A〕が差となるように回路が構成されているものとすると、i_f は、次式で表される。

$$i_f = i_C + i_M \fallingdotseq \boxed{\ ウ\ }\ 〔A〕 \quad\cdots③$$

(3) 入射波のみのときは、$V/I = Z_0$ であり、条件から $M = CRZ_0$ であるから、式③は次式となる。

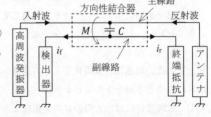

$$i_f \fallingdotseq \boxed{\ エ\ }\ 〔A〕$$

　　また、負荷側（アンテナ）からの反射波のみのときには I の符号が変わるから、$i_f = 0$ となる。この場合、方向性結合器に接続されている検出器と終端抵抗を入れ替えると、この反射波電圧に比例した電流を測定できる。このようにして、入射波電圧と反射波電圧を測定し、それらの □オ□ から反射係数を求め、定在波比を算出する。

1　$\dfrac{j\omega MI}{2R}$	2　$\dfrac{j\omega CV}{2R}$	3　$j\omega\left(\dfrac{CV}{2}+\dfrac{MI}{2R}\right)$	4　比	5　$\dfrac{j\omega CV}{2}$
6　$\dfrac{j\omega MI}{2}$	7　積	8　$j\omega\left(\dfrac{CV}{2R}+\dfrac{MI}{2R}\right)$	9　$j\omega CV$	10　$j\omega MI$

答　B-5：ア-5　イ-1　ウ-3　エ-9　オ-4

▶解答の指針

○A-1

※令和2年11月臨時　問題A-1　「解答の指針」を参照。

○A-3

自由空間における最大放射方向の電界強度 E は、アンテナへの供給電力 P〔W〕、アンテナ利得 G（真値）、距離 d〔m〕を用いて次式で表される。

$$E = \frac{\sqrt{30GP}}{d} \ \text{〔V/m〕}$$

微小ダイポールは $G = 1.5$ であることから、上式を用いて E を得る。

$$E = \frac{\sqrt{30 \times 1.5 \times 0.8}}{9 \times 10^3} = \frac{\sqrt{36}}{9 \times 10^3} = 0.66 \times 10^{-3} \ \text{〔V/m〕} = 0.66 \ \text{〔mV/m〕}$$

○A-4

※令和3年1月期　問題A-3　「解答の指針」を参照。

○A-5

2　電波源から見た電界または磁界の位相が等しい点の軌跡が**球面**状になるような電波を球面波という。

○A-6

※令和3年1月期　問題B-2　「解答の指針」を参照。

○A-7

※令和元年7月期　問題A-9　「解答の指針」を参照。

○A-8

給電線上の定在波電圧の最大値 $V_{\max}$ 及び最小値 $V_{\min}$ は、進行波電圧と反射波電圧の実効値をおのおの $|V_f|$ 及び $|V_r|$ として、$V_{\max} = |V_f| + |V_r|$、$V_{\min} = |V_f| - |V_r|$ で表されるから、電圧定在波比 S は次式となる。

$$S = \frac{V_{\max}}{V_{\min}} = \frac{|V_f| + |V_r|}{|V_f| - |V_r|}$$

上式を $|V_r|$ について変形し、題意の数値を代入すると、次の結果を得る。

$$|V_r| = |V_f| \times \frac{S-1}{S+1} = 150 \times \frac{1.5-1}{1.5+1} = 30 \ \text{〔V〕}$$

○A - 9

　※令和3年1月期　問題A - 9　「解答の指針」を参照。

○A - 10

　太さの一様な導線による終端短絡三線式折返し半波長ダイポールアンテナの入力抵抗 R_r は、半波長ダイポールアンテナの入力抵抗を R_0〔Ω〕として、$R_r \fallingdotseq 9R_0$〔Ω〕で表されるので、題意の数値を用いて、$R_r \fallingdotseq 9R_0 = 9 \times 73 = 657 \fallingdotseq 650$〔Ω〕となる。

○A - 11

(1)　副反射鏡に回転楕円面の凹面を用いる。

(2)　開口面が大きい一次放射器が使用できるので、円形パラボラアンテナと比べて交差偏波成分が少ない。

(3)　電波の放射面内に副反射鏡が存在することにより電波が乱れるため、オフセットパラボラアンテナと比べてサイドローブが大きい。

○A - 12

2　方形導波管のH面のみの幅を広げたものをH面扇形ホーンアンテナという。

○A - 13

　受信用ループアンテナでは、寸法が波長に比べて非常に小さい場合、その受信開放電圧の大きさ $|V|$ は、ループの導線の巻数を N、面積を A〔m²〕、中心の電界強度を E_0〔V/m〕、波長を λ〔m〕、ループ面と電波の到来方向とのなす角度を θ〔rad〕として、次式で表される。

$$|V| = \frac{2\pi NA}{\lambda} E_0 \cos\theta \ \text{〔V〕}$$

　上式から、最大感度の方向は、ループ面に平行な方向（$\theta = 0$〔rad〕）、最小感度の方向は、直角な方向（$\theta = \pi/2$〔rad〕）である。実効高 h_e は、$h_e = \frac{2\pi NA}{\lambda}$〔m〕であり、$N$ と A の積に比例する。また、ループ面に直角な平面内の指向性は8字特性である。

　したがって、

(1)　最大感度の方向は、到来電波の方向がループ面に一致したときである。

(2)　実効長は、ループ面の面積と導線の巻数の積に比例する。

(3)　水平面内の指向性は、8字特性である。

○A - 14

(1)　例えば、直接波と電離層反射波が存在する場合や、電離層の中に複数の通路ができて

いる場合など、同一送信点から放射された電波がいくつかの異なる通路を通って受信点に到来すると、各通路を伝わってきた電波の位相関係が時々刻々変化するために互いに干渉し、合成された電波にはフェージングが生じる。これを「干渉性フェージング」という。各通路を伝わってきた電波の位相が互いに同位相のときに強め合うことから、受信電界強度が最大となる。

(2) 「近距離フェージング」は、地表波と電離層反射波とが干渉することにより生じる。夜間の中波（MF）帯では地表波と電離層反射波とが存在することから、近距離フェージングは主として中波（MF）帯で起こることが多い。

(3) 短波（HF）帯の電波が北極・南極のオーロラ帯域の近くを通過して伝搬してきた場合、オーロラ中のプラズマの変動により電波が著しく散乱・反射されるために、伝搬経路がわずかに異なる多数の電波が生じる。それらが干渉することで、受信電界強度には周期の短い変動が起こる。これを「フラッターフェージング」という。

○A−15

半波長ダイポールアンテナにおける最大放射方向の電界強度 E は、放射電力 P 〔W〕、距離 d 〔m〕により、$E = \dfrac{7\sqrt{P}}{d}$ 〔V/m〕で表されるから、P は題意の数値を用いて次式となる。

$$P = \frac{E^2 d^2}{49} = \frac{(2.1 \times 10^{-3} \times 15 \times 10^3)^2}{49} = 20.25 \fallingdotseq 20 \text{〔W〕}$$

○A−16

4 図4のダクトは、上昇S形ダクトと呼ばれる。大気の温度は、通常、地表からの高度が高くなるにしたがって低下するが、その途中、ある高さの範囲において、大気の温度が高さとともに**上昇**するような**暖かい**空気が横たわっているとき、図4のようなM曲線が観測される。

○A−18

※令和3年1月期 問題A−18 「解答の指針」を参照。

○A−19

(1) 一般にマイクロ波用アンテナの利得を測定する際の基準アンテナとしてホーンアンテナが用いられる。

(2) アンテナの前後比（F/B）は、最大放射方向（0度）の電界強度 E_f 〔V/m〕と最大放射方向から180度±60度の方向の範囲内のサイドローブの最大電界強度 E_r 〔V/m〕との比で定義される。

(3) 開口面アンテナの測定では、測定周波数が一定の場合、開口面の面積が大きいほど送受信点間の通路差が大きく変化し測定誤差が大きくなるので、送受信アンテナの間の距離を大きくとる必要がある。

○A－20

給電回路を含めたアンテナ系の雑音温度 T_A は、アンテナ雑音温度 T_a〔K〕、周囲温度 T_e〔K〕及び給電回路の損失 L（真数）を用いて、次式で表される。

$$T_A = \frac{T_a}{L} + \left(1 - \frac{1}{L}\right)T_e \text{〔K〕}$$

したがって、L は、題意の数値を用いて次のようになる。

$$L = \frac{T_e - T_a}{T_e - T_A} = \frac{(273+17)-150}{(273+17)-190} = \frac{140}{100} = 1.4$$

○B－1

(1) 球面を通過する電波の電力密度 w は、放射電力 P_0〔W〕を半径 d〔m〕の球の面積で割った値であるから、次式で表される。

$$w = \frac{P_0}{4\pi d^2} \text{〔W/m}^2\text{〕} \quad \cdots ①$$

一方、電界強度 E_0〔V/m〕、磁界強度 H_0〔A/m〕の点の電力密度 p は、ポインチング電力として次式で表される。

$$p = E_0 H_0 \text{〔W/m}^2\text{〕} \quad \cdots ②$$

式②は、$E_0 = 120\pi H_0$ の関係を用いて次式を得る。

$$p = \frac{E_0{}^2}{120\pi} \text{〔W/m}^2\text{〕} \quad \cdots ③$$

$w = p$ の関係から、E_0 は次式で表される。

$$E_0 = \frac{\sqrt{30P_0}}{d} \text{〔V/m〕}$$

(2) 等方性アンテナと任意のアンテナにそれぞれ電力 P_0〔W〕と P〔W〕を供給したとき、与えられた方向において同一距離で同一の電界を生じる場合、任意のアンテナの絶対利得 G は、$G = P_0/P$（真数）で定義される。

(3) 絶対利得 G は、等方性アンテナの放射電力と比べて何倍の電力が最大放射方向に放射されるかを表すものであるから、その方向の距離 d〔m〕における放射電界強度 E は、次式で表される。

$$E = \frac{\sqrt{30GP}}{d} \text{〔V/m〕}$$

○B-2

ア　一般に用いられている平衡形給電線の特性インピーダンスは、不平衡形給電線の特性インピーダンスより**大きい**。

イ　平衡形給電線の特性インピーダンスは、導線の間隔を一定とすると、導線の太さが細くなるほど**大きくなる**。

エ　不平衡形給電線上の波長は、一般に、同じ周波数の自由空間の電波の波長より**短い**。

オ　伝搬定数の実数部を**減衰定数**、虚数部を**位相定数**という。

○B-4

※令和2年11月臨時　問題B-4　「解答の指針」を参照。

○B-5

※令和4年7月期　問題B-5　「解答の指針」を参照。

無線工学B

法　　規

法
規

ご注意

各設問に対する答は、出題時点での

法令等に準拠して解答しております。

試験概要

試験問題：　問題数／20問　　試験時間／2時間

採点基準：　満　点／100点　　合格点／60点

配点内訳　A問題……15問／ 75点（1問5点）

B問題…… 5問／ 25点（1問5点）

A-1 電波法及びこの法律に基づく命令の規定の解釈に関する次の記述のうち、電波法（第2条）の規定に照らし、無線局の定義について、この規定に定めるところに適合するものはどれか。下の1から4までのうちから一つ選べ。

1 無線設備及び無線設備の操作又はその監督を行う者の総体をいう。

2 無線設備及び無線従事者の総体をいう。但し、発射する電波が著しく微弱な無線設備で総務省令で定めるものを含まない。

3 無線設備及び無線設備を管理する者の総体をいう。

4 無線設備及び無線設備の操作を行う者の総体をいう。但し、受信のみを目的とするものを含まない。

A-2 無線局の免許に関する次の記述のうち、電波法（第5条）の規定に照らし、日本の国籍を有しない人又は外国の法人若しくは団体に対して総務大臣が免許を与えない無線局に該当するものはどれか。下の1から4までのうちから一つ選べ。

1 自動車その他の陸上を移動するものに開設し、若しくは携帯して使用するために開設する無線局又はこれらの無線局若しくは携帯して使用するための受信設備と通信を行うために陸上に開設する移動しない無線局（電気通信業務を行うことを目的とするものを除く。）

2 電気通信業務を行うことを目的として開設する無線局

3 基幹放送をする無線局（受信障害対策中継放送、衛星基幹放送及び移動受信用地上基幹放送をする無線局を除く。）

4 電気通信業務を行うことを目的とする無線局の無線設備を搭載する人工衛星の位置、姿勢等を制御することを目的として陸上に開設する無線局

A-3 次の記述は、無線局の免許の有効期間について述べたものである。電波法（第13条）及び電波法施行規則（第7条）の規定に照らし、 内に入れるべき最も適切な字句の組合せを下の1から4までのうちから一つ選べ。なお、同じ記号の 内には、同じ字句が入るものとする。

① 免許の有効期間は、免許の日から起算して A を超えない範囲内において総務省令で定める。ただし、再免許を妨げない。

答 A-1：4 A-2：3

法 規

② ①の総務省令で定める免許の有効期間は、次の(1)から(7)までに掲げる無線局の種別に従い、それぞれ(1)から(7)までに定めるとおりとする。

(1) 地上基幹放送局（臨時目的放送を専ら行うものに限る。）　　　B

(2) 地上基幹放送試験局　　　2年

(3) 衛星基幹放送局（臨時目的放送を専ら行うものに限る。）　　　B

(4) 衛星基幹放送試験局　　　2年

(5) 特定実験試験局（注）　　　当該周波数の使用が可能な期間

(6) 実用化試験局　　　C

(7) その他の無線局　　　A

注　総務大臣が公示する周波数、当該周波数の使用が可能な地域及び期間並びに空中線電力の範囲内で開設する実験試験局をいう。

	A	B	C
1	3年	当該放送の目的を達成するために必要な期間	1年
2	5年	当該放送の目的を達成するために必要な期間	2年
3	5年	1年	1年
4	3年	1年	2年

A-4　次の記述は、測定器等（注）の較正について述べたものである。電波法（第102条の18）の規定に照らし、□□□内に入れるべき最も適切な字句の組合せを下の1から4までのうちから一つ選べ。

注　無線設備の点検に用いる測定器その他の設備であって総務省令で定めるもの。

① 測定器等の較正は、国立研究開発法人情報通信研究機構（以下「機構」という。）がこれを行うほか、総務大臣は、その指定する者（以下「指定較正機関」という。）にこれを行わせることができる。

② 機構又は指定較正機関は、①の較正を行ったときは、総務省令で定めるところにより、その測定器等に A ものとする。

③ 機構又は指定較正機関による較正を受けた測定器等以外の測定器等には、②の B を付してはならない。

④ 指定較正機関は、較正を行うときは、総務省令で定める C を使用し、かつ、総務省令で定める要件を備える者にその較正を行わせなければならない。

答　A-3：2

	A	B	C
1	較正した旨の表示を付する	表示又はこれと紛らわしい表示	測定器その他の設備
2	較正した旨の表示を付するとともにこれを公示する	表示	測定器その他の設備
3	較正した旨の表示を付するとともにこれを公示する	表示又はこれと紛らわしい表示	総合試験設備
4	較正した旨の表示を付する	表示	総合試験設備

A−5　空中線電力等の用語の定義に関する次の記述のうち、電波法施行規則（第2条）の規定に照らし、この規定に定めるところに適合しないものはどれか。下の1から4までのうちから一つ選べ。

1　「等価等方輻射電力」とは、空中線に供給される電力に、与えられた方向における空中線の絶対利得を乗じたものをいう。

2　「尖頭電力」とは、通常の動作状態において、変調包絡線の最高尖頭における無線周波数1サイクルの間に送信機から空中線系の給電線に供給される平均の電力をいう。

3　「搬送波電力」とは、通常の動作状態における無線周波数1サイクルの間に送信機から空中線系の給電線に供給される最大の電力をいう。ただし、この定義は、パルス変調の発射には適用しない。

4　「平均電力」とは、通常の動作中の送信機から空中線系の給電線に供給される電力であって、変調において用いられる最低周波数の周期に比較してじゅうぶん長い時間（通常、平均の電力が最大である約10分の1秒間）にわたって平均されたものをいう。

A−6　次の記述は、人工衛星局の送信空中線の指向方向について述べたものである。電波法施行規則（第32条の3）の規定に照らし、□□内に入れるべき最も適切な字句の組合せを下の1から4までのうちから一つ選べ。なお、同じ記号の□□内には、同じ字句が入るものとする。

①　対地静止衛星に開設する人工衛星局（一般公衆によって直接受信されるための無線電話、テレビジョン、データ伝送又はファクシミリによる無線通信業務を行うことを目的とするものを除く。）の送信空中線の地球に対する□A□の方向は、公称されている指向方向に対して、□B□のいずれか大きい角度の範囲内に、維持されなければならない。

答　A−4：1　　A−5：3

法

規

② 対地静止衛星に開設する人工衛星局（一般公衆によって直接受信されるための無線電話、テレビジョン、データ伝送又はファクシミリによる無線通信業務を行うことを目的とするものに限る。）の送信空中線の地球に対する　A　の方向は、公称されている指向方向に対して　C　の範囲内に維持されなければならない。

	A	B	C
1	最大輻射	0.3度又は主輻射の角度の幅の10パーセント	0.1度
2	最小輻射	0.3度又は主輻射の角度の幅の10パーセント	0.3度
3	最小輻射	0.1度又は主輻射の角度の幅の5パーセント	0.1度
4	最大輻射	0.1度又は主輻射の角度の幅の5パーセント	0.3度

A－7　次の表の各欄の記述は、それぞれ電波の型式の記号表示と主搬送波の変調の型式、主搬送波を変調する信号の性質及び伝送情報の型式に分類して表す電波の型式を示すものである。電波法施行規則（第4条の2）の規定に照らし、　　内に入れるべき最も適切な字句の組合せを下の1から5までのうちから一つ選べ。

電波の型式の記号	電　波　の　型　式		
	主搬送波の変調の型式	主搬送波を変調する信号の性質	伝送情報の型式
D1D	A	デジタル信号である単一チャネルのものであって、変調のための副搬送波を使用しないもの	データ伝送、遠隔測定又は遠隔指令
G7W	角度変調であって、位相変調	B	次の①から⑥までの型式の組合せのもの ①無情報 ②電信 ③ファクシミリ ④データ伝送、遠隔測定又は遠隔指令 ⑤電話（音響の放送を含む。） ⑥テレビジョン（映像に限る。）
F9W	C	デジタル信号の1又は2以上のチャネルとアナログ信号の1又は2以上のチャネルを複合したもの	次の①から⑥までの型式の組合せのもの ①無情報 ②電信 ③ファクシミリ ④データ伝送、遠隔測定又は遠隔指令 ⑤電話（音響の放送を含む。） ⑥テレビジョン（映像に限る。）
R2C	振幅変調であって、低減搬送波による単側波帯	デジタル信号である単一チャネルのものであって、変調のための副搬送波を使用するもの	D

	A	B	C	D
1	パルス変調（変調パルス列）であって、位置変調又は位相変調	デジタル信号である2以上のチャネルのもの	振幅変調であって、抑圧搬送波による単側波帯	テレビジョン（映像に限る。）

答　A－6：1

2	パルス変調（変調パルス列）であって、位置変調又は位相変調	アナログ信号である2以上のチャネルのもの	角度変調であって、周波数変調	ファクシミリ
3	パルス変調（変調パルス列）であって、位置変調又は位相変調	デジタル信号である2以上のチャネルのもの	振幅変調であって、抑圧搬送波による単側波帯	ファクシミリ
4	同時に、又は一定の順序で振幅変調及び角度変調を行うもの	アナログ信号である2以上のチャネルのもの	振幅変調であって、抑圧搬送波による単側波帯	テレビジョン（映像に限る。）
5	同時に、又は一定の順序で振幅変調及び角度変調を行うもの	デジタル信号である2以上のチャネルのもの	角度変調であって、周波数変調	ファクシミリ

A－8　次の記述は、基準不適合設備（注）に関する勧告等について述べたものである。電波法（第102条の11）の規定に照らし、□□□内に入れるべき最も適切な字句の組合せを下の1から4までのうちから一つ選べ。

　　注　無線局が他の無線局の運用を著しく阻害するような混信その他の妨害を与えた場合において、その妨害が電波法第3章（無線設備）に定める技術基準に適合しない設計に基づき製造され、又は改造された無線設備を使用したことにより生じたと認められ、かつ、当該設計と同一の設計又は当該設計と類似の設計であって当該技術基準に適合しないものに基づき製造され、又は改造された無線設備。

① 総務大臣は、基準不適合設備が広く販売されることにより、当該基準不適合設備を使用する無線局が他の無線局の運用に　A　を与えるおそれがあると認めるときは、　B　、当該基準不適合設備の製造業者、輸入業者又は販売業者に対し、その事態を除去するために必要な措置を講ずべきことを勧告することができる。

② 総務大臣は、①に記述する勧告をした場合において、その勧告を受けた者がその勧告に従わないときは、　C　ことができる。

	A	B	C
1	継続的な妨害	この法律の施行を確保するため特に必要と認めるときに限り	その旨を公表する
2	重大な悪影響	無線通信の秩序の維持を図るために必要な限度において	その旨を公表する
3	重大な悪影響	この法律の施行を確保するため特に必要と認めるときに限り	製造、輸入又は販売の停止を命ずる
4	継続的な妨害	無線通信の秩序の維持を図るために必要な限度において	製造、輸入又は販売の停止を命ずる

答　A－7：5　　A－8：2

A－9　電波の強度（注1）に対する安全施設及び高圧電気（注2）に対する安全施設等に関する次の記述のうち、電波法施行規則（第21条の2、第21条の3、第25条及び第26条）の規定に照らし、これらの規定に定めるところに適合しないものはどれか。下の1から4までのうちから一つ選べ。

　　　注1　電界強度、磁界強度、電力束密度及び磁束密度をいう。
　　　　2　高周波若しくは交流の電圧300ボルト又は直流の電圧750ボルトを超える電気をいう。

　1　送信設備の空中線、給電線若しくはカウンターポイズであって高圧電気を通ずるものは、その高さが人の歩行その他起居する平面から2.5メートル以上のものでなければならない。但し、次の(1)又は(2)の場合は、この限りでない。
　　(1)　2.5メートルに満たない高さの部分が、人体に容易にふれない構造である場合又は人体が容易にふれない位置にある場合
　　(2)　移動局であって、その移動体の構造上困難であり、且つ、無線従事者以外の者が出入しない場所にある場合
　2　無線設備は、破損、発火、発煙等により人体に危害を及ぼし、又は物件に損傷を与えることがあってはならない。
　3　無線設備には、当該無線設備から発射される電波の強度が電波法施行規則別表第2号の3の2（電波の強度の値の表）に定める値を超える場所（人が出入りするおそれのあるいかなる場所も含む。）に取扱者のほか容易に出入りすることができないように、施設をしなければならない。ただし、次の(1)から(3)までに掲げるいずれかの無線局の無線設備については、この限りでない。
　　(1)　平均電力が1ワット以下の無線局の無線設備
　　(2)　移動業務の無線局の無線設備
　　(3)　電波法施行規則第21条の3（電波の強度に対する安全施設）第1項第3号又は第4号に定める無線局の無線設備
　4　無線設備の空中線系には避雷器又は接地装置を、また、カウンターポイズには接地装置をそれぞれ設けなければならない。ただし、26.175MHz を超える周波数を使用する無線局の無線設備及び陸上移動局又は携帯局の無線設備の空中線については、この限りでない。

A－10　次の記述は、無線設備の保護装置について述べたものである。無線設備規則（第9条）の規定に照らし、　　　　内に入れるべき最も適切な字句の組合せを下の1から4までのうちから一つ選べ。

答　　A－9：3

　無線設備の電源回路には、　A　又は　B　を装置しなければならない。但し、　C　以下のものについては、この限りでない。

	A	B	C
1	電圧安定装置	送風装置	負荷電力10ワット
2	ヒューズ	送風装置	空中線電力5ワット
3	電圧安定装置	自動しゃ断器	空中線電力5ワット
4	ヒューズ	自動しゃ断器	負荷電力10ワット

A-11　送信空中線の型式及び構成等に関する次の記述うち、無線設備規則（第20条）の規定に照らし、この規定に定めるところに適合しないものはどれか。下の1から4までのうちから一つ選べ。

1　整合が十分であること。

2　発射可能な電波の周波数帯域がなるべく広いものであること。

3　空中線の利得及び能率がなるべく大であること。

4　満足な指向特性が得られること。

A-12　無線局の運用に関する次の記述のうち、電波法（第57条）の規定に照らし、無線局がなるべく擬似空中線回路を使用しなければならない場合に該当しないものはどれか。下の1から4までのうちから一つ選べ。

1　固定局の無線設備の機器の調整を行うために運用するとき。

2　基幹放送局の無線設備の機器の試験を行うために運用するとき。

3　総務大臣又は総合通信局長（沖縄総合通信事務所長を含む。）が行う無線局の検査のために無線局を運用するとき。

4　実験等無線局を運用するとき。

A-13　主任無線従事者の職務に関する次の記述のうち、電波法施行規則（第34条の5）の規定に照らし、この規定に定めるところに適合しないものはどれか。下の1から4までのうちから一つ選べ。

1　主任無線従事者の監督を受けて無線設備の操作を行う者に対する訓練（実習を含む。）の計画を立案し、実施すること。

2　無線設備の機器の点検若しくは保守を行い、又はその監督を行うこと。

3　電波法又は電波法に基づく命令の規定に違反して運用した無線局を認めたときに総

法

規

務省令で定める手続により総務大臣に報告すること。

4　無線業務日誌その他の書類を作成し、又はその作成を監督すること（記載された事項に関し必要な措置を執ることを含む。）。

A－14　次の記述は、非常通信及び非常の場合の無線通信について述べたものである。電波法（第52条及び第74条）及び無線局運用規則（第136条）の規定に照らし、____内に入れるべき最も適切な字句の組合せを下の1から4までのうちから一つ選べ。なお、同じ記号の____内には、同じ字句が入るものとする。

①　非常通信とは、地震、台風、洪水、津波、雪害、火災、暴動その他非常の事態が発生し、又は発生するおそれがある場合において、　A　を　B　に人命の救助、災害の救援、交通通信の確保又は秩序の維持のために行われる無線通信をいう。

②　総務大臣は、地震、台風、洪水、津波、雪害、火災、暴動その他非常の事態が発生し、又は発生するおそれがある場合においては、人命の救助、災害の救援、交通通信の確保又は秩序の維持のために必要な通信を　C　ことができる。

③　非常通信の取扱いを開始した後、　A　の状態が復旧した場合は、すみやかにその取扱を停止しなければならない。

	A	B	C
1	電気通信業務の通信	利用することができないとき	無線局に行わせる
2	有線通信	利用することができないか又はこれを利用することが著しく困難であるとき	無線局に行わせる
3	電気通信業務の通信	利用することができないか又はこれを利用することが著しく困難であるとき	無線局に行うように要請する
4	有線通信	利用することができないとき	無線局に行うように要請する

A－15　一般通信方法における無線通信の原則に関する次の記述のうち、無線局運用規則（第10条）の規定に照らし、この規定に定めるところに適合しないものはどれか。下の1から4までのうちから一つ選べ。

1　必要のない無線通信は、これを行ってはならない。

2　無線通信に使用する用語は、できる限り簡潔でなければならない。

3　無線通信は、迅速に行うものとし、できる限り短時間に終了させなければならない。

4　無線通信を行うときは、自局の識別信号を付して、その出所を明らかにしなければ

答　A－13：3　　A－14：2

ならない。

B-1 次の記述は、無線局の開設について述べたものである。電波法（第4条）の規定に照らし、____内に入れるべき最も適切な字句を下の1から10までのうちからそれぞれ一つ選べ。なお、同じ記号の____内には、同じ字句が入るものとする。

無線局を開設しようとする者は、____ア____ならない。ただし、次の(1)から(4)までに掲げる無線局については、この限りでない。

(1) ____イ____無線局で総務省令で定めるもの

(2) 26.9メガヘルツから27.2メガヘルツまでの周波数の電波を使用し、かつ、空中線電力が0.5ワット以下である無線局のうち総務省令で定めるものであって、____ウ____のみを使用するもの

(3) 空中線電力が____エ____以下である無線局のうち総務省令で定めるものであって、電波法第4条の2（呼出符号又は呼出名称の指定）の規定により指定された呼出符号又は呼出名称を自動的に送信し、又は受信する機能その他総務省令で定める機能を有することにより他の無線局にその運用を阻害するような混信その他の妨害を与えないように運用することができるもので、かつ、____ウ____のみを使用するもの

(4) ____オ____開設する無線局

1 あらかじめ総務大臣に届け出なければ　　2 総務大臣の免許を受けなければ

3 発射する電波が著しく微弱な　　4 小規模な

5 適合表示無線設備

6 その型式について総務大臣の行う検定に合格した無線設備の機器

7 0.1ワット　　　　　　8 1ワット

9 地震、台風、洪水、津波その他の非常の事態が発生した場合において臨時に

10 総務大臣の登録を受けて

B-2 無線設備の機器の検定に関する次の記述のうち、電波法（第37条）の規定に照らし、その型式について、総務大臣の行う検定に合格したものでなければ、施設してはならない（注）ものに該当するものを1、これに該当しないものを2として解答せよ。

注 総務大臣が行う検定に相当する型式検定に合格している機器その他の機器であって総務省令で定めるものを施設する場合は、この限りでない。

ア 航空機に施設する無線設備の機器であって総務省令で定めるもの

イ 放送の業務の用に供する無線局の無線設備の機器

答　A-15：3

B-1：ア-2　イ-3　ウ-5　エ-8　オ-10

ウ 電波法第31条（周波数測定装置の備えつけ）の規定により備え付けなければならない周波数測定装置

エ 人命若しくは財産の保護又は治安の維持の用に供する無線局の無線設備の機器

オ 電気通信業務の用に供する無線局の無線設備の機器

B-3 無線従事者の免許等に関する次の記述のうち、電波法（第41条及び第42条）、電波法施行規則（第36条及び第38条）及び無線従事者規則（第51条）の規定に照らし、これらの規定に定めるところに適合するものを1、これらの規定に定めるところに適合しないものを2として解答せよ。

ア 無線局には、当該無線局の無線設備の操作を行い、又はその監督を行うために必要な無線従事者を配置しなければならない。

イ 無線従事者は、その業務に従事しているときは、免許証を総務大臣又は総合通信局長（沖縄総合通信事務所長を含む。）の要求に応じて、速やかに提示することができる場所に保管しておかなければならない。

ウ 無線従事者は、免許の取消しの処分を受けたときは、その処分を受けた日から1箇月以内にその免許証を総務大臣又は総合通信局長（沖縄総合通信事務所長を含む。）に返納しなければならない。

エ 総務大臣は、電波法第9章（罰則）の罪を犯し罰金以上の刑に処せられ、その執行を終わり、又はその執行を受けることがなくなった日から2年を経過しない者に対しては、無線従事者の免許を与えないことができる。

オ 無線従事者になろうとする者は、総務大臣の免許を受けなければならない。

B-4 次の記述は、無線局における免許状記載事項の遵守について述べたものである。電波法（第53条、第54条及び第110条）の規定に照らし、____内に入れるべき最も適切な字句を下の1から10までのうちからそれぞれ一つ選べ。なお、同じ記号の____内には、同じ字句が入るものとする。

① 無線局を運用する場合においては、 ア 、識別信号、電波の型式及び周波数は、その無線局の免許状に記載されたところによらなければならない。ただし、 イ については、この限りでない。

② 無線局を運用する場合においては、空中線電力は、次の(1)及び(2)に定めるところによらなければならない。ただし、 イ については、この限りでない。

(1) 免許状に記載された ウ であること。

答 B-2：ア-1 イ-2 ウ-1 エ-2 オ-2

B-3：ア-1 イ-2 ウ-2 エ-1 オ-1

(2) 通信を行うため ェ であること。

③ オ の規定に違反して無線局を運用した者は、1年以下の懲役又は100万円以下
の罰金に処する。

1	無線設備	2	無線設備の設置場所
3	遭難通信	4	遭難通信、緊急通信、安全通信又は非常通信
5	ところのもの	6	ものの範囲内
7	必要最小のもの	8	必要かつ十分なもの
9	①又は②（(2)を除く。）	10	①又は②

B-5 無線局の免許人から総務大臣への報告に関する次の記述のうち、電波法（第80条
及び第81条）の規定に照らし、これらの規定に定めるところに適合するものを1、これら
の規定に定めるところに適合しないものを2として解答せよ。

ア 免許人が電波法又はこれに基づく命令の規定に違反して運用した無線局を認めたと
きは、総務大臣に報告しなければならない。

イ 免許人が電波法第74条（非常の場合の無線通信）第1項に規定する通信の訓練のた
めの通信を行ったときは、総務大臣に報告しなければならない。

ウ 総務大臣から無線通信の秩序の維持その他無線局の適正な運用を確保するため必要
があると認めて、無線局に関し報告を求められたときは、免許人は総務大臣に報告し
なければならない。

エ 免許人が電波法第39条（無線設備の操作）の規定に基づき、選任の届出をした主任
無線従事者に無線設備の操作の監督に関し総務大臣の行う講習を受けさせたときは、
総務大臣に報告しなければならない。

オ 免許人が遭難通信、緊急通信、安全通信又は非常通信を行ったときは、総務大臣に
報告しなければならない。

法

規

答 B-4：ア-2 イ-3 ウ-6 エ-7 オ-9
　　 B-5：ア-1 イ-2 ウ-1 エ-2 オ-1

令和2年1月期

A-1 申請の審査に関する次の記述のうち、電波法（第7条）の規定に照らし、総務大臣が固定局及び陸上移動業務の無線局の免許の申請書を受理し、その申請の審査をする際に、審査する事項に該当しないものはどれか。下の1から4までのうちから一つ選べ。

1 その無線局の業務を維持するに足りる経理的基礎及び技術的能力があること。

2 工事設計が電波法第3章（無線設備）に定める技術基準に適合すること。

3 総務省令で定める無線局（基幹放送局を除く。）の開設の根本的基準に合致すること。

4 周波数の割当てが可能であること。

A-2 次の記述は、総務大臣の登録を受けて開設する無線局について述べたものである。電波法（第4条、第27条の18及び第27条の21）の規定に照らし、[   ]内に入れるべき最も適切な字句の組合せを下の1から4までのうちから一つ選べ。

① 電波を発射しようとする場合において当該電波と周波数を同じくする電波を受信することにより一定の時間自己の電波を発射しないことを確保する機能を有する無線局その他[A]他の無線局の運用を阻害するような混信その他の妨害を与えないように運用することのできる無線局のうち総務省令で定めるものであって、[B]のみを使用するものを[C]開設しようとする者は、総務大臣の登録を受けなければならない。

② ①の登録の有効期間は、登録の日から起算して[D]を超えない範囲内において総務省令で定める。ただし、再登録を妨げない。

③ ①の総務大臣の登録を受けて開設する無線局は、総務大臣の免許を受けることを要しない。

	A	B	C	D
1	使用する電波の型式及び周波数（総務省令で定めるものに限る。）を同じくする	適合表示無線設備	総務省令で定める周波数を使用して	10年
2	無線設備の規格（総務省令で定めるものに限る。）を同じくする	その型式について総務大臣の行う検定に合格した無線設備の機器	総務省令で定める区域内に	10年
3	使用する電波の型式及び周波数（総務省令で定めるものに限る。）を同じくする	その型式について総務大臣の行う検定に合格した無線設備の機器	総務省令で定める周波数を使用して	5年

[答] A-1：1

法規-12

| 4 | 無線設備の規格（総務省令で定めるものに限る。）を同じくする | 適合表示無線設備 | 総務省令で定める区域内に | 5年 |

A-3　スプリアス発射、帯域外発射等の用語の定義に関する次の記述のうち、電波法施行規則（第2条）の規定に照らし、この規定に定めるところに適合しないものはどれか。下の1から4までのうちから一つ選べ。

1　「帯域外発射」とは、必要周波数帯に近接する周波数の電波の発射で情報の伝送のための変調の過程において生ずるものをいう。

2　「スプリアス発射」とは、必要周波数帯外における1又は2以上の周波数の電波の発射であって、そのレベルを情報の伝送に影響を与えないで除去することができるものをいい、高調波発射、低調波発射及び寄生発射を含み、相互変調積及び帯域外発射を含まないものとする。

3　「不要発射」とは、スプリアス発射及び帯域外発射をいう。

4　「スプリアス領域」とは、帯域外領域の外側のスプリアス発射が支配的な周波数帯をいう。

A-4　次の記述は、固定局及び陸上移動業務の無線局の免許後の変更について述べたものである。電波法（第17条及び第18条）の規定に照らし、[　　]内に入れるべき最も適切な字句の組合せを下の1から4までのうちから一つ選べ。

① 免許人は、[A]若しくは無線設備の設置場所を変更し、又は無線設備の変更の工事をしようとするときは、あらかじめ総務大臣の許可を受けなければならない（注）。ただし、無線設備の変更の工事であって総務省令で定める軽微な事項については、この限りでない。

　注　基幹放送局以外の無線局が基幹放送をすることを内容とする無線局の目的の変更は、これを行うことができない。

② ①の無線設備の変更の工事は、[B]に変更を来すものであってはならず、かつ、電波法第7条（申請の審査）第1項第1号の技術基準（電波法第3章に定めるものに限る。）に合致するものでなければならない。

③ ①の規定により無線設備の設置場所の変更又は無線設備の変更の工事の許可を受けた免許人は、総務大臣の検査を受け、当該変更又は工事の結果が①の許可の内容に適合していると認められた後でなければ、[C]を運用してはならない。ただし、総務省令で定める場合は、この限りでない。

法
規

[答]　A-2：4　　A-3：2

	A	B	C
1	無線局の種別、無線局の目的、通信事項	送信装置の発射可能な電波の型式及び周波数の範囲	許可に係る無線設備
2	無線局の種別、無線局の目的、通信事項	周波数、電波の型式又は空中線電力	当該無線局の無線設備
3	無線局の目的、通信の相手方、通信事項	送信装置の発射可能な電波の型式及び周波数の範囲	当該無線局の無線設備
4	無線局の目的、通信の相手方、通信事項	周波数、電波の型式又は空中線電力	許可に係る無線設備

A－5　次の記述は、地球局（宇宙無線通信を行う実験試験局を含む。）の送信空中線の最小仰角について述べたものである。電波法施行規則（第32条）の規定に照らし、□□□内に入れるべき最も適切な字句の組合せを下の1から4までのうちから一つ選べ。

地球局の送信空中線の　A　の方向の仰角の値は、次の(1)から(3)までに掲げる場合においてそれぞれ(1)から(3)までに規定する値でなければならない。

(1) 深宇宙（地球からの距離が　B　以上である宇宙をいう。）に係る宇宙研究業務（科学又は技術に関する研究又は調査のための宇宙無線通信の業務をいう。以下同じ。）を行うとき　　　　　　　　　　　　　　C　以上

(2) (1)の宇宙研究業務以外の宇宙研究業務を行うとき　　5度以上

(3) 宇宙研究業務以外の宇宙無線通信の業務を行うとき　　3度以上

	A	B	C
1	最小輻射	200万キロメートル	8度
2	最小輻射	300万キロメートル	10度
3	最大輻射	200万キロメートル	10度
4	最大輻射	300万キロメートル	8度

A－6　送信設備に使用する電波の質及び電波の発射の停止に関する次の記述のうち、電波法（第28条及び第72条）及び無線設備規則（第5条から第7条まで及び第14条）の規定に照らし、これらの規定に定めるところに適合しないものはどれか。下の1から4までのうちから一つ選べ。

1　総務大臣は、無線局の発射する電波が、総務省令で定めるスプリアス発射又は不要発射の強度の許容値に適合していないと認めるときは、当該無線局に対して臨時に電波の発射の停止を命ずることができる。

答　A－4：4　　A－5：3

2　総務大臣は、無線局の発射する電波が、総務省令で定める空中線電力の許容偏差に適合していないと認めるときは、当該無線局に対して臨時に電波の発射の停止を命ずることができる。

3　総務大臣は、無線局の発射する電波が、総務省令で定める発射電波に許容される占有周波数帯幅の値に適合していないと認めるときは、当該無線局に対して臨時に電波の発射の停止を命ずることができる。

4　総務大臣は、無線局の発射する電波が、総務省令で定める送信設備に使用する電波の周波数の許容偏差に適合していないと認めるときは、当該無線局に対して臨時に電波の発射の停止を命ずることができる。

A－7　人工衛星局の条件等に関する次の記述のうち、電波法（第36条の2）及び電波法施行規則（第32条の4及び第32条の5）の規定に照らし、これらの規定に定めるところに適合しないものはどれか。下の1から4までのうちから一つ選べ。

1　対地静止衛星に開設する人工衛星局（一般公衆によって直接受信されるための無線電話、データ伝送又はファクシミリによる電気通信業務を行うことを目的とするものに限る。）は、公称されている位置から緯度の（±）0.5度以内にその位置を維持することができるものでなければならない。

2　人工衛星局の無線設備は、遠隔操作により電波の発射を直ちに停止することのできるものでなければならない。

3　人工衛星局は、その無線設備の設置場所を遠隔操作により変更することができるものでなければならない。ただし、対地静止衛星に開設する人工衛星局以外の人工衛星局については、この限りでない。

4　対地静止衛星に開設する人工衛星局（実験試験局を除く。）であって、固定地点の地球局相互間の無線通信の中継を行うものは、公称されている位置から経度の（±）0.1度以内にその位置を維持することができるものでなければならない。

A－8　電波の型式の記号表示と主搬送波の変調の型式、主搬送波を変調する信号の性質及び伝送情報の型式に分類して表す電波の型式に関する次の記述のうち、電波法施行規則（第4条の2）の規定に照らし、この規定に定めるところに適合しないものはどれか。下の表の1から4までのうちから一つ選べ。

法
規

答　A－6：2　　A－7：1

区分番号	電波の型式の記号	電波の型式		
		主搬送波の変調の型式	主搬送波を変調する信号の性質	伝送情報の型式
1	P0N	パルス変調であって無変調パルス列	変調信号のないもの	無情報
2	X7B	同時に、又は一定の順序で振幅変調及び角度変調を行うもの	デジタル信号の1又は2以上のチャネルとアナログ信号の1又は2以上のチャネルを複合したもの	電信であって自動受信を目的とするもの
3	F8E	角度変調であって周波数変調	アナログ信号である2以上のチャネルのもの	電話（音響の放送を含む。）
4	R2C	振幅変調であって低減搬送波による単側波帯	デジタル信号である単一チャネルのものであって変調のための副搬送波を使用するもの	ファクシミリ

A-9 次の記述は、高圧電気に対する安全施設について述べたものである。電波法施行規則（第22条から第24条まで）の規定に照らし、□□□内に入れるべき最も適切な字句の組合せを下の1から4までのうちから一つ選べ。なお、同じ記号の□□□内には、同じ字句が入るものとする。

① 高圧電気（高周波若しくは交流の電圧 A 又は直流の電圧750ボルトをこえる電気をいう。以下同じ。）を使用する電動発電機、変圧器、ろ波器、整流器その他の機器は、外部より容易にふれることができないように、絶縁しゃへい体又は B の内に収容しなければならない。但し、 C のほか出入できないように設備した場所に装置する場合は、この限りでない。

② 送信設備の各単位装置相互間をつなぐ電線であって高圧電気を通ずるものは、線溝若しくは丈夫な絶縁体又は B の内に収容しなければならない。但し、 C のほか出入できないように設備した場所に装置する場合は、この限りでない。

③ 送信設備の調整盤又は外箱から露出する電線に高圧電気を通ずる場合においては、その電線が絶縁されているときであっても、電気設備に関する技術基準を定める省令（昭和40年通商産業省令第61号）の規定するところに準じて保護しなければならない。

	A	B	C
1	500ボルト	赤色塗装された筐体	取扱者
2	500ボルト	接地された金属しゃへい体	無線従事者
3	300ボルト	赤色塗装された筐体	無線従事者
4	300ボルト	接地された金属しゃへい体	取扱者

答 A-8：2 A-9：4

A-10 次の記述は、送信空中線の型式及び構成等について述べたものである。無線設備規則（第20条及び第22条）の規定に照らし、□□内に入れるべき最も適切な字句の組合せを下の1から4までのうちから一つ選べ。

① 送信空中線の型式及び構成は、次の(1)から(3)までに適合するものでなければならない。

(1) 空中線の　A　がなるべく大であること。

(2) 整合が十分であること。

(3) 満足な指向特性が得られること。

② 空中線の指向特性は、次の(1)から(4)までに掲げる事項によって定める。

(1) 主輻射方向及び副輻射方向

(2) 　B　の主輻射の角度の幅

(3) 空中線を設置する位置の近傍にあるものであって電波の伝わる方向を乱すもの

(4) 　C　よりの輻射

	A	B	C
1	強度	垂直面	給電線
2	利得及び能率	水平面	給電線
3	利得及び能率	垂直面	送信機
4	強度	水平面	送信機

A-11 無線従事者の操作及び監督の範囲に関する次の記述のうち、電波法施行令（第3条）の規定に照らし、第二級陸上無線技術士の資格を有する無線従事者が行うことのできる操作に該当しないものはどれか。下の1から4までのうちから一つ選べ。

1 テレビジョン基幹放送局の空中線電力1キロワットの無線設備の技術操作

2 レーダーの技術操作

3 航空局の空中線電力2キロワットの無線設備の技術操作

4 超短波放送を行う基幹放送局の空中線電力2キロワットの無線設備の技術操作

A-12 次の記述は、固定局又は陸上移動業務の無線局の免許状に記載された事項の遵守について述べたものである。電波法（第52条）及び電波法施行規則（第37条）の規定に照らし、□□内に入れるべき最も適切な字句の組合せを下の1から4までのうちから一つ選べ。

① 無線局は、免許状に記載された　A　の範囲を超えて運用してはならない。ただし、

答　A-10：**2**　　A-11：**1**

次に掲げる通信については、この限りでない。

- (1) 遭難通信
- (2) 緊急通信
- (3) 安全通信
- (4) 非常通信
- (5) 放送の受信
- (6) その他総務省令で定める通信

② 次の(1)から(5)までに掲げる通信は、①の(6)の「総務省令で定める通信」とする。

- (1) 　B
- (2) 電波の規正に関する通信
- (3) 電波法第74条（非常の場合の無線通信）第1項に規定する通信の訓練のために行う通信
- (4) 　C　に関し急を要する通信（他の電気通信系統によっては、当該通信の目的を達することが困難である場合に限る。）
- (5) (1)から(4)までに掲げる通信のほか電波法施行規則第37条（免許状の目的等にかかわらず運用することができる通信）各号に掲げる通信

	A	B	C
1	目的、通信の相手方若しくは通信事項又は電波の型式及び周波数	無線機器の試験又は調整をするために行う通信	国の事務
2	目的又は通信の相手方若しくは通信事項	免許人以外の者のための通信であって、急を要するもの	国の事務
3	目的、通信の相手方若しくは通信事項又は電波の型式及び周波数	免許人以外の者のための通信であって、急を要するもの	人命の救助
4	目的又は通信の相手方若しくは通信事項	無線機器の試験又は調整をするために行う通信	人命の救助

A－13　次の記述は、混信等の防止について述べたものである。電波法（第56条）及び電波法施行規則（第50条の2）の規定に照らし、　　内に入れるべき最も適切な字句の組合せを下の1から4までのうちから一つ選べ。

① 無線局は、　A　又は電波天文業務（注）の用に供する受信設備その他の総務省令で定める受信設備（無線局のものを除く。）で総務大臣が指定するものにその運用を阻害するような混信その他の　B　なければならない。但し、遭難通信、緊急通信、安全通信及び非常通信については、この限りでない。

　注　宇宙から発する電波の受信を基礎とする天文学のための当該電波の受信の業務をいう。

② ①に規定する指定に係る受信設備は、次の(1)又は(2)に掲げるもの（　C　するものを除く。）とする。

- (1) 電波天文業務の用に供する受信設備

(2)　宇宙無線通信の電波の受信を行う受信設備

	A	B	C
1	重要無線通信を行う無線局	妨害を与えないように運用し	固定
2	他の無線局	妨害を与えないように運用し	移動
3	他の無線局	妨害を与えない機能を有するもので	固定
4	重要無線通信を行う無線局	妨害を与えない機能を有するもので	移動

A－14　無線通信（注）の秘密の保護に関する次の記述のうち、電波法（第59条）の規定に照らし、この規定に定めるところに適合するものはどれか。下の1から4までのうちから一つ選べ。

　　　注　電気通信事業法第4条（秘密の保護）第1項又は第164条（適用除外等）第3項の通信であるものを除く。

　1　何人も法律に別段の定めがある場合を除くほか、総務省令で定める周波数を使用して行われるいかなる無線通信も傍受してその存在若しくは内容を漏らし、又はこれを窃用してはならない。

　2　何人も法律に別段の定めがある場合を除くほか、いかなる無線通信も傍受してはならない。

　3　何人も法律に別段の定めがある場合を除くほか、特定の相手方に対して行われる無線通信を傍受してその存在若しくは内容を漏らし、又はこれを窃用してはならない。

　4　無線通信の業務に従事する何人も特定の相手方に対して行われる無線通信（暗語によるものに限る。）を傍受してその存在若しくは内容を漏らし、又はこれを窃用してはならない。

A－15　無線従事者の免許の取消し等に関する次の記述のうち、電波法（第79条）の規定に照らし、無線従事者が電波法又は電波法に基づく命令に違反したときに、総務大臣が行うことのできる処分に該当するものはどれか。下の1から4までのうちから一つ選べ。

　1　3箇月以内の期間を定めて行うその無線従事者が従事する無線局の運用を停止する処分

　2　期間を定めて行う無線従事者が無線設備を操作する範囲を制限する処分

　3　期間を定めて行うその無線従事者が従事する無線局の運用を制限する処分

　4　3箇月以内の期間を定めて行う無線従事者がその業務に従事することを停止する処分

答　A－13：**2**　　A－14：**3**　　A－15：**4**

B－1　無線局の免許（包括免許を除く。）がその効力を失ったときに、免許人であった者が執るべき措置に関する次の記述のうち、電波法（第24条及び第78条）の規定に照らし、これらの規定に定めるところに適合するものを1、これらの規定に適合しないものを2として解答せよ。

ア　1箇月以内にその免許状を返納しなければならない。

イ　遅滞なく無線従事者の解任届を提出しなければならない。

ウ　速やかに無線局免許申請書の添付書類の写しを総務大臣に返納しなければならない。

エ　遅滞なく空中線の撤去その他の総務省令で定める電波の発射を防止するために必要な措置を講じなければならない。

オ　速やかにその無線設備を撤去しなければならない。

B－2　無線局（アマチュア無線局を除く。）の主任無線従事者に関する次の記述のうち、電波法（第39条）の規定に照らし、この規定に定めるところに適合するものを1、この規定に定めるところに適合しないものを2として解答せよ。

ア　電波法第40条（無線従事者の資格）の定めるところにより無線設備の操作を行うことができる無線従事者以外の者は、主任無線従事者の監督を受けなければ、モールス符号を送り、又は受ける無線電信の操作を行ってはならない。

イ　無線局の免許人は、主任無線従事者を選任するときは、あらかじめ、その旨を総務大臣に届け出なければならない。これを解任するときも、同様とする。

ウ　無線局の免許人からその選任の届出がされた主任無線従事者は、無線設備の操作の監督に関し総務省令で定める職務を誠実に行わなければならない。

エ　無線局の免許人は、その選任の届出をした主任無線従事者に総務省令で定める期間ごとに、無線局の無線設備の操作及び運用に関し総務大臣の行う訓練を受けさせなければならない。

オ　主任無線従事者は、電波法第40条（無線従事者の資格）の定めるところにより、無線設備の操作の監督を行うことができる無線従事者であって、総務省令で定める事由に該当しないものでなければならない。

B－3　次の記述は、受信設備の条件について述べたものである。電波法（第29条）及び無線設備規則（第24条）の規定に照らし、　　　内に入れるべき最も適切な字句を下の1から10までのうちからそれぞれ一つ選べ。なお、同じ記号の　　　内には、同じ字句が入るものとする。

答　B－1：ア－1　イ－2　ウ－2　エ－1　オ－2
　　B－2：ア－2　イ－2　ウ－1　エ－2　オ－1

① 受信設備は、その副次的に発する電波又は高周波電流が、総務省令で定める限度をこえて ア の イ を与えるものであってはならない。

② ①に規定する副次的に発する電波が ア の イ を与えない限度は、 ウ と エ の等しい擬似空中線回路を使用して測定した場合に、その回路の電力が オ 以下でなければならない。

③ 無線設備規則第24条（副次的に発する電波等の限度）の規定において、②にかかわらず別に定めのある場合は、その定めによるものとする。

1	他の無線設備	2	重要無線通信を行う無線局の無線設備	3	機能に支障
4	運用に混信	5	受信装置	6	受信空中線	7	電気的常数
8	利得	9	4ミリワット	10	4ナノワット

B-4　次の記述は、非常時運用人による無線局の運用について述べたものである。電波法（第70条の7、第76条及び第81条）の規定に照らし、□□□内に入れるべき最も適切な字句を下の1から10までのうちからそれぞれ一つ選べ。

① 無線局（注）の免許人又は登録人は、地震、台風、洪水、津波、雪害、火災、暴動その他非常の事態が発生し、又は発生するおそれがある場合において、人命の救助、災害の救援、交通通信の確保又は秩序の維持のために必要な通信を行うときは、当該無線局の免許等が効力を有する間、 ア ことができる。

　　注　その運用が、専ら電波法第39条（無線設備の操作）第1項本文の総務省令で定める簡易な操作によるものに限る。

② ①により無線局を自己以外の者に運用させた免許人又は登録人は、遅滞なく、非常時運用人（注）の氏名又は名称、非常時運用人による運用の期間その他の総務省令で定める イ なければならない。

　　注　当該無線局を運用する自己以外の者をいう。

③ ②の免許人又は登録人は、当該無線局の運用が適正に行われるよう、総務省令で定めるところにより、非常時運用人に対し、 ウ を行わなければならない。

④ 総務大臣は、非常時運用人が電波法、放送法若しくはこれらの法律に基づく命令又はこれらに基づく処分に違反したときは、 エ を定めて無線局の運用の停止を命じ、又は期間を定めて運用許容時間、周波数若しくは空中線電力を制限することができる。

⑤ 総務大臣は、無線通信の秩序の維持その他無線局の適正な運用を確保するため必要があると認めるときは、非常時運用人に対し、 オ ことができる。

　答　B-3：ア-1　イ-3　ウ-6　エ-7　オ-10

1　総務大臣の許可を受けて当該無線局を自己以外の者に運用させる

2　当該無線局を自己以外の者に運用させる

3　事項の記録を作成し、非常時運用人による無線局の運用の終了の日から2年間これを保存し

4　事項を総務大臣に届け出　　　5　必要かつ適切な監督

6　無線局の運用に関し適切な支援　　7　3月以内の期間　　8　6月以内の期間

9　無線局の運用の停止を命ずる　　10　無線局に関し報告を求める

B-5　検査に関する次の記述のうち、電波法（第73条）の規定に照らし、総務大臣がその職員を無線局に派遣し、その無線設備等（無線設備、無線従事者の資格及び員数並びに時計及び書類をいう。）を検査させることができるときに該当するものを1、これに該当しないものを2として解答せよ。

ア　免許人が無線局の検査の結果について指示を受け相当な措置をしたときに、当該免許人から総務大臣又は総合通信局長（沖縄総合通信事務所長を含む。）に対し、その措置の内容についての報告があったとき。

イ　無線局の発射する電波の質が電波法第28条の総務省令で定めるものに適合していないと認め、総務大臣が当該無線局に対し臨時に電波の発射の停止を命じたとき。

ウ　無線局の発射する電波の質が電波法第28条の総務省令で定めるものに適合していないため、総務大臣から臨時に電波の発射の停止の命令を受けた無線局からその発射する電波の質が同条の総務省令で定めるものに適合するに至った旨の申出を受けたとき。

エ　総務大臣が電波法第71条の5の規定により無線設備が電波法第3章（無線設備）に定める技術基準に適合していないと認め、当該無線設備を使用する無線局の免許人等（注）に対し、その技術基準に適合するように当該無線設備の修理その他の必要な措置をとるべきことを命じたとき。

注　免許人又は登録人をいう。

オ　電波利用料を納めないため督促状によって督促を受けた免許人が、指定の期限までにその督促に係る電波利用料を納めないとき。

A－１　欠格事由に関する次の事項のうち、電波法（第５条）の規定に照らし、総務大臣が無線局（注）の免許を与えないことができる者に該当するものはどれか。下の１から４までのうちから一つ選べ。

> 注　基幹放送をする無線局（受信障害対策中継放送、衛星基幹放送及び移動受信用地上基幹放送をする無線局を除く。）を除く。

1　無線局の予備免許の際に指定された工事落成の期限経過後２週間以内に工事が落成した旨の届出がなかったため、電波法第11条の規定により免許を拒否され、その拒否の日から２年を経過しない者。

2　不正な手段により無線局の免許を受け、電波法第76条の規定により無線局の免許の取消しを受け、その取消しの日から２年を経過しない者。

3　無線局を廃止し、その廃止の日から２年を経過しない者。

4　無線局の免許の有効期間満了により免許が効力を失い、その効力を失った日から２年を経過しない者。

A－２　次の記述は、免許の申請の期間を公示する無線局の免許の申請について述べたものである。電波法（第６条）の規定に照らし、☐☐☐内に入れるべき最も適切な字句の組合せを下の１から４までのうちから一つ選べ。なお、同じ記号の☐☐☐内には、同じ字句が入るものとする。

　　次の(1)から(4)までに掲げる無線局（総務省令で定めるものを除く。）であって総務大臣が公示する　A　の免許の申請は、総務大臣が公示する期間内に行わなければならない。

(1)　　B　を行うことを目的として陸上に開設する移動する無線局（１又は２以上の都道府県の区域の全部を含む区域をその移動範囲とするものに限る。）

(2)　　B　を行うことを目的として陸上に開設する移動しない無線局であって、(1)に掲げる無線局を通信の相手方とするもの

(3)　　B　を行うことを目的として開設する人工衛星局

(4)　　C　

答　A－１：2

	A	B	C
1	周波数を使用するもの	電気通信業務	基幹放送局
2	地域に開設するもの	電気通信業務又は公共業務	基幹放送局
3	地域に開設するもの	電気通信業務	重要無線通信を行う無線局
4	周波数を使用するもの	電気通信業務又は公共業務	重要無線通信を行う無線局

A－3　固定局に係る予備免許の付与、工事設計の変更、申請による周波数等の変更及び免許の拒否に関する次の記述のうち、電波法（第8条、第9条、第11条及び第19条）の規定に照らし、これらの規定に定めるところに適合しないものはどれか。下の1から4までのうちから一つ選べ。

1　総務大臣は、無線局の予備免許を与えたときに指定した工事落成の期限（期限の延長があったときは、その期限）経過後2週間以内に電波法第10条（落成後の検査）の規定による工事が落成した旨の届出がないときは、その無線局の免許を拒否しなければならない。

2　総務大臣は、電波法第7条（申請の審査）の規定により審査した結果、その申請が同条の規定に適合していると認めるときは、申請者に対し、次の(1)から(5)までに掲げる事項を指定して、無線局の予備免許を与える。

(1)　工事落成の期限　　(2)　電波の型式及び周波数　　(3)　識別信号
(4)　空中線電力　　　　(5)　運用許容時間

3　無線局の予備免許を受けた者は、工事設計を変更しようとするときは、あらかじめ総務大臣の許可を受けなければならない。但し、総務省令で定める軽微な事項については、この限りでない。また、この工事設計の変更は、発射可能な周波数の範囲、電波の型式又は空中線電力に変更を来すものであってはならず、かつ、電波法第7条第1項第1号の無線局（基幹放送局を除く。）の開設の根本的基準に合致するものでなければならない。

4　総務大臣は、予備免許を受けた者が、識別信号、電波の型式、周波数、空中線電力又は運用許容時間の指定の変更を申請した場合において、混信の除去その他特に必要があると認めるときは、その指定を変更することができる。

A－4　次の記述は、総務大臣の行う電波の利用状況の調査等について述べたものである。電波法（第26条の2）の規定に照らし、□□□内に入れるべき最も適切な字句の組合せを下の1から4までのうちから一つ選べ。なお、同じ記号の□□□内には、同じ字句が

答　　A－2：1　　A－3：3

入るものとする。

① 総務大臣は、 A の作成又は変更その他電波の有効利用に資する施策を総合的かつ計画的に推進するため、総務省令で定めるところにより、無線局の数、無線局の行う無線通信の通信量、 B その他の電波の利用状況を把握するために必要な事項として総務省令で定める事項の調査（以下「利用状況調査」という。）を行うものとする。

② 総務大臣は、利用状況調査の結果に基づき、電波に関する技術の発達及び需要の動向、周波数割当てに関する国際的動向その他の事情を勘案して、 C を評価するものとする。

③ 総務大臣は、利用状況調査を行ったとき、及び②により評価したときは、総務省令で定めるところにより、その結果の概要を公表するものとする。

④ 総務大臣は、②の評価の結果に基づき、 A を作成し、又は変更しようとする場合において、必要があると認めるときは、総務省令で定めるところにより、当該 A の作成又は変更が免許人等（注）に及ぼす技術的及び経済的な影響を調査することができる。

　　注　免許人又は登録人をいう。

	A	B	C
1	周波数割当計画	無線局の無線設備の使用の態様	電波の有効利用の程度
2	無線設備の技術基準	無線局の無線設備の使用の態様	5年以内に研究開発すべき技術の程度
3	無線設備の技術基準	無線局の運用の実態	電波の有効利用の程度
4	周波数割当計画	無線局の運用の実態	5年以内に研究開発すべき技術の程度

A－5　次の記述は、電波の質及び受信設備の条件について述べたものである。電波法（第28条及び第29条）の規定に照らし、 内に入れるべき最も適切な字句の組合せを下の1から4までのうちから一つ選べ。

① 送信設備に使用する電波の A 、 B 電波の質は、総務省令で定めるところに適合するものでなければならない。

② 受信設備は、その副次的に発する電波又は高周波電流が、総務省令で定める限度をこえて C に支障を与えるものであってはならない。

	A	B	C
1	周波数の偏差及び安定度	空中線電力の偏差等	他の無線設備の機能
2	周波数の偏差及び安定度	高調波の強度等	電気通信業務の用に供する無線設備の機能
3	周波数の偏差及び幅	空中線電力の偏差等	電気通信業務の用に供する無線設備の機能
4	周波数の偏差及び幅	高調波の強度等	他の無線設備の機能

A－6　無線設備の機器の検定に関する次の事項のうち、電波法（第37条）の規定に照らし、その型式について、総務大臣の行う検定に合格した無線設備の機器でなければ、施設してはならない（注）ものに該当するものはどれか。下の1から4までのうちから一つ選べ。

　　注　総務大臣が行う検定に相当する型式検定に合格している機器その他の機器であって総務省令で定めるものを施設する場合を除く。

1　気象援助業務の用に供する無線局の無線設備の機器

2　航空機に施設する無線設備の機器であって総務省令で定めるもの

3　人命若しくは財産の保護又は治安の維持の用に供する無線局の無線設備の機器

4　電気通信業務の用に供する無線局の無線設備の機器

A－7　次の記述は、伝搬障害防止区域の指定について述べたものである。電波法（第102条の2）の規定に照らし、□□□内に入れるべき最も適切な字句の組合せを下の1から4までのうちから一つ選べ。

① 総務大臣は、890メガヘルツ以上の周波数の電波による特定の固定地点間の無線通信で次の(1)から(6)までのいずれかに該当するもの（以下「重要無線通信」という。）の電波伝搬路における当該電波の伝搬障害を防止して、重要無線通信の確保を図るため必要があるときは、その必要の範囲内において、当該電波伝搬路の地上投影面に沿い、その中心線と認められる線の両側それぞれ　A　以内の区域を伝搬障害防止区域として　B　。

(1) 電気通信業務の用に供する無線局の無線設備による無線通信

(2) 放送の業務の用に供する無線局の無線設備による無線通信

(3) 人命若しくは財産の保護又は治安の維持の用に供する無線設備による無線通信

(4) 気象業務の用に供する無線設備による無線通信

答　A－5：4　　A－6：2

(5)　電気事業に係る電気の供給の業務の用に供する無線設備による無線通信

(6)　鉄道事業に係る列車の運行の業務の用に供する無線設備による無線通信

②　①による伝搬障害防止区域の指定は、政令で定めるところにより告示をもって行わなければならない。

③　総務大臣は、政令で定めるところにより、②の告示に係る伝搬障害防止区域を表示した図面を　C　の事務所に備え付け、一般の縦覧に供しなければならない。

④　総務大臣は、②の告示に係る伝搬障害防止区域について、①による指定の理由が消滅したときは、遅滞なく、その指定を解除しなければならない。

	A	B	C
1	50メートル	指定するものとする	総務省及び関係地方公共団体
2	100メートル	指定するものとする	総務大臣が指定する団体
3	100メートル	指定することができる	総務省及び関係地方公共団体
4	50メートル	指定することができる	総務大臣が指定する団体

A－8　電波の周波数等の定義に関する次の記述のうち、電波法施行規則（第2条）の規定に照らし、この規定に定めるところに適合しないものはどれか。下の1から4までのうちから一つ選べ。

1　「基準周波数」とは、特性周波数に対して、固定し、かつ、特定した位置にある周波数をいう。この場合において、この周波数の特性周波数に対する偏位は、割当周波数が発射によって占有する周波数帯の中央の周波数に対してもつ偏位と同一の絶対値及び同一の符号をもつものとする。

2　「割当周波数」とは、無線局に割り当てられた周波数帯の中央の周波数をいう。

3　「特性周波数」とは、与えられた発射において容易に識別し、かつ、測定することのできる周波数をいう。

4　「周波数の許容偏差」とは、発射によって占有する周波数帯の中央の周波数の割当周波数からの許容することができる最大の偏差又は発射の特性周波数の基準周波数からの許容することができる最大の偏差をいい、百万分率又はヘルツで表す。

A－9　送信設備の空中線電力の許容偏差に関する次の記述のうち、無線設備規則（第14条）の規定に照らし、この規定に定めるところに適合するものはどれか。下の1から4までのうちから一つ選べ。

1　5GHz帯無線アクセスシステムの無線局の送信設備の空中線電力の許容偏差は、上

答　A－7：3　　A－8：1

限10パーセント、下限50パーセントとする。

2　道路交通情報通信を行う無線局（2.5GHz帯の周波数の電波を使用し、道路交通に関する情報を送信する特別業務の局をいう。）の送信設備の空中線電力の許容偏差は、上限50パーセント、下限70パーセントとする。

3　超短波放送を行う地上基幹放送局の送信設備の空中線電力の許容偏差は、上限20パーセント、下限80パーセントとする。

4　中波放送を行う地上基幹放送局の送信設備の空中線電力の許容偏差は、上限5パーセント、下限10パーセントとする。

A－10　次の記述は、周波数の安定のための条件について述べたものである。無線設備規則（第15条）の規定に照らし、□□□内に入れるべき最も適切な字句の組合せを下の1から4までのうちから一つ選べ。

①　周波数をその許容偏差内に維持するため、送信装置は、できる限り　A　の変化によって発振周波数に影響を与えないものでなければならない。

②　周波数をその許容偏差内に維持するため、発振回路の方式は、できる限り　B　の変化によって影響を受けないものでなければならない。

③　移動局（移動するアマチュア局を含む。）の送信装置は、実際上起り得る　C　によっても周波数をその許容偏差内に維持するものでなければならない。

	A	B	C
1	外囲の温度又は湿度	電源電圧又は負荷	気圧の変化
2	電源電圧又は負荷	外囲の温度又は湿度	振動又は衝撃
3	外囲の温度又は湿度	電源電圧又は負荷	振動又は衝撃
4	電源電圧又は負荷	外囲の温度又は湿度	気圧の変化

A－11　次の記述は、無線局（登録局を除く。）の主任無線従事者の講習の期間について述べたものである。電波法施行規則（第34条の7）の規定に照らし、□□□内に入れるべき最も適切な字句の組合せを下の1から4までのうちから一つ選べ。

①　免許人は、主任無線従事者を選任したときは、当該主任無線従事者に選任の日から　A　以内に　B　総務大臣の行う講習を受けさせなければならない。

②　免許人は、①の講習を受けた主任無線従事者にその講習を受けた日から　C　以内に講習を受けさせなければならない。当該講習を受けた日以降についても同様とする。

③　①及び②にかかわらず、船舶が航行中であるとき、その他総務大臣が当該規定によ

ることが困難又は著しく不合理であると認めるときは、総務大臣が別に告示するところによる。

	A	B	C
1	6箇月	無線設備の操作に関し	3年
2	3箇月	無線設備の操作の監督に関し	3年
3	6箇月	無線設備の操作の監督に関し	5年
4	3箇月	無線設備の操作に関し	5年

A－12　無線局の運用に関する次の記述のうち、電波法（第53条、第54条、第57条及び第58条）の規定に照らし、これらの規定に定めるところに適合しないものはどれか。下の1から4までのうちから一つ選べ。

1　無線局を運用する場合においては、空中線電力は、次の(1)及び(2)の定めるところによらなければならない。ただし、遭難通信については、この限りでない。

(1)　免許状又は登録状に記載されたものの範囲内であること。

(2)　通信を行うため必要最小のものであること。

2　無線局は、次の(1)及び(2)に掲げる場合には、なるべく擬似空中線回路を使用しなければならない。

(1)　無線設備の機器の試験又は調整を行うために運用するとき。

(2)　実験等無線局を運用するとき。

3　無線局を運用する場合においては、無線設備の設置場所、識別信号、電波の型式及び周波数は、その無線局の免許状又は登録状に記載されたところによらなければならない。ただし、遭難通信については、この限りでない。

4　無線局の行う通信には、暗語を使用してはならない。

A－13　周波数の測定等に関する次の記述のうち、電波法施行規則（第40条）及び無線局運用規則（第4条）の規定に照らし、これらの規定に定めるところに適合しないものはどれか。下の1から4までのうちから一つ選べ。

1　電波法第31条の規定により周波数測定装置を備えつけた無線局は、その周波数測定装置を常時電波法第31条に規定する確度を保つように較正しておかなければならない。

2　基幹放送局においては、発射電波の周波数の偏差を測定したときは、その結果及び許容偏差を超える偏差があるときは、その措置の内容を無線業務日誌に記載しなければならない。

3　無線局は、発射する電波の周波数の偏差を測定した結果、その偏差が許容値を超えるときは、直ちに調整して許容値内に保つとともに、その事実及び措置の内容を総務大臣又は総合通信局長（沖縄総合通信事務所長を含む。）に報告しなければならない。

4　電波法第31条の規定により周波数測定装置を備えつけた無線局は、できる限りしばしば自局の発射する電波の周波数（電波法施行規則第11条の3第3号に該当する送信設備の使用電波の周波数を測定することとなっている無線局であるときは、それらの周波数を含む。）を測定しなければならない。

A-14　次の記述は、地上基幹放送局の呼出符号等の放送について述べたものである。無線局運用規則（第138条）の規定に照らし、□□□内に入れるべき最も適切な字句の組合せを下の1から4までのうちから一つ選べ。なお、同じ記号の□□□内には、同じ字句が入るものとする。

①　地上基幹放送局は、放送の開始及び終了に際しては、自局の呼出符号又は呼出名称（国際放送を行う地上基幹放送局にあっては、□A□を、テレビジョン放送を行う地上基幹放送局にあっては、呼出符号又は呼出名称を表す文字による視覚の手段を併せて）を放送しなければならない。ただし、これを放送することが困難であるか又は不合理である地上基幹放送局であって、別に告示するものについては、この限りでない。

②　地上基幹放送局は、放送している時間中は、□B□自局の呼出符号又は呼出名称（国際放送を行う地上基幹放送局にあっては、□A□を、テレビジョン放送を行う地上基幹放送局にあっては、呼出符号又は呼出名称を表す文字による視覚の手段を併せて）を放送しなければならない。ただし、①のただし書に規定する□C□は、この限りでない。

③　②の場合において地上基幹放送局は、国際放送を行う場合を除くほか、自局であることを容易に識別することができる方法をもって自局の呼出符号又は呼出名称に代えることができる。

	A	B	C
1	周波数及び送信方向	毎時1回以上	地上基幹放送局の場合又は放送の効果を妨げるおそれがある場合
2	周波数及び送信方向	1日1回以上	地上基幹放送局の場合
3	周波数及び空中線電力	毎時1回以上	地上基幹放送局の場合
4	周波数及び空中線電力	1日1回以上	地上基幹放送局の場合又は放送の効果を妨げるおそれがある場合

答　A-13：3　　A-14：1

A－15　電波の発射の停止に関する次の記述のうち、電波法（第72条）の規定に照らし、総務大臣が無線局に対して臨時に電波の発射の停止を命ずることができる場合に該当するものはどれか。下の1から4までのうちから一つ選べ。

1　無線局の免許人が免許状に記載された目的の範囲を超えて運用していると総務大臣が認めるとき。

2　無線局の発射する電波の質が総務省令で定めるものに適合していないと総務大臣が認めるとき。

3　無線局の免許人が免許状に記載された空中線電力の範囲を超えて運用していると総務大臣が認めるとき。

4　無線局の発射する電波が重要無線通信に妨害を与えていると総務大臣が認めるとき。

B－1　次の記述は、固定局の免許の有効期間及び再免許について述べたものである。電波法（第13条）、電波法施行規則（第7条及び第8条）及び無線局免許手続規則（第18条及び第19条）の規定に照らし、□□内に入れるべき最も適切な字句を下の1から10までのうちからそれぞれ一つ選べ。

①　免許の有効期間は、免許の日から起算して□ア□において総務省令で定める。ただし、再免許を妨げない。

②　固定局の免許の有効期間は、□イ□とする。

③　②の免許の有効期間は、同一の種別に属する無線局について同時に有効期間が満了するよう総務大臣が定める一定の時期に免許をした無線局に適用があるものとし、免許をする時期がこれと異なる無線局の免許の有効期間は、②にかかわらず、当該一定の時期に免許を受けた当該種別の無線局に係る免許の有効期間の満了の日までの期間とする。

④　②の無線局の再免許の申請は、免許の有効期間満了前□ウ□を超えない期間において行わなければならない（注）。

　　注　無線局免許手続規則第18条（申請の期間）第1項ただし書、同条第2項及び第3項において別に定めるものを除く。

⑤　総務大臣又は総合通信局長（沖縄総合通信事務所長を含む。）は、電波法第7条（申請の審査）の規定により再免許の申請を審査した結果、その申請が同条第1項各号の規定に適合していると認めるときは、申請者に対し、次の(1)から(4)までに掲げる事項を指定して、無線局の□エ□を与える。

(1)　電波の型式及び周波数　　(2)　識別信号　　(3)　□オ□　　(4)　運用許容時間

　答　　A－15：2

```
1   10年を超えない範囲内      2   5年を超えない範囲内    3   5年      4   10年
5   6箇月以上1年            6   3箇月以上6箇月        7   予備免許  8   免許
9   空中線電力及び実効輻射電力   10  空中線電力
```

B－2　無線局（登録局を除く。）に関する情報の公表等に関する次の記述のうち、電波法（第25条）の規定に照らし、この規定に定めるところに適合するものを1、適合しないものを2として解答せよ。

ア　総務大臣は、自己の無線局の開設又は周波数の変更をする場合その他総務省令で定める場合に必要とされる混信若しくはふくそうに関する調査又は終了促進措置（注）を行おうとする者の求めに応じ、当該調査又は当該終了促進措置を行うために必要な限度において、当該者に対し、無線局の無線設備の工事設計その他の無線局に関する事項に係る情報であって総務省令で定めるものを提供することができる。

　　注　電波法第27条の12（特定基地局の開設指針）第2項第6号に規定する終了促進措置をいう。以下エにおいて同じ。

イ　総務大臣は、電波の利用に関する技術の調査研究及び開発を行う場合その他総務省令で定める場合に必要とされる電波の利用状況の調査を行おうとする者の求めに応じ、当該調査を行うために必要な限度において、当該者に対し、無線局の無線設備の工事設計その他の無線局に関する事項に係る情報であって総務省令で定めるものを提供することができる。

ウ　総務大臣は、電波の有効かつ適正な利用について啓発活動を行う場合その他総務省令で定める場合に必要とされる電波の利用状況に関する調査を行おうとする者の求めに応じ、当該調査を行うために必要な限度において、当該者に対し、当該者の求める無線局に関する情報を提供することができる。

エ　電波法第25条（無線局に関する情報の公表等）第2項の規定に基づき、無線局の無線設備の工事設計その他の無線局に関する事項に係る情報であって総務省令で定めるものの提供を受けた者は、当該情報を同条同項の調査（注）又は終了促進措置の用に供する目的以外の目的のために利用し、又は提供してはならない。

　　注　自己の無線局の開設又は周波数の変更をする場合その他総務省令で定める場合に必要とされる混信若しくはふくそうに関する調査をいう。

オ　総務大臣は、無線局の免許をしたときは、総務省令で定める無線局を除き、その無線局の免許状に記載された事項のうち総務省令で定めるものをインターネットの利用その他の方法により公表する。

答　B－1：ア－2　イ－3　ウ－6　エ－8　オ－10
　　B－2：ア－1　イ－2　ウ－2　エ－1　オ－1

B－3　無線従事者の免許証に関する次の記述のうち、電波法施行規則（第38条）及び無線従事者規則（第47条、第50条及び第51条）の規定に照らし、これらの規定に定めるところに適合するものを1、適合しないものを2として解答せよ。

　ア　無線従事者は、免許の取消しの処分を受けたときは、その処分を受けた日から10日以内にその免許証を総務大臣又は総合通信局長（沖縄総合通信事務所長を含む。以下イ、ウ、エ及びオにおいて同じ。）に返納しなければならない。

　イ　無線従事者は、免許証を失ったために免許証の再交付を受けようとするときは、失った日から1箇月以内に無線従事者免許証再交付申請書に写真2枚を添えて総務大臣又は総合通信局長に提出しなければならない。

　ウ　無線従事者は、免許証の再交付を受けた後失った免許証を発見したときは、その発見した日から10日以内にその発見した免許証を総務大臣又は総合通信局長に返納しなければならない。

　エ　総務大臣又は総合通信局長は、無線従事者の免許を与えたときは、免許証を交付するものとし、無線従事者は、その業務に従事しているときは、免許証を総務大臣又は総合通信局長の要求に応じて直ちに提示することができる場所に保管しておかなければならない。

　オ　無線従事者が引き続き5年以上無線局の無線設備の操作に従事しなかったときは、免許は効力を失うものとし、遅滞なく免許証を総務大臣又は総合通信局長に返納しなければならない。

B－4　無線通信の原則に関する次の記述のうち、無線局運用規則（第10条）の規定に照らし、無線局の一般通信方法における無線通信の原則としてこの規定に定めるところに適合するものを1、適合しないものを2として解答せよ。

　ア　無線通信は、正確に行うものとし、通信上の誤りを知ったときは、直ちに訂正しなければならない。

　イ　必要のない無線通信は、これを行ってはならない。

　ウ　無線通信においては、暗語を使用してはならない。

　エ　無線通信に使用する用語は、できる限り簡潔でなければならない。

　オ　無線通信は、迅速に行うものとし、できる限り短時間に行わなければならない。

　答　B－3：ア－1　イ－2　ウ－1　エ－2　オ－2
　　　B－4：ア－1　イ－1　ウ－2　エ－1　オ－2

B−5 次の記述は、周波数等の変更について述べたものである。電波法（第71条）の規定に照らし、◻︎◻︎内に入れるべき最も適切な字句を下の1から10までのうちからそれぞれ一つ選べ。なお、同じ記号の◻︎◻︎内には、同じ字句が入るものとする。

① 総務大臣は、 ア 必要があるときは、無線局の イ に支障を及ぼさない範囲内に限り、当該無線局（登録局を除く。）の ウ の指定を変更し、又は登録局の ウ 若しくは エ の変更を命ずることができる。

② ①により エ の変更の命令を受けた免許人は、その命令に係る措置を講じたときは、速やかに、その旨を オ しなければならない。

1 混信の除去その他特に
2 電波の規整その他公益上
3 目的の遂行
4 運用
5 電波の型式、周波数若しくは空中線電力
6 周波数若しくは空中線電力
7 人工衛星局の無線設備の設置場所
8 無線局の無線設備の設置場所
9 無線業務日誌に記載
10 総務大臣に報告

答 B−5：ア−2 イ−3 ウ−6 エ−7 オ−10

A-1 次の記述は、無線局の開設について述べたものである。電波法（第4条）の規定に照らし、□□内に入れるべき最も適切な字句の組合せを下の1から4までのうちから一つ選べ。なお、同じ記号の□□内には、同じ字句が入るものとする。

　無線局を開設しようとする者は、　A　なければならない。ただし、次の(1)から(4)までに掲げる無線局については、この限りでない。

(1)　　B　で総務省令で定めるもの

(2)　26.9メガヘルツから27.2メガヘルツまでの周波数の電波を使用し、かつ、空中線電力が0.5ワット以下である無線局のうち総務省令で定めるものであって、　C　のみを使用するもの

(3)　空中線電力が1ワット以下である無線局のうち総務省令で定めるものであって、電波法第4条の3（呼出符号又は呼出名称の指定）の規定により指定された呼出符号又は呼出名称を自動的に送信し、又は受信する機能その他総務省令で定める機能を有することにより他の無線局にその運用を阻害するような混信その他の妨害を与えないように運用することができるもので、かつ、　C　のみを使用するもの

(4)　電波法27条の18第1項の登録を受けて開設する無線局

	A	B	C
1	あらかじめその旨を総務大臣に届け出	発射する電波が著しく微弱な無線局	その型式について総務大臣の行う検定に合格した無線設備の機器
2	総務大臣の免許を受け	発射する電波が著しく微弱な無線局	適合表示無線設備
3	総務大臣の免許を受け	小規模な無線局	その型式について総務大臣の行う検定に合格した無線設備の機器
4	あらかじめその旨を総務大臣に届け出	小規模な無線局	適合表示無線設備

A-2 固定局及び陸上移動業務の無線局の落成後の検査に関する次の記述のうち、電波法（第10条）の規定に照らし、この規定に定めるところに適合するものはどれか。下の1から4までのうちから一つ選べ。

　1　電波法第8条の予備免許を受けた者は、工事落成の期限の日になったときは、その旨を総務大臣に届け出て、その無線設備並びに無線従事者の資格（主任無線従事者の

要件に係るものを含む。）及び員数について検査を受けなければならない。

2　電波法第8条の予備免許を受けた者は、工事落成の期限の日になったときは、その旨を総務大臣に届け出て、その無線設備、無線従事者の資格及び員数（主任無線従事者の監督を受けて無線設備の操作を行う者に係るものを含む。）並びに時計及び書類について検査を受けなければならない。

3　電波法第8条の予備免許を受けた者は、工事が落成したときは、その旨を総務大臣に届け出て、電波の型式、周波数及び空中線電力、無線従事者の資格（主任無線従事者の要件に係るものを含む。）及び員数（主任無線従事者の監督を受けて無線設備の操作を行う者に係るものを含む。）並びに計器及び予備品について検査を受けなければならない。

4　電波法第8条の予備免許を受けた者は、工事が落成したときは、その旨を総務大臣に届け出て、その無線設備、無線従事者の資格（主任無線従事者の要件に係るものを含む。）及び員数並びに時計及び書類について検査を受けなければならない。

A-3　空中線の指向特性に関する次の事項のうち、無線設備規則（第22条）の規定に照らし、空中線の指向特性を定めるための事項に該当しないものはどれか。下の1から4までのうちから一つ選べ。

1　空中線を設置する位置の近傍にあるものであって電波の伝わる方向を乱すもの

2　水平面の主輻射の角度の幅

3　空中線の利得及び能率

4　主輻射方向及び副輻射方向

A-4　次の記述は、無線局（包括免許に係るものを除く。）の免許が効力を失ったときに執るべき措置等について述べたものである。電波法（第22条から第24条まで、第78条及び第113条）及び電波法施行規則（第42条の3）の規定に照らし、　　　内に入れるべき最も適切な字句の組合せを下の1から4までのうちから一つ選べ。

①　免許人は、その無線局を廃止するときは、　A　ならない。

②　免許人が無線局を廃止したときは、免許は、その効力を失う。

③　免許がその効力を失ったときは、免許人であった者は、1箇月以内にその免許状を返納しなければならない。

④　無線局の免許がその効力を失ったときは、免許人であった者は、遅滞なく空中線の撤去その他の総務省令で定める電波の発射を防止するために必要な措置を講じなけれ

答　　A-2：4　　　A-3：3

ばならない。

⑤　④の総務省令で定める電波の発射を防止するために必要な措置は、固定局の無線設備については、空中線を撤去すること（空中線を撤去することが困難な場合にあっては、　B　を撤去すること。）とする。

⑥　④に違反した者は、　C　以下の罰金に処する。

	A	B	C
1	総務大臣の許可を受けなければ	送信機、給電線又は電源設備	50万円
2	その旨を総務大臣に届け出なければ	送信機、給電線又は電源設備	50万円
3	その旨を総務大臣に届け出なければ	送信機、給電線又は電源設備	30万円
4	総務大臣の許可を受けなければ	送信機	30万円

A－5　次の記述は、周波数測定装置の備付けについて述べたものである。電波法（第31条）及び電波法施行規則（第11条の3）の規定に照らし、　　内に入れるべき最も適切な字句の組合せを下の1から4までのうちから一つ選べ。

①　総務省令で定める送信設備には、その誤差が使用周波数の　A　の　B　以下である周波数測定装置を備えつけなければならない。

②　①の総務省令で定める送信設備は、次の(1)から(8)までに掲げる送信設備以外のものとする。

(1)　26.175MHz を超える周波数の電波を利用するもの

(2)　空中線電力　C　以下のもの

(3)　①に規定する周波数測定装置を備え付けている相手方の無線局によってその使用電波の周波数が測定されることとなっているもの

(4)　当該送信設備の無線局の免許人が別に備え付けた①に規定する周波数測定装置をもってその使用電波の周波数を随時測定し得るもの

(5)　基幹放送局の送信設備であって、空中線電力　D　以下のもの

(6)　標準周波数局において使用されるもの

(7)　アマチュア局の送信設備であって、当該設備から発射される電波の特性周波数を0.025パーセント以内の誤差で測定することにより、その電波の占有する周波数帯幅が、当該無線局が動作することを許される周波数帯内にあることを確認することができる装置を備え付けているもの

(8)　その他総務大臣が別に告示するもの

答　A－4：3

	A	B	C	D
1	許容偏差	4分の1	50ワット	10ワット
2	占有周波数帯幅	2分の1	50ワット	10ワット
3	許容偏差	2分の1	10ワット	50ワット
4	占有周波数帯幅	4分の1	10ワット	50ワット

A - 6　免許人が電波法若しくは電波法に基づく命令又はこれらに基づく処分に違反したときに、総務大臣が行うことのできる命令又は制限に関する次の事項のうち、電波法（第76条第1項）の規定に照らし、この規定に定めるところに該当しないものはどれか。下の1から4までのうちから一つ選べ。

　1　期間を定めて行われる無線局の周波数又は空中線電力の制限

　2　3月以内の期間を定めて行われる無線局の運用の停止

　3　期間を定めて行われる無線局の運用許容時間の制限

　4　無線局の免許の取消しの処分

A - 7　人工衛星局の条件等に関する次の記述のうち、電波法（第36条の2）及び電波法施行規則（第32条の4及び第32条の5）の規定に照らし、これらの規定に定めるところに適合しないものはどれか。下の1から4までのうちから一つ選べ。

　1　対地静止衛星に開設する人工衛星局（一般公衆によって直接受信されるための無線電話、テレビジョン、データ伝送又はファクシミリによる無線通信業務を行うことを目的とするものに限る。）は、公称されている位置から緯度及び経度のそれぞれ（±）0.1度以内にその位置を維持することができるものでなければならない。

　2　人工衛星局の無線設備は、遠隔操作により電波の発射を直ちに停止することのできるものでなければならない。

　3　人工衛星局は、その無線設備の周波数及び空中線電力を遠隔操作により変更することができるものでなければならない。ただし、対地静止衛星に開設する人工衛星局以外の人工衛星局については、この限りでない。

　4　対地静止衛星に開設する人工衛星局（実験試験局を除く。）であって、固定地点の地球局相互間の無線通信の中継を行うものは、公称されている位置から経度の（±）0.1度以内にその位置を維持することができるものでなければならない。

　答　　A - 5 : 3　　A - 6 : 4　　A - 7 : 3

A－8　測定器等の較正に関する次の記述のうち、電波法（第102条の18）の規定に照らし、この規定に定めるところに適合するものはどれか。下の1から4までのうちから一つ選べ。

　1　無線設備の点検に用いる測定器その他の設備であって総務省令で定めるもの（以下2及び3において「測定器等」という。）の較正は、国立研究開発法人情報通信研究機構（以下2、3及び4において「機構」という。）がこれを行うほか、総務大臣は、その指定する者（以下2、3及び4において「指定較正機関」という。）にこれを行わせなければならない。

　2　機構又は指定較正機関による較正を受けた測定器等以外の測定器等には、較正をした旨の表示又はこれと紛らわしい表示を付してはならない。

　3　機構又は指定較正機関は、測定器等の較正を行ったときは、総務省令で定めるところにより、その測定器等に較正をした旨の表示を付するとともにこれを公示するものとする。

　4　機構又は指定較正機関は、較正を行うときは、総務省令で定める測定器その他の設備を使用し、かつ、総務省令で定める要件を備える者にその較正を行わせなければならない。

A－9　次の記述は、空中線電力等の定義について述べたものである。電波法施行規則（第2条）の規定に照らし、____内に入れるべき最も適切な字句の組合せを下の1から4までのうちから一つ選べ。なお、同じ記号の____内には、同じ字句が入るものとする。

　①　「尖頭電力」とは、通常の動作状態において、変調包絡線の最高尖頭における無線周波数1サイクルの間に送信機から空中線系の給電線に供給される　A　をいう。

　②　「平均電力」とは、通常の動作中の送信機から空中線系の給電線に供給される電力であって、変調において用いられる最低周波数の周期に比較してじゅうぶん長い時間（通常、平均の電力が最大である約10分の1秒間）にわたって平均されたものをいう。

　③　「搬送波電力」とは、　B　における無線周波数1サイクルの間に送信機から空中線系の給電線に供給される　A　をいう。ただし、この定義は、パルス変調の発射には適用しない。

　④　「規格電力」とは、終段真空管の使用状態における出力規格の値をいう。

　⑤　「実効輻射電力」とは、空中線に供給される電力に、与えられた方向における空中線の　C　を乗じたものをいう。

　答　　A－8：2

	A	B	C
1	平均の電力	通常の動作状態	絶対利得
2	平均の電力	変調のない状態	相対利得
3	最大の電力	通常の動作状態	相対利得
4	最大の電力	変調のない状態	絶対利得

A－10　次の記述は、無線設備から発射される電波の強度（電界強度、磁界強度、電力束密度及び磁束密度をいう。）に対する安全施設について述べたものである。電波法施行規則（第21条の３）の規定に照らし、□□□内に入れるべき最も適切な字句の組合せを下の1から4までのうちから一つ選べ。

　無線設備には、当該無線設備から発射される電波の強度が電波法施行規則別表第２号の3の２（電波の強度の値の表）に定める値を超える　A　に　B　のほか容易に出入りすることができないように、施設をしなければならない。ただし、次の(1)から(4)までに掲げる無線局の無線設備については、この限りではない。

(1)　平均電力が　C　以下の無線局の無線設備

(2)　移動する無線局の無線設備

(3)　地震、台風、洪水、津波、雪害、火災、暴動その他非常の事態が発生し、又は発生するおそれがある場合において、臨時に開設する無線局の無線設備

(4)　(1)から(3)までに掲げるもののほか、この規定を適用することが不合理であるものとして総務大臣が別に告示する無線局の無線設備

	A	B	C
1	場所（人が出入りするおそれのあるいかなる場所も含む。）	無線従事者	20ミリワット
2	場所（人が出入りするおそれのあるいかなる場所も含む。）	取扱者	50ミリワット
3	場所（人が通常、集合し、通行し、その他出入りする場所に限る。）	取扱者	20ミリワット
4	場所（人が通常、集合し、通行し、その他出入りする場所に限る。）	無線従事者	50ミリワット

A－11　次の記述は、高圧電気（高周波若しくは交流の電圧300ボルト又は直流の電圧750ボルトを超える電気をいう。）に対する安全施設について述べたものである。電波法施行規則（第25条）の規定に照らし、□□□内に入れるべき最も適切な字句の組合せを下の1

答　A－9：2　　A－10：3

から4までのうちから一つ選べ。なお、同じ記号の□内には、同じ字句が入るものとする。

　送信設備の空中線、給電線又はカウンターポイズであって高圧電気を通ずるものは、その高さが人の歩行その他起居する平面から　A　以上のものでなければならない。ただし、次の(1)又は(2)の場合は、この限りでない。

(1)　　A　に満たない高さの部分が、　B　構造である場合又は人体が容易にふれない位置にある場合

(2)　移動局であって、その移動体の構造上困難であり、かつ、　C　の者が出入しない場所にある場合

	A	B	C
1	2.5メートル	人体に容易にふれない	無線従事者以外
2	3メートル	人体に容易にふれない	取扱者以外
3	3メートル	絶縁された	無線従事者以外
4	2.5メートル	絶縁された	取扱者以外

A-12　無線従事者の免許等に関する次の記述のうち、電波法（第41条、第42条及び第79条）の規定に照らし、これらの規定に定めるところに適合しないものはどれか。下の1から4までのうちから一つ選べ。

1　総務大臣は、無線従事者が電波法若しくは電波法に基づく命令又はこれらに基づく処分に違反したときは、その免許を取り消し、又は3箇月以内の期間を定めてその業務に従事することを停止することができる。

2　総務大臣は、電波法第9章（罰則）の罪を犯し罰金以上の刑に処せられ、その執行を終わり、又はその執行を受けることがなくなった日から5年を経過しない者に対しては、無線従事者の免許を与えないことができる。

3　無線従事者になろうとする者は、総務大臣の免許を受けなければならない。

4　総務大臣は、無線従事者が不正な手段により免許を受けたときは、その免許を取り消すことができる。

A-13　非常通信、非常の場合の無線通信及び非常の場合の通信体制の整備に関する次の記述のうち、電波法（第52条、第74条及び第74条の2）及び無線局運用規則（第136条）の規定に照らし、これらの規定の定めるところに適合しないものはどれか。下の1から4までのうちから一つ選べ。

　答　　A-11：1　　　A-12：2

1　総務大臣は、電波法第74条（非常の場合の無線通信）第1項に規定する通信の円滑な実施を確保するため必要な体制を整備するため、非常の場合における通信計画の作成、通信訓練の実施その他の必要な措置を講じておかなければならない。

2　非常通信の取扱を開始した後、有線通信の状態が復旧した場合は、すみやかにその取扱を停止しなければならない。

3　非常通信とは、地震、台風、洪水、津波、雪害、火災、暴動その他非常の事態が発生し、又は発生するおそれがある場合において、有線通信を利用することができないか又はこれを利用することが著しく困難であるときに人命の救助、災害の救援、交通通信の確保又は秩序の維持のために行われる無線通信をいう。

4　総務大臣は、地震、台風、洪水、津波、雪害、火災、暴動その他非常の事態が発生し、又は発生するおそれがある場合においては、人命の救助、災害の救援、交通通信の確保又は秩序の維持のために必要な通信を無線局に行うことを要請することができる。

A-14　無線局を運用する場合における免許状又は登録状に記載された事項の遵守に関する次の記述のうち、電波法（第52条から第55条まで）の規定に照らし、これらの規定に定めるところに適合しないものはどれか。下の1から4までのうちから一つ選べ。

1　無線局を運用する場合においては、無線設備の設置場所、識別信号、電波の型式及び周波数は、その無線局の免許状又は登録状に記載されたところによらなければならない。ただし、遭難通信については、この限りでない。

2　無線局は、免許状に記載された目的又は通信の相手方若しくは通信事項（特定地上基幹放送局については放送事項）の範囲を超えて運用してはならない。ただし、遭難通信、緊急通信、安全通信、非常通信、放送の受信その他総務省令で定める通信については、この限りでない。

3　無線局を運用する場合においては、空中線電力は、免許状又は登録状に記載されたところによらなければならない。ただし、遭難通信については、この限りでない。

4　無線局は、免許状に記載された運用許容時間内でなければ、運用してはならない。ただし、遭難通信、緊急通信、安全通信、非常通信、放送の受信その他総務省令で定める通信を行う場合及び総務省令で定める場合は、この限りでない。

答　　A-13：4　　　A-14：3

A－15　次の記述は、混信等の防止について述べたものである。電波法（第56条）の規定に照らし、□□内に入れるべき最も適切な字句の組合せを下の1から4までのうちから一つ選べ。

　　無線局は、　A　又は電波天文業務（注）の用に供する受信設備その他の総務省令で定める受信設備（無線局のものを除く。）で総務大臣が指定するものにその運用を阻害するような混信その他の　B　なければならない。但し、　C　については、この限りでない。

　　　注　宇宙から発する電波の受信を基礎とする天文学のための当該電波の受信の業務をいう。

	A	B	C
1	他の無線局	妨害を与えない 機能を有するもので	遭難通信、緊急通信、安全通信、非常 通信又はその他総務省令で定める通信
2	重要無線通信 を行う無線局	妨害を与えない ように運用し	遭難通信、緊急通信、安全通信、非常 通信又はその他総務省令で定める通信
3	重要無線通信 を行う無線局	妨害を与えない 機能を有するもので	遭難通信、緊急通信、安全通信 又は非常通信
4	他の無線局	妨害を与えない ように運用し	遭難通信、緊急通信、安全通信 又は非常通信

B－1　総務大臣が無線局の予備免許を与えるときに指定する次の事項のうち、電波法（第8条）の規定に照らし、この規定に定めるところに該当するものを1、該当しないものを2として解答せよ。

　ア　呼出符号（標識符号を含む。）、呼出名称その他の総務省令で定める識別信号

　イ　空中線電力

　ウ　予備免許の有効期間

　エ　電波の型式及び周波数

　オ　通信の相手方及び通信事項

B－2　次の表の各欄の事項は、それぞれ電波の型式の記号表示と主搬送波の変調の型式、主搬送波を変調する信号の性質及び伝送情報の型式に分類して表す電波の型式を示すものである。電波法施行規則（第4条の2）の規定に照らし、□□内に入れるべき最も適切な字句を下の1から10までのうちからそれぞれ一つ選べ。

法

規

　答　　A－15：4

　　　　B－1：ア－1　イ－1　ウ－2　エ－1　オ－2

電波の型式の記号	電　波　の　型　式		
	主搬送波の変調の型式	主搬送波を変調する信号の性質	伝送情報の型式
V1D	パルス変調（変調パルス列）であって、次の各変調の組合せ又は他の方法によって変調するもの ①振幅変調 ②幅変調又は時間変調 ③位置変調又は位相変調 ④パルスの期間中に搬送波を角度変調するもの	ア	イ
F8E	角度変調であって周波数変調	アナログ信号である2以上のチャネルのもの	ウ
G7W	角度変調であって位相変調	エ	次の①から⑥までの型式の組合せのもの ①無情報 ②電信 ③ファクシミリ ④データ伝送、遠隔測定又は遠隔指令 ⑤電話（音響の放送を含む。） ⑥テレビジョン（映像に限る。）
R3C	オ	アナログ信号である単一チャネルのもの	ファクシミリ

1　デジタル信号である単一チャネルのものであって、変調のための副搬送波を使用するもの

2　デジタル信号である単一チャネルのものであって、変調のための副搬送波を使用しないもの

3　データ伝送、遠隔測定又は遠隔指令

4　電信（自動受信を目的とするもの）

5　電信（聴覚受信を目的とするもの）

6　電話（音響の放送を含む。）

7　デジタル信号である2以上のチャネルのもの

8　デジタル信号の1又は2以上のチャネルとアナログ信号の1又は2以上のチャネルを複合したもの

9　振幅変調であって、抑圧搬送波による単側波帯

10　振幅変調であって、低減搬送波による単側波帯

答　B-2：ア-2　イ-3　ウ-6　エ-7　オ-10

B-3　第二級陸上無線技術士の資格を有する無線従事者の操作の範囲に関する次の事項のうち、電波法施行令（第3条）の規定に照らし、この規定に定めるところに適合するものを1、適合しないものを2として解答せよ。

ア　レーダーの技術操作

イ　航空局の空中線電力2キロワットの無線設備の技術操作

ウ　海岸局の空中線電力5キロワットの無線設備の技術操作

エ　テレビジョン放送を行う基幹放送局の空中線電力1キロワットの無線設備の技術操作

オ　超短波放送を行う基幹放送局の空中線電力2キロワットの無線設備の技術操作

B-4　次の記述は、無線通信（注）の秘密の保護について述べたものである。電波法（第59条及び第109条）の規定に照らし、□□□内に入れるべき最も適切な字句を下の1から10までのうちからそれぞれ一つ選べ。なお、同じ記号の□□□内には、同じ字句が入るものとする。

注　電気通信事業法第4条（秘密の保護）第1項又は第164条（適用除外等）第3項の通信であるものを除く。

① 何人も法律に別段の定めがある場合を除くほか、□ア□行われる□イ□を傍受してその存在若しくは内容を漏らし、又はこれを窃用してはならない。

② □ウ□に係る□イ□の秘密を漏らし、又は窃用した者は、1年以下の懲役又は50万円以下の罰金に処する。

③ □エ□がその業務に関し知り得た②の秘密を漏らし、又は窃用したときは、□オ□に処する。

1　総務省令で定める周波数で　　2　特定の相手方に対して
3　暗語による無線通信　　　　　4　無線通信
5　通信の相手方の無線局　　　　6　無線局の取扱中
7　無線通信の業務に従事する者　8　無線従事者
9　2年以下の懲役又は100万円以下の罰金
10　5年以下の懲役又は500万円以下の罰金

B-5　次の記述は、免許人等（注）による総務大臣に対する報告について述べたものである。電波法（第80条及び第81条）及び電波法施行規則（第42条の4）の規定に照らし、□内に入れるべき最も適切な字句を下の1から10までのうちからそれぞれ一つ選べ。
　　　注　免許人又は登録人をいう。

①　無線局の免許人等は、次の(1)から(3)までに掲げる場合は、総務省令で定める手続により総務大臣に報告しなければならない。

(1)　□ア□を行ったとき。

(2)　電波法又は電波法に基づく□イ□に違反して運用した無線局を認めたとき。

(3)　無線局が外国において、あらかじめ総務大臣が告示した以外の運用の制限をされたとき。

②　総務大臣は、□ウ□その他□エ□を確保するため必要があると認めるときは、免許人等に対し、□オ□に関し報告を求めることができる。

③　免許人等は、①の場合は、できる限り速やかに、文書によって、総務大臣又は総合通信局長（沖縄総合通信事務所長を含む。）に報告しなければならない。この場合において、遭難通信及び緊急通信にあっては、当該通報を発信したとき又は遭難通信を宰領したときに限り、安全通信にあっては、総務大臣が別に告示する簡易な手続により、当該通報の発信に関し、報告するものとする。

1　遭難通信、緊急通信、安全通信又は非常通信

2　遭難通信、緊急通信、安全通信、非常通信又はその他総務省令で定める通信

3　命令の規定　　　　4　処分

5　無線通信の円滑な疎通　　6　無線通信の秩序の維持

7　電波の能率的な利用　　8　無線局の適正な運用

9　電波の利用状況　　　10　無線局

　答　　B-5：ア-1　イ-3　ウ-6　エ-8　オ-10

A－1　日本の国籍を有しない人又は外国の法人若しくは団体に対して総務大臣が免許を与えない無線局に関する次の事項のうち、電波法（第 5 条）の規定に照らし、この規定に定めるところに該当するものはどれか。下の 1 から 4 までのうちから一つ選べ。

1　電気通信業務を行うことを目的とする無線局の無線設備を搭載する人工衛星の位置、姿勢等を制御することを目的として陸上に開設する無線局

2　自動車その他の陸上を移動するものに開設し、若しくは携帯して使用するために開設する無線局又はこれらの無線局若しくは携帯して使用するための受信設備と通信を行うために陸上に開設する移動しない無線局（電気通信業務を行うことを目的とするものを除く。）

3　電気通信業務を行うことを目的として開設する無線局

4　基幹放送をする無線局（受信障害対策中継放送、衛星基幹放送及び移動受信用地上基幹放送をする無線局を除く。）

A－2　無線局の予備免許を受けた者が総務大臣から指定された工事落成の期限（その延長があったときは、その期限）経過後 2 週間以内に電波法第10条（落成後の検査）の規定による工事が落成した旨の届出をしないときに総務大臣が行う措置に関する次の記述のうち、電波法（第11条）の規定に照らし、この規定に定めるところに適合するものはどれか。下の 1 から 4 までのうちから一つ選べ。

1　工事落成の期限の延長の申請をするよう指示しなければならない。

2　その無線局の免許を拒否しなければならない。

3　その無線局の予備免許を取り消さなければならない。

4　速やかに工事を落成するよう指示しなければならない。

A－3　無線局に関する情報の提供に関する次の記述のうち、電波法（第25条）の規定に照らし、この規定に定めるところに適合するものはどれか。下の 1 から 4 までのうちから一つ選べ。

1　総務大臣は、電波の利用に関する技術の調査研究及び開発を行う場合その他総務省令で定める場合に必要とされる電波の利用状況の調査又は電波法第27条の12（特定基地局の開設指針）第 2 項第 6 号に規定する終了促進措置を行おうとする者の求めに応

法

規

答　A－1：4　　A－2：2

じ、当該調査又は当該終了促進措置を行うために必要な限度において、当該者に対し、当該者の求める無線局に関する情報を提供することができる。

2　総務大臣は、電波の利用の促進に関する調査研究を行う場合その他総務省令で定める場合に必要とされる電波の有効利用に関する調査を行おうとする者の求めに応じ、当該調査を行うために必要な限度において、当該者に対し、無線局の無線設備の工事設計その他の無線局に関する事項に係る情報であって総務省令で定めるものを提供することができる。

3　総務大臣は、自己の無線局の開設又は周波数の変更をする場合その他総務省令で定める場合に必要とされる混信若しくはふくそうに関する調査又は電波法第27条の12（特定基地局の開設指針）第2項第6号に規定する終了促進措置を行おうとする者の求めに応じ、当該調査又は当該終了促進措置を行うために必要な限度において、当該者に対し、無線局の無線設備の工事設計その他の無線局に関する事項に係る情報であって総務省令で定めるものを提供することができる。

4　総務大臣は、電波の有効かつ適正な利用について啓発活動を行う場合その他総務省令で定める場合に必要とされる電波の利用状況に関する調査を行おうとする者の求めに応じ、当該調査を行うために必要な限度において、当該者に対し、当該者の求める無線局に関する情報を提供することができる。

A－4　次の記述は、特定無線局の包括免許の付与について述べたものである。電波法（第27条の5）の規定に照らし、□□□内に入れるべき最も適切な字句の組合せを下の1から4までのうちから一つ選べ。

① 総務大臣は、電波法第27条の4（申請の審査）の規定により審査した結果、その申請が同条各号に適合していると認めるときは、申請者に対し、次の(1)から(4)までに掲げる事項（特定無線局（電波法第27条の2第2号に掲げる無線局に係るものに限る。）を包括して対象とする免許にあっては、次の(1)から(4)までに掲げる事項（(3)に掲げる事項を除く。）及び無線設備の設置場所とすることができる区域）を指定して、免許を与えなければならない。

(1) 電波の型式及び周波数

(2) 空中線電力

(3) 指定無線局数（□ A □をいう。）

(4) 運用開始の期限（□ B □をいう。）

② 総務大臣は、①の免許（以下「包括免許」という。）を与えたときは、次の(1)から

---

(6)までに掲げる事項及び①により指定した事項を記載した免許状を交付する。

(1)　包括免許の年月日及び包括免許の番号

(2)　包括免許人（包括免許を受けた者をいう。）の氏名又は名称及び住所

(3)　特定無線局の種別

(4)　特定無線局の目的（主たる目的及び従たる目的を有する特定無線局にあっては、その主従の区別を含む。）

(5)　通信の相手方

(6)　包括免許の有効期間

③　包括免許の有効期間は、包括免許の日から起算して　C　を超えない範囲内において総務省令で定める。ただし、再免許を妨げない。

	A	B	C
1	最初に運用を開始する特定無線局の数	指定無線局数の10分の1以上の無線局の運用を最初に開始する期限	5年
2	同時に開設されている特定無線局の数の上限	1以上の特定無線局の運用を最初に開始する期限	5年
3	同時に開設されている特定無線局の数の上限	指定無線局数の10分の1以上の無線局の運用を最初に開始する期限	3年
4	最初に運用を開始する特定無線局の数	1以上の特定無線局の運用を最初に開始する期限	3年

A－5　周波数測定装置の備えつけに関する次の記述のうち、電波法（第31条及び第37条）及び電波法施行規則（第11条の3）の規定に照らし、これらの規定に定めるところに適合しないものはどれか。下の1から4までのうちから一つ選べ。

1　総務省令で定める送信設備には、その誤差が使用周波数の許容偏差の2分の1以下である周波数測定装置を備えつけなければならない。

2　空中線電力10ワット以下の送信設備には、電波法第31条に規定する周波数測定装置の備えつけを要しない。

3　26.175MHzを超える周波数の電波を利用する送信設備には、電波法第31条に規定する周波数測定装置を備えつけなければならない。

4　電波法第31条の規定により備えつけなければならない周波数測定装置は、その型式について、総務大臣の行う検定に合格したものでなければ、施設してはならない（注）。

　　注　総務大臣が行う検定に相当する型式検定に合格している機器その他の機器であって総務省令で定めるものを施設する場合を除く。

答　A－4：2　　A－5：3

A－6　次の記述は、割当周波数、特性周波数及び基準周波数の定義について述べたものである。電波法施行規則（第2条）の規定に照らし、□□内に入れるべき最も適切な字句の組合せを下の1から4までのうちから一つ選べ。

①　「割当周波数」とは、無線局に割り当てられた周波数帯の　A　周波数をいう。

②　「特性周波数」とは、与えられた発射において　B　周波数をいう。

③　「基準周波数」とは、割当周波数に対して、固定し、かつ、特定した位置にある周波数をいう。この場合において、この周波数の割当周波数に対する偏位は、特性周波数が発射によって占有する周波数帯の中央の周波数に対してもつ偏位と同一の　C　及び同一の符号をもつものとする。

	A	B	C
1	中央の	容易に識別し、かつ、測定することのできる	絶対値
2	中央の	必要周波数帯域外における1又は2以上の	相対値
3	上限の	容易に識別し、かつ、測定することのできる	相対値
4	上限の	必要周波数帯域外における1又は2以上の	絶対値

A－7　次の表の各欄の記述は、それぞれ電波の型式の記号表示と主搬送波の変調の型式、主搬送波を変調する信号の性質及び伝送情報の型式に分類して表す電波の型式を示すものである。電波法施行規則（第4条の2）の規定に照らし、□□内に入れるべき最も適切な字句の組合せを下の1から4までのうちから一つ選べ。

電波の型式の記号	電波の型式		
	主搬送波の変調の型式	主搬送波を変調する信号の性質	伝送情報の型式
G7W	角度変調であって、位相変調	A	次の①から⑥までの型式の組合せのもの ① 無情報 ② 電信 ③ ファクシミリ ④ データ伝送、遠隔測定又は遠隔指令 ⑤ 電話（音響の放送を含む。） ⑥ テレビジョン（映像に限る。）
F9W	B	デジタル信号の1又は2以上のチャネルとアナログ信号の1又は2以上のチャネルを複合したもの	次の①から⑥までの型式の組合せのもの ① 無情報 ② 電信 ③ ファクシミリ

答　A－6：1

法規－50

		④ データ伝送、遠隔測定又は 遠隔指令 ⑤ 電話（音響の放送を含む。） ⑥ テレビジョン（映像に限る。）
R2C	振幅変調であって、低 減搬送波による単側波 帯	デジタル信号である単一チャネ ルのものであって、変調のため の副搬送波を使用するもの	C

	A	B	C
1	デジタル信号である2以上 のチャネルのもの	角度変調であって、 周波数変調	ファクシミリ
2	アナログ信号である2以上 のチャネルのもの	振幅変調であって、 抑圧搬送波による単側波帯	ファクシミリ
3	アナログ信号である2以上 のチャネルのもの	角度変調であって、 周波数変調	テレビジョン （映像に限る。）
4	デジタル信号である2以上 のチャネルのもの	振幅変調であって、 抑圧搬送波による単側波帯	テレビジョン （映像に限る。）

A-8　空中線電力の表示に関する次の記述のうち、電波法施行規則（第4条の4）の規定に照らし、この規定に定めるところに適合しないものはどれか。下の1から4までのうちから一つ選べ。

1　デジタル放送（F7W電波及びG7W電波を使用するものを除く。）を行う地上基幹放送局（注）の送信設備の空中線電力は、平均電力（pY）をもって表示する。

　　注　地上基幹放送試験局及び基幹放送を行う実用化試験局を含む。

2　無線設備規則第3条（定義）第15号に規定するローカル5Gの無線局の送信設備の空中線電力は、尖頭電力（pX）をもって表示する。

3　電波の型式のうち主搬送波の変調の型式が「J」の記号で表される電波を使用する送信設備の空中線電力は、尖頭電力（pX）をもって表示する。

4　電波の型式のうち主搬送波の変調の型式が「F」の記号で表される電波を使用する送信設備の空中線電力は、平均電力（pY）をもって表示する。

A-9　次の記述は、高圧電気に対する安全施設について述べたものである。電波法施行規則（第22条から第24条まで）の規定に照らし、　　内に入れるべき最も適切な字句の組合せを下の1から4までのうちから一つ選べ。なお、同じ記号の　　内には、同じ字句が入るものとする。

答　A-7：1　　A-8：2

法

規

① 高圧電気（高周波若しくは交流の電圧　A　又は直流の電圧750ボルトを超える電気をいう。以下同じ。）を使用する電動発電機、変圧器、ろ波器、整流器その他の機器は、外部より容易にふれることができないように、絶縁しゃへい体又は　B　の内に収容しなければならない。但し、　C　のほか出入できないように設備した場所に装置する場合は、この限りでない。

② 送信設備の各単位装置相互間をつなぐ電線であって高圧電気を通ずるものは、線溝若しくは丈夫な絶縁体又は　B　の内に収容しなければならない。但し、　C　のほか出入できないように設備した場所に装置する場合は、この限りでない。

③ 送信設備の調整盤又は外箱から露出する電線に高圧電気を通ずる場合においては、その電線が絶縁されているときであっても、電気設備に関する技術基準を定める省令（昭和40年通商産業省令第61号）の規定するところに準じて保護しなければならない。

	A	B	C
1	300ボルト	接地された金属しゃへい体	取扱者
2	500ボルト	赤色塗装された筐体	取扱者
3	500ボルト	接地された金属しゃへい体	無線従事者
4	300ボルト	赤色塗装された筐体	無線従事者

A－10　次の記述は、人工衛星局の位置の維持について述べたものである。電波法施行規則（第32条の4）の規定に照らし、　　　内に入れるべき最も適切な字句の組合せを下の1から4までのうちから一つ選べ。

① 対地静止衛星に開設する人工衛星局（実験試験局を除く。）であって、　A　の無線通信の中継を行うものは、公称されている位置から経度の（±）0.1度以内にその位置を維持することができるものでなければならない。

② 対地静止衛星に開設する人工衛星局（一般公衆によって直接受信されるための無線電話、テレビジョン、データ伝送又はファクシミリによる無線通信業務を行うことを目的とするものに限る。）は、公称されている位置から　B　以内にその位置を維持することができるものでなければならない。

③ 対地静止衛星に開設する人工衛星局であって、①及び②の人工衛星局以外のものは、公称されている位置から　C　以内にその位置を維持することができるものでなければならない。

答　A－9：1

	A	B	C
1	固定地点の地球局と移動する地球局の間	経度の(±)0.3度	経度の(±)0.5度
2	固定地点の地球局相互間	緯度及び経度のそれぞれ(±)0.1度	経度の(±)0.5度
3	固定地点の地球局相互間	経度の(±)0.3度	経度の(±)0.3度
4	固定地点の地球局と移動する地球局の間	緯度及び経度のそれぞれ(±)0.1度	経度の(±)0.3度

A－11 主任無線従事者の職務に関する次の記述のうち、電波法施行規則（第34条の5）の規定に照らし、この規定に定めるところに適合しないものはどれか。下の1から4までのうちから一つ選べ。

1 無線業務日誌その他の書類を作成し、又はその作成を監督すること（記載された事項に関し必要な措置を執ることを含む。）。

2 主任無線従事者の監督を受けて無線設備の操作を行う者に対する訓練（実習を含む。）の計画を立案し、実施すること。

3 無線設備の機器の点検若しくは保守を行い、又はその監督を行うこと。

4 電波法又は電波法に基づく命令の規定に違反して運用した無線局を認めたときに総務省令で定める手続により総務大臣に報告すること。

A－12 次の記述は、非常通信及び非常の場合の無線通信について述べたものである。電波法（第52条及び第74条）及び無線局運用規則（第136条）の規定に照らし、□内に入れるべき最も適切な字句の組合せを下の1から4までのうちから一つ選べ。なお、同じ記号の□内には、同じ字句が入るものとする。

① 非常通信とは、地震、台風、洪水、津波、雪害、火災、暴動その他非常の事態が発生し、又は発生するおそれがある場合において、 A を B に人命の救助、災害の救援、交通通信の確保又は秩序の維持のために行われる無線通信をいう。

② 総務大臣は、地震、台風、洪水、津波、雪害、火災、暴動その他非常の事態が発生し、又は発生するおそれがある場合においては、人命の救助、災害の救援、交通通信の確保又は秩序の維持のために必要な通信を C ことができる。

③ 非常通信の取扱いを開始した後、 A の状態が復旧した場合は、すみやかにその取扱を停止しなければならない。

	A	B	C
1	有線通信	利用することができないとき	無線局に行うように要請する
2	電気通信業務の通信	利用することができないとき	無線局に行わせる
3	有線通信	利用することができないか又はこれを利用することが著しく困難であるとき	無線局に行わせる
4	電気通信業務の通信	利用することができないか又はこれを利用することが著しく困難であるとき	無線局に行うように要請する

A-13　無線局がなるべく擬似空中線回路を使用しなければならない場合に関する次の事項のうち、電波法（第57条）の規定に照らし、この規定に定めるところに該当しないものはどれか。下の1から4までのうちから一つ選べ。

1　実験等無線局を運用するとき。

2　固定局の無線設備の機器の調整を行うために運用するとき。

3　基幹放送局の無線設備の機器の試験を行うために運用するとき。

4　総務大臣又は総合通信局長（沖縄総合通信事務所長を含む。）が行う無線局の検査のために無線局を運用するとき。

A-14　一般通信方法における無線通信の原則に関する次の記述のうち、無線局運用規則（第10条）の規定に照らし、この規定に定めるところに適合しないものはどれか。下の1から4までのうちから一つ選べ。

1　無線通信を行うときは、自局の識別信号を付して、その出所を明らかにしなければならない。

2　必要のない無線通信は、これを行ってはならない。

3　無線通信に使用する用語は、できる限り簡潔でなければならない。

4　無線通信は、迅速に行うものとし、できる限り短時間に終了させなければならない。

A-15　次の記述は、無線通信を妨害した者に対する罰則について述べたものである。電波法（第108条の2）の規定に照らし、□□□内に入れるべき最も適切な字句の組合せを下の1から4までのうちから一つ選べ。

①　　A　の用に供する無線局の無線設備又は人命若しくは財産の保護、治安の維持、気象業務、電気事業に係る電気の供給の業務若しくは　B　の業務の用に供する無線

設備を損壊し、又はこれに物品を接触し、その他その無線設備の機能に障害を与えて無線通信を妨害した者は、　C　以下の罰金に処する。

② ①の未遂罪は、罰する。

	A	B	C
1	電気通信業務又は放送の業務	水道事業に係る水道用水の供給	3年以下の懲役又は150万円
2	電気通信業務又は放送の業務	鉄道事業に係る列車の運行	5年以下の懲役又は250万円
3	宇宙無線通信	水道事業に係る水道用水の供給	5年以下の懲役又は250万円
4	宇宙無線通信	鉄道事業に係る列車の運行	3年以下の懲役又は150万円

B－1　固定局の免許の申請の審査に関する次に掲げる事項のうち、電波法（第7条）の規定に照らし、この規定に定めるところに該当するものを1、該当しないものを2として解答せよ。

ア　その無線局の業務を維持するに足りる技術的能力があること。

イ　工事設計が電波法第3章（無線設備）に定める技術基準に適合すること。

ウ　総務省令で定める無線局（基幹放送局を除く。）の開設の根本的基準に合致すること。

エ　周波数の割当てが可能であること。

オ　その無線局の業務を維持するに足りる経理的基礎があること。

B－2　次の記述は、電波の質及び受信設備の条件について述べたものである。電波法（第28条及び第29条）及び無線設備規則（第5条から第7条まで及び第24条）の規定に照らし、　　　内に入れるべき最も適切な字句を下の1から10までのうちからそれぞれ一つ選べ。なお、同じ記号の　　　内には、同じ字句が入るものとする。

① 送信設備に使用する電波の質は、総務省令で定める送信設備に使用する電波の　ア　、発射電波に許容される　イ　の値及び　ウ　の強度の許容値に定めるところに適合するものでなければならない。

② 受信設備は、その副次的に発する電波又は高周波電流が、総務省令で定める限度をこえて　エ　の機能に支障を与えるものであってはならない。

③ ②の副次的に発する電波が　エ　の機能に支障を与えない限度は、受信空中線と電気的常数の等しい擬似空中線回路を使用して測定した場合に、その回路の電力が

　オ　以下でなければならない。

④　無線設備規則第24条（副次的に発する電波等の限度）の規定において、③にかかわらず別に定めのある場合は、その定めるところによるものとする。

1	周波数の許容偏差	2	周波数の安定度
3	占有周波数帯幅	4	必要周波数帯幅
5	寄生発射又は帯域外発射	6	スプリアス発射又は不要発射
7	他の無線設備	8	電気通信業務の用に供する無線設備
9	40ナノワット	10	4ナノワット

B-3　次の記述は、陸上に開設する無線局に係る主任無線従事者について述べたものである。電波法（第39条及び第39条の2）及び電波法施行規則（第34条の7）の規定に照らし、　　　内に入れるべき最も適切な字句を下の1から10までのうちからそれぞれ一つ選べ。なお、同じ記号の　　　内には、同じ字句が入るものとする。

①　電波法第40条（無線従事者の資格）の定めるところにより無線設備の操作を行うことができる無線従事者以外の者は、　ア　の　イ　を行う者（以下「主任無線従事者」という。）として選任された者であって②によりその選任の届出がされたものにより監督を受けなければ、無線局の無線設備の操作（注）を行ってはならない。ただし、総務省令で定める場合は、この限りでない。

　　注　簡易な操作であって総務省令で定めるものを除く。

②　無線局の免許人等（注）は、主任無線従事者を　ウ　、その旨を総務大臣に届け出なければならない。これを解任したときも、同様とする。

　　注　免許人又は登録人をいう。以下同じ。

③　無線局（総務省令で定めるものを除く。）の免許人等は、②によりその選任の届出をした主任無線従事者に、総務省令で定める期間ごとに、　イ　に関し総務大臣の行う講習を受けさせなければならない。

④　総務大臣は、その指定する者（「指定講習機関」という。）に、③の講習を　エ　。

⑤　③により、免許人等又は電波法第70条の9第1項の規定により登録局を運用する当該登録局の登録人以外の者は、主任無線従事者を選任したときは、当該主任無線従事者に選任の日から　オ　以内に　イ　に関し総務大臣の行う講習を受けさせなければならない。

⑥　免許人等又は電波法第70条の9第1項の規定により登録局を運用する当該登録局の登録人以外の者は、⑤の講習を受けた主任無線従事者にその講習を受けた日から5年

以内に講習を受けさせなければならない。当該講習を受けた日以降についても同様とする。

1 無線局（アマチュア無線局を除く。以下同じ。）

2 無線局（実験等無線局及びアマチュア無線局を除く。以下同じ。）

3 無線設備の操作及び運用　　　4 無線設備の操作の監督

5 選任したときは、遅滞なく　　　6 選任するときは、あらかじめ

7 行わせるものとする　　　　　8 行わせることができる

9 3箇月　　　　　　　　　　　10 6箇月

B−4 次の記述は、無線局の免許状等（注）に記載された事項の遵守について述べたものである。電波法（第52条から第54条まで及び第110条）及び電波法施行規則（第37条）の規定に照らし、□□□内に入れるべき最も適切な字句を下の1から10までのうちからそれぞれ一つ選べ。

　　　注　免許状又は登録状をいう。

① 無線局は、免許状に記載された ア （特定地上基幹放送局については放送事項）の範囲を超えて運用してはならない。ただし、次の(1)から(6)までに掲げる通信については、この限りでない。

　(1) 遭難通信　　(2) 緊急通信　　(3) 安全通信

　(4) 非常通信　　(5) 放送の受信　　(6) その他総務省令で定める通信

② 次の(1)から(4)までに掲げる通信は、①の(6)の「総務省令で定める通信」とする。

　(1) イ ために行う通信

　(2) 電波の規正に関する通信

　(3) 電波法第74条（非常の場合の無線通信）第1項に規定する通信の訓練のために行う通信

　(4) (1)から(3)までに掲げる通信のほか電波法施行規則第37条（免許状の目的等にかかわらず運用することができる通信）各号に掲げる通信

③ 無線局を運用する場合においては、 ウ 、識別信号、電波の型式及び周波数は、その無線局の免許状等に記載されたところによらなければならない。ただし、遭難通信については、この限りでない。

④ 無線局を運用する場合においては、空中線電力は、免許状等に記載されたものの範囲内であって、通信を行うため エ でなければならない。ただし、遭難通信については、この限りでない。

答　B−3：ア−1　イ−4　ウ−5　エ−8　オ−10

⑤　③に違反して無線局を運用したものは、1年以下の懲役又は オ に処する。

1　無線局の種別、目的又は通信の相手方若しくは通信事項

2　目的又は通信の相手方若しくは通信事項

3　無線機器の試験又は調整をする

4　免許人以外の者のための通信であって、急を要するものを送信する

5　無線設備　　　　　　6　無線設備の設置場所　　　7　必要最小のもの

8　必要十分なもの　　　9　100万円以下の罰金　　　10　50万円以下の罰金

B-5　総務大臣が無線局に対して臨時に電波の発射の停止を命ずることができるときに関する次の記述のうち、電波法（第28条及び第72条）の規定に照らし、これらの規定に定めるところに適合するものを1、適合しないものを2として解答せよ。

ア　無線局の発射する電波の質が総務省令で定めるものに適合していないと認めるとき。

イ　無線局の免許人が免許状に記載された目的の範囲を超えて運用していると認めるとき。

ウ　無線局の発射する電波の周波数の安定度が総務省令で定めるものに適合していないと認めるとき。

エ　無線局の発射する電波が重要無線通信に妨害を与えていると認めるとき。

オ　無線局の免許人が免許状に記載された空中線電力の範囲を超えて運用していると認めるとき。

答　B-4：ア-2　イ-3　ウ-6　エ-7　オ-9
　　B-5：ア-1　イ-2　ウ-2　エ-2　オ-2

A－1　次の記述は、無線局の免許の有効期間及び再免許の申請について述べたものである。電波法（第13条）、電波法施行規則（第７条）及び無線局免許手続規則（第18条）の規定に照らし、____内に入れるべき最も適切な字句の組合せを下の１から４までのうちから一つ選べ。なお、同じ記号の____内には、同じ字句が入るものとする。

①　免許の有効期間は、免許の日から起算して__A__を超えない範囲内において総務省令で定める。ただし、再免許を妨げない。

②　地上基幹放送局について①の総務省令で定める免許の有効期間は、次のとおりである。

(1)　臨時目的放送を専ら行う地上基幹放送局の免許の有効期間は、__B__とする。

(2)　地上基幹放送局（(1)のものを除く。）の免許の有効期間は、__A__とする。

③　②の(2)の地上基幹放送局の再免許の申請は、免許の有効期間満了前__C__を超えない期間において行わなければならない。(注)

　　注　無線局免許手続規則第18条（申請の期間）第１項ただし書き及び第３項において別に定める場合を除く。

	A	B	C
1	５年	周波数の使用が可能な期間	1箇月以上３箇月
2	５年	当該放送の目的を達成するために必要な期間	3箇月以上６箇月
3	３年	周波数の使用が可能な期間	3箇月以上６箇月
4	３年	当該放送の目的を達成するために必要な期間	1箇月以上３箇月

A－2　無線局の免許後の変更に関する次の記述のうち、電波法（第18条）の規定に照らし、免許人が変更検査（電波法第18条の検査をいう。）を受け、その検査に合格した後でなければ、その変更に係る部分を運用してはならない（注）ときに該当するものはどれか。下の１から４までのうちから一つ選べ。

　　注　総務省令で定める場合を除く。

1　電波法第19条（申請による周波数等の変更）の規定により、電波の型式及び周波数の指定の変更を申請し、その指定の変更を受けたとき。

2　電波法第17条（変更等の許可）の規定により、無線設備の設置場所の変更又は無線設備の変更の工事の許可を受け、当該変更又は工事を行ったとき。

答　A－1：2

法　規

3　電波法第17条（変更等の許可）の規定により、通信の相手方の変更の許可を受けたとき。

4　電波法第17条（変更等の許可）の規定により、無線局の目的の変更の許可を受けたとき。

A-3　次の記述は、空中線等の保安施設について述べたものである。電波法施行規則（第26条）の規定に照らし、　　　　内に入れるべき最も適切な字句の組合せを下の1から4までのうちから一つ選べ。

無線設備の空中線系には　A　を、また、カウンターポイズには　B　をそれぞれ設けなければならない。ただし、　C　周波数を使用する無線局の無線設備及び陸上移動局又は携帯局の無線設備の空中線については、この限りでない。

	A	B	C
1	避雷器又は接地装置	避雷器	26.175MHz 以下の
2	避雷器及び接地装置	避雷器	26.175MHz を超える
3	避雷器及び接地装置	接地装置	26.175MHz 以下の
4	避雷器又は接地装置	接地装置	26.175MHz を超える

A-4　次の記述は、陸上に開設する無線局の免許の承継について述べたものである。電波法（第20条）の規定に照らし、　　　　内に入れるべき最も適切な字句の組合せを下の1から4までのうちから一つ選べ。なお、同じ記号の　　　　内には、同じ字句が入るものとする。

①　免許人について相続があったときは、その相続人は、免許人の地位を承継する。

②　免許人たる法人が合併又は分割（無線局をその用に供する事業の全部を承継させるものに限る。）をしたときは、合併後存続する法人若しくは合併により設立された法人又は分割により当該事業の全部を承継した法人は、　A　。

③　免許人が無線局をその用に供する事業の全部の譲渡しをしたときは、譲受人は、　A　。

④　　B　免許人の地位を承継した者は、遅滞なく、その事実を証する書面を添えてその旨を　C　。

	A	B	C
1	総務大臣の許可を受けて免許人の地位を承継することができる	①により	総務大臣に届け出なければならない
2	総務大臣の許可を受けて免許人の地位を承継することができる	①から③までにより	総務大臣に届け出て、その無線局の検査を受けなければならない
3	免許人の地位を承継する	①により	総務大臣に届け出て、その無線局の検査を受けなければならない
4	免許人の地位を承継する	①から③までにより	総務大臣に届け出なければならない

A-5　次の記述は、特別特定無線設備の技術基準適合自己確認等について述べたものである。電波法（第38条の33）の規定に照らし、□□□内に入れるべき最も適切な字句の組合せを下の1から4までのうちから一つ選べ。なお、同じ記号の□□□内には、同じ字句が入るものとする。

① 特定無線設備（小規模な無線局に使用するための無線設備であって総務省令で定めるものをいう。）のうち、無線設備の技術基準、使用の態様等を勘案して、他の無線局の運用を著しく阻害するような混信その他の妨害を与えるおそれが少ないものとして総務省令で定めるもの（以下「特別特定無線設備」という。）の　A　は、その特別特定無線設備を、電波法第3章（無線設備）に定める技術基準に適合するものとして、その工事設計（当該工事設計に合致することの確認の方法を含む。）について自ら確認することができる。

② 　A　は、総務省令で定めるところにより検証を行い、その特別特定無線設備の工事設計が電波法第3章（無線設備）に定める技術基準に適合するものであり、かつ、当該工事設計に基づく特別特定無線設備のいずれもが当該工事設計に合致するものとなることを確保することができると認めるときに限り、①による確認（以下「技術基準適合自己確認」という。）を行うものとする。

③ 　A　は、技術基準適合自己確認をしたときは、総務省令で定めるところにより、次の(1)から(5)に掲げる事項を総務大臣に届け出ることができる。

　(1) 氏名又は名称及び住所並びに法人にあっては、その代表者の氏名
　(2) 技術基準適合自己確認を行った特別特定無線設備の種別及び工事設計
　(3) ②の検証の結果の概要

答　A-4：1

(4)　(2)の工事設計に基づく特別特定無線設備のいずれもが当該工事設計に合致することの確認の方法

(5)　その他技術基準適合自己確認の方法等に関する事項で総務省令で定めるもの

④　③による届出をした者（以下「届出業者」という。）は、総務省令で定めるところにより、　B　しなければならない。

⑤　届出業者は、　C　に掲げる事項に変更があったときは、総務省令で定めるところにより、遅滞なく、その旨を総務大臣に届け出なければならない。

⑥　総務大臣は、③による届出があったときは、総務省令で定めるところにより、その旨を公示しなければならない。⑤による届出があった場合において、その公示した事項に変更があったときも、同様とする。

	A	B	C
1	製造業者又は販売業者	②の検証に係る記録を作成し、これを保存	③の(1)、(2)、(4)又は(5)
2	製造業者又は輸入業者	②の検証に係る記録を作成	③の(1)、(2)、(4)又は(5)
3	製造業者又は販売業者	②の検証に係る記録を作成	③の(1)、(4)又は(5)
4	製造業者又は輸入業者	②の検証に係る記録を作成し、これを保存	③の(1)、(4)又は(5)

A-6　スプリアス発射、帯域外発射等の用語の定義に関する次の記述のうち、電波法施行規則（第2条）の規定に照らし、この規定に定めるところに適合しないものはどれか。下の1から4までのうちから一つ選べ。

1　「スプリアス領域」とは、帯域外領域の外側のスプリアス発射が支配的な周波数帯をいう。

2　「帯域外発射」とは、必要周波数帯に近接する周波数の電波の発射で情報の伝送のための変調の過程において生ずるものをいう。

3　「スプリアス発射」とは、必要周波数帯外における1又は2以上の周波数の電波の発射であって、そのレベルを情報の伝送に影響を与えないで除去することができるものをいい、高調波発射、低調波発射及び寄生発射を含み、相互変調積及び帯域外発射を含まないものとする。

4　「不要発射」とは、スプリアス発射及び帯域外発射をいう。

答　A-5：4　　A-6：3

A－7　次の記述は、地球局（宇宙無線通信を行う実験試験局を含む。）の送信空中線の最小仰角について述べたものである。電波法施行規則（第32条）の規定に照らし、□□内に入れるべき最も適切な字句の組合せを下の1から4までのうちから一つ選べ。

　地球局の送信空中線の　A　の方向の仰角の値は、次の(1)から(3)までに掲げる場合においてそれぞれ(1)から(3)までに規定する値でなければならない。

(1)　深宇宙（地球からの距離が　B　以上である宇宙をいう。）に係る宇宙研究業務（科学又は技術に関する研究又は調査のための宇宙無線通信の業務をいう。以下同じ。）を行うとき　　　　　C　以上

(2)　(1)の宇宙研究業務以外の宇宙研究業務を行うとき　　　　5度以上

(3)　宇宙研究業務以外の宇宙無線通信の業務を行うとき　　　3度以上

	A	B	C
1	最大輻射	300万キロメートル	8度
2	最小輻射	200万キロメートル	8度
3	最小輻射	300万キロメートル	10度
4	最大輻射	200万キロメートル	10度

A－8　送信設備の空中線電力の許容偏差に関する次の記述のうち、無線設備規則（第14条）の規定に照らし、この規定に定めるところに適合するものはどれか。下の1から4までのうちから一つ選べ。

1　中波放送を行う地上基幹放送局の送信設備の空中線電力の許容偏差は、上限5パーセント、下限10パーセントとする。

2　5GHz帯無線アクセスシステムの無線局の送信設備の空中線電力の許容偏差は、上限10パーセント、下限50パーセントとする。

3　道路交通情報通信を行う無線局（2.5GHz帯の周波数の電波を使用し、道路交通に関する情報を送信する特別業務の局をいう。）の送信設備の空中線電力の許容偏差は、上限50パーセント、下限70パーセントとする。

4　超短波放送を行う地上基幹放送局の送信設備の空中線電力の許容偏差は、上限20パーセント、下限50パーセントとする。

A－9　送信空中線の型式及び構成等に関する次の事項のうち、無線設備規則（第20条）の規定に照らし、この規定に定めるところに該当しないものはどれか。下の1から4までのうちから一つ選べ。

法
規

答　A－7：4　　A－8：1

1　満足な指向特性が得られること。

2　整合が十分であること。

3　発射可能な電波の周波数帯域がなるべく広いものであること。

4　空中線の利得及び能率がなるべく大であること。

A－10　周波数の安定のための条件に関する次の記述のうち、無線設備規則（第15条及び第16条）の規定に照らし、これらの規定に定めるところに適合しないものはどれか。下の1から4までのうちから一つ選べ。

1　水晶発振回路に使用する水晶発振子は、周波数をその許容偏差内に維持するため、発振周波数が当該送信装置の水晶発振回路により又はこれと同一の条件の回路によりあらかじめ試験を行って決定されているものでなければならない。

2　周波数をその許容偏差内に維持するため、発振回路の方式は、できる限り外囲の温度若しくは気圧の変化によって影響を受けないものでなければならない。

3　周波数をその許容偏差内に維持するため、送信装置は、できる限り電源電圧又は負荷の変化によって発振周波数に影響を与えないものでなければならない。

4　移動局（移動するアマチュア局を含む。）の送信装置は、実際上起こり得る振動又は衝撃によっても周波数をその許容偏差内に維持するものでなければならない。

A－11　次の記述は、無線局（登録局を除く。）の主任無線従事者の講習の期間について述べたものである。電波法施行規則（第34条の7）の規定に照らし、□□□内に入れるべき最も適切な字句の組合せを下の1から4までのうちから一つ選べ。

①　免許人は、主任無線従事者を選任したときは、当該主任無線従事者に選任の日から　A　以内に　B　総務大臣の行う講習を受けさせなければならない。

②　免許人は、①の講習を受けた主任無線従事者にその講習を受けた日から　C　以内に講習を受けさせなければならない。当該講習を受けた日以降についても同様とする。

③　①及び②にかかわらず、船舶が航行中であるとき、その他総務大臣が当該規定によることが困難又は著しく不合理であると認めるときは、総務大臣が別に告示するところによる。

	A	B	C
1	6箇月	無線設備の操作の監督に関し	5年
2	3箇月	無線設備の操作の監督に関し	3年
3	6箇月	無線設備の操作に関し	3年

| 4 | 3箇月 | 無線設備の操作に関し | 5年 |

A-12 次の記述は、混信等の防止について述べたものである。電波法（第56条）及び電波法施行規則（第50条の2）の規定に照らし、____内に入れるべき最も適切な字句の組合せを下の1から4までのうちから一つ選べ。

① 無線局は、__A__又は電波天文業務（注）の用に供する受信設備その他の総務省令で定める受信設備（無線局のものを除く。）で総務大臣が指定するものにその運用を阻害するような混信その他の__B__なければならない。但し、遭難通信、緊急通信、安全通信及び非常通信については、この限りでない。

注　宇宙から発する電波の受信を基礎とする天文学のための当該電波の受信の業務をいう。

② ①の指定に係る受信設備は、次の(1)又は(2)に掲げるもの（__C__するものを除く。）とする。

(1) 電波天文業務の用に供する受信設備

(2) 宇宙無線通信の電波の受信を行う受信設備

	A	B	C
1	重要無線通信を行う無線局	妨害を与えない機能を有するもので	移動
2	重要無線通信を行う無線局	妨害を与えないように運用し	固定
3	他の無線局	妨害を与えないように運用し	移動
4	他の無線局	妨害を与えない機能を有するもので	固定

A-13 次の記述は、無線通信（注）の秘密の保護について述べたものである。電波法（第59条及び第109条）の規定に照らし、____内に入れるべき最も適切な字句の組合せを下の1から4までのうちから一つ選べ。

注　電気通信事業法第4条（秘密の保護）第1項又は第164条（適用除外等）第3項の通信であるものを除く。

① 何人も法律に別段の定めがある場合を除くほか、__A__を傍受してその__B__を漏らし、又はこれを窃用してはならない。

② __C__の秘密を漏らし、又は窃用した者は、1年以下の懲役又は50万円以下の罰金に処する。

③ __D__がその業務に関し知り得た②の秘密を漏らし、又は窃用したときは、2年以下の懲役又は100万円以下の罰金に処する。

	A	B	C	D
1	暗語を使用する無線通信	内容	無線局の取扱中に係る無線通信	無線従事者
2	特定の相手方に対して行われる無線通信	存在若しくは内容	無線局の取扱中に係る無線通信	無線通信の業務に従事する者
3	特定の相手方に対して行われる無線通信	内容	無線通信	無線従事者
4	暗語を使用する無線通信	存在若しくは内容	無線通信	無線通信の業務に従事する者

A-14 無線局の運用に関する次の記述のうち、電波法（第53条、第54条、第57条及び第58条）の規定に照らし、これらの規定に定めるところに適合しないものはどれか。下の1から4までのうちから一つ選べ。

1　無線局を運用する場合においては、空中線電力は、次の(1)及び(2)の定めるところによらなければならない。ただし、遭難通信については、この限りでない。
　(1)　免許状又は登録状に記載されたものの範囲内であること。
　(2)　通信を行うため必要最小のものであること。

2　無線局は、次の(1)及び(2)に掲げる場合には、なるべく擬似空中線回路を使用しなければならない。
　(1)　無線設備の機器の試験又は調整を行うために運用するとき。
　(2)　実験等無線局を運用するとき。

3　無線局を運用する場合においては、無線設備の設置場所、識別信号、電波の型式及び周波数は、その無線局の免許状又は登録状に記載されたところによらなければならない。ただし、遭難通信については、この限りでない。

4　無線局の行う通信には、暗語を使用してはならない。

A-15 総務大臣から特定無線局（電波法第27条の2（特定無線局の免許の特例）第1号に掲げる無線局に係るものに限る。）の包括免許が取り消されることがある場合に関する次の事項のうち、電波法（第76条）の規定に照らし、この規定に定めるところに該当しないものはどれか。下の1から4までのうちから一つ選べ。

1　特定無線局について、その包括免許の有効期間中において同時に開設されていることとなる特定無線局の数の最大のものが当該包括免許に係る指定無線局数を著しく下回ることが確実であると認めるに足りる相当な理由があるとき。

2　包括免許人が不正な手段により包括免許を受けたとき。

3　包括免許人が正当な理由がないのに、その包括免許に係る全ての特定無線局の運用を引き続き6月以上休止したとき。

4　包括免許人が電波法第27条の5（包括免許の付与）第1項の運用開始の期限（期限の延長のあったときはその期限）までに特定無線局の運用を全く開始しないとき。

B-1　陸上移動業務の無線局の予備免許を受けた者が行う工事設計の変更等に関する次の記述のうち、電波法（第8条、第9条及び第19条）の規定に照らし、これらの規定に定めるところに適合するものを1、適合しないものを2として解答せよ。

ア　電波法第8条の予備免許を受けた者が行う工事設計の変更は、周波数、電波の型式又は空中線電力に変更を来すものであってはならず、かつ、電波法第7条（申請の審査）第1項第1号の電波法第3章（無線設備）に定める技術基準に合致するものでなければならない。

イ　電波法第8条の予備免許を受けた者は、予備免許の際に指定された工事落成の期限を延長しようとするときは、あらかじめ総務大臣に届け出なければならない。

ウ　電波法第8条の予備免許を受けた者は、工事設計を変更しようとするときは、あらかじめ総務大臣の許可を受けなければならない。但し、総務省令で定める軽微な事項については、この限りでない。

エ　電波法第8条の予備免許を受けた者は、混信の除去等のため予備免許の際に指定された周波数及び空中線電力の変更を受けようとするときは、総務大臣に指定の変更の申請を行い、その指定の変更を受けなければならない。

オ　電波法第8条の予備免許を受けた者は、無線設備の設置場所を変更しようとするときは、あらかじめ総務大臣に届け出なければならない。但し、総務省令で定める軽微な事項については、この限りでない。

B-2　無線従事者の免許等に関する次の記述のうち、電波法（第41条及び第42条）、電波法施行規則（第36条及び第38条）及び無線従事者規則（第51条）の規定に照らし、これらの規定に定めるところに適合するものを1、適合しないものを2として解答せよ。

ア　無線従事者は、その業務に従事しているときは、免許証を総務大臣又は総合通信局長（沖縄総合通信事務所長を含む。以下イにおいて同じ。）の要求に応じて、速やかに提示することができる場所に保管しておかなければならない。

イ　無線従事者は、免許の取消しの処分を受けたときは、その処分を受けた日から30日

答　A-15：1

　　　B-1：ア-1　イ-2　ウ-1　エ-1　オ-2

以内にその免許証を総務大臣又は総合通信局長に返納しなければならない。

ウ　総務大臣は、電波法第9章（罰則）の罪を犯し罰金以上の刑に処せられ、その執行を終わり、又はその執行を受けることがなくなった日から2年を経過しない者に対しては、無線従事者の免許を与えないことができる。

エ　無線従事者になろうとする者は、総務大臣の免許を受けなければならない。

オ　無線局には、当該無線局の無線設備の操作を行い、又はその監督を行うために必要な無線従事者を配置しなければならない。

B-3　次の記述は、固定局の定期検査（電波法第73条第1項の検査をいう。）について述べたものである。電波法（第73条）の規定に照らし、□□□内に入れるべき最も適切な字句を下の1から10までのうちからそれぞれ一つ選べ。なお、同じ記号の□□□内には、同じ字句が入るものとする。

①　総務大臣は、□ア□、あらかじめ通知する期日に、その職員を無線局（総務省令で定めるものを除く。）に派遣し、その□イ□、無線従事者の資格（注1）及び□ウ□並びに時計及び書類を検査させる。

　　注1　主任無線従事者の要件に係るものを含む。以下同じ。

②　①の検査は、当該無線局（注2）の免許人から、①により総務大臣が通知した期日の□エ□までに、当該無線局の□イ□、無線従事者の資格及び□ウ□並びに時計及び書類について登録検査等事業者（注3）（無線設備等の点検の事業のみを行う者を除く。）が、総務省令で定めるところにより当該登録に係る検査を行い、当該無線局の□イ□がその工事設計に合致しており、かつ、その無線従事者の資格及び□ウ□並びに時計及び書類が電波法の関係規定にそれぞれ違反していない旨を記載した証明書の提出があったときは、①にかかわらず、□オ□することができる。

　　注2　人の生命又は身体の安全の確保のためその適正な運用の確保が必要な無線局として総務省令で定めるものを除く。
　　　3　電波法第24条の2（検査等事業者の登録）第1項の登録を受けた者をいう。

1	毎年1回	2	総務省令で定める時期ごとに
3	電波の型式、周波数及び空中線電力	4	無線設備
5	員数		
6	員数（主任無線従事者の監督を受けて無線設備の操作を行う者を含む。）		
7	1月前	8	2週間前
9	その一部を省略	10	省略

答　B-2：ア-2　イ-2　ウ-1　エ-1　オ-1
　　B-3：ア-2　イ-4　ウ-5　エ-7　オ-10

B－4　次の記述は、人工衛星局の条件について述べたものである。電波法（第36条の２）及び電波法施行規則（第32条の５）の規定に照らし、□内に入れるべき最も適切な字句を下の１から10までのうちからそれぞれ一つ選べ。

① 人工衛星局の無線設備は、遠隔操作により ア を直ちに イ することのできるものでなければならない。

② 人工衛星局は、その無線設備の ウ を遠隔操作により エ することができるものでなければならない。ただし、総務省令で定める人工衛星局については、この限りでない。

③ ②のただし書の総務省令で定める人工衛星局は、対地静止衛星に開設する オ とする。

1　電波の発射	2　電波の受信	3　低減	4　停止	
5　電波の型式及び周波数	6　設置場所	7　変更	8　制限	
9　人工衛星局以外の人工衛星局	10　人工衛星局			

B－5　次の記述は、非常時運用人による無線局の運用について述べたものである。電波法（第70条の７、第76条及び第81条）の規定に照らし、□内に入れるべき最も適切な字句を下の１から10までのうちからそれぞれ一つ選べ。

① 無線局（注１）の免許人又は登録人は、地震、台風、洪水、津波、雪害、火災、暴動その他非常の事態が発生し、又は発生するおそれがある場合において、人命の救助、災害の救援、交通通信の確保又は秩序の維持のために必要な通信を行うときは、当該無線局の免許又は登録が効力を有する間、 ア ことができる。

　　注１　その運用が、専ら電波法第39条（無線設備の操作）第１項本文の総務省令で定める簡易な操作によるものに限る。

② ①により無線局を自己以外の者に運用させた免許人又は登録人は、遅滞なく、非常時運用人（注２）の氏名又は名称、非常時運用人による運用の期間その他の総務省令で定める イ なければならない。

　　注２　当該無線局を運用する自己以外の者をいう。以下同じ。

③ ②の免許人又は登録人は、当該無線局の運用が適正に行われるよう、総務省令で定めるところにより、非常時運用人に対し、 ウ を行わなければならない。

④ 総務大臣は、非常時運用人が電波法、放送法若しくはこれらの法律に基づく命令又はこれらに基づく処分に違反したときは、 エ を定めて無線局の運用の停止を命じ、又は期間を定めて運用許容時間、周波数若しくは空中線電力を制限することができる。

答　B－4：ア－1　イ－4　ウ－6　エ－7　オ－9

⑤　総務大臣は、無線通信の秩序の維持その他無線局の適正な運用を確保するため必要があると認めるときは、非常時運用人に対し、　オ　ことができる。

1　当該無線局を自己以外の者に運用させる

2　総務大臣の許可を受けて当該無線局を自己以外の者に運用させる

3　事項を総務大臣に届け出

4　事項の記録を作成し、非常時運用人による無線局の運用の終了の日から2年間これを保存し

5　必要かつ適切な監督　　　　　　6　無線局の運用に関し適切な支援

7　6月以内の期間　　　　　　　　8　3月以内の期間

9　無線局の運用の停止を命ずる　　10　無線局に関し報告を求める

答　B－5：ア－1　イ－3　ウ－5　エ－8　オ－10

A－1　陸上移動業務の無線局の予備免許を受けた者が行う工事設計の変更等に関する次の記述のうち、電波法（第9条）の規定に照らし、この規定に定めるところに適合しないものはどれか。下の1から4までのうちから一つ選べ。

1　電波法第8条の予備免許を受けた者が行う工事設計の変更は、周波数、電波の型式又は空中線電力に変更を来すものであってはならず、かつ、電波法第7条（申請の審査）第1項第1号の技術基準に合致するものでなければならない。

2　電波法第8条の予備免許を受けた者は、無線設備の設置場所を変更したときは、遅滞なくその旨を総務大臣に届け出なければならない。ただし、総務省令で定める軽微な事項については、この限りでない。

3　電波法第8条の予備免許を受けた者は、通信の相手方又は通信事項を変更しようとするときは、あらかじめ総務大臣の許可を受けなければならない。

4　電波法第8条の予備免許を受けた者は、工事設計を変更しようとするときは、あらかじめ総務大臣の許可を受けなければならない。ただし、総務省令で定める軽微な事項については、この限りでない。

A－2　次の記述は、固定局及び陸上移動業務の無線局の落成後の検査について述べたものである。電波法（第10条）の規定に照らし、_____内に入れるべき最も適切な字句の組合せを下の1から4までのうちから一つ選べ。

①　電波法第8条の予備免許を受けた者は、　A　は、その旨を総務大臣に届け出て、その無線設備、無線従事者の資格（主任無線従事者の要件に係るものを含む。）及び　B　並びに時計及び書類（以下「無線設備等」という。）について検査を受けなければならない。

②　①の検査は、①の検査を受けようとする者が、当該検査を受けようとする無線設備等について登録検査等事業者（注1）又は登録外国点検事業者（注2）が総務省令で定めるところにより行った当該登録に係る点検の結果を記載した書類を添えて①の届出をした場合においては、　C　を省略することができる。

注1　電波法第24条の2（検査等事業者の登録）第1項の登録を受けた者をいう。
　　2　電波法第24条の13（外国点検事業者の登録等）第1項の登録を受けた者をいう。

法

規

答　A－1：2

	A	B	C
1	工事落成の期限の日になったとき	員数（主任無線従事者の監督を受けて無線設備の操作を行う者を含む。）	その一部
2	工事落成の期限の日になったとき	員数	当該検査
3	工事が落成したとき	員数	その一部
4	工事が落成したとき	員数（主任無線従事者の監督を受けて無線設備の操作を行う者を含む。）	当該検査

A-3　次に掲げる無線設備の機器のうち、その型式について、総務大臣の行う検定に合格した無線設備の機器でなければ、施設してはならない（注）ものに該当するものはどれか。電波法（第37条）の規定に照らし、下の1から4までのうちから一つ選べ。

注　総務大臣が行う検定に相当する型式検定に合格している機器その他の機器であって総務省令で定めるものを施設する場合を除く。

1　電気通信業務の用に供する無線局の無線設備の機器

2　気象援助業務の用に供する無線局の無線設備の機器

3　電波法第31条の規定により備え付けなければならない周波数測定装置

4　人命若しくは財産の保護又は治安の維持の用に供する無線局の無線設備の機器

A-4　次の記述は、総務大臣の登録を受けて開設する無線局について述べたものである。電波法（第4条及び第27条の18）の規定に照らし、□□□内に入れるべき最も適切な字句の組合せを下の1から4までのうちから一つ選べ。

①　電波を発射しようとする場合において当該電波と周波数を同じくする電波を受信することにより一定の時間自己の電波を発射しないことを確保する機能を有する無線局その他　A　他の無線局の運用を阻害するような混信その他の妨害を与えないように運用することのできる無線局のうち総務省令で定めるものであって、　B　のみを使用するものを総務省令で定める　C　開設しようとする者は、総務大臣の登録を受けなければならない。

②　①の総務大臣の登録を受けて開設する無線局は、総務大臣の免許を受けることを要しない。

	A	B	C
1	無線設備の規格（総務省令で定めるものに限る。）を同じくする	適合表示無線設備	区域内に

2	使用する電波の型式及び周波数（総務省令で定めるものに限る。）を同じくする	適合表示無線設備	周波数を使用して
3	無線設備の規格（総務省令で定めるものに限る。）を同じくする	その型式について総務大臣の行う検定に合格した無線設備の機器	周波数を使用して
4	使用する電波の型式及び周波数（総務省令で定めるものに限る。）を同じくする	その型式について総務大臣の行う検定に合格した無線設備の機器	区域内に

A－5　次の記述は、無線局に関する情報の提供等について述べたものである。電波法（第25条）の規定に照らし、□□□内に入れるべき最も適切な字句の組合せを下の1から4までのうちから一つ選べ。

①　総務大臣は、□A□場合その他総務省令で定める場合に必要とされる□B□に関する調査又は終了促進措置（注）を行おうとする者の求めに応じ、当該調査又は当該終了促進措置を行うために必要な限度において、当該者に対し、無線局の無線設備の工事設計その他の無線局に関する事項に係る情報であって総務省令で定めるものを提供することができる。

　　注　電波法第27条の12（特定基地局の開設指針）第2項第6号に規定する終了促進措置をいう。

②　①に基づき情報の提供を受けた者は、当該情報を□C□の目的のために利用し、又は提供してはならない。

	A	B	C
1	自己の無線局の開設又は周波数の変更をする	混信若しくはふくそう	①の調査又は終了促進措置の用に供する目的以外
2	自己の無線局の開設又は周波数の変更をする	電波の有効利用	第三者の利用
3	電波の能率的な利用に関する研究を行う	電波の有効利用	①の調査又は終了促進措置の用に供する目的以外
4	電波の能率的な利用に関する研究を行う	混信若しくはふくそう	第三者の利用

A－6　次の記述は、無線設備の保護装置について述べたものである。無線設備規則（第9条）の規定に照らし、□□□内に入れるべき最も適切な字句の組合せを下の1から4までのうちから一つ選べ。

　無線設備の電源回路には、□A□又は□B□を装置しなければならない。ただし、□C□以下のものについては、この限りでない。

答　A－4：1　A－5：1

	A	B	C
1	電圧安定装置	送風装置	負荷電力10ワット
2	ヒューズ	送風装置	空中線電力5ワット
3	電圧安定装置	自動しゃ断器	空中線電力5ワット
4	ヒューズ	自動しゃ断器	負荷電力10ワット

A-7　受信設備の条件並びに免許等（注1）を要しない無線局及び受信設備に対する総務大臣の監督に関する次の記述のうち、電波法（第29条及び第82条）及び無線設備規則（第24条）の規定に照らし、これらの規定に定めるところに適合しないものはどれか。下の1から4までのうちから一つ選べ。

　　注1　無線局の免許又は電波法第27条の18（登録）第1項の登録をいう。

1　総務大臣は、免許等を要しない無線局の無線設備の発する電波が他の無線設備の機能に継続的かつ重大な障害を与えるときは、その設備の所有者又は占有者に対し、その障害を除去するために必要な措置を執るべきことを命ずることができ、免許等を要しない無線局の無線設備について、その必要な措置を執るべきことを命じた場合においては、当該措置の内容の報告を求めることができる。

2　電波法第29条（受信設備の条件）に規定する受信設備の副次的に発する電波が他の無線設備の機能に支障を与えない限度は、受信空中線と電気的常数の等しい擬似空中線回路を使用して測定した場合に、その回路の電力が4ナノワット以下でなければならない。（注2）

　　注2　無線設備規則第24条（副次的に発する電波等の限度）各項の規定において、別段の定めのあるものは、その定めるところによるものとする。

3　受信設備は、その副次的に発する電波又は高周波電流が、総務省令で定める限度を超えて他の無線設備の機能に支障を与えるものであってはならない。

4　総務大臣は、受信設備が副次的に発する電波又は高周波電流が他の無線設備の機能に継続的かつ重大な障害を与えるときは、その設備の所有者又は占有者に対し、その障害を除去するために必要な措置を執るべきことを命ずることができる。

A-8　高圧電気（注）に対する安全施設等に関する次の記述のうち、電波法施行規則（第22条、第23条、第25条及び第26条）の規定に照らし、これらの規定に定めるところに適合しないものはどれか。下の1から4までのうちから一つ選べ。

　　注　高周波若しくは交流の電圧300ボルト又は直流の電圧750ボルトを超える電気をいう。以下同じ。

答　A-6：4　　A-7：1

1　送信設備の空中線、給電線又はカウンターポイズであって高圧電気を通ずるものは、その高さが人の歩行その他起居する平面から3.5メートル以上のものでなければならない。ただし、次の(1)又は(2)の場合は、この限りでない。

(1)　3.5メートルに満たない高さの部分が、絶縁された構造である場合又は人体が容易に触れない位置にある場合

(2)　移動局であって、その移動体の構造上困難であり、かつ、取扱者以外の者が出入しない場所にある場合

2　高圧電気を使用する電動発電機、変圧器、ろ波器、整流器その他の機器は、外部より容易に触れることができないように、絶縁しゃへい体又は接地された金属しゃへい体の内に収容しなければならない。ただし、取扱者のほか出入できないように設備した場所に装置する場合は、この限りでない。

3　送信設備の各単位装置相互間をつなぐ電線であって高圧電気を通ずるものは、線溝若しくは丈夫な絶縁体又は接地された金属しゃへい体の内に収容しなければならない。ただし、取扱者のほか出入できないように設備した場所に装置する場合は、この限りでない。

4　無線設備の空中線系には避雷器又は接地装置を、また、カウンターポイズには接地装置をそれぞれ設けなければならない。ただし、26.175MHz を超える周波数を使用する無線局の無線設備及び陸上移動局又は携帯局の無線設備の空中線については、この限りでない。

A-9　次に掲げる電波の型式の記号表示と主搬送波の変調の型式、主搬送波を変調する信号の性質及び伝送情報の型式に分類して表す電波の型式のうち、電波の型式の記号表示が電波の型式の内容に該当しないものはどれか。電波法施行規則（第4条の2）の規定に照らし、下の1から4までのうちから一つ選べ。

区分番号	電波の型式の記号	電　波　の　型　式		
		主搬送波の変調の型式	主搬送波を変調する信号の性質	伝送情報の型式
1	R2C	振幅変調であって低減搬送波による単側波帯	デジタル信号である単一チャネルのものであって変調のための副搬送波を使用するもの	ファクシミリ
2	P0N	パルス変調であって無変調パルス列	変調信号のないもの	無情報
3	J3E	振幅変調であって全搬送波による単側波帯	アナログ信号である2以上のチャネルのもの	電話（音響の放送を含む。）

答　A-8：1

| 4 | G7W | 角度変調であって位相変調 | デジタル信号である2以上のチャネルのもの | 次の①から⑥までの型式の組合せのもの
①無情報
②電信
③ファクシミリ
④データ伝送、遠隔測定又は遠隔指令
⑤電話（音響の放送を含む。）
⑥テレビジョン（映像に限る。） |

A-10　次の記述は、人工衛星局の送信空中線の指向方向について述べたものである。電波法施行規則（第32条の3）の規定に照らし、□□□内に入れるべき最も適切な字句の組合せを下の1から4までのうちから一つ選べ。なお、同じ記号の□□□内には、同じ字句が入るものとする。

①　対地静止衛星に開設する人工衛星局（一般公衆によって直接受信されるための無線電話、テレビジョン、データ伝送又はファクシミリによる無線通信業務を行うことを目的とするものを除く。）の送信空中線の地球に対する　A　の方向は、公称されている指向方向に対して、0.3度又は主輻射の角度の幅の10パーセントのいずれか　B　角度の範囲内に、維持されなければならない。

②　対地静止衛星に開設する人工衛星局（一般公衆によって直接受信されるための無線電話、テレビジョン、データ伝送又はファクシミリによる無線通信業務を行うことを目的とするものに限る。）の送信空中線の地球に対する　A　の方向は、公称されている指向方向に対して　C　の範囲内に維持されなければならない。

	A	B	C
1	最大輻射	小さい	0.5度
2	最大輻射	大きい	0.1度
3	最小輻射	大きい	0.5度
4	最小輻射	小さい	0.1度

A-11　無線従事者に関する次の記述のうち、電波法（第79条）、電波法施行規則（第36条）及び無線従事者規則（第50条及び第51条）の規定に照らし、これらの規定に定めるところに適合しないものはどれか。下の1から4までのうちから一つ選べ。

1　無線従事者は、氏名に変更を生じたときに免許証の再交付を受けようとするときは、申請書に次の(1)から(3)までに掲げる書類を添えて総務大臣又は総合通信局長（沖縄総合通信事務所長を含む。以下4において同じ。）に提出しなければならない。

答　A-9：**3**　　A-10：**2**

(1) 免許証　　(2) 写真1枚　　(3) 氏名の変更の事実を証する書類

2　無線局には、当該無線局の無線設備の操作を行い、又はその監督を行うために必要な無線従事者を配置しなければならない。

3　総務大臣は、無線従事者が不正な手段により免許を受けたときは、その免許を取り消し、又は3箇月以内の期間を定めてその業務に従事することを停止しなければならない。

4　無線従事者は、免許の取消しの処分を受けたときは、その処分を受けた日から10日以内にその免許証を総務大臣又は総合通信局長に返納しなければならない。

A－12　非常通信に関する次の記述のうち、電波法（第52条）の規定に照らし、この規定に定めるところに適合するものはどれか。下の1から4までのうちから一つ選べ。

1　地震、台風、洪水、津波、雪害、火災、暴動その他非常の事態が発生し、又は発生するおそれがある場合において、有線通信を利用することができないか又はこれを利用することが著しく困難であるときに人命の救助、災害の救援、交通通信の確保又は秩序の維持のために行われる無線通信をいう。

2　地震、台風、洪水、津波、雪害、火災、暴動その他非常の事態が発生し、又は発生するおそれがある場合において、有線通信が使用できないときに総務大臣の命令を受けて、人命の救助、災害の救援、交通通信の確保又は秩序の維持のために行われる無線通信をいう。

3　地震、台風、洪水、津波、雪害、火災、暴動その他非常の事態が発生し、又は発生するおそれがある場合において、電気通信業務の通信を利用することができないときに人命の救助、災害の救援、交通通信の確保又は秩序の維持のために行われる無線通信をいう。

4　地震、台風、洪水、津波、雪害、火災、暴動その他非常の事態が発生し、又は発生するおそれがある場合において、電気通信業務の通信を利用することができないか又はこれを利用することが著しく困難であるときに人命の救助、災害の救援、交通通信の確保又は秩序の維持のために行われる無線通信をいう。

A－13　次の記述は、無線局（登録局を除く。）の免許状に記載された事項の遵守について述べたものである。電波法（第53条及び第54条）の規定に照らし、□□□内に入れるべき最も適切な字句の組合せを下の1から4までのうちから一つ選べ。

①　無線局を運用する場合においては、□ A □、識別信号、電波の型式及び周波数は、

法規

規

答　A－11：3　　A－12：1

その無線局の免許状に記載されたところによらなければならない。ただし、遭難通信については、この限りでない。

② 無線局を運用する場合においては、空中線電力は、次の(1)及び(2)の定めるところによらなければならない。ただし、遭難通信については、この限りでない。

(1) 免許状に記載された □B□ であること。

(2) 通信を行うため □C□ であること。

	A	B	C
1	無線設備	ところのもの	必要最小のもの
2	無線設備の設置場所	ところのもの	必要かつ十分なもの
3	無線設備の設置場所	ものの範囲内	必要最小のもの
4	無線設備	ものの範囲内	必要かつ十分なもの

A－14　周波数の測定等に関する次の記述のうち、電波法施行規則（第40条）及び無線局運用規則（第4条）の規定に照らし、これらの規定に定めるところに適合しないものはどれか。下の1から4までのうちから一つ選べ。

1 電波法第31条の規定により周波数測定装置を備え付けた無線局は、できる限りしばしば自局の発射する電波の周波数（電波法施行規則第11条の3第3号に該当する送信設備の使用電波の周波数を測定することとなっている無線局であるときは、それらの周波数を含む。）を測定しなければならない。

2 電波法第31条の規定により周波数測定装置を備え付けた無線局は、その周波数測定装置を常時電波法第31条に規定する確度を保つように較正しておかなければならない。

3 基幹放送局においては、発射電波の周波数の偏差を測定したときは、その結果及び許容偏差を超える偏差があるときは、その措置の内容を無線業務日誌に記載しなければならない。

4 電波法第31条の規定により周波数測定装置を備え付けた無線局は、自局の発射する電波の周波数を測定した結果、その偏差が許容値を超えるときは、直ちに調整して許容値内に保つとともに、その事実及び措置の内容を総務大臣又は総合通信局長（沖縄総合通信事務所長を含む。）に報告しなければならない。

A－15　次の記述は、無線局（登録局を除く。）の免許の取消し等について述べたものである。電波法（第76条）の規定に照らし、□□□内に入れるべき最も適切な字句の組合せを下の1から4までのうちから一つ選べ。なお、同じ記号の□□□内には、同じ字句が入

るものとする。

① 総務大臣は、免許人が電波法、放送法若しくはこれらの法律に基づく命令又はこれらに基づく処分に違反したときは、3月以内の期間を定めて無線局の運用の停止を命じ、又は期間を定めて運用許容時間、 A を制限することができる。

② 総務大臣は、免許人（包括免許人を除く。）が次の(1)から(5)までのいずれかに該当するときは、その免許を取り消すことができる。

(1) 正当な理由がないのに、無線局の運用を引き続き B 以上休止したとき。

(2) 不正な手段により無線局の免許若しくは電波法第17条（変更等の許可）の許可を受け、又は電波法第19条（申請による周波数等の変更）の規定による指定の変更を行わせたとき。

(3) ①による無線局の運用の停止の命令又は運用許容時間、 A の制限に従わないとき。

(4) 免許人が電波法又は放送法に規定する罪を犯し、 C に処せられ、その執行を終わり、又はその執行を受けることがなくなった日から2年を経過しない者に該当するに至ったとき。

(5) 特定地上基幹放送局の免許人が電波法第7条（申請の審査）第2項第4号ロに適合しなくなったとき。

	A	B	C
1	電波の型式、周波数若しくは空中線電力	6月	懲役
2	周波数若しくは空中線電力	6月	罰金以上の刑
3	周波数若しくは空中線電力	1年	懲役
4	電波の型式、周波数若しくは空中線電力	1年	罰金以上の刑

B-1 無線局の免許状に関する次の記述のうち、電波法（第8条、第14条、第21条及び第24条）、電波法施行規則（第38条）及び無線局免許手続規則（第23条）の規定に照らし、これらの規定に定めるところに適合するものを1、適合しないものを2として解答せよ。

ア 無線局の免許がその効力を失ったときは、免許人であった者は、3箇月以内にその免許状を返納しなければならない。

イ 免許人は、免許状に記載した事項に変更を生じたときは、その免許状を総務大臣に提出し、訂正を受けなければならない。

ウ 免許人は、免許状を破損し、汚し、失った等のために免許状の再交付の申請をしようとするときは、次の(1)から(5)までに掲げる事項を記載した申請書を総務大臣又は総

答 A-15：2

合通信局長（沖縄総合通信事務所長を含む。）に提出しなければならない。

(1) 免許人の氏名又は名称及び住所並びに法人にあっては、その代表者の氏名

(2) 無線局の種別及び局数

(3) 識別信号（包括免許に係る特定無線局を除く。）

(4) 免許の番号又は包括免許の番号

(5) 再交付を求める理由

エ　陸上移動局又は携帯局にあっては、その無線設備の常置場所に免許状を備え付けなければならない。

オ　総務大臣は、無線局の予備免許を与えたときは、免許状を交付する。

B-2　特性周波数、周波数の許容偏差等に関する次の記述のうち、電波法施行規則（第2条）の規定に照らし、この規定に定めるところに適合するものを1、適合しないものを2として解答せよ。

ア　「特性周波数」とは、与えられた発射において容易に識別し、かつ、測定することのできる周波数をいう。

イ　「周波数の許容偏差」とは、発射によって占有する周波数帯の中央の周波数の基準周波数からの許容することができる最大の偏差又は発射の特性周波数の割当周波数からの許容することができる最大の偏差をいい、百万分率又はヘルツで表す。

ウ　「スプリアス発射」とは、必要周波数帯外における1又は2以上の周波数の電波の発射であって、そのレベルを情報の伝送に影響を与えないで除去することができるものをいい、高調波発射、低調波発射及び寄生発射を含み、相互変調積及び帯域外発射を含まないものとする。

エ　「帯域外発射」とは、必要周波数帯に近接する周波数の電波の発射で情報の伝送のための変調の過程において生ずるものをいう。

オ　「割当周波数」とは、無線局に割り当てられた周波数帯の中央の周波数をいう。

B-3　次の記述は、固定局の主任無線従事者の職務について述べたものである。電波法（第39条）及び電波法施行規則（第34条の5）の規定に照らし、□□□内に入れるべき最も適切な字句を下の1から10までのうちからそれぞれ一つ選べ。

① 電波法第39条（無線設備の操作）第4項の規定により　ア　主任無線従事者は、無線設備の操作の監督に関し総務省令で定める職務を誠実に行わなければならない。

② ①の総務省令で定める職務は、次の(1)から(5)までのとおりとする。

(1) 主任無線従事者の監督を受けて無線設備の操作を行う者に対する訓練（実習を含む。）の計画を　イ　こと。

(2) 無線設備の　ウ　を行い、又はその監督を行うこと。

(3) 　エ　を作成し、又はその作成を監督すること（記載された事項に関し必要な措置を執ることを含む。）。

(4) 主任無線従事者の職務を遂行するために必要な事項に関し　オ　に対して意見を述べること。

(5) (1)から(4)までに掲げる職務のほか無線局の無線設備の操作の監督に関し必要と認められる事項

1　その選任について総務大臣の許可を受けた　　2　その選任の届出がされた

3　推進する　　　　4　立案し、実施する　　　　5　変更の工事

6　機器の点検若しくは保守　　　　　　　　　　7　無線業務日誌その他の書類

8　無線業務日誌　　9　総務大臣　　　　　　　10　免許人

B－4　次の記述は、免許人以外の者による特定の無線局の簡易な操作による運用について述べたものである。電波法（第70条の7、第70条の8及び第81条）及び電波法施行令（第5条）の規定に照らし、　　　内に入れるべき最も適切な字句を下の1から10までのうちからそれぞれ一つ選べ。

① 電気通信業務を行うことを目的として開設する無線局（注1）の免許人は、当該無線局の免許人以外の者による運用（簡易な操作によるものに限る。以下同じ。）が　ア　に資するものである場合には、当該無線局の免許が効力を有する間、　イ　の運用を行わせることができる（注2）。

　注1　無線設備の設置場所、空中線電力等を勘案して、簡易な操作で運用することにより他の無線局の運用を阻害するような混信その他の妨害を与えないように運用することができるものとして総務省令で定めるものに限る。

　　2　免許人以外の者が電波法第5条（欠格事由）第3項各号のいずれかに該当するときを除く。

② ①により自己以外の者に無線局の運用を行わせた免許人は、遅滞なく、当該無線局を運用する自己以外の者の氏名又は名称、当該自己以外の者による運用の期間その他の総務省令で定める　ウ　なければならない。

③ ①により自己以外の者に無線局の運用を行わせた免許人は、当該無線局の運用が適正に行われるよう、総務省令で定めるところにより、　エ　を行わなければならない。

④ 総務大臣は、無線通信の秩序の維持その他無線局の適正な運用を確保するため必要

答　　B－3：ア－2　イ－4　ウ－6　エ－7　オ－10

があると認めるときは、①により無線局の運用を行う当該無線局の免許人以外の者に対し、オことができる。

1　電波の能率的な利用　　　　2　第三者の利益

3　自己以外の者に当該無線局

4　総務大臣の許可を受けて自己以外の者に当該無線局

5　事項を総務大臣に届け出

6　事項に関する記録を作成し、当該自己以外の者による無線局の運用が終了した日から2年間保存し

7　当該自己以外の者の要請に応じ、適切な支援

8　当該自己以外の者に対し、必要かつ適切な監督

9　無線局に関し報告を求める　　10　無線局の運用の停止を命ずる

B-5　次に掲げる場合のうち、電波法（第71条の5、第72条及び第73条）の規定に照らし、総務大臣がその職員を無線局に派遣し、その無線設備等（注1）を検査させることができる場合に該当するものを1、該当しないものを2として解答せよ。

　　注1　無線設備、無線従事者の資格（主任無線従事者の要件に係るものを含む。）及び員数並びに時計及び書類をいう。

ア　免許人が無線局の検査の結果について指示を受け相当な措置をしたときに、当該免許人から総務大臣又は総合通信局長（沖縄総合通信事務所長を含む。）に対し、その措置の内容についての報告があったとき。

イ　無線局の発射する電波の質が電波法第28条の総務省令で定めるものに適合していないと認め、総務大臣が当該無線局に対し臨時に電波の発射の停止を命じたとき。

ウ　無線局の発射する電波の質が電波法第28条の総務省令で定めるものに適合していないため、総務大臣が臨時に電波の発射の停止を命じた無線局からその発射する電波の質が同条の総務省令の定めるものに適合するに至った旨の申出を受けたとき。

エ　電波利用料を納めないため督促状によって督促を受けた免許人が、その督促の期限までに電波利用料を納めないとき。

オ　無線設備が電波法第3章（無線設備）に定める技術基準に適合していないと認め、総務大臣が当該無線設備を使用する無線局の免許人等（注2）に対し、その技術基準に適合するように当該無線設備の修理その他の必要な措置を執るべきことを命じたとき。

　　注2　免許人又は登録人をいう。

答　B-4：アー1　イー3　ウー5　エー8　オー9

　　B-5：アー2　イー1　ウー1　エー2　オー1

令和5年1月期

A-1　無線局の定義を述べた次の記述のうち、電波法（第2条）の規定に照らし、この規定に定めるところに適合するものはどれか。下の1から4までのうちから一つ選べ。

1　無線局とは無線設備及び無線設備の操作を行う者の総体をいう。ただし、受信のみを目的とするものを含まない。

2　無線局とは無線設備及び無線設備の操作又はその監督を行う者の総体をいう。

3　無線局とは無線設備及び無線従事者の総体をいう。ただし、発射する電波が著しく微弱な無線設備で総務省令で定めるものを含まない。

4　無線局とは無線設備及び無線設備を管理する者の総体をいう。

A-2　無線局の免許の有効期間に関する次の記述のうち、電波法施行規則（第7条及び第7条の2）の規定に照らし、これらの規定に定めるところに適合するものはどれか。下の1から4までのうちから一つ選べ。

1　地上基幹放送局（臨時目的放送を専ら行うものに限る。）の免許の有効期間は2年とする。

2　特定実験試験局（総務大臣が公示する周波数、当該周波数の使用が可能な地域及び期間並びに空中線電力の範囲内で開設する実験試験局をいう。）の免許の有効期間は当該周波数の使用が可能な期間とする。

3　実用化試験局の免許の有効期間は1年とする。

4　包括免許に係る陸上移動局の免許の有効期間は2年とする。

A-3　次の記述は、無線設備から発射される電波の強度（電界強度、磁界強度、電力束密度及び磁束密度をいう。）に対する安全施設について述べたものである。電波法施行規則（第21条の4）の規定に照らし、　　　内に入れるべき最も適切な字句の組合せを下の1から4までのうちから一つ選べ。

　無線設備には、当該無線設備から発射される電波の強度が電波法施行規則別表第2号の3の3（電波の強度の値の表）に定める値を超える　A　に　B　のほか容易に出入りすることができないように、施設をしなければならない。ただし、次の(1)から(4)までに掲げる無線局の無線設備については、この限りではない。

法規

答　A-1：1　　A-2：2

(1)　平均電力が20ミリワット以下の無線局の無線設備

(2)　　C　　の無線設備

(3)　地震、台風、洪水、津波、雪害、火災、暴動その他非常の事態が発生し、又は発生するおそれがある場合において、臨時に開設する無線局の無線設備

(4)　(1)から(3)までに掲げるもののほか、この規定を適用することが不合理であるものとして総務大臣が別に告示する無線局の無線設備

	A	B	C
1	場所（人が通常、集合し、通行し、その他出入りする場所に限る。）	無線従事者	移動業務の無線局
2	場所（人が出入りするおそれのあるいかなる場所も含む。）	無線従事者	移動する無線局
3	場所（人が出入りするおそれのあるいかなる場所も含む。）	取扱者	移動業務の無線局
4	場所（人が通常、集合し、通行し、その他出入りする場所に限る。）	取扱者	移動する無線局

A－4　次の記述は、無線局（包括免許に係るものを除く。）の免許が効力を失ったときに執るべき措置等について述べたものである。電波法（第22条から第24条まで及び第78条）及び電波法施行規則（第42条の3）の規定に照らし、　　　　内に入れるべき最も適切な字句の組合せを下の1から4までのうちから一つ選べ。

①　免許人は、その無線局を　　A　　は、その旨を総務大臣に届け出なければならない。

②　免許人が無線局を廃止したときは、免許は、その効力を失う。

③　免許がその効力を失ったときは、免許人であった者は、　　B　　以内にその免許状を返納しなければならない。

④　無線局の免許がその効力を失ったときは、免許人であった者は、遅滞なく空中線の撤去その他の総務省令で定める電波の発射を防止するために必要な措置を講じなければならない。

⑤　④の総務省令で定める電波の発射を防止するために必要な措置は、固定局の無線設備については、空中線を撤去すること（空中線を撤去することが困難な場合にあっては、　　C　　を撤去すること。）とする。

答　　A－3：4

	A	B	C
1	廃止したとき	3箇月	送信機、給電線又は電源設備
2	廃止したとき	1箇月	当該固定局の通信の相手方である無線設備から当該通信に係る空中線若しくは変調部
3	廃止するとき	3箇月	当該固定局の通信の相手方である無線設備から当該通信に係る空中線若しくは変調部
4	廃止するとき	1箇月	送信機、給電線又は電源設備

A－5 送信設備に使用する電波の質及び電波の発射の停止に関する次の記述のうち、電波法（第28条及び第72条）及び無線設備規則（第5条から第7条まで及び第14条）の規定に照らし、これらの規定に定めるところに適合しないものはどれか。下の1から4までのうちから一つ選べ。

　1　総務大臣は、無線局の発射する電波が、総務省令で定める送信設備に使用する電波の周波数の許容偏差に適合していないと認めるときは、当該無線局に対して臨時に電波の発射の停止を命ずることができる。

　2　総務大臣は、無線局の発射する電波が、総務省令で定めるスプリアス発射又は不要発射の強度の許容値に適合していないと認めるときは、当該無線局に対して臨時に電波の発射の停止を命ずることができる。

　3　総務大臣は、無線局の発射する電波が、総務省令で定める空中線電力の許容偏差に適合していないと認めるときは、当該無線局に対して臨時に電波の発射の停止を命ずることができる。

　4　総務大臣は、無線局の発射する電波が、総務省令で定める発射電波に許容される占有周波数帯幅の値に適合していないと認めるときは、当該無線局に対して臨時に電波の発射の停止を命ずることができる。

A－6 次の記述は、人工衛星局の条件について述べたものである。電波法（第36条の2）及び電波法施行規則（第32条の4）の規定に照らし、◻内に入れるべき最も適切な字句の組合せを下の1から4までのうちから一つ選べ。

　①　人工衛星局の無線設備は、遠隔操作により電波の発射を直ちに◻A◻ことのできるものでなければならない。

　②　人工衛星局は、その無線設備の◻B◻を遠隔操作により変更することができるものでなければならない。ただし、総務省令で定める人工衛星局については、この限りで

法

規

答　A－4：4　　A－5：3

ない。

③　対地静止衛星に開設する人工衛星局（実験試験局を除く。）であって、固定地点の地球局相互間の無線通信の中継を行うものは、公称されている位置から　C　にその位置を維持することができるものでなければならない。

	A	B	C
1	停止する	周波数及び空中線電力	経度の（±）0.5度以内
2	低減させる	設置場所	経度の（±）0.5度以内
3	停止する	設置場所	経度の（±）0.1度以内
4	低減させる	周波数及び空中線電力	経度の（±）0.1度以内

A-7　測定器等の較正に関する次の記述のうち、電波法（第102条の18）の規定に照らし、この規定に定めるところに適合するものはどれか。下の1から4までのうちから一つ選べ。

1　無線設備の点検に用いる測定器その他の設備であって総務省令で定めるもの（以下2及び3において「測定器等」という。）の較正は、国立研究開発法人情報通信研究機構（以下2、3及び4において「機構」という。）がこれを行うほか、総務大臣は、その指定する者（以下2、3及び4において「指定較正機関」という。）にこれを行わせなければならない。

2　機構又は指定較正機関による較正を受けた測定器等以外の測定器等には、較正をした旨の表示又はこれと紛らわしい表示を付してはならない。

3　機構又は指定較正機関は、測定器等の較正を行ったときは、総務省令で定めるところにより、その測定器等に較正をした旨の表示を付するとともにこれを公示するものとする。

4　機構又は指定較正機関は、較正を行うときは、総務省令で定める測定器その他の設備を使用し、かつ、総務省令で定める要件を備える者にその較正を行わせなければならない。

A-8　次の表の各欄の事項は、それぞれ電波の型式の記号表示と主搬送波の変調の型式、主搬送波を変調する信号の性質及び伝送情報の型式に分類して表す電波の型式を示すものである。電波法施行規則（第4条の2）の規定に照らし、　　　内に入れるべき最も適切な字句の組合せを下の1から4までのうちから一つ選べ。

電波の型式の記号	電波の型式		
	主搬送波の変調の型式	主搬送波を変調する信号の性質	伝送情報の型式
G9W	角度変調であって、位相変調	A	次の①から⑥までの型式の組合せのもの ①無情報　②電信　③ファクシミリ ④データ伝送、遠隔測定又は遠隔指令 ⑤電話（音響の放送を含む。） ⑥テレビジョン（映像に限る。）
J3E	B	アナログ信号である単一チャネルのもの	電話（音響の放送を含む。）
P0N	パルス変調であって無変調パルス列	変調信号のないもの	C

	A	B	C
1	デジタル信号である2以上のチャネルのもの	振幅変調であって、全搬送波による単側波帯	無情報
2	デジタル信号の1又は2以上のチャネルとアナログ信号の1又は2以上のチャネルを複合したもの	振幅変調であって、抑圧搬送波による単側波帯	無情報
3	デジタル信号である2以上のチャネルのもの	振幅変調であって、抑圧搬送波による単側波帯	電信であって、聴覚受信を目的とするもの
4	デジタル信号の1又は2以上のチャネルとアナログ信号の1又は2以上のチャネルを複合したもの	振幅変調であって、全搬送波による単側波帯	電信であって、聴覚受信を目的とするもの

A-9　空中線電力の表示に関する次の記述のうち、電波法施行規則（第4条の4）の規定に照らし、この規定に定めるところに適合しないものはどれか。下の1から4までのうちから一つ選べ。

1　電波の型式のうち主搬送波の変調の型式が「F」の記号で表される電波を使用する送信設備の空中線電力は、平均電力（pY）をもって表示する。

2　デジタル放送（F7W電波及びG7W電波を使用するものを除く。）を行う地上基幹放送局（注）の送信設備の空中線電力は、平均電力（pY）をもって表示する。
　　注　地上基幹放送試験局及び基幹放送を行う実用化試験局を含む。

3　無線設備規則第3条（定義）第15号に規定するローカル5Gの無線局の送信設備の空中線電力は、平均電力（pY）をもって表示する。

4　電波の型式のうち主搬送波の変調の型式が「J」の記号で表される電波を使用する送信設備の空中線電力は、平均電力（pY）をもって表示する。

答　A-8：2　　A-9：4

A－10　無線局がなるべく擬似空中線回路を使用しなければならない場合に関する次の事項のうち、電波法（第57条）の規定に照らし、この規定に定めるところに該当しないものはどれか。下の1から4までのうちから一つ選べ。

　1　総務大臣又は総合通信局長（沖縄総合通信事務所長を含む。）が行う無線局の検査のために無線局を運用するとき。

　2　実験等無線局を運用するとき。

　3　固定局の無線設備の機器の調整を行うために運用するとき。

　4　基幹放送局の無線設備の機器の試験を行うために運用するとき。

A－11　次の記述は、高圧電気（高周波若しくは交流の電圧300ボルト又は直流の電圧750ボルトを超える電気をいう。）に対する安全施設について述べたものである。電波法施行規則（第25条）の規定に照らし、◻内に入れるべき最も適切な字句の組合せを下の1から4までのうちから一つ選べ。なお、同じ記号の◻内には、同じ字句が入るものとする。

　送信設備の空中線、給電線又はカウンターポイズであって高圧電気を通ずるものは、その高さが人の歩行その他起居する平面から◻A◻以上のものでなければならない。ただし、次の(1)又は(2)の場合は、この限りでない。

　(1)　◻A◻に満たない高さの部分が、◻B◻構造である場合又は人体が容易に触れない位置にある場合

　(2)　移動局であって、その移動体の構造上困難であり、かつ、◻C◻以外の者が出入しない場所にある場合

	A	B	C
1	2.5メートル	絶縁された	取扱者
2	2.5メートル	人体に容易に触れない	無線従事者
3	2メートル	人体に容易に触れない	取扱者
4	2メートル	絶縁された	無線従事者

A－12　一般通信方法における無線通信の原則に関する次の記述のうち、無線局運用規則（第10条）の規定に照らし、この規定に定めるところに適合しないものはどれか。下の1から4までのうちから一つ選べ。

　1　無線通信を行うときは、暗語を使用してはならない。

　2　無線通信は、正確に行うものとし、通信上の誤りを知ったときは、直ちに訂正しなければならない。

　3　無線通信を行うときは、自局の識別信号を付して、その出所を明らかにしなければ

ならない。

4　無線通信に使用する用語は、できる限り簡潔でなければならない。

A－13　次の記述は、第二級陸上無線技術士の資格の無線従事者が行うことのできる無線設備の操作（アマチュア無線局の無線設備の操作を除く。）の範囲について述べたものである。電波法施行令（第3条）の規定に照らし、____内に入れるべき最も適切な字句の組合せを下の1から4までのうちから一つ選べ。なお、同じ記号の____内には、同じ字句が入るものとする。

第二級陸上無線技術士の資格の無線従事者は、次の(1)から(4)までに掲げる無線設備の技術操作を行うことができる。

(1)　空中線電力____A____以下の無線設備（____B____の無線設備を除く。）

(2)　____B____の空中線電力500ワット以下の無線設備

(3)　レーダーで(1)に掲げるもの以外のもの

(4)　(1)及び(3)に掲げる無線設備以外の無線航行局の無線設備で____C____以上の周波数の電波を使用するもの

	A	B	C
1	2キロワット	テレビジョン基幹放送局	960メガヘルツ
2	2キロワット	基幹放送局	770メガヘルツ
3	1キロワット	テレビジョン基幹放送局	770メガヘルツ
4	1キロワット	基幹放送局	960メガヘルツ

A－14　次の記述は、混信等の防止について述べたものである。電波法（第56条）の規定に照らし、____内に入れるべき最も適切な字句の組合せを下の1から4までのうちから一つ選べ。

無線局は、____A____又は電波天文業務（注）の用に供する受信設備その他の総務省令で定める受信設備（無線局のものを除く。）で総務大臣が指定するものにその運用を阻害するような混信その他の____B____なければならない。ただし、____C____については、この限りでない。

注　宇宙から発する電波の受信を基礎とする天文学のための当該電波の受信の業務をいう。

	A	B	C
1	他の無線局	妨害を与えないように運用し	遭難通信、緊急通信、安全通信又は非常通信

答　A－12：1　　A－13：1

2	他の無線局	妨害を与えない機能を有するもので	遭難通信、緊急通信、安全通信、非常通信又はその他総務省令で定める通信
3	重要無線通信を行う無線局	妨害を与えないように運用し	遭難通信、緊急通信、安全通信、非常通信又はその他総務省令で定める通信
4	重要無線通信を行う無線局	妨害を与えない機能を有するもので	遭難通信、緊急通信、安全通信又は非常通信

A－15　総務大臣がその職員を無線局に派遣し、その無線設備等について検査させることができるときに関する次の記述のうち、電波法（第73条第5項）の規定に照らし、この規定に定めるところに適合しないものはどれか。下の1から4までのうちから一つ選べ。

1　無線局の発射する電波の質が電波法第28条の総務省令で定めるものに適合していないため、総務大臣から臨時に電波の発射の停止の命令を受けた当該無線局からその発射する電波の質が同条の総務省令の定めるものに適合するに至った旨の申出を受けたとき。

2　無線局の検査の結果について指示を受けた免許人から、その指示に対する措置の内容に係る報告が総務大臣又は総合通信局長（沖縄総合通信事務所長を含む。）にあったとき。

3　無線局の発射する電波の質が電波法第28条の総務省令で定めるものに適合していないと認め、総務大臣が当該無線局に対して臨時に電波の発射の停止を命じたとき。

4　無線設備が電波法第3章（無線設備）に定める技術基準に適合していないと認め、総務大臣が当該無線設備を使用する無線局の免許人等（注）に対し、その技術基準に適合するように当該無線設備の修理その他の必要な措置を執るべきことを命じたとき。
　　注　免許人又は登録人をいう。

B－1　次の記述は、無線局の開設について述べたものである。電波法（第4条）の規定に照らし、□□□内に入れるべき最も適切な字句を下の1から10までのうちからそれぞれ一つ選べ。なお、同じ記号の□□□内には、同じ字句が入るものとする。

　無線局を開設しようとする者は、□ア□ならない。ただし、次の(1)から(4)までに掲げる無線局については、この限りでない。

(1)　□イ□無線局で総務省令で定めるもの

(2)　26.9メガヘルツから27.2メガヘルツまでの周波数の電波を使用し、かつ、空中線電力が0.5ワット以下である無線局のうち総務省令で定めるものであって、□ウ□のみを使用するもの

答　A－14：1　　A－15：2

(3) 空中線電力が　エ　以下である無線局のうち総務省令で定めるものであって、電波法第4条の3（呼出符号又は呼出名称の指定）の規定により指定された呼出符号又は呼出名称を自動的に送信し、又は受信する機能その他総務省令で定める機能を有することにより他の無線局にその運用を阻害するような混信その他の妨害を与えないように運用することができるもので、かつ、　ウ　のみを使用するもの

(4) 　オ　開設する無線局

1	総務大臣の免許を受けなければ	2	あらかじめ総務大臣に届け出なければ
3	小規模な	4	発射する電波が著しく微弱な
5	その型式について総務大臣の行う検定に合格した無線設備の機器		
6	適合表示無線設備	7	1ワット
8	5ワット	9	総務大臣の登録を受けて
10	地震、台風、洪水、津波その他の非常の事態が発生した場合において臨時に		

B−2　指定周波数帯、周波数の許容偏差等の定義を述べた次の記述のうち、電波法施行規則（第2条）の規定に照らし、この規定に定めるところに適合するものを1、適合しないものを2として解答せよ。

ア　「指定周波数帯」とは、その周波数帯の中央の周波数が割当周波数と一致し、かつ、その周波数帯幅が占有周波数帯幅の許容値と周波数の許容偏差の絶対値の2倍との和に等しい周波数帯をいう。

イ　「周波数の許容偏差」とは、発射によって占有する周波数帯の中央の周波数の基準周波数からの許容することができる最大の偏差又は発射の特性周波数の割当周波数からの許容することができる最大の偏差をいい、百万分率及びヘルツで表わす。

ウ　「占有周波数帯幅」とは、その上限の周波数を超えて輻射され、及びその下限の周波数未満において輻射される平均電力がそれぞれ与えられた発射によって輻射される全平均電力の0.5パーセントに等しい上限及び下限の周波数帯幅をいう。ただし、周波数分割多重方式の場合、テレビジョン伝送の場合等0.5パーセントの比率が占有周波数帯幅及び必要周波数帯幅の定義を実際に適用することが困難な場合においては、異なる比率によることができる。

エ　「必要周波数帯幅」とは、与えられた発射の種別について、特定の条件のもとにおいて、使用される方式に必要な速度及び質で情報の伝送を確保するために十分な占有周波数帯幅の最大値をいう。この場合、低減搬送波方式の搬送波に相当する発射等受信装置の良好な動作に有用な発射は、これに含まれないものとする。

答　B−1：ア−1　イ−4　ウ−6　エ−7　オ−9

オ　「スプリアス発射」とは、必要周波数帯外における1又は2以上の周波数の電波の発射であって、そのレベルを情報の伝送に影響を与えないで低減することができるものをいい、高調波発射、低調波発射、寄生発射及び相互変調積を含み、帯域外発射を含まないものとする。

B-3　固定局の主任無線従事者の職務に関する次の記述のうち、電波法施行規則（第34条の5）の規定に照らし、この規定に定めるところに適合するものを1、適合しないものを2として解答せよ。

ア　主任無線従事者の職務を遂行するために必要な事項に関し総務大臣に対して意見を述べること。

イ　無線業務日誌その他の書類を作成し、又はその作成を監督すること（記載された事項に関し必要な措置を執ることを含む。）。

ウ　主任無線従事者の監督を受けて無線設備の操作を行う者に対する訓練（実習を含む。）の計画を立案し、実施すること。

エ　無線設備の機器の点検若しくは保守を行い、又はその監督を行うこと。

オ　アからエまでに掲げる職務のほか固定局の無線設備の操作及び運用に関し必要と認められる事項。

B-4　次の記述は、地上基幹放送局の呼出符号等の放送について述べたものである。無線局運用規則（第138条）の規定に照らし、□□□内に入れるべき最も適切な字句を下の1から10までのうちからそれぞれ一つ選べ。なお、同じ記号の□□□内には、同じ字句が入るものとする。

①　地上基幹放送局は、放送の□ア□に際しては、自局の呼出符号又は呼出名称（国際放送を行う地上基幹放送局にあっては、周波数及び□イ□を、テレビジョン放送を行う地上基幹放送局にあっては、呼出符号又は呼出名称を表す文字による視覚の手段を併せて）を放送しなければならない。ただし、これを放送することが困難であるか又は不合理である地上基幹放送局であって、別に告示するものについては、この限りでない。

②　地上基幹放送局は、□ウ□時間中は、□エ□自局の呼出符号又は呼出名称（国際放送を行う地上基幹放送局にあっては、周波数及び□イ□を、テレビジョン放送を行う地上基幹放送局にあっては、呼出符号又は呼出名称を表す文字による視覚の手段を併せて）を放送しなければならない。ただし、①のただし書の□オ□は、この限りでな

い。

③　②の場合において地上基幹放送局は、国際放送を行う場合を除くほか、自局である
　　ことを容易に識別することができる方法をもって自局の呼出符号又は呼出名称に代え
　　ることができる。

| 1 | 開始又は終了 | 2 | 開始及び終了 | 3 | 送信方向 | 4 | 空中線電力 |
| 5 | 放送をしている | 6 | 運用許容 | 7 | 毎時１回以上 | 8 | １日１回以上 |

9　地上基幹放送局の場合

10　地上基幹放送局の場合又は放送の効果を妨げるおそれがある場合

B－5　次の記述は、免許人等（注）による総務大臣に対する報告について述べたもので
　　ある。電波法（第80条及び第81条）及び電波法施行規則（第42条の４）の規定に照らし、
　　□□内に入れるべき最も適切な字句を下の１から10までのうちからそれぞれ一つ選べ。
　　注　免許人又は登録人をいう。

①　無線局の免許人等は、次の(1)から(3)までに掲げる場合は、総務省令で定める手続に
　　より総務大臣に報告しなければならない。

　(1)　 ア を行ったとき。

　(2)　電波法又は電波法に基づく イ に違反して運用した無線局を認めたとき。

　(3)　無線局が外国において、あらかじめ総務大臣が告示した以外の運用の制限をされ
　　　たとき。

②　総務大臣は、 ウ その他 エ を確保するため必要があると認めるときは、免許
　　人等に対し、無線局に関し報告を求めることができる。

③　免許人等は、①の場合は、できる限り オ 、文書によって、総務大臣又は総合通
　　信局長（沖縄総合通信事務所長を含む。）に報告しなければならない。この場合にお
　　いて、遭難通信及び緊急通信にあっては、当該通報を発信したとき又は遭難通信を宰
　　領したときに限り、安全通信にあっては、総務大臣が別に告示する簡易な手続により、
　　当該通報の発信に関し、報告するものとする。

1　遭難通信、緊急通信、安全通信、非常通信又はその他総務省令で定める通信

2　遭難通信、緊急通信、安全通信又は非常通信

3	処分	4	命令の規定	5	無線通信の秩序の維持
6	無線通信の円滑な疎通	7	無線局の適正な運用	8	電波の能率的な利用
9	速やかに	10	遅滞なく		

答　B－4：ア－2　イ－3　ウ－5　エ－7　オ－10
　　B－5：ア－2　イ－4　ウ－5　エ－7　オ－9

令和5年7月期

A-1 次に掲げる無線局の免許の申請の審査に関する事項のうち、総務大臣が固定局の免許の申請書を受理し、その申請の審査をする際に、審査する事項に該当しないものはどれか。電波法（第7条）の規定に照らし、下の1から4までのうちから一つ選べ。

1 周波数の割当てが可能であること。

2 その無線局の業務を維持するに足りる経理的基礎及び技術的能力があること。

3 工事設計が電波法第3章（無線設備）に定める技術基準に適合すること。

4 総務省令で定める無線局（基幹放送局を除く。）の開設の根本的基準に合致すること。

A-2 次の記述は、無線局の変更検査について述べたものである。電波法（第18条）の規定に照らし、◻︎内に入れるべき最も適切な字句の組合せを下の1から4までのうちから一つ選べ。

① 電波法第17条第1項の規定により ◻A◻ 又は無線設備の変更の工事の許可を受けた免許人は、総務大臣の検査を受け、当該変更又は工事の結果が同条同項の許可の内容に適合していると認められた後でなければ、◻B◻ を運用してはならない。ただし、総務省令で定める場合は、この限りでない。

② ①の検査は、①の検査を受けようとする者が、当該検査を受けようとする無線設備について登録検査等事業者（注1）又は登録外国点検事業者（注2）が総務省令で定めるところにより行った当該登録に係る点検の結果を記載した書類を総務大臣に提出した場合においては、◻C◻ することができる。

注1 電波法第24条の2（検査等事業者の登録）第1項の登録を受けた者をいう。
2 電波法第24条の13（外国点検事業者の登録等）第1項の登録を受けた者をいう。

	A	B	C
1	無線設備の設置場所の変更	許可に係る無線設備	その一部を省略
2	通信の相手方、通信事項若しくは無線設備の設置場所の変更	許可に係る無線設備	その検査を省略
3	無線設備の設置場所の変更	当該無線局の無線設備	その検査を省略
4	通信の相手方、通信事項若しくは無線設備の設置場所の変更	当該無線局の無線設備	その一部を省略

答 A-1：2 A-2：1

A－3　周波数測定装置の備付け等に関する次の記述のうち、電波法（第31条及び第37条）及び電波法施行規則（第11条の3）の規定に照らし、これらの規定に定めるところに適合しないものはどれか。下の1から4までのうちから一つ選べ。

1　総務省令で定める送信設備には、その誤差が使用周波数の許容偏差の2分の1以下である周波数測定装置を備え付けなければならない。

2　基幹放送局の送信設備であって、空中線電力100ワット以下の送信設備には、電波法第31条に規定する周波数測定装置の備え付けを要しない。

3　26.175MHzを超える周波数の電波を利用する送信設備には、電波法第31条に規定する周波数測定装置の備え付けを要しない。

4　電波法第31条の規定により備え付けなければならない周波数測定装置は、その型式について、総務大臣の行う検定に合格したものでなければ、施設してはならない（注）。

注　総務大臣が行う検定に相当する型式検定に合格している機器その他の機器であって総務省令で定めるものを施設する場合を除く。

A－4　次の記述は、特定無線局（注）の包括免許の付与について述べたものである。電波法（第27条の5）の規定に照らし、□□□内に入れるべき最も適切な字句の組合せを下の1から4までのうちから一つ選べ。

注　電波法第27条の2（特定無線局の免許の特例）第1号又は第2号に掲げる無線局であって、適合表示無線設備のみを使用するものをいう。

① 総務大臣は、電波法第27条の4（申請の審査）の規定により審査した結果、その申請が同条各号に適合していると認めるときは、申請者に対し、次の(1)から(4)までに掲げる事項（特定無線局（電波法第27条の2第2号に掲げる無線局に係るものに限る。）を包括して対象とする免許にあっては、次の(1)から(4)までに掲げる事項（(3)に掲げる事項を除く。）及び無線設備の設置場所とすることができる区域）を指定して、免許を与えなければならない。

(1) 電波の型式及び周波数
(2) 空中線電力
(3) 指定無線局数（□A□をいう。）
(4) 運用開始の期限（□B□をいう。）

② 総務大臣は、①の免許（以下「包括免許」という。）を与えたときは、次の(1)から(6)までに掲げる事項及び①により指定した事項を記載した免許状を交付する。

(1) 包括免許の年月日及び包括免許の番号

答　A－3：2

(2)　包括免許人（包括免許を受けた者をいう。）の氏名又は名称及び住所

(3)　特定無線局の種別

(4)　特定無線局の目的（主たる目的及び従たる目的を有する特定無線局にあっては、その主従の区別を含む。）

(5)　通信の相手方

(6)　包括免許の有効期間

③　包括免許の有効期間は、包括免許の日から起算して　C　を超えない範囲内において総務省令で定める。ただし、再免許を妨げない。

	A	B	C
1	最初に運用を開始する特定無線局の数	1以上の特定無線局の運用を最初に開始する期限	3年
2	最初に運用を開始する特定無線局の数	指定無線局数の10分の1以上の無線局の運用を最初に開始する期限	5年
3	同時に開設されている特定無線局の数の上限	1以上の特定無線局の運用を最初に開始する期限	5年
4	同時に開設されている特定無線局の数の上限	指定無線局数の10分の1以上の無線局の運用を最初に開始する期限	3年

A－5　平均電力等の定義を述べた次の記述のうち、電波法施行規則（第2条）の規定に照らし、この規定に定めるところに適合しないものはどれか。下の1から4までのうちから一つ選べ。

1　「平均電力」とは、通常の動作中の送信機から空中線系の給電線に供給される電力であって、変調において用いられる最低周波数の周期に比較してじゅうぶん長い時間（通常、平均の電力が最大である約10分の1秒間）にわたって平均されたものをいう。

2　「等価等方輻射電力」とは、空中線に供給される電力に、与えられた方向における空中線の絶対利得を乗じたものをいう。

3　「尖頭電力」とは、通常の動作状態において、変調包絡線の最高尖頭における無線周波数1サイクルの間に送信機から空中線系の給電線に供給される平均の電力をいう。

4　「搬送波電力」とは、通常の動作状態における無線周波数1サイクルの間に送信機から空中線系の給電線に供給される最大の電力をいう。ただし、この定義は、パルス変調の発射には適用しない。

答　A－4：3　　A－5：4

A－6　無線局に関する情報の提供に関する次の記述のうち、電波法（第25条）の規定に照らし、この規定に定めるところに適合するものはどれか。下の1から4までのうちから一つ選べ。

1　総務大臣は、電波の利用に関する技術の調査研究及び開発を行う場合その他総務省令で定める場合に必要とされる電波の利用状況の調査又は電波法第27条の12（特定基地局の開設指針）第3項第7号に規定する終了促進措置を行おうとする者の求めに応じ、当該調査又は当該終了促進措置を行うために必要な限度において、当該者に対し、当該者の求める無線局に関する情報を提供することができる。

2　総務大臣は、電波の利用の促進に関する調査研究を行う場合その他総務省令で定める場合に必要とされる電波の有効利用に関する調査を行おうとする者の求めに応じ、当該調査を行うために必要な限度において、当該者に対し、無線局の無線設備の工事設計その他の無線局に関する事項に係る情報であって総務省令で定めるものを提供することができる。

3　総務大臣は、自己の無線局の開設又は周波数の変更をする場合その他総務省令で定める場合に必要とされる混信若しくはふくそうに関する調査又は電波法第27条の12（特定基地局の開設指針）第3項第7号に規定する終了促進措置を行おうとする者の求めに応じ、当該調査又は当該終了促進措置を行うために必要な限度において、当該者に対し、無線局の無線設備の工事設計その他の無線局に関する事項に係る情報であって総務省令で定めるものを提供することができる。

4　総務大臣は、自己の無線局の開設又は周波数の変更をする場合その他総務省令で定める場合に必要とされる混信若しくはふくそうに関する調査又は電波法第27条の12（特定基地局の開設指針）第3項第7号に規定する特定周波数終了対策業務を行おうとする者の求めに応じ、当該調査又は当該特定周波数終了対策業務を行うために必要な限度において、当該者に対し、当該者の求める無線局に関する情報であって総務省令で定めるものを提供することができる。

A－7　次の記述は、伝搬障害防止区域の指定について述べたものである。電波法（第102条の2）の規定に照らし、□□□内に入れるべき最も適切な字句の組合せを下の1から4までのうちから一つ選べ。

① 総務大臣は、□A□メガヘルツ以上の周波数の電波による特定の固定地点間の無線通信で次の(1)から(6)までのいずれかに該当するもの（以下「重要無線通信」という。）の電波伝搬路における当該電波の伝搬障害を防止して、重要無線通信の確保を図るた

め必要があるときは、その必要の範囲内において、当該電波伝搬路の地上投影面に沿い、その中心線と認められる線の両側それぞれ100メートル以内の区域を伝搬障害防止区域として指定することができる。

(1) 電気通信業務の用に供する無線局の無線設備による無線通信

(2) 放送の業務の用に供する無線局の無線設備による無線通信

(3) 人命若しくは財産の保護又は治安の維持の用に供する無線設備による無線通信

(4) 　B　の用に供する無線設備による無線通信

(5) 電気事業に係る電気の供給の業務の用に供する無線設備による無線通信

(6) 鉄道事業に係る列車の運行の業務の用に供する無線設備による無線通信

② ①による伝搬障害防止区域の指定は、政令で定めるところにより告示をもって行わなければならない。

③ 総務大臣は、政令で定めるところにより、②の告示に係る伝搬障害防止区域を表示した図面を総務省及び関係地方公共団体の事務所に備え付け、一般の縦覧に供しなければならない。

④ 総務大臣は、②の告示に係る伝搬障害防止区域について、①による指定の理由が消滅したときは、遅滞なく、その指定を　C　しなければならない。

	A	B	C
1	470	気象業務	停止
2	470	特別業務	解除
3	890	特別業務	停止
4	890	気象業務	解除

A-8 電波の強度（注1）に対する安全施設及び高圧電気（注2）に対する安全施設等に関する次の記述のうち、電波法施行規則（第21条の3、第21条の4、第25条及び第26条）の規定に照らし、これらの規定に定めるところに適合しないものはどれか。下の1から4までのうちから一つ選べ。

注1 電界強度、磁界強度、電力束密度及び磁束密度をいう。

2 高周波若しくは交流の電圧300ボルト又は直流の電圧750ボルトを超える電気をいう。

1 無線設備の空中線系には避雷器又は接地装置を、また、カウンターポイズには接地装置をそれぞれ設けなければならない。ただし、26.175MHz以下の周波数を使用する無線局の無線設備及び陸上移動業務の無線局の無線設備の空中線については、この限りでない。

答 A-7：4

2 送信設備の空中線、給電線若しくはカウンターポイズであって高圧電気を通ずるものは、その高さが人の歩行その他起居する平面から2.5メートル以上のものでなければならない。ただし、次の(1)又は(2)の場合は、この限りでない。

(1) 2.5メートルに満たない高さの部分が、人体に容易に触れない構造である場合又は人体が容易に触れない位置にある場合

(2) 移動局であって、その移動体の構造上困難であり、かつ、無線従事者以外の者が出入しない場所にある場合

3 無線設備は、破損、発火、発煙等により人体に危害を及ぼし、又は物件に損傷を与えることがあってはならない。

4 無線設備には、当該無線設備から発射される電波の強度が電波法施行規則別表第2号の3の3（電波の強度の値の表）に定める値を超える場所（人が通常、集合し、通行し、その他出入りする場所に限る。）に取扱者のほか容易に出入りすることができないように、施設をしなければならない。ただし、次の(1)から(3)までに掲げる無線局の無線設備については、この限りでない。

(1) 平均電力が20ミリワット以下の無線局の無線設備

(2) 移動する無線局の無線設備

(3) 電波法施行規則第21条の4（電波の強度に対する安全施設）第1項第3号又は第4号に定める無線局の無線設備

A−9 次の記述は、人工衛星局の位置の維持について述べたものである。電波法施行規則（第32条の4）の規定に照らし、□□□内に入れるべき最も適切な字句の組合せを下の1から4までのうちから一つ選べ。

① 対地静止衛星に開設する人工衛星局（実験試験局を除く。）であって、固定地点の地球局相互間の無線通信の中継を行うものは、公称されている位置から A 以内にその位置を維持することができるものでなければならない。

② 対地静止衛星に開設する人工衛星局（一般公衆によって直接受信されるための無線電話、テレビジョン、 B 又はファクシミリによる無線通信業務を行うことを目的とするものに限る。）は、公称されている位置から緯度及び経度のそれぞれ（±）0.1度以内にその位置を維持することができるものでなければならない。

③ 対地静止衛星に開設する人工衛星局であって、①及び②の人工衛星局以外のものは、公称されている位置から C 以内にその位置を維持することができるものでなければならない。

答 A−8：1

	A	B	C
1	緯度の（±）0.1度	データ伝送	緯度の（±）0.5度
2	緯度の（±）0.1度	データ通信	経度の（±）0.5度
3	経度の（±）0.1度	データ伝送	経度の（±）0.5度
4	経度の（±）0.1度	データ通信	緯度の（±）0.5度

A－10　周波数の安定のための条件に関する次の記述のうち、無線設備規則（第15条及び第16条）の規定に照らし、これらの規定に定めるところに適合しないものはどれか。下の1から4までのうちから一つ選べ。

1　移動局（移動するアマチュア局を含む。）の送信装置は、実際上起こり得る振動又は衝撃によっても周波数をその許容偏差内に維持するものでなければならない。

2　水晶発振回路に使用する水晶発振子は、周波数をその許容偏差内に維持するため、発振周波数が当該送信装置の水晶発振回路により又はこれと同一の条件の回路によりあらかじめ試験を行って決定されているものでなければならない。

3　周波数をその許容偏差内に維持するため、発振回路の方式は、できる限り外囲の温度又は気圧の変化によって影響を受けないものでなければならない。

4　周波数をその許容偏差内に維持するため、送信装置は、できる限り電源電圧又は負荷の変化によって発振周波数に影響を与えないものでなければならない。

A－11　次に掲げる処分のうち、無線従事者が不正な手段により無線従事者の免許を受けたときに総務大臣から受けることがある処分に該当するものはどれか。電波法（第79条）の規定に照らし、下の1から4までのうちから一つ選べ。

1　無線従事者の免許の取消しの処分

2　3箇月以内の期間を定めてその無線従事者が従事する無線局の運用を停止する処分

3　3箇月以内の期間を定めて無線設備を操作する範囲を制限する処分

4　期間を定めてその無線従事者が従事する無線局の周波数又は空中線電力を制限する処分

A－12　次の記述は、無線通信（注）の秘密の保護について述べたものである。電波法（第59条及び第109条）の規定に照らし、□□□内に入れるべき最も適切な字句の組合せを下の1から4までのうちから一つ選べ。

　　　注　電気通信事業法第4条（秘密の保護）第1項又は第164条（適用除外等）第3項の通信で

答　　A－9：**3**　　A－10：**3**　　A－11：**1**

あるものを除く。

① 何人も法律に別段の定めがある場合を除くほか、 A を傍受してその存在若しくは内容を漏らし、又はこれを窃用してはならない。

② B の秘密を漏らし、又は窃用した者は、1年以下の懲役又は50万円以下の罰金に処する。

③ 無線通信の業務に従事する者がその業務に関し知り得た②の秘密を漏らし、又は窃用したときは、 C 以下の罰金に処する。

	A	B	C
1	暗語を使用する無線通信	無線通信	2年以下の懲役又は100万円
2	暗語を使用する無線通信	無線局の取扱中に係る無線通信	3年以下の懲役又は150万円
3	特定の相手方に対して行われる無線通信	無線局の取扱中に係る無線通信	2年以下の懲役又は100万円
4	特定の相手方に対して行われる無線通信	無線通信	3年以下の懲役又は150万円

A-13 次の記述は、陸上に開設する無線局（アマチュア無線局を除く。）に係る主任無線従事者について述べたものである。電波法（第39条）及び電波法施行規則（第34条の7）の規定に照らし、 内に入れるべき最も適切な字句の組合せを下の1から4までのうちから一つ選べ。なお、同じ記号の 内には、同じ字句が入るものとする。

① 電波法第40条（無線従事者の資格）の定めるところにより無線設備の操作を行うことができる無線従事者以外の者は、無線局の A を行う者（以下「主任無線従事者」という。）として選任された者であって②によりその選任の届出がされたものにより監督を受けなければ、無線局の無線設備の操作（注）を行ってはならない。ただし、総務省令で定める場合は、この限りでない。

　注　簡易な操作であって総務省令で定めるものを除く。

② 無線局の免許人又は登録人は、主任無線従事者を選任したときは、遅滞なく、その旨を総務大臣に届け出なければならない。これを解任したときも、同様とする。

③ 電波法第39条（無線設備の操作）第7項の規定により、免許人、登録人又は電波法第70条の9（登録人以外の者による登録局の運用）第1項の規定により登録局を運用する当該登録局の登録人以外の者は、 B に A に関し総務大臣の行う講習を受けさせなければならない。

答 A-12：3

④　免許人、登録人又は電波法第70条の9第1項の規定により登録局を運用する当該登録局の登録人以外の者は、③の講習を受けた主任無線従事者にその講習を受けた日から　C　以内に講習を受けさせなければならない。当該講習を受けた日以降についても同様とする。

	A	B	C
1	無線設備の操作及び運用	主任無線従事者を選任するときは、当該主任無線従事者に選任の日前6箇月以内	5年
2	無線設備の操作及び運用	主任無線従事者を選任したときは、当該主任無線従事者に選任の日から6箇月以内	10年
3	無線設備の操作の監督	主任無線従事者を選任したときは、当該主任無線従事者に選任の日から6箇月以内	5年
4	無線設備の操作の監督	主任無線従事者を選任するときは、当該主任無線従事者に選任の日前6箇月以内	10年

A-14　非常通信、非常の場合の無線通信及び非常の場合の通信体制の整備に関する次の記述のうち、電波法（第52条、第74条及び第74条の2）及び無線局運用規則（第136条）の規定に照らし、これらの規定に定めるところに適合しないものはどれか。下の1から4までのうちから一つ選べ。

1　総務大臣は、地震、台風、洪水、津波、雪害、火災、暴動その他非常の事態が発生し、又は発生するおそれがある場合においては、人命の救助、災害の救援、交通通信の確保又は秩序の維持のために必要な通信を無線局に行うことを要請することができる。

2　総務大臣は、電波法第74条（非常の場合の無線通信）第1項に規定する通信の円滑な実施を確保するため必要な体制を整備するため、非常の場合における通信計画の作成、通信訓練の実施その他の必要な措置を講じておかなければならない。

3　非常通信の取扱を開始した後、有線通信の状態が復旧した場合は、速やかにその取扱を停止しなければならない。

4　非常通信とは、地震、台風、洪水、津波、雪害、火災、暴動その他非常の事態が発生し、又は発生するおそれがある場合において、有線通信を利用することができないか又はこれを利用することが著しく困難であるときに人命の救助、災害の救援、交通通信の確保又は秩序の維持のために行われる無線通信をいう。

　答　　A-13：3　　　A-14：1

A-15 次の記述は、混信等の防止について述べたものである。電波法（第56条）及び電波法施行規則（第50条の2）の規定に照らし、____内に入れるべき最も適切な字句の組合せを下の1から4までのうちから一つ選べ。

① 無線局は、__A__又は電波天文業務（注）の用に供する受信設備その他の総務省令で定める受信設備（無線局のものを除く。）で総務大臣が指定するものにその運用を阻害するような混信その他の__B__なければならない。ただし、遭難通信、緊急通信、安全通信及び非常通信については、この限りでない。

　注　宇宙から発する電波の受信を基礎とする天文学のための当該電波の受信の業務をいう。

② ①の指定に係る受信設備は、次の(1)又は(2)に掲げるもの（__C__するものを除く。）とする。

(1) 電波天文業務の用に供する受信設備

(2) 宇宙無線通信の電波の受信を行う受信設備

	A	B	C
1	重要無線通信を行う無線局	妨害を与えないように運用し	固定
2	他の無線局	妨害を与えないように運用し	移動
3	他の無線局	妨害を与えない機能を有するもので	固定
4	重要無線通信を行う無線局	妨害を与えない機能を有するもので	移動

B-1 固定局の免許がその効力を失ったときに、免許人であった者が執るべき措置に関する次の記述のうち、電波法（第24条及び第78条）の規定に照らし、これらの規定に定めるところに適合するものを1、適合しないものを2として解答せよ。

ア　速やかにその無線設備を撤去しなければならない。

イ　1箇月以内にその免許状を返納しなければならない。

ウ　遅滞なく無線従事者の解任届を提出しなければならない。

エ　速やかに無線局免許申請書の添付書類の写しを総務大臣に返納しなければならない。

オ　遅滞なく空中線の撤去その他の総務省令で定める電波の発射を防止するために必要な措置を講じなければならない。

B-2 次の記述は、受信設備の条件について述べたものである。電波法（第29条）及び無線設備規則（第24条）の規定に照らし、____内に入れるべき最も適切な字句を下の1から10までのうちからそれぞれ一つ選べ。なお、同じ記号の____内には、同じ字句が入るものとする。

答　A-15：2

　　B-1：ア-2　イ-1　ウ-2　エ-2　オ-1

① 受信設備は、その ア に発する電波又は イ が、総務省令で定める限度を超えて他の無線設備の ウ を与えるものであってはならない。

② ①の ア に発する電波が他の無線設備の ウ を与えない限度は、 エ と電気的常数の等しい擬似空中線回路を使用して測定した場合に、その回路の電力が オ 以下でなければならない。

③ 無線設備規則第24条（ ア に発する電波等の限度）の規定において、②にかかわらず別に定めのある場合は、その定めによるものとする。

1 副次的	2 派生的	3 高周波電流	4 電界
5 機能に支障	6 運用に混信	7 受信装置	8 受信空中線
9 4ミリワット	10 4ナノワット		

B-3　無線従事者の免許証に関する次の記述のうち、電波法施行規則（第38条）及び無線従事者規則（第47条、第50条及び第51条）の規定に照らし、これらの規定に定めるところに適合するものを1、適合しないものを2として解答せよ。

ア　無線従事者が引き続き5年以上無線局の無線設備の操作に従事しなかったときは、免許は効力を失うものとし、遅滞なく免許証を総務大臣又は総合通信局（沖縄総合通信事務所長を含む。以下イ、ウ、エ及びオにおいて同じ。）に返納しなければならない。

イ　無線従事者は、免許の取消しの処分を受けたときは、その処分を受けた日から10日以内にその免許証を総務大臣又は総合通信局長に返納しなければならない。

ウ　無線従事者は、免許証を失ったために免許証の再交付を受けようとするときは、無線従事者免許証再交付申請書に写真1枚を添えて総務大臣又は総合通信局長に提出しなければならない。

エ　無線従事者は、免許証の再交付を受けた後失った免許証を発見したときは、その発見した日から10日以内に再交付を受けた免許証を総務大臣又は総合通信局長に返納しなければならない。

オ　総務大臣又は総合通信局長は、無線従事者の免許を与えたときは、免許証を交付するものとし、無線従事者は、その業務に従事しているときは、免許証を総務大臣又は総合通信局長の要求に応じて直ちに提示することができる場所に保管しておかなければならない。

答　B-2：ア-1　イ-3　ウ-5　エ-8　オ-10
　　B-3：ア-2　イ-1　ウ-1　エ-2　オ-2

B-4　次の記述は、周波数等の変更について述べたものである。電波法（第71条）の規定に照らし、□内に入れるべき最も適切な字句を下の1から10までのうちからそれぞれ一つ選べ。なお、同じ記号の□内には、同じ字句が入るものとする。

① 総務大臣は、ア必要があるときは、無線局のイに支障を及ぼさない範囲内に限り、当該無線局（登録局を除く。）のウの指定を変更し、又は登録局のウ若しくはエの変更を命ずることができる。

② ①によりエの変更の命令を受けた免許人は、その命令に係る措置を講じたときは、速やかに、その旨をオしなければならない。

1　混信の除去その他特に
2　電波の規整その他公益上
3　運用
4　目的の遂行
5　周波数若しくは空中線電力
6　電波の型式、周波数若しくは空中線電力
7　人工衛星局の無線設備の設置場所
8　無線局の無線設備の設置場所
9　総務大臣に報告
10　無線業務日誌に記載

B-5　次の記述は、無線局（登録局を除く。）における免許状記載事項の遵守について述べたものである。電波法（第53条、第54条及び第110条）の規定に照らし、□内に入れるべき最も適切な字句を下の1から10までのうちからそれぞれ一つ選べ。なお、同じ記号の□内には、同じ字句が入るものとする。

① 無線局を運用する場合においては、ア、識別信号、電波の型式及び周波数は、その無線局の免許状に記載されたところによらなければならない。ただし、イについては、この限りでない。

② 無線局を運用する場合においては、空中線電力は、次の(1)及び(2)に定めるところによらなければならない。ただし、イについては、この限りでない。

(1)　免許状に記載されたものの範囲内であること。

(2)　通信を行うためウであること。

③ エに違反して無線局を運用した者は、オに処する。

1　無線設備
2　無線設備の設置場所
3　遭難通信
4　遭難通信、緊急通信、安全通信又は非常通信
5　必要最小のもの
6　必要かつ十分なもの
7　①又は②（(2)を除く。）
8　①又は②
9　3年以下の懲役又は150万円以下の罰金
10　1年以下の懲役又は100万円以下の罰金

答　B-4：ア-2　イ-4　ウ-5　エ-7　オ-9
　　B-5：ア-2　イ-3　ウ-5　エ-7　オ-10

A-1 次の記述は、無線局の開設について述べたものである。電波法（第4条）の規定に照らし、_____内に入れるべき最も適切な字句の組合せを下の1から4までのうちから一つ選べ。なお、同じ記号の_____内には、同じ字句が入るものとする。

無線局を開設しようとする者は、総務大臣の免許を受けなければならない。ただし、次の(1)から(4)までに掲げる無線局については、この限りでない。

(1) 発射する電波が著しく微弱な無線局で総務省令で定めるもの

(2) 26.9メガヘルツから27.2メガヘルツまでの周波数の電波を使用し、かつ、空中線電力が0.5ワット以下である無線局のうち総務省令で定めるものであって、 A のみを使用するもの

(3) 空中線電力が B 以下である無線局のうち総務省令で定めるものであって、電波法第4条の3（呼出符号又は呼出名称の指定）の規定により指定された呼出符号又は呼出名称を自動的に送信し、又は受信する機能その他総務省令で定める機能を有することにより他の無線局にその運用を阻害するような混信その他の妨害を与えないように運用することができるもので、かつ、 A のみを使用するもの

(4) 電波法第27条の21第1項の C を受けて開設する無線局

	A	B	C
1	適合表示無線設備	0.1ワット	認定
2	その型式について総務大臣の行う検定に合格した無線設備の機器	0.1ワット	登録
3	適合表示無線設備	1ワット	登録
4	その型式について総務大臣の行う検定に合格した無線設備の機器	1ワット	認定

A-2 次に掲げる無線局のうち、日本の国籍を有しない人又は外国の法人若しくは団体に対して総務大臣が免許を与えない無線局に該当するものはどれか。電波法（第5条）の規定に照らし、下の1から4までのうちから一つ選べ。

1 海岸局（電気通信業務を行うことを目的として開設するものを除く。）

2 電気通信業務を行うことを目的とする無線局の無線設備を搭載する人工衛星の位置、姿勢等を制御することを目的として陸上に開設する無線局

答　A-1：3

3　特定の固定地点間の無線通信を行う無線局（実験等無線局、アマチュア無線局、大使館、公使館又は領事館の公用に供するもの及び電気通信業務を行うことを目的とするものを除く。）

4　実験等無線局

A－3　送信設備の空中線電力の許容偏差に関する次の記述のうち、無線設備規則（第14条）の規定に照らし、この規定に定めるところに適合するものはどれか。下の1から4までのうちから一つ選べ。

1　超短波放送を行う地上基幹放送局の送信設備の空中線電力の許容偏差は、上限10パーセント、下限20パーセントとする。

2　中波放送を行う地上基幹放送局の送信設備の空中線電力の許容偏差は、上限20パーセント、下限20パーセントとする。

3　5GHz帯無線アクセスシステムの無線局の送信設備の空中線電力の許容偏差は、上限10パーセント、下限50パーセントとする。

4　道路交通情報通信を行う無線局（2.5GHz帯の周波数の電波を使用し、道路交通に関する情報を送信する特別業務の局をいう。）の送信設備の空中線電力の許容偏差は、上限50パーセント、下限70パーセントとする。

A－4　次の記述は、陸上に開設する無線局の免許の承継について述べたものである。電波法（第20条）の規定に照らし、　　　内に入れるべき最も適切な字句の組合せを下の1から4までのうちから一つ選べ。なお、同じ記号の　　　内には、同じ字句が入るものとする。

①　免許人について相続があったときは、その相続人は、免許人の地位を承継する。

②　免許人たる法人が合併又は分割（無線局をその用に供する事業の全部を承継させるものに限る。）をしたときは、合併後存続する法人若しくは合併により設立された法人又は分割により当該事業の全部を承継した法人は、　A　。

③　免許人が無線局をその用に供する事業の全部の譲渡しをしたときは、譲受人は、　A　。

④　　B　免許人の地位を承継した者は、遅滞なく、その事実を証する書面を添えてその旨を　C　。

	A	B	C
1	免許人の地位を承継する	①から③までにより	総務大臣に届け出なければない
2	総務大臣の許可を受けて免許人の地位を承継することができる	①により	総務大臣に届け出なければならない
3	総務大臣の許可を受けて免許人の地位を承継することができる	①から③までにより	総務大臣に届け出て、その無線局の検査を受けなければならない
4	免許人の地位を承継する	①により	総務大臣に届け出て、その無線局の検査を受けなければならない

A－5　受信設備の条件並びに免許等を要しない無線局（注1）及び受信設備に対する総務大臣の監督に関する次の記述のうち、電波法（第29条及び第82条）及び無線設備規則（第24条）の規定に照らし、これらの規定に定めるところに適合しないものはどれか。下の1から4までのうちから一つ選べ。

注1　電波法第4条（無線局の開設）第1号から第3号までに掲げる無線局をいう。

1　総務大臣は、受信設備が副次的に発する電波又は高周波電流が他の無線設備の機能に継続的かつ重大な障害を与えるときは、その設備の所有者又は占有者に対し、その障害を除去するために必要な措置を執るべきことを命ずることができる。

2　総務大臣は、免許等を要しない無線局の無線設備の発する電波が他の無線設備の機能に継続的かつ重大な障害を与えるときは、その設備の所有者又は占有者に対し、その障害を除去するために必要な措置を執るべきことを命ずることができ、免許等を要しない無線局の無線設備について、その必要な措置を執るべきことを命じた場合においては、当該措置の内容の報告を求めることができる。

3　電波法第29条（受信設備の条件）に規定する副次的に発する電波が他の無線設備の機能に支障を与えない限度は、受信空中線と電気的常数の等しい擬似空中線回路を使用して測定した場合に、その回路の電力が4ナノワット以下でなければならない。（注2）

注2　無線設備規則第24条（副次的に発する電波等の限度）各項の規定において、別段の定めのあるものは、その定めるところによるものとする。

4　受信設備は、その副次的に発する電波又は高周波電流が、総務省令で定める限度を超えて他の無線設備の機能に支障を与えるものであってはならない。

答　A－4：2　　A－5：2

A－6 送信空中線の型式及び構成等に関する次の事項のうち、無線設備規則（第20条）の規定に照らし、この規定に定めるところに該当しないものはどれか。下の1から4までのうちから一つ選べ。

1 空中線の利得及び能率がなるべく大であること。

2 満足な指向特性が得られること。

3 整合が十分であること。

4 空中線の近傍にある物体による影響をなるべく受けないものであること。

A－7 次の記述は、周波数の許容偏差、占有周波数帯幅及びスプリアス発射の定義を述べたものである。電波法施行規則（第2条）の規定に照らし、____内に入れるべき最も適切な字句の組合せを下の1から4までのうちから一つ選べ。なお、同じ記号の____内には、同じ字句が入るものとする。

① 「周波数の許容偏差」とは、発射によって占有する周波数帯の中央の周波数の割当周波数からの許容することができる最大の偏差又は発射の A からの許容することができる最大の偏差をいい、百万分率又はヘルツで表す。

② 「占有周波数帯幅」とは、その上限の周波数を超えて輻射され、及びその下限の周波数未満において輻射される B がそれぞれ与えられた発射によって輻射される全 B の0.5パーセントに等しい上限及び下限の周波数帯幅をいう。ただし、周波数分割多重方式の場合、テレビジョン伝送の場合等0.5パーセントの比率が占有周波数帯幅及び必要周波数帯幅の定義を実際に適用することが困難な場合においては、異なる比率によることができる。

③ 「スプリアス発射」とは、必要周波数帯外における1又は2以上の周波数の電波の発射であって、そのレベルを情報の伝送に影響を与えないで低減することができるものをいい、 C ものとする。

	A	B	C
1	特性周波数の基準周波数	平均電力	高調波発射、低調波発射、寄生発射及び相互変調積を含み、帯域外発射を含まない
2	割当周波数の基準周波数	平均電力	高調波発射、低調波発射及び寄生発射を含み、相互変調積及び帯域外発射を含まない
3	割当周波数の基準周波数	搬送波電力	高調波発射、低調波発射、寄生発射及び相互変調積を含み、帯域外発射を含まない
4	特性周波数の基準周波数	搬送波電力	高調波発射、低調波発射及び寄生発射を含み、相互変調積及び帯域外発射を含まない

答 A－6：4 A－7：1

A－8　次の表の各欄の事項は、それぞれ電波の型式の記号表示と主搬送波の変調の型式、主搬送波を変調する信号の性質及び伝送情報の型式に分類して表す電波の型式を示すものである。電波法施行規則（第4条の2）の規定に照らし、□□内に入れるべき最も適切な字句の組合せを下の1から4までのうちから一つ選べ。

電波の型式の記号	電　波　の　型　式		
	主搬送波の変調の型式	主搬送波を変調する信号の性質	伝送情報の型式
G1B	角度変調であって、位相変調	デジタル信号である単一チャネルのものであって、変調のための副搬送波を使用しないもの	A
F9E	角度変調であって、周波数変調	B	電話（音響の放送を含む。）
A2D	C	デジタル信号である単一チャネルのものであって、変調のための副搬送波を使用するもの	データ伝送、遠隔測定又は遠隔指令

	A	B	C
1	電信であって、聴覚受信を目的とするもの	デジタル信号の1又は2以上のチャネルとアナログ信号の1又は2以上のチャネルを複合したもの	振幅変調であって、全搬送波による単側波帯
2	電信であって、自動受信を目的とするもの	アナログ信号である2以上のチャネルのもの	振幅変調であって、全搬送波による単側波帯
3	電信であって、自動受信を目的とするもの	デジタル信号の1又は2以上のチャネルとアナログ信号の1又は2以上のチャネルを複合したもの	振幅変調であって、両側波帯
4	電信であって、聴覚受信を目的とするもの	アナログ信号である2以上のチャネルのもの	振幅変調であって、両側波帯

A－9　次の記述は、高圧電気に対する安全施設について述べたものである。電波法施行規則（第22条から第24条まで）の規定に照らし、□□内に入れるべき最も適切な字句の組合せを下の1から4までのうちから一つ選べ。なお、同じ記号の□□内には、同じ字句が入るものとする。

①　高圧電気（高周波若しくは交流の電圧300ボルト又は直流の電圧　A　を超える電気をいう。以下同じ。）を使用する電動発電機、変圧器、ろ波器、整流器その他の機器は、外部より容易に触れることができないように、　B　又は接地された金属しゃ

答　A－8：3

へい体の内に収容しなければならない。ただし、　C　のほか出入できないように設備した場所に装置する場合は、この限りでない。

② 送信設備の各単位装置相互間をつなぐ電線であって高圧電気を通ずるものは、線溝若しくは丈夫な絶縁体又は接地された金属しゃへい体の内に収容しなければならない。ただし、　C　のほか出入できないように設備した場所に装置する場合は、この限りでない。

③ 送信設備の調整盤又は外箱から露出する電線に高圧電気を通ずる場合においては、その電線が絶縁されているときであっても、電気設備に関する技術基準を定める省令（昭和40年通商産業省令第61号）の規定するところに準じて保護しなければならない。

	A	B	C
1	750ボルト	しゃへい室	無線従事者
2	750ボルト	絶縁しゃへい体	取扱者
3	500ボルト	しゃへい室	取扱者
4	500ボルト	絶縁しゃへい体	無線従事者

A－10　空中線の指向特性を定める次の事項のうち、無線設備規則（第22条）の規定に照らし、この規定に定めるところに該当しないものはどれか。下の1から4までのうちから一つ選べ。

1　主輻射方向及び副輻射方向

2　給電線よりの輻射

3　水平面の主輻射の角度の幅

4　空中線の利得及び能率

A－11　次の記述は、主任無線従事者の非適格事由について述べたものである。電波法（第39条）及び電波法施行規則（第34条の3）の規定に照らし、　　内に入れるべき最も適切な字句の組合せを下の1から4までのうちから一つ選べ。なお、同じ記号の　　内には、同じ字句が入るものとする。

① 主任無線従事者は、電波法第40条（無線従事者の資格）の定めるところにより、無線設備の操作の監督を行うことができる無線従事者であって、総務省令で定める事由に該当しないものでなければならない。

② ①の総務省令で定める事由は、次の(1)から(3)までのとおりとする。

(1) 電波法第9章（罰則）の罪を犯し罰金以上の刑に処せられ、その執行を終わり、

又はその執行を受けることがなくなった日から　A　を経過しない者に該当する者
であること。

(2) 電波法第79条（無線従事者の免許の取消し等）第1項第1号の規定により業務に
従事することを　B　され、その処分の期間が終了した日から　C　を経過してい
ない者であること。

(3) 主任無線従事者として選任される日以前5年間において無線局（無線従事者の選任
を要する無線局でアマチュア局以外のものに限る。）の無線設備の操作又はその監督
の業務に従事した期間が　C　に満たない者であること。

	A	B	C
1	2 年	制限	6 箇月
2	3 年	制限	3 箇月
3	3 年	停止	6 箇月
4	2 年	停止	3 箇月

A－12　次の記述は、固定局又は陸上移動業務の無線局の免許状に記載された事項の遵守
について述べたものである。電波法（第52条）及び電波法施行規則（第37条）の規定に照
らし、　　　内に入れるべき最も適切な字句の組合せを下の1から4までのうちから一つ
選べ。

① 無線局は、免許状に記載された　A　の範囲を超えて運用してはならない。ただし、
次の(1)から(6)までに掲げる通信については、この限りでない。

(1) 遭難通信　　　(2) 緊急通信　　　(3) 安全通信

(4) 非常通信　　　(5) 放送の受信　　　(6) その他総務省令で定める通信

② 次の(1)から(5)までに掲げる通信は、①の(6)の「総務省令で定める通信」とする。

(1) 　B

(2) 電波の規正に関する通信

(3) 電波法第74条（非常の場合の無線通信）第1項に規定する通信の訓練のために行
う通信

(4) 　C　に関し急を要する通信（他の電気通信系統によっては、当該通信の目的を
達することが困難である場合に限る。）

(5) (1)から(4)までに掲げる通信のほか電波法施行規則第37条（免許状の目的等にかか
わらず運用することができる通信）各号に掲げる通信

	A	B	C
1	目的又は通信の相手方若しくは通信事項	無線機器の試験又は調整をするために行う通信	人命の救助
2	目的、通信の相手方若しくは通信事項又は電波の型式及び周波数	無線機器の試験又は調整をするために行う通信	国の事務
3	目的又は通信の相手方若しくは通信事項	免許人以外の者のための通信であって、急を要するもの	国の事務
4	目的、通信の相手方若しくは通信事項又は電波の型式及び周波数	免許人以外の者のための通信であって、急を要するもの	人命の救助

A−13　無線局がなるべく擬似空中線回路を使用しなければならない場合に関する次の事項のうち、電波法（第57条）の規定に照らし、この規定に定めるところに該当しないものはどれか。下の1から4までのうちから一つ選べ。

1　基幹放送局の無線設備の機器の試験を行うために運用するとき。

2　総務大臣又は総合通信局長（沖縄総合通信事務所長を含む。）が行う無線局の検査のために無線局を運用するとき。

3　実験等無線局を運用するとき。

4　固定局の無線設備の機器の調整を行うために運用するとき。

A−14　総務大臣に対する報告に関する次の記述のうち、電波法（第80条及び第81条）の規定に照らし、これらの規定に定めるところに適合しないものはどれか。下の1から4までのうちから一つ選べ。

1　総務大臣は、無線通信の秩序の維持その他無線局の適正な運用を確保するため必要があると認めるときは、免許人又は登録人に対し、無線局に関し報告を求めることができる。

2　無線局の免許人又は登録人は、非常通信を行ったときは、総務省令で定める手続により、総務大臣に報告しなければならない。

3　無線局の免許人又は登録人は、電波法第74条（非常の場合の無線通信）第1項に規定する通信の訓練のために行う通信を行ったときは、総務省令で定める手続により、総務大臣に報告しなければならない。

4　無線局の免許人又は登録人は、電波法又は電波法に基づく命令の規定に違反して運用した無線局を認めたときは、総務省令で定める手続により、総務大臣に報告しなければならない。

答　A−12：1　　A−13：2　　A−14：3

A－15　次の記述は、周波数の測定について述べたものである。無線局運用規則（第4条）の規定に照らし、____内に入れるべき最も適切な字句の組合せを下の1から4までのうちから一つ選べ。なお、同じ記号の____内には、同じ字句が入るものとする。

① 電波法第31条の規定により周波数測定装置を備え付けた無線局は、__A__自局の発射する電波の周波数（電波法施行規則第11条の3（周波数測定装置の備付け）第3号に該当する送信設備の使用電波の周波数を測定することとなっている無線局であるときは、それらの周波数を含む。）を測定しなければならない。

② 電波法施行規則第11条の3第4号の規定による送信設備を有する無線局は、別に備え付けた電波法第31条の周波数測定装置により、__A__当該送信設備の発射する電波の周波数を測定しなければならない。

③ ①又は②の測定の結果、その偏差が許容値を超えるときは、直ちに__B__。

④ ①及び②の無線局は、その周波数測定装置を__C__電波法第31条に規定する確度を保つように較正しておかなければならない。

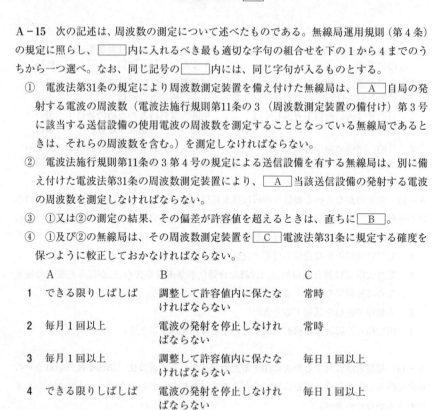

	A	B	C
1	できる限りしばしば	調整して許容値内に保たなければならない	常時
2	毎月1回以上	電波の発射を停止しなければならない	常時
3	毎月1回以上	調整して許容値内に保たなければならない	毎日1回以上
4	できる限りしばしば	電波の発射を停止しなければならない	毎日1回以上

B－1　無線局（包括免許に係るものを除く。）の予備免許等に関する次の記述のうち、電波法（第8条、第9条、第11条、第15条及び第19条）及び無線局免許手続規則（第15条の4）の規定に照らし、これらの規定に定めるところに適合するものを1、適合しないものを2として解答せよ。

ア　無線局の予備免許を受けた者は、予備免許の際に指定された工事落成の期限を延長しようとするときは、あらかじめ総務大臣に申請しなければならない。

イ　無線局の予備免許を受けた者が指定された電波の型式及び周波数の指定の変更を希望し、これに伴い工事設計を変更（総務省令で定める軽微な事項を除く。）しようとするときは、総務大臣に電波の型式及び周波数の指定の変更を申請し、その指定の変更を受けるとともに、その工事設計の変更についてあらかじめ総務大臣に届け出なけ

答　A－15：1

ればならない。

ウ　無線局の予備免許を受けた者が総務省令で定める軽微な事項について工事設計を変更したときは、遅滞なく、その旨を総務大臣に届け出なければならない。

エ　無線局の予備免許を受けた者から、電波法第8条（予備免許）の規定により指定された工事落成の期限（この期限の延長があったときは、その期限）経過後2週間以内に電波法第10条（落成後の検査）の規定による工事落成の届出がないときは、総務大臣は、その無線局の予備免許を取り消さなければならない。

オ　適合表示無線設備のみを使用する無線局（宇宙無線通信を行う実験試験局を除く。）の免許については、電波法第8条（予備免許）、第9条（工事設計等の変更）、第10条（落成後の検査）及び第11条（免許の拒否）の規定にかかわらず、総務大臣又は総合通信局長（沖縄総合通信事務所長を含む。）は、その無線局の免許の申請を審査した結果、その申請が電波法第7条（申請の審査）第1項各号又は第2項各号に適合していると認めるときは、電波の型式及び周波数、呼出符号（標識符号を含む。）又は呼出名称、空中線電力並びに運用許容時間を指定して、無線局の免許を与える。

B－2　次の記述は、人工衛星局の条件について述べたものである。電波法（第36条の2）及び電波法施行規則（第32条の5）の規定に照らし、□□内に入れるべき最も適切な字句を下の1から10までのうちからそれぞれ一つ選べ。

①　人工衛星局の無線設備は、遠隔操作により　ア　を直ちに　イ　することのできるものでなければならない。

②　人工衛星局は、その無線設備の　ウ　を遠隔操作により　エ　することができるものでなければならない。ただし、総務省令で定める人工衛星局については、この限りでない。

③　②のただし書の総務省令で定める人工衛星局は、対地静止衛星に開設する　オ　とする。

1　電波の発射　　　　　　　　2　電波の受信　　3　停止　　4　低減

5　電波の型式及び周波数　　　6　設置場所　　　7　制限　　8　変更

9　人工衛星局以外の人工衛星局　10　人工衛星局

B－3　第二級陸上無線技術士の資格を有する無線従事者の操作の範囲に関する次の事項のうち、電波法施行令（第3条）の規定に照らし、この規定に定めるところに適合するものを1、適合しないものを2として解答せよ。

答　　B－1：ア－1　イ－2　ウ－1　エ－2　オ－1

　　　　B－2：ア－1　イ－3　ウ－6　エ－8　オ－9

ア 超短波放送を行う基幹放送局の空中線電力2キロワットの無線設備の技術操作

イ レーダーの技術操作

ウ 航空局の空中線電力2キロワットの無線設備の技術操作

エ 海岸局の空中線電力5キロワットの無線設備の技術操作

オ テレビジョン基幹放送局の空中線電力1キロワットの無線設備の技術操作

B-4 無線局の一般通信方法における無線通信の原則に関する次の記述のうち、無線局運用規則（第10条）の規定に照らし、この規定に定めるところに適合するものを1、適合しないものを2として解答せよ。

ア 無線通信は、迅速に行うものとし、できる限り短時間に行わなければならない。

イ 無線通信は、正確に行うものとし、通信上の誤りを知ったときは、直ちに訂正しなければならない。

ウ 無線通信を行うときは、自局の識別信号を付して、その出所を明らかにしなければならない。

エ 固定業務及び陸上移動業務における通信においては、暗語を使用してはならない。

オ 無線通信に使用する用語は、できる限り簡潔でなければならない。

B-5 次の記述は、無線局の発射する電波の質が総務省令で定めるものに適合していないと認めるときに総務大臣が行う処分等について述べたものである。電波法（第72条及び第73条）の規定に照らし、□□□内に入れるべき最も適切な字句を下の1から10までのうちからそれぞれ一つ選べ。なお、同じ記号の□□□内には、同じ字句が入るものとする。

① 総務大臣は、無線局の発射する電波の質が電波法第28条の総務省令で定めるものに適合していないと認めるときは、当該無線局に対して臨時に □ア□ を命ずることができる。

② 総務大臣は、①の命令を受けた無線局からその発射する電波の質が電波法第28条の総務省令の定めるものに適合するに至った旨の申出を受けたときは、その無線局に □イ□ させなければならない。

③ 総務大臣は、②により発射する電波の質が電波法第28条の総務省令で定めるものに適合しているときは、直ちに □ウ□ しなければならない。

④ 総務大臣は、電波法第71条の5（技術基準適合命令）の規定により無線設備が電波法第3章（無線設備）に定める技術基準に適合していないと認め、当該無線設備を使用する無線局の免許人又は登録人に対し、その技術基準に適合するように当該無線設

答 B-3：ア-1 イ-1 ウ-1 エ-2 オ-2
　　B-4：ア-2 イ-1 ウ-1 エ-2 オ-1

備の　エ　その他の必要な措置を執るべきことを命じたとき、①の　ア　を命じたとき、②の申出があったとき、無線局のある船舶又は航空機が外国へ出港しようとするとき、その他この法律の施行を確保するため特に必要があるときは、　オ　ことができる。

1	無線局の運用の停止	2	電波の発射の停止
3	電波を試験的に発射	4	その電波の質の測定結果を報告
5	①の無線局の運用の停止を解除	6	①の電波の発射の停止を解除
7	修理	8	取替え
9	その職員を無線局に派遣し、その無線設備等（注）を検査させる		
10	免許人又は登録人に対し、文書で報告を求める		

　　注　無線設備、無線従事者の資格及び員数並びに時計及び書類をいう。

答　B−5：ア−2　イ−3　ウ−6　エ−7　オ−9

第二級陸上無線技術士出題状況

表内のAはA問題、BはB問題、数字は問題番号です。問題番号のない行は、かつて出題された項目でしたが、現在でも出題の可能性があるため、そのまま残してあります。

[法規]

凡例　(法) 電波法　　　　　　　(施令) 電波法施行令
　　　(施) 電波法施行規則　　　(免) 無線局免許手続規則
　　　(従) 無線従事者規則　　　(運) 無線局運用規則

＊他項目と重複

二陸技　法規	平成31年1月期	令和元年7月期	令和2年1月期	令和2年11月臨時	令和3年1月期	令和3年7月期	令和4年1月期	令和4年7月期	令和5年1月期	令和5年7月期	令和6年1月期
無線局 (5)		A1							A1		
割当周波数 (56)	A6*		A8*		A6*		B2*				
特性周波数 (57)			A8*		A6*		B2*				
基準周波数 (58)	A6*		A8*		A6*						
周波数の許容偏差 (59)	A6*		A8*					B2*	B2*		A7*
指定周波数帯 (60)	A6*							B2*			
占有周波数帯幅 (61)									B2*		A7*
必要周波数帯幅 (62)								B2*			
スプリアス発射 (63)			A3*				A6*	B2*	B2*		A7*
帯域外発射 (63の2)			A3*				A6*	B2*			
不要発射 (63の3)			A3*				A6*				
スプリアス領域 (63の4)			A3*				A6*				
帯域外領域 (63の5)											
空中線電力 (68)											
尖頭電力 (69)			A5*		A9*				A5*		
平均電力 (70)			A5*		A9*				A5*		
搬送波電力 (71)			A5*		A9*				A5*		
規格電力 (72)					A9*						
空中線の利得 (74)											
空中線の絶対利得 (75)											
空中線の相対利得 (76)											
実効輻射電力 (78)					A9*						
等価等方輻射電力 (78の2)			A5*						A5*		
電波の型式の表示 (施4の2)			A7	A8	B2	A7		A9	A8		A8
空中線電力の表示 (施4の4)	A7						A8			A9	
無線局の開設 (法4)		B1	A2*		A1			A4*	B1		A1
欠格事由 (法5)			A2		A1		A1				A2
免許の申請 (法6)				A2							
申請の審査 (法7)	B1		A1		B1				A1		
予備免許 (法8)	A1*		A3*	B1	B1*	B1*					B1*
工事設計等の変更 (法9)	A1*		A3*			B1*	A1				B1*
落成後の検査 (法10)					A2			A2			
免許の拒否 (法11)	A1*		A3*		A2						B1*
免許の有効期間 (法13)		A3*		B1*			A1*				
免許等の有効期間 (施7)		A3*		B1*			A1*		A2*		
包括免許の有効期間 (施7の2)									A2*		
免許等の有効期間 (他及び適用外) (施8)				B1*							
適合表示無線設備使用無線局の免許手続の簡略 (免15の4)											B1*

（左欄縦見出し）総則／定義等（法2 定義・施2 定義）、無線局の免許等

二陸技　法規

項目	平成31年 1月期	令和元年 7月期	令和2年 1月期	令和2年 11月臨時	令和3年 1月期	令和3年 7月期	令和4年 1月期	令和4年 7月期	令和5年 1月期	令和5年 7月期	令和6年 1月期
無線局の免許等											
再免許の申請（免16）											
申請の期間（免18）			B1*				A1*				
審査及び免許の付与（免19）			B1*								
免許状（法14）								B1*			
簡易な免許手続（法15）											B1*
変更等の許可等（法17）			A4*								
変更検査（法18）	A2		A4*				A2		A2		
申請による周波数等の変更（法19）				A3*			B1*				B1*
免許の承継等（法20）	A3						A4				A4
免許状の訂正（法21）								B1*			
免許状の再交付（免23）								B1*			
無線局の廃止（法22、23）					A4*				A4*		
免許状の返納（法24）			B1*		A4*			B1*	A4*	B1*	
無線局に関する情報の公表等（法25）	A4			B2		A3		A5		A6	
混信又はふくそうに関する調査を行おうとする場合（施11の2の2）											
電波の利用状況の調査（法26の2）				A4							
包括免許の付与（法27の5）							A4		A4		
登録無線局 登録（法27の21）			A2*				A4*				
登録の有効期間（法27の24）			A2*								
無線設備											
電波の質（法28）	A5* / B4*		A6*	A5*	B2* / B5*				A5*		
受信設備の条件（法29）	A5*		B3*	A5*	B2*		A7*		B2*		A5*
周波数測定装置の備付け（法31、施11の3）					A5	A5*			A3*		
人工衛星局の条件（法36の2）	B2*			A7*	A7*		B4*		A6*		B2*
無線設備の機器の検定（法37）		B2		A6	A5*		A3		A3*		
無線設備の安全性の確保（施21の3）			A9*						A8*		
電波の強度に対する安全施設（施21の4）			A9*		A10			A3	A8*		
高圧電気に対する安全施設 機器の収容（施22）			A9*				A9*		A8*		A9*
電線の収容（施23）			A9*				A9*		A8*		A9*
電線の保護（施24）			A9*				A9*		A8*		A9*
空中線等の高さ（施25）	A8*		A9*		A11		A8*	A11	A8*		
空中線等の保安施設（施26）	A8*		A9*				A3	A8*	A8*		
地球局の送信空中線の最小仰角（施32）			A5				A7				
人工衛星局の送信空中線の指向方向（施32の3）		A6					A10				
人工衛星局の位置の維持（施32の4）			A7*		A7*		A10		A6*	A9	
人工衛星局の設置場所変更機能の特例（施32の5）	B2*		A7*		A7*		B4*				B2*
周波数の許容偏差（設5）			A6*		B2*				A5*		
占有周波数帯幅の許容値（設6）			A6*		B2*				A5*		
スプリアス発射又は不要発射の強度の許容値（設7）			A6*		B2*				A5*		
保護装置（設9）		A10						A6			
空中線電力の許容偏差（設14）			A6*	A9				A8	A5*		A3
人体にばく露される電波の許容値（設14の2）											
周波数の安定のための条件（設15）	A9			A10			A10*		A10*		
周波数の安定のための条件（水晶発振回路）（設16）							A10*		A10*		

二陸技　法規

項目	平成31年1月期	令和元年7月期	令和2年1月期	令和2年11月臨時	令和3年1月期	令和3年7月期	令和4年1月期	令和4年7月期	令和5年1月期	令和5年7月期	令和6年1月期
無線設備 送信空中線の型式及び構成等（設20）		A11	A10*				A9				A6
空中線の指向特性（設22）	A10		A10*		A3						A10
副次的に発する電波等の限度（設24）			B3*			B2*		A7*		B2*	A5*
放送局 中波　総合歪率（設33の5）											
放送局 中波　信号対雑音比（設33の7）											
超短波放送局　信号対雑音比（設36の5）											
携帯無線通信の中継を行う無線局の無線設備（設49の6）											
特定小電力無線局の無線設備（設49の14）											
技術基準適合自己確認等（法38の33）							A5				
無線従事者 無線設備の操作（法39）	B5*		B2		B3*		B3*		A13*		A11*
指定講習機関の指定（法39の2）	B5*				B3*						
無線従事者の資格（法40）											
無線従事者の免許（法41）		B3*			A12*		B2*				
免許を与えない場合（法42）		B3*			A12*		B2*				
主任無線従事者の非適格事由（施34の3）											A11*
主任無線従事者の職務（施34の5）		A13			A11		B3*	B3			
講習の期間（施34の7）	B5*			A11	B3*	A11			A13*		
無線従事者の配置（施36）		B3*					B2*	A11*			
免許証の交付（従47）			B3*							B3*	
免許証の再交付（従50）					B3*				A11*	B3*	
免許証の返納（従51）	A11*	B3*			B3*			B2*	A11*		
操作及び監督の範囲（二陸技）（施令3）			A11		B3				A13		B3
運用 目的外通信（法52）			A14*	A12*	A13* A14*	A12* B4*		A12	A14*		A12*
免許状の記載事項（法53）	A12*	B4*		A12*	A14*	B4*	A14*	A13*	B5*		
空中線電力（法54）	A13*	B4*		A12*	A14*	B4*	A14*	A13*	B5*		
運用許容時間（法55）					A14*						
免許状の目的等にかかわらず運用することができる通信（施37）				A12*		B4*					A12*
混信等の防止（法56）	A12*			A13*	A15		A12*		A14	A15*	
擬似空中線回路の使用（法57）	A12*	A12		A12*		A13	A14*		A10		A13
アマチュア無線局の通信（法58）	A12*			A12*			A14*				
秘密の保護（法59）	B3*		A14		B4*		A13*		A12*		
業務書類等　時計、業務書類等の備付け（法60）											
業務書類等　備付けを要する業務書類（施38）		B3*			B3*		B2*	B1*	B3*		
業務書類等　時計、業務書類等の省略（施38の2）											
業務書類等　無線業務日誌（施40）	A14*				A13*		A14*				
電波天文業務　指定に係る受信設備の範囲（施50の2）				A13*			A12*		A15*		
非常時運用人による無線局の運用（法70の7）				B4*			B5*	B4*			
免許人以外の者による特定の無線局の簡易な操作による運用（法70の8、施令5）								B4*			
周波数の測定（運4）	A14*				A13*		A14*				A15
無線通信の原則（運10）		A15			B4		A14		A12		B4
無線電話通信　業務用語（運14）											
無線電話通信に対する準用（運18）											
試験電波の発射（運39）											

二陸技　法規

		平成31年1月期	令和元年7月期	令和2年1月期	令和2年11月臨時	令和3年1月期	令和3年7月期	令和4年1月期	令和4年7月期	令和5年1月期	令和5年7月期	令和6年1月期
運用	非常通信取扱の停止（運136）		A14*			A13*	A12*			A14*		
	呼出符号等の放送（運138）				A14						B4	
	試験電波の発射（地上基幹放送局等）（運139）											
監督	周波数等の変更（法71）				B5						B4	
	技術基準適合命令（法71の5）								B5*			
	電波の発射の停止（法72）	B4*		A6*	A15		B5*		B5*	A5*		B5*
	検査（法73）			B5				B3	B5*	A15		B5*
	非常の場合の無線通信（法74）		A14*			A13*	A12*			A14*		
	非常の場合の通信体制の整備（法74の2）					A13*				A14*		
	無線局の免許の取消し等（法76）	A15		B4*		A6		A15 B5*	A15			
	電波の発射の防止（法78、施42の4）			B1*		A4*				A4*	B1*	
	無線従事者の免許の取消し等（法79）			A15		A12*			A11*	A11		
	報告（法80、81）			B5	B4*		B5*		B5*	B4*	B5*	A14
	電波法第80条の報告（施42の5）						B5*				B5*	
	免許等を要しない無線局及び受信設備に対する監督（法82）								A7*			A5*
雑則	伝搬障害防止区域の指定（法102の2）			A7							A7	
	伝搬障害防止区域における高層建築物等に係る届出（法102の3）											
	伝搬障害の有無等の通知（法102の5）											
	重要無線通信障害原因となる高層部分の工事の制限（法102の6）											
	基準不適合設備に関する勧告等（法102の11）		A8									
	測定器等の較正（法102の18）		A4			A8				A7		
罰則	無線通信を妨害した者の懲役又は罰金（法108の2）						A15					
	秘密の漏えい、窃用（法109）	B3*				B4*		A13*		A12*		
	懲役又は罰金に該当する者（法110）	A13*	B4*					B4*		B5*		
	6月以下の懲役又は30万円以下の罰金に該当する者（法111）											
	30万円以下の罰金に処する者（法113）					A4*						

*他項目と重複

二陸技　無線工学の基礎

		平成31年1月期	令和元年7月期	令和2年1月期	令和2年11月臨時	令和3年1月期	令和3年7月期	令和4年1月期	令和4年7月期	令和5年1月期	令和5年7月期	令和6年1月期
電気物理	電気力線と電束			A1				A1				
	物理量のSI単位			B5			B5					A20
	直並列接続コンデンサの蓄積電荷、端子電圧、対応する電源電圧		B1	A4		A3		A4		A4	A3	B1
	コンデンサに蓄えられるエネルギー						B1					
	コンデンサの静電容量											
	電荷の移動に要する仕事量	A1										A1
	複数の点電荷による電位の値					A1				A1		

資料-4

二陸技　無線工学の基礎

項目	平成31年 1月期	令和元年 7月期	令和2年 1月期	令和2年 11月臨時	令和3年 1月期	令和3年 7月期	令和4年 1月期	令和4年 7月期	令和5年 1月期	令和5年 7月期	令和6年 1月期
電気物理 静電界内における導体の電気的性質				A3					A1		
コイル：自己インダクタンス											
コイル：蓄えられるエネルギー											A3
コイル：電流が変化したときの現象			A3								
コイル：電磁誘導による起電力								A2	A3	A2	
磁気ヒステリシスループ						B1		B1			A4
電流が流れる複数の平行導線間に生じる電磁力、方向		A2		A1				A2			A2
電磁力（ローレンツ力）											
均一な電界中の電子の運動			A1			A2		A1			
環状鉄心：磁束密度						A3					
環状鉄心：磁気抵抗の値					A2						
環状鉄心：コイルの合成インダクタンス								A3			
環状鉄心：流す電流	A3										
磁界中の導体が受ける電磁力の性質（フレミング左手の法則）	B1		B1		B1				B1		
平行平板コンデンサの絶縁破壊											
同心円上の大小二つのコイルが作る中心磁界	A2		A2		A1		B1	A2			
相互インダクタンス回路の二次側コイルの電圧		A4	A2					A3			
ホール効果		A3			A4						
表皮効果			A4			A4				A4	
各種形状の導線に流れる電流が作る磁界										B1	
電気回路 正弦波交流電圧の合成			B2				B2		B2		A6
抵抗の消費電力を最大とする抵抗値と消費電力											
直流電源の出力電圧と出力電流の関係（内部抵抗）								A5			
R直並列回路の合成抵抗の値、枝路抵抗の値			A5	A5	A5		A5		A5	A5	
R直並列回路の各部の電流・電圧	A5	A5			A5						A5
R並列回路で消費される電力										A6	
R直列回路の合成抵抗の温度係数								A4			
直並列コンデンサの一つに加わる電圧の値	A4										
インピーダンス整合					A7						
RLC直並列回路　インピーダンス		A7									
RLC直並列回路　電圧・電流及びその位相	A8				A6						
RLC直並列共振回路　インピーダンス・電圧・電流及びその位相				A6					A6		
RLC直列共振回路　静電容量の値	A6		A7		A8		A7	A7		A8	A7
直列RL回路：抵抗とリアクタンスの値											
直列RL回路：周波数特性											
直列RL回路：電圧と電流の位相差	B2										B2
RC直列回路のRとCの端子電圧と角周波数							A7				
X_L、X_C に流れる電流の位相差										A7	

二陸技　無線工学の基礎

分類	項目	平成31年1月期	令和元年7月期	令和2年1月期	令和2年11月臨時	令和3年1月期	令和3年7月期	令和4年1月期	令和4年7月期	令和5年1月期	令和5年7月期	令和6年1月期
電気回路	変成器を用いた回路のインピーダンス整合	A7								A7		
	鳳－テブナンの定理による電流の値		B2		B2				B2			
	ノートンの定理による電流の値			A6								
	CR回路の過渡現象				A8	B2				A8	B2	
	四端子回路網の4定数		A8	A8				A8				
	皮相電力、有効電力、無効電力、力率		A6		A7	A8	B2	A6	A6	A8		A8
	CR並列回路における電流の瞬時値						A6					
半導体・電子管	半導体素子名と図記号			A9					B3			
	半導体材料（シリコン、ゲルマニウム）									A9		
	半導体のキャリアと性質	A9*	A9		A9	A9	A9		A9*	A9*		A9
	半導体のPN接合							A9				
	半導体素子の抵抗値、起電力が変わる要因											
	N、P形半導体の不純物	A9*							A9*			
	各種半導体素子の用途	A12		B3								
	各種ダイオードの原理と用途			A10				A10				
	ダイオードに流れる電流、抵抗	A11	A10		A10	A10	A10		A10	A10	A11	A10
	トランジスタの特性										A10	
	金属の熱電効果					B3				B3		
	FET　MOS形の原理的構造											
	FET　接合形の原理的構造	A10										
	FET　絶縁ゲート形Nチャネルエンハンスメント形											
	サーミスタの機能、特性			B3								
	クライストロン、進行波管、マグネトロン	B3			A12			B3		A12		
	マグネトロンの構造			A12		A12			A12			A12
	マイクロ波用半導体・電子管の原理、構造、用途		B3				B3				B3	
	サイリスタの用途と特性						A12					
電子回路	トランジスタ能動4素子回路（hパラメータ）											B3
	トランジスタに流れる電流・電圧			A12		A13		A12	A11			
	増幅回路エミッタ接地　等価回路											
	増幅回路エミッタ接地　A級動作（コレクタ電流、電圧増幅度）	A14				A13		A13				
	増幅回路エミッタ接地　ベースバイアス抵抗											
	増幅回路エミッタ接地　ダーリントン接続のエミッタ接地電流増幅率					A11						A11
	エミッタ接地とベース接地の電流増幅率			A11		A11						
	エミッタホロワ増幅回路の動作			A13								
	A級増幅回路の最大出力電力									A13		
	CR結合増幅回路の直流負荷抵抗と交流負荷抵抗			A13								
	増幅回路FET　電圧増幅度					A14						A13
	増幅回路FET　負荷抵抗、ドレイン電圧・電流	A13					A13			A13		
	増幅回路FET　相互コンダクタンス		A11		A11			A11	A11	A12		
	負帰還増幅回路の増幅度		B4									
	PLLを用いた発振回路の原理的構成			A14						A14		

		項目	平成31年1月期	令和元年7月期	令和2年1月期	令和2年11月臨時	令和3年1月期	令和3年7月期	令和4年1月期	令和4年7月期	令和5年1月期	令和5年7月期	令和6年1月期
二陸技　無線工学の基礎													
電子回路		コルビッツ発振回路の発振条件			A14				A14	B4	A14		
		ウィーンブリッジ発振回路の発振条件											
		ハートレー発振回路の発振条件											A14
		移相形CR発振回路	B4	A14			A14						
		ブリッジ形CR発振回路の発振条件						B4					
	論理回路	簡単化									A15		
		真理値表	A15		A15				A15				
		論理式			A16		A15	A15	A15				
		ダイオードに正弦波電圧を加えたときの出力波形			B4				A13	B4			
	演算増幅器	負帰還回路における電圧増幅度											
		反転増幅回路						B4	B4	B4	A16	B4	B4
		積分回路								A14			
		低域フィルタ			A15								
		トランジスタを用いたSEPP回路の動作		A15									
		JKフリップフロップ回路の動作									A15		
		RSフリップフロップ回路の動作											A15
		CR回路にステップ電圧を加えた時の出力電圧変化		A16									
電源・測定・その他		整流回路の動作									A16		
		整流回路の端子間電圧の平均値	A16				A16						
		全波倍電圧整流回路の動作			A16				A16				
		半波倍電圧整流回路の出力電圧						A16					
		定電圧ダイオードによる定電圧回路								A16			A16
		分流器・倍率器									A17		
		直流電流計による抵抗値の測定		A18					A18				
		テスタによる抵抗測定											
		直流電流計の測定誤差								A18	A18		A18
		各種の指示計器の原理と用途					A17		A17				
		測定項目と対応する測定器の組合せ					B5				B5		
		電気量の測定法（偏位法・零位法）	A17		A17		A20	B5		A17	A20		B5
	コイル可動形	電流計の動作原理		B5	A17				A17		B5		A17
		計器の動作											
		電圧計の精度			A17				A17		A18		
		静電形電圧計で測定できる電圧の最大値								A19			
		電流計と抵抗の直並列接続による測定可能最大電流、電圧値	A18				A18		A18				
		ブリッジ回路の平衡条件	A19	A20	A19	A20	A18	A19	A19	A20	A19	A19	A19
		ボロメータによるマイクロ波電力の測定法											
		オシロスコープによる電圧の位相差測定法											
		リサジュー図による位相差・周波数比の測定	A20				B5	A20					
		3電極法による接地抵抗の測定								A20			
		3交流電流計による消費電力の測定			A18								
		電流力計形電力計の測定原理											
		二つの直流電流計で測定できる最大電流値			A20						A20		
		二つの電圧計により測定できる最大電圧											

二陸技　無線工学の基礎

分類	項目	平成31年 1月期	令和元年 7月期	令和2年 1月期	令和2年 11月臨時	令和3年 1月期	令和3年 7月期	令和4年 1月期	令和4年 7月期	令和5年 1月期	令和5年 7月期	令和6年 1月期
電源・測定・その他	電圧計・電流計の指示値による消費電力		A19									
	電源の開放電圧及び内部抵抗の判定				A19							
	コイルの分布容量の測定									B5		
	コイルの尖鋭度Qの測定原理				A19							

＊他項目と重複

二陸技　無線工学A

分類	項目	平成31年 1月期	令和元年 7月期	令和2年 1月期	令和2年 11月臨時	令和3年 1月期	令和3年 7月期	令和4年 1月期	令和4年 7月期	令和5年 1月期	令和5年 7月期	令和6年 1月期
発振・増幅	C級電力増幅器の動作			B5								
	電力増幅器の総合電力効率の計算		A4						A4			
	クライストロンと進行波管				A15			A13				A14
変調・復調	AM方式の搬送波、信号波及び被変調波の関係								B3			
	AM波の波形、表式と変調度	A5	A3					A1				
	FM波の特性	A2										
	FM波を得る原理											
	FM波の占有周波数帯幅の計算				A2					A2		
	直線検波回路の検波効率、等価入力抵抗											
	二乗検波電流のひずみ率		A6					A5			A8	
	パルス変調（PAM、PWM、PPM、PCM）					A14					A13	
	デジタル変調（PSK、QAM）			A1						A1		
	BPSKとQPSK	A1			A3	A2 B2		A3				
	QPSK変調器の構成					A1					A2	
	QPSK復調器の構成		A5				A6			A5		
	直交振幅変調（QAM）方式	B5		A2		B3	A2					B3
	リング変調回路を用いたBPSK変調回路											
	BPSK信号の復調回路の構成例					A5	B5			B5		
	OFDM方式の原理的構成						A4					
	OFDM方式のサブキャリア配置と特徴											A2
	BPSK復調器の基準搬送波再生回路			A6					A5			A6
	リング復調器によるSSB波の復調				A6							
	誤り訂正符号の生成と誤り検出、訂正の原理			A14		A15	B2		A15			A16
	シンボルレートとビットレートの関係			A4					A4			
	デジタル信号の復調時の検波方式とその特徴	A4		A5						A7		
	ロールオフフィルタ		A2			A3						
	パルス符号変調、標本化、量子化、符号化											A15
送信機 AM	変調度					A4						A3
	全電力の値											
	デジタル処理型の電力増幅器						B3			B3		
送信機	AM、SSB変調波の送信電力			A4					A4			
	SSB変調波のスペクトル及び波形											
	SSB通信方式		B5			B2			B2			

二陸技　無線工学A		平成31年	令和元年	令和2年		令和3年		令和4年		令和5年		令和6年
		1月期	7月期	1月期	11月臨時	1月期	7月期	1月期	7月期	1月期	7月期	1月期
送信機 · FM送信機	位相変調器の位相偏移量								A2			
	IDC回路を用いる目的											
	送信設備の終段部における電力増幅器の利得			A5		A4						A5
	三次の相互変調波の周波数成分	A3									A3	
	通信回線のC/N					A8			A7			
受信機 · スーパーヘテロダイン受信機	入力電力〔dB〕と入力電圧〔V〕							A8				
	雑音制限感度			A9								A6
	特性		A8							A6		
	混変調	A8									A8	
	中間周波数の選定											
	高周波増幅器						A7					
	諸現象			A8				A7				
	妨害波の周波数	A7					A5			A5		
	混信妨害			B5*						B5		
	影像周波数			B5*	A8							A8
	SSBリング復調回路								A8			
	SSB受信機								B5			B5
受信機 · FM受信機	必要な各種回路			A7								A7
	振幅制限器の機能											
	感度抑圧効果		A9				B5					
	スケルチ回路方式					A9			A6	A7		
	スレッショルドレベル	A6						A7		A6		
	PLL検波器の構成		A7					A6				A4
	雑音指数、等価雑音温度	A9										
放送用送受信機	地上系デジタルテレビジョンの標準方式							A1		A3		A1
	FM放送におけるエンファシスの目的				A1					A1		
	FMステレオ放送の複合（コンポジット）信号						A3					
	同期放送について			A3				A1				
マイクロ波及び衛星通信用送受信機	デジタルマイクロ波回線受信機の自動等化器		B3			B5		A14	B3			
	デジタル信号の誤り率の改善方法											
	デジタル移動通信方式の特徴			A16				A15				
	直接拡散形スペクトル拡散通信方式の基本構成図											
	各種スペクトル拡散方式の特徴、構成			B3		A15	A13		A14			A13
	通信衛星の構成		B2			A16					B2	
	衛星通信地球局の特徴、構成	B2		A13					A15			
	衛星通信の特徴											
	衛星通信用多元接続中継方式の特徴		A14					A14		A14		
	周波数分割多元接続（FDMA）方式											
	衛星通信のSCPC方式				B2				B2			B2
	時分割多元接続（TDMA）方式											
	衛星回線の搬送波電力対雑音電力比を表す式	A16								A16		
	衛星回線の受信電力を表す式						A16			A14		
	PCM方式の符号化ビット数の最大値											
	情報を伝送するために必要なビットレート	A14	A18		A17				A16			

二陸技　無線工学Ａ	平成31年 1月期	令和元年 7月期	令和2年 1月期	令和2年 11月臨時	令和3年 1月期	令和3年 7月期	令和4年 1月期	令和4年 7月期	令和5年 1月期	令和5年 7月期	令和6年 1月期
マイクロ波及び衛星通信用等送受信機											
マイクロ波多重回線の中継器の方式				A14			A16		A15		
マイクロ波2周波中継方式の送・受信周波数配置			A15					A13			
CDMA を利用した移動通信システム											
LTE						A2					
電波航法											
パルスレーダー　最大探知距離			A12		A13			A12	A11		
パルスレーダー　距離分解能				A13							A11
パルスレーダー　繰返し周期											
パルスレーダー　最小受信信号電力値						A12					
パルスレーダー　尖頭電力と平均電力	A12						A11				
超短波全方向式無線標識（VOR）		A12						A11			
ILS　機能、原理の概要			A12				A12		A12		
ILS　地上施設											
航空用 DME の機能原理					A12						A12
ドプラレーダーを用いた対地速度計の原理	A13							A12			
SSR（二次監視レーダー）の概要											
ASR（空港監視レーダー）							A11		A11		
FM－CW レーダーの原理			B2								
GPS の概要			A13								
無線測定											
高速フーリエ変換（FFT）アナライザの構成例						B1		A20			
周波数カウンタの動作、カウント誤差	A19			A19							A20
周波数偏移計の機能											
サンプリングオシロの測定原理		A20						A19		B1	
オシロスコープ入力部とプローブ						A19				A20	
パルス波形の立上がり時間、パルス幅			A17		A18	A19		A17			A17
デジタルオシロスコープ			A19					B1			A19
デジタルマルチメータの原理的構成			B1				B1				
スペクトルアナライザ	A20			B1	B4		A20				
ベクトルネットワークアナライザで測定可能なもの		B1					A19				B1
誘導形可変リアクタンス減衰器の原理											
PLL を用いた周波数シンセサイザ		A1					A3				
標準信号発生器の負荷抵抗と出力電圧の関係				A20							
のこぎり波波高値と電圧計で測定した実効値				A20					A19		
デジタル伝送におけるビット誤り率、符号誤り率	A15 B3				A17	B2			A16		
同軸形抵抗減衰器の構造と等価回路							A20	A20			
CM 形電力計の原理	B1					B3			B1		
2 信号選択度特性の測定に用いる整合回路			A19							A19	
受信機（AM受信機）											
混変調特性の測定											
近接周波数選択度											
雑音制限感度の測定											
受信機の雑音指数の値											
SSB 送信機の空中線電力の測定							A17				
SSB 波の搬送波電力減衰比の測定法					A18					A18	

二陸技　無線工学Ａ

大分類	中分類	項目	平成31年 1月期	令和元年 7月期	令和2年 1月期	令和2年 11月臨時	令和3年 1月期	令和3年 7月期	令和4年 1月期	令和4年 7月期	令和5年 1月期	令和5年 7月期	令和6年 1月期
無線測定	FM送信機	周波数偏移の測定			A18					A18			
		占有周波数帯幅の測定	B4						B4				
		プレエンファシス特性の測定					B1						
		総合周波数特性の測定											
		信号対雑音比の測定		A16				B4			A17		
		スプリアス発射及び不要発射強度の測定	A17							A18			
	受信機FM	スプリアスレスポンスの測定				B4				B4			B4
		雑音制限感度の測定											
		スペクトルアナライザによる雑音電力、周波数の測定	A18	A17			A20				A17		
		スペクトルアナライザ内部で発生する高周波ひずみが測定に与える影響		B4							B4		
		PCM回線の符号誤り率の測定											
		PCM回線のビット誤り率の測定			B4		A17						A18
		雑音指数の測定			A18			A7			A18		
		アイパターン				B3					B4		
電源		整流回路の無負荷時の出力電圧の値											
		単相全波整流回路の逆耐電圧の大きさ										A9	
		無停電電源装置用浮動充電方式					A11				A10		
		コンバータ、インバータ			A10				A9		A9		
		定電圧回路					A10						
		パルス幅変調型チョッパ制御方式安定化電源の構成	A11				A11						
		無停電電源装置の構成							A10				
	定電圧制御回路形	直列 動作	A10						A9				A9
		コレクタ損失の最大値		A10					A10				
		抵抗値											
		電源の電圧変動率			A11				A10				
		二次電池の充電		A11							A9		A10
		二次電池の浮動充電方式											
		リチウムイオン電池			A10						A10		
雑音		各種雑音の現象と特徴		A15	A16					A13			
		抵抗体の熱雑音電圧の実効値					A9	A8					

＊他項目と重複

二陸技　無線工学Ｂ

大分類	項目	平成31年 1月期	令和元年 7月期	令和2年 1月期	令和2年 11月臨時	令和3年 1月期	令和3年 7月期	令和4年 1月期	令和4年 7月期	令和5年 1月期	令和5年 7月期	令和6年 1月期
基礎	自由空間の特性インピーダンス			A1	A2				A1			A1
	静電界と放射電界の大きさが等しい距離		A1				A3					
	磁界強度と電界強度との関係	A1					A2			A1	A1	
	ポインチングベクトル					A1				A5		
	進行波の性質											
	平面波、球面波の特徴			A1			A1					A5
	フリスの伝送公式の誘導過程							A3				

二陸技　無線工学B

項目	平成31年1月期	令和元年7月期	令和2年1月期	令和2年11月臨時	令和3年1月期	令和3年7月期	令和4年1月期	令和4年7月期	令和5年1月期	令和5年7月期	令和6年1月期
基礎											
〔微小ダイポール〕放射抵抗											
〔微小ダイポール〕放射電磁界				A2			A1				
〔微小ダイポール〕実効面積				B1						B1	
〔半波長ダイポール〕受信開放電圧				A5							
〔半波長ダイポール〕実効面積						A5					
〔半波長ダイポール〕入力インピーダンス	A3						A2				
〔半波長ダイポール〕電界強度			B1		A15		B1				
〔半波長ダイポール〕放射電力	A14						A14				A15
〔半波長ダイポール〕絶対利得の導出						B1			B1		
〔半波長ダイポール〕短縮率			A2				A4	A2			
実効面積と有能受信電力	A5		A3							A4	
絶対利得アンテナの放射電界の導出	B1	B1				B1		B1			B1
微小ダイポール・等方性アンテナ等への供給電力と放射電界				A14					A15		A3
各種アンテナ利得の大小									A5		
アンテナ利得の定義					A4			A4			
〔アンテナ〕指向性				A4	A3				A2	A3	
〔アンテナ〕放射効率、損失、放射電力						A5					
〔アンテナ〕放射抵抗									A3		
〔アンテナ〕前後比		A2							A2		
指向性利得の値				A4		A4	A4				
アンテナの放射パターンの定義	A2				A5						A2
1/4波長垂直接地アンテナの電界強度											
1/4波長接地アンテナの実効長			A3								
開口面アンテナの開口効率						A12		A11			
円形開口面アンテナの利得と電力半値幅、直径	A4									A4	
等方性アンテナの実効面積を表す式								A3			
受信アンテナの等価回路と有能受信電力		A5				A3					A4
垂直接地アンテナに誘起する受信開放電圧											
ループアンテナの誘起電圧									A5		
マイクロ波回線の受信機入力			A5								
電波の自由空間の基本伝送損						A14					
アンテナの実際											
各種アンテナの特徴	A10				B3	A10	B3	A10		A12	
八木・宇田アンテナ	B3		B3	B3				B2	B3		B3
ダイポールアレー形対数周期アンテナ		A11			A11		A13				
折返し半波長ダイポールアンテナ	A11		A10	A11	A10	A11	A12	A12		A10	A10
半波長ダイポールアンテナの特徴		A10							A10		
ループアンテナ				A12							A13
双ループアンテナ		B2				B3					
スロットアンテナ										B3	
コーナレフレクタアンテナ			A11							A11	
ホーンアンテナ			A12			A13					A12
ホーンレフレクタアンテナ									A13		
カセグレンアンテナ		A13							A11		
パラボラアンテナ	A13		A13						A12		
オフセットパラボラアンテナ				A13						A13	
グレゴリアンアンテナ					A13						A11
ブラウンアンテナ				A10	A12*						

二陸技　無線工学Ｂ

分類	項目	平成31年1月期	令和元年7月期	令和2年1月期	令和2年11月臨時	令和3年1月期	令和3年7月期	令和4年1月期	令和4年7月期	令和5年1月期	令和5年7月期	令和6年1月期
アンテナの実際	スリーブアンテナ						A12*					
	コリニアアレーアンテナ							A11				
	バイコニカルアンテナ	A12						A13				
	ディスコーンアンテナ		A12									
	装荷ダイポールアンテナ							A10				
	Ｊ型アンテナ											
	板状逆Ｆ型アンテナ											
給電線	給電線の諸定数、特性	B2		B2*	B2						B2	B2
	進行波、反射波、定在波	A6								A7	A7	
	電圧定在波比					A6		A6	A8			
	入射波電圧、反射波電圧						A7					A8
	電圧反射係数											
［平行二線式給電線］	短絡インピーダンス							A7				
	特性インピーダンス								A6			
	アンテナとの集中定数整合回路			A9								A7
	小電力同軸給電線との比較			A6				A6		A9		
	開放給電線上の電圧・電流最小値の位置						A7					
	同軸ケーブルの特性インピーダンス	A7		A7								
	整合が必要な理由		A7			B2						
	給電線路で用いられる機器			A8				A8				
	同軸ケーブル内の信号伝搬時間		A8									
	Ｕ形バランの原理											
	短絡トラップによる整合の原理			A7					B2			
	マイクロストリップ線路			A9		A9						
［導波管］	マイクロストリップ線路との比較				A8	B2		A9				A6
	群速度、位相速度、管内波長				B2*	A9		A8			A9	
	遮断波長、遮断周波数				B2*							
	伝送損失	A9	B3					A9	B3			
	導波管と同軸ケーブルの結合								A7			
	無損失給電線の短絡インピーダンス			A6							A6	
	無損失給電線の特性インピーダンス					A6				A6		
	線路終端の短絡・開放測定による特性インピーダンスの導出			A18		A18						A18
	給電回路インピーダンスの整合と平衡、不平衡									A8		
	シュペルトップの構造と原理	A8				A9						A9
	分布定数回路の減衰定数											
	対称形集中定数回路を用いた整合					A8				A8		
	２結合孔方向性結合器						B2					
電波伝搬	有能受信電力と電界強度											
	地上波伝搬の種類と特性			A14						A14		
	対流圏伝搬の特徴	A15				A16						
	対流圏伝搬の電波通路と地球等価半径係数					A16						
	VHF・UHF帯電波の見通し外伝搬の原因		B4					B4				
	SHF帯以上の電波の減衰			A17				A16				
	移動体通信の伝搬特性			A17	A17			A17				

			平成31年1月期	令和元年7月期	令和2年1月期	令和2年11月臨時	令和3年1月期	令和3年7月期	令和4年1月期	令和4年7月期	令和5年1月期	令和5年7月期	令和6年1月期
二陸技　無線工学B													
電波伝搬	フェージング	各種フェージングの特徴											A14
		K形							A17				
		軽減法											
		短波帯フェージング					A17				A16		
		マイクロ波フェージング	A16					A15					
		マイクロ波伝搬の特徴					B4					B4	
		M曲線			B4	A16					B4		A16
		地上伝搬のハイトパターン		A14					A14				
		地上波の直接波、大地反射波と電界強度			A15				A14		A15		
	電離層伝搬	臨界周波数と最高使用可能周波数（MUF）		A17							A17		
		跳躍距離	A17					A17	A16				
		MUF、LUF、FOT								A15			
		特徴			A16						A15		A17
		電離層内での電波の屈折と減衰											
		電波雑音											
		太陽雑音と通信への影響				B4							B4
		太陽フレア										A17	
		標準大気中における電波の屈折率		A15									
		スポラジックE層											
		各周波数帯における電波の伝搬	B4				A15		B4	B4	A14		
		マイクロ波とミリ波の降雨減衰		A16							A16		
給電線・アンテナの測定		定在波比の測定による反射損の導出			A18				A18				
		マジックTによるインピーダンスの測定			B5			B5			A18		
		電圧分布からの特性インピーダンスの測定	B5				B5				B5		
		方向性結合器を用いた反射波、反射係数、定在波比の測定				B5				B5			B5
		アンテナ特性の測定							A18	A18			A19
		二つのアンテナを用いた利得の測定法	A18				A19		A20				
		最小測定距離			A19						A18		
		アンテナインピーダンスの測定				A18							
		小型アンテナの放射効率の測定			A19				A19				
		1/4波長垂直接地アンテナの放射効率の測定					A20					A19	
		VHF・UHFアンテナの水平面内指向性の測定											
		マイクロ波アンテナの利得の測定					A19				A19		
		短波電界強度測定器の原理的構成											
		電波暗室の構造と機能			A20				A20	A20		A20	
		アンテナの等価雑音温度											
		給電回路の損失と雑音温度	A19						A19				A20
		アンテナに供給する電力の導出過程		B5						B5		B5	
		パラボラアンテナの測定上の注意											
		アンテナの近傍界測定	A20	A20	A20						A19		
		電波吸収体と電波吸収材料										A20	

無線従事者国家試験問題解答集

第二級陸上無線技術士

発　行	令和6年4月1日
電　略	モ チ

定価はカバーに表示してあります。

発行所　**一般財団法人 情報通信振興会**
〒170-8480
東京都豊島区駒込2-3-10
販売　電　話　(03) 3940-3951
　　　　FAX　(03) 3940-4055
編集　電　話　(03) 3940-8900＊

振替　00100-9-19918
URL　https://www.dsk.or.jp/
印刷所　船舶印刷株式会社

ISBN978-4-8076-0995-6　C3055　¥3000E

各刊行物の改訂情報などは当会ホームページ
(https://www.dsk.or.jp/)で提供しております。

＊内容についてのご質問は、FAXまたは書面でお願いいたします。
お電話によるご質問は受け付けておりません。
なお、ご質問によってはお答えできないこともございます。